植物生物学

（第二版）

贺学礼　主编

科学出版社

北京

内 容 简 介

本书是在第一版的基础上全面修订而成,以植物个体发育和系统演化为主线组织教材内容,注重理论与生产实际的结合,综合植物科学发展动态和成果,将植物形态解剖、生长发育、生理生化、物种多样性、植物与环境、植物资源保护与利用等基础知识有机结合,系统地介绍了植物生物学全貌。全书每章后简要列出各章主要内容和概念,并在书后附有植物科学主要期刊简介和网址,引导学生在阅读教材之后,再通过查阅文献获取新知识,以培养、提高学生的自学能力。全书彩色印刷,图片新颖美观,科学性强,绝大部分图片为作者原创。

本书可作为各大院校植物生物学教材使用,也可供相关学科工作人员参考。

图书在版编目(CIP)数据

植物生物学 / 贺学礼主编. —2 版. —北京:科学出版社,2017.6
ISBN 978-7-03-051668-8

Ⅰ. ①植… Ⅱ. ①贺… Ⅲ. ①植物学 – 生物学 Ⅳ. ①Q94

中国版本图书馆 CIP 数据核字(2017)第 014334 号

责任编辑:刘 丹 孙 青 / 责任校对:郑金红
责任印制:张 伟 / 封面设计:铭轩堂

科 学 出 版 社 出版
北京东黄城根北街 16 号
邮政编码:100717
http://www.sciencep.com

北京九州迅驰传媒文化有限公司印刷
科学出版社发行 各地新华书店经销

*

2017 年 6 月第 二 版 开本:889×1194 1/16
2023 年 8 月第十次印刷 印张:25 1/4
字数:794 000
定价:118.00 元
(如有印装质量问题,我社负责调换)

第二版前言

教材不仅直接关系到教学内容和知识体系，也是教学改革成果的重要体现，因此，教材建设在提高教学质量和人才培养方面具有十分重要的地位和作用。迄今为止，国内学者在植物科学教材建设方面进行了卓有成效的工作，编辑出版了不同版本的植物学教学用书，为促进我国植物学教学工作发展发挥了积极作用。近年来，以分子生物学为代表的微观领域和以生态学与生物多样性为代表的宏观领域的快速发展，极大地促进了植物科学各个分支学科的相互交叉、渗透和融合，使得人们对植物生命活动的本质和内在演化规律有了一个全新的认识，也促使我们从新的角度和高度审视和修正植物生物学教学内容和知识体系，并将植物科学的新发展和新成果反映到教材建设中，为读者提供更多知识信息。本教材是贺学礼教授主编的《植物生物学》2009 年版的深化和拓展，在科学出版社支持合作下，新版全彩色印刷。

根据几年来教学实践和多方反馈意见和建议，新版主要在下列方面进行了修订。

跟踪学科发展，充分反映学科发展和科研新成果，保持教材内容新颖性，如充实了根瘤和菌根、藻类植物、地衣植物、苔藓植物的内容，更新了花器官发育的 ABC 模型，补充了被子植物有关科属系统演化知识，力求引导学生从发展的角度学习植物学知识，更好地认识植物界。

强化了植物生物学知识的系统性和科学性，突出了植物形态与结构、植物生长发育的生理与生化基础、植物类群与系统演化、植物多样性产生与发展、植物与环境、植物资源保护与利用等知识。例如，将第一章"植物细胞"中的"呼吸作用"和"光合作用"独立成章；增加了第三章"种子和幼苗"；删去了第九章"植物的水分代谢"和第十章"植物的矿质营养"中的"合理灌溉与施肥的生理基础"等内容；将第十九章"植物生态"改为"植物与环境"，丰富了"原生水生演替序列"和"原生旱生演替序列"等内容。

新版删去了各章后的小结，只简要说明本章主要内容和概念，充实了复习思考题；增加了 50 种国内外植物科学主要期刊简介。引导学生在阅读教材之后，能够主动总结归纳各个章节的主要内容和重要概念，再通过查阅文献获取新知识，以培养提高学生的自学能力。

新版改黑白版为彩色版，除署名图片外，书中照片和图片均为原创或修订，图片清晰、新颖、科学性强，信息量大，反映学科的发展。这将在很大程度上提高教材的直观性和可读性，有利于提高学生的学习兴趣和对知识的理解力。

全书共二十章。绪论、第六章、第十四章、附录和各章后主要内容和概念由贺学礼编写；第一章由易华编写；第二章由孙坤编写；第三章由卢彦琦和王建书编写；第四章由刘建才和邓洪平编写；第五章由陈旭辉编写；第七章由姜在民编写；第八章和第十二章由郭辉娟编写；第九章由刘惠荣编写；第十章由葛云侠编写；第十一章由文建雷编写；第十三章由姚晓芹编写；第十五章和第十六章藻类植物由谢树莲编写；第十六章苔藓植物由白学良编写，其余内容由赵建成和李敏编写；第十七章第一节和第二节由赵金莉和李先源编写，第三节和第四节由唐宏亮编写；第十八章由徐兴友编写；第十九章由冯玉龙编写；第二十章由贺超编写。全书所有图片由贺学礼和赵金莉统一修订，最后由贺学礼统稿。

本书在修订过程中，得到河北大学、山西大学和沈阳农业大学相关学科经费支持。另外，衷心感谢科学出版社给予的支持。

学科在发展，教改在推进，经过我们不懈努力，本书虽然在第一版基础上有了很大改进，但肯定还有不妥之处，敬请同行和读者批评指正。

编 者

二〇一六年十月于保定

　　教材不仅直接关系到教学内容和知识体系，也是教学改革成果的重要体现，因此，教材建设在提高教学质量和人才培养方面具有十分重要的地位和作用。迄今为止，国内学者在植物学和植物生物学教材建设方面进行了卓有成效的工作，编辑出版了不同版本的植物学教学用书，为促进我国植物学和植物生物学教学工作的发展发挥了积极作用。但随着植物科学研究的不断深入以及各个分支学科的渗透、交叉和融合，使得植物生物学教材也面临着知识体系和教学内容更新和完善的问题。为了适应植物生物学教学工作需要和植物学科发展趋势，我们组织编写了新的植物生物学教材。

　　本书在努力阐明植物生物学基本概念和基本理论的基础上，注重理论与生产实际的结合，充分体现作为基础课程教材应具备的特点。尊重目前多数植物生物学教材的知识体系，即按照植物形态解剖、植物生理生化、系统分类、植物生态、植物资源保护与利用的顺序进行描述和介绍，最后简要介绍了植物物种多样性产生和维持的有关内容。

　　在编写过程中，以植物个体发育和系统演化为主线，组织教材内容，系统介绍植物体各部分形成和发展的前因后果以及进化变异的基本规律，力争引导学生从发展的角度学习植物生物学知识。尽量做到图文并茂，充分体现知识体系的科学性、先进性和适应性。重要的名词术语均列出英文，涉及的植物名称同时列出拉丁学名。大量采用插图，便于学生加深对知识体系的学习和理解。每章后附有本章小结和复习思考题。

　　全书共分十七章。绪论、第十五章和第十六章由贺学礼编写；第一章第四节和第九章由郭辉娟编写；第一章第五节由赵丽莉编写；第一章其余各节由易华编写；第二章由孙坤和王晓静编写；第三章由饶颖编写；第四章由苗芳编写；第五章由孙会忠和张赞平编写；第六章由刘惠荣和王平编写；第七章由李国婧编写；第八章由姜在民编写；第十章由赵银萍编写；第十一章由陈刚编写；第十二章由谢树莲编写；第十三章由赵建成、白学良和李敏编写；第十四章第一节和第二节的木兰科—木犀科由赵金莉编写，其余内容由唐宏亮编写；第十七章由孙敏和邓洪平编写。初稿完成后，由贺学礼负责修改、补充和定稿。

　　在本书编写过程中，各参编学校和教务部门领导对本书的编写和出版给予了大力支持，科学出版社的甄文全编辑就教材内容提出了许多宝贵意见，河北大学学科建设与学位管理处为本书前期准备工作提供了经费支持，在此一并表示衷心谢意。

本书的编写集中了全国 11 所高等院校的优秀教师，他们均在植物学科教学、科研一线工作多年，有丰富的教学经验。虽然我们在主观上做了很大努力，但由于水平所限，书中错误和不妥之处在所难免，敬请同行和读者批评指正。

编　者

二〇〇九年二月于保定

目　录

第二版前言

第一版前言

绪论 ······ 1

　第一节　植物在生物分界中的地位 ······ 1

　第二节　植物在自然界和人类生活中的作用 ······ 2

　第三节　植物科学发展简史和发展趋势 ······ 2

　第四节　学习植物生物学的目的和方法 ······ 3

　本章主要内容和概念 ······ 4

　复习思考题 ······ 4

第一章　植物细胞 ······ 5

　第一节　细胞的基本特征 ······ 5

　第二节　植物细胞的基本结构 ······ 10

　第三节　植物细胞后含物 ······ 25

　第四节　植物细胞分裂、生长、分化和死亡 ······ 27

　本章主要内容和概念 ······ 33

　复习思考题 ······ 33

第二章　植物组织 ······ 34

　第一节　植物组织及其形成 ······ 34

　第二节　植物组织的类型 ······ 34

　第三节　植物组织的演化、复合组织和

　　　　　组织系统 ······ 45

　本章主要内容和概念 ······ 47

　复习思考题 ······ 47

第三章　种子和幼苗 ······ 48

　第一节　种子的基本组成 ······ 48

　第二节　种子的基本类型 ······ 50

　第三节　种子的萌发和休眠 ······ 52

　第四节　幼苗的类型 ······ 54

　本章主要内容和概念 ······ 56

　复习思考题 ······ 56

第四章　根的结构、发育和功能 ······ 57

　第一节　根的生理功能 ······ 57

　第二节　根的形态 ······ 58

　第三节　根的基本结构 ······ 59

　第四节　侧根的发生 ······ 68

　第五节　根的变态 ······ 69

　第六节　根瘤和菌根 ······ 72

　本章主要内容和概念 ······ 75

　复习思考题 ······ 76

第五章　茎的结构、发育和功能 ······ 77

　第一节　茎的生理功能 ······ 77

　第二节　茎的形态 ······ 77

　第三节　茎的发生和结构 ······ 81

　第四节　茎的起源和演化 ······ 92

　本章主要内容和概念 ······ 93

　复习思考题 ······ 94

第六章　叶的结构、发育和功能 ······ 95

　第一节　叶的生理功能 ······ 95

　第二节　叶的组成 ······ 95

　第三节　叶的发生和结构 ······ 96

　第四节　叶片结构与生态环境的关系 ······ 102

　第五节　叶的衰老与脱落 ······ 104

　本章主要内容和概念 ······ 105

复习思考题 ·········· 105
第七章　植物的繁殖 ·········· 106
　第一节　植物繁殖的类型 ·········· 106
　第二节　花的组成与花序 ·········· 108
　第三节　花的形成和发育 ·········· 119
　第四节　雄蕊的发育与结构 ·········· 122
　第五节　雌蕊的发育与结构 ·········· 129
　第六节　开花、传粉与受精 ·········· 134
　本章主要内容和概念 ·········· 141
　复习思考题 ·········· 141

第八章　种子和果实 ·········· 142
　第一节　种子 ·········· 142
　第二节　果实 ·········· 146
　第三节　被子植物的生活史 ·········· 150
　本章主要内容和概念 ·········· 151
　复习思考题 ·········· 151

第九章　植物的水分代谢 ·········· 152
　第一节　植物细胞对水分的吸收 ·········· 152
　第二节　植物根系对水分的吸收 ·········· 154
　第三节　植物的蒸腾作用 ·········· 157
　第四节　植物体内水分的运输 ·········· 160
　本章主要内容和概念 ·········· 161
　复习思考题 ·········· 162

第十章　植物的矿质营养 ·········· 163
　第一节　植物必需的矿质元素及其作用 ·········· 163
　第二节　植物细胞对矿质元素的吸收 ·········· 167
　第三节　植物对矿质元素的吸收 ·········· 172
　第四节　矿质元素在植物体内的运输 ·········· 175
　第五节　无机养料的同化 ·········· 176
　本章主要内容和概念 ·········· 178
　复习思考题 ·········· 178

第十一章　植物的光合作用 ·········· 179
　第一节　光合作用的意义 ·········· 179
　第二节　叶绿体及其色素 ·········· 179
　第三节　光合作用的光反应 ·········· 181
　第四节　光合碳同化 ·········· 184
　第五节　影响植物光合作用的环境因素 ·········· 187
　第六节　植物对光能的利用 ·········· 189
　本章主要内容和概念 ·········· 190
　复习思考题 ·········· 190

第十二章　植物的呼吸作用 ·········· 191
　第一节　呼吸作用的概念和生理意义 ·········· 191

第二节　植物呼吸代谢途径 ·········· 191
第三节　电子传递与氧化磷酸化 ·········· 195
第四节　影响呼吸作用的因素 ·········· 197
本章主要内容和概念 ·········· 198
复习思考题 ·········· 198

第十三章　植物的生长发育及其调控 ·········· 199
　第一节　植物的生长物质 ·········· 199
　第二节　植物的生长生理 ·········· 203
　第三节　植物的生长 ·········· 207
　第四节　植物的运动 ·········· 210
　本章主要内容和概念 ·········· 211
　复习思考题 ·········· 211

第十四章　植物的生殖生理及其调控 ·········· 212
　第一节　外界条件对花诱导的影响 ·········· 212
　第二节　花器官形成及其生理 ·········· 218
　第三节　受精生理 ·········· 220
　第四节　植物的成熟、衰老及其调控 ·········· 223
　本章主要内容和概念 ·········· 229
　复习思考题 ·········· 229

第十五章　植物多样性研究的基础知识 ·········· 230
　第一节　植物多样性的概念和意义 ·········· 230
　第二节　植物分类的基础知识 ·········· 231
　第三节　植物分类方法 ·········· 234
　本章主要内容和概念 ·········· 236
　复习思考题 ·········· 236

第十六章　植物界的基本类群与系统演化 ·········· 237
　第一节　低等植物 ·········· 237
　第二节　高等植物 ·········· 259
　第三节　植物界的发生和演化 ·········· 280
　本章主要内容和概念 ·········· 284
　复习思考题 ·········· 284

第十七章　被子植物多样性 ·········· 285
　第一节　被子植物分类原则 ·········· 285
　第二节　双子叶植物纲 Dicotyledoneae ·········· 286
　第三节　单子叶植物纲 Monocotyledoneae ·········· 331
　第四节　被子植物的演化和分类系统 ·········· 346
　本章主要内容和概念 ·········· 351
　复习思考题 ·········· 352

第十八章　植物物种多样性的产生和维持 ·········· 353
　第一节　物种及物种多样性 ·········· 353
　第二节　植物物种多样性的产生 ·········· 354
　第三节　植物物种多样性的维持 ·········· 358

本章主要内容和概念 ………………………… 359
复习思考题 ………………………………… 359
第十九章　植物与环境 ……………………… 360
　第一节　植物的环境 ……………………… 360
　第二节　生态因子 ………………………… 360
　第三节　几种主要生态因子与植物的关系 …… 361
　第四节　植物的生态适应 ………………… 363
　第五节　植物种群与环境 ………………… 364
　第六节　植物群落与环境 ………………… 367
　第七节　世界主要植被类型分布与环境 …… 370
　第八节　植物与生态系统 ………………… 374

本章主要内容和概念 ………………………… 376
复习思考题 ………………………………… 377
第二十章　植物资源的保护与利用 ………… 378
　第一节　植物资源的基本特征 …………… 378
　第二节　植物资源保护与管理 …………… 380
　第三节　植物资源合理开发利用 ………… 383
　第四节　人类未来的发展与植物生产 …… 385
本章主要内容和概念 ………………………… 386
复习思考题 ………………………………… 386
主要参考文献 ……………………………… 387
附录　国内外植物科学主要期刊简介 ……… 389

绪　论

植物生物学是以植物为主要研究对象，从细胞、组织、器官、个体、类群、生态系统等不同层次研究植物体的形态与结构、植物生长发育的生理与生化基础、植物与环境之间相互关系以及植物多样性产生和发展过程与机制的一门学科。学习和研究植物生物学，将有助于人类更好地了解植物界、合理利用和保护植物资源。

第一节　植物在生物分界中的地位

人们对植物界的认识及其范围的划分是随着科学技术的进步而发展的。就目前所知，关于生物分界的理论很多，但归纳起来，主要有两界、三界、四界、五界、六界等分类系统。

1. 林奈的两界系统

现代生物分类的奠基人，瑞典博物学家林奈（Carolus Linnaeus，1707～1778年）在《自然系统》（Systema Naturae，1735年）一书中明确将生物分为植物和动物两大类，即植物界（Kingdom plant）和动物界（Kingdom animal）。这就是常说的两界系统，两界系统的划分在当时的科学技术条件下具有重大科学意义。至今，许多教科书仍沿用两界系统。

2. 海克尔的三界系统

19世纪前后，由于显微镜的发明和广泛应用，人们发现有些生物兼有植物和动物两种属性，特别是黏菌类，在其生活史中有一个阶段为动物性特征。1860年，霍格（Hogg）提出将所有单细胞生物、所有的藻类、原生动物和真菌归为一类，成立一个原始生物界；1866年德国著名生物学家海克尔（Haeckel，1834～1919年）提出成立一个原生生物的意见，他把原核生物、原生动物、硅藻、黏菌、海绵等归入原生生物界（Kingdom protista），这就是生物分界的三界系统。

3. 魏泰克的四界、五界系统

1959年，魏泰克（Whittaker，1924～1980年）提出了四界系统，他将不含叶绿素的真核菌类从植物界分出，建立了真菌界（Kingdom fungi），而且和植物界一起并列于原生生物界之上。10年后，在此基础上，魏泰克又提出了五界系统，他将细菌和蓝藻分出，建立了原核生物界（Kingdom monera），放在原生生物界之下。魏泰克的分界系统，优点是在纵向显示了生物进化的三大阶段，即原核生物、单细胞真核生物和真核多细胞生物；从横向显示了生物演化的三大方向，即光合自养植物、吸收方式的真菌和摄食方式的动物。

1974年，黎德尔（Leedale）提出了另一个四界系统，他去掉了原生生物界，而将魏泰克五界系统中的原生生物归到植物界、真菌界和动物界中。

4. 六界和八界系统

1949年，Jahn提出将生物分成后动物界、后生植物界、真菌界、原生生物界、原核生物界和病毒界的六界系统。1990年，R. C. Brusca等提出另一个六界系统，即原核生物界、古细菌界（Archaebacteria）、原生生物界、真菌界、植物界和动物界。1989年，Cavalier-Smith提出生物分界的八界系统，将原核生物分成古细菌界和真细菌界（Eubacteria）；把真核生物分成古真核生物超界和后真核生物超界，前一超界仅有古真核生物界，后一超界有原生动物界、藻界、植物界、真菌界和动物界。

5. 我国学者对生物分界的意见

1965年胡先骕将生物分为始生总界和胞生总界，前者仅包括无细胞结构的病毒，后者包括细菌界、黏菌界、真菌界、植物界和动物界。1966年，邓叔群根据3种营养方式把生物分成植物界（光合自养）、动物界（摄食）和真菌界（吸收）。1979年，陈世骧根据生命进化的主要阶段将生物分成3个总界的五界或六界新系统，即非细胞总界（仅为病毒），原核总界（包括细菌界和蓝藻界），真核总界（包括真菌界、植物界和动物界）。1977年，王大耜等认为应在魏泰克五界系统基础上增加一个病毒界的六界系统。迄今为止，对于病毒是否属于生物以及病毒是否比原核生物更原始，国内外尚无定论。

在不同生物分界系统中，植物的概念及其所包括的类群也不一样，如将生物分为植物和动物两界时，植物界包括藻类、菌类、地衣、苔藓、蕨类和种子植物；在五界系统中，植物界仅包括多细胞光合自养类群，而菌类、地衣和单细胞藻类以及原核蓝藻则不包括在内（天麻、水晶兰等部分腐生植物虽不能光合作用，属于异养生物，但仍属于植物界）。

目前，较为一致的观点是在生物分界中应该主要依据生物营养方式，并考虑生物进化水平。因此，植物界的概念应是"含有叶绿素，能进行光合作用的真核生物"。按照这一概念，植物界包括的主要类群是各门真核藻类、苔藓植物、蕨类植物、裸子植物和被子植物。

第二节　植物在自然界和人类生活中的作用

植物界绚丽多姿，五彩缤纷，不同植物的形态、结构、生活习性及对环境的适应性各有差异，但却具有共同的基本特征，即植物细胞有细胞壁，具有比较固定的形态；大多数种类含有叶绿体，能进行光合作用和自养生活；植物细胞具全能性，即由 1 个植物细胞可培养成 1 个植物体；大多数植物个体终生具有分生组织，在个体发育过程中能不断产生新器官；植物对于外界环境的变化影响一般不能迅速做出反应，而往往只在形态上出现长期适应的变化等。

植物是生物圈中一个庞大的类群，有 50 余万种，广泛分布于陆地、河流、湖泊和海洋，它们在生物圈的生态系统、物质循环和能量流动中处于最关键地位，在自然界具有不可替代的作用。

第一，绿色植物能够进行光合作用，把简单的无机物合成复杂的有机物，并在植物体内进一步同化为脂类、蛋白质类物质，这不仅解决了绿色植物自身营养，也维持了非绿色植物和人类的生命。通过非绿色植物对死的有机体进行分解，又可把复杂有机物分解成简单的无机物，再为绿色植物利用。总之，植物在自然界中，通过光合作用和矿化作用，即合成和分解，使自然界的物质循环往复，永无止境。

据推算，地球上的植物为人类提供 90% 的能量，80% 的蛋白质，食物中有 90% 产自陆生植物。人类食物有 3000 多种，其中作为粮食作物的有麦、稻、高粱、玉米等；果蔬植物有桃、苹果、梨、香蕉、萝卜、白菜等；大豆、花生、油菜为重要油料植物；棉、大麻、苎麻、竹是纺织或造纸原料；许多高大树木的木材可供建筑、桥梁等用。

许多植物分别含有各种生物碱、苷类、萜类、氨基酸、激素、抗生素等医药用有效成分，在防病治病、促进人类身体健康方面发挥重要作用，如薄荷、黄芪、黄芩、白术、金银花、人参、丹参、厚朴等均为重要的药用植物。医药上常用的青霉素、土霉素等，也是从低等植物的菌类中提制而成。植物不仅在农业、林业生产上具有重要作用，而且为工业生产提供原料或直接参与作用。

第二，植物在维持地球上物质循环的平衡中起着不可替代的作用，如通过光合作用吸收大量 CO_2 和放出大量 O_2，以维持大气中 CO_2 和 O_2 的平衡；通过合成与分解作用参与自然界中矿物质的循环和平衡。

第三，植物为地球上其他生物提供了赖以生存的栖息和繁衍后代的场所。

第四，植物有净化空气、检测有毒物质、防风固沙、涵养水源、调节气候、保持水土等作用。

总之，植物在自然界中是第一性生产者，是一切生物（包括人类）赖以生存的物质基础，为一切真核生物（包括需氧原核生物）提供生命活动必需的氧气和生存环境，维持着自然界中的物质循环和平衡，甚至可以说，没有植物，其他的生物（包括人类）无法生存。

第三节　植物科学发展简史和发展趋势

植物科学的发生和发展与人类对植物的利用程度密切相关。早期的人类在采集植物充饥御寒和医治疾病过程中认识和利用植物，使本草学逐渐建立起来。我国在东汉时期（25～220 年）的《神农本草经》就收有中草药 365 种，是我国目前可以查考的第一部本草总结。以后各代志书都有关于新植物记述和栽培植物考证，并有历代相传的药用植物专书，如明代李时珍的《本草纲目》，详细描述药物 1892 种，其中有植物 1195 种，是研究我国植物的一部经典性著作。《中国植物志》是世界最大的植物巨著之一，共有 80 卷 125 册，记载植物 301 科 3408 属 31 142 种。*Flora of China* 对 80 卷 125 册的《中国植物志》进行了全面修订，并译成英文，共有文字 25 卷，图版 24 卷，是目前世界上最大、水平很高的英文版植物志。

16 世纪末 17 世纪初，植物开始成为许多科学家注意的焦点，其原因与其说是在于对植物的营养和医药价值，倒不如说是在于对植物发生了兴趣，这些植物学家所写的著作标志着向植物分类迈开极重要的一步。

英国物理学家 Hooke 利用自制的显微镜发现了细胞，并于 1665 年出版了《显微图谱》一书。1672 年英国的 Grew 发表了《植物解剖学》。1737 年林奈发表了《自然系统》，奠定了现代分类学的基础。

18 世纪开始，植物科学从描述转向实验，细胞学、解剖学、生理学、胚胎学、分类学等先后发展起来。19 世纪英国达尔文（C. R. Darwin）的《物种起源》提出进化论观点，对植物科学的发展起着十分重要的推动作用。19 世纪，德国的施莱登（M. J. Schleiden）和施旺（T. A. H. Schwann）创立细胞学说，证明了生物在结构上和起源上的同一性，为以后深入研究生命现象提供了重要基础。

英国的 Priestley 于 1771 年发现植物可以恢复因燃烧而变 "坏" 了的空气；1804 年瑞士的 Saussure 证实 CO_2 和 H_2O 是植物生长的原料；1845 年德国的 Meyer 证实植物把太阳能转化为化学能；1860 年左右人们已用 $CO_2 + H_2O \longrightarrow (CH_2O) + O_2$ 表示植物利用光能的总过程；1897 年首次在教科书中称它为光合作用。

德国的化学家 Liebig 于 1842 年在美国科学促进会上作题为《化学应用于农业及生理学》的报告，奠定了植物矿质营养理论的基础。

能量守恒定律的发现进一步促使人们探讨植物生命活动中的能量关系，推动了植物生理学的发展。

1866 年 Mendel 的豌豆杂交实验揭示了植物遗传的基本规律，推动了遗传学的发展；美国的 Morgan 于 1926 年发表了《基因论》，总结了遗传学的成就，形成了遗传学理论体系。

1895 年丹麦 Warming 的《以植物生态地理为基础的植物分布学》以及 1898 年德国 Schimper 的《以生理学为基础的植物分布学》标志着植物生态学的诞生。

总之，经过 18 世纪到 20 世纪初期的发展，诞生了一批植物科学的分支学科，如植物形态学（Plant Morphology）、植物解剖学（Plant Anatomy）、植物分类学（Plant Taxonomy）、植物生理学（Plant Physiology）、植物生态学（Plant Ecology）、植物胚胎学（Plant Embryology）、植物细胞学（Plant Cytology）、植物遗传学（Plant Genetics）、植物地理学（Plant Geography）、植物化学（Phytochemistry）、植物资源学（Plant Resource）、植物生物学（Plant Biology）等。与此同时，植物科学也为农林业生产作出了重要贡献。

由于研究方法和实验技术不断创新，各个领域与相邻学科的不断渗透，使得植物科学迅速发展。在微观领域，由细胞水平进入亚细胞、分子水平，对植物体结构与机能有了更深入的了解，在光合作用、生物固氮、呼吸作用、离子吸收等许多方面获得了重大突破，特别在确认 DNA 是遗传的分子基础，并阐明了 DNA 双螺旋结构之后，人们开始从分子水平上认识植物。在宏观领域，已由植物的个体生态进入到种群、群落及生态系统的研究，甚至采用卫星遥感技术研究植物群落在地球表面的空间分布和演化规律，进行植物资源调查。尤其是分子生物学和基因组学的迅速崛起，对植物学发展产生了巨大影响，致使边缘学科和整合性研究领域层出不穷。可以预见，随着模式植物拟南芥、水稻等植物基因组计划的完成和基因功能的阐明，人们对植物生长发育、遗传、进化以及植物与环境之间关系等问题的认识将发生革命性飞跃。植物科学将在更高层次上和更大范围内，探索植物生命奥秘和发展规律，并在人口膨胀、资源枯竭、生态建设、环境污染等重大问题上发挥重要作用。

第四节　学习植物生物学的目的和方法

植物生物学是一门基础课，因此，学习本门课程时，要牢固掌握植物科学的基础知识和基本理论，既要了解植物科学发展历史和现状，也要了解植物科学的发展趋势、植物科学与其他科学技术的关系以及植物和植物科学在自然界和人类社会发展中的重要意义。

学习植物生物学，必须注意辩证思维，把握知识间的内在联系，如形态结构与生理功能的关系，形态结构与生态环境的关系，个体发育和系统发育的关系，遗传与变异的关系，共性和个性的关系，多样性保护和资源开发利用的关系等。只有掌握不同植物生长发育的规律性，以及它们与环境间生态关系的规律性，科学地加以控制、促进和调节，才能从植物获得更多产品和产量。

学习植物生物学，要在学习植物科学基本理论和基本知识的基础上，注意了解新成就、新动向和新发展。要学会和经常查阅国内外重要植物科学期刊和参考书，以了解植物科学的新信息。

植物生物学和其他生物科学一样，都有相似的研究方法，通过认真观察、系统比较、归纳和实验，以了解植物生活现象、生物发育和形态结构，从而揭示植物生活、生长与发育和形态与结构变化的表现、规律和本质。植物生物学是一门实验性很强的学科，学习时，必须理论联系实际，将课堂系统讲授与实验和实习密切结合，按照植物生长发育过程进行学习和实践。

本章主要内容和概念

植物生物学是以植物为主要研究对象，从细胞、组织、器官、个体、类群、生态系统等不同层次研究植物体的形态、结构和功能，植物生长发育的生理与生化基础，植物与环境之间相互关系以及植物多样性产生和发展过程与机制的一门学科。

生物界可划分为两界（植物界和动物界）、三界（植物界、动物界和原生生物界）、四界（植物界、动物界、原生生物界和菌物界）、五界（植物界、动物界、原生生物界、原核生物界和菌物界）和六界（原五界和病毒界）。

植物的多样性主要体现在形态结构、生活习性和对环境的适应性等方面。植物种类的多样化来自种的持续形成过程，它是植物有机体在与环境长期相互作用下，经过遗传、变异、适应和选择等一系列矛盾运动产生的，同时也与人类生产劳动的实践活动密不可分。

不同种类的植物具有共同的基本特征，即植物细胞有细胞壁，具有比较固定的形态；大多数种类含有叶绿体，能进行光合作用，进行自养生活；植物细胞具有全能性；大多数植物个体终生具有分生组织，在个体发育过程中能不断产生新器官；植物对于外界环境的变化影响一般不能迅速做出反应，而往往只在形态上出现长期适应的变化。

植物在自然界中是第一批生产者，是一切生物（包括人类）赖以生存的物质基础，为一切真核生物（包括需氧原核生物）提供生命活动必需的氧气和生存环境，维持着自然界的物质循环和平衡，甚至可以说，没有植物，其他的生物（包括人类）无法生存。

植物科学的形成和发展与人类生产实践密切相关。由于研究方法和实验技术不断创新，各个领域与相邻学科的不断渗透，使得植物科学迅速发展，一些传统学科间的界限逐渐淡化，特别是分子生物学的迅速崛起，对植物科学的发展已经产生了巨大影响，使得边缘学科和新兴学科层出不穷。

研究植物的目的是认识和揭示植物生长、发育、遗传和分布等的规律，控制、利用、保护和改造植物，充分利用植物资源，提高农作物产量和品质，发展国民经济，改善人民生活。

学习植物生物学，必须确立辩证唯物主义思想，理论联系实际的科学态度，系统与进化的概念，动态发展的观点、局部和整体的观点、比较和归纳总结的观点。

复习思考题

1. 什么是植物？如何区分植物和动物？
2. 简述植物在自然界和人类生活中的重要性。
3. 举例说明代表性人物对植物科学发展的贡献。
4. 举例说明现代生物技术对植物科学发展的推动作用。
5. 如何才能学好植物生物学？

第一章　植物细胞

细胞是植物体结构和功能的基本单位。植物有机体，无论是高大乔木、低矮草本，还是微小的多细胞藻类都是由细胞组成的。植物的一切生命代谢活动都发生在细胞中。

细胞的发现依赖于显微镜的发明和发展。因为绝大多数细胞直径在 $30\mu m$ 以下，远远超出了人们肉眼直接可见的范围（$100\mu m$ 以上），因此，只有借助放大装置才能观察到细胞。1665 年，英国物理学家胡克（R. Hooke，1635～1703 年）创造了第一台有科学研究价值的显微镜，它的放大倍数为 40～140 倍，胡克利用这架显微镜观察了软木（栎树皮）切片，看到了许多紧密排列、蜂窝状的小室，称之为"细胞"（cell）。他估计 1 立方英寸[①]软木包含大约 $1259×10^6$ 个细胞。胡克实际上观察到的是细胞死亡后留下的细胞壁围成的空腔。由于他首先于 1665 年在观察植物组织时叙述了这样的结构，并提出细胞（cell）一词，因而沿用至今。此后，生物学家就用细胞"cell"一词来描述生物体的基本结构单位。

真正观察到活细胞的是与胡克同时代的荷兰科学家列文虎克（A. van Leeuwenhoek，1632～1723 年），他在 1677 年用自制显微镜观察到池塘水中的原生动物、蛙肠内的原生动物、人类和哺乳类动物的精子等，这些都是生活的细胞。

胡克发现细胞之后 200 年中，由于当时所使用的显微镜比较简单，分辨率较低，清晰度也不高，限制了人们对细胞的深入认识。直到 19 世纪 30 年代，显微镜制造技术有了明显改进，分辨率提高到 $1\mu m$ 以内，同时由于切片机的制造成功，使显微解剖学取得了长足进展。1831 年，布朗（R. Brown）在兰科植物和其他几种植物的表皮细胞中发现了细胞核。施莱登（M. J. Schleiden）把他看到的核内小结构称为核仁。1839 年著名显微解剖学家浦金野（Purkinje）首先把细胞的内容物称为"原生质"（protoplasm），提出细胞原生质的概念。随后，莫尔（H. von. Mohl）等发现动物细胞中"肉样质"和植物细胞的原生质在性质上是一样的。至此，人们便确定了动物、植物细胞具有最基本的共性成分——原生质。1880 年 Hanstein 提出"原生质体"（protoplast）的概念，于是形成了"细胞是有膜包围的原生质团"的基本概念。

这一时期，学者们开始思索细胞与生物体的关系。1838 年，德国植物学家施莱登论证了所有植物都是由细胞组合而成，一年以后，德国动物学家施旺（T. A. H. Schwann，1810～1882 年）认为动物体也是由细胞组成的。施莱登和施旺两人共同提出：一切植物、动物都是由细胞组成的，细胞是一切动植物的基本单位，这就是著名的"细胞学说"（cell theory）。它论证了生物界的统一性和共同起源。之后，德国病理学家 R.Virchow 1855 年指出"细胞来自细胞"使细胞学说更加完善，其主要内容可概括为：①一切生物，从单细胞到高等动物、植物都是由细胞组成的；②细胞是生物形态结构和功能活动的基本单位；③细胞来源于细胞的分裂或融合；④卵子和精子都是细胞。

细胞的发现，使我们了解到所有植物体和动物体都是从细胞繁殖和分化中发育起来的。也使我们不仅知道一切高等有机体都是按照一个共同规律发育和生长的，而且通过细胞的变异能力有机体能改变自己的物种，并从而实现一个比"个体发育"更高的发育途径。由此可见，只有在细胞学说建立后，人们才认识到：细胞是生物有机体结构和生命活动的单位，是生物"个体发育"与"系统发育"的基础。它在生物学发展史上占有非常重要的地位。

第一节　细胞的基本特征

一、细胞的基本概念

细胞是生物有机体最基本的形态结构单位。除病毒外，一切生物有机体都是由细胞组成的。单细胞生物体只由一个细胞构成，而高等植物体则由无数功能和形态结构不同的细胞组成。

细胞是代谢和功能的基本单位。在生物有机体代谢活动与执行功能过程中，细胞是一个独立的、高度

---

① 1 英寸≈2.54cm，下同。

有序的、能够进行自我调控的代谢功能体系，虽然细胞形态各有不同，但每一个生活细胞都具有一套完整的代谢机构以满足自身生命活动需要，至少是部分地自给自足。除此之外，生活细胞还能对环境变化做出反应，从而使其代谢活动有条不紊地协调进行。在多细胞生物体中，各种组织分别执行特定功能，但都以细胞为基本单位而完成。

细胞是有机体生长发育的基础。一切生物有机体的生长发育是以细胞分裂、细胞体积增长和细胞分化来实现的。细胞是生长和发育的基本单位。组成多细胞生物体中的众多细胞尽管形态结构不同，功能各异，但它们都是由同一受精卵经过细胞分裂和分化而来。

细胞是遗传的基本单位，具有遗传上的全能性。无论是低等生物或高等生物的细胞、单细胞或多细胞生物的细胞、结构简单或结构复杂的细胞、分化或未分化的细胞，它们都包含全套遗传信息，即具有一套完整的基因组。植物的性细胞或体细胞在合适的外界条件下培养可诱导发育成完整的植物体，这说明从复杂有机体中分离出来的单个细胞，是一个独立的单位，具有遗传上的全能性。

根据细胞在结构、代谢和遗传活动上的差异，把细胞分为两大类，即原核细胞（procaryotic cell）和真核细胞（eucaryotic cell）。原核细胞没有典型的细胞核，其遗传物质分散在细胞质中，且通常集中在某一区域，但两者之间没有核膜分隔；原核细胞遗传信息的载体仅为一环状 DNA，DNA 不与或很少与蛋白质结合；原核细胞的另一特征是没有分化出以膜为基础的具有特定结构和功能的细胞器；原核细胞通常体积很小，直径为 0.2～10μm；由原核细胞构成的生物称为原核生物（procaryote），原核生物主要包括支原体（mycoplasma）、衣原体（chlamvdia）、立克次氏体（rickettsia）、细菌、放线菌（actinomycetes）和蓝藻等，几乎所有原核生物都是由单个原核细胞构成。相比之下，真核细胞具有典型的细胞核结构；DNA 为线状，主要集中在由核膜包被的细胞核中；真核细胞同时还分化出以膜为基础的多种细胞器，其代谢活动，如光合作用、呼吸作用、蛋白质合成等分别在不同细胞器中进行，或由几种细胞器协同完成，细胞中各个部分的分工，有利于各种代谢活动的进行。由真核细胞构成的生物称为真核生物（eucaryote），高等植物和绝大多数低等植物均由真核细胞构成。原核细胞与真核细胞的差别见表 1-1。

表 1-1　原核细胞与真核细胞的主要差别

要点	原核细胞	真核细胞
大小	大多数很小（0.2～10μm）	大多数较大（10～100μm）
细胞核	无膜包围，称为拟核	有双层膜包围
核仁	无	有
染色体		
形状	多为环状 DNA 分子	核中多为线性 DNA 分子；线粒体和叶绿体的为环状 DNA 分子
数目	1 个基因连锁群	1 个或多个基因连锁群
组成	DNA 裸露或结合少量蛋白质	核 DNA 同组蛋白结合；线粒体和叶绿体的 DNA 裸露
DNA 序列	无或很少重复序列	有重复序列
基因表达	RNA 和蛋白质在同一区间合成	RNA 在核中合成和加工；蛋白质在细胞质中合成
细胞分裂	直接分裂或出芽	有丝分裂或减数分裂
内膜	无独立的内膜	有内膜，分化成细胞器
细胞骨架	无	普遍存在
运动细胞器	由鞭毛蛋白丝构成简单鞭毛	由微管构成纤毛和鞭毛
核糖体	70S（50S+30S）	80S（60S+40S）
营养方式	吸收，有的可进行光合作用	吸收，光合作用，内吞
细胞壁成分	肽聚糖，蛋白质，脂多糖，脂蛋白	植物细胞壁主要是纤维素和果胶

二、细胞生命活动的物质基础——原生质

原生质是一个生活细胞中所有有生命活动的物质的总称，是生活细胞内半透明胶体状物质。由多种有机物质和无机物组成，不同的细胞类型和细胞不同代谢阶段，其物质组成差异很大。

原生质的元素组成主要有 C、H、N、O、P、S、Ca、K、Cl、Mg、Fe、Mn、Cu、Zn、Mo 等。其中，C、

H、N、O 四种元素占 90% 以上，它们是构成各种有机化合物的主要成分。除此以外的其他元素含量较少或很少，但也非常重要。各种元素的原子或以各种不同的化学键互相结合而成各种化合物，或以离子形式存在于植物细胞内。

组成原生质的化合物可分为无机物和有机物两大类，前者包括水和无机盐，后者主要包括核酸、蛋白质、脂类、多糖等。

（一）无机物

1. 水

水是原生质中最主要的成分，占原生质总含量的75%～80%，在胚胎细胞中甚至可达95%。水在细胞中不仅含量最大，而且由于它具有一些特有的理化性质，使其在生命起源和形成细胞有序结构方面起着关键作用。如果地球上没有水，也就不会有细胞产生，当然也就不会有生命。水在原生质中以两种方式存在：一种是游离水，约占细胞总水量的95%；另一种是结合水，通过氢键或其他化学键与蛋白质等有机大分子结合，这种水占4%～5%。水分子的重要特性在于其电荷分布不对称，一侧显正电性，另一侧显负电性，从而表现出电极性，是一个典型的极性分子。正是由于水分子具有这一特性，它既可与蛋白质中的正电荷结合，也可与负电荷结合。蛋白质中每一个氨基酸平均可结合2.6个水分子。由于水分子具有极性，产生静电作用，因而它是一些离子物质（如无机盐）的良好溶剂。例如，NaCl溶于水中，Na^+可吸引水分子中显负电性的O^{2-}，而Cl^-则可吸引带正电性的H^+，因而在Na^+和Cl^-周围分别形成了一层水。水分子之间和水分子与其他极性分子间还可建立弱作用力的氢键。在水中每1个氧原子可与另2个水分子的氢原子形成2个氢键，因而水具有较强的内聚力和吸附力。水分子另一个重要特性就是可解离为OH^-和H^+。H^+的浓度变化直接对细胞pH产生影响。

水为细胞中各种生物化学反应提供了溶液介质；植物体内各种物质的运输也要溶解在水中；水的内聚力使植物体导管内形成连续水柱，保证了水分的正常运输。

另外，水具有高的气化热和比热容，保证了植物体温度的相对稳定，在炎热夏季，还有助于植物叶面温度的下降。细胞中各种生化反应、细胞膨压的维持、细胞内有序结构的形成等都需要有充足水分才能进行。

2. 无机盐

在大多数细胞中无机盐含量很少，不到细胞总重的1%。这些无机盐在细胞中常解离为离子，如K^+、Na^+、Mg^{2+}、Cl^-、PO_4^{3-}、HCO_3^-等，离子的浓度具有许多重要作用。例如，某些酶需要在某种离子一定浓度下才能保持活性。有些离子与有机物结合，如PO_4^{3-}与戊糖和碱基组成了核苷酸，Mg^{2+}参与合成叶绿素。细胞中的各种离子有一定的缓冲能力，可在一定程度上使细胞内pH保持恒定，这对于维持正常生命活动非常重要。植物细胞液泡中的各种无机离子对维持细胞的渗透平衡以及细胞对水分的吸收也有重要作用。

（二）有机化合物

1. 蛋白质

蛋白质（protein）是构成原生质的一类极为重要的生物大分子，植物体新陈代谢的各种生物化学反应和生命活动过程，如呼吸作用、光合作用、物质运输、生长发育、遗传与变异等都有蛋白质参与。蛋白质是原生质的主要结构物质，生物体内各种生物化学反应中起催化作用的酶也是蛋白质，同时，蛋白质还参与基因表达，起着调节生命活动的作用。

一个细胞中约有10^4种蛋白质，分子数量达10^{11}个。蛋白质常含有C、H、O、N四种主要元素，还有S、P、Fe、Zn等元素。

按空间构型不同，蛋白质可分为纤维状蛋白和球状蛋白，前者呈线状或片状，后者呈球状，如酶、多种蛋白质激素、各种抗体以及细胞质和细胞膜中的蛋白质都是球蛋白。蛋白质按其功能不同可分为结合蛋白、酶蛋白和储藏蛋白。结合蛋白常见的有糖蛋白、脂蛋白、核蛋白等，它们是蛋白质与糖、脂肪、核酸结合而形成的一类结构蛋白，组成细胞的结构。酶蛋白是组成酶的蛋白质，有些酶中除蛋白质外，还结合有维生素、核苷酸和一些金属离子等。酶分布在细胞特定部位，是细胞内生化反应的催化剂，在细胞代谢等生命活动中起重要作用。

2. 核酸

核酸是载有遗传信息的一类生物大分子，所有生物均含有核酸。核酸分为脱氧核糖核酸和核糖核酸两大类。脱氧核糖核酸（deoxyribonucleic acid，DNA）主要存在于各种细胞的细胞核中，细胞质中也含有少量DNA，分布在线粒体与叶绿体中。核糖核酸（ribonucleic acid，RNA）在细胞质中的含量较高。组成DNA和RNA的基本单位是核苷酸（nucleotide）。

3. 脂类

细胞内的脂类（lipid）化合物不构成大分子，这类化合物的重要属性是难溶于水，易溶于非极性有机溶剂（如乙醚、氯仿和苯）。脂类主要组成元素是C、H、O，其中C、H含量很高，有的脂类还含有P和N。脂类是原生质的重要结构物质，是构成生物膜的主要成分；脂类分子中储藏大量化学能，脂肪氧化时产生的能量是糖氧化时产生能量的2倍多，在很多植物的种子中含有大量脂类物质，为储藏物质；脂类物质还能构成植物体表面的保护层，防止植物体失水，如角质（cutin）、木栓质（suberin）等。

脂类种类很多，包括不饱和脂肪酸、中性脂肪、磷脂、糖脂、类胡萝卜素、类固醇和萜类等。

磷脂类（phospholipid）是细胞膜系统中的重要脂类，也是许多代谢途径的参与者。磷脂又称磷酸甘油酯（phosphoglyceride）。两个脂肪酸分子通过酯桥分别连接在甘油的两个羟基上，甘油的第三个羟基被酯化成磷酸，从而形成了磷脂（图1-1）。磷脂具有一个亲水头部和一个疏水尾部，头部是由一个带负电荷的磷酸残基结合带正电荷的有机分子组成，尾部则由两个非极性脂肪酸链组成，因此，是双性脂类（amphipathic lipid）。无论是细胞内还是细胞外，它都是水相与非水相的重要连接介质。膜中磷脂的存在对于亲水性和疏水性物质的穿膜运输有重要作用。

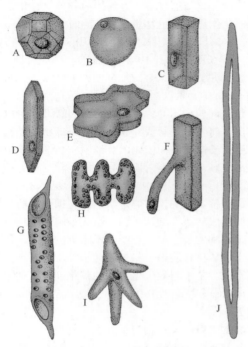

图1-1　种子植物各种形状的细胞

A. 十四面体状细胞；B. 球形果肉细胞；

C. 长方形木薄壁细胞；D. 纺锤形细胞；

E. 扁平的表皮细胞；F. 根毛细胞；G. 管状导管分子；

H. 小麦叶肉细胞；I. 星状细胞；J. 细长的纤维

在植物体一些器官表面，还存在着一些非极性化合物，如某些植物的幼茎、叶及果实表面等覆盖着非极性的蜡（wax），是由脂肪酸和醇化合而成的酯，能有效防止细胞失水和病菌侵入。某些细胞的细胞壁中加入角质、木栓质等，有防止细胞水分散失的作用。

4. 糖类

糖是一大类有机化合物。绿色植物光合作用的产物主要是糖类，植物体内有机物运输的形式也是糖。在细胞中，糖能被分解氧化释放出能量，是生命活动的主要能源；遗传物质核酸中也含有糖；糖能与蛋白质结合成糖蛋白，糖蛋白有多种重要生理功能；糖是组成植物细胞壁的主要成分。糖类分子含C、H、O三种元素，三者的比例一般为1：2：1，即（CH_2O）$_n$，因此糖被称为碳水化合物（carbohydrate）。

细胞中的糖类既有单糖，也有多糖。单糖在细胞中作为能源以及与糖有关的化合物的原料存在。重要的单糖为五碳糖（戊糖）和六碳糖（己糖），其中最主要的五碳糖为核糖，最重要的六碳糖为葡萄糖。葡萄糖不仅是能量代谢的关键单糖，也是构成多糖的主要单体。多糖在细胞结构成分中占有主要地位。细胞中的多糖可分为两类：一类是营养储备多糖；另一类是结构多糖。在植物细胞中，储备多糖主要为淀粉（starch），淀粉中有两类分子，均为由葡萄糖经 α-1, 4- 糖苷键连接而成的多糖。一类是不分支分子，称为直链淀粉（amylose）。每一直链分子含有 250 个或 300 个葡萄糖单元。另一类淀粉分子有分支，称为支链淀粉（amylopectin）。每一支链是由 24～30 个葡萄糖单元以 α-1, 4- 糖苷键连接成的多糖链，各支链间又以 1, 6- 糖苷键相连。支链淀粉有 1000 个以上的葡萄糖单元。构成结构多糖的糖单元，有的是葡萄糖，有的是含氨基的葡萄糖。真核细胞中的结构多糖主要有纤维素、果胶、半纤维素。

除上述四大类有机物质外，细胞中还含有其他一些生理作用很重要的必需物质，如激素、维生素、抗生素等。

三、原生质的性质

（一）原生质的理化性质

原生质理化性质主要表现在如下几个方面。①胶体性质。原生质中，有机物大分子形成直径为 1～500nm 的小颗粒，均匀分散在以水为主且溶有简单的糖、氨基酸、无机盐的液体中，成为具有一定弹性与黏度，在光学显微镜下呈不均匀的半透明亲水胶体。当水分充足时，原生质中的大分子胶粒分散在水溶液介质中，此时原生质近于液态，称溶胶，条件改变，如水分很少时，胶粒联结成网状，而水溶液分散在胶粒网中，此时近于固态，称为凝胶，而有时原生质则呈介于溶胶与凝胶之间的状态。②黏性和弹性，又称黏滞性、黏度或内摩擦。黏性是指流体物质抵抗流动的性质，即物质流动时它的一部分对另一部分所产生的阻力。很多因素，如温度、电解质种类、麻醉剂、机械刺激等均可影响原生质的黏性。原生质黏性和生命活动强弱有关。当组织处于生长旺盛或代谢活跃状态时，原生质黏性相当低，休眠时则很高。黏性可能影响代谢活动，而代谢结果反过来也可改变原生质的黏性。弹性是指物体受到外力作用时形态改变，除去外力后能恢复原来形状的性质。细胞壁、原生质、细胞核均有弹性。Seifriz 用显微镜解剖针把原生质从细胞中拉出成一条线，如令其突然折断，则折断部分即行缩回到原来位置，此试验可证明原生质弹性的存在。弹性和植物抗旱性有关，弹性大时抗旱性强。③液晶性质。液晶态是物质介于固态与液态之间的一种状态，它既有固性结构的规则性，又有液体的流动性；在光学性质上像晶体，力学性质上像液体。从微观看，液晶态是某些特定分子在溶剂中有序排列而成的聚集态。在植物细胞中，有不少分子，如磷脂、蛋白质、核酸、叶绿素、类胡萝卜素与多糖等在一定温度范围内都可形成液晶态。一些较大的颗粒，如核仁、染色体和核糖体也具液晶结构。液晶态与生命活动密切相关，如膜的流动性是生物膜具有液晶特性的缘故。温度高时，膜会从液晶态转变为液态，其流动性增大，膜透性加大，导致细胞内葡萄糖和无机离子等大量流失。温度过低时生物膜由液晶态转变为凝胶态，膜收缩，出现裂缝或通道，而使膜透性增大。

（二）原生质的生理特性

原生质最重要的生理特性是具有生命现象，即具有新陈代谢能力，原生质能够从周围环境中吸取水分、空气和其他物质进行同化作用，把这些简单物质同化成自己体内的物质。同时，又将体内复杂物质进行异化作用，分解为简单物质，并释放出能量。原生质同化和异化的矛盾统一过程就是新陈代谢，也就是重要的生命特征之一。

四、植物细胞的基本特征

（一）植物细胞的形状和大小

植物细胞的形状多种多样，有球状体、多面体、纺锤形和柱状体等（图1-1）。单细胞植物体或离散的单个细胞，如小球藻、衣藻，细胞处于游离状态，形状常近似球形。在多细胞植物体内，细胞紧密排列在一起，由于相互挤压，使大部分细胞成多面体。根据力学计算和实验观察，在均匀的组织中，一个典型的、未经特殊分化的薄壁细胞是十四面体。然而这种典型的十四面体细胞，在植物体中不易找到，只有在根和茎顶端分生组织和某些植物茎的髓部薄壁细胞中，才能看到类似的细胞形状，这是因为细胞在系统演化中适应功能的变化

而分化成不同形状。种子植物的细胞，具有精细分工，因此，它们的形状变化多端，如输送水分和养料的细胞（导管分子和筛管分子）呈长管状，并连接成相通的"管道"，以利于物质运输；起支持作用的细胞（纤维），一般呈长梭形，并聚集成束，加强支持功能；幼根表面吸收水分的细胞，向着土壤延伸出细管状突起（根毛），以扩大吸收表面积。这些细胞形状的多样性，除与功能及遗传有关外，还与外界条件密切相关。

植物细胞的大小差异很大，种子植物中，细胞直径一般为 $10\sim100\mu m$。但也有特殊细胞超出这个范围，如棉花种子表皮毛细胞有的长达 70mm，成熟的西瓜和番茄果实的果肉细胞，其直径约 1mm，苎麻属（*Boehmeria*）植物茎中纤维细胞长达 550mm。

细胞体积越小，它的相对表面积越大。细胞与外界的物质交换通过表面进行，小体积大面积，这对物质的迅速交换和内部转运非常有利。另外，细胞核对细胞质的代谢起着重要调控作用，而一个细胞核所能控制的细胞质的量是有限的，所以细胞大小也受细胞核所能控制范围的制约。

决定细胞形状和大小的主要因素是遗传性，同时，细胞生理功能、在植物体中的位置以及环境条件，如水肥、光照等因素也对细胞形状和大小产生影响。

（二）植物细胞与动物细胞的主要区别

不同植物的细胞以及植物不同组织的细胞间虽然在形态结构上有很大差异。但其基本结构是一致的，典型的高等植物细胞如图1-2所示。

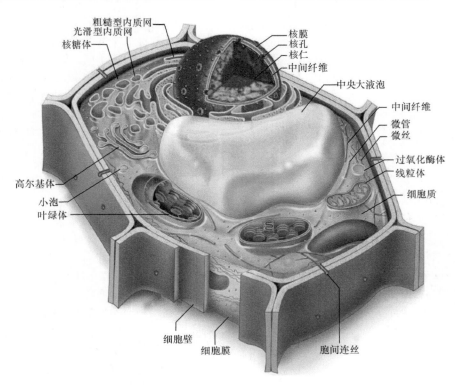

图 1-2　植物细胞结构图解

与动物细胞相比，植物细胞具有许多显著特征。绝大多数植物细胞都具坚硬的外壁——细胞壁。植物的许多基本生理过程，如生长、发育、形态建成、物质运输、信号传递等都与细胞壁有关。植物的绿色细胞具有叶绿体，能进行光合作用，可能是植物祖先最早产生的有别于其他生物的重要特征。在许多植物细胞中都有一个中央大液泡，这也是植物细胞的重要特征之一。中央大液泡在细胞水分运输、细胞生长、细胞代谢等许多方面都有重要作用。在高等植物组织中，相邻细胞之间还有胞间连丝相连，是细胞间独特的通信连接结构，有利于细胞间物质和信息传递。对于动物细胞而言，细胞通常有一定的"寿命"，细胞在若干代后会失去分裂能力，但是植物分生组织细胞通常具有无限生长能力，可以永久保持分裂能力。此外，植物细胞在有丝分裂后，普遍有一个体积增大与成熟的过程，这一点比动物细胞表现更明显，如细胞壁初生壁与次生壁形成，液泡形成与增大，质体发育等。

第二节　植物细胞的基本结构

真核植物细胞由细胞壁（cell wall）和原生质体两大部分组成。原生质体一词来源于原生质。原生质是指组成细胞的有生命物质的总称，是物质的概念。而原生质体是组成细胞的一个形态结构单位，是指活细胞中细胞壁以内各种结构的总称，是细胞内各种代谢活动进行的场所。原生质体包括细胞膜（cell membrane）、细胞质（cytoplasm）、细胞核（nucleus）等结构。植物细胞中的一些储藏物质和代谢产物称为后含物。

光学显微镜下，可以观察到植物细胞的细胞壁、细胞质、细胞核、液泡等基本结构。此外，绿色细胞中的质体也易于观察到；用特殊染色方法还能观察到高尔基体、线粒体等细胞器，这些可在光学显微镜下观察到的细胞结构称为显微结构（microscopic structure）。而只有在电子显微镜下才能观察到的细胞内的微细结构称为超微结构（ultrastructure）（图1-2、图1-3）。

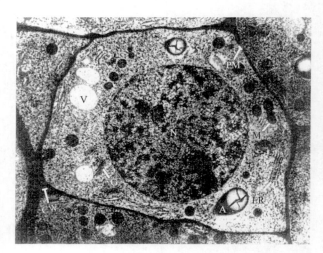

图1-3　植物根尖细胞的超微结构

A. 造粉体；ER. 内质网；G. 高尔基体；M. 线粒体；
N. 细胞核；V. 液泡；PM. 质膜；CW. 细胞壁

一、细胞壁

植物细胞的原生质体外具有细胞壁，是植物细胞区别于动物细胞的显著特征。细胞壁具有支持和保护其内原生质体的作用，还能防止细胞由于吸涨而破裂。在多细胞植物体中，细胞壁能保持植物体的正常形态，影响植物生理活动。因此细胞壁对于植物生活有重要意义。

细胞壁在植物细胞生长，物质吸收、运输和分泌，机械支持，细胞间相互识别，细胞分化、防御、信号传递等生理活动中都具有重要作用。

（一）细胞壁的化学成分

高等植物细胞壁的主要成分是多糖和蛋白质，多糖包括纤维素、半纤维素和果胶质。植物体不同细胞的细胞壁成分有所不同，如在多糖组成的细胞壁中加入了其他成分，如木质素、脂类化合物（角质、木栓质和蜡质等）和矿物质（碳酸钙、硅的氧化物等）。

纤维素是细胞壁中最重要的成分，是由多个葡萄糖分子以 β-1, 4-糖苷键连接的D-葡聚糖，含有不同数量的葡萄糖单位，从几百到上万个不等。纤维素分子以伸展的长链形式存在。数条平行排列的纤维素链形成分子团，称为微团（micella），多个微团长链再有序排列形成微纤丝（microfibril），其直径为10～25nm（图1-4）。平行排列的纤维素分子链之间和链内均有大量氢键，使之具有晶体性质，有高度的稳定性和抗化学降解能力。

半纤维素是存在于纤维素分子间的一类基质多糖，是由不同种类的糖聚合而成的一类多聚糖，其成分与含量因植物种类和细胞类型不同而异。木葡聚糖是一种主要的半纤维素成分。木葡聚糖的主链是 β-1, 4-糖苷键连接的葡萄糖，侧链主要是木糖残基，有的木糖残基可与半乳糖、阿拉伯糖相连。

果胶是胞间层和双子叶植物初生壁的主要化学成

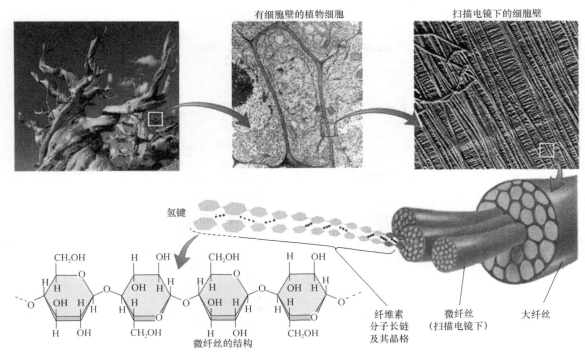

有细胞壁的植物细胞 　　扫描电镜下的细胞壁

氢键

微纤丝的结构

纤维素分子长链及其晶格

微纤丝（扫描电镜下）

大纤丝

图 1-4　细胞壁的结构图解

分，单子叶植物细胞壁中含量较少。它是一类重要的基质多糖，也是一种可溶性多糖，包括果胶酸钙和果胶酸钙镁，是由 D- 半乳糖醛酸、鼠李糖、阿拉伯糖和半乳糖等通过 α-1, 4- 糖苷键连接组成的线状长链。除了作为基质多糖，在维持细胞壁结构中有重要作用外，果胶多糖降解形成的片段可作为信号调控基因表达，使细胞内合成某些物质，抵抗真菌和昆虫的危害。果胶多糖保水力较强，在调节细胞水势方面有重要作用。

胼胝质（callose）是 β-（1, 3）葡聚糖，广泛存在于植物的花粉管、筛板、柱头、胞间连丝等处。它是一些细胞壁的正常成分，也是一种伤害反应产物，如植物韧皮部受伤后，筛板上即形成胼胝质堵塞筛孔，花粉管中形成的胼胝质常常是不亲和反应的产物。

细胞壁内的蛋白质约占细胞壁干重的 10%，主要是结构蛋白和酶蛋白。1960 年 Lamport 等发现了细胞壁内有富含羟脯氨酸的糖蛋白，当时认为这种蛋白质与细胞壁伸长有关，定名为伸展蛋白（extensin），现已证明它仅是一种结构蛋白，与细胞壁伸展无关。伸展蛋白的结构特征是富含羟脯氨酸，其含量占氨基酸摩尔数的 30%～40%。所含的糖主要是阿拉伯糖和半乳糖。

伸展蛋白的前体由细胞质以垂直于细胞壁平面的方向分泌到细胞壁中，进入细胞壁伸展蛋白前体之间以异二酪氨酸为连键形成伸展蛋白网，径向的纤维素网和纬向的伸展蛋白网相互交织（图 1-5），增加细胞壁的强度和刚性。

伸展蛋白除具结构功能外，还在植物抗病性和抗逆性中发挥作用。真菌感染、机械损伤能引起伸展蛋白增加。

迄今发现的细胞壁中的酶已有数十种，大多数是水解酶类，如蛋白酶、酸性磷酸酶、果胶酶等；还有氧化还原酶，如过氧化物酶、过氧化氢酶、半乳糖醛酸酶等。细胞壁中酶的种类、数量以及在细胞壁中存在时间长短因植物种类、组织或年龄不同而有所变化。细胞壁酶的功能多种多样，如半乳糖醛酸酶水解细胞壁果胶物质使果实软化。花粉细胞壁中的酶对于花粉管顺利通过柱头和花柱至关重要。由此可见，细胞壁积极参与了细胞的新陈代谢活动。

扩展蛋白（expansin）是具有细胞壁松弛物质性质的蛋白质，1992 年，Cosgrove 实验室从黄瓜下胚轴和燕麦胚芽鞘细胞壁中分离出两种蛋白质，它们能使热失活的离体细胞壁在酸性环境下伸展，这种蛋白质被命名为扩展蛋白。它们能打开纤维素与木葡聚糖等几种交联聚糖之间的氢键，使细胞壁松弛。扩展蛋白在植物细胞生长、花粉管伸展等过程中具有重要作用。

凝集素（lectin）是一类能够凝集细胞或使含糖大分子发生沉淀的蛋白质。几乎所有的高等植物都发现有凝集素，某些低等植物也有。茎、叶凝集素的大部分位于细胞壁中。凝集素参与植物对细菌、真菌和病毒等的防御作用。

细胞壁中含有水溶性的钙调素（calmodulin, CaM），是一种能与钙离子结合的蛋白质，以离子键结合在细胞壁中，具有促进细胞增殖的作用。

最近发现细胞壁中存在执行信号转导功能的多肽。

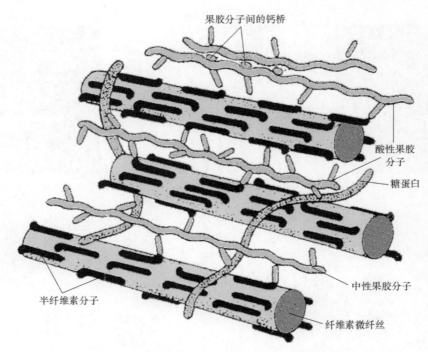

果胶分子间的钙桥

酸性果胶分子

糖蛋白

中性果胶分子

半纤维素分子

纤维素微纤丝

图 1-5 植物细胞壁各组成成分间网络式结构的关系图解

（引自 Alberts et al., 2008）

另外，随细胞所执行功能的不同细胞壁化学组成也发生相应变化。在细胞形成次生壁时常有木质素、角质、栓质、矿物质等加入其中。

（二）细胞壁的层次结构

植物细胞壁的厚度变化很大，这与各类细胞在植物体中的作用和细胞年龄有关。根据形成时间和化学成分不同可将细胞壁分成胞间层、初生壁和次生壁三层（图 1-6）。

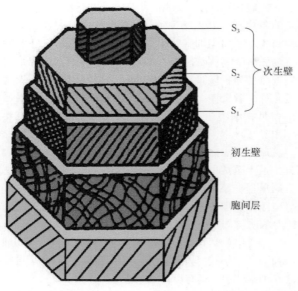

图 1-6 植物细胞胞间层、初生壁和次生壁的组成与结构

S_3

S_2 } 次生壁

S_1

初生壁

胞间层

1. 胞间层

胞间层（middle lamella）又称中层，位于细胞壁最外面，是相邻两个细胞共有的壁层，主要由果胶类物质组成，有很强的亲水性和可塑性，多细胞植物依靠它使相邻细胞粘连在一起。果胶易被酸或酶分解，导致细胞分离。胞间层与初生壁的界限往往难以辨明，当细胞形成次生壁后尤其如此。当细胞壁木质化时，胞间层首先木质化，然后是初生壁，次生壁的木质化最后发生。

2. 初生壁

初生壁（primary wall）是细胞生长过程中或细胞停止生长前由原生质体分泌形成的细胞壁层，初生壁较薄，为 $1\sim3\mu m$。除纤维素、半纤维素和果胶外，初生壁中还有多种酶类和糖蛋白，这些非纤维素多糖和糖蛋白将纤维素的微纤丝交联在一起。微纤丝呈网状，分布在非纤维素多糖基质中，果胶质使细胞壁有延展性，能随细胞生长而扩大。分裂活动旺盛的细胞，进行光合作用、呼吸作用的细胞和分泌细胞等仅有初生壁。当细胞停止生长后，有些细胞的细胞壁就停留在初生壁阶段不再加厚。这些不具次生壁的生活细胞可以改变其特化的细胞形态，恢复分裂能力并分化成不同类型的细胞。因此，只有初生壁的细胞与植物愈伤组织的形成、植株和器官再生有关。

3. 次生壁

次生壁（secondary wall）是在细胞停止生长、初生壁不再增加表面积后，由原生质体代谢产生的壁物质沉积在初生壁内侧而形成的壁层，与质膜相邻。次生壁较厚，为 5～10μm。植物体内一些具有支持作用、输导作用的细胞，如纤维细胞、导管分子、管胞等会形成次生壁，以增强机械强度，这些细胞的原生质体往往死去，留下厚的细胞壁执行支持功能。次生壁中纤维素含量高，微纤丝排列比初生壁致密，有一定的方向性。果胶质极少，基质主要是半纤维素，也不含糖蛋白和各种酶，因此比初生壁坚韧，延展性差。次生壁还添加了木质素等，显著增强了次生壁的硬度。

由于次生壁微纤丝排列有一定的方向性，次生壁通常分为内层（S_3）、中层（S_2）和外层（S_1）三层，各层纤维素微纤丝的排列方向各不相同，这种成层叠加的结构使细胞壁的强度明显增加。

（三）细胞壁的生长和特化

纤维素微纤丝形成细胞壁骨架，组成细胞壁的其他物质，如果胶、半纤维素、胼胝质、蛋白质、水、栓质、木质等填充入各级微纤丝网架中。细胞壁的生长包括面积扩大和厚度增长。初生壁形成阶段，不断沉积增加微纤丝和其他壁物质使细胞壁面积扩大。壁的增厚生长常以内填和附着方式进行。内填方式是新的壁物质插入原有结构中，附着生长则是新的壁物质成层附着在内表面。

由于细胞在植物体内担负的功能不同，在形成次生壁时，原生质体常分泌不同性质的化学物质填充在细胞壁内，与纤维素密切结合而使细胞壁的性质发生变化。

1. 木质化

木质素（lignin）填充到细胞壁中的变化称为木质化（lignification）。木质素是苯丙烷衍生物单位构成的一类聚合物，是一种亲水性物质，与纤维素结合在一起。细胞壁木质化后硬度增加，加强了机械支持作用，同时木质化细胞仍可透过水分，木本植物体内由大量细胞壁木质化的细胞（如导管分子、管胞、木纤维等）组成。

2. 角质化

细胞壁上增加角质的变化。角质是一种脂类化合物（由不同长度的脂肪酸组成）。角质化（cutinication）的细胞壁不易透水。这种变化大都发生在植物体表皮细胞，角质常在表皮细胞外形成角质膜，以防止水分过分蒸腾、机械损伤和微生物侵袭。

3. 栓质化

细胞壁中增加栓质的变化称为栓质化（suberization），木栓质由一种脂类和酚类化合物构成，栓质化细胞壁失去透水和透气能力。因此，栓质化细胞的原生质体大都解体而成为死细胞。栓质化细胞壁富于弹性，日用的软木塞就是栓质化细胞形成的。栓质化细胞一般分布在植物老茎、枝及老根外层，以防止水分蒸腾，保护植物免受恶劣条件侵害。根凯氏带中的栓质是质外体运输的屏障。

4. 矿质化

细胞壁中增加矿质的变化称为矿质化（mineralization）。最普通的有钙或硅（SiO_2），多见于茎叶表层细胞。矿化的细胞壁硬度增大，从而增加植物支持力，保护植物不易受到动物侵害。玉米、稻、麦、竹子等禾本科植物的茎叶非常坚利，就是由于细胞壁含有 SiO_2 的缘故。

（四）细胞壁在细胞生命活动中的作用

细胞壁是植物细胞所特有的结构，包围在原生质体外侧，几乎与植物细胞所有的生理活动有关。

1. 维持细胞形状

细胞壁首要的作用就是维持细胞形状。植物细胞的形状主要由细胞壁决定，植物细胞通过控制细胞壁组织，如微纤丝合成部位和排列方向，控制细胞形状。

2. 调控细胞生长

在植物细胞伸长生长中，细胞壁的弹性大小对细胞生长速率起重要调节作用，同时细胞壁微纤丝的排列方向也控制着细胞的伸长方向。

3. 机械支持

细胞壁具有很高的硬度和机械强度，使细胞对外界机械伤害有较高的抵抗能力。细胞壁不仅提高了植物细胞的机械强度，也为整个植物体提供了重要的机械支持力，高大树木之所以能挺拔直立、枝叶伸展，实际上是由每个细胞的细胞壁支撑的。

4. 维持细胞水分平衡

坚硬的细胞壁是细胞产生膨压的必要条件，因此与植物细胞水分平衡有关的生理活动也与细胞壁相关。

5. 参与细胞的识别

细胞壁中的蛋白质参与细胞间的识别反应，如花粉与柱头的识别反应是在花粉壁内糖蛋白和柱头表面的糖蛋白参与下进行的。

6. 植物细胞的天然屏障

细胞壁在抵御病原菌入侵上有积极作用。当病原菌侵染时，寄主植物细胞壁内产生一系列抗性反应，如引起细胞壁伸展蛋白积累和木质化、栓质化程度的提高，从而抵御病原微生物侵入和扩散。

此外，细胞壁形成了植物体的质外体空间，许多运输过程都在其中进行。特别是由特化的细胞壁所形成的导管在水分和矿质运输中起着不可替代的作用。某些特殊的细胞运动也与细胞壁有关，如气孔保卫细胞的变形运动就和保卫细胞细胞壁的不均匀加厚有关。细胞壁也与细胞分化有关。

（五）纹孔与胞间连丝

1. 初生纹孔场

细胞壁在生长时并不是均匀增厚。在细胞初生壁上有一些明显凹陷的较薄区域称初生纹孔场（primary pit field）（图 1-7）。初生纹孔场中集中分布有一些小孔，其上有胞间连丝穿过。

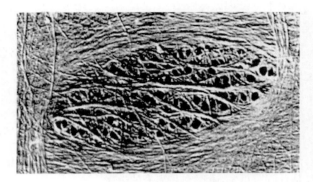

图 1-7　初生纹孔场

2．胞间连丝

穿过细胞壁上的小孔连接相邻细胞的细胞质丝称为胞间连丝（plasmodesma），胞间连丝多分布在初生纹孔场，细胞壁其他部位也有胞间连丝。光学显微镜下能看到柿胚乳细胞的胞间连丝（图 1-8），一般细胞的胞间连丝在光学显微镜下不易观察到。在电子显微镜下，胞间连丝是直径为 40～50nm 的小管状结构，目前人们普遍接受的胞间连丝超微结构模型如图 1-9 所示。这个模型认为，胞间连丝是贯穿细胞壁的管状结构，周围衬有质膜，与两侧细胞的质膜相连。中央有压缩内质网（appressed ER）通过，压缩内质网中间颜色深，称为中心柱（central rod），它是由内质网膜内侧磷脂分子的亲水头部合并形成的柱状结构。压缩内质网与质膜之间为细胞质通道（cytoplasmic sleeve），也称中央腔（central cavity）。一般认为压缩内质网中间没有腔，物质通过胞间连丝主要经由细胞质通道。胞间连丝两端变窄，形成颈区（neck region）。胞间连丝沟通了相邻细胞，一些物质和信息可以经胞间连丝传递，所以植物细胞虽有细胞壁，实际上它们是彼此连成一个统一的整体。水分以及小分子物质都可从这里穿行。一些植物病毒也是通过胞间连丝而扩大感染的。某些相邻细胞之间的胞间连丝，可发育成直径较大的胞质通道（cytoplasmic channel），它的形成有利于细胞间大分子物质，甚至是某些细胞器的交流。

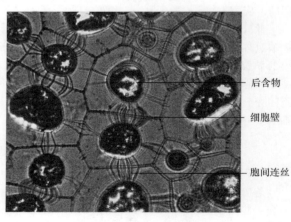

图 1-8　柿胚乳细胞的胞间连丝

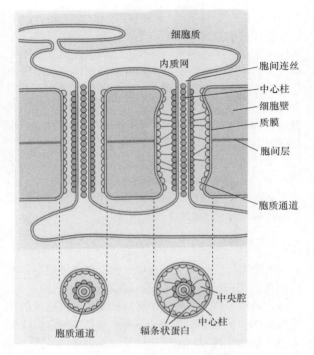

图 1-9　胞间连丝的结构模型

3．纹孔

次生壁形成时，往往在原有初生纹孔场处不形成次生壁，这种无次生壁的较薄区域称为纹孔（pit）（图 1-10A）。纹孔也可在没有初生纹孔场的初生壁上出现，有些初生纹孔场可完全被次生壁覆盖。相邻细胞壁上的纹孔常成对形成，两个成对的纹孔合称纹孔对（pit-pair）。若只有一侧的壁具有纹孔，这种纹孔称为盲纹孔。

纹孔如在初生纹孔场形成，一个初生纹孔场上可有几个纹孔。纹孔由纹孔腔和纹孔膜组成，纹孔腔是由次生壁围成的腔，它的开口朝向细胞腔，腔底的初生壁和胞间层就是纹孔膜。根据次生壁增厚情况不同，纹孔分成单纹孔（simple pit）和具缘纹孔（bordered pit）。它们的区别是具缘纹孔周围的次生壁突出于纹孔腔上，形成一个穹形边缘，使纹孔口明显变小（图 1-10B、图 1-11）；单纹孔的次生壁没有这种突出边缘，纹孔腔呈圆筒状（图 1-10A、图 1-12）。纹孔是细胞壁的较薄区域，有利于细胞间沟通和水分运输，胞间连丝较多地出现在纹孔内，有利于细胞间物质交换。

裸子植物孔纹管胞上的具缘纹孔，在其纹孔膜中央，有一圆形增厚部分，称为纹孔塞，其周围部分的纹孔膜，称为塞缘，质地较柔韧，由许多微纤丝自纹孔塞向四周排成辐射状（图 1-13），水分通过塞缘空隙在管胞间流动，若水流过速，就会将纹孔塞推向一侧，使纹孔口部分或完全堵塞，以调节水流速度（图 1-10C）。

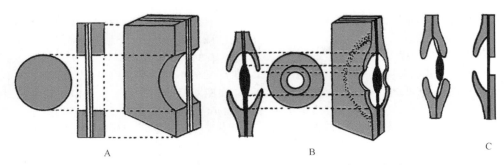

图1-10 单纹孔（A）、具缘纹孔（B）和半具缘纹孔（C）

图1-11 具缘纹孔

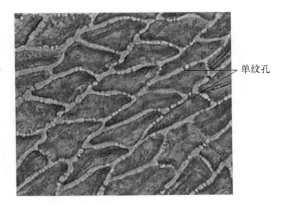

单纹孔

图1-12 辣椒果皮细胞壁上的单纹孔

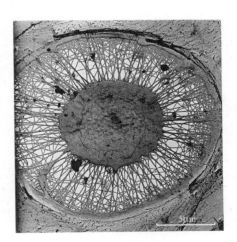

图1-13 纹孔塞和纹孔缘

染料吸附和显微操作来证明它的存在。电子显微镜下，用锇酸固定的样品，可以看到质膜具有暗—明—暗三个层次，内层和外层为电子致密层，均厚约2nm，中间透明层厚2.5～3.5nm（图1-14）。

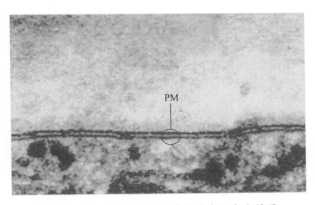

PM

图1-14 满江红根内皮层细胞质膜（PM）电镜图，示膜的三层结构（×120 000）

（引自杨世杰，2010）

二、原生质体

植物细胞的原生质体包括细胞膜、细胞质和细胞核三部分。

（一）细胞膜

细胞膜又称质膜（plasma membrane），包围在原生质体表面。细胞内还有构成各种细胞器的膜，称为细胞内膜。相对于内膜，质膜也称外周膜。外周膜和细胞内膜统称为生物膜。

质膜厚7.5～10nm，在普通光学显微镜下观察不到，因此，在相当一段时间内，只能依靠生理功能、

1. 质膜的化学组成

对细胞各种膜的微量化学分析结果表明，膜主要是由磷脂和蛋白质两大类物质组成。蛋白质占膜干重的20%～70%，磷脂占30%～70%。各种膜中蛋白质与磷脂的比例与膜功能有关，因为膜的功能主要由蛋白质承担，因而功能活动旺盛的膜，蛋白质含量就高。此外，质膜还含有10%的碳水化合物，这些碳水化合

物均为糖蛋白和糖脂向质膜外表面伸出的寡糖链。

2. 质膜的分子结构

对膜分子结构的研究曾提出了许多模型理论。具有代表性的是 1959 年 Robertson 提出的单位膜模型以及 1972 年 Jon Singer 和 Garth Nicolson 提出的流动镶嵌模型。

单位膜模型（unit membrane model）认为，膜的中央为脂双分子层，在电镜下显示为明线；膜两侧为展开的蛋白质分子层，在电镜下显示为暗线，展开的蛋白质分子层厚度恰为 2nm。

流动镶嵌模型（fluid-mosaic model）认为，细胞膜结构是由液态脂类双分子层镶嵌可移动的球形蛋白质而形成，即膜的脂类分子成双分子层排列，构成了膜的网架，是膜的基质，一些蛋白质分子镶嵌在网孔之中。脂类分子为双性分子，分为亲水头端和疏水尾端，头端朝向水相，疏水尾端埋藏在膜内部。疏水的脂肪酸链有屏障作用，使膜两侧的水溶性物质（包括离子与亲水小分子）一般不能自由通过，这对维持细胞正常结构和细胞内环境稳定非常重要。脂质双分

子层的内外两层是不对称的。膜的另一种主要成分是蛋白质，蛋白质分子有的嵌插在脂质双分子层网架中，有的则附着在脂质双分子层表面。根据在膜上存在部位的不同，膜蛋白可分为两类：以不同深度嵌插在脂双层的，称为内在蛋白或整合蛋白（intrinsic protein）。内在蛋白分子均为双性分子，非极性区插在脂双层分子之间，极性区朝向膜表面，它们通过很强的疏水或亲水作用力与膜脂牢固结合，一般不易分离。另一类蛋白质附着于膜表层，称为外在蛋白（extrinsic protein），与膜的结合比较疏松，易于将其分离。无论是整合蛋白还是外在蛋白，至少有一端露出膜表面，没有完全埋在膜内部的蛋白质分子。它们在膜中的分布是不对称的。

流动镶嵌模型除了强调脂类分子与蛋白质分子的镶嵌关系外，还强调了膜的流动性。主张膜总是处于流动变化之中，脂类分子可以侧向扩散、旋转运动、左右摆动，甚至可以从双分子层的一层翻转到另一层。蛋白质分子也可做侧向流动和旋转运动（图 1-15）。

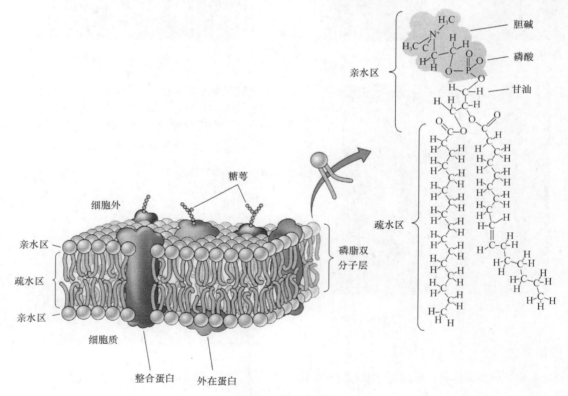

图 1-15　质膜结构模型

3. 质膜的功能

质膜位于细胞原生质体表面，具有选择透性，能控制细胞与外界环境之间的物质交换以维持细胞内环境的相对稳定。此外，许多质膜上还存在激素受体、抗原结合点以及其他有关细胞识别的位点，所以，质膜在细胞识别、细胞间信号转导、新陈代谢调控等过程中具有重要作用。

（1）物质跨膜运输。生活细胞是一个开放性结构体系，它要进行各种生命活动，就必然要同环境发生物质交换关系。质膜是细胞与环境相互作用的前沿结构，物质出入细胞时必须通过质膜。而质膜对物质的通透有高度选择性，以保证细胞内各种生物化学反应有序进行。物质通过质膜的途径有简单扩散（simple diffusion）、促进扩散（facilitated diffusion）、主动运输

（active transport）、内吞作用（endocytosis）和外排作用（exocytosis）等。

（2）细胞识别。是细胞对同种或异种细胞的辨认。细胞具有区分自己和异己的识别能力，具有高度选择性。同种或不同种有机体的细胞之间可通过释放信号相互影响，也可通过细胞与细胞直接接触而相互作用。细胞通过表面的特殊受体与另一细胞的信号物质分子选择性相互作用，导致细胞内一系列生理生化变化。最后产生整体的生物学效应。

无论单细胞生物或高等植物和动物，许多重要的生命活动都与细胞识别有关。例如，单细胞衣藻（*Chlamydomonas*）有性生殖过程中配子的结合；雌蕊柱头与花粉之间的相互识别，决定能否成功进行受精作用；豆科植物根与根瘤菌相互识别，决定能否形成根瘤等。

植物细胞与动物细胞不同，它的质膜外面有细胞壁，两个细胞的质膜不能直接接触。一些起识别作用的物质，可从细胞内分泌到细胞壁，因而植物细胞之间的识别，除质膜外，细胞壁也起着重要作用。

（3）信号转换。植物生活的环境在不断变化中，组成植物体的每一个细胞经常不断地感受、接收来自外界环境的各种信号（如光照、温度、水分、病虫害、机械刺激等），并做出一定反应。作为多细胞有机体内的一个细胞，胞外信号不仅来自外界环境的信号，还包括来自体内其他细胞的内源信号（如激素等）。从细胞外信号转换为细胞内信号并与相应生理生化反应偶联的过程称为细胞信号转导（signal transduction）。质膜位于细胞表面，在细胞信号转导过程中起着重要作用。

质膜上有接受各种信号的受体蛋白，如感受光的光敏素和激素受体等。当受体与外来信号结合后，受体的构象就发生改变，引发细胞内一系列反应产生第二信使（second messenger）。许多研究工作证实，植物细胞内游离钙离子是植物细胞信号转导过程的一类重要的第二信使。钙离子与钙结合蛋白，如钙调素结合后，激活一些基因的表达或酶活性，进而促进各种生理生化反应，调节生命活动。

此外，质膜也与细胞壁形成有关。质膜上有纤维素合成酶复合体（cellulose synthase complex），纤维素的微纤丝与其相连。细胞内葡糖糖基在纤维素酶作用下合成纤维素，并在此组装成微纤丝。

（二）细胞质

真核细胞中质膜以内，细胞核以外的部分称为细胞质（cytoplasm）。在光学显微镜下，细胞质透明、黏稠并能流动，其中分散着许多细胞器。在电子显微镜下，细胞器具有一定的形态和结构，细胞器之外是无一定形态结构的细胞质基质（cytoplasmic matrix）。

1. 细胞器

细胞器（organelle）是存在于细胞质中具有一定的形态、结构与生理功能的微小结构，大多数细胞器由膜包被。细胞器应该包括的范围，不同学者有不同认识。

1）质体（plastid）

质体是植物细胞特有的细胞器。根据所含色素及结构不同，可分为叶绿体、有色体与白色体三种。

（1）叶绿体（chloroplast）。叶绿体含有叶绿素（chlorophyll）、叶黄素（xanthophylls）和胡萝卜素（carotene）三种色素，是进行光合作用的质体，普遍存在于植物绿色细胞中，其中叶绿素是主要的光合色素，它能吸收和利用光能，直接参与光合作用。其他两类色素不能直接参与光合作用，只能将吸收的光能传递给叶绿素，起辅助光合作用的功能。植物叶片颜色与三种色素的比例有关。一般情况下，叶绿素占绝对优势，叶片呈绿色，但当营养条件不良、气温降低或叶片衰老时，叶绿素含量降低，叶片便出现黄色或橙黄色。某些植物的叶片秋天变成黄色或红色，就是因为叶肉细胞中的叶绿素分解，叶黄素、胡萝卜素和花青素占优势的缘故。在农业上，常可根据叶色变化，判断农作物的生长状况，及时采取相应施肥、灌水等栽培措施。

叶绿体的形状、数目和大小因不同植物和不同细胞而异。例如，衣藻中有 1 个杯状叶绿体；丝藻细胞仅有 1 个呈环状的叶绿体；而水绵细胞中有 1～4 条带状叶绿体，螺旋环绕；高等植物细胞中叶绿体通常呈椭圆形或凸透镜形，数目较多，少者 20 个，多者可达 200 个以上，典型叶绿体其长轴为 4～10μm，短轴为 2～4μm。它们在细胞中的分布与光照有关，光照强时，叶绿体常分布在细胞外周，黑暗时，叶绿体常流向细胞内部。

电子显微镜下叶绿体具有精致的结构（图 1-16、图 1-17），表面有两层膜包被，其内充满了液态的、电子密度较低的基质（stroma），基质中悬浮着复杂的由膜所围成的扁圆状或片层状的囊，称为类囊体（thylakoid）。其中一些扁圆状类囊体有规律地叠置在一起好像一摞硬币，称为基粒（granum）。形成基粒的类囊体也称基粒类囊体。基粒类囊体的直径为 0.25～0.8μm，厚约 0.01μm；而连接于基粒之间，由基粒类囊体延伸出的非成摞存在的呈分支的管网状或片层状的类囊体称为基质类囊体或基质片层（stroma lamellae），其内腔与相邻基粒类囊体腔相通。一般一个叶绿体含 40～80 个基粒，而一个基粒由 5～50 个基粒类囊体组成，最多可达上百个。但因植物种类和细胞所处部位不同，其基粒中基粒类囊体数量差异很大。光合作用的色素和电子传递系统都位于类囊体膜上。

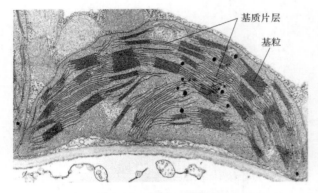

图 1-16　叶绿体超微结构

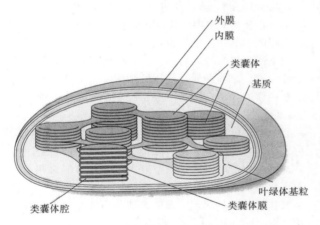

图 1-17　叶绿体亚显微结构示意图

叶绿体基质中有环状 DNA，能编码自身的部分蛋白质，其余蛋白质为核基因编码；具有核糖体，能合成自身的蛋白质。叶绿体中的核糖体为 70S 型，比细胞质的核糖体小，与原核细胞核糖体相同。叶绿体中常含有淀粉粒。

（2）有色体（chromoplast）。有色体是含有胡萝卜素与叶黄素两类色素的质体。成熟的果实、花瓣以及秋天变黄的叶片细胞中常含有这类质体。有色体还能积累脂类。花果等因有色体而具有鲜艳的红色、橙色或橘黄色。能够吸引昆虫传粉，或吸引动物协助散布果实或种子。

有色体的结构较叶绿体简单，其外为双层膜，基质内类囊体多已解体，基质常有油滴和晶体等。

（3）白色体。白色体是不含任何色素的质体，圆球形或椭圆球形，多见于植物储藏组织细胞，在幼嫩的或不见光的细胞中以及茎、叶表皮细胞也能见到。根据其储藏物质的不同可分为三类：储藏淀粉的称为造粉体或称淀粉体（amyloplast），储藏蛋白质的称为造蛋白体（proteinoplast），而储藏脂类的称为造油体（elaioplast）。

质体是从原质体（proplastid）发育形成的。原质体存在于茎顶端分生组织细胞中，一般无色，体积小，圆球形，具双层膜，内部结构简单。基质中有少量类囊体、小泡和质体小球（plastoglobuli）。当叶原基分化出来时，原质体内膜向内折叠伸出膜片层系统，在光下，这些片层系统继续发育，并合成叶绿素，发育

成叶绿体。如果把植株放入暗中，质体内部会形成一些管状的膜结构，不能合成叶绿素，成为黄化的质体。如果给这些黄化植株照光，叶绿素能够合成，叶色转绿，片层系统也充分发育，黄化的质体转变成叶绿体。

某些情况下，一种质体可从另一种质体转化而来。例如，马铃薯块茎中的造粉体在照光条件下可转变为叶绿体而呈现绿色；果实成熟时叶绿体转变为有色体就由绿转为红色、黄色或橙黄色。有色体还可从造粉质体通过淀粉消失、色素沉积而形成，如德国鸢尾（Iris germanica）的花瓣；而卷丹（Lilium tigrinum）花瓣内的有色体是直接从前质体发育而来的。

质体的分化有时是可以逆转的。叶绿体可以形成有色体，有色体也可转变为叶绿体，如胡萝卜根经照光可由黄色转变为绿色。当组织脱分化而成为分生组织状态时，叶绿体和造粉体都可转变为前质体。

细胞内质体的分化和转化与环境条件有关，最明显的例子是光照影响叶绿体的形成，但这不是绝对的，花瓣一直处于光照下，并不形成叶绿体。同样，根细胞内不形成叶绿体也并非简单地由于它生长在黑暗环境的缘故。质体的发育受它们所在细胞的控制，不同基因的表达决定着该细胞中质体的类型。

2）线粒体（mitochondrion）

线粒体普遍存在于真核细胞内，是细胞进行呼吸作用的主要场所，是细胞内的供能中心，称为细胞内的"动力工厂"。储藏在营养物质中的能量在线粒体中经氧化磷酸化作用转化为细胞可利用形式的化学能——ATP，一部分以热能形式消散。

线粒体形态多种多样，有圆形、椭圆形、圆柱形，有的呈不规则的分支状。它的形态与细胞类型和生理状况密切相关。在光学显微镜下观察时，大多数线粒体呈线状或颗粒状。线粒体的大小因细胞类型不同而异，一般直径为 0.5～1.0μm，长 2～3μm。有的线粒体较大，直径可达 2～4μm，长可达 7～14μm。线粒体在不同类型细胞中的数目差异很大，玉米根冠一个细胞内可有 100～300 个线粒体，而单细胞鞭毛藻（Chromuline pusilla）只有一个线粒体。

电子显微镜下，线粒体是由双层膜围成的囊状结构，由外膜（outer membrane）、内膜（inner membrane）、膜间隙（intermembrane space）和基质（matrix）组成（图 1-18）。外膜包围在线粒体外围，平整、光滑，内膜向腔内突出形成嵴（cristae），使内膜面积增加。嵴有不同的形状和排列方式，可以是简单的，也有分枝的，形成复杂的网。嵴的数目与细胞功能状态密切相关。一般说来，需要能量较多的细胞，不仅线粒体数目多，嵴的数目也多。嵴表面有许多圆球形颗粒，称为基粒。它由头、柄和基部组成，研究证明，它是 ATP 合酶（ATP synthase，又称 F_0-F_1 ATP 酶），是一个多组分的复合物，是氧化磷酸化的关键装置。膜间隙是线粒体内外膜之间的空隙，腔隙宽 6～8nm，内含许多可溶性酶类、底物

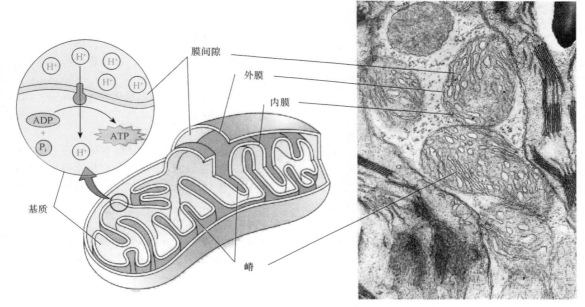

图 1-18　线粒体结构模式图

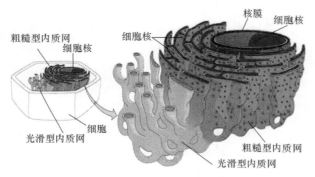

图 1-19　内质网的立体结构图解

和辅助因子。内膜内侧，即嵴之间的胶状物质称为基质，内含许多蛋白质、酶类、脂类、RNA、氨基酸等。

此外，线粒体基质中也有环状的 DNA 分子和核糖体。DNA 能指导自身部分蛋白质的合成。线粒体在细胞中可通过分裂方式增加数量。

3）内质网（endoplasmic reticulum，ER）

内质网是由一层膜围成的小管、扁囊和腔隙交织构成的一个网状系统（图 1-19）。内质网的膜厚度为 5～6nm，比质膜要薄得多，两层膜之间的距离只有 40～70nm。内质网的膜与细胞核的外膜相连接，内质网内腔与核膜间的腔相通。同时，内质网也可与原生质体表面质膜相连，有的还随同胞间连丝穿过细胞壁，与相邻细胞的内质网发生联系，因此内质网构成了一个从细胞核到质膜，以及与相邻细胞直接相通的膜系统。它不仅是细胞内的通信系统，而且还有把蛋白质、脂类等物质运送到细胞各个部分的功能。

内质网主要有两种类型：粗糙型内质网（rough endoplasmic reticulum，rER），其特点是膜外表面附有核糖体，典型的粗糙型内质网为扁囊形。光滑型内质网（smooth endoplasmic reticulum，sER），膜上无核糖体，多为管形（图 1-20）。

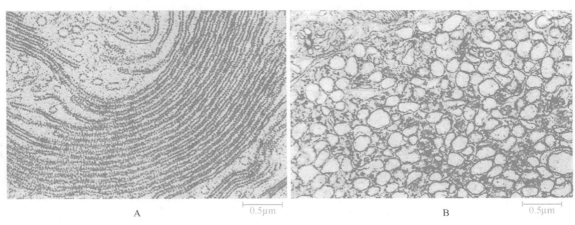

图 1-20　粗糙型内质网（A）和光滑型内质网（B）的电镜图像

粗糙型内质网与蛋白质的合成、修饰、加工和运输有关。光滑型内质网与脂类、糖类和激素合成关系密切，在分泌脂类物质的细胞中，光滑型内质网较多。在细胞壁进行次生增厚的部位内方，也可见到内质网紧靠质膜，说明内质网可能与加到壁上的多糖类物质的合成有关。蛋白质在光滑型内质网的腔内经过初步加工、包装，运送到高尔基体，再进一步加工。

内质网的形态变异很大，不同细胞，甚至同一细胞不同区域往往不同，同一种细胞在不同发育时期，随着生理机能的变化，内质网也不一样。有些细胞内有呈同心圆状排列的内质网，其功能尚不清楚。

4）核糖体（ribosome）

核糖体或称核蛋白体或核糖核蛋白体，是合成蛋白质的细胞器，它能将氨基酸装配成肽链。核糖体在代谢旺盛的细胞内大量存在，呈颗粒状结构，直径17～23nm，无膜包围，主要成分是RNA和蛋白质，其中RNA约占40%，蛋白质约占60%，由大小两个亚基组成（图1-21）。小亚基识别mRNA的起始密码子，并与之结合；大亚基含有转肽酶，催化肽链合成。

多个核糖体能结合到一个mRNA分子上，形成多聚核糖体（polyribosome）。在真核细胞内，很多核糖体附着在内质网膜表面，构成粗糙型内质网；还有不少核糖体游离在细胞质中。已发现的核糖体有两种类型，即70S和80S（S为沉降系数，S值越大，说明颗粒沉降速度越快）。70S核糖体广泛存在于各类原核细胞、真核细胞线粒体和叶绿体内。真核细胞细胞质内均为80S核糖体。

附着在内质网膜表面的核糖体所合成的蛋白质主要是膜蛋白、分泌性蛋白，而游离在细胞质中的核糖体合成的蛋白质则主要是细胞的结构蛋白、酶和基质蛋白等。

5）高尔基体（golgi apparatus）

高尔基体是与植物细胞分泌作用有关的细胞器。它是意大利学者高尔基（C. Golgi）于1898年在猫的神经细胞中首先发现的。植物细胞高尔基体与动物细胞的有所不同，是分散的高尔基体，遍布整个细胞质。每个高尔基体一般由4～8个扁囊（saccules或称潴泡cisterna）平行排列在一起成摞存在（图1-22），某些藻类高尔基体的扁囊可达20～30个，扁囊直径约为1μm。每个扁囊由一层膜围成，中间是腔，边缘分枝成许多小管，周围有很多囊泡，它们是由小管顶端膨大脱落形成的。高尔基体常略呈弯曲状，一面凹，一面凸。这两个面和中间的扁囊在形态、化学组成和功能上都不相同。凸面又称形成面（forming face），多与内质网膜相联系，接近凸面的扁囊形态及染色性质与内质网膜相似；凹面又称成熟面（maturing face），成熟面周围小泡脱落形成分泌小泡。扁囊膜的形态与化学组成很像质膜；中间的扁囊与凹凸两面的扁囊在所含的酶和功能上也有区别。

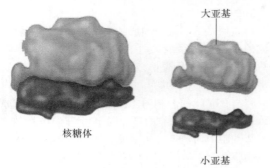

图 1-21　真核细胞中的核糖体

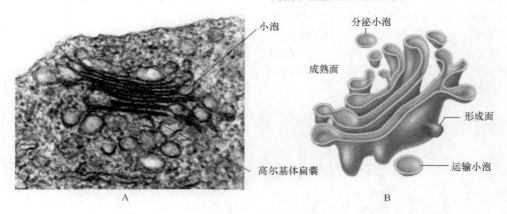

图 1-22　高尔基体
A. 电镜图；B. 结构图解

植物细胞内，高尔基体的数量因细胞类型、发育状况和生理代谢状态的不同差异较大。在生长迅速的细胞、分泌组织细胞中，高尔基体数量较多。

高尔基体的主要功能：参与植物细胞中多糖合成和分泌；糖蛋白合成、加工和分泌，如细胞壁内

非纤维素多糖在高尔基体内合成，包装在囊泡内运往质膜，小泡膜与质膜融合，内含的多糖掺入到细胞壁中。细胞壁内的伸展蛋白在核糖体上合成肽链后进入ER腔，进行羟基化，通过ER上脱落下来的囊泡运往高尔基体凸面，将泡内物质注入扁囊腔，完成糖基

化，再由凹面脱落下来的囊泡运至质膜，进入细胞壁
（图1-23）。

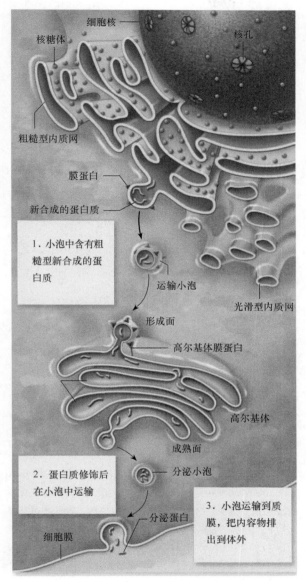

图1-23　细胞内膜系统图解
（示核膜内质网、高尔基体和质膜的相互关系）

6）液泡（vacuole）

成熟的植物细胞具有一个大的中央液泡，是植物细胞区别于动物细胞的又一显著特征。分生组织的幼小细胞，具有多个小而分散的液泡，细胞成长过程中，这些小液泡吸水膨大，逐渐彼此合并发展成数个或一个很大的中央液泡，占据细胞中央90%以上的空间，而将细胞质和细胞核挤到细胞周边，从而使细胞质与环境间有了较大的接触面积，有利于细胞的新陈代谢（图1-24）。

液泡由一层液泡膜（tonoplast 或 vacuole membrane）包围，其内充满了称为细胞液的液体，细胞液是成分复杂的水溶液，其中溶有多种无机盐、糖类、水溶性

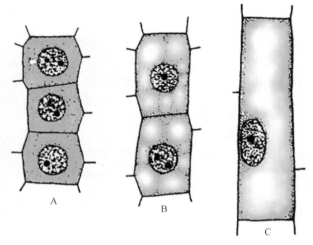

图1-24　植物细胞的液泡及其发育

A～C. 幼期细胞到成熟细胞，随细胞的生长，细胞中的小液泡变大，合并，最终形成一个中央大液泡

蛋白质、氨基酸、有机酸、脂类、生物碱、酶、鞣酸、色素（花青素）等复杂成分。细胞液成分和浓度因植物种类和细胞类型不同而异。例如，甜菜根的液泡中含有大量蔗糖，许多果实的液泡中含有大量有机酸，烟草的液泡中含有烟碱，咖啡中含有咖啡碱。有些细胞液泡中还含有多种色素，如花青素等，可使花或植物茎叶等呈现红、蓝、紫等色。

植物细胞液泡的功能主要有如下几个。①参与细胞内物质转移与储藏。液泡是细胞内许多物质的储藏库，如 K^+、Ca^{2+}、Cl^-、磷酸盐、柠檬酸和多种氨基酸等。这些物质的输入和输出对细胞代谢起着调节和稳定作用。例如，三羧酸循环中的中间产物柠檬酸和苹果酸等常是过量的，这些过剩的中间产物如果积累在细胞质中，会使细胞质酸化，引起细胞质中的酶失活。液泡吸收和储藏了这些过剩的中间产物，使细胞质pH保持稳定。液泡还是储藏蛋白质、脂肪和糖类的场所。②参与细胞内物质的生化循环。研究证明，液泡含有酸性磷酸酶等多种水解酶，通过电子显微镜观察，可看到液泡中有残破的线粒体、质体和内质网等细胞器片段，可能是被吞噬进去，经过水解酶分解，作为组建新细胞器的原料。这表明液泡具有溶酶体性质，在细胞器的更新中有作用。③调节细胞水势和膨压。液泡内细胞液保持着相当的浓度，对于维持细胞的水势和膨压有重要作用。液泡充水维持细胞膨压，是植物体保持挺立状态的根本原因；若细胞失水，植物就发生萎蔫，影响植物生长。而保卫细胞膨压的升高与降低直接影响到气孔的开闭。④与植物的抗旱、抗寒性有关。高浓度的细胞液，在低温时不易结冰，干旱时不易失水，提高了植物的抗寒、抗旱能力。⑤隔离有害物质，避免细胞受害。细胞代谢过程中产生的废弃物，植物吸收的有害物质，都可能对细胞造成伤害，如草酸是新陈代谢过程中的副产品，对细胞

有害，在液泡中形成草酸钙结晶，成为不溶于水的物质，减轻了对植物的毒害作用。⑥防御作用。不少植物液泡中积累有大量苦味的酚类化合物、生氰糖苷及生物碱等，这些物质可阻止食草动物的吃食，许多植物液泡中还有几丁质酶，它能分解破坏真菌细胞壁，当植物体遭受真菌侵害时，几丁质酶合成增加，对病原体有一定的杀伤作用。

液泡的发生与内质网和高尔基体有关。茎尖和根尖分生组织细胞有许多小型的原液泡（provacuole）。它来源于内质网，这种内质网位于高尔基体附近，又由于它产生的原液泡具有溶酶体性质，因此称为高尔基体—内质网—溶酶体系统。随着细胞生长和分化，原液泡通过相互融合、自体吞噬和水合作用，不断扩大形成液泡乃至中央大液泡。

7）溶酶体（lysosome）

溶酶体是由单层膜包围的、富含多种水解酶、具有囊泡状结构的细胞器。主要由高尔基体和内质网分离的小泡生成。它的形态和大小差异很大，一般为球形，直径为 0.2～0.8μm。溶酶体中含有多种水解酶，如酸性磷酸酶、核糖核酸酶、蛋白酶、脂酶等，它们可以分解所有生物大分子。平时由于溶酶体膜的限制，使这些水解酶和细胞质的其他组分隔开。当溶酶体外膜破裂后，其中的水解酶释放出来，造成各种化合物水解。植物细胞分化成导管、筛管、纤维细胞的过程中，都要有溶酶体的参与，分解细胞的相应部分。溶酶体的主要功能有如下几个。①正常的分解与消化。溶酶体可将细胞内吞进来的或细胞内储存的大分子分解消化，供细胞利用。②自体吞噬。某些溶酶体能吞噬细胞内一些衰老的细胞器或需要废弃的物质，进行消化、降解。③自溶作用（autolysis）。溶解衰老与不需要的细胞，在植物发育进程中，有一些细胞会逐步正常死亡，这是在基因控制下，溶酶体膜破裂，将其中的水解酶释放到细胞内，引起细胞自身溶解死亡，以利于个体发育，如导管、纤维细胞等。

8）圆球体（spherosome）

圆球体是膜包被的球状小体，直径为 0.1～1μm。在电子显微镜下，圆球体的膜只有一条电子不透明带，因此可能只是一层单位膜的一半，即只含一层脂质分子（图 1-25）。膜内含有脂肪酶，能积累脂肪，起储存细胞器的作用，在一定条件下，也可将脂肪水解成甘油和脂肪酸。圆球体还含有水解酶，因此具有溶酶体性质。圆球体多存在于油料植物种子中，如蓖麻、花生、油菜等植物种子都含有大量圆球体。

9）微体（microbody）

微体是由单层膜包被的圆球形小体，直径为 0.5～1.5μm，有时含有蛋白质晶体（图 1-26）。植物体内的微体有两种类型：一种是过氧化物酶体（peroxisome）；另一种是乙醛酸循环体（glyoxysome）。过氧化物酶体含有多种氧化酶，存在于绿色细胞

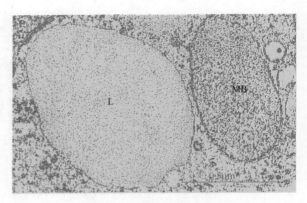

图 1-25　圆球体和微体

L. 圆球体；MB. 微体

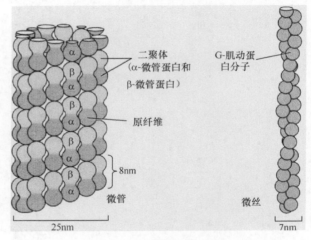

图 1-26　微管和微丝

中，与叶绿体和线粒体合作共同完成光呼吸作用（photorespiration），其中光呼吸的底物乙醇酸被氧化为乙醛酸的过程就发生在过氧化物酶体中。乙醛酸循环体含有乙醛酸循环酶系，存在于油料植物萌发的种子中，与圆球体和线粒体配合，通过乙醛酸循环（glyoxylate cycle）的一系列反应把脂类物质转化成糖类以满足种子萌发需要。

2. 细胞骨架

狭义的细胞骨架（cytoskeleton）是指真核细胞细胞质内普遍存在的与细胞运动和保持细胞形状有关的一些蛋白质纤维网架系统，包括微管系统、微丝系统和中间纤维系统。分别由不同蛋白质分子以不同方式装配成直径不同的纤维，相互连接形成具柔韧性及刚性的三维网架，把分散在细胞质中的各种细胞器及膜结构组织起来，相对固定在一定位置，使细胞代谢活动有条不紊地进行。细胞骨架系统还是细胞内能量转换的主要场所。在细胞及细胞内组分的运动，细胞分裂、细胞壁形成、信号转导以及细胞核对整个细胞生命活动的调节中具有重要作用。

（1）微管（microtubule）。微管为中空的管状结构，由微管蛋白（tubulin）和微管结合蛋白组成，微

管蛋白是构成微管的主要蛋白质，占微管总蛋白质含量的80%～95%。它有两种，即 α- 微管蛋白和 β- 微管蛋白，两者连接在一起形成二聚体，二聚体再组成线性聚合体，称为原纤维（protofilament），13条原纤维螺旋盘绕装配成中空的管状结构。微管直径为24～26nm，中间空腔直径15nm（图1-26）。

细胞内微管可以不断地装配和解聚，受细胞内多种因素影响，如低温、化学药剂等。秋水仙素（colchicine）和磺草硝（oryzalin）能明显抑制微管聚合，紫杉醇（taxol）可促进微管装配。

微管的生理功能主要有如下几个。①相当于细胞的内骨骼，能维持细胞的形状，当用秋水仙素处理后，微管被破坏，呈纺锤状的植物精子便变成球形。所以说微管起骨架作用，保持原生质体的一定形状。②参与细胞壁形成和生长。在细胞分裂时，由微管组成的成膜体，指示着高尔基体小泡向新细胞壁方向运动，最后形成细胞板；微管在原生质膜下的排列方向决定着细胞壁上纤维素微纤丝的沉积方向。并且，在细胞壁进一步增厚时，微管集中的部位与细胞壁增厚部位是相应的。③与细胞运动及细胞器运动有直接关系，植物细胞的纤毛与鞭毛由微管组成，细胞质环流、细胞器运动、细胞分裂、染色体运动等都受微管或由微管构成的纺锤丝控制。④为细胞内长距离物质的定向运输提供轨道，并参与物质运输。

（2）微丝（microfilament）。主要由肌动蛋白（actin）组成的直径6～7nm的细丝。肌动蛋白分子近球形，微丝是由肌动蛋白亚单位组成的螺旋纤维。比较传统的模型认为，每一个肌动蛋白分子（G-actin）近球形，两根由肌动蛋白单体连成的链互相盘绕起来成右手螺旋，其形成的螺旋直径大约为36nm（图1-27）。微丝在细胞内很容易聚合和解聚，与细胞生理状态、细胞内阳离子（Ca^{2+}、Mg^{2+}、Na^+、K^+等）及ATP等条件有关。一些特异性药物，如细胞松弛素B（cytochalasin B）和细胞松弛素D（cytochalasin D）是微丝特异性抑

制剂，能特异性破坏微丝。鬼笔环肽（phalloidin）可稳定微丝和促进微丝聚合。微丝参与维持细胞形状、细胞质流动、染色体运动、胞质分裂、物质运输以及与膜有关的一些重要生命活动，如内吞作用和外排作用等。

（3）中间纤维（intermediate filament）。又称中等纤维或中间丝，它是直径8～10nm的中空管状蛋白质丝，其直径介于微管和微丝之间，故称为中间纤维。不同细胞的中间纤维的生化组成变化很大，有角状蛋白、波状蛋白等。中间纤维的聚合是不可逆的。中间纤维在细胞质中形成精细发达的纤维网络，外与细胞质膜相连，中间与微管、微丝和细胞器相连，内与细胞核内的核纤层相连，因此，中间纤维在细胞形态形成和维持、细胞内颗粒运动、细胞连接及细胞器和细胞核定位等方面有重要作用。

3. 细胞质基质

细胞质中除细胞器以外均匀半透明的液态胶状物质称为细胞质基质（cytoplasmic matrix）。细胞骨架及各种细胞器分布其中。

细胞质基质的主要成分有小分子物质，如水、无机离子、糖类、氨基酸、核苷酸及其衍生物和溶解于其中的气体等，还有蛋白质、RNA等大分子。基质中蛋白质含量占20%～30%，其中多是酶类。细胞中各种复杂的代谢活动是在细胞质基质中进行的；它为各个细胞器执行功能提供必需的物质和介质环境；细胞的代谢活动常导致酸碱度变化，它作为一个缓冲系统可调节pH，维持细胞正常的生命活动。

生活细胞中，细胞质基质处于不断的运动状态，它能带动其中的细胞器，在细胞内作有规则的、持续的流动，这种运动称为胞质运动（cytoplasmic movement）。在具有单个大液泡的细胞中，胞基质常围绕着液泡朝一个方向作循环流动。而在有多个液泡的细胞中，不同的细胞质索可有不同的流动方向。胞质运动是一种消耗能量的生命现象，它的速度与细胞生理状态有密切关系，一旦细胞死亡，流动也随之停止。胞质运动对于细胞内物质的转运具有重要作用，促进了细胞器之间生理上的相互联系。

（三）细胞核

细胞核是细胞遗传与代谢的控制中心。真核细胞由于出现核被膜将细胞质和细胞核分开，这是生物进化过程中的一个重要标志。

1. 细胞核的形态及其在细胞中的分布

细胞核的形状在不同植物和不同细胞中有较大差异。典型的细胞核为球形、椭圆形、长圆形或形状不规则。禾本科植物保卫细胞的核呈哑铃形；有些花粉的营养核形成不规则的瓣裂。细胞核的形状同细胞形状有一定关系。球形细胞的核呈球形，伸长细胞的细胞核也是伸长的。细胞核的大小在不同植物中也有差别。高等植

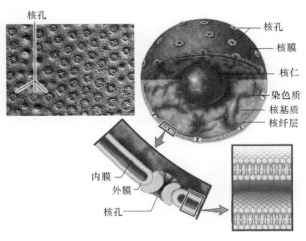

图 1-27　细胞核

物细胞核的直径多为 10～20μm。低等菌类细胞核的直径只有 1～4μm。苏铁卵细胞的核可达 1mm 以上，肉眼可见。在幼小细胞中，细胞核常居于中央。细胞生长扩大，细胞腔中央渐为液泡所占据，细胞核则随细胞质转移到细胞边缘，靠近细胞壁。有些细胞的核也可借助于几条细胞质索四面牵引，保持在细胞中央。可见细胞核的大小、形状以及在细胞质内的位置同细胞年龄、功能及生理状况有关，也受外界因素影响。大多数细胞具一个细胞核，有些细胞是多核的，如种子植物绒毡层细胞常有 2 个核，部分种子植物胚乳发育早期阶段有多个细胞核。成熟的筛管细胞无细胞核，但在其早期发育过程中是有核的，核后来消失了。

2. 细胞核的超微结构

细胞核由核被膜、染色质、核仁和核基质组成（图 1-27）。

（1）核被膜（nuclear envelope）。包括核膜和核膜以内的核纤层（nuclear lamina）两部分。核膜由内外两层膜组成。外膜表面附着有大量核糖体，内质网常与外膜相通连。内膜和染色质紧密接触。两层膜之间有 20～40nm 的间隙，称为核周间隙，与内质网腔连通。核膜并非完全连续，其内膜、外膜在一定部位相互融合，形成一些环形开口称为核孔（nuclear pore）。核孔在核膜上有规则分布，它具有复杂的结构，常称为核孔复合体（nuclear pore complex）（图 1-28），是细胞核与细胞质间物质运输的通道。大分子通过核孔主要以主动运输方式进行，小分子通过自由扩散通过核孔，细胞核中形成的核糖体也要通过核孔进入细胞质。核孔复合体直径为 80～120nm，其中间通道较小，直径仅 9nm，长约 15nm，内充满液体。核孔的数量不等，植物细胞的核孔密度为 40～140 个 /μm²。核膜内膜内侧有一层纤维状的蛋白质网络结构，称为核纤层。它与内膜紧密结合，其厚薄因细胞不同而异。它由中间纤维网络组成，构成核纤层的中间纤维蛋白是核纤层蛋白。核纤层为核膜和染色质提供了结构支架，并介导核膜与染色质之间的相互作用。核纤层还参与细胞有丝分裂过程中核膜的解体和重组。

（2）染色质（chromatin）。是间期细胞核内 DNA、组蛋白、非组蛋白和少量 RNA 组成的线性复合物，是间期细胞核内遗传物质的存在形式。它被碱性染料染

图 1-28　洋葱根尖细胞冰冻蚀刻显示细胞核上核孔
（箭头指示核孔）

色后强烈着色，呈或粗或细的长丝，交织成网状。染色质按形态与染色性能分为常染色质（euchromatin）和异染色质（heterochromatin）。用碱性染料染色时，前者染色较浅，后者染色较深。在间期中异染色质丝折叠、压缩程度高，呈卷曲凝缩状态，在电子显微镜下表现为电子密度高，色深，是遗传惰性区，只含有极少数不表达的基因。常染色质是伸展开的、未凝缩的呈电子透亮状态的区段，是基因活跃表达区域。

染色质的基本结构单位为核小体（nucleosome），它呈串珠状（图 1-29），其直径约为 10nm，主要结构要点是：①每个核小体单位包括 200bp 左右的 DNA 和一个组蛋白八聚体以及一分子的组蛋白 H_1；②组蛋白八聚体构成核小体的核心结构，由 H_{2A}、H_{2B}、H_3 和 H_4 各两分子组成；③DNA 分子以左手方向盘绕八聚体两圈，每圈 83bp，共 166bp；④一分子的组蛋白 H_1 与 DNA 结合，锁住核小体 DNA 的进出口，稳定了核小体的结构；⑤两相邻核小体之间是一段连接 DNA（linker DNA），长度为 0～80bp。在染色质上某些特异性位点缺少核小体结构，构成了核酸酶超敏感位点，可为序列 DNA 结合蛋白所识别，从而调控基因的表达。

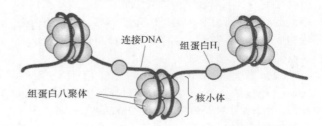

图 1-29　核小体结构示意图

（3）核仁（nucleolus）。细胞核中椭圆形或圆形的颗粒状结构，没有膜包围（图 1-27）。在光学显微镜下核仁是折光性强、发亮的小球体。细胞有丝分裂时，核仁消失，分裂完成后，两个子细胞核中分别产生新的核仁。核仁富含蛋白质和 RNA。一般细胞核有核仁 1～2 个，也有多个的。蛋白质合成旺盛的细胞，核仁大而多。电镜下核仁可区分为三个区域：一个或几个染色浅的低电子密度区域，称为核仁染色质（nucleolur-associated chromatin），即浅染色区，含有转录 rRNA 基因；包围核仁染色质的电子密度最高的部分是纤维区（fibrillar component），是活跃进行 rRNA 合成的区域，主要成分为核糖核蛋白；颗粒区（granular area）位于核仁边缘，是由电子密度较高的核糖核蛋白组成的颗粒，这些颗粒代表着不同成熟阶段核糖体亚单位的前体。核仁是 rRNA 合成加工和装配核糖体亚单位的重要场所。

（4）核基质（nuclear matrix）。核内充满着一个主要由纤维蛋白组成的网络状结构，称之为核基质，网孔中充满液体。因为它的基本形态与细胞骨架相似又与其有一定联系，所以也称为核骨架（nuclear skeleton）。对于核骨架有两种概念。广义概念认为，核

骨架应包括核基质、核纤层、核孔复合体和残存的核仁。狭义概念是指细胞核内除了核被膜、核纤层、染色质和核仁以外的网架结构体系。核基质为细胞核内组分提供了结构支架，使核内各项活动得以有序进行，可能在真核细胞的 DNA 复制、RNA 转录与加工、染色体构建等生命活动中具有重要作用。

3. 细胞核的功能

细胞核是细胞内遗传物质主要存在的部位，因此，间期细胞核的主要功能是储存和复制 DNA；合成和转运 RNA，在细胞遗传中起重要作用。细胞核还是细胞的控制中心，它可以通过控制蛋白质合成，对细胞生理活动起调控作用。

第三节　植物细胞后含物

后含物（ergastic substance）是植物细胞原生质体代谢过程中的产物，包括储藏的营养物质、代谢废弃物和植物次生物质。它们可以在细胞生活的不同时期产生和消失。

后含物种类很多，有糖类（碳水化合物）、蛋白质、脂肪及其有关物质（角质、栓质、蜡质、磷脂等），还有成结晶的无机盐和其他有机物，如单宁、树脂、树胶、橡胶和植物碱等。这些物质有的存在于原生质体中，有的存在于细胞壁。许多后含物具有重要经济价值。

一、储藏的营养物质

（一）淀粉

淀粉（starch）是细胞中碳水化合物最普遍的储藏形式，在细胞中以颗粒状态存在，称为淀粉粒。所有薄壁细胞中都有淀粉粒存在，尤其在各类储藏器官的细胞中更为集中，如种子的胚乳和子叶中，植物块根、块茎、球茎和根状茎都有丰富的淀粉粒。

淀粉是由质体合成的，光合作用过程中产生的葡萄糖，可以在叶绿体中聚合成淀粉，暂时储藏，以后又可分解成葡萄糖，转运到储藏细胞中，由造粉体重新合成淀粉粒。造粉体在形成淀粉粒时，由一个中心开始，从内向外层层沉积充满整个造粉体。这一中心便形成了淀粉粒的脐点。一个造粉体可含一个或多个淀粉粒。许多植物的淀粉粒，在显微镜下可以看到围绕脐点有许多亮暗相间的轮纹，这是由于淀粉沉积时，直链淀粉和支链淀粉相互交替、分层沉积的缘故，直链淀粉较支链淀粉对水有更强的亲和性，两者遇水膨胀不一，从而显出了折光上的差异。

淀粉粒在形态上有三种类型：单粒淀粉粒，只有一个脐点，无数轮纹围绕这个脐点；复粒淀粉粒，具有两个以上脐点，各脐点分别有各自的轮纹环绕；半复粒淀粉粒，具有两个以上脐点，各脐点除有本身轮纹环绕外，外面还包围着共同的轮纹（图 1-30）。

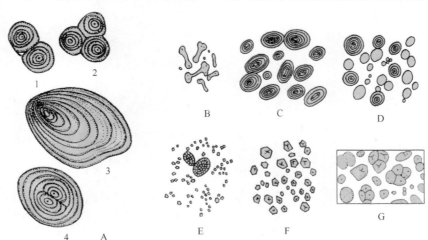

图 1-30　几种植物的淀粉粒

A. 马铃薯（1、2. 复粒；3. 单粒；4. 半复粒）；B. 大戟；C. 菜豆；D. 小麦；E. 水稻；F. 玉米；G. 甘薯

（二）蛋白质

细胞内储藏的蛋白质与构成原生质的蛋白质不同，储藏蛋白质没有生命，比较稳定。蛋白质的一种储藏形式是结晶状，结晶的蛋白质因具有晶体和胶体的两重性，因此称为拟晶体，蛋白质拟晶体有不同形状，但常呈方形，如在马铃薯块茎近外围的薄壁细胞中，就有这种方形结晶的存在。储藏蛋白质的另一种形式是糊粉粒，可在液泡中形成，是一团无定形的蛋白质，常被一层膜包裹成圆球状颗粒，称为糊粉粒（aleurone grain）。

糊粉粒较多地分布于植物种子胚乳或子叶中，有时集中分布在某些特殊的细胞层中。例如，谷类种子胚乳最外面一层或几层细胞中，含有大量糊粉粒，特称为糊粉层（aleurone layer）（图1-31）。许多豆类种子（如大豆、落花生等）子叶的薄壁细胞中，普遍具有糊粉粒，这种糊粉粒以无定形蛋白质为基础，另外包含一个或几个拟晶体。蓖麻胚乳细胞中的糊粉粒，除拟晶体外还含有磷酸盐球形体（图1-32）。

（三）脂类

脂肪和油类（oil）是含能量最高而体积小的储藏物质。常温下为固体的称为脂肪，液体的称为油类。它们常成为种子、胚和分生组织细胞中的储藏物质（图1-33），以固体或油滴形式存在于细胞质中，有时

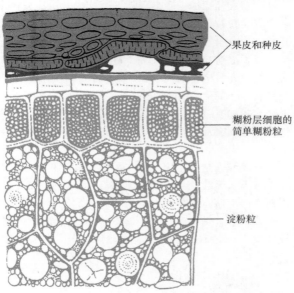

图1-31　小麦籽粒横切面（示糊粉粒和淀粉粒）

果皮和种皮

糊粉层细胞的简单糊粉粒

淀粉粒

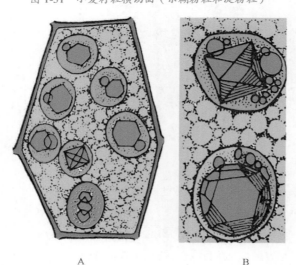

A　　　　　　　B

图1-32　蓖麻种子的糊粉粒

A. 一个胚乳细胞；B. A中一部分的放大，示两个含有拟晶体和磷酸盐球形体的糊粉粒

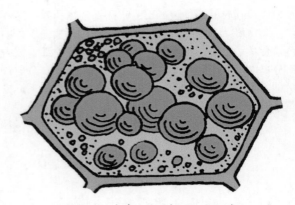

图1-33　含有油滴的椰子胚乳细胞

在叶绿体内也可看到。

脂肪和油类在细胞中的形成可以有多种途径，如质体和圆球体都能积聚脂类物质，发育成油滴。

二、晶体

植物细胞中，无机盐常形成各种形状的晶体。最常见的是草酸钙晶体，少数植物中也有碳酸钙晶体。它们一般被认为是新陈代谢的废弃物，形成晶体后便避免了对细胞的毒害。

根据晶体形状可以分为单晶、针晶和簇晶三种。单晶呈棱柱状或角锥状。针晶是两端尖锐的针状，并常集聚成束。簇晶是由许多单晶联合成的复式结构，呈球状，每个单晶的尖端都突出于球表面（图1-34）。

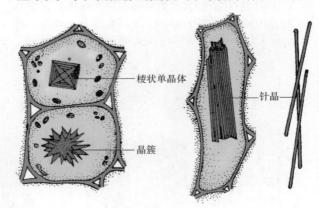

棱状单晶体

针晶

晶簇

图1-34　晶体的类型

晶体在植物体内普遍分布，不同植物以及植物体不同部分的细胞含有的晶体，在大小和形状上有时有很大区别。晶体是在液泡中形成的。

三、次生代谢物质

植物次生代谢物质（secondary metabolite）是植物体内合成的，与植物生长发育无直接作用的一类化合物。次生代谢产物在呼吸作用、光合作用、同化物质运输等过程中没有明显或直接的作用。但这类物质对植物适应不良环境或抵御病原物侵害、吸引传粉媒介以及植物的代谢调控等方面具有重要意义。

（一）酚类化合物及其衍生物

植物中酚类化合物及其衍生物包括芳香氨基酸、简单酚类（单宁）、木质素以及类黄酮等。单宁又称为鞣质，是一种无毒、不含氮的水溶性酚类化合物，广泛存在于植物的根、茎、叶、树皮和果实中，如柿、石榴果实，柳、桉、栎、胡桃等树皮。它存在于细胞质、液泡或细胞壁中，在光镜下是一些黄色、红色或棕色粒状物。具涩味，遇铁盐呈蓝色以至黑色。单宁在植物生活中有防腐、保护作用，能使蛋白质变性，当动物摄食含单宁的植物时，可将动物唾液中蛋白质沉淀，使动物感觉这种植物味道不好而拒食；单宁还可抑制细菌和真菌的侵染。工业上用于制革，药用有抑菌和收敛止血的作用。酚类化合物还能强烈吸收紫外线，可使植物免受紫外线伤害。

类黄酮（flavonoid）是一种十五碳化合物，是植物体内一类重要次生代谢物质，目前已经鉴定的类黄酮超过2000种。常见的有花色苷（anthocyanin）、黄酮醇（flavonol）和黄酮（flavone）。常见的花色素与植物颜色有密切关系。主要分布于花和果实细胞液泡内，为水溶性色素。花色素是花色苷与葡萄糖基解离后剩余部分，为无氮的酚类化合物。花色素在不同pH条件下颜色也不同，当细胞液酸性时呈橙红，中性时呈紫色，碱性时则呈蓝色。

类黄酮除在植物颜色方面有作用外，还有吸引动物以利于传粉和受精、保护植物免受紫外线灼伤、防止病原微生物侵袭等功能。

（二）生物碱

生物碱（alkaloid）是植物体中广泛存在的一类含氮的碱性有机化合物，多为白色晶体，具有水溶性。目前已发现的生物碱超过3000种，有人认为生物碱是代谢作用的最终产物，也有人认为是一种储藏物质，现在普遍认为它是植物的防御物质，大多数生物碱对动物有毒，可使植物免受其他生物的侵害，有重要的生态学功能。

生物碱在植物界中分布很广，含生物碱较多的科有罂粟科、茄科、防己科、茜草科、毛茛科、小檗科、豆科、夹竹桃科和石蒜科等。亲缘关系相近的植物，常含化学结构相同或类似的生物碱，一种植物中可能含有多种生物碱。

生物碱有多方面用途，金鸡纳（*Cinchona succ-irubra*）树皮中所含的奎宁（quinine）是治疗疟疾的特效药；烟草中的尼古丁（nicotine）有驱虫作用，因而几乎没有昆虫光顾含烟碱的植物。吗啡、小檗碱、莨菪碱和阿托平等都有驱虫作用。作为外源试剂，烟碱可抗生长素，抑制叶绿素合成；秋水仙素处理正在进行有丝分裂的细胞，它与微管结合，使纺锤体不能形成，结果形成多倍体，育种工作者常用它作为产生多倍体的试剂。咖啡和茶中的咖啡因有刺激和镇静作用。

（三）非蛋白氨基酸

非蛋白氨基酸（nonprotein amino acid）是植物体内含有的一些不被结合到蛋白质内的氨基酸。非蛋白氨基酸以游离形式存在，起防御作用，它们在结构上与蛋白氨基酸非常相似，如刀豆氨酸（canavanine）的结构就与精氨酸非常相近。

非蛋白氨基酸可以抑制动物体内蛋白质氨基酸的吸收或合成，或被结合进正常的蛋白质中，从而导致动物体内某些蛋白质功能的丧失。例如，刀豆氨酸被草食动物摄入后，在蛋白质合成过程中取代精氨酸被结合进蛋白质，导致酶丧失与底物结合的能力或丧失催化生化反应的能力。

第四节 植物细胞分裂、生长、分化和死亡

细胞分裂是生命有机体的主要特征，植物个体生长以及个体繁衍都是以细胞分裂为基础的。对于单细胞植物而言，通过细胞分裂可以增加个体数量，繁衍后代；对于多细胞有机体来说，细胞分裂与细胞扩大构成了有机体生长的主要方式。细胞分裂的方式分为有丝分裂、减数分裂和无丝分裂三种。前两者属同一类型，可以说减数分裂只不过是有丝分裂的一种独特形式。在有丝分裂和减数分裂过程中，细胞核内发生极其复杂的变化，形成染色体等一系列结构。而无丝分裂则是一种简单的分裂形式。

一、细胞分裂

（一）细胞周期

细胞周期（cell cycle）是指从一次细胞分裂结束开始到下一次细胞分裂结束之间细胞所经历的全部过程。细胞周期可划分为分裂间期和分裂期。

1. 分裂间期

分裂间期（interphase）是从前一次分裂结束到下一次分裂开始的一段时间。间期细胞核结构完整，细胞进行着一系列复杂的生理代谢活动，特别是DNA的复制，同时积累能量，为细胞分裂做准备。根据不同时期合成的物质不同，可以把分裂间期进一步分成复制前期（G_1, gap$_1$）、复制期（S, synthesis）和复制后期（G_2, gap$_2$）三个时期（图1-35）。

（1）G_1期。G_1期出现在细胞分裂结束后，在此期，细胞要发生一系列生物化学变化，为进入S期创造了基本条件。其中最主要的是要合成一定数量的RNA和一些专一性蛋白质（如组蛋白、非组蛋白及一些酶

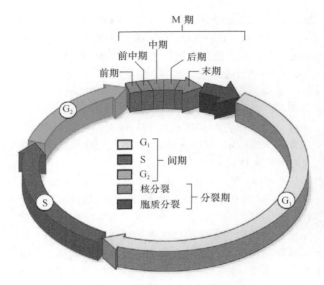

图1-35　植物细胞周期示意图

类）。其中重要的是对细胞周期有调控作用的周期蛋白（cyclin），它的积累有助于细胞通过 G_1 期的限制点进入 S 期。处于 G_0 期的细胞中缺乏这种蛋白质和其他一些因子，故暂时不能通过限制点。此外，还合成微管蛋白等。

G_1 期细胞体积增大，各种细胞器、内膜结构和其他细胞成分的数量迅速增加，以利于细胞过渡到 S 期。

（2）S 期。是细胞核 DNA 的复制期。这个时期的主要特征是遗传物质的复制。包括 DNA 复制和组蛋白等染色体蛋白的合成。细胞核中 DNA 的复制是以半保留方式进行的，组蛋白在细胞质中合成，然后转运进入细胞核，与 DNA 链结合形成染色质。

S 期 DNA 的复制过程受细胞质信号控制，只有当 S 期激活因子出现后，DNA 合成开关才会打开，S 期除合成 DNA 和各种组蛋白外，还合成一些其他蛋白，如细胞周期蛋白。

（3）G_2 期。是 DNA 复制完成到细胞开始分裂的时期。G_2 期 1 个细胞核的 DNA 含量为 4C，较 G_1 期的含量（2C）增加了一倍。细胞在此期主要合成某些蛋白质和 RNA。为进入 M 期进行结构和功能上的准备，如合成纺锤体微管蛋白等。在 G_2 期末还合成了一种可溶性蛋白质，能引起细胞进入分裂期。这种可溶性蛋白质为一种蛋白质激酶，在 G_2 期末被激活，从而使细胞由 G_2 期进入有丝分裂期。此种激酶可使核质蛋白质磷酸化，导致核膜在前期末破裂。在 G_2 期进入 M 期前也存在着细胞周期监控点。

2. 分裂期

细胞经过间期后进入分裂期，细胞中已复制的 DNA 将以染色体形式平均分配到 2 个子细胞中，每一个子细胞将得到与母细胞同样的一组遗传物质。细胞分裂期（M 期）由核分裂（karyokinesis）和胞质分裂（cytokinesis）两个阶段构成。

3. 细胞周期的时间

不同细胞的细胞周期所经历的时间不同。绝大多数真核生物的细胞周期从几个小时到几十个小时不等，与细胞类型和外界因子有关。例如，蚕豆根尖细胞的周期约为 24.3h，其中 G_1 期 4.0h，S 期 9.0h，G_2 期 3.5h，M 期 1.9h。

4. 周期细胞、G_0 期细胞和终端分化细胞

从细胞增殖角度看，细胞有三种状态：周期细胞、G_0 期细胞和终端分化细胞。周期细胞是在细胞周期中运转的细胞，如分生组织细胞。G_0 期细胞为暂时脱离细胞周期的细胞，它们可在适当刺激下重新进入细胞周期，进行增殖。例如，有些细胞，如茎皮层细胞通常不再进行细胞分裂，视为 G_0 期，但发育到一定阶段，其中一些细胞恢复分裂活动，转变为形成层细胞，重新进入细胞周期。终端分化细胞是指那些不可逆的脱离细胞周期，丧失分裂能力保持生理机能的细胞，如韧皮部的筛管分子。细胞处于何种状态受有关基因及外界环境条件调控。

（二）有丝分裂

有丝分裂（mitosis）也称间接分裂（indirect division），是一种最普通的分裂方式，植物器官的生长一般都以这种方式进行。在有丝分裂过程中，因细胞核中出现染色体（chromosome）与纺锤丝（spindle fiber），故称为有丝分裂。主要发生在植物根尖、茎尖及生长快的幼嫩部位的细胞中。植物生长主要靠有丝分裂增加细胞数量。

1. 染色体和纺锤体

（1）染色体的结构。染色体是真核细胞有丝分裂或减数分裂过程中，由染色质聚缩而成的棒状结构。是细胞有丝分裂时遗传物质存在的特定形式，由染色质经多级盘绕、折叠、压缩、包装形成。

在 S 期，由于每个 DNA 分子复制成为两条，每个染色体实际上含有两条并列的染色单体（chromatid），每一染色单体含 1 条 DNA 双链分子。两条染色单体在着丝粒（centromere）部位结合。着丝粒位于染色体的一个缢缩部位，即主缢痕（primary constriction）中。着丝粒是异染色质（主要为重复序列），不含遗传信息。在每一着丝粒的外侧还有一蛋白质复合体结构，称为动粒（kinetochore）或着丝点，与纺锤丝相连。着丝粒或主缢痕在各染色体上的位置对于每种生物的每一条染色体来说是确定的，或是位于染色体中央而将染色体分成称为臂的两部分，或是偏于染色体一侧，甚至近于染色体一端（图 1-36）。

染色质中的 DNA 长链经四级螺旋、盘绕最终形成染色体，其长度被压缩了上万倍，这有利于细胞分裂中染色体的平均分配。

（2）纺锤体。有丝分裂时，细胞中出现了大量由微管聚集成束组成的细丝，称为纺锤丝。由纺锤丝在细胞两极间形成形态为纺锤状的结构，称为纺锤

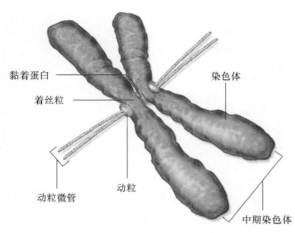

图 1-36　染色体结构模式图

体（spindle）。从纺锤体一极伸向另一极的纺锤丝，称为连续纺锤丝（continuous fiber）或极间微管（polar microtubule）。它们不与着丝点相连（图 1-37）；还有一些纺锤丝一端和纺锤体的极（pole）连接，另一端与染色体着丝点相连，称为染色体牵丝（chromosomal fiber），也称动粒微管（kinetochore microtubule）。

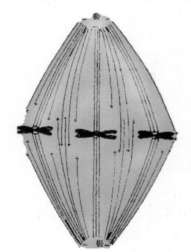

图 1-37　纺锤体

2. 有丝分裂的过程

有丝分裂包括核分裂和细胞质分裂，又根据染色体变化过程，人为地将核分裂分为前期、中期、后期和末期。

（1）前期（prophase）。是有丝分裂的开始时期，主要特征是染色质逐渐凝聚成染色体。最初，染色质呈细长的丝状结构，以后逐渐缩短变粗，成为形态上可辨认的棒状结构，即染色体。每一个染色体由两条染色单体组成，它们通过着丝粒连接在一起。染色体在核中凝缩的同时，核膜周围的细胞质中出现大量微管，最初的纺锤体开始形成。到前期的最后阶段，核仁变得模糊以至最终消失，与此同时，染色体移向靠近核膜的边缘，核中央变空，核膜也开始破碎成零散的小泡，最后全面瓦解。

（2）中期（metaphase）。中期细胞特征是染色体排列到细胞中央的赤道板（equatorial plate）上，纺锤体形成。当核膜破裂后，由纺锤丝构成的纺锤体结构清晰可见。染色体继续浓缩变短，在动粒微管牵引下，向细胞中央移动，最后都以各染色体的着丝点排列在处于两极当中的垂直于纺锤体纵轴的平面，即赤道板上，而染色体的其余部分在两侧任意浮动。中期的染色体缩短到最粗短程度，是观察研究染色体的最佳时期。

（3）后期（anaphase）。当所有染色体排列在赤道板上后，构成每条染色体的两个染色单体从着丝粒处裂开，分成两条独立的子染色体（daughter chromosome）；紧接着子染色体分成两组，分别在染色体牵丝的牵引下，向相反的两极运动。这种染色体运动是动粒微管末端解聚和极间微管延长的结果。子染色体在向两极运动时，一般是着丝点在前，两臂在后。

（4）末期（telophase）。主要特征是到达两极的染色体弥散成染色质，核膜、核仁重新出现。染色体到达两极后，纺锤体开始解体，染色体成为密集的一团，并开始解螺旋，逐渐变成细长分散的染色质丝；与此同时，由粗糙内质网分化出核膜，包围染色质，核仁重新出现，形成子细胞核。至此，细胞核分裂结束（图 1-38、图 1-39）。

胞质分裂是在两个新子核之间形成新细胞壁，把母细胞分隔成两个子细胞的过程。一般情况下，胞质分裂通常在核分裂后期之末、染色体接近两极时开始，这时在分裂面两侧，由密集的、短的微管相对呈圆盘状排列，构成一桶状结构，称为成膜体（phragmoplast）。此后一些高尔基体小泡和内质网小泡在成膜体上聚集破裂释放果胶类物质，小泡膜融合于成膜体两侧形成细胞板（cell plate），细胞板在成膜体引导下向外生长直至与母细胞侧壁相连。小泡的膜用来形成子细胞的质膜；小泡融合时，其间往往有一些管状内质网穿过，这样便形成了贯穿两个子细胞之间的胞间连丝；胞间层形成后，子细胞原生质体开始沉积初生壁物质到胞间层内侧，同时也沿各个方向沉积新的细胞壁物质，使整个外部的细胞壁连成一体。

有丝分裂是植物中普遍存在的一种细胞分裂方式，在有丝分裂过程中，由于每次核分裂前都进行一次染色体复制，分裂时，每条染色体分裂为两条子染色体，平均分配给两个子细胞，这样就保证了每个子细胞具有与母细胞相同数量和类型的染色体。因此每一子细胞就有与母细胞相同的遗传特性。在多细胞植物生长发育过程中，进行无数次细胞分裂，每一次都按同样方式进行，这样有丝分裂就保持了细胞遗传上的稳定性。

（三）减数分裂

减数分裂（meiosis）是发生在植物有性生殖过程中的一种特殊的细胞分裂方式。在种子植物中，它发生在花粉母细胞形成单核花粉粒（小孢子）和胚囊母

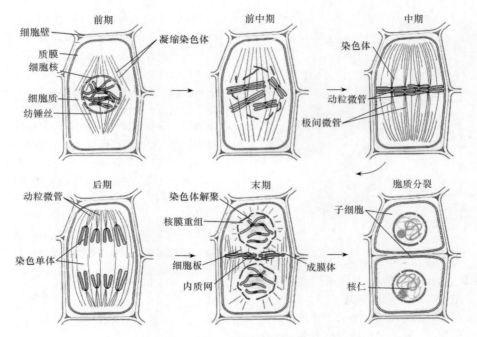

图 1-38　植物细胞有丝分裂过程图解

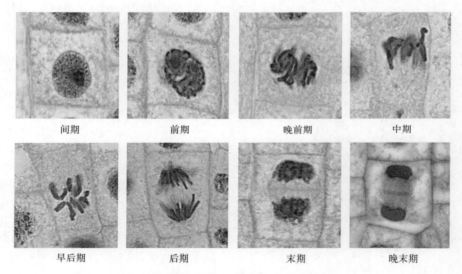

图 1-39　洋葱根尖细胞的有丝分裂过程

细胞形成单核胚囊（大孢子）时期。整个分裂包括两次连续分裂，DNA 复制只有一次，染色体也仅分裂一次。因此，一个花粉母细胞或胚囊母细胞经过减数分裂后形成 4 个子细胞，每个子细胞的染色体数目为母细胞的一半，减数分裂因此得名。

减数分裂第一次分裂（减数分裂 I）可分为前期 I、中期 I、后期 I 和末期 I（图 1-40）。

1. 前期 I

细胞核进入减数分裂前期 I（prophase I）时，已经发生了染色体的复制。与有丝分裂相比，第一次减数分裂的前期中染色体的变化要复杂得多。根据染色体形态变化，前期 I 被人为划分为 5 个时期。

（1）细线期（leptotene）。第一次分裂开始时，染色质浓缩为几条细而长的细线，但相互间往往难以区分。虽然染色体已经被复制，但在细线期的染色体上还看不到双重性。细线的两端通过接触斑与核膜相连，核的体积逐渐增大。

（2）偶线期（zygotene）。同源染色体（homologous chromosome）开始配对，它们一条来自父方，一条来自母方。在光镜下可见到成双存在的染色体。在偶线期之前，一对同源染色体在核中随机分布。进入偶线期后，同源染色体与核膜相连的端部通过移位相互靠拢，并侧面相连开始配对，这种现象称为联会（synapsis）。此种配对是专一性的，所形成的特殊结构称为联会复合体（synaptonemal complex）。在偶线期，还能发生 DNA 合成现象。

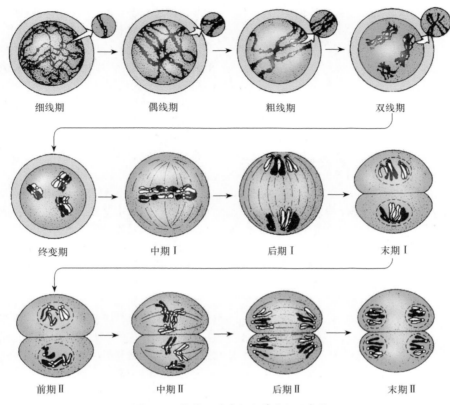

细线期　　　　　　偶线期　　　　　　粗线期　　　　　　双线期

终变期　　　　　　中期Ⅰ　　　　　　后期Ⅰ　　　　　　末期Ⅰ

前期Ⅱ　　　　　　中期Ⅱ　　　　　　后期Ⅱ　　　　　　末期Ⅱ

图 1-40　植物细胞减数分裂过程示意图

（3）粗线期（pachytene）。两条同源染色体此时配对完毕。染色体明显变粗变短，结合紧密，此时每对配对的染色体中含有四条染色单体，称为四分体（tetrad）。在四分体上可看到染色单体发生交叉，可在一条染色体上有若干个交叉点，这种现象的本质是同源染色体之间发生了染色体片段的交换。也就是说，交换后，染色体有了遗传物质的变化，含有同源染色体中另一染色体上的一部分遗传基因。粗线期持续的时间比细线期和偶线期长得多。

（4）双线期（diplotene）。同源染色体开始分开，但并不完全，仍有若干处相连。这些相连点是染色体间发生互换的结果。此时联会复合体着丝粒两端的交叉向端部移动，染色体与核被膜脱离接触。此外，双线期有 mRNA 与 rRNA 的转录现象发生。

（5）终变期（diakinesis）。染色体变成紧密凝集状态，核仁消失，四分体较均匀地分布在核中，同源染色体间依靠端部交叉相结合，姐妹染色体由着丝粒相连。终变期的完成标志着减数分裂前期Ⅰ的结束。

2. 中期Ⅰ

核膜破裂，纺锤体形成，四分体在纺锤体作用下，移向细胞的赤道面，此时两个同源染色体与方向相反的着丝粒微管相连。不同于有丝分裂中期的是，配对的同源染色体在中期Ⅰ（metaphase Ⅰ）也不分开。

3. 后期Ⅰ

进入后期Ⅰ（anaphase Ⅰ），同源染色体分开，每

对同源染色体分开后分别向两极移动。在每极中，染色体的数目只有原来的一半。不同的同源染色体对向两极的分离过程是独立进行的，因而来自父母双方的染色体被随机组合。

4. 末期Ⅰ（telophase Ⅰ）

染色体完全到达两极，核膜重建，核仁重新形成。此时，染色体没有明显凝集，仍为二分体（bivalent），其数目是母细胞的一半。此时，某些植物可进行胞质分裂，在两个子细胞核间形成细胞板，如玉米。有些植物要等到第二次分裂完毕后才进行胞质分裂。

减数分裂的第二次分裂（减数分裂Ⅱ）实际上是一次普通的有丝分裂，也分为 4 个时期：前期Ⅱ、中期Ⅱ、后期Ⅱ和末期Ⅱ（图 1-40）。从减数分裂Ⅰ到减数分裂Ⅱ，细胞中没有进行 DNA 复制，很快进入第二次分裂。这次分裂中减数分裂二分体中每一染色体的两条染色单体分裂成两条子染色体，分别进入细胞两极，最终形成单倍体的子细胞。这样，经过一次染色体的复制和两次连续的细胞分裂，形成了 4 个单倍体的子细胞。

减数分裂对保持物种遗传的稳定性和丰富变异性有重要意义。花粉母细胞和胚囊母细胞经减数分裂产生的单核花粉粒和单核胚囊以及由它们分别产生的精细胞和卵细胞都是单倍体。当精、卵结合后形成合子，恢复了原有染色体倍数，使物种的染色体数保持稳定，即在遗传上具有相对的稳定性。同时，由于同源染色体间的联合以及遗传物质发生交换和重组，丰富了物

种遗传性的变异。这对增强后代适应环境的能力，繁衍种族有极其重要的意义。

减数分裂是一个活跃的生理过程，对外界环境条件的反应很敏感，如低温、干旱、光照不良等都能影响减数分裂的正常进行。

（四）无丝分裂

无丝分裂（amitosis）也称直接分裂（direct division），相对于有丝分裂和减数分裂，无丝分裂的过程比较简单。细胞分裂开始时，核仁先分裂成两部分，同时细胞核伸长，中部凹陷，最后中间分开，形成两个细胞核，在两核中间产生新壁形成两个细胞。无丝分裂有各种方式，如横缢、纵缢、出芽等。无丝分裂没有纺锤丝和染色体形成，消耗能量少，分裂速度快，但遗传物质一般不能平均分配到子细胞中，所以其遗传不稳定。

无丝分裂多见于低等植物，在高等植物中也比较普遍。例如，在胚乳发育过程中和愈伤组织形成时均有无丝分裂发生。

二、植物细胞的生长和分化

（一）细胞生长

细胞生长是指在细胞分裂后形成的子细胞体积和重量的增加过程，其表现形式为细胞重量增加的同时，细胞体积也增长。细胞生长是植物个体生长发育的基础，对单细胞植物而言，细胞的生长就是个体的生长，而多细胞植物体的生长则依赖于细胞生长和细胞数量增加。

植物细胞的生长包括原生质体生长和细胞壁生长两个方面。原生质体生长过程中最为显著的变化是液泡化程度的增加，最后形成中央大液泡，细胞质其余部分则变成一薄层紧贴于细胞壁，细胞核也移至侧面；此外，原生质体的其他细胞器在数量和分布上也发生着各种变化。细胞壁的生长包括表面积增加和厚度增加，原生质体在细胞生长过程中不断分泌壁物质，使细胞壁随原生质体长大而延伸，同时壁的厚度和化学组成也发生相应变化。

植物细胞生长有一定限度，当体积达到一定大小后，便会停止生长。细胞最后的大小，因植物细胞类型而异，即受遗传因子控制，同时，细胞生长和大小也受环境条件影响。

（二）细胞分化

多细胞植物体中的细胞由于执行不同的生理功能，在形态或结构上表现出适应性的变化。例如，茎、叶表皮细胞执行保护功能，在细胞壁表面就形成明显的角质层以降低水分蒸腾；叶肉细胞中发育形成了大量叶绿体以适应光合作用的需要；输导水分的导管细胞发育成长管状、侧壁加厚、中空以利于水分输导。然而，这些细胞最初都是由合子分裂、生长、发育而成。这种在个体发育过程中，细胞在形态、结构和功能上的特化过程，称为细胞分化（cell differentiation）。植物进化程度越高，植物体结构越复杂，细胞分工就越细，细胞分化程度也越高。细胞分化使多细胞植物体中的细胞功能趋于专门化，这样有利于提高各种生理功能的效率。

细胞分化是一个非常复杂的过程，涉及许多调节和控制因素，因为组成同一植物体的所有细胞均来自于受精卵，它们具有相同的遗传组成，但它们为什么会分化成不同的形态与结构？是哪些因素导致了细胞分化？这是生物学研究领域中的热点问题。目前对植物个体发育过程中某些特殊类型细胞的分化和发育机制已经有了一定程度的了解，一般认为细胞分化可能有下列原因。①细胞分化是遗传基因选择性表达的结果，植物体中细胞所含的全部遗传基因，在细胞生长发育过程中有些被表达，有些不被表达。②外界环境条件的诱导，如光照、温度和湿度等。③细胞在植物体中存在的位置，以及细胞间相互作用。④细胞的极性化是细胞分化的首要条件，极性是指细胞（或器官或植株）的一端与另一端在结构与生理上的差异，常表现为细胞内两端细胞质浓度不均等。极性的建立常引起细胞不均等分裂，即两个大小不同的细胞产生，这为它们今后的分化提供了前提。⑤激素或化学物质，已知生长素和细胞分裂素是启动细胞分化的关键激素。

生活的成熟细胞是有寿命的，也会衰老、死亡。死亡的细胞常被植物排出体外或留在体内，而这些细胞原来担负的功能将会由植物体产生新的细胞去承担。

（三）细胞全能性

植物细胞全能性的概念是1902年由德国著名植物学家Haberlandt首先提出的。他认为高等植物的器官和组织可以不断分割直至单个细胞，每个细胞都具有进一步分裂和发育的能力。

细胞全能性是指体细胞可以像胚性细胞那样，经过诱导能分化发育成一株植物，并且具有母体植物的全部遗传信息。植物体的所有细胞都来源于受精卵的分裂。当受精卵分裂时，染色体进行复制，这样分裂形成的两个子细胞里均含有与受精卵同样的遗传物质——染色体。因此，经过不断的细胞分裂所形成的成千上万个子细胞，尽管它们在分化过程中会形成不同器官或组织，但它们具有相同的基因组成，都携带着亲本的全套遗传信息，即在遗传上具有"全能性"。因此，只要培养条件适合，离体培养的细胞就有发育成一株植物的潜在能力。

细胞和组织培养技术的发展和应用，从实验基础上有力地验证了植物细胞"全能性"的理论。

三、细胞死亡

多细胞生物体中，细胞在不断进行细胞分裂、生长和分化的同时，也不断发生着细胞的死亡。

细胞的死亡可分为程序性死亡和坏死性死亡两种形式。程序性死亡（programmed cell death），或称细胞凋亡（apoptosis），是指体内健康细胞在特定细胞外信号诱导下，进入死亡途径，于是在有关基因的调控下发生死亡的过程，这是一个正常的生理性死亡，是基因程序性表达的结果。细胞坏死（necrosis）是指细胞受到某些外界因素的激烈刺激，如机械损伤、毒性物质的毒害，导致细胞的死亡。

（一）细胞程序性死亡的特征

细胞死亡程序启动后，细胞内发生了一系列结构变化，如细胞质凝缩、细胞萎缩、细胞骨架解体、核纤层分解、核被膜破裂、内质网膨胀成泡状、细胞质和细胞器自溶作用表现的强烈。除了这些形态特征外，在进行 DNA 电泳分析时发现，核 DNA 分解成片段，出现梯形电泳图。大量实验表明，核 DNA 断解成片段，是细胞凋亡的主要特征之一。

细胞坏死与细胞程序性死亡有明显不同的特征。细胞坏死时质膜和核膜破裂，膜通透性增高，细胞器肿胀、线粒体、溶酶体破裂，细胞内含物外泄。细胞坏死极少为单个细胞死亡，往往是某一区域内一群细胞或组织受损；细胞坏死过程中不出现 DNA 梯状条带等特征。

（二）细胞程序性死亡的生物学意义

植物生长发育过程中，普遍存在着细胞程序性死亡的现象，如管状分子分化的结果导致细胞死亡，它们在植物体内以死细胞形式执行输导水分和无机盐的功能；根冠边缘细胞的死亡和脱落；花药发育过程中绒毡层细胞的瓦解和死亡；大孢子形成过程中多余大孢子细胞的退化死亡；胚胎发育过程中胚柄的消失；种子萌发时糊粉层的退化消失；叶片、花瓣细胞的衰老死亡等均是细胞编程性死亡的过程。

细胞程序性死亡是植物有机体自我调节的主动的自然死亡过程，是一种主动调节细胞群体相对平衡的方式。在这一过程中，可清除多余的与机体不相适应的、已经完成其生理功能并不再需要的，或是其存在有潜在危险的细胞。

如前所述，植物根冠是通过边缘细胞的不断死亡来保持细胞群体数量的恒定，植物胚胎发育过程中胚柄的消失也是通过细胞程序性死亡来清除已经完成功能的无用细胞。超敏性反应是植物体通过局部细胞的死亡来保证整个机体安全的保护性机制。由此可见，细胞程序性死亡是生物体内普遍发生的一种积极的生物学过程，对有机体的正常发育有着重要意义，是长期演化过程中进化的结果。

本章主要内容和概念

自然界中除了病毒、噬菌体、类病毒外，所有生物体都由细胞（cell）构成。单细胞生物体只由 1 个细胞构成，高等植物体则由无数功能和形态结构不同的细胞组成。构成高等植物的细胞是高度社会化的细胞，既有分工和合作，又保持形态与结构的独立性。细胞是构成有机体的基本结构单位，是代谢和功能的基本单位，是有机体生长发育的基础，也是遗传的基本单位，具有遗传上的全能性。

本章主要包括细胞基础知识（细胞的发现、细胞学说、细胞的物质构成、细胞的类型），真核细胞构造（细胞壁、细胞膜、细胞质、细胞核的构造），植物细胞后含物，细胞分裂、生长、分化和死亡等内容。

知识要点包括：

细胞学说，分辨率，原生质，原生质体，原核细胞，真核细胞，细胞壁及其分层，纹孔及其相关结构，胞间连丝，胞质运动，细胞膜，细胞质，细胞器及其类型，细胞核，染色质和染色体，后含物，细胞周期，有丝分裂，无丝分裂，减数分裂，细胞生长，细胞分化，细胞死亡，脱分化，细胞全能性。

复习思考题

1. 细胞学说的主要内容是什么？有何意义？
2. 原生质的主要化学成分有哪些？它在细胞生命活动中的重要作用有哪些？
3. 植物细胞中哪些结构保证了多细胞植物体中细胞之间进行有效的物质和信息传递？
4. 细胞膜的分子结构和化学组成是怎样的？有何功能？
5. 植物细胞中细胞器有哪些类型？简述其结构特点及主要生理功能。
6. 细胞核由哪几部分构成？简述细胞核的超微结构。
7. 何谓细胞骨架？它们在细胞中的作用有哪些？怎样证明细胞骨架的存在？
8. 组成细胞壁的化学成分有哪些？它们是怎样构成细胞壁的？细胞壁有哪几层？各有何特点？
9. 何谓细胞周期？细胞周期中各阶段的主要特点有哪些？
10. 何谓后含物？细胞后含物对植物有何重要意义？
11. 怎样理解细胞生长和细胞分化？细胞分化在植物个体发育和系统发育中有什么意义？
12. 如何理解高等植物细胞形态、结构与功能之间的相互适应？

第二章　植物组织

第一节　植物组织及其形成

组织（tissue）是指由形态结构相似、生理功能相同、在个体发育中来源相同的细胞群组成的结构和功能单位。具有分裂能力的细胞逐渐到细胞分裂停止，细胞外形伸长，形成各种具有一定功能和形态结构的细胞，这种细胞分化过程导致了植物组织的形成。组织是植物体内细胞分裂、生长和分化的结果，也是植物进化过程中复杂化和完善化的产物。其形成过程贯穿由受精卵开始，经胚胎阶段，直至植株成熟的整个过程。植物进化程度越高，其体内各种生理分工越精细，组织分化越明显，内部结构越复杂。

被子植物各个器官——根、茎、叶、花、果实和种子等，都是由某几种组织构成的，在器官中每一种组织具有一定的分布规律并行使一种主要生理功能，这些组织相互依赖、相互配合。例如，叶是植物进行光合作用的器官，其中主要分化为大量同化组织进行光合作用，但在它周围覆盖着保护组织，以防止同化组织中水分过度丢失和机械损伤；输导组织贯穿于同化组织中，保证水分供应并把同化产物运输出去。这样，三种组织相互配合，保证了叶光合作用的正常进行。由此可见，组成器官的不同组织，表现为整体条件下的分工合作，共同保证器官功能的完成。

第二节　植物组织的类型

根据组织发育程度、生理功能和形态结构的不同，把植物组织分为分生组织和成熟组织两大类。分生组织具有产生新细胞的特性，是产生和分化其他各种组织的基础。成熟组织由分生组织产生的细胞分化形成，可分为保护组织、基本组织、机械组织、输导组织和分泌结构。

一、分生组织

（一）分生组织的概念

在植物胚发育早期，所有胚细胞均能分裂，而发育成植物体后，只有在特定部位的细胞保持这种胚性特点，继续进行分裂活动，由这些能继续分裂的细胞组成的细胞群，称为分生组织（meristem）。分生组织在植物一生中常持续的或周期性的保持强烈分裂能力，一方面为植物体产生其他组织的细胞，另一方面本身继续保持胚性细胞特点。

分生组织细胞代谢活跃，有旺盛分裂能力；细胞排列紧密，一般无细胞间隙；细胞壁薄，不特化，由果胶质和纤维素构成；原生质体分化程度低，有较多细胞器和发达膜系统，但通常缺乏储藏物质和结晶体；质体处于前质体阶段。但有的分生组织也会出现一些变化，如维管形成层细胞有较多液泡等。分生组织的活动直接关系到植物体的生长和发育，在植物个体生长中起着重要作用。

（二）分生组织的类型

分生组织可根据在植物体中的分布位置、来源和性质分类。

1. 根据在植物体中的分布位置

根据在植物体中的分布位置分生组织可分为顶端分生组织、侧生分生组织和居间分生组织（图2-1）。

（1）顶端分生组织（apical meristem）。存在于根和茎的主轴及其分枝顶端，由胚性细胞构成。能比较

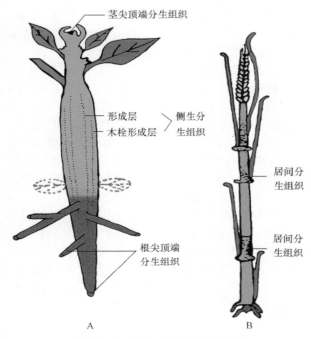

图 2-1　分生组织在植物体内的分布

A. 顶端分生组织和侧生分生组织的分布；

B. 居间分生组织的分布

（引自 Esau，1977）

长期的保持分生能力，虽然也有休眠时期，但环境条件适宜时，又能继续进行分裂。分裂活动的结果使根和茎不断伸长，并在茎上形成侧枝，使植物体扩大营养面积。有花植物由营养生长进入生殖生长时，茎顶端分生组织发生质的变化，由营养生长转为生殖生长，形成花或花序。

顶端分生组织细胞特征：细胞体积小，近于等径，薄壁，细胞核位于中央并占有较大体积，液泡小而分散，细胞质丰富，细胞内通常缺少后含物。

（2）侧生分生组织（lateral meristem）。位于根和茎轴心外侧周围，或靠近根、茎边缘，与所在器官的长轴平行排列（图 2-1）。包括维管形成层和木栓形成层，为裸子植物和双子叶植物所具有。维管形成层位于根或茎轴心外侧，细胞多为长纺锤形，少数近等径，细胞不同程度液泡化。维管形成层属于初生分生组织，细胞分裂活动时间较长，产生的细胞分化为次生维管组织，使根和茎增粗。木栓形成层位于根和茎的边缘，由薄壁细胞脱分化而来，为一层长轴状细胞，分裂活动时间较短。产生的细胞分化为木栓层和栓内层，与木栓形成层共同构成根、茎表面新的保护组织——周皮。

（3）居间分生组织（intercalary meristem）。位于茎、叶、子房柄、花梗、花序梗等器官中的成熟组织之间（图 2-1）。它是顶端分生组织衍生而遗留在某些器官中局部区域的分生组织。居间分生组织在种子植物中并不普遍存在，只能保持一定时期的分生能力，

以后则完全转变为成熟组织。例如，稻、麦等禾本科植物的节间基部具有居间分生组织，所以当茎顶端分化成幼穗后，稻、麦仍能借助于居间分生组织活动进行拔节和抽穗，使茎急剧长高，也能使茎秆倒伏后逐渐恢复直立。葱、蒜、韭菜的叶子割取上部后能继续伸长生长，也是由于叶基部居间分生组织活动的结果。有些植物的居间分生组织是由已分化的薄壁细胞恢复分裂能力而形成的，如枣花在传粉后，靠花柱一侧的花盘组织细胞恢复分裂，参与了果实的增大生长；花生受精后，由于雌蕊柄基部居间分生组织活动把开花后的子房推入土中。

居间分生组织与顶端分生组织和侧生分生组织相比，细胞核大，细胞质浓；主要进行横分裂，使器官沿纵轴方向增加细胞数目；细胞持续活动时间较短，分裂一段时间后，所有细胞完全分化为成熟组织。

2. 根据分生组织来源和性质

根据分生组织来源和性质分生组织可分为原生分生组织、初生分生组织和次生分生组织。

（1）原生分生组织（promeristem）。来源于胚或成熟植物体中转化形成的胚性原始细胞。细胞较小，近于等直径，细胞核体积相对大，细胞质浓，细胞器丰富，有强的持续分裂能力，分布于根尖和茎尖生长点最前端，是形成其他组织的最初来源。

（2）初生分生组织（primary meristem）。由原分生组织细胞分裂衍生而来，位于原生分生组织的后部，如根尖稍后部分的伸长区，包括原表皮、原形成层和基本分生组织，都属于初生分生组织。原表皮位于最外围，主要进行径向分裂；原表皮之内是基本分生组织，基本分生组织所占比例最大，它进行各个方向的分裂，以增加分生组织的体积；原形成层细胞呈扁平长形，分布在分生组织以内。初生分生组织是一种边分裂、边分化的组织，也是原分生组织向成熟组织过渡的类型。

（3）次生分生组织（secondary meristem）。由已经分化成熟的薄壁细胞重新恢复分裂能力转变而成的分生组织，它们与根、茎增粗和重新形成保护层有关，木栓形成层和茎中维管形成层的束间形成层是典型的例子。次生分生组织的细胞呈扁平长形或为近短轴扁多角形，细胞明显液泡化，分布部位与器官长轴平行。次生分生组织不是所有植物都有。

如果把两种分类方法对应起来看，广义的顶端分生组织包括原生分生组织和初生分生组织；而侧生分生组织一般是指次生分生组织，其中木栓形成层和茎中维管形成层的束间形成层是典型的次生分生组织；居间分生组织则属于初生分生组织，

二、成熟组织

分生组织衍生的大部分细胞，逐渐丧失分裂能力，进一步生长分化形成的具有特定形态结构和生理功能

的组织，称为成熟组织（mature tissue），有时也称为永久组织（permanent tissue）。但实际上，各种成熟组织分化程度不同，有些成熟组织的细胞仍具有一定分裂潜能，在一定条件下，通过脱分化可恢复分裂活动，转变为分生组织。成熟组织可分为五类。

（一）薄壁组织

薄壁组织（parenchyma tissue）或称基本组织，广泛分布于植物体各个器官中，是构成植物体的基础。它们担负吸收、同化、储藏、通气、传递等功能。

薄壁组织虽然形态各异，但都是由薄壁细胞组成。这类细胞含有多种细胞器，如质体、线粒体、内质网、高尔基体等，液泡较大，排列疏松，细胞间隙发达，细胞壁薄，仅有初生壁。薄壁组织分化程度较低，具有潜在分裂能力，在一定条件下可经脱分化，激发分裂潜能，进而转化为分生组织。同时，薄壁组织可进一步分化为其他组织。根据生理功能不同可将薄壁组织分为吸收组织、同化组织、储藏组织、通气组织、传递细胞等。

1. 吸收组织

吸收组织（absorptive tissue）位于根尖的根毛区，包括表皮细胞和由表皮细胞外壁向外延伸形成的管状结构——根毛（root hair），其功能是吸收水分和溶于水中的无机盐。根毛数目很多，壁上角质层薄，常具黏液，与土壤紧密接触，有利于根吸收水分和养料。

2. 同化组织

同化组织（assimilating tissue）细胞的原生质体含有大量叶绿体，能进行光合作用。同化组织分布于植物体绿色部分，如幼茎皮层、发育中的果实和种子中，尤其是叶片的叶肉，由典型同化组织构成。同化组织在适当条件下较容易恢复分生作用。

3. 储藏组织

储藏组织（storage tissue）常见于根和茎的皮层和髓部、果实、种子胚乳或子叶，以及块根、块茎等储藏器官中。细胞中常储藏营养物质，如淀粉、糖类、蛋白质、油类、单宁、草酸钙等。例如，水稻、小麦等禾本科植物种子胚乳细胞，甘薯块根、马铃薯块茎的薄壁细胞储藏淀粉粒；蓖麻胚乳细胞储藏糊粉粒；花生种子子叶细胞储藏油类。

某些储藏组织特化为储水组织（aqueous tissue）。这类薄壁组织细胞中储藏有大量水分。它的细胞较大，壁薄，缺乏或仅含少量叶绿体，液泡大并含有大量黏稠细胞液，这种黏稠物质明显增加了细胞的持水能力，使植物能适应干旱环境。储水组织一般存在于旱生肉质植物中，如仙人掌、龙舌兰、景天、芦荟等的光合器官。

4. 通气组织

有些薄壁组织中有发达的细胞间隙。这些间隙在发育过程中逐渐互相联结，最后形成网结状气腔和气道（图2-2）。这种具有明显胞间隙的薄壁组织称为通气组织（ventilating tissue）。气腔和气道内蓄积大量空气，有利于器官中细胞呼吸和气体交换。同时，像蜂巢状系统的胞间隙可以有效抵抗植物在水生环境中所面临的机械应力。例如，在水稻根、茎、叶中通气组织发达，并与叶鞘气道通连，这是对湿生或水生条件的适应。

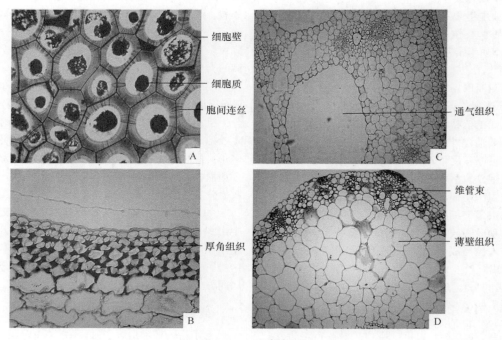

图2-2　几种薄壁组织
A. 柿种子胚乳横切；B. 向日葵幼茎横切；C. 睡莲叶片横切；D. 玉米茎横切

5. 传递细胞

传递细胞（transfer cell）是 20 世纪 60 年代发现的一种特化的薄壁细胞。具有发达的胞间连丝和细胞壁向内生长形成突起特性，这种特性适应短途运输的生理功能（图 2-3）。

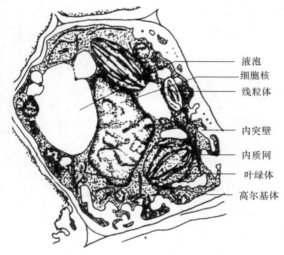

图 2-3　菜豆茎初生木质部中的一个传递细胞
（仿 Esau，1977）

传递细胞最显著的特征是由非木质化次生壁向内生长，突入细胞腔内，形成许多不规则的乳突状、指状、丝状或鹿角状突起，细胞质膜紧贴这种内突生长物，形成壁—膜器结构。这种构造显著扩大了质膜表面积，有利于细胞对物质的吸收和传递。

传递细胞具有大的细胞核，浓厚的细胞质以及丰富的线粒体、内质网、高尔基体、核糖体等细胞器；与相邻细胞间有发达的胞间连丝。由于它们都出现在植物体内溶质集中的部位，与溶质局部转运有密切关系，故认为它们有短途运输作用。例如，叶中小叶脉的一些木薄壁细胞和韧皮薄壁细胞可形成壁内突，同时还可由伴胞和维管束鞘细胞发育成传递细胞，成为叶肉和输导组织之间的物质运输桥梁。在植物茎或花序梗节部维管组织中，种子的子叶、胚乳或胚柄中均有传递细胞。

叶片小叶脉中传递细胞为叶肉和输导组织之间物质运输的桥梁。腺体传递细胞的功能介于吐水器和蜜腺之间。在食虫植物中，则有助于酶的释放。维管束中木质部传递细胞能从导管内上升汁液中有选择地吸收含氮物质，并把它运往韧皮部细胞。在生殖器官中，如花药绒毡层细胞、胚囊助细胞等形成的传递细胞都有利于物质吸收与传递。

（二）保护组织

保护组织（protective tissue）分布于植物体表面，由一层或数层细胞组成，主要功能是防止水分过度蒸腾，控制气体交换，抵抗外界风雨和病虫侵害。

保护组织按其来源和形态结构不同可分为初生保护组织——表皮和次生保护组织——周皮。

1. 表皮

表皮（epidermis）由原表皮分化而来，通常为一层细胞，但也有少数植物的某些器官外表，可形成由多层生活细胞组成的复表皮。表皮分布于幼根、幼茎、叶、花和果实表面，由表皮细胞、组成气孔器的保卫细胞和副卫细胞、表皮毛或腺毛等附属物组成（图 2-4），其中表皮细胞是最基本的成分。

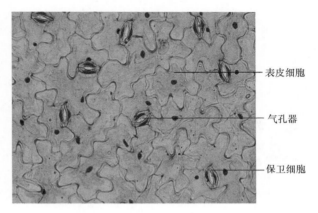

图 2-4　蚕豆叶表皮
（唐宏亮摄）

（1）表皮细胞。生活细胞，呈扁平而不规则形状，侧壁波浪形凹凸镶嵌，无胞间隙。根、茎表皮细胞常为长方体形。横切面观，表皮细胞多呈长方形或方形，液泡化明显，一般无叶绿体，有时有白色体存在。茎和叶等植物体气生部分的表皮细胞，细胞外面一侧壁较厚，角化形成角质层，角质层表面光滑或形成乳突、皱褶、颗粒等纹饰。角质层的形成使表皮具有高度不透水性，有效减少了体内水分蒸腾，坚硬的角质层对防止病菌侵入和增加机械支持有一定作用。有些植物（如甘蔗的茎，葡萄、苹果的果实）在角质层外还具有一层蜡质的"霜"（蜡被），它的作用是使表面不易浸湿，具有防止病菌孢子在体表萌发的作用。生产实践中，植物体表皮层的结构情况是选育抗病品种和使用农药或除草剂时必须考虑的因素。表皮的结构和角质层纹饰对于植物分类具有重要意义。

随着电子显微镜的应用，人们对角质层的结构有了进一步了解，它包括两层，位于外面的一层由角质和蜡质组成，里面的一层由角质和纤维素组成。有人提出将这两层合称为角质膜（相当于原来的角质层），而将外层称为角质层（cuticle），内层称为角化层（cutinized）。角化层和初生壁之间明显有果胶层分界（图 2-5）。

（2）气孔。植物的绿色气生部分，特别是叶表皮，分布有许多气孔。表皮上一对特化的保卫细胞（guard cell）以及它们之间的孔隙、孔下室或甚至连同副卫细胞（subsidiary cell）共同组成气孔器（图 2-6、图 2-7）。

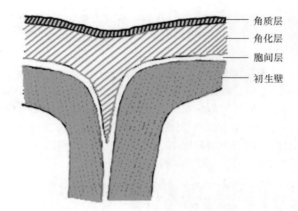

图 2-5　表皮细胞外壁上的角质膜

角质层
角化层
胞间层
初生壁

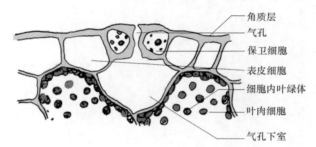

角质层
气孔
保卫细胞
表皮细胞
细胞内叶绿体
叶肉细胞
气孔下室

图 2-6　气孔器的剖面图

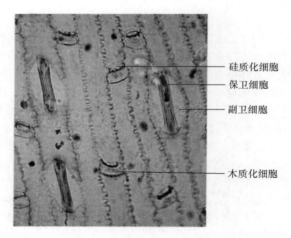

硅质化细胞
保卫细胞
副卫细胞
木质化细胞

图 2-7　小麦叶表皮的表面观

（徐兴友摄）

气孔器是调节水分蒸腾和进行气体交换的结构，与光合作用、呼吸作用和蒸腾作用密切相关。

保卫细胞的显著特点是细胞内含有叶绿体和细胞壁不均匀加厚。大多数植物的保卫细胞为肾形，其细胞壁靠近气孔的部分较厚，与表皮细胞或副卫细胞毗接的部分较薄。禾本科和莎草科植物的保卫细胞呈哑铃形，其细胞壁在球状两端的部分是薄的，而中间窄的部分有很厚的壁（图 2-7）。这些特点使保卫细胞易因膨压改变而发生气孔开闭。当保卫细胞膨压变高时，保卫细胞壁较薄处扩张较多，致使两个保卫细胞相对弯曲或保卫细胞两端膨大而相互抵撑（禾本科），将气孔缝隙拉开，气孔开放；反之，保卫细胞膨压变低时，

气孔关闭。保卫细胞中的膨压改变，取决于保卫细胞内 K^+ 浓度的变化。当保卫细胞中产生有机酸，输出 H^+ 时，在有机酸活化的 ATP 酶控制下，引起 K^+ 进入细胞，钾的积累使细胞膨压增加，渗透势改变，从而导致气孔开放（图 2-8）。

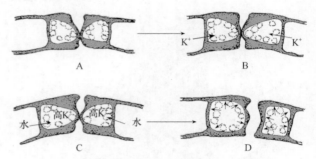

A
B
水 高K 高K 水
C
D

图 2-8　气孔器侧面观，示气孔开关

A. 保卫细胞中 K^+ 含量相对较低，气孔关闭；

B. 光照引发 K^+ 进入保卫细胞；

C. K^+ 积累的结果，使得水分从周围渗入保卫细胞；

D. 保卫细胞中水分增加，膨压加大，气孔开放

（引自 Raven，2002）

副卫细胞与表皮细胞形状不同，它们的数目、分布位置与气孔器类型有关。在发育上副卫细胞与保卫细胞有密切关系；在机能上，副卫细胞被认为在保卫细胞运动时，参与了渗透压的改变。

（3）表皮毛状体。表皮上普遍存在有表皮毛（epidermal hairs）或腺毛等附属物（图 2-9），其形态结构多种多样：单细胞或多细胞的；具腺或非腺的；单条或分枝的；有些毛的壁是纤维素的，有的矿化。表皮毛加强了表皮的保护作用。表皮毛密生于植物表皮，由于折射关系，常呈白色，可削弱强光的影响，减少水分蒸发，是植物抗旱的形态结构，对于旱生植物有利。虽然在较大或较小植物类群中，毛状体结构变化很大，但它们有时十分一致。因而，表皮毛状体也可作为分类特征。

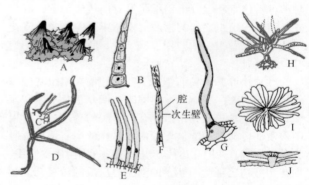

腔
次生壁

图 2-9　表皮毛状体

A. 三色堇花瓣上的乳头状毛；B. 南瓜的多细胞表皮毛；

C、D. 棉属叶上的簇生毛；E、F. 棉属种子上的表皮毛

（E. 幼期；F. 成熟期）；G. 大豆叶上的表皮毛；

H. 薰衣草属叶上的分枝毛；I、J. 橄榄的盾状毛

（I. 顶面观；J. 侧面观）

表皮在植物体上存在的时间,因所在器官是否具有加粗生长而异。具有明显加粗生长的器官,如裸子植物和大多数双子叶植物的根和茎,表皮会因器官增粗而破坏和脱落,由内方产生的次生保护组织(周皮)所取代。在较少或没有次生生长的器官上,如叶、果实、大部分单子叶植物的根和茎上,表皮可长期存在。

2. 周皮

有些植物的根、茎在加粗过程中,原来的表皮被损坏脱落,在表皮内侧形成新的保护组织,即周皮(periderm)。周皮由侧生分生组织——木栓形成层(phellogen)分裂活动形成。木栓形成层进行平周分裂,向外分化成木栓层(phellem),向内分化成栓内层(phelloderm)。木栓层、木栓形成层和栓内层共同构成周皮(图2-10)。

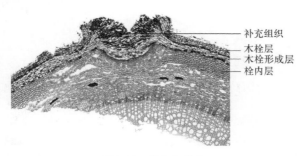

图2-10 周皮和皮孔

补充组织
木栓层
木栓形成层
栓内层

木栓层具有多层细胞,细胞扁平,无胞间隙,细胞壁高度栓化,最后细胞内容物消失成为死细胞。木栓层具有抗压、隔热、绝缘等特性,有良好的保护作用。许多植物栓内层是薄壁生活细胞,常有叶绿体。所以,真正对植物本身起控制水分散失、防止病虫侵害、抗御其他逆境等保护作用的是周皮中的木栓层。当根、茎继续增粗时,原有周皮破裂,其内侧还可产生新的木栓形成层,再形成新周皮。

在周皮某些部位,木栓形成层细胞比其他部位的更为活跃,向外衍生出一种与木栓细胞不同,具有发达细胞间隙的薄壁细胞称为补充细胞(complementary)。它们突破周皮,在其表面形成各种形状的小突起,称为皮孔(lenticel)。皮孔是周皮上的通气结构,位于周皮内的生活细胞,能通过皮孔与外界进行气体交换(图2-10)。

(三)机械组织

细胞壁发生不同程度加厚,具有抗压、抗张和抗曲挠性能,起巩固和支持作用的一类成熟组织,称为机械组织(mechanical tissue)。植物器官幼嫩部分机械组织不发达,随着器官成熟,器官内部逐渐分化出机械组织。细胞的共同特点是细胞壁局部或全部加厚,有的还发生木化。根据细胞形态特征和细胞壁加厚方式不同,机械组织分为厚角组织和厚壁组织。

1. 厚角组织

厚角组织(collenchyma)为初生机械组织,细胞呈短柱状或长而渐尖的纤维状,彼此相互重叠连接成束。厚角组织最明显的特征是细胞壁不均匀加厚,只在几个细胞邻接处的角隅部分加厚,且这种加厚是初生壁性质的,既有坚韧性,又有可塑性和延伸性;既可支持器官直立,又可适应器官迅速生长,它普遍存在于正在生长或摆动的器官中(图2-11)。厚角组织常见于植物叶柄、花梗、草质茎等部位的表皮内侧,其细胞常含叶绿体,有分裂潜能,能参与木栓形成层的形成。厚角组织的分布往往连续成环状或分离成束状,在有棱部分特别发达,以增强支持力量,如芹菜、南瓜的茎和叶柄中。叶中的厚角组织成束位于较大叶脉一侧或两侧。

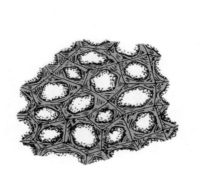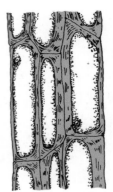

A   B

图2-11 厚角组织
A. 横切面;B. 纵切面

2. 厚壁组织

厚壁组织(sclerenchyma)细胞具有均匀增厚的次生壁,常木化。细胞成熟后,细胞腔小,通常没有生活的原生质体,成为只留有细胞壁的死细胞。厚壁组织细胞可单个或成群、成束分散于其他组织之间,加强组织和器官的坚实程度。厚壁组织依据细胞形状不同分为纤维和石细胞。

(1)纤维(fiber)。是两端渐尖的细长细胞,次生壁明显,木化程度不一,壁上有少数纹孔(图2-12);成熟时原生质体一般都消失,细胞腔中空且小(图2-12E、图2-12F),纤维在植物体内呈束状分布,增强植物器官的支持强度。根据在植物体内的分布和细胞壁特化程度不同,纤维分为韧皮纤维和木纤维。

木纤维(xylem fiber)分布于木质部,比韧皮纤维短,长约1mm。细胞壁木化程度高,细胞腔小(图2-12A、图2-12B),坚硬且无弹性,脆而易断,可供建筑用材、造纸和人造纤维之用。

韧皮纤维(phloem fiber)分布于韧皮部内,但有时把出现在皮层和维管束鞘部分的纤维也称为韧皮纤维。韧皮纤维细胞壁虽厚,但含纤维素丰富,木化程度低,坚韧而有弹性,纹孔较少,常呈裂缝状(图2-12C、

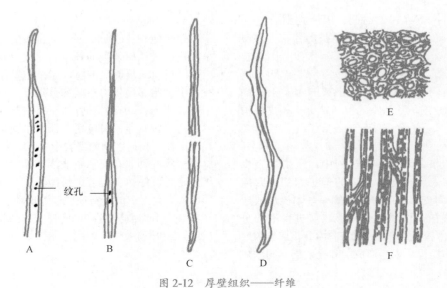

纹孔

A   B   C   D   E   F

图 2-12 厚壁组织——纤维

A. 苹果的木纤维；B. 白栎的木纤维；C. 黑柳的韧皮纤维；D. 苹果的韧皮纤维；

E. 向日葵的韧皮纤维（横切面）；F. 向日葵的韧皮纤维（纵切面）

（引自 Eames and MacDaniels，2002）

图 2-12D）。各种植物韧皮纤维的长度不一，木化程度各异。商业上将韧皮纤维称为软纤维，其工艺价值取决于细胞长度与细胞壁含纤维素程度。

（2）石细胞（sclereid，stone cell）。一般是由薄壁细胞经过细胞壁强烈增厚分化而来，也可从分生组织活动的衍生细胞产生。石细胞广泛分布于植物体中，可单生或聚生于茎、叶、果皮和种皮内。石细胞形状差别很大，有分枝的、星状的、长柱形的等（图 2-13）。石细胞壁强烈次生增厚和木化，有时也可栓化或角化，呈同心环状层次；壁上有许多单纹孔，细胞腔极小，通

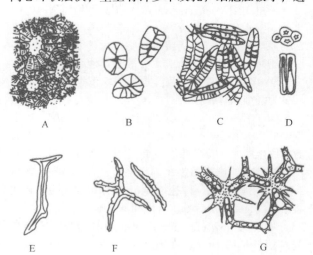

A   B   C   D

E   F   G

图 2-13 厚壁组织——石细胞

A. 桃内果皮石细胞；B. 梨果肉石细胞；

C. 椰子内果皮石细胞；D. 菜豆种皮表层石细胞；

E. 茶叶片石细胞；F. 山茶属叶柄石细胞；

G. 萍蓬草属叶柄的星状石细胞

（引自 Cronquist，1981；Eames and MacDaniels，2002；Esau，1977）

常原生质体消失，成为仅具坚硬细胞壁的死细胞。例如，桃、李、梅、椰子等果实坚硬的"核"，水稻的谷壳，花生的"果壳"等，都有大量石细胞存在；茶、桂花叶片中有单个分枝状石细胞；豆类种皮上有呈栅栏状和骨状的石细胞；梨果肉中坚硬的颗粒，便是成簇的石细胞，它们数量的多少是梨品质优劣的一个重要指标。

（四）输导组织

输导组织（conducting tissue）是植物体内担负物质长途运输功能的管状结构，它们在各器官间形成连续的输导系统。根从土壤中吸收水分和无机盐，由它们运送到地上部分。叶光合作用的产物，由它们运送到根、茎、花、果实中。植物体各部分之间经常进行物质的重新分配和转移，也要通过输导组织完成。在植物体中，水分和有机物运输分别由两类输导组织承担，一类为导管和管胞，主要运输水分和溶解于其中的无机盐；另一类为筛管和筛胞，主要运输有机物质。

1. 导管

导管（vessel）普遍存在于被子植物木质部中。它们由许多长筒形细胞顶端对顶端连接而成。每一个细胞称为导管分子（vessel element 或 vessel member）。导管直径大小不一。导管分子侧壁呈不同程度增厚和木化，端壁溶解消失，形成不同程度的穿孔（perforation），有的成为大的单穿孔（simple perforation），有的成为由数个孔穴组成的复穿孔（compound perforation）。具有复穿孔的端壁（end wall）称为穿孔板（perforation plate）。导管分子因原生质体解体而成为死细胞（图 2-14），整个导管为一长管状结

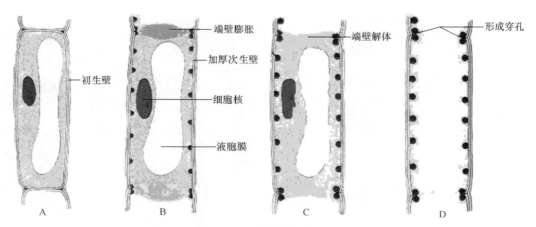

图 2-14 导管分子的发育

A. 导管分子前身,无次生壁形成；B. 细胞体积增至最大程度,细胞核增大,次生壁物质开始沉积；

C. 次生壁加厚完成,液泡膜破裂,细胞核变形,壁端处部分解体；

D. 导管分子成熟,原生质体消失,次生加厚壁之间的初生壁已部分水解,两端形成穿孔

构。在系统演化上,导管分子外形宽粗、端壁和侧壁近于垂直的导管比外形狭长而末端尖锐的导管进化；端壁单穿孔导管较复穿孔导管进化。

根据导管发育先后及其侧壁次生增厚和木化方式不同,可将导管分为五种类型(图 2-15)：环纹导管(annular vessel),每隔一定距离有一环状木化增厚次生壁；螺纹导管(spiral vessel),侧壁呈螺旋带状木化增厚；梯纹导管(scalariform vessel),侧壁呈几乎平行的横条状木化增厚,与未增厚的初生壁相间排列,呈梯形；网纹导管(reticulated vessel),侧壁呈网状木化增厚,"网眼"为未增厚的初生壁；孔纹导管(pitted vessel),侧壁大部分木化增厚,未增厚部

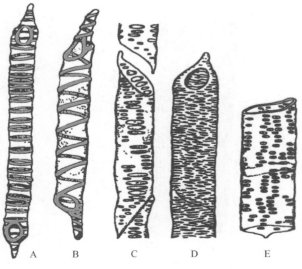

图 2-15 导管分子的类型

A. 环纹导管；B. 螺纹导管；C. 梯纹导管；

D. 网纹导管；E. 孔纹导管

(引自 Greulach and Adams, 1962)

分形成孔纹。

上述五种导管类型中,前两种导管出现较早,常发生于生长初期的器官中,导管直径较小,输水能力较弱,未增厚的初生壁还可随器官伸长而延伸；后三种导管多在器官生长后期分化形成,导管直径大,每个导管分子较短,输导效率高。有时在一个导管上可见到一部分是环纹加厚,另一部分是螺纹加厚；有时梯纹和网纹之间的差别十分微小；也有网纹和孔纹结合而成网孔纹的过渡类型。导管长度从几厘米到几米不等。藤本植物的导管最长,如紫藤茎的导管可达 5m 多长。

一株植物的水分运输,不是由一条导管从根直通到顶,而是分段经过许多条导管曲折连贯向上运行。导管是一种比较完善的输水结构,水流可顺利通过导管细胞腔及穿孔上升,也可通过侧壁上的纹孔横向运输。导管的输导功能并非永久保持,其有效期因植物种类而异。在多年生植物中有的可达数年,有的长达十余年。当新导管形成后,老导管通常相继失去输导能力。这是因为导管四周薄壁细胞增大,通过导管侧壁上的纹孔,侵入导管腔内,形成大小不等的囊泡状突起,充满导管腔内。这种突入生长的囊泡状结构称为侵填体(tylosis)(图 2-16)。它包含有单宁、晶体、树脂和色素等物质,甚至薄壁细胞的细胞核和细胞质也可移入侵填体内。侵填体把导管堵塞起来,这在双子叶植物中,尤其是木本植物更为普遍,如在栎属、洋槐属、葡萄属、桑属、梓属(Catalpa)中大量发育；一些草本植物,如南瓜、木薯、茄、甘蔗等也有存在。侵填体的形成能降低木材透性,增强抗腐能力,防止病菌侵害,对增强木材坚实度和耐水性具有一定作用。

2. 管胞

管胞(tracheid)是绝大部分蕨类植物和裸子植物

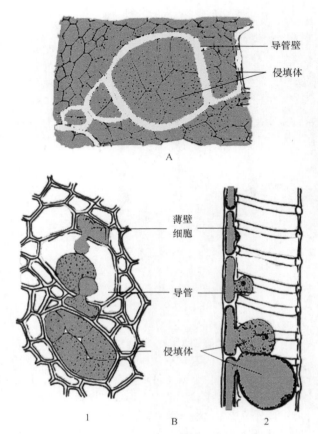

图 2-16 导管内的侵填体

A. 木薯块根导管中的侵填体;

B. 刺槐茎导管中的侵填体形成

(1. 横切面;2. 纵切面)

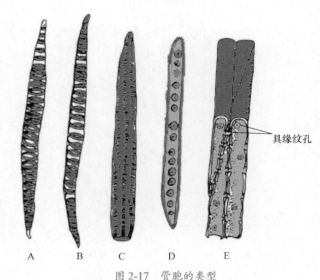

图 2-17 管胞的类型

A. 环纹管胞;B. 螺纹管胞;C. 梯纹管胞;

D. 孔纹管胞;E. 4 个毗邻孔纹管胞的一部分

(其中 3 个管胞纵切,示纹孔的分布与管胞间的连接方式)

(引自 Greulach and Adams,1962)

的唯一输水机构。大多数被子植物中,管胞和导管同时存在于木质部中。

管胞是一种狭长而两头斜尖的管状细胞,一般长1~2mm,直径较小,细胞壁次生增厚并木化,最后原生质体消失,成为死细胞。它与导管的主要区别在于管胞端壁不形成穿孔。管胞次生壁增厚并木化时,同样形成环纹、螺纹、梯纹和孔纹等纹理(图2-17)。裸子植物管胞壁上多具有典型的具缘纹孔,而被子植物的双子叶植物通常不显现。管胞纵向排列时,各以先端斜尖面彼此贴合,水溶液主要通过侧壁上的纹孔进入另一个管胞,逐渐向上或横向运输,故输导效率低。管胞常成群分布,尤其在裸子植物中更是如此。此外,管胞细胞壁增厚,木质化并以斜端相互穿插,结构坚固,故兼有较强的机械支持功能。

3. 筛管

筛管(sieve tube)存在于被子植物韧皮部中,由一些长管状生活细胞连接而成,每一个细胞称为筛管分子(sieve element)。筛管分子的壁通常只有初生壁,主要由纤维素和果胶质组成。筛管端壁上有许多小孔,称为筛孔(sieve pore)。筛孔常成群分布于细胞壁上,壁上具筛孔的区域称为筛域(sieve

area)。分布一至多个筛域的端壁称为筛板(sieve plate)(图2-18)。筛板上只有一个筛域的称单筛板,如南瓜的筛管;具有多个筛域的称复筛板,如葡萄的筛管。筛管分子是生活细胞,具有生活原生质体,但在成熟过程中,其细胞核解体,许多细胞器退化,液泡膜破裂,最后仅有结构退化的质体、线粒体、变形内质网、含蛋白质的黏液体(slime body)以及存留在筛管分子周缘的一薄层细胞质。黏液体中含有一种特殊的蛋白质,称为 P-蛋白(phloem protein)。有人认为 P-蛋白是一种收缩蛋白,与有机物运输有关。黏液体分散在细胞中,并呈细丝状联络

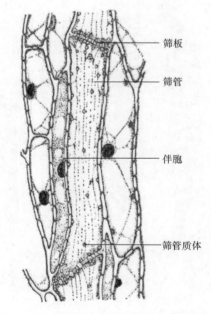

图 2-18 烟草茎韧皮部中的筛管与伴胞纵切面

索（connecting strand）通过筛板上的筛孔把相邻筛管分子原生质体连接起来，从而构成有机物质运输的通道。筛孔周围衬有胼胝质（callose），随着筛管成熟老化，胼胝质不断增多，以致呈垫状沉积在整个筛板上，此时联络索相应变细，以至完全消失，筛管被堵塞。这种垫状物质称为胼胝体（callosity）（图2-19）。单子叶植物筛管的输导功能在整个生活周期内不致丧失，而一些多年生双子叶植物在冬天来临前，由于胼胝体的形成，筛管暂时丧失输导功能，到翌年春天，胼胝体溶解，筛管功能又渐恢复。此外，当植物受到损伤等外界刺激时，筛管分子也能迅速形成胼胝质，封闭筛孔，阻止营养物流失。一般筛管的长度为0.1~2mm，宽10~70μm。同化产物输送速度可达10~100cm/h，甚至200cm/h。运输方向可上可下，通常是由营养物质丰富的部位向含量较低的部位输送。

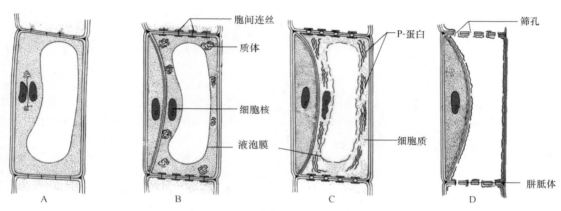

图2-19 筛管分子的发育图解

A. 筛管分子前身在分裂；B. 筛管分子具有P-蛋白，伴胞前身（深色细胞）在分裂；C. 筛管分子的核退化，液泡膜部分破裂，P-蛋白分散，旁有两个伴胞；D. 成熟筛管分子，在筛孔处衬有胼胝质和含有一些P-蛋白，看不到内质网

（引自张宪省和贺学礼，2003）

伴胞（companion cell）是紧贴筛管分子旁边的一至数个小型、细长、两头尖的薄壁细胞。伴胞与筛管分子由同一个母细胞分裂而来，两者长度相等或伴胞较筛管稍短。伴胞有明显的细胞核，细胞质浓厚，具有多种细胞器和许多小液泡，尤其是含有大量线粒体，说明伴胞代谢活动活跃，但质体内膜分化较差。伴胞与筛管侧壁之间有胞间连丝相通，它对维持筛管质膜的完整性，进而维持筛管功能有重要作用。在某些双子叶植物中，筛管分子与邻近细胞之间物质交换特别强烈的部分，伴胞发育出内褶细胞壁，具有传递细胞的特点，有效加强了短途运输，表明伴胞与筛管的关系是起装载和卸除的作用。

4. 筛胞

裸子植物和蕨类植物韧皮部中没有筛管，只有筛胞（sieve cell），它是单独的输导单位。筛胞是一种细长细胞，两端渐尖而倾斜，侧壁上有不甚明显的筛域。它与筛管的主要区别是端壁不形成筛板，而以筛域与另一个筛胞相通，有机物质通过筛域输送；原生质体中也无P-蛋白。筛胞输导功能较差，是比较原始的输导结构。

导管和筛管是植物体内输导组织的主要组成部分，也是某些病菌侵袭感染的途径。例如，棉花枯萎病菌的菌丝可从导管侵入，某些病毒可通过媒介昆虫进入韧皮部，引发病害发生。了解致病途径，对于研究和防治病虫害具有重要的实践意义。

（五）分泌结构

植物体中凡能产生分泌物质的有关细胞或特化的细胞组合，总称为分泌结构（secretary structure）。植物产生分泌物的结构来源各异，形态多样，分布方式不尽相同，有的以单个细胞分散于其他组织中，有的集中分布或特化成一定结构。植物分泌物种类繁多，常见的有糖类、蜜汁、挥发油、黏液、树脂、乳汁、单宁、生物碱、盐类等，这些分泌物聚积在细胞内、胞间隙或腔道中，或通过一定细胞组成的分泌结构排出体外，这种现象称为分泌现象。有的分泌物（蜜汁和芳香油）能引诱昆虫，有利于传播花粉和果实；有的能泌溢出过多盐分，使植物免受高盐毒害；某些植物分泌物能抑制或杀死某些病菌及其他生物，以保护自身；许多分泌物质是重要的药物、香料或其他工业原料，具有重要的经济价值。

根据分泌结构发生部位和分泌物溢排情况，分泌结构分为外分泌结构和内分泌结构两类。

1. 外分泌结构

外分泌结构（external secretory structure）是将分泌物排到植物体外的分泌结构。大都分布在植物体表面，如腺毛、腺鳞、蜜腺、排水器等（图2-20）。

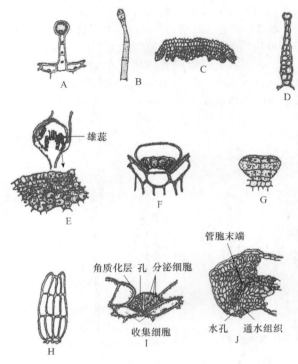

图 2-20 外分泌结构

A. 天竺葵茎上的腺毛；B. 烟草具多细胞头部的腺毛；
C. 棉叶主脉处的蜜腺；D. 苘麻属花萼的蜜腺毛；
E. 草莓的花蜜腺；F. 百里香（*Thymus vulgaris*）叶表皮上
的球状腺鳞；G. 薄荷属的腺鳞；H. 大酸模的黏液分泌毛；
I. 柽柳属叶上的盐腺；J. 番茄叶缘的排水器

（1）腺毛（glandular hair）。由一至数个细胞组成，通常分头部和柄部。头部膨大，具有分泌作用，开始时分泌物储存于细胞壁和角质层之间，以后角质层破裂而向外分泌黏液或精油，对植物具有保护作用，如烟草、番茄、泡桐、棉等的幼茎或叶表面上有腺毛（图 2-20A、图 2-20B）。

（2）腺鳞（glandular scale）。鳞片状腺毛，头部大而扁平，柄部极短或无，排列成鳞片状。腺鳞普遍存在于植物中，尤以唇形科、菊科和桑科植物中常见（图 2-20F、图 2-20G）。

（3）蜜腺（nectary）。能分泌糖液，它由细胞质浓厚的一至数层分泌细胞群组成，位于植物体表面特定部位。蜜腺包括虫媒植物花部的花蜜腺（图 2-20D、图 2-20E）和位于营养体上的花外蜜腺，如油菜花托上的花蜜腺、棉叶中脉和蚕豆托叶上的花外蜜腺（图 2-20C）。蜜汁分泌量多的植物，是良好的蜜源植物，有较高经济价值。

（4）盐腺（salt gland）。分泌物是盐类。一般盐碱地上生长的植物体表有盐腺分布，用于分泌多余盐分以保持体内盐分平衡，如柽柳属（*Tamarix*）（图 2-20I）等植物的茎和叶表面均分布有盐腺。

（5）腺表皮（glandular epidermis）。是植物体某些部位具有分泌功能的表皮细胞，如矮牵牛（*Petunia hybrida*）、漆树（*Toxicodendron wernicifluum*）等许多植物花的柱头、表皮均为腺表皮。细胞呈乳头状突起，能分泌糖、氨基酸、酚类化合物等柱头液，利于黏着花粉并促进花粉萌发。

（6）排水器（hydathode）。是植物将体内过多水分排出体外的结构，它的排水过程称为吐水。排水器常分布在叶尖和叶缘，由水孔和通水组织构成。水孔和气孔相似，但它的保卫细胞分化不完全，无自动调节开闭作用，故始终开放着。通水组织是排列疏松而无叶绿体的叶肉组织，细胞较小，与脉梢管胞相连。水从木质部管胞经通水组织到水孔排出体外，这种现象可作为根系正常活动的一种标志。

2. 内分泌结构

内分泌结构（internal secretory structure）分泌物积聚于植物体细胞内、胞间隙、腔穴或管道内，常见的有分泌细胞、分泌腔或分泌道和乳汁管。

（1）分泌细胞（secretary cell）。以单个细胞存在，可以是生活细胞或非生活细胞，在细胞腔内积聚特殊的分泌物（图 2-21A）。分泌细胞常大于它周围的细胞，外形有囊状、管状或分枝状，甚至可扩展为巨大细胞，容易识别，因此称为异细胞。分泌细胞根据分泌物类型不同可分为油细胞（樟科、木兰科）、黏液细胞（仙人掌科、锦葵科）、含晶细胞（桑科、蔷薇科、景天科）以及树脂细胞、芥子酶细胞等。

（2）分泌腔（secretary cavity）和分泌道（secretary canal）。是一群最初有分泌能力的细胞，后来部分细胞溶去形成囊状间隙（溶生的）或细胞分离形成的裂生间隙（裂生的）（图 2-21C）或两种方式结合而成的间隙（裂溶生的）。分泌物储存于腔穴中，如柑橘叶和果皮中透亮的小圆点，就是溶生分泌腔（图 2-21D），在这个腔周围可以看到有部分损坏的细胞。松柏类木质部中的树脂道和漆树韧皮部中的漆汁道是裂生型分泌道（图 2-21E、图 2-21F），它们是分泌细胞间的胞间层溶解而形成的纵向或横向长形胞间隙，完整的分泌细胞衬在分泌道周围，树脂或漆液由这些细胞排出，积累在管道中；芒果属（*Mangifrra*）的叶和茎中分泌道是裂溶生起源的。分泌腔和分泌细胞所分泌的挥发性物质，很多是重要的药物或香料。

（3）乳汁管（laticifer）。是分泌乳汁的管状结构，可分为无节乳汁管（non-articulate laticifer）和有节乳汁管（articulate laticifer）。无节乳汁管由一个细胞发育而成，随着植物体生长不断伸长和分枝，贯穿于植物体内，长度可达几米以上，如桑科、夹竹桃科、大戟属植物的乳汁管。有节乳汁管由许多圆柱形细胞连接而成，以后横壁消失，如菊科、罂粟科、番木瓜科（Caricaeae）、芭蕉科（Musaceae）、旋花科以及橡胶树属（*Hevea*）等植物的乳汁管均属这种类型（图 2-21G、图 2-21H）。乳汁通常为白色或乳白色，少数植物为黄色、橙色甚至红色。乳汁成分很复杂，有橡胶、蛋白质、淀粉、糖类、酶、植物碱、有机酸、盐类、脂类、单宁等物质，其中许多有经济价值。

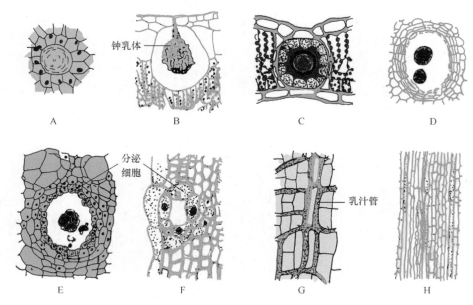

图 2-21　内分泌结构

A. 鹅掌楸芽鳞的分泌细胞；B. 三叶橡胶含钟乳体细胞；C. 金丝桃叶的裂生分泌腔；D. 柑橘属果皮的分泌腔；E. 漆树的漆汁道；F. 松树的树脂道；G. 蒲公英的乳汁管；H. 大蒜的有节乳汁管

第三节　植物组织的演化、复合组织和组织系统

一、植物组织的演化

植物的演化是从单细胞至多细胞群体，再发展为多细胞个体，多细胞个体内出现了细胞分化，产生了组织。各种组织的出现并不同步，组织的简单与复杂程度也不同。

在植物组织系统演化中，薄壁组织出现较早，而输导组织、机械组织和分泌组织出现较晚。维管组织是以输导作用为主的复合组织，它的出现是植物由水生到陆生进化的标志，蕨类植物和种子植物才有维管组织，特别是被子植物体内维管组织高度发达与完善，是它在地球上繁荣昌盛的原因之一。

保护组织中的表皮具有彼此嵌合紧密的表皮细胞、发达的角质膜、毛状体、具开闭机制的气孔器等，都是植物适应陆生生活的体现。周皮这一次生保护结构使得裸子植物和被子植物等木本植物得以在严寒、干旱环境中生存。

分泌组织，如树脂道是在次生木质部中有了木薄壁细胞后才出现的，因为构成树脂道的泌脂细胞属于薄壁细胞范畴。内分泌结构的分泌腔、乳汁管也是次生进化特征；而外分泌结构的腺体要比内分泌结构发生至少早 1 亿年。

二、复合组织

植物个体发育过程中，凡由同类细胞构成的组织称为简单组织（simple tissue），如分生组织、薄壁组织和机械组织；而由多种类型细胞构成的组织称为复合组织（compound tissue），如表皮、周皮、木质部、韧皮部和维管束等。

（一）维管组织

高等植物体内的导管、管胞、木薄壁细胞和木纤维等组成分子经常有机组合在一起形成木质部（xylem）；筛管、伴胞、韧皮薄壁细胞和韧皮纤维等组成分子组合成韧皮部（phloem）。由于木质部和韧皮部的主要组成分子是管状结构，因此将它们称为维管组织（vascular tissue）。木质部和韧皮部是典型的复合组织，在植物体内主要起输导作用，它们的形成对于植物适应陆生生活有重要作用。从蕨类植物开始，已有维管组织分化，种子植物体内的维管组织更为发达。通常将蕨类植物和种子植物总称为维管植物（vascular plant）。

（二）维管束

木质部和韧皮部在植物体内紧密结合在一起，呈束状存在。它们共同组成的束状结构称为维管束（vascular bundle）。维管束由原形成层分化而来。在不同植物或不同器官内，原形成层分化成木质部和韧皮部的情况不同，也就形成了不同类型的维管束。根据有无形成层和维管束能否继续发展扩大，将维管束分为有限维管束和无限维管束两大类。

有限维管束（closed vascular bundle）。有些植物的原形成层完全分化为木质部和韧皮部，没有留存能继续分裂出新细胞的形成层。这类维管束不能再进行发展扩大，称为有限维管束。大多数单子叶植物的维管束属有限维管束。

无限维管束（open vascular bundle）。有些植物的原形成层除大部分分化成木质部和韧皮部外，在两者之间还保留一层分生组织——束中形成层。这类维管束以后通过束中形成层的分裂活动，产生次生韧皮部和次生木质部，维管束可以继续发展扩大，称为无限维管束，如很多双子叶植物和裸子植物的维管束即为此类维管束。

另外，也可根据木质部和韧皮部的位置和排列情况，将维管束分为下列几种（图2-22）。

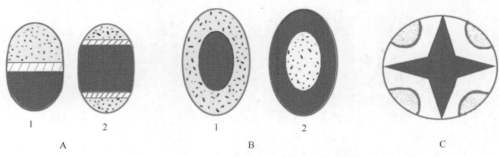

图 2-22 维管组织排列类型图解

（缀点部分表示韧皮部，黑色部分表示木质部，斜线部分表示形成层）A. 并生排列
（1. 外韧维管束；2. 双韧维管束）；B. 同心排列（1.周韧维管束；2.周木维管束）；C. 辐射排列

外韧维管束（collateral vascular bundle）。木质部排列在器官内侧，韧皮部排列在外，两者内外并生成束。一般种子植物具有这种维管束。如果结合形成层的有无，可分为无限外韧维管束和有限外韧维管束。前者束内有形成层，如双子叶植物的维管束；后者束内无形成层，如单子叶植物的维管束。

双韧维管束（bicollateral vascular bundle）。木质部内外都有韧皮部的维管束，如瓜类（图2-23）、茄类、马铃薯、甘薯等茎中的维管束。

周木维管束（amphivasal vascular bundle）。木质部围绕韧皮部呈同心排列的维管束称为周木维管束。例如，芹菜、胡椒科（Piperaceae）一些植物茎和少数单子叶植物（如香蒲、鸢尾）根状茎中有周木维管束。

周韧维管束（amphicribral vascular bundle）。韧皮部围绕木质部的维管束称周韧维管束。例如，被子植物的花丝、酸模（*Rumex acetosa*）、秋海棠（*Begonia grandis*）茎中，以及蕨类植物根状茎中为周韧维管束。

根初生结构中，木质部有若干辐射角，韧皮部间生于辐射角之间，两者交互呈辐射排列，不互相连接，也不形成维管束。

三、组织系统

植物体内各种组织和器官都有一定的结构和形式，而且和它们的作用有密切关系。例如，维管组织是输导营养和水分的组织，它在植物体内形成了一种连续系统，连续贯穿在整个植物所有器官中。植物体内不属于维管组织的其他各种组织也是连续的，从而构成一个结构和功能上的单位，称为组织系统。通常将植物体中各类组织归纳为皮系统、维管组织系统和基本组织系统三种组织系统。

皮系统（dermal system）。包括表皮和周皮。表皮是覆盖植物体的初生保护组织；周皮是代替表皮的一种次生保护组织。

维管组织系统（vascular system）。主要包括两类输导组织，即输导养料的韧皮部和输导水分的木质部。

基本组织系统（ground tissue system）。植物体的基本组织，表现出不同程度的特化，并形成各种组织。包括各种各样的薄壁组织、厚角组织和厚壁组织等。

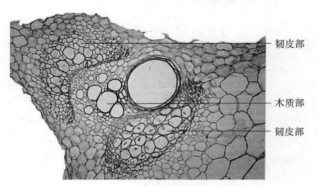

韧皮部
木质部
韧皮部

图 2-23 南瓜茎双韧维管束
（徐兴友摄）

它们分布于皮系统和维管系统之间，是植物体各部分的基本组成。

植物的整体结构表现为：维管组织包埋于基本组织之中，外面覆盖着皮系统，各个器官结构上的变化，除表皮或周皮始终包被在外面，主要表现在维管组织和基本组织相对分布上的差异。

本章主要内容和概念

植物组织是指形态、结构相似，在个体发育中来源相同，担负着一定生理功能的细胞组合。植物组织是植物体内细胞生长和分化的结果，也是植物体复杂化和完善化的产物。植物体内各种组织不论是在来源、结构、功能、分布上都既有独立性，又有从属性，各种组织有机组合，共同完成植物体的整个生理活动。

本章主要包括植物组织的基本概念，各种组织特点、类型、分布及其功能，复合组织种类及组织系统等内容。

知识要点包括：

植物组织及其类型，分生组织特征、分布及其类型，成熟组织特征、类型、分布及其功能，传递细胞的特征、分布和功能，厚角组织与厚壁组织，纤维与石细胞，表皮与周皮，气孔器，气孔与皮孔，穿孔板，筛板，筛域，木质部与韧皮部，导管与管胞，筛管、伴胞与筛胞，分泌细胞，乳汁管，分泌现象，溶生分泌腔与裂生分泌腔，吐水作用，简单组织与复合组织，维管束的类型及其特征，组织系统。

复习思考题

1. 试述植物组织与细胞和器官之间的关系。
2. 试从结构和功能上区别：分生组织和成熟组织，厚角组织和厚壁组织，木质部和韧皮部，表皮和周皮，导管和筛管，导管和管胞，筛管和筛胞，乳汁管和树脂道。
3. 传递细胞的特征和功能是什么？
4. 从输导组织结构和组成分析，为什么说被子植物比裸子植物更高级？
5. 什么是细胞分化、脱分化和再分化，它们对植物体生长发育有何重要意义？
6. 试述植物组织系统在植物体内的分布规律及其功能。

第三章　种子和幼苗

被子植物是种子植物中进化程度最高的一类植物，也是植物中进化程度最高的高等植物，其在结构上不仅有了组织分化，而且出现了根、茎、叶、花、种子和果实等器官。器官（organ）是由多种组织构成、具有一定形态和功能的结构单位。根据主要功能不同将植物器官分为营养器官和生殖器官。其中，营养器官（nutritive organ）是指那些主要与植物营养物质的吸收、合成、运输和储藏（即营养生长）有关的器官，如根、茎、叶；而花、果实和种子与植物产生后代（即生殖生长）密切相关，称为生殖器官（reproductive organ）。

种子（seed）是由胚珠发育而来的生殖器官，其主要组成部分是胚（embryo）。胚由受精卵直接发育而来，可以说，早在种子离开母体植株时，胚作为新生一代就已孕育在种子里面，并且已经完成了形态上的初步分化，成为新一代植物的雏体。种子萌发后就形成了幼苗（seedling），幼苗继续生长形成具有根、茎、叶分化的植物体，以后的发育又形成了花、果实和种子。

第一节　种子的基本组成

种子是种子植物特有的结构，一般都在果实中。植物种类不同，其种子大小、形状和颜色等方面差异很大。例如，蚕豆、菜豆的种子为肾形，花生为椭圆形，而豌豆、龙眼的种子为圆球形；大豆为黄色、青色或黑色，荔枝为红褐色等，还有其彩纹的，如蓖麻种子。椰子的球形种子直径达15～20cm；油菜、萝卜、芝麻的种子较小；烟草和兰花的种子更小，其大小犹如微细的沙粒，如附生兰5万颗种子仅重0.1g。由于不同植物种子的外部形态不同，所以利用种子外形特点可以鉴别植物种类。

种子虽然在形态上的变化如此之多，但其基本结构是一致的。由于种子通常由受精后的胚珠发育而成，其各组成部分由来如下：

胚珠 { 珠被 ————————→ 种皮
　　　 受精卵（合子）————→ 胚
　　　 受精极核（初生胚乳核）→ 胚乳（成熟时可缺少）

大多数种子都由胚、胚乳和种皮三部分组成，如玉米、水稻等。但有些种子的胚乳在发育过程中会被胚中子叶吸收利用，在种子成熟时胚乳消失，形成无胚乳种子，如菜豆等，这种类型的种子只有胚和种皮两部分。

一、种皮

种皮（seed coat）是包被在种子最外面的结构，具有保护功能，可以保护胚和胚乳，避免水分丧失、机械损伤和病虫害侵入，有些植物的种皮还与控制种子萌发的机制有关。种皮常由几层细胞构成，其性质和厚度因植物种类而异。一般而言，胚珠具一层珠被的只形成一层种皮，如向日葵、番茄等；具两层珠被的，通常相应形成内、外两层种皮，外种皮一般是一层硬壳，内种皮是一层薄膜，如蓖麻、油菜等。有些植物这两层种皮区分不明显，或虽有两层珠被，但在发育过程中，内珠被退化成纤弱的单层细胞，甚至完全消失，只有外珠被继续发育成种皮，如大豆、菜豆等。禾本科植物的种皮极不发达，如小麦、水稻等仅剩下由内珠被内层细胞发育而来的种皮，这种残存种皮与子房壁发育而成的果皮愈合在一起，生产上称为籽实，实际上是一种果实，植物学上称为颖果。

成熟种子种皮上有种脐（hilum）、种孔（micropyle）、种脊（raphe）、种阜（caruncle）等附属结构。种脐是指种子成熟后，从种柄或胎座上脱落留下的痕迹，其颜色、大小、形状因植物种类而不同，一般呈线形、椭圆形等；颜色深浅不一，如菜豆种子腹面有一个明显的黑色斑痕就是种脐。种孔在种脐一端，是珠孔在种皮上留下的孔痕，如豆类种子的种脐上方有一个小孔就是种孔，种子吸水后如在种脐处稍加挤压，即可发现有水滴从这一小孔溢出。种阜是在种脐和种孔附近的一个小隆起，如蓖麻种子下端有一个海绵状白色隆起就是种阜，是由外种皮延伸形成的，有吸收作用。

种脊是维管束集中分布的地方，为种子腹面中央一条稍隆起的纵向痕迹，由珠柄和珠被合生发育而成，只有倒生胚珠才有，如蓖麻种子背面中央有一条明显的纵纹就是种脊（图3-1）。

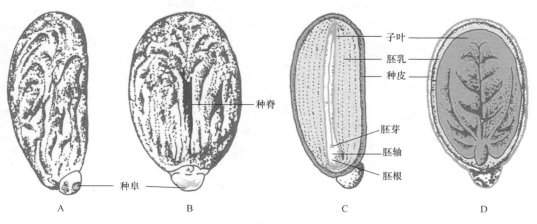

图 3-1　蓖麻种子结构

A. 种子外形侧面观；B. 种子外形腹面观；C. 与宽面垂直的正中纵切；D. 与宽面平行的正中纵切

二、胚

胚（embryo）由受精卵发育而成，为多细胞结构，是构成种子最重要的部分。胚由胚芽（plumule）、胚根（radlcle）、胚轴（embryonal axis）和子叶（cotyledon）四部分组成。种子萌发后，胚根、胚芽和胚轴分别形成植物体的根、茎、叶及其根茎过渡区，因而胚是植物新个体的原始体，植物器官的形态发生也从胚开始。

（一）胚芽

胚芽体积很小，常呈现雏叶的形态，由分生区、叶原基、腋芽原基和幼叶（也有幼叶尚未形成的）组成，禾本科植物种子的胚芽被胚芽鞘包围。种子萌发后，胚芽发育为植物的茎和叶。

（二）胚根

胚根一般为圆锥形，体积很小，由根端生长点和根冠组成，禾本科植物种子的胚根外有胚根鞘包围。种子萌发后，胚根长成主根。

（三）胚轴

胚轴是连接胚芽、胚根和子叶的部分，分为上胚轴（epicotyl）和下胚轴（hypocotyl）两部分。上胚轴是指子叶着生点至第一片真叶之间的部分；而下胚轴为子叶着生点至胚根之间的部分。胚轴一般极短，在种子中不显著，当种子萌发时，胚轴随之生长、变长，形成根茎过渡区。

胚根和胚芽的顶端都有生长点，由胚性细胞组成，这些细胞体积小、细胞壁薄、细胞质浓厚、核相对较大、没有或仅有小液泡。当种子萌发时，这些细胞能很快分裂、长大，使胚根和胚芽分别伸长，突破种皮，长成新植物的主根和茎、叶。同时，胚轴也随着一起生长，根据不同情况成为幼根或幼茎的一部分。

（四）子叶

子叶被认为是植物最早的叶子，在不同植物的种子里变化较大。首先，不同植物子叶的生理功能不完全相同。有些植物种子的子叶里储有大量养料，供种子萌发和幼苗成长时利用，如大豆、花生；有些种子的子叶在种子萌发后露出土面，进行短期光合作用，如陆地棉、油菜等；另有一些种子的子叶呈薄片状，其作用是在种子萌发时分泌酶物质，以消化和吸收胚乳的养料，再转运到胚里供胚利用，如小麦、水稻、蓖麻等。

其次，不同植物子叶数目不同。种子中有一片子叶的，如水稻、小麦、玉米、洋葱等；也有两片子叶的，如豆类、瓜类、棉、油菜等，据此将被子植物分为单子叶植物和双子叶植物两大类。当然，这两大类植物不但在种子子叶数上有差别，而且在其他器官形态结构上也不完全相同。种子萌发后，子叶出土或留土，最后消失。

种子植物中的另一类植物——裸子植物，通常有两片子叶的，如桧柏、银杏等；也有数片子叶的，如松、云杉、冷杉等。

三、胚乳

胚乳（endosperm）由受精极核发育而来，位于种皮和胚之间，一般为肉质，是种子内储藏营养物质的场所。有胚乳种子，胚乳发达；无胚乳种子，子叶发达。这是由于一些植物的种子在其发育早期，胚乳的养料被胚吸收，转入子叶中储藏，所以成熟时种子中无胚乳组织，营养物质储藏在子叶中。种子萌发时，胚乳和子叶中的营养可以被胚吸收利用。

种子的胚乳或子叶中储藏的营养物质主要有淀粉、脂肪、蛋白质，还有少量无机盐和维生素。不同植物的种子所含养料种类不同，即使一种种子所含的营养成分，也不是单纯的一种表（表3-1）。

表3-1 常见植物种子中主要养分含量
（以种子干重百分比表示）

植物种类	淀粉	蛋白质	脂质
玉米	75	12	9
小麦	75	12	2
大麦	76	12	3
豌豆	56	24	6
大豆	26	37	17
花生	12	31	48
油菜	19	21	48

根据储藏物质的主要成分，把作物种子分为淀粉类种子，如禾本科植物小麦、玉米、水稻和高粱，淀粉含量较高，可占干重的60%以上，成为主要的储藏物质；脂肪类种子，如花生、油菜子叶中含脂质约占干重的50%，蓖麻的油脂储藏在胚乳部分；蛋白质类种子，如大豆子叶中蛋白质含量约占干重的40%，食用的粮食、油料主要是这一部分。

少数植物的种子在形成和发育过程中，胚珠的珠心组织并不被完全吸收消失，而有一部分残留，构成种子的外胚乳（perisperm）。外胚乳在种子中作为养分储藏的主要场所，如甜菜种子；也有胚乳和外胚乳并存的，如睡莲科的芡属（*Euryale*）和其他属种。外胚乳和胚乳来源不同，但功能相同。

第二节　种子的基本类型

根据成熟种子内胚乳有无、子叶多少，将被子植物种子分为双子叶有胚乳种子、单子叶有胚乳种子和双子叶无胚乳种子、单子叶无胚乳种子四大类。

一、有胚乳种子

有胚乳种子（albuminous seed）由种皮、胚和胚乳组成，如双子叶植物的蓖麻、烟草、桑、番茄、柿、辣椒等和单子叶植物的水稻、玉米、小麦、洋葱、高粱等，都属于这一类型。下面以蓖麻、小麦等植物种子为例，说明双子叶植物和单子叶植物有胚乳种子的结构。

（一）双子叶有胚乳种子的结构

1．蓖麻种子结构

蓖麻的种子椭圆形，稍侧扁，外种皮坚硬光滑并具斑纹。种子一端隆起部分是种阜，它是由外种皮延伸而形成的海绵状突起，有吸收作用，利于种子萌发；种孔被种阜覆盖；种脐不明显。种子腹面中央有一长形隆起的条纹是种脊（图3-1）。外种皮内侧是膜质的内种皮。剥去种皮可见到白色胚乳，其内含大量油脂。胚呈薄片状被包在胚乳中央，两片子叶大而薄，子叶上有明显脉纹。两片子叶的基部与短的胚轴相连，胚轴下方突出部分是胚根，上方小突起是胚芽。

2．番茄种子结构

番茄的种子卵形，扁平，种皮淡黄色，有灰色或银色表皮毛，种脐位于较小一端的凹陷处。胚显著弯曲，包藏于具有丰富脂类的胚乳中；子叶两片，细长而弯曲；胚芽是位于两片子叶之间的一个小突起；胚根长，外观上和胚轴无明显界限（图3-2）。

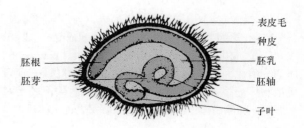

图3-2　番茄种子结构
（引自李扬汉，2006）

（二）单子叶有胚乳种子的结构

1．小麦"种子"结构

现以小麦为例，说明禾本科植物"种子"（颖果）的结构。

（1）种皮。一粒小麦俗称种子，但一粒小麦的外围保护层，并不单纯是种皮，而是果皮和种皮共同组成的复合层。小麦果皮较厚，种皮较薄，两者互相愈合，不易分离，因此麦粒实际上是果实，称为颖果。

（2）胚乳。从小麦颖果纵切面可看到胚和胚乳的界限明显。果皮和种皮以内的大部分是胚乳，而胚只占基部一侧的小部分位置。其中胚乳可分为两部分：包围在胚乳外周，与种皮紧贴的部分是糊粉层；其余大部分是含淀粉的胚乳细胞。糊粉层细胞含蛋白质、脂肪等有机养料，所以营养价值较高。

（3）胚。胚由胚芽、胚根、胚轴和子叶四部分构成。胚芽位于胚轴上方，由顶端生长点和周围数片幼叶组成，包围在胚芽外的鞘称为胚芽鞘（coleoptile）；胚根在胚轴下方，由生长点和根冠组成，包在外面的是胚根鞘（coleorhiza）；胚轴极短，将胚芽和胚根上下连接，胚轴一侧与子叶相连；子叶只有一片，形如盾状，称为盾片（scutellum），盾片另一侧紧靠胚乳，所以盾片夹在胚乳和胚轴之间。盾片与胚乳交界处有一层排列整齐的细胞，称为上皮细胞或柱形细胞。当种子萌发时，上皮细胞分泌酶类到胚乳中，把胚乳内储藏的营养物质消化、吸收，并转运到胚的生长部位加以利用。在胚轴另一侧与盾片相对处，有一片薄膜状突起，称为外胚叶（epiblast），有人认为是另一片子叶退化的部分；也有人认为是胚器官的部分裂片（图3-3），是胚根鞘的延伸部分。其他禾本科植物种子也有类似结构。

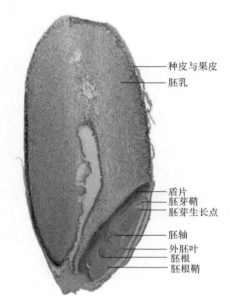

图3-3　小麦颖果的结构
（周兵摄）

2. 洋葱种子的结构

洋葱种子近于半球形，种皮深棕色。胚乳角质，主要含有蛋白质、类脂和半纤维素等营养物质。胚弯曲，包藏于胚乳之中。胚有一片长柱形子叶，其基部圆筒形，着生于胚轴上面包被着胚芽（图3-4）。

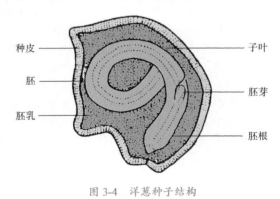

图3-4　洋葱种子结构
（引自徐汉卿，1997）

二、无胚乳种子

无胚乳种子由种皮和胚两部分组成，缺乏胚乳，但子叶肥厚，储藏大量营养物质，代替胚乳的功能。

双子叶植物花生、棉花、荠菜、瓜类、豆类的种子和单子叶植物慈姑（*Sagittaria sagittifolia*）、泽泻（*Alisma plantago-aquatica*）等的种子，都属于这一类型。下面以花生、棉花、荠菜和慈姑种子为例，说明双子叶植物和单子叶植物无胚乳种子的结构。

（一）双子叶无胚乳种子的结构

1. 花生种子结构

（1）种皮。花生种皮红色或红紫色，膜质。在种子尖端有一微小的白色细痕为种脐；而种孔不易观察。

（2）胚。剥去种皮，可见两片肥厚子叶，乳白色而有光泽，含有丰富的营养物质，特别是脂肪。轻轻分开子叶发现，子叶着生于短粗的胚轴两侧，把胚轴分为两段：在子叶着生点以上的一段称为上胚轴（epicotyl），子叶着生点以下的一段称为下胚轴（hypocotyl）。胚轴下端的突起是胚根，上方的突起是由生长点和幼叶组成的胚芽（图3-5）。

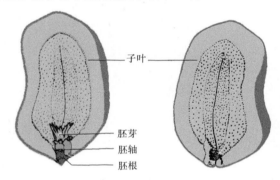

图3-5　花生种子（剥去种皮）结构

2. 棉花种子结构

棉花种子的种皮黑色而坚硬，种皮上着生的短绒和纤维都属于表皮毛。种脐位于种子尖端突起处，不明显。剥去种皮可见一层乳白色薄膜，这是胚乳的遗迹，其内部是胚。子叶皱褶，胚根圆锥状，胚轴较短，胚芽较小（图3-6）。

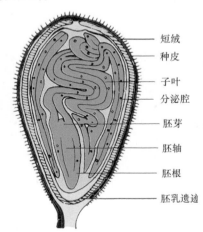

图3-6　棉花种子（去掉长表皮毛）结构
（引自李扬汉，2006）

3. 荠菜种子结构

荠菜种子细小，千粒重0.09g；卵圆形，种皮金黄色。在成熟荠菜种子内，几乎见不到胚乳，仅在子叶和胚轴外侧紧贴种皮处以及合点端有少量残存胚乳细胞，因此，荠菜种子也是无胚乳种子。种皮之内被整个胚占满，胚弯曲，两片肥大子叶位于远珠孔端，在两片子叶之间的小突起是胚芽，与子叶相连处是胚轴，胚轴以下是胚根（图3-7）。

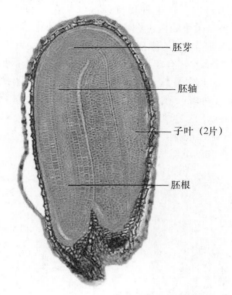

图3-7　荠菜种子纵切面
（李莺摄）

（二）单子叶植物无胚乳种子的结构

单子叶植物无胚乳种子在农作物中少见，主要是兰科植物和慈姑种子。

慈姑的种子很小，包在侧扁的三角形瘦果内，每一果实仅含一粒种子。种子由种皮和胚两部分组成。种皮极薄，仅一层细胞。胚弯曲，胚根顶端与子叶端紧相靠拢，子叶长柱形，一片，着生在胚轴上，它的基部包被着胚芽。胚芽有一个生长点和已形成的初生叶。胚根和下胚轴连在一起，组成胚的一段短轴。

根据以上内容，可以把典型种子的基本结构概括如下：

种皮：一般坚韧，是种子的保护层。禾本科植物种皮与果皮不易分开。

胚：
- 胚芽：由生长点和幼叶组成（有些植物无幼叶）。禾本科植物种子胚芽外有胚芽鞘。
- 胚轴：连接胚芽、胚根和子叶的轴，包括上胚轴和下胚轴。
- 胚根：由生长点和根冠组成。禾本科植物胚根外有胚根鞘。
- 子叶：单子叶植物只有一片子叶，称盾片；双子叶植物有两片子叶。

胚乳（有或无）：储藏营养物质的组织。禾本科植物的胚乳由糊粉层和淀粉组织组成。

第三节　种子的萌发和休眠

植物种子是由受精卵经过胚胎发育形成的新个体。一般要经过一个静止或休眠期后，在适宜条件下，通过一系列同化和异化作用，就开始萌发，长成幼苗。在生产实践中，为了提高产量，就必须了解种子的休眠和寿命、种子萌发条件和过程。

一、种子萌发的条件

种子萌发（seed germination）是指种子经过一系列生理、生化反应，在一定条件下伸出胚芽、胚根直至形成幼苗的过程。但风干了的种子，一切生理活动都很微弱，胚的生长几乎完全停止。

种子萌发必须具有健全的胚，以及充足的水分、适宜的温度和足够的氧气等外界条件，少数植物种子的萌发还与光照有关。

（一）水分

水分是种子萌发的先决条件。种子只有吸收了足够水分后，各种与萌发有关的生理生化作用才能逐步开始。首先，干燥的种皮经水浸润后膨胀软化，这不但有利于胚芽、胚根突破种皮，而且使氧气容易进入，胚的呼吸作用增强；其次，水是原生质的重要组成成分，使原生质由凝胶状态转变为溶胶状态，使代谢增强、酶被活化，进而种子内各种储藏物被一系列活化酶水解或氧化，由不溶解状态转变为可为胚吸收、利用的溶解状态，供胚生长、分化之用；再次，水分可促进可溶性物质向正在生长的幼芽、幼根运输，供给呼吸需要和形成新细胞结构的有机物；水分还可使种子内储藏的植物激素由束缚型转化为游离型，从而调节胚的生长发育。所以，充足的水分是种子萌发的首要条件。

各种植物萌发时需水量不同。一般种子要吸收其本身重量25%～50%或更多水分，才开始萌发。这与各种植物所含主要成分不同有关，也与其长期对某种环境的适应性及其遗传性有关。因此，植物播种前后，要根据不同植物保证一定水分供应，促进种子萌发、幼苗出土和出苗整齐。但是，如果水分过多，缺少氧气，种子进行无氧呼吸，产生二氧化碳和乙醇，就会使种子中毒，并出现烂种、烂根和烂芽现象。

（二）氧气

种子萌发和胚体生长是非常活跃的生命活动过程，需要旺盛的呼吸作用来保证它的能量供应。因此在种子萌发时，呼吸作用强度显著增加，需要大量氧气供应。如果氧气不足，正常的呼吸作用就会受到影响，胚就不能生长，种子不能萌发；甚至进行无氧呼吸，使种子中毒或造成烂种。特别是在萌发初期，种子呼吸作用十分旺盛，需氧量更大。作物播种前的松土，就是为种子萌发提供呼吸所需要的氧气。旱地作物，如高粱、花生、棉花等种子，如果完全浸泡于水中或埋于坚实土层深处，往往不能萌发，主要是由于得不到氧气供应的缘故。水稻籽粒长期浸泡水中，同样不能萌发或不能正常生长。所以播种前的浸种、催芽，需要加强人工管理，以控制和调节氧气供应，才能使种子正常萌发。

不同植物种子萌发时对氧的要求不同。大多数种子，需要空气中含氧量在10%以上才能正常萌发。尤其是含脂肪较多的油料种子，如大豆、花生等种子发芽时，比淀粉种子要求更多的氧气。

（三）温度

种子萌发还需要有适宜的温度。种子萌发时，细胞内部进行着复杂的物质转化和能量转化，这些转化都是在酶的催化作用下进行。而酶的催化活动必须在一定温度范围内进行。温度过高或过低，酶的作用会减弱，甚至完全停止。所以，种子萌发对温度的要求，就表现出最低温度、最高温度和最适温度三个基点。

种子萌发的温度三基点与植物种类及原产地有关。一般越冬作物和原产北方地区的作物、果树等植物种子萌发的温度三基点较低。多数植物种子萌发的最低温度为0~5℃，最高温度是35~40℃，最适温度是25~30℃，低于最低温度或高于最高温度，都会使种子失去萌发能力。

了解种子萌发的最适温度后，就可结合植物体生长和发育特性，选择适当季节播种，过早或过迟都会对种子萌发产生影响，使植株不能正常生长。因此，种子萌发温度的三基点是农业生产上适时播种的重要依据。

（四）光照

大多数植物种子萌发不受光的影响。但有些植物种子的萌发需要光，这类种子称为需光种子（light seed），如烟草、莴苣等。而有些种子萌发受光的抑制，在黑暗中才容易萌发，称为嫌光种子或需暗种子（dark seed），如瓜类、茄子等。

综上所述，种子萌发需要充足的水分、足够的氧气和适宜的温度，而且三者互相联系、互相制约，缺乏三者中的任何一条，都不能使种子萌发。而光照是通过植物体内一种称为光敏素（phytochrome）的特殊物质的作用促进或抑制某些植物种子萌发的；此外，土壤酸碱性与种子萌发也有一定关系：一般种子在中性、微酸性或微碱性情况下萌发良好，酸碱度过高对一般种子萌发不利。

二、种子萌发过程

发育正常的种子，在适宜条件下开始萌发。通常是胚根先突破种皮向下生长形成主根。然后胚轴伸长，使胚芽突出种皮向上生长，伸出土面而形成茎和叶，逐渐形成幼苗。种子萌发过程中先形成根，具有重要的生物学意义，因为根发育较早，可以使早期幼苗固定于土壤中，及时从土壤中吸取水分和养料，使幼小植物能很快独立生长。

小麦籽实萌发时，首先露出的是胚根鞘，以后胚根突破胚根鞘形成主根。然后从胚轴基部陆续生出1~3对不定根。同时胚芽鞘也露出，随后从胚芽鞘裂缝中陆续长出真叶，幼苗形成。

而水稻籽实萌发时，胚芽首先膨大伸展，然后胚芽鞘突破谷壳而伸出。胚根比胚芽生长稍迟，当胚根突破胚根鞘和谷壳时就形成主根。在主根伸长不久后，其胚轴上又生出数条与主根同样粗细的不定根，在栽培学上把它们统称为种子根。同时，胚芽鞘与胚芽伸出土面后，胚芽鞘纵向裂开，真叶露出胚芽鞘外，而形成幼苗。第一叶的叶片很小，叶鞘发达。

三、种子的休眠

在植物个体发育过程中，生长暂时停顿的现象称为休眠（dormancy）。大多数植物种子成熟后，在适宜环境条件下能很快萌发；但有些植物种子即使在适宜条件下，也不能进入萌发阶段，必须经过一段时间的休眠才能萌发，这一现象称为种子的休眠。

种子休眠的原因是多方面的，不同植物休眠的原因不同。只有根据不同休眠原因，采取适当措施，才能打破或缩短休眠期限，促使种子萌发。

（一）种皮障碍

这类种子的种皮极其坚厚，常含角质、角质层或酚类化合物，阻碍了种子对水分和空气的吸收或使胚无法突破种皮。例如，豆科、锦葵科的某些属种，以及苍耳（*Xanthium sibiricum*）等种子具有这样性质。对这类种子可用机械方法擦破种皮，或用浓硫酸作短时间处理，再用清水洗净，使种皮软化，水分便可顺利渗入种子内部。此外，将种子先在冷水内浸泡12h，然后再在沸水中放30~60s，也可打破休眠，促使萌发。对苋属等种皮特别坚硬的种子可采用冻结，或利用土壤微生物的作用，使种皮渐次软化，达到萌芽目的。

（二）种子具有后熟作用

后熟作用是指有些植物的种子在脱离母体时，胚未发育完全或胚在生理上尚未全部成熟，还需经过一定时间，胚才能发育完全。这类种子即使环境条件适宜，也不能萌发成长。例如，银杏、毛茛（*Ranunculus japonicus*）等植物的种子或果实脱离母株时，里面的胚还没有充分发育成熟，需要经过一段休眠时期，等胚充分成熟后才能萌发。这些种子的后熟需要通过层积处理在潮湿和低温条件下完成。

（三）种子内含有某些抑制萌发的物质

有些植物种子不能萌发，是由于种子或果实内含有抑制物质。抑制物质种类很多，因植物而异，如有机酸、植物碱、激素、氰化物、氨等。番茄、柑橘

或瓜类种子不可能在果实内发芽生长，只有在脱离果实后才能萌发，就是这个原因。可将这类种子脱离抑制萌发的环境或用水冲洗，如利用植物激素 GA_3 浸泡种子或除去附着在种子上的抑制物质就可解除休眠。

综上所述，种子休眠的解除和适宜的外界环境是种子萌发的决定性条件，而这一切活动又以种子有生活力为前提。种子是有生命的，超过了一定期限，就会丧失活力，不再萌发。不同植物种子保持生活力的时间长短不一，长的可达百年以上，短的仅能存活几周，多数栽培植物的种子只能保持1~2年的生活力，有的可保持5~10年。生活力时间的长短取决于植物本身的遗传性，同时，也与种子储藏期的条件有关。储藏种子的最适条件是干燥和低温，可以延长种子生活力，对优良种质保存有重要意义。

第四节　幼苗的类型

不同植物的种子在萌发时，由于胚各部分，特别是胚轴部分生长速度不同，形成的幼苗在形态上也不一样。根据种子萌发时子叶是否出土，把幼苗分为子叶出土幼苗（epigaeous seedling）和子叶留土幼苗（hypogaeous seedling）两种类型。

一、子叶出土幼苗

双子叶植物，如大豆、棉花和各种瓜类的无胚乳种子，以及蓖麻等有胚乳种子在萌发时，随着胚根突破种皮，下胚轴迅速伸长，把上胚轴、子叶和胚芽一起推出土面，因而形成幼苗的子叶是出土的（图3-8）。

图3-8　大豆种子的萌发

A.大豆种子；B.种皮破裂，胚根伸出；C.胚根向下生长，
并长出根毛；D.种子在土中萌发，胚轴突出土面；

E.胚轴伸长，牵引子叶脱开种皮而出；

F.子叶出土，胚芽长大；

G.胚轴继续伸长，两片真叶张开，幼苗长成

一般子叶出土见光后，细胞内产生叶绿体，子叶变为绿色，可以暂时进行光合作用。以后，胚芽发育形成地上茎和真叶，而子叶内营养物质被耗尽后即枯萎脱落。大豆等种子的子叶肥厚，会继续将储存养料运往根、茎、叶等部分，直到营养消耗完毕，子叶才干瘪脱落；棉等种子的子叶较薄，出土后立即展开并变绿，进行光合作用，待真叶伸出，子叶即枯萎脱落。

蓖麻种子萌发时，胚乳的养料逐渐供胚发育所消耗，在子叶出土时，残留的胚乳附着在子叶上伸出土面，不久也会脱落消失（图3-9）。

单子叶植物洋葱的幼苗虽然也是子叶出土幼苗，但其种子萌发及幼苗形成较为特殊（图3-10）。当种子萌发时，最先是子叶下部和中部伸长，将胚根和胚轴推出种皮之外；子叶除了先端仍包被在胚乳内以吸收营养物质外，其余部分很快伸出种皮。子叶的外露部分最初弯曲呈弓形，进一步生长时伸长，出现在土面上，此时胚乳营养物质已被吸收用尽。子叶出土后逐渐变为绿色，进行光合作用。不久，第一片真叶从子叶鞘裂缝中长出，并在主根周围长出不定根。在土壤不够坚实的情况下，当子叶生长伸直时，种皮会被子叶先端带出土面。

二、子叶留土幼苗

双子叶植物无胚乳种子中，如蚕豆、豌豆、荔枝、柑橘和有胚乳种子中，如橡胶树，以及单子叶植物中，如小麦、玉米、水稻等的幼苗，都属于这一类型（图3-11）。这些植物种子萌发的特点是下胚轴不伸长或伸长缓慢，而是上胚轴伸长，所以子叶并不随胚芽伸出土面，而是留在土中，直到养料耗尽死去。例如，

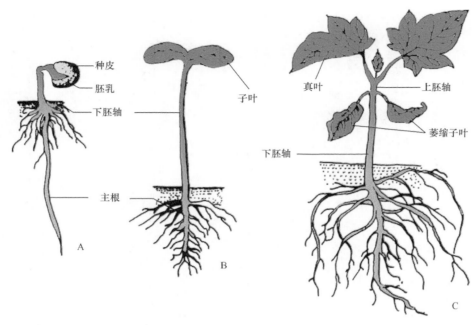

图 3-9　蓖麻幼苗
A. 下胚轴伸长，子叶伸出土面；B. 子叶展开；C. 形成幼苗

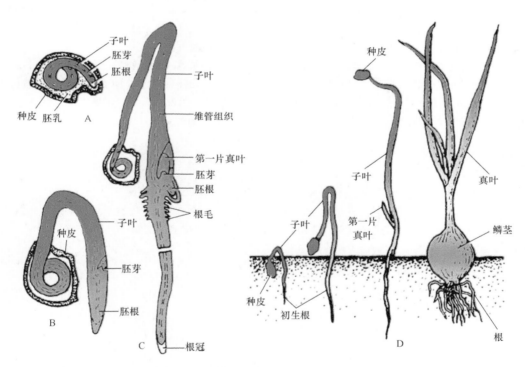

图 3-10　洋葱种子萌发，形成子叶出土幼苗
A. 种子；B. 子叶的外露部分弯曲呈弓形；C. 子叶出土；D. 形成幼苗

豌豆种子萌发时，胚根先穿出种皮，向下生长，成为根系的主轴；由于上胚轴伸长，胚芽不久就被推出土面，而下胚轴伸长很小，所以子叶不被顶出土面，而始终埋在土里。

了解这两种类型幼苗的特征有助于在种子播种时控制深度。在农业上一般子叶出土幼苗的种子可适当浅播，子叶留土幼苗的种子可适当深播。这里还需要知道一点，花生兼有子叶出土和子叶留土的特点。因为它的上下胚轴生长都较快，所以在种子播深时，子叶留土，种子播浅时，子叶出土（图 3-12）。

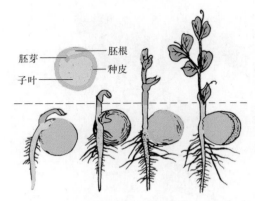

图 3-11 豌豆种子萌发过程，示子叶留土

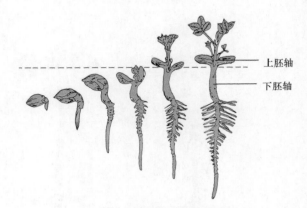

图 3-12 花生种子的萌发过程
（引自贺学礼，2010）

本章主要内容和概念

种子由胚珠发育而来。植物种类不同，其种子的大小、形状和颜色等形态特征也不同，但种子的基本结构相同。一般种子由胚、胚乳和种皮三部分组成。胚是构成种子最重要的部分，由胚芽、胚根、胚轴和子叶四部分组成。种子萌发后，胚根、胚芽和胚轴分别形成植物体的根、茎、叶及其根茎过渡区，因而胚是植物新个体的原始体。胚乳位于种皮和胚之间，是种子内储藏营养物质的场所。一些植物的种子没有胚乳，种子在其发育早期，胚乳养料被胚吸收，转入子叶中储藏，在种子萌发时，胚乳和子叶中的营养被胚吸收利用。种皮包在胚及胚乳外面，是种子外面的保护结构，有些植物的种皮还与控制萌发的机制有关。

本章主要包括种子的基本组成，种子的基本类型，种子的萌发和休眠，幼苗的类型等内容。

知识要点包括：

种子基本结构，种脐，种孔，种阜，种脊，有胚乳种子，无胚乳种子，种子的休眠，后熟作用，种子萌发，种子萌发的条件，温度三基点，子叶出土幼苗，子叶留土幼苗

复习思考题

1. 表解种子的基本结构。为什么说胚是植物的雏体？
2. 双子叶植物和禾本科植物的种子有何区别？
3. 种子萌发的条件是什么？生产上采取哪些措施可促进种子的萌发？
4. 为什么种子会出现休眠现象？
5. 简述种子萌发后，种子各个部分的活动去向。
6. 形成子叶留土幼苗和子叶出土幼苗的关键原因是什么？

第四章 根的结构、发育和功能

根是植物长期演化过程中适应陆生环境而逐渐发展和完善的营养器官。藻类、菌类、地衣多数无假根，进化到苔藓植物，由于它是由水生方式向陆生方式转变的类群之一，在它独立生活的配子体上出现了与根功能相类似、但无维管组织分化的结构，称为假根。进化到蕨类植物，它是陆生植物中最早分化出维管组织的植物类群，产生了真正的根，其维管组织主要由木质部和韧皮部组成，木质部含有运输水分和无机盐的管胞，韧皮部含有运输有机养料的筛胞。蕨类植物的根通常为不定根，生长于匍匐茎下表面（石松类）、根状茎节上（木贼类、真蕨类）或由茎变态形成的根

托上（卷柏类）。根二叉分枝或不分枝，常产生细小侧根。由于蕨类植物的根出现了维管组织和机械组织，也有了分枝，其吸收和固着支持作用显著增强，并有了输导功能。进化到种子植物，产生了定根，其个体上最早出现的根是由种子胚根发育而成。在种子植物中，裸子植物的根与被子植物双子叶植物的根都为直根系，根尖、根的结构以及侧根形成都相似，但是，大部分裸子植物的木质部由管胞组成，韧皮部由筛胞组成，被子植物根的组织分化更精细，木质部出现了导管，韧皮部出现了筛管和伴胞，生理机能效率更高，生态适应更加完善。

第一节 根的生理功能

一、吸收和输导作用

吸收是根的主要生理功能。植物生活所需大量水分和无机盐来源于土壤，主要由根部的根毛和幼嫩表皮从土壤中吸收，根吸收土壤溶液中溶解状态的矿质，如硫酸盐、硝酸盐、磷酸盐以及钾、钙、镁等离子、少量含碳有机物、可溶性氨基酸、有机磷等有机物，以及溶于水中的二氧化碳、碳酸盐和氧气，进入皮层细胞，经横向运输到达根维管组织（中柱），再通过根维管组织输送到茎、叶，以供植物光合作用需要。叶制造的有机养料经过茎输送到根，以供给根的生长和生活需要。

二、固着和支持作用

根在地下反复分枝形成庞大根系与土壤紧密接触，其分布范围和深度与地上部分相应，加上根机械组织和维管组织的共同作用，把植物固着在土壤中，并支持着地上部分，防止风、雨引起倒伏。根与沙、土接触面积极大，能控制泥沙移动。因此，根具有固定流沙、保护堤岸和防止水土流失的作用。

三、合成和分泌作用

放射性同位素示踪研究表明，根中能合成多种氨

基酸，并输送到植物体其他部位合成蛋白质，作为形成新细胞的材料。根能分泌黏液和糖类、有机酸、固醇、生物素和维生素等生长物质以及核苷酸、酶等。这些分泌物有的可以减少根在生长过程中与土壤的摩擦；有的促进根的吸收；有的促进土壤微生物生长，它们在根际和根表面形成一个特殊的微生物区系，这些微生物对植物代谢、吸收、抗病性等都有作用。根的分生区能合成植物激素（细胞分裂素、赤霉素等）、植物碱，通过根维管组织运输到植物地上部分，调节植物生长发育；根还能合成一些次生代谢物质，如烟草的尼古丁由根合成后运输到叶。

四、储藏、繁殖、呼吸、攀缘等作用

部分植物的根内薄壁组织发达，是储藏物质的场所；一些植物的根能产生不定芽，特别是在伤口处，如泡桐，能进行繁殖，可使一些森林树种得以更新。生长在沼泽或热带海滩的植物，如水龙（*Jussiaea repens*）、红树（*Rhizophora apiculata*）等，可产生一些垂直向上生长、伸出水面的根，这些根中常有发达的通气组织，可将空气输送到地下，供给地下根进行呼吸。一些植物，如长春藤（*Hedera nepalensis* var. *sinensis*）等，茎多细长柔软不能直立，从茎一侧产生

许多不定根，固着在其他树干、山石或墙壁等物体表面攀缘上升。

根可食用、药用和作为工业原料。例如，萝卜、胡萝卜、甘薯、甜菜等植物的根可食用，也可作饲料；人参、大黄、当归、甘草、柴胡等植物根可供药用；甜菜的根为制糖原料，甘薯的根可制淀粉和乙醇；枣、葡萄、青风藤（*Sinomenium acutum*）等植物的老根，可制作工艺品。

第二节　根的形态

一、根的一般形态

除了少数气生根外，一般生长在土壤中，没有节和节间，无顶芽和腋芽，不生叶，它的顶端能无限向下生长，并能产生分枝，形成根系。不同种植物根的大小、外形不同。

二、根的类型

种子萌发时，胚根最先突破种皮向下生长形成的根，称为主根（main root），主根生长到一定长度时，在一定部位侧向生出许多支根，称为侧根（lateral root）。主根和侧根都有一定的发生位置，称为定根（normal root）。许多植物除产生定根外，由茎、叶、老根或胚轴上生出根，这些根发生的位置不固定，称为不定根（adventitious root）（图4-1）。不定根也能不断产生侧根。禾本科植物种子萌发时形成的主根，存活期不长，以后由胚轴或茎基部所产生的不定根代替。农、林、园艺工作中，利用枝条、叶、地下茎等能产生不定根的习性，进行扦插、压条等营养繁殖。

图 4-1　定根与不定根

三、根系类型

根生长在土壤中，它的顶端能无限向下生长，并能发生侧向分枝，形成许多条根。植物体地下所有根的总称为根系（root system）。

（一）按根系形态分为直根系和须根系

1. 直根系

主根和侧根有明显区别的根系称为直根系（tap root system），如大多数双子叶植物和裸子植物的根系。主根通常能控制侧根生长和发育，当主根受到损害时，侧根能迅速生长，代替主根的作用（图4-2）。所以，在移栽时，切断主根，可促进侧根发生。

2. 须根系

无明显的主根和侧根之分，各条根的粗细近似，均不增粗，丛生如须的根系称为须根系（fibrous root system）。须根系的主根长出后不久即停止生长或死亡，根系由胚轴和茎上长出的不定根组成（图4-2），如大

直根系　　　　　　　　　须根系

图 4-2　直根系与须根系

多数单子叶植物的根系。

（二）按根系在土壤中分布状况分为深根系和浅根系

1. 深根系

根系以垂直向下生长为主，分布在土壤较深层的根系（deep roots），深度可达3～5m，甚至10m

以上，如大豆、蓖麻、棉花等大部分双子叶植物的根系。

2. 浅根系

根系以水平方向占优势，分布在土壤较浅层的根系（shallow roots），单子叶植物一般多为须根系。

生产上，直根系植物适当深施肥，须根系植物适当浅施肥。浅根系植物和深根系植物可以套种。

第三节　根的基本结构

一、根尖结构

植物体上，无论是主根、侧根，还是须根，每条根顶端到生有根毛的这一段称为根尖（root tip）。长数毫米至几厘米。它是根生命活动最活跃的部分，根伸长生长，物质、水分吸收，根内组织分化主要在根尖进行。根据细胞生长、分化及生理功能不

同，根尖从顶端起依次分为根冠（root cap）、分生区（meristematic zone）、伸长区（elongation zone）和成熟区（maturation zone）。除根冠与分生区之间有比较清晰的分界外，其他各区间都是逐渐过渡的，没有明显界线，由于各区功能不同，在形态结构上也表现出不同的形态特征（图4-3）。

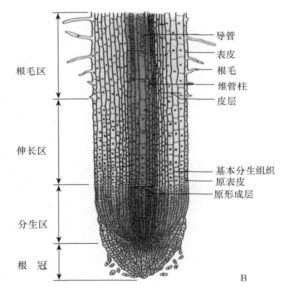

图 4-3　根尖外形和纵切面模式图

A. 根尖外形；B. 大麦根尖纵切面模式图，示根尖分区及各区细胞结构

（一）根冠

位于根尖最前端，由排列不规则的薄壁细胞组成，一般呈圆锥形帽状结构，罩在分生区外面，外层细胞常有黏液形成黏液鞘，黏液鞘可保护根尖免受土壤颗粒磨损和防止根尖干燥，可使根尖在土壤中推进时起润滑作用，起保护根尖幼嫩分生组织的作用，并可吸附、溶解土壤的某些物质，便于离子交换。黏液中富含糖类和氨基酸等，还能促进根尖周围微生物生长，这些微生物的生命活动有助于土壤营养物质释放，利于根尖吸收。根冠内部的细胞常有可移动的淀粉粒，

淀粉粒可能起到"平衡石"的作用，自然情况下，根垂直向下生长，"平衡石"沉积在根冠细胞下部，水平放置后根冠中"平衡石"受重力影响改变了在细胞中的位置，所以根冠可以感受重力，引起伸长区不均衡生长，从而使根弯曲向地性生长（图4-4）。若将根冠切除，根的生长没有停止，但不再向下生长，直到长出新的根冠。

随着根尖生长，根冠外层薄壁细胞与土壤颗粒摩擦，不断脱落、死亡，其寿命因植物种类和根冠长度不同而异。其内的分生细胞不断分裂产生新细胞补充到根冠中央，促使根冠中央细胞逐渐向外推移，补充

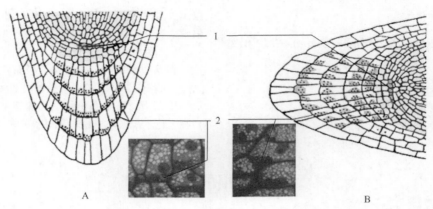

图 4-4 图解说明"平衡石"对重力的反应
A. 垂直生长的根冠；B. 水平位置的根冠
1. 根冠原始细胞；2. 淀粉粒

外围不断死亡的细胞，使根冠保持一定的形状和厚度。环境条件能影响根冠发育，将正常生长在土壤的植物进行水培后，有些植物根尖可能不再产生根冠。

（二）分生区

位于根冠之后，长度多为 0.3～1.5mm，有的可达 3mm，分生区细胞的形状为多面体，体积小、等径，排列紧密，细胞质浓，细胞核大，位于细胞中央，液泡小，分裂能力强。全部由顶端分生组织构成。包括原始细胞及其衍生细胞构成的原生分生组织和其后分裂出的细胞构成的初生分生组织。由于原生分生组织始终具有分裂能力不断分裂产生新细胞，所以又称为生长点（growing point）或生长锥。

在根尖原生分生组织最前端的中心区域有一群细胞有丝分裂活动频率低于周围细胞，经细胞化学与放射自显影等技术研究发现这些细胞很少有 DNA 合成，有丝分裂近于停止状态。该区域称为根的不活动中心（quiescent center），又称静止中心（图 4-5）。不活动中心是不断变动的，可随根的发育进程出现、增大和

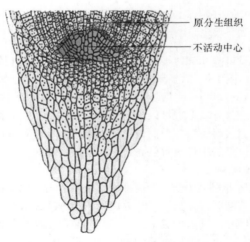

图 4-5 根尖纵切示不活动中心

变小。在胚根和幼小侧根原基时期，没有不活动中心，在老根中，出现不活动中心。不活动中心是一群不断更新的细胞群，能维持或更新周围的原始细胞，抑制原始细胞分化，保留胚性细胞，也是激素合成的地方。当根在土壤中穿行，受到机械磨损和土栖生物或真菌的伤害，造成根尖部分分生组织或根冠受损时，静止中心细胞能重新进行活跃分裂，使之修复。

被子植物根尖分生区中，原分生组织的原始细胞是一类始终具有分裂能力的细胞，位于分生区最前端，具有分层分裂及分化特点，各层原始细胞分裂衍生细胞在形状及大小等方面出现了差异，分别形成了原表皮（protoderm）、原形成层（procambium）和基本分生组织（ground meristem）3 种初生分生组织。原表皮位于最外层，细胞砖形，可发育形成表皮；原形成层位于中央，细胞较小，狭长，可发育形成维管柱；两者之间为基本分生组织，细胞较大，多面体形，可发育形成皮层。因此，J.von Hanstein 于 1868 年提出了组织原学说，认为被子植物的顶端是由 3 个组织原（表皮原、皮层原和中柱原）组成，每一组织原有一个原始细胞或一群原始细胞。组织原活动的结果形成表皮、皮层和中柱。

顶端原始细胞的分层及其与分化成的组织之间的关系，不同种类植物有所不同。大麦、玉米等单子叶植物根尖有 3 层原始细胞，由下而上，第一层为根冠原，分化形成根冠；第二层细胞产生基本分生组织和原表皮，分化形成皮层和表皮；第三层细胞产生原形成层，分化形成中柱。烟草、大豆等双子叶植物根尖也有 3 层原始细胞，但由下而上的第一层细胞分化出根冠和表皮；第二层细胞分化形成皮层；第三层细胞分化形成中柱。并不是所有植物根尖原分生组织都有 3 层原始细胞，向日葵等植物根顶端原始细胞只有两层。洋葱等植物顶端原始细胞无明显分层；木贼属（*Equisetum*）等植物根仅有一个顶端原始细胞（图 4-6）。

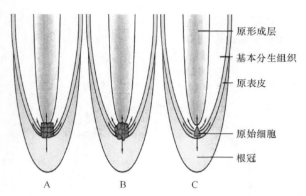

图 4-6　根尖分生区原始细胞的类型
A. 原始细胞具分层（烟草）；B. 原始细胞无分层；
C. 原始细胞仅具一个细胞

在根生活过程中，分生区细胞始终保持分裂能力，经分裂产生的细胞一部分补充到根冠，以补偿根冠中损伤脱落的细胞；大部分细胞进入其后方的伸长区。

（三）伸长区

位于分生区之后、根毛区之前，细胞来源于分生区，长为 2～10mm，细胞分裂活动逐渐减弱，细胞显著伸长，液泡合并增大，细胞质呈一薄层位于细胞边缘，细胞分化程度逐步加强。是从初生分生组织向初生结构的过渡。最早的筛管和环纹导管，往往在伸长区末开始出现。根尖分生区细胞不断分裂，增加细胞数目，根尖伸长区细胞迅速伸长生长，从而使根的长度不断增加，根尖不断向土壤深处推进，变换吸收位置。

（四）成熟区

成熟区位于伸长区后方，因植物种类和环境不同，长度可从数毫米至数厘米不等。伸长区的细胞停止伸长，分化出各种成熟组织，所以称为成熟区。已具备根的初生结构，称为幼根。成熟区的一些表皮细胞外侧壁部分向外突起伸长成前端封闭的管状结构，称为根毛，因此成熟区又称根毛区（root hair zone）。根毛长 0.5～10mm，直径 5～15μm。根毛形成后，细胞核和部分细胞质移到管状根毛末端，细胞质沿壁分布，中央为一大液泡（图 4-7）。根毛细胞壁物质主要是纤维素和果胶质，壁中黏性物质与吸收功能相适应，使根毛在穿越土壤空隙时，与土壤颗粒紧密结合。根毛生长速度快，数目多，扩大了根的吸收表面。所以根毛区主要起吸收作用。根毛的寿命很短，一般 10～20d

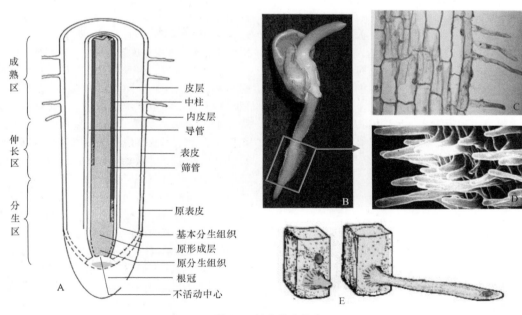

图 4-7　根毛区及根毛
A. 根尖纵切示意图，示根毛区纵切；B. 根毛区外形；C. 毛茛的根毛；D. 根毛的电镜扫描；E. 水稻根毛的形成

后死亡，表皮细胞也随之死亡。

根的发育由先端逐渐向后成熟，靠近伸长区的根毛是新生的，随着根毛延伸，根在土壤中推进，老的根毛死亡，靠近伸长区的细胞不断分化出新根毛，以代替枯死根毛行使功能。随着根尖生长，根毛区不断进入新的土壤区域，使根毛区能够更换环境，利于根的吸收。

二、双子叶植物根的结构

（一）根的初生生长和初生结构

根的初生生长（primary growth）是指根尖顶端分生组织细胞经过分裂、生长、分化后，形成根毛区各成熟结构的过程。初生生长产生的各种组织，属于初生组织（primary tissue），由初生组织组成的结构，称为根的初生结构（primary structure）。由于在横切面上能较好地显示各部分的空间位置、所占比例及细胞和

组织特征，所以研究各种器官的构造、生长动态时常选用横切面。根的初生结构由外至内可分为表皮、皮层和维管柱3个部分（图4-8）。

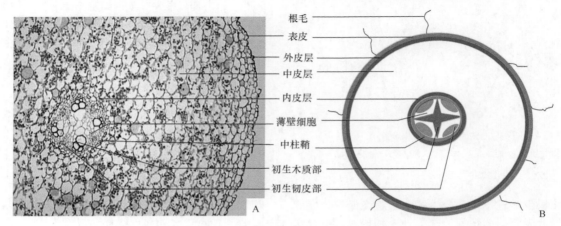

图 4-8　棉花根初生结构和初生结构图解
A. 棉花根横切面；B. 棉花根横切面示意图

1. 表皮

表皮（epidermis）是由初生分生组织的原表皮发育而来，包围在成熟区外方，通常由一层排列紧密的细胞组成，每个细胞略呈长方体，其长轴与根纵轴平行。横切面观察时细胞形状近于方形，细胞排列紧密，无胞间隙，细胞壁薄，由纤维素和果胶质构成，其外壁覆盖一层很薄的角质膜或不甚发达，对水和溶于水中的物质吸收没有影响，可以自由通过，同时对幼根有保护作用，不具气孔。一部分表皮细胞的外壁向外延伸形成根毛，扩大了根的吸收面积，就根表皮而言，吸收作用比保护作用更重要。水生植物和个别陆生植物根的表皮不具根毛，兰科、天南星科植物气生根表皮无根毛，而由表皮细胞平周分裂形成多层紧密排列的细胞称为根被，能从空气中吸收水分，发育后期，细胞死亡，细胞壁加厚，起保护作用。

2. 皮层

皮层是初生分生组织的基本分生组织发育而来，由表皮之内维管柱之外的多层薄壁细胞组成。皮层在幼根横切面中常占最大比例，细胞较大并高度液泡化，排列疏松，有明显的胞间隙，是水分和溶质从根毛到维管柱横向输导的途径，同时也是营养物质的储藏场所，但细胞明显缺乏叶绿体。在水生和一些湿生植物的皮层中可发育出通气道，具有通气作用。皮层一般可分为外皮层（exodermis）、皮层薄壁细胞（parenchyma）和内皮层（endodermis）（图4-9）。

（1）外皮层。皮层最外一层或多层细胞，较小，排列紧密且整齐，当表皮破坏后，外皮层代替表皮起保护作用。在表层土壤中生长的植物根或土壤干旱时，根的外皮层更加明显，其细胞壁常木栓化，可以减缓水和无机盐外流。

（2）中皮层，也称皮层薄壁细胞。位于外皮层和内皮层之间，由多层薄壁细胞组成，体积较大，排列疏松，胞间隙明显，细胞中常储藏大量淀粉粒。薄壁细胞之间有胞间连丝，通过胞间连丝把相邻细胞的原生质体互相连接起来。当表皮细胞吸收水分和无机盐后，可通过细胞壁和胞间隙穿过皮层运输到维管柱，也可通过原生质体和胞间连丝连成的共质体运输到维管柱。

（3）内皮层。由皮层最内层的一层细胞组成，细胞紧密排列，无胞间隙。在细胞上、下横向壁和两侧径向壁上有一条带状木质化或栓质化加厚，呈带状环绕细胞一周，称凯氏带（casparian strip）（图 4-9A），在横切面上相邻两个内皮层细胞的径向壁上则呈现点状结构，称凯氏点（casparian dots）（图 4-9B）。凯氏带不透水，并与内皮层细胞的质膜紧密结合，即使发生质壁分离也不分开（图 4-9C、图 4-9D），所以内皮层的这种特殊结构对根内水分吸收和运输具有控制作用。由于凯氏带的存在，阻断了所有皮层与维管柱间的胞间隙、细胞壁间水分和溶质运输，而皮层细胞壁间的运输到凯氏带处终止，水分和溶质运输只能通过内皮层细胞质膜的选择透性，进入原生质体，再经共质体进入维管柱，使根能进行选择性吸收。一般大部分双子叶植物根内皮层常停留在凯氏带状态，只有少部分双子叶植物根内皮层细胞壁在发育早期为凯氏带形式，发育后期内皮层细胞上壁、下壁、径向壁和内切向壁全面木质化加厚，而外切向壁不加厚，形成五面加厚细胞。也有全面加厚的，如毛茛（*Ranunculus japonicus*），内皮层细胞形成六面木质化加厚，在这种情况下，少数正对原生木质部角处的内皮层细胞，仍保持原有状态，这种薄壁细胞称为通道细胞（passage cell），承担皮层与维管柱之间的物质运输。

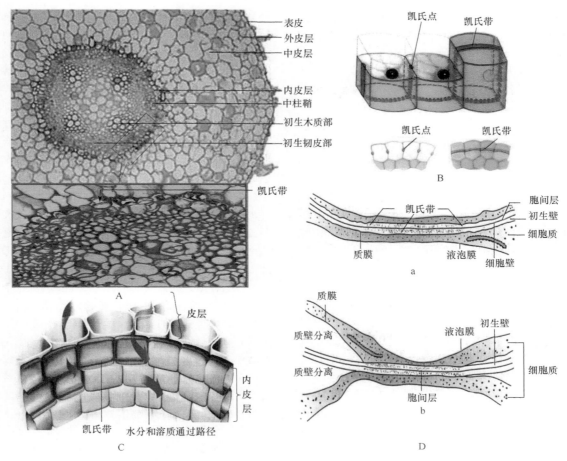

图 4-9　根的内皮层及其凯氏带结构

A. 蚕豆根横切，示内皮层位置及凯氏带；B. 内皮层细胞立体结构；C. 水分和溶质通过内皮层进入维管柱的模式图；
D. 电镜下内皮层径向壁凯氏带结构：a. 正常细胞的凯氏带区；b. 质壁分离细胞的凯氏带区

3. 维管柱

维管柱（vascular cylinder）又称中柱。由原形成层发育分化而来，位于根的中央部分，在幼根横切面上占有较小比例，由中柱鞘和维管组织构成（图 4-10）。少数植物根的中央还有薄壁细胞，称为髓。

（1）中柱鞘（pericycle）。维管柱外围与内皮层紧

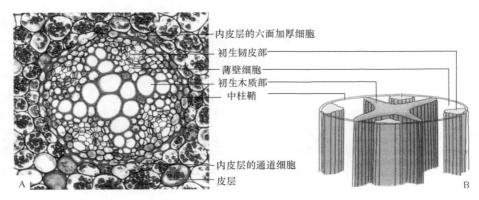

图 4-10　根的维管柱初生结构

A. 毛茛根的维管柱初生结构；B. 根的维管柱初生结构立体图解

接的一到数层细胞。细胞排列紧密，分化程度低，具有潜在分裂能力。侧根、不定芽、乳汁管、树脂道、根次生生长时的维管形成层的一部分、第一木栓形成层都是由中柱鞘细胞恢复分裂能力而产生的。

（2）初生韧皮部（primary phloem）。初生韧皮部形成若干束，分布于初生木质部束之间，与初生木质

部相间排列，这是幼根维管柱的结构特征。初生韧皮部的束数在同一根中与初生木质部的束数相等。初生韧皮部发育方式是外始式，即原生韧皮部在外方，后生韧皮部在内方，由外开始逐渐向内发育成熟。前者常缺伴胞，后者由筛管、伴胞、韧皮纤维和韧皮薄壁细胞组成。主要功能是输导有机物质。

（3）初生韧皮部与初生木质部之间的薄壁细胞。是原形成层保留的细胞，在双子叶植物根进行次生生长时，进行分裂活动，形成维管形成层的主体部分。

（4）初生木质部（primary xylem）。初生木质部位于根中央，是由导管、管胞、木纤维、木薄壁细胞组成的复合组织，主要功能是输导水分和溶解于其中的无机盐。横切面上呈辐射状分布，紧接中柱鞘内侧辐射角端较早分化成熟，由口径较小的环纹导管或螺纹导管组成，称为原生木质部（protoxylem）。初生木质部越靠近轴心部分，成熟较晚，由管腔较大的梯纹、网纹或孔纹导管组成，称为后生木质部（metaxylem）。初生木质部这种由外向内发育成熟的方式称为外始式（exarch），是根初生木质部的一个重要特点，在生理上有重要意义。最先形成的导管接近中柱鞘和内皮层，缩短了水分横向输导的距离，而后期形成的导管，管径大，提高了输导效果，更能适应植株长大时对水分供应量增加的需要。另外，原生木质部分化早，根仍在生长，环纹导管和螺纹导管壁次生增厚部分少，可以随根生长而拉伸以适应生长需要。

成熟区横切面上，根初生木质部的辐射棱角称为束，不同植物的束数不同。双子叶植物的束数较少，一般为2～6束，分别称为二原型、三原型……如烟草、油菜等的主根有2束，称为二原型（diarch）；豌豆、紫云英（Astragalus sinicus）主根为三原型（triarch）；棉花、花生、刺槐主根为四原型（tetrarch）；苹果、茶是五原型（pentarch）。同种植物不同品种间或同一植物不同根中，原生木质部的束数常发生变化。例如，茶树因品种不同而有5束、6束、8束，甚至12束的；花生主根为四原型，侧根则为二原型；甘薯主根为四原型，而侧根及不定根却有五原型或六原型。

（5）髓（pith）。少数双子叶植物根的中央有髓。根初生结构形成中，多数双子叶植物根的维管柱中央，由于原形成层分化出的薄壁细胞完全分化成后生木质部而没有髓。少数双子叶植物根中央的薄壁细胞未分化成后生木质部，而形成了髓，如花生、蚕豆等。

（二）根的次生生长和次生结构

根的次生生长（secondary growth）是根侧生分生组织活动的结果。侧生分生组织一般分为两类，即维管形成层和木栓形成层，它们属于次生分生组织。把这种由次生分生组织引起的生长称为次生生长。形成层细胞保持旺盛的分裂能力，分裂所产生的细胞经生长和分化，维管形成层产生次生维管组织，木栓形成层形成周皮，结果使根加粗。一般一年生草本双子叶植物和单子叶植物的根无次生生长，而裸子植物和木本双子叶植物的根，在初生生长结束后，经过次生生长，形成次生结构（secondary structure）。

1. 维管形成层的发生与活动

在初生生长之后开始次生生长，位于初生韧皮部和初生木质部之间的薄壁细胞中，由原形成层（procambial cell）保留下来的未分化薄壁细胞首先开始分裂活动，形成维管形成层片段，成为维管形成层主体部分。接着维管形成层片段逐渐向左右两侧扩展，并向外推移，直到初生木质部角端处，在该处和中柱鞘细胞相接。这时，这些部位的中柱鞘细胞恢复分裂能力转变为维管形成层的一部分，结果把维管形成层片段相互连接成波状维管形成层环，环绕在初生木质部外围。此时，在横切面上，二原型根的波状维管形成层环略呈卵形，三原型根的波状维管形成层环呈三角形，四原型根的波状维管形成层环呈四角形。由于维管形成层环不同部位发生时间及其分裂速度不同，通常位于初生韧皮部内侧越向内的地方维管形成层发生越早，其分裂活动开始越早，同时向内分裂增加的细胞数量多于向外分裂的细胞数量，因而波状维管形成层环中这部分向外推移，结果维管形成层环逐渐发展成为一较整齐的圆形。此后，维管形成层环中各部分进行等速分裂，保持圆环形（图4-11）。

维管形成层分裂活动主要是进行平周分裂，也称切向分裂，即细胞分裂产生的新壁与所在器官表面平行，分裂结果增加了内外细胞层次，使器官直径加大。向内分裂产生的细胞形成新木质部，加在初生木质部外方，称为次生木质部（secondary xylem）；向外分裂产生的细胞形成新韧皮部，加在初生韧皮部内方，称为次生韧皮部（secondary phloem）。次生韧皮部由筛管、伴胞、韧皮纤维、韧皮薄壁细胞和韧皮射线（phloem ray）组成，韧皮射线是次生韧皮部中一些径向排列的薄壁细胞；次生木质部由导管、管胞、木纤维、木薄壁细胞和木射线（xylem ray）组成，木射线是次生木质部中一些径向排列的薄壁细胞。韧皮射线和木射线合称为维管射线（vascular ray），一般由1～3列细胞构成，细胞排列紧密，对着初生木质部辐射角处由中柱鞘起源的维管形成层产生的射线较宽，其韧皮射线由于切向扩展而形成喇叭口状。根次生结构中，导管、管胞、筛管、伴胞、纤维是次生维管组织的轴向运输系统，维管射线是次生维管组织的径向运输系统，维管射线除了横向运输外，兼有储藏功能。

随着维管形成层逐渐分裂，内方次生木质部增生更为显著，使根直径不断增大，维管形成层环的位置逐渐向外推移。这样，维管形成层的周径要随之增大才能适应，所以维管形成层除进行平周分裂使根直径加大外，还进行垂周分裂，扩大自身周径，以适应根

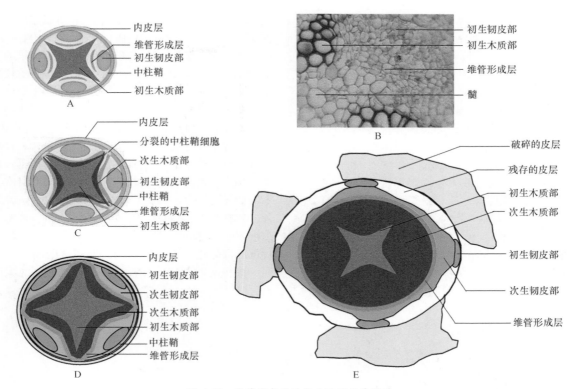

图 4-11 维管形成层的发生过程及其活动

A. 初生韧皮部和初生木质部之间未分化的薄壁细胞恢复分裂形成片段状维管形成层；B. 蚕豆根中形成的片段状维管形成层；
C. 片段状维管形成层顺着初生木质部向两端延伸，直到木质部辐射角处的中柱鞘细胞，该处中柱鞘细胞恢复分裂成为维管
形成层一部分；D. 片段状维管形成层与中柱鞘处的维管形成层片段构成波浪状维管形成层环；E. 初生韧皮部内侧的维管形成
层发生早，分裂早，形成次生木质部多，把维管形成层向外推得快，从而使波浪状维管形成层环变成圆形形成层环

的增粗。垂周分裂也称径向分裂，即细胞分裂产生的新壁与所在器官表面垂直，分裂结果使器官周径加大。多年生双子叶植物的根，在每年生长季节，其维管形成层细胞分裂活跃，不断产生新的次生维管组织，这样，根就年复一年地长粗。

2. 木栓形成层的发生与活动

维管形成层活动产生的次生维管组织使根不断增粗，到一定程度，外方的成熟组织，即表皮和皮层，因受内部组织增加所形成的压力而遭胀破、剥落。在初生韧皮部及其以外组织未破裂之前，中柱鞘细胞恢复分裂能力，经平周和垂周分裂形成几层细胞。其外层细胞发育成为最初的木栓形成层（cork cambium），又称第一木栓形成层。木栓形成层主要进行切向分裂，向外产生多层木栓细胞，组成木栓（cork），向内产生少量薄壁细胞，组成栓内层（phelloderm）（图 4-12）。木栓层、木栓形成层和栓内层共同构成周皮（periderm）。由于木栓层细胞多层，排列紧密，细胞成熟时，细胞壁栓质化，不透气、不透水，使其外方的皮层和表皮得不到水分和养料而死亡脱落，于是，木栓层处于根外表面，起保护作用。

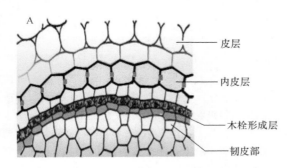

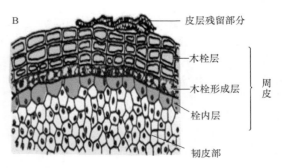

图 4-12 木栓形成层发生及其活动形成的结构

A. 葡萄根木栓形成层由中柱鞘发生；B. 橡胶树根木栓形成层活动产生周皮

（引自张宪省和贺学礼，2003）

随着根直径不断增大，木栓形成层环的位置逐渐向外推移。所以木栓形成层除主要的平周分裂形成老根次生保护组织周皮外，还进行垂周分裂，扩大自身周径，以适应根的增粗。

多年生植物的根中，维管形成层随季节进行周期性活动延续多年，使根不断增粗，而木栓形成层通常活动一个时期后便失去分裂能力，分化为木栓细胞。然后，每年都重新产生。其发生位置可逐年向根内方推移，最后可达次生韧皮部，由次生韧皮部的薄壁组织及部分韧皮射线发生。因周皮逐年产生，新周皮的木栓层及其以外死亡组织可形成较厚的树皮（bark）。

3. 次生结构

根的次生生长使根结构组成发生了很大变化，维管形成层及其活动产生的次生韧皮部、次生木质部合称为次生维管组织，木栓形成层及其活动产生的木栓层、栓内层共同构成的周皮称为次生保护组织。它们按照一定方式排列共同组成的结构称为根的次生结构。经次生生长，原来根维管形成层与木栓形成层的活动形成了根的次生结构（图4-13），主要包括周皮、次生韧皮部、次生木质部、维管形成层和维管射线。次生结构中，最外侧是起保护作用的周皮。周皮的木栓层细胞径向排列十分整齐，木栓形成层之下是栓内层。次生韧皮部呈连续的筒状，含有筛管、伴胞、韧皮纤维和韧皮薄壁细胞，较外面的韧皮部只有纤维和储藏薄壁细胞，老的筛管已被挤毁。次生木质部具有孔径不同的导管，大多为梯纹、网纹和孔纹导管。除导管外，还有纤维和薄壁细胞。径向排列的薄壁细胞群横贯次生韧皮部和次生木质部，称为维管射线。位于韧皮部的部分称为韧皮射线，在木质部的部分称为木射线。有些植物的根中，对着木质部，形成了宽大的维管射线。

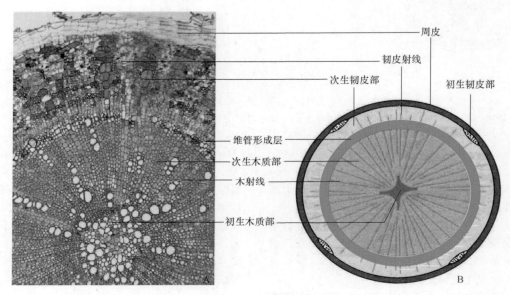

图 4-13 老根的结构
A. 棉花老根的结构；B. 老根结构示意图

三、单子叶植物根的结构

单子叶植物根的结构与双子叶植物根的初生结构相似。从根毛区横切面由外向内，其结构可分为表皮、皮层和维管柱三部分（图4-14）。兰科植物石斛气生根的内皮层并非为最内层的皮层细胞。内皮层细胞的加厚和双子叶植物内皮层的加厚明显不同，在根发育后期，内皮层细胞呈五面增厚，只有外切向壁未加厚。从横切面看内皮层细胞增厚的细胞壁呈马蹄形（图4-15）。正对初生木质部辐射角的内皮层细胞，其壁不增厚，称为通道细胞，是根吸收水分和无机盐进入中柱的主要通道。有些植物根内皮层上无通道细胞，电子显微镜下发现内皮层栓质化细胞壁上有许多胞间连丝，是物质运输的通道。

大多数单子叶植物的根没有形成层，不进行次生增粗生长，不形成次生结构。少数单子叶植物根中虽能产生形成层和次生结构，如薯蓣科（Dioscoreaceae）和百合科的木本植物以及龙血树属（Dracaena）、丝兰属（Yucca）、芦荟属（Aloe）植物根中都有形成层，但其形成层产生于中柱鞘细胞或皮层细胞，形成层向外产生皮层，向内产生大量基本组织，其中一部分基本组织分化为若干个呈环状排列的有限维管束，每个维管束中有次生木质部和次生韧皮部，维管束外侧围有一圈由厚壁细胞构成的维管束鞘；随着基本组织增多，分化产生的维管束逐渐增加，根也随之增粗。

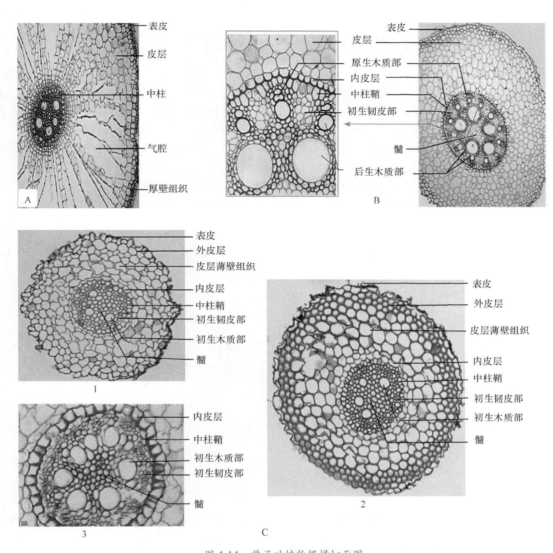

图 4-14　单子叶植物根横切面图

A. 水稻老根；B. 玉米根；C. 小麦根（1. 幼根；2. 老根；3. 小麦根横切面内皮层与中柱放大图）

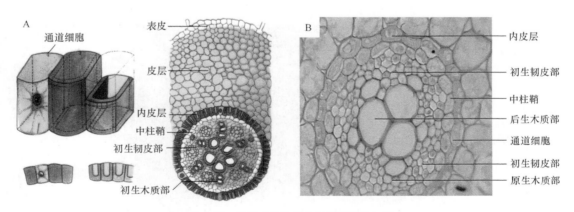

图 4-15　单子叶植物根内皮层及通道细胞

A. 单子叶植物根的内皮层及通道细胞示意图；B. 韭菜根横切，示内皮层细胞和通道细胞图

第四节　侧根的发生

植物根能不断地产生分枝，统称为侧根。其相应的起源根称为母根（maternal root），主根上的分枝称为一级侧根，一级侧根进一步分枝形成二级侧根，以此类推。侧根是从母根中柱鞘一定部位发生的。发生的具体部位与母根初生木质部束数有一定关系（图4-16）。一般情况下，二原型母根，其侧根从正对着初生韧皮部或初生韧皮部与初生木质部之间的中柱鞘细胞发生，如萝卜，胡萝卜；三原型、四原型母根，其侧根从正对着初生木质部的中柱鞘细胞发生，如棉花，蚕豆；多原型母根，其侧根从正对原生韧皮部的中柱鞘细胞发生，如水稻，小麦。从外部观察，侧根在母根上呈纵向排列，二原型根为2个或4个纵列，三原型根为3个纵列，四原型根为4个纵列……侧根原基交错发生，所以在横切面上一般只能见到一个或少数几个侧根原基。

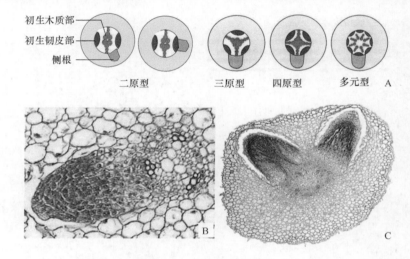

初生木质部
初生韧皮部
侧根

二原型　　　三原型　四原型　多元型　A

图 4-16　侧根发生位置图

A. 侧根发生位置示意图；B. 三原型根的侧根发生图；C. 四原型根的侧根发生图

当侧根开始发育时，中柱鞘一定部位的细胞开始分裂，最初几次分裂是平周分裂，使细胞层数增加，向外产生突起。然后进行平周和垂周分裂，使原有突起继续生长，形成侧根原基（root primordium），侧根原基继续发育，向着母根皮层一侧生长，逐步分化形成根冠、分生区和伸长区。由于侧根不断生长所产生的机械压力和根冠分泌物质能溶解侧根周围的母根皮层细胞和表皮细胞，这样，侧根就穿过母根皮层和表皮，伸出母根之外（图4-17）。此时，侧根成熟区结构已初步形成，进入土壤时产生根毛，侧根内的输导组织与母根输导组织相通。当侧根生长到一定阶段时，又可产生新侧根，以此反复形成庞大根系。

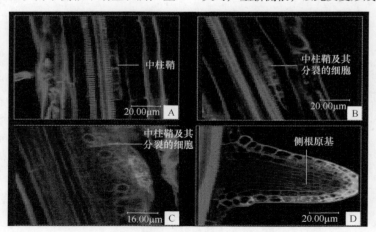

中柱鞘
中柱鞘及其分裂的细胞
中柱鞘及其分裂的细胞
侧根原基

20.00μm　A
20.00μm　B
16.00μm　C
20.00μm　D

图 4-17　蚕豆侧根发生纵切面图

A. 侧根的发生开始于根毛区，但突破表皮露出母根外，却在根毛区之后；B～D. 侧根发生各时期细胞图

侧根起源于中柱鞘，因而和母根维管组织紧密靠在一起，这样，侧根分化出的输导组织与母根输导组织易连接成相互连通的输导系统。因侧根原基的发生源于中柱鞘，是从根内深层部位发生的，所以称为内起源（endogenous origin）。不定根可在中柱鞘、维管组织及其附近薄壁细胞发生，也为内起源；也有少数植物的不定根在母根表皮及其以内几层细胞发生，称为外起源（exogenous origin）。

侧根的发生在根毛区就已开始，但突破表皮露出母根外，却在根毛区以后的部分。这样，就使侧根的产生不会破坏根毛而影响吸收功能，是长期自然选择和植物适应环境的结果。

第五节　根的变态

自然界中，由于环境变化，有些植物的营养器官因适应不同的环境，在形态、结构和功能上会发生一些不同于正常器官的变化，这种现象称为变态（metamorphosis），发生变态的器官称为变态器官（metamorphosis organ）。植物营养器官的变态是植物长期适应特殊环境条件而形成的稳定的、可遗传的变异，与病理的或偶然的变化不一样，是健康的、正常的现象。根的变态主要包括储藏根、气生根和寄生根3种类型。

一、储藏根

这种变态常见于两年生或多年生草本双子叶植物，主要适应储藏大量的营养物质，如萝卜、胡萝卜、甜菜、甘薯、木薯、何首乌（Fallopia multiflora）等的根都属于储藏根（storage root）。其特点是肥大、肉质，富含淀粉及其他碳水化合物；主要由大量薄壁组织组成，维管组织常散生期间；储藏的营养物质用于植株开花结实或作为营养繁殖、萌生新植株的营养来源。根据来源可分为肉质直根和块根两种类型。

（一）肉质直根

这种变态类型主要由主根发育而成，所以每株仅有一个肉质直根（fleshy taproot），如萝卜、胡萝卜、甜菜等，其上部由下胚轴发育形成，没有侧根发生，肥大胚轴顶端在营养生长期间，还生长节间很短的茎和莲座叶，而下部由主根发育形成，生长两纵列或四纵列侧根，肥大主根构成了肉质直根的主体。这些变态的肉质直根在外部形态上极为相似，但内部结构有所不同。例如，萝卜和胡萝卜的根均为二原型，当它们发生次生增粗生长后，产生的内部结构有明显差异。萝卜肉质直根的次生增粗是维管形成层活动的结果，但产生的次生结构中次生木质部比次生韧皮部发达（图4-18）。在木质部中，主要由木薄壁组织组成，储藏大量营养物质，没有纤维，导管很少。除正常的形成层活动外，在次生木

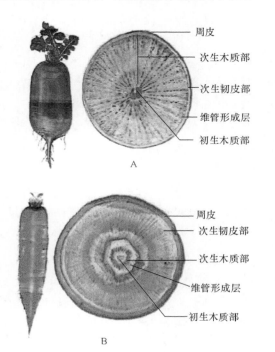

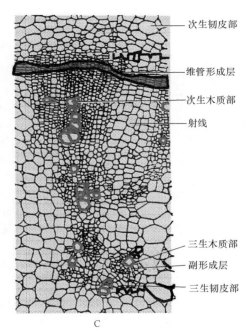

图4-18　萝卜、胡萝卜肉质根横切面结构图

A. 萝卜；B. 胡萝卜；C. 萝卜肉质根三生结构示意图

质部的薄壁细胞脱分化后，恢复分裂能力，形成额外形成层（supernumerary cambium）或副形成层（accessory cambium），位于正常维管形成层之外，向内产生木质部，向外产生韧皮部，形成的结构称为三生结构，相应的木质部和韧皮部称为三生木质部（tertiary xylem）和三生韧皮部（tertiary phloem），因此，萝卜肉质直根增粗生长是维管形成层和额外形成层活动的结果。由次生韧皮部与外面的周皮构成了肉质直根的皮部。

胡萝卜肉质直根的增粗也是维管形成层活动的结果，但在增粗的主根中次生韧皮部比次生木质部发达（图4-18）。次生韧皮部中薄壁组织非常发达，储藏大量营养物质以及胡萝卜素，而次生木质部形成数量较

少，以木薄壁组织组成，导管较少。

甜菜肉质直根的增粗不同于萝卜、胡萝卜肉质直根，最初形成层活动和次生结构产生与它们一样，不同的是当形成层正在活动时，中柱鞘薄壁细胞分化产生额外形成层，向内、外分别产生三生木质部和韧皮部，由此构成若干三生维管束，这些三生维管束呈环状排列。同时，也形成大量薄壁组织，以后又在三生韧皮部外侧的韧皮部薄壁细胞产生新一圈额外形成层，继续活动形成新一轮三生木质部和韧皮部，这样不断活动的结果，最终形成了一轮维管组织和一轮薄壁组织相间排列成多层同心环的结构。在甜菜肉质直根中额外形成层可达8～12层或更多（图4-19）。

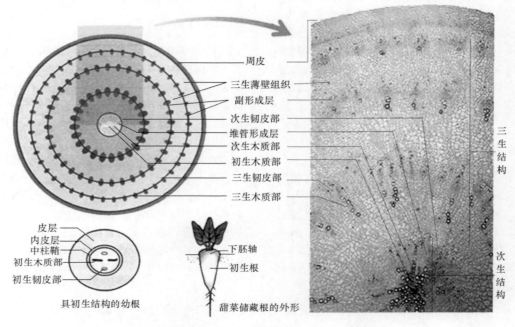

图4-19 甜菜储藏根的结构

（二）块根

这种变态类型多半是由不定根或侧根经过增粗发育而成，其形状呈块状，在一株上可以形成多个，它的组成不含茎和下胚轴部分，完全由根组成，如甘薯、木薯、麦冬、何首乌等的根都属块根（root tuber）。

甘薯是一种最常见的块根之一，当以扦插方式进行繁殖时，不定根在产生次生结构后开始膨大，增粗也是维管形成层和许多额外形成层活动的结果。在次生结构形成过程中，由于次生木质部中的薄壁组织特别发达，这样使次生木质部的导管和导管群被薄壁组织隔开，而在次生木质部中呈星散分布。当块根进一步发育时，次生木质部中被隔开的导管和导管群周围的薄壁细胞恢复分裂能力，不断产生一些额外形成层（图4-20），额外形成层向着导管和导管群产生含有少量管状分子和大量薄壁组织的木质部，背着导管和导

管群产生含有少量筛管、乳汁管和大量薄壁组织的韧皮部。这样经过许多额外形成层共同活动，就形成了含有大量薄壁组织的肥大块根，其块根内储藏大量淀粉和糖分。

二、气生根

在植物根中凡露出地面而生长在空气中的根称为气生根（aerial root）。依据其生理功能不同可分为支柱根、攀缘根和呼吸根（图4-21）。

（一）支柱根

有些大型草本植物，由于根系比较浅，抗倒伏能力差，如玉米、高粱等，常在靠近地面的几个茎节上，环生不定根扎入土壤中，并可产生侧根，对植株具有支持作用，同时也可吸收土壤水分和无机盐。另外，在我国南方热带地区生长的榕树，可以从树枝上生出许多垂直向下生长的不定根，直到地面，进入土壤，

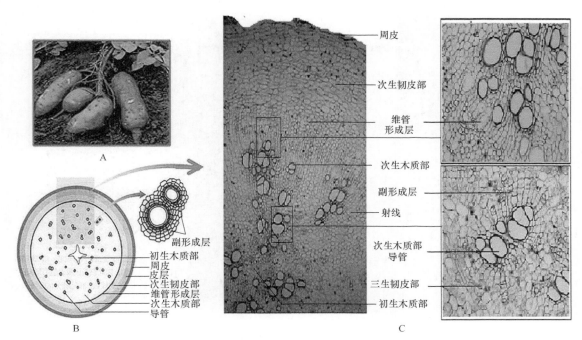

图 4-20　甘薯块根的结构

A. 块根外形；B. 块根横切示意图；C. 块根横切面局部结构图

图 4-21　气生根

对植株生长形成大型树冠起到支柱作用。像这类具有支持作用的不定根称为支柱根（prop root）。

（二）攀缘根

有些藤本植物，由于其茎细长而柔软，不能直立生长，如爬山虎、常春藤、凌霄（*Campsis grandiflora*）等常在茎上生长出许多短的、顶端扁平的不定根，且这些不定根能分泌出一种黏液，容易固着在树干、山石或墙壁上，使植物体攀缘上升，向上生长。这类不定根称为攀缘根（climbing root）。

（三）呼吸根

一些生长在沿海或沼泽地带的植物，由于长在水中，如红树、水龙和水松等，其根部被掩埋在腐泥当中，造成呼吸困难，因此，一部分根从腐泥中向上生长，暴露在空气中，在其表面形成呼吸孔，内部形成发达的通气组织，空气可通过呼吸孔和通气组织输送到地下根，以供地下根进行呼吸。把这类起呼吸作用的根称为呼吸根（respiratory root）。

三、寄生根

一些寄生植物，如菟丝子，其茎细长而卷曲，缠绕在寄主枝叶上，长出许多变态的不定根，可以侵入寄主体内，与寄主维管组织相互连通，吸收营养物质和水分以维持本身生活，把这种不定根称为寄生根（parastic root）或吸器（haustorium）（图 4-22）。菟丝子为全寄生植物（parasitic plant），而槲寄生为半寄生植物（semi-parasitic plant），其本身具绿色叶片，进行光合作用制造养料，寄生根只吸取寄主水分和无机盐以供生活。

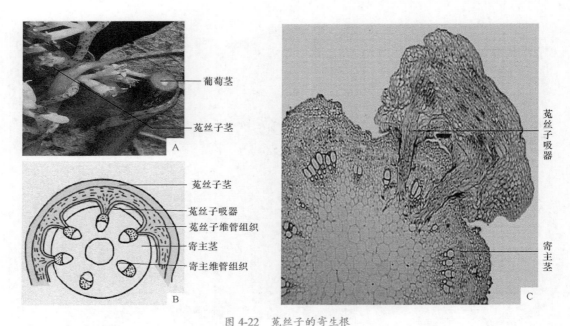

图 4-22 菟丝子的寄生根

A. 菟丝子缠绕在寄主茎上；B. 菟丝子吸器示意图；C. 菟丝子寄生根纵切面（示内部结构）

第六节　根瘤和菌根

由于植物根系分布于土壤中，其与土壤微生物（rhizosphere microbe）有着密切关系，如细菌、真菌、原生动物等，所以根分泌的多种有机物和无机物是微生物的营养来源，而土壤微生物分泌的一些刺激生长的物质，或抗菌、有毒以及其他物质，又可直接或间接影响根生长发育。有些微生物甚至侵入到某些植物根内部组织中，形成特殊结构，彼此间建立互助互利的共存关系，这种关系称为共生（symbiosis）。共生关系可以是两种生物间相互进行营养物质交流，一种生物对另一种生物的生长有促进作用。种子植物和微生物间的共生关系，最常见的为根瘤（root nodule）和菌根（mycorrhiza）。

一、根瘤

在许多植物根的表面形成大量形状各异、大小不等的瘤状突起，称为根瘤（root noudle），是土壤中的一种细菌，即根瘤菌，侵入植物根部细胞而形成的共生结构，多见于豆科植物，常与根瘤菌共生（图 4-23）。根瘤菌的最大特点是具有固氮作用，能够产生固氮酶，将空气中的氮气转化为能被根吸收的含氮化合物。在这种共生关系中，豆科植物为根瘤提供有机物、矿物质和水使其生长和繁殖，而根瘤菌形成的含氮化合物除满足自身外，也为豆科植物生长提供氮素营养。

根瘤的形成开始于豆科植物幼苗期，其根分泌一些物质吸引根瘤菌到根毛附近，进行大量繁殖并聚集

在根毛周围，随后处在根毛周围的根瘤菌产生分泌物刺激根毛，使根毛卷曲、膨胀，同时在根瘤菌分泌的纤维素酶作用下，使根毛顶端细胞壁溶解，根瘤菌经此处侵入根毛内，并在根毛中滋生，聚集成带，其外被黏液所包，同时根毛细胞分泌纤维素等物质包在菌带和黏液外方形成具有纤维素鞘的内生管，这种内生的管状结构称为侵入线，这条侵入线一直生长到皮层。根瘤菌沿侵入线侵入幼根皮层，并迅速在该处繁殖，同时皮层细胞受到根瘤菌侵入的刺激，迅速分裂，产生大量细胞，致使皮层出现局部膨大，这种膨大的部分，包围着聚生根瘤菌的薄壁组织，这样便形成了向外突出生长的根瘤（图 4-23），根瘤中的根瘤菌逐渐转变为具有固氮能力的拟菌体，进行固氮作用。

根瘤菌种类很多，如根瘤菌属（Rhizobium）就有十多种，每一种根瘤菌常与一定种类的豆科植物共生，形成根瘤，进行固氮作用。根瘤菌与宿主间有一定专一性，如豌豆根瘤菌（Rhizobium leguminosarum）只能在豌豆、蚕豆、苕子等植物根上形成根瘤，不能在大豆、苜蓿等植物根上形成根瘤；大豆根瘤菌（Rhizobium japonicum）只能在大豆根上形成根瘤，不能在豌豆、苜蓿根上形成根瘤，这是由于豆科植物的根毛所分泌出的一种特殊蛋白质，能与根瘤菌细胞表面的多糖化合物发生选择性结合，不同种类豆科植物的根毛分泌的蛋白质在结构上有一定差异，只有在细胞表面存在能与这种蛋白质相结合的多糖物质的根瘤

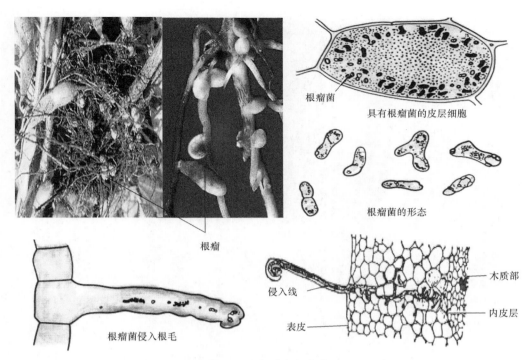

图 4-23　根瘤与根瘤菌

菌，才能与其共生。根瘤所固定的氮化合物，除了为豆科植物提供氮素外，其脱落后可以提高土壤的含氮量。据估计，地球表面每年生物固氮总量约为 1 亿 t，而豆科植物根瘤固氮的量占 55%。所以，在生产上利用豆科植物根部与根瘤菌共生形成根瘤的固氮作用，可以通过与其他作物间作、轮作以增加土壤肥力，提高农作物产量。植物界中还有一些非豆科植物，如胡颓子属（*Elaeagnus*）、木麻黄属（*Casuarina*）、桦木科的桤木（*Alnus cremastogyne*）等植物所形成的根瘤，是由放线菌侵入根部细胞而形成的瘤状共生结构，其固氮菌通常为放线菌，这些根瘤也有较强的固氮作用，有些甚至超过大豆固氮根瘤。

另外，一些豆科和非豆科植物的根系还寄生线虫，当线虫从植物根尖侵入时，周围的植物细胞由于受到线虫分泌物的刺激而加速分裂增生，而在植株根部产生许多大小不等病害根瘤。这些病害根瘤可以造成植株根部腐烂，使植株根系逐渐失去输送水分和矿物质的能力，导致植株生长缓慢、矮小，叶黄化，严重时植株枯萎，过早死亡。

二、菌根

菌根是植物的根与土壤真菌结合在一起，形成一种共生体，称为菌根。在这种共生关系中，真菌将所吸收的水分、无机盐类和转化的有机物质，供给种子植物，而种子植物把它所制造和储藏的有机养料，包括糖、氨基酸等物质供给真菌，因此菌根对植物正常生长和发育非常重要，所以大部分种子植物都有菌根。一般菌根真菌和宿主植物之间是互利关系，但是在外部条件发生变化时，也存在兼有寄生性。

根据真菌与植物根皮层间的关系，通常将菌根分为外生菌根（ectotrophicmycorrhiza）、内生菌根（endotrophicmycorrhiza）和内外生菌根（ectendotrophic-mycorrhiza）。

（一）外生菌根

外生菌根是真菌的菌丝包被在植物幼根外面，形成菌根鞘或菌套结构，有时少数菌丝也侵入根皮层细胞间隙，但不侵入细胞内，即使进入也会被宿主分解。一般具外生菌根的根尖常呈灰白色，短而粗，根毛不发达或无，在菌套表面可见许多外延菌丝，菌丝代替了根毛的作用，增加了根系吸收面积。在维管植物中，能够形成外生菌根的植物约占 10%，常见于松科、桦木科、壳斗科、榆科等科植物的根上（图 4-24）。

（二）内生菌根

内生菌根分为丛枝菌根（arbuscular mycorrhiza, AM）、杜鹃花科植物菌根（ericod mycorrhiza）和兰科植物菌根（orchid mycorrhiza）。内生菌根的菌丝体侵入根细胞内，并在细胞内不断分枝，通常不破坏宿主细胞膜和液泡膜，宿主根部一般无形态和颜色变化，表面没有特殊形态，难以用肉眼辨别，但内生菌根四周通常有松散的菌丝网。其中丛枝菌根是内生菌根中最常见和最为重要的菌根类型（图 4-25），AM真菌入侵植物后，在宿主植物根皮层细胞中形成泡囊（vesicules）、丛枝（arbuscules）和内生菌丝等结构；孢子、孢子果主要分布于植物根际土壤中；外生菌丝分

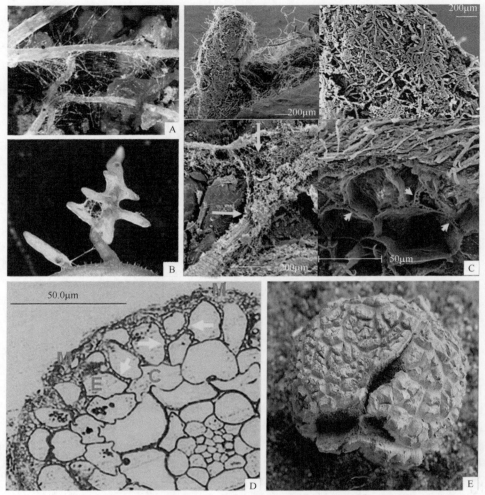

图 4-24　硬皮马勃属真菌（*Scleroderma*）在桉树（*Eucalyptus robusta*）根上形成的外生菌根

A、B. 光镜下观察的根外菌丝；C. 扫描电镜下观察的外生菌根（字母 M 示菌套；长箭头示菌索；短箭头示哈蒂氏网）；

D. 光镜下观察的外生菌根横切图（E 示表皮细胞；C 示皮层细胞；箭头示围绕表皮细胞的哈蒂氏网）；E. 硬皮马勃的子实体

（陈应龙摄）

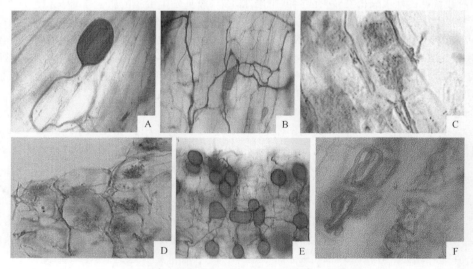

图 4-25　AM 真菌与植物形成的共生结构

A. 孢子萌发；B. 菌丝；C. 花椰菜状丛枝；D. 树枝状丛枝；E. 泡囊；F. 菌丝圈

（贺学礼摄）

布于根系表面和土壤中，并形成发达的菌丝网络。

根据根内丛枝和菌丝结构特点，丛枝菌根可分为疆南星型（arum-type，A型）、重楼型（paris-type，P型）和中间型（intermediate-type，I型）三种形态类型。疆南星型菌根的特点是根皮层细胞间有大量胞间菌丝，胞间菌丝产生的侧向分枝进入皮层细胞内，顶端不断分枝形成丛枝，有时偶能观察到菌丝卷曲现象。重楼型菌根的特点是胞内菌丝强烈卷曲，并在皮层细胞之间直接传播，丛枝结构形成于卷曲菌丝结构之间，一般缺乏或很少有胞间菌丝。目前，AM真菌尚不能纯培养，只能通过中间活体植物进行扩大繁殖。

（三）内外生菌根

内外生菌根是真菌的菌丝在植物幼根表面既能形成菌丝鞘，又能进入生活细胞内，兼有外生菌根和内生菌根的某些形态和生理特征，如蔷薇科的草莓和苹果、杨柳科的银白杨和柳树等植物有这种菌根（图4-26）。

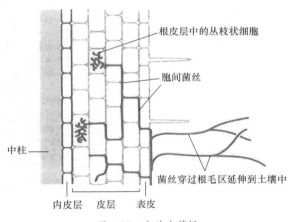

图4-26　内外生菌根

根皮层中的丛枝状细胞
胞间菌丝
中柱
菌丝穿过根毛区延伸到土壤中
内皮层　皮层　表皮

（四）菌根的功能

菌根对宿主植物有许多有益的生理和生态学效应。①扩大宿主植物根系吸收面积。无论是外生菌根还是内生菌根，除一部分真菌菌丝在根表面形成菌丝套或进入根皮层细胞内形成泡囊和丛枝外，还有大量菌丝伸展在植物根系土壤中形成密集菌丝网，代替植物根毛吸收养分，扩大植物根系对养分的吸收面积，增强宿主植物从土壤中吸收矿物质营养的能力。②促进宿主植物对营养的吸收利用。大多数表层土壤中20%～80%的磷是以有机态形式存在的，植物不能直接利用，形成菌根后，菌根真菌产生磷酸酶，使不可给态磷转化为可给态磷供植物吸收，从而使土壤有机磷的有效性增加，菌根真菌还能增加对铜、钾、钙、锌等微量元素的吸收。③菌根真菌能产生生长激素。菌根真菌能产生各种植物生长激素，如细胞生长素、细胞分裂素、赤霉素、维生素、生长调节素、吲哚乙酸等，这些生长激素在形成菌根之前就能对植物生长发育起刺激作用，从而促进植物生根、萌发和生长。④加强宿主植物的生物保护作用。在植物营养根表面，由于受到根系分泌物的影响，外生菌根菌丝体聚集在根周围，形成紧密交织的菌丝套，保护植物营养根免受有害物质入侵；皮层组织内部的哈蒂氏网把皮层细胞一个个包围起来，可阻止有害物质进入，因此，外生菌根对致病菌的侵入起到一种屏障作用；另外，有些菌根真菌还能产生抗细菌、抗真菌和抗病毒的次生代谢产物，抑制病菌等的生长发育；有些菌根真菌能寄生在致病菌上形成重寄生，从而破坏病原菌的形态结构，阻碍病原菌的正常生理代谢。⑤增强宿主植物的抗逆性。许多菌根真菌能耐极端温度、湿度和酸碱度、耐土壤贫瘠和有毒物质，能在高温、干旱、贫瘠、高盐度和超量有毒物质的土壤中生长发育，增强宿主植物对不良环境的抵抗能力。⑥菌根真菌对生态系统的稳定作用。菌根真菌通过参与生态系统物质循环、改善土壤理化性质、稳定土壤结构等方式维持生态系统的稳定。⑦菌根真菌种群演替对植物群落结构的影响。在生态系统或群落中，菌根共生体通过直接或间接改变系统中宿主与其他成分的关系而影响植物的适合度，植物种间竞争、群落组成、物种多样性和演替动力。⑧退化生态系统中菌根真菌的生物修复功能。在生物群落恢复过程中，菌根真菌不仅深刻影响着植物系统的生物结构，而且人为引入菌根真菌接种剂，能够加速被破坏生境中的植被恢复。

本章主要内容和概念

根是植物体生长在地下的营养器官，依据根发生位置可分为定根和不定根，前者又细分为主根和侧根；根的结构包括根尖结构、初生结构和次生结构；根分布在土壤中形成根系，主要行使吸收和固着作用，特别是与土壤微生物形成的根瘤和菌根，能够促进植物生长和根际微环境良性循环。本章主要包括根的形态结构、生理功能及其发育过程等内容。

知识要点包括：

根的功能，根系类型，根尖分区和生长动态，根冠结构与功能，静止中心，根毛，根初生生长与初生结构，内皮层细胞特征及凯氏带，中柱鞘，外始式发育方式，侧根发生与形成，内起源，根维管形成层发生与活动，根木栓形成层发生与活动，根次生生长与次生结构，维管射线，副形成层，三生维管束，根的变态及类型，根瘤，菌根。

复习思考题

1. 根的原分生组织细胞有哪些特点？从分生区到根次生结构的形成，原分生组织经过了哪些发育阶段，细胞发生了什么样的变化？
2. 试述根初生结构与其生理功能的相互适应关系。
3. 根是如何在坚实土壤中不断向前生长的？其主要动力是什么？
4. 根毛区是吸收的主要区域，但根毛寿命相对较短，根的功能如何能不断维持？
5. 为什么说根是植物长期适应陆生生活所形成的产物？
6. 双子叶植物根和单子叶植物根在结构上有何区别？
7. 根的维管形成层和木栓形成层是如何发生和活动的？
8. 试述双子叶植物根的初生结构及次生结构。
9. 何谓共生现象？根瘤和菌根的形成在农林业生产中有何重要意义？

第五章 茎的结构、发育和功能

种子萌发后，胚根向下生长形成植物的主根，主根分枝形成侧根；在根发育的同时，上胚轴和胚芽向上生长形成植物的茎和叶，在茎顶端和叶腋处着生枝芽和花芽，枝芽活动形成植物的主干和分枝，花芽萌发形成花或花序。茎（stem）属于植物的营养器官，是连接叶和根的轴状结构，一般生长在地面以上，有些植物的茎生于地下或水中。

第一节　茎的生理功能

一、支持作用

大多数种子植物的主茎直立生长于地面，主茎分枝形成许多侧枝，侧枝再经过各级分枝形成庞大的树冠，并且枝条上着生大量花和果实，再加上自然界的强风和暴雨，因此，植物的茎必须具有一定的支持功能。茎的支持功能与茎内部结构密切相关，在幼茎中含有厚角组织，而老茎中含有纤维、石细胞，以及木质部的导管、管胞，它们就像建筑物中的钢筋混凝土，构成植物体坚固有力的结构，起着巨大的支持作用。

二、输导作用

茎内有发达的维管组织。它可以通过维管束将根系吸收的水分、矿质元素以及根合成或储藏的有机营养物质输送到植物地上部分；同时也可通过维管束将叶片光合作用所制造的有机养分输送到根及植物体其他部分。

三、储藏作用

一些植物的茎有储藏功能，尤其对多年生植物而言，茎内储藏的物质为翌年春季芽萌动提供养料。马铃薯的块茎、莲的根状茎和荸荠的球茎等都是营养物质集中储藏的部位。

四、繁殖作用

茎也可进行营养繁殖。人们利用某些植物的茎、枝容易产生不定根和不定芽的特性，采用枝条扦插、压条、嫁接等方法来繁殖植物。

五、光合作用

绿色幼茎可进行光合作用，而叶片退化植物，如仙人掌科（Cactaceae）、百合科天门冬属（*Asparagus*）和大戟科绿玉树（*Euphorbia tirucalli*）等植物，其光合作用主要在茎中进行。

此外，有些植物的茎部分变为刺，具有保护作用。有的植物一部分枝变为茎卷须，具攀缘作用等。

第二节　茎 的 形 态

一、茎的一般形态

多数植物茎的外形呈圆柱形，少数植物的茎呈三角形、方形或扁平形。

茎上着生叶的部位称为节（node）。两个节之间的部分，称为节间（internode）（图5-1）。着生叶和芽的茎，称为枝或枝条（shoot），因此，茎就是枝条上除去叶和芽所留下的轴状部分。

在植株生长过程中，枝条生长的强弱影响节间的长短。木本植物中，节间显著伸长的枝条称为长枝；

节间短缩，各个节间紧密相接，甚至难于分辨的枝条称为短枝（图5-2）。短枝上的叶因节间短缩而呈簇生状态，如银杏，长枝上生有许多短枝，叶簇生在短枝上；梨、苹果等果树，在长枝上生许多短枝，花多着生在短枝上，因此短枝也称果枝，常形成短果枝群；有些草本植物茎的节间短缩，叶排列成基生莲座状，如车前、蒲公英等。

植物叶落后，在茎上留下的痕迹称为叶痕（leaf

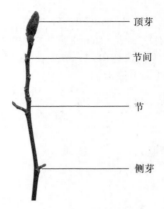

图 5-1　木兰属植物的枝

图 5-2　梨和枣的长枝和短枝

A. 梨的长枝；B. 梨的短枝；C. 枣的长枝；D. 枣的短枝

scar）。不同植物叶痕的形状和颜色各不相同；叶痕内的点线状突起，是叶柄与茎维管束断离后留下的痕迹，称为维管束痕或束痕（bundle scar）。有的植物托叶脱落后还会留下托叶痕（stipular scar）。有的植物茎上，还可看到皮孔，这是茎内外气体交换的通道。皮孔形状、颜色和分布的疏密程度因植物而异（图5-3）。

有的植物茎上还可看到芽鳞痕（bud scale scar），这是顶芽（鳞芽）芽鳞片脱落后留下的痕迹，其形状和数目因植物而异。顶芽每年春季展开一次，因此，可根据芽鳞痕的数量辨别枝条的生长量和生长年龄（图5-4）。因此，植物叶痕、芽鳞痕、皮孔等的形状，可作为鉴别植物种类、生长年龄等的依据。

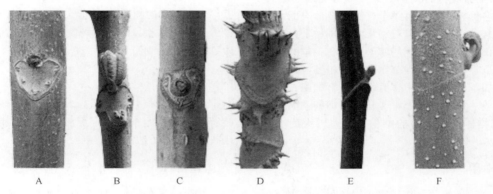

图 5-3　不同植物茎上的叶痕（A~D）、托叶痕、维管束痕及皮孔（E、F）

A. 臭椿；B. 胡桃楸（*Juglans mandshurica*）；C. 黄檗（*Phellodendron amurense*）；
D. 辽东　木（*Aralia elata*）；E. 木兰；F. 玉兰

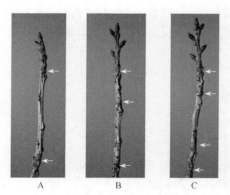

图 5-4　樱属植物不同生长时间的枝条（箭头处示芽鳞痕）

A. 两年生；B. 三年生；C. 四年生

二、芽及其类型

芽是未伸展的枝、花或花序的原始体，也就是枝、花或花序尚未发育的雏体。

（一）芽的结构

芽的结构与芽的性质有关。现以枝芽为例说明芽的结构。枝芽由内向外可分为顶端分生组织、叶原基（leaf primordium）、腋芽原基（axillary bud primodium）和幼叶（图5-5）。顶端分生组织位于枝芽上端，叶原基是近顶端分生组织下面的一些突起，是叶的原始体。腋芽原基是幼叶叶腋内的突起，将来形成腋

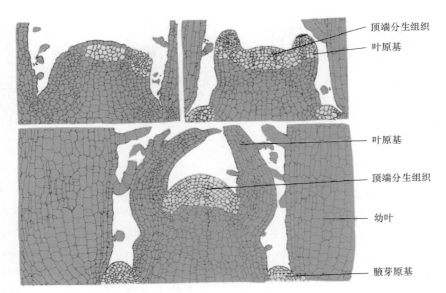

顶端分生组织

叶原基

叶原基

顶端分生组织

幼叶

腋芽原基

图 5-5　薄荷顶芽纵切面图，示叶原基的发育

芽，腋芽以后发展成侧枝。因此，腋芽原基也称侧枝原基（lateral branch primordium）或枝原基（branch primordium），它相当于一个更小的枝芽。

（二）芽的类型

根据芽在枝条上的位置、芽鳞有无、所发育成的器官性质和生理活动状态等特点，把芽分为以下几种类型。

1. 定芽和不定芽

定芽（normal bud）又可分为顶芽（terminal bud）和侧芽（lateral bud）两种。顶芽是生长在主干或侧枝顶端的芽（图 5-6A），侧芽是生长在枝侧面叶腋内的芽（图 5-6B），也称腋芽（axillaries bud）。通常多年生落叶植物叶落后，枝上部的腋芽非常显著，而接近枝基部的腋芽往往较小。在一个叶腋内，通常只有一个腋芽，但有些植物，如连翘、桃、桂、桑、棉等的部分或全部叶腋内，腋芽不止一个（图 5-6），其中后生的芽称为副芽（accessory bud）。有的腋芽生长位置较低，被覆盖在叶柄基部内，直到叶落后，芽才显露出来，称为叶柄下芽（subpetiolar bud，图 5-6），如火炬树、悬铃木和刺槐等的腋芽。有叶柄下芽的叶柄，基部往往膨大。不着生在枝顶或叶腋内的芽，称为不定芽（adventitious bud）。

芽

叶柄

图 5-6　一些常见植物的芽

A、B. 水曲柳（*Fraxinus mandschurica*）；C. 桃；D. 枫杨（*Pterocarya stenoptera*）；E、F. 木兰；G. 悬铃木

2. 裸芽和被芽

所有一年生植物、多数两年生植物和少数多年生植物的芽，外面没有芽鳞包被，只有幼叶包被，称为裸芽（naked bud）。大多数多年生木本植物的芽，外面有芽鳞包被，称为鳞芽（scaly bud）或被芽（protected bud）。芽鳞是叶的变态，有厚的角质层或毛被等，可以减少蒸腾，防止干旱，保护芽（图 5-6）。

3. 枝芽、花芽和混合芽

将来发育成花或花序的芽称为花芽（flower bud），由花原基或花序原基构成。将来发育成枝条的芽称为枝芽（branch bud），由生长点、叶原基、幼叶、腋芽原基和芽轴构成。如果一个芽内含有枝芽和花芽两部分结构，可以同时发育成枝条和花的芽，称为混合芽（mixed bud），如梨、苹果、丁香等。一般在外部形态上可以分辨这三种芽，花芽和混合芽大而饱满，枝芽小而瘦长（图 5-7）。

4. 活动芽和休眠芽

活动芽（active bud）是指能在当年生长季节形成新枝、花或花序的芽。一年生草本植物，当年由种子萌发生出幼苗，逐渐成长至开花结果，植株上多数芽都是活动芽。温带多年生木本植物，许多枝上只有顶芽和近上端部分腋芽活动，大部分腋芽在生长季节不

 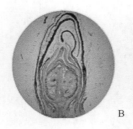  

图 5-7 芽的类型

A. 紫丁香的枝芽；B. 桃的花芽；C. 苹果的混合芽；D. 杨树的花芽

生长，保持休眠状态，称为休眠芽（dormant bud）或潜伏芽（latent bud）。

三、茎的生长习性和分枝

（一）生长习性

不同植物的茎在长期进化过程中，适应复杂的外界环境，产生了不同的生长习性，使叶在空间合理分布，充分接受日光照射，制造本身生活需要的营养物质，以完成繁殖后代的生理功能。

茎的生长习性主要有直立茎（erect stem）、缠绕茎（twining stem）、攀缘茎（climbing stem）和匍匐茎（creeping stem）等。

（1）直立茎（erect stem）。茎直立，垂直于地面生长，如玉米、向日葵、柳树等。

（2）缠绕茎（twining stem）。茎柔软，不能直立，以茎本身缠绕在他物上而上升生长，如牵牛、金银花、紫藤等。

（3）攀缘茎（climbing stem）。茎柔软，不能直立，必须利用一些变态器官攀缘他物上升生长，如丝瓜、黄瓜、葡萄等利用卷须攀缘，常春藤依靠气生根攀缘，铁线莲、旱金莲（Tropaeolum majus）利用叶柄攀缘，猪殃殃（Galium aparine var. tenerum）、白藤（Calamus tetradactylus）依靠茎钩刺攀缘，爬山虎依靠吸盘攀缘。

（4）匍匐茎（stolon stem）。茎柔弱，沿地面蔓生，茎节处生不定根，如草莓、红薯等。

（5）平卧茎（prostrate stem）。茎平卧地面生长，不能直立，如蒺藜、地锦草（Tribulus terrester）等。

（二）分枝方式

分枝是植物生长时普遍存在的现象。主干伸长和侧枝形成是顶芽和腋芽分别发育的结果。侧枝和主干一样，也有顶芽和腋芽，因此，侧枝上继续产生侧枝，依此类推，可以产生大量分枝，形成枝系。茎分枝方式主要有下列几种类型（图 5-8）。

  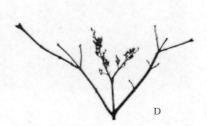

图 5-8 茎的分枝

A. 榆树的单轴分枝；B. 山楂的合轴分枝；C. 山杏的合轴分枝；D. 紫丁香的假二叉分枝

1. 单轴分枝

单轴分枝（monopodial branching）也称总状分枝，主干具有明显顶端优势，由顶芽不断向上生长而形成，侧芽发育形成侧枝，侧枝又以同样方式形成次级侧枝，但主干生长明显并占绝对优势（图 5-8A）。裸子植物和部分被子植物，如杨树、蒙古栎（Quercus mongolica）等的分枝方式为单轴分枝。单轴分枝的木材高大通直，适于建筑、造船等。

2. 合轴分枝

合轴分枝（sympodial branching）没有明显的顶端

优势，其主干或侧枝的顶芽经过一段时间生长后，生长变得缓慢或停止生长，或分化成花芽或成为卷须、茎刺等变态器官，这时紧邻下方的侧芽生长出新枝，代替原来主轴向上生长，当生长一段时间后又被下方的侧芽所取代，如此更迭，形成曲折的枝干。这种主干是由许多腋芽发育而成的侧枝联合组成，所以称为合轴。

3. 假二叉分枝

假二叉分枝（false dichotomous branching）是具对生叶的植物在顶芽停止生长，或顶芽变成花芽，或顶芽变成卷须或茎刺，由顶芽下两侧腋芽同时发育成二叉状分枝。所以假二叉分枝实际上是合轴分枝的一种特殊形式，它与由顶端分生组织本身分为两个、形成真正的二叉分枝（dichotomous branching）不同。具假二叉分枝的有丁香、茉莉、接骨木（*Sambucus williamsii*）、石竹、繁缕（*Stellaria media*）等。

真正的二叉分枝多见于低等植物，但苔藓植物（苔类、石松等）、蕨类植物（卷柏、鹿角蕨等）等高

等植物也有二叉分枝。

四、禾本科植物的分蘖

禾本科植物，如水稻、小麦等的分枝和前述分枝类型不同，它们是由地面下和近地面的分蘖节（根状茎节）上产生腋芽，以后腋芽形成具不定根的分枝，这种分枝方式称为分蘖（tiller）。分蘖上可继续形成分蘖，依次形成一级分蘖、二级分蘖，依此类推（图5-9）。

图 5-9 水稻的分蘖节
A. 水稻；B. 外形（外部叶鞘已剥去）；C. 纵剖图

当第一个分蘖发生后，第二个分蘖的蘖位总是在第一个蘖位之上，依次向上推移，这是小麦、水稻分蘖发生的共同规律。因此，蘖位三的分蘖，位置一定比蘖位四的低。蘖位越低分蘖发生越早，生长期较长，抽穗结实的可能性较大。能抽穗结实的分蘖，称为有效分蘖，反之，称为无效分蘖。农业生产上常采用合理密植、巧施肥料、控制水肥、调整播种期、选取适合的作物种类和品种等措施，来促进有效分蘖的生长发育，控制无效分蘖的发生。

五、茎的性质

根据茎的性质将植物分为木本植物、草本植物和藤本植物三种类型。

1. 木本植物

木本植物（woody plant）茎内木质部发达，一般较坚硬，为多年生植物，包括乔木和灌木。

（1）乔木（tree）。有明显主干的高大树木，如杨

树、柳树、红桦等。

（2）灌木（shrub）。主干不明显，比较矮小，常由基部分枝，如紫荆、月季等。

2. 草本植物

草本植物（herb）的茎含有木质成分较少，柔软。

（1）一年生草本植物（annual herb）。生活周期一年或更短，如玉米、水稻等。

（2）两年生草本植物（biennial herb）。生活周期在两个年份内完成，第一年进行营养生长，第二年开花、结实后死亡，如冬小麦、萝卜、白菜等。

（3）多年生草本植物（perennial herb）。植物地下部分生活多年，每年继续发芽生长，而地上部分每年枯死，如甘蔗、芍药等。

3. 藤本植物

藤本植物（vine）细而长，不能直立，只能依附其他物体，攀缘或缠绕向上生长，根据茎的木质化程度又可分为木质藤本和草质藤本，如葡萄、猕猴桃、南瓜等。

第三节 茎的发生和结构

一、茎尖分区及其生长动态

茎尖与根尖一样也可分为分生区、伸长区和成熟区三个部分。但是由于茎尖所处环境以及所担

负的生理功能不同，相应地在形态结构上有着不同的表现。茎尖没有类似根冠的结构，而分生区的基部却形成了一些叶原基突起，增加了茎尖结构的复杂性。

（一）分生区

茎尖顶端为分生区（meristematic zone），由一团原分生组织构成。在茎尖顶端以下四周，有叶原基和腋芽原基。被子植物茎尖顶端有原套（tunica）和原体（corpus）的分层结构。原套由表面一至数层细胞组成。它们进行垂周分裂（anticlinal division），扩大表面面积而不增加细胞层数。原体是原套包围着的一团不规则排列的细胞，它们可沿垂周、平周各种方向进行分裂，增大体积（图 5-10）。在营养生长过程中，原套和原体的细胞分裂活动互相配合，故茎尖顶端始终保持原套、原体结构。大多数双子叶植物，原套通常是 2 层；而单子叶植物则有 1～2 层。

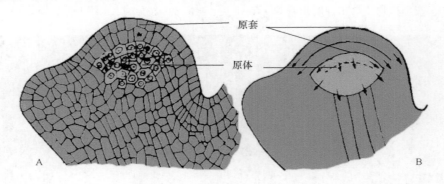

图 5-10　茎尖的纵切面
A. 细胞图；B. 图解

根据细胞学特征和组织分化动态观察，在已研究过的大多数被子植物中，其茎尖的原套和原体各有其原始细胞（图 5-11）。原套的原始细胞位于中央轴的位置，这些细胞较大，并有较大的核和液泡，染色较浅。它们分裂衍生的细胞围绕于四周，成为由原始细胞至叶原基之间的周缘分生组织区（pcripheral meristem zone）。周缘分生组织区细胞较小，有浓密细胞质和活跃的有丝分裂。在一定位置上，其强烈的活动引起了叶原基突起的形成。周缘区也与枝条伸长和增粗有关。原体原始细胞［中央母细胞区（central mother cell zone）］紧位于原套原始细胞内侧，它们经过多方向细胞分裂，向中央形成髓分生组织区（pith meristem zone）［肋状分生组织区（rib meristem zone）］，也向外周分裂出新细胞加入到周缘分生组织区。髓分生组织（pith meristem）通常比周围分生组织（peripheral meristem）更为液泡化，但也有活跃的有丝分裂。髓分生组织的分裂常为有规则的横向进行。因此，各细胞的衍生细胞不久即形成纵列细胞。这使髓分生组织形成一种特殊的形态，因而也称为肋状分生组织（rib meristem）。髓分生组织也能进行一些纵向分裂，引起行数增加。此外，有些植物，如柱状仙人掌，在原体原始细胞区与周缘分生组织、髓分生组织区之间，出现杯状排列的形成层状过渡区（cambium-like transition zone），这可能是大型茎端的一个特征。

叶原基和腋芽原基起源于茎顶端分生组织，在裸子植物和大多数被子植物中，顶端分生组织表层细胞或其下面第一层或第二层细胞平周分裂形成突起，以后突起表面的细胞进行垂周分裂，内部细胞进行各个方向的分裂，形成叶原基。腋芽原基的发生和叶原基

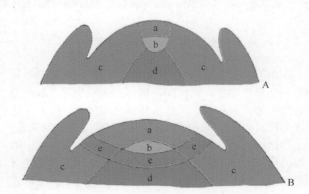

图 5-11　被子植物茎尖顶端分生组织分区图解
A. 普通型茎尖；B. 大型（仙人掌型）茎尖
a. 原套原始细胞；b. 原体原始细胞；c. 周缘分生组织区；
d. 髓分生组织区（肋状分生组织区）；e. 形成层状过渡区

相似。叶原基和腋芽原基在顶端分生组织表面发生，这种起源方式为外起源。

在茎尖顶端后部，周缘分生组织（周围区）和髓分生组织（髓区域）逐渐分化为三种初生分生组织，即原表皮、原形成层和基本分生组织。最外层是原表皮，原形成层细胞比较细长，成束分布在基本分生组织之中，基本分生组织细胞短而宽。

（二）伸长区

茎尖伸长区（elongation zone）的长度一般比根的伸长区长。本区特点是细胞纵向伸长，这也是茎伸长的主要原因。伸长区内部，已由原表皮、基本分生组织、原形成层三种初生分生组织逐渐分化出一些初生组织。伸长区细胞有丝分裂活动逐渐减弱，伸长区可

视为顶端分生组织发展为成熟组织的过渡区域。

（三）成熟区

成熟区（maturation zone）内部的结构特点是细胞有丝分裂和伸长生长都趋于停止，各种成熟组织的分化基本完成，已具备幼茎的初生结构。

在生长季节，茎尖顶端分生组织不断进行分裂（在分生区内）、伸长生长（在伸长区内）和分化（在成熟区内），结果使茎的节数增加，节间伸长，同时产生新的叶原基和腋芽原基。这种由于顶端分生组织活动而引起的生长，称为顶端生长（apical growth）。

二、茎的初生生长和初生结构

茎顶端分生组织中的初生分生组织衍生的细胞，经过分裂、生长、分化而形成的组织称为初生组织（primary tissue），由初生组织组成的结构称为初生结构（primary structure）。

（一）双子叶植物茎的初生结构

通过茎尖成熟区做横切面，可以观察到茎的初生结构，由外向内分为表皮、皮层和维管柱三个部分（图5-12）。

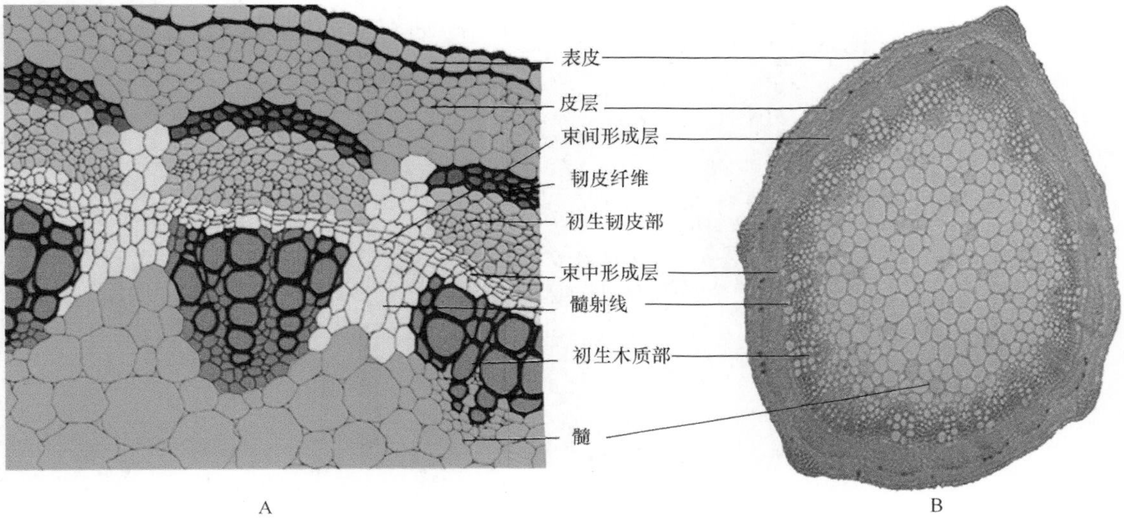

图 5-12　苜蓿茎横切面图，示初生结构
A. 横切面局部示意图；B. 横切面实际图

1. 表皮

茎的表皮为典型的初生保护组织，分布在茎最外面，由原表皮发育而来，通常由单层生活细胞组成，一般不具叶绿体，起着保护内部组织的作用。有些植物茎的表皮细胞含花青素，如蓖麻、甘蔗等。暴露在空气中的切向壁，比其他部分厚，具角质层。蓖麻等的茎有时还有蜡质，既能防止蒸腾，也能增强表皮坚韧性，是地上茎表皮细胞的特征。

表皮往往有气孔，是水气和其他气体出入的通道。此外，表皮上有时还分化出各种形式的毛状体，包括分泌挥发油、黏液的腺毛，分泌盐分的盐腺，加强保护的星状毛、蚤毛等。

2. 皮层

皮层位于表皮和维管柱之间，由多层细胞组成，来源于基本分生组织。皮层包含多种组织，主要组成部分是薄壁组织。薄壁组织细胞是活细胞，细胞壁薄，具胞间隙，等径形。幼嫩茎中近表皮部分的薄壁组织，细胞具叶绿体，能进行光合作用，通常细胞内还储藏营养物质。水生植物茎皮层的薄壁组织，具发达的胞间隙，构成通气组织（aerenchyma）。

紧贴表皮内方一至数层细胞，常分化为厚角组织，连续成层或分散成束。在方形或多棱形茎的植物，如益母草、薄荷、蚕豆和旱芹等茎中，厚角组织常分布在四角或棱角部分（图5-13）。有些植物茎的皮层还有纤维，如丝瓜、葎草（*Humulus scandens*）等皮层中纤维与厚角组织同时存在。

通常幼茎不具内皮层，只有部分植物的地下茎或水生植物茎才有内皮层；一些草本双子叶植物，如益母草、千里光（*Senecio scandens*），在开花时皮层最内层才出现凯氏带；有些植物，如旱金莲（*Tropaeolum majus*）、南瓜、蚕豆等茎的皮层最内层，即相当于内皮层处的细胞富含淀粉粒，称为淀粉鞘（starch sheath）。

3. 维管柱

多数双子叶植物茎的维管柱包括维管束、髓和髓射线等部分，无明显的内皮层，也不存在中柱鞘，因此，茎皮层和中柱间的界限不易划分（图5-14）。

（1）维管束。维管束是由初生木质部和初生韧皮部共同组成的束状结构，由原形成层分化而来。维管束在多数植物茎的节间排成环状，由束间薄壁组织隔离而彼此分开。

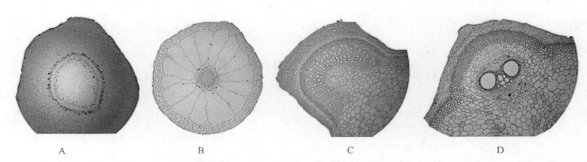

图 5-13 常见双子叶植物茎横切，示皮层

A. 瓦松（*Orostachys fimbriata*）；B. 金鱼藻；C. 益母草；D. 丝瓜

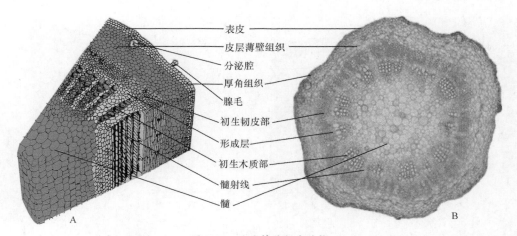

图 5-14 陆地棉茎初生结构

A. 立体图；B. 横切面实际图

双子叶植物的维管束在初生木质部和初生韧皮部间有形成层，可以继续发育，产生新的木质部和新的韧皮部，因此称为无限维管束（open bundle）。

初生木质部由多种类型的细胞组成，包括导管、管胞、木薄壁组织和木纤维。茎内初生木质部发育顺序与根的不同，是内始式发育（endarch），即原生木质部居内方，由口径较小的环纹或螺纹导管组成；后生木质部居外方，由口径较大的梯纹、网纹或孔纹导管组成，它们是初生木质部中起主要作用的部分，其中以孔纹导管较为普遍。

初生韧皮部由筛管、伴胞、韧皮薄壁组织和韧皮纤维组成，主要作用是运输有机养料。发育顺序与根内的相同，也是外始式，即原生韧皮部在外方，后生韧皮部在内方。

初生韧皮部和初生木质部之间为束中形成层，是原形成层在初生维管束分化过程中遗留下来的具有潜在分生能力的组织，在茎的次生生长，特别是木质茎增粗中将起主要作用。

（2）髓和髓射线。髓（pith）位于茎中心，由基本分生组织产生。有些植物的茎，髓部有石细胞。有些植物的髓，它的外方有小型厚壁细胞，围绕着内部大型细胞，两者界线分明，外围区被称为环髓带（perimedullary zone）。伞形科、葫芦科等植物的茎，髓部成熟较早，随着茎的生长，节间部分的髓被拉破，形成的空腔即髓腔（pith cavity）。有些植物的茎，在节间还可看到存留着一些片状髓组织。

髓射线（pith ray）是维管束间的薄壁组织，由基本分生组织发育而来，也称初生射线（primary ray）。髓射线连接皮层和髓，在横切面上呈放射状，有横向运输作用。同时髓射线和髓也像皮层薄壁组织，是茎内储藏营养物质的组织。草本及藤本植物髓射线较宽，木本植物常较窄。

（二）单子叶植物茎的结构

1. 茎的初生结构

大多数单子叶植物的茎，只有初生结构，结构比较简单。维管束仅由木质部和韧皮部组成，不具形成层。维管束彼此明显分开，一般有两种排列方式：一种是维管束全都无规则地分散在整个基本组织内，越向外越多，越向中心越少，皮层和髓很难分辨，如玉米、高粱、甘蔗等（图5-15）。另一种是维管束排列较规则，一般成两轮，中央为髓，如水稻和小麦（图5-16）。有些植物的茎长大时，髓部破裂形成髓腔。维管束虽然排列方式不同，但维管束的结构均为外韧维管束，也是有限维管束。

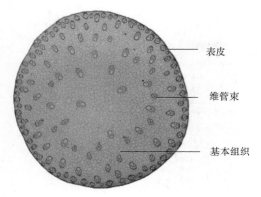

图 5-15　玉米茎秆节间横切面图，示维管束散生

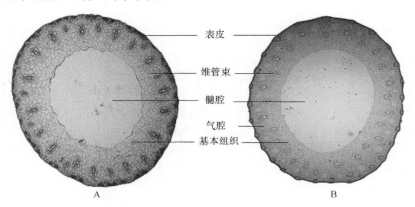

图 5-16　小麦与水稻茎秆节间横切面图

A. 小麦；B. 水稻

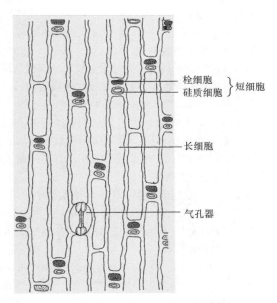

图 5-17　玉米茎秆的表皮

（引自陆时万，1991）

（2）基本组织。整个基本组织除与表皮相接部分外，都是薄壁细胞，越向中心，细胞越大，维管束散布其中，因此不能划分出皮层和髓部。基本组织近表皮的部分由厚壁细胞组成，可加强和巩固茎的支持功能，对于茎抗御倒伏起重要作用。幼嫩的茎，近表面

现以禾本科植物玉米的茎为代表，说明一般单子叶植物茎的初生结构特点。

玉米成熟茎的节间部分，在横切面上可明显看到表皮、基本组织和维管束三个部分。

（1）表皮。表皮在茎最外方，从横切面看，细胞排列整齐，由长短不同的细胞组成（图 5-17）。长细胞是角质化的表皮细胞，构成表皮的大部分，其长轴与茎纵轴平行。短细胞位于两个长细胞之间，其长轴与茎纵轴垂直，包括木栓化的栓质细胞和含有二氧化硅的硅质细胞。此外，表皮上还有保卫细胞形成的气孔，但数量不多，排列稀疏。

的基本组织细胞内，因有叶绿体而呈绿色，能进行光合作用。

（3）维管束。玉米茎内的许多维管束，散生在基本组织中。每个成熟的维管束结构都很相似（图 5-18），横切面观近卵圆形，最外面由厚壁组织包围，形成鞘状结构，称为维管束鞘（bundle sheath）。木质部和韧皮部内外排列，没有形成层，这种有限维管束是大多数单子叶植物茎的结构特点之一。

韧皮部中的后生韧皮部，细胞排列整齐，在横切面上可见近似六角形、八角形的筛管细胞和交叉排列的长方形伴胞。在韧皮部外侧和维管束鞘交接处，有一条不整齐的、细胞形状模糊的带状结构，它是最初分化出的原生韧皮部，由于后生韧皮部不断生长分化，而被挤压破坏后留下的痕迹。

木质部在韧皮部内方。紧接后生韧皮部的部分，是后生木质部的两个孔纹导管，它们之间有一条由小型厚壁管胞构成的狭带。向内是原生木质部，由 2～3 个直列、口径较小的环纹或螺纹导管组成。维管束的两个孔纹导管和直列的环纹或螺纹导管，构成"V"字形结构，这在禾本科植物茎中很突出。原生木质部向心的一个导管，多被腔隙所替代，也称为胞间隙。

2. 茎的初生加粗生长

玉米、甘蔗、棕榈等的茎，虽不能像树木茎

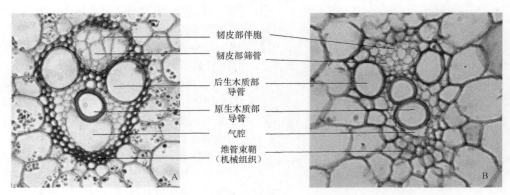

图 5-18　水稻和小麦茎的一个维管束放大
A. 水稻；B. 小麦

一样长大，但也有明显增粗。增粗原因一方面是初生组织细胞长大；另一方面，在茎尖正中纵切面上可以看到，在叶原基和幼叶内方，有几层由扁长形细胞组成的初生增厚分生组织（primary thickening meristem），也称初生增粗分生组织（图5-19）。初生增厚分生组织整体如套筒状，与茎表面平行，进行平周分裂增生细胞，沿伸长区向下分裂频率逐渐减弱，常终止于成熟区。初生增厚分生组织由顶端分生组织衍生，属于初生分生组织，所产生的加粗生长称为初生加粗生长。

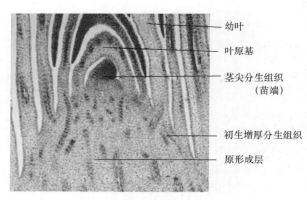

幼叶

叶原基

茎尖分生组织
（苗端）

初生增厚分生组织

原形成层

图 5-19　玉米茎苗端纵切面

三、茎的次生生长和次生结构

（一）维管形成层发生及其活动

1. 维管形成层的发生

初生分生组织中的原形成层，在形成成熟组织时，并没有全部分化成维管组织，在初生木质部和初生韧皮部之间存在束中形成层。初生结构中的髓射线即维管束之间的薄壁组织中，与束中形成层相对应部位的一些细胞恢复分生能力，称为束间形成层（interfascicular cambium）。束间形成层和束中形成层衔接起来，在横切面上，形成层成为完整一环，共同构成维管形成层。

不论束中形成层或束间形成层，它们开始活动时，细胞都是进行切向分裂，增加细胞层数，向外形成次生韧皮部，向内形成次生木质部（图5-20、图5-21）。同时，髓射线部分也由于细胞分裂不断产生新细胞，在径向上延长了原有髓射线。茎次生结构不断增加到一定宽度时，在次生韧皮部和次生木质部内，又分别产生新的维管射线。

2. 维管形成层的活动

组成维管形成层的细胞有纺锤状原始细胞和射线原始细胞两种类型（图5-22）。纺锤状原始细胞，形状像纺锤，两端尖锐，长比宽大几倍或很多倍，细胞切向面比径向面宽，其长轴与茎长轴平行。射线原始细胞和纺锤状原始细胞不同，从稍长形到近乎等径，细胞特征很像一般的薄壁细胞。

维管形成层的活动，主要是纺锤状原始细胞进行平周分裂，形成新的细胞，向外分化成次生韧皮部，向内分化成次生木质部，构成轴向的次生维管组织系统。

次生韧皮部形成时，初生韧皮部被推向外方，由于初生韧皮部细胞多薄壁，易被挤压破裂，所以，在茎不断加粗时，初生韧皮部除纤维外，有时只留下压挤后片断的细胞壁残余。

纺锤状原始细胞的分裂，不断增生次生维管组织，特别是次生木质部，使茎的周径不断增粗。因此，形成层的周径只有相应扩大和位置外移，才能与次生木质部的不断增长相适应。

随着茎周径增粗，相应地次生木质部和次生韧皮部中也不断分别增生木射线和韧皮射线。射线原始细胞分布在纺锤状原始细胞间，也可由纺锤状原始细胞转化来增殖，纺锤状原始细胞通过侧裂、横裂或一半横裂或整体横裂形成射线原始细胞。

3. 维管形成层的季节性活动和年轮

（1）早材和晚材。由于季节影响，维管形成层产生的次生木质部在形态结构上表现出显著差异。温带的春季或热带的湿季，由于温度高、水分足，形成层活动旺盛，次生木质部细胞，径大而壁薄；温带的夏

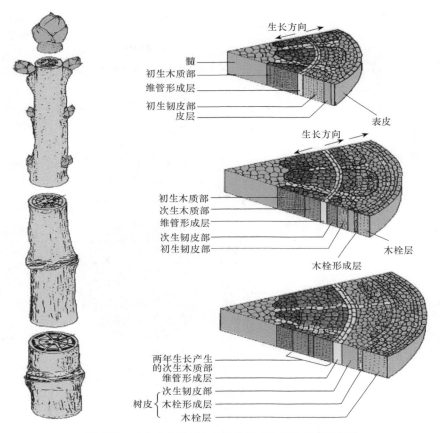

图 5-20 双子叶植物茎初生结构到次生结构发育模式图

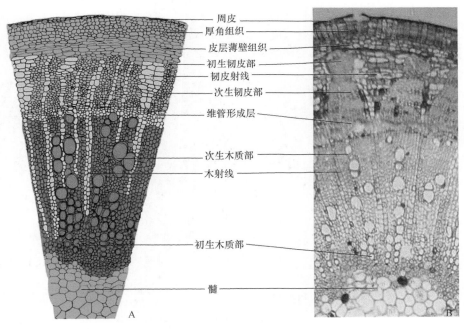

图 5-21 陆地棉茎横切面，示次生结构
A. 局部结构示意图（引自贺学礼，2010）；B. 局部横切面实际图

末、秋初或热带的旱季形成层活动逐渐减弱，形成的细胞径小而壁厚，管胞数量增多。前者在生长季节早期形成，称为早材（early wood）或春材。后者在生长季后期形成，称为晚材（late wood），也称夏材或秋材。

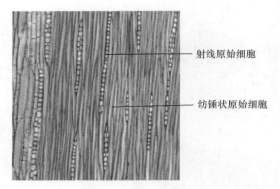

射线原始细胞

纺锤状原始细胞

图 5-22　刺槐维管形成层细胞

横切面观，早材质地疏松，色泽稍淡；晚材质地致密，色泽较深。从早材到晚材，随着季节更替而逐渐变化，虽可看到色泽和质地不同，却无截然界限，但在上年晚材和当年早材间，却可看到非常明显的分界，称为年轮线。

（2）年轮。也称生长轮（growth ring）或生长层（growth layer）。在一个生长季节内，早材和晚材共同组成一轮显著的同心环层，代表着一年中形成的次生木质部。在有显著季节性气候地区，不少植物的次生木质部在正常情况下每年形成一轮，因此，习惯上称为年轮（annual ring，图 5-23）。

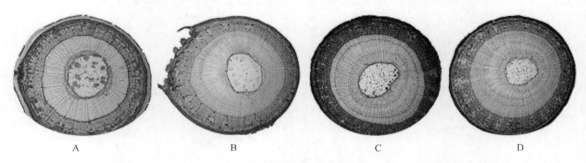

图 5-23　椴树的年轮

A. 一年生；B. 两年生；C. 三年生；D. 四年生

　　也有不少植物在一年内的正常生长中，不止形成一个年轮。例如，柑橘茎，一年中可产生三个年轮，即三个年轮才能代表一年的生长，因此，又称为假年轮，即在一个生长季内形成多个年轮。此外，气候异常、虫害发生、出现多次寒暖或叶落交替，造成树木内形成层活动盛衰起伏，使树木生长时而受阻，时而复苏，都可能形成假年轮。没有干湿季节变化和冷暖交替的热带地区，树木茎内一般不形成年轮。

　　（3）心材和边材。形成层每年都不断地产生次生木质部，因而次生木质部逐年大量积累，多年生老茎的次生木质部内外层的性质发生变化，就有心材和边材之分（图 5-24）。

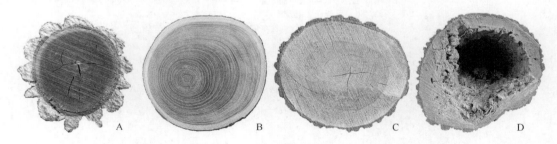

图 5-24　木本植物茎次生结构

A. 黄檗（*Phellodendron amurense*）；B. 朝鲜槐；C. 榆；D. 杨树（示心材腐烂）

　　心材（heart wood）是次生木质部的内层，即早期的次生木质部，近茎内较深的中心部分，养料和氧不易进入，组织发生衰老死亡，因此，导管和管胞往往已失去输导作用。

　　边材（sap wood）一般较湿，因此也称液材，是心材外围色泽较淡的次生木质部，也是贴近树皮较新的次生木质部。它含有生活细胞，具输导和储藏作用。因此，边材的存在，直接关系到树木的营养。形成层每年产生的次生木质部，形成新边材，而内层边材部分，逐渐因丧失输导作用和细胞死亡，转变成心材。

因此，心材逐年增加，而边材厚度较为稳定。

（二）木栓形成层的产生及其活动

　　形成层活动过程中，次生维管组织不断增加，茎直径不断加粗，表皮被挤破，木栓形成层分化所形成的木栓层，代替了表皮的保护作用。

　　第一次产生的木栓形成层，在各种植物中有不同的起源，最常见的由紧接表皮的皮层细胞转变而来，如杨、胡桃、榆；有些是由皮层第二、第三层细胞转变的，如刺槐、马兜铃（*Aristolochia debilis*）；有的是近韧皮部的薄壁组织细胞转变的，如葡萄、石榴；有些也可直接由表皮细胞转变而成，如栓皮栎、柳、梨等。

木栓形成层和维管形成层一样，是一种侧生分生组织，它以平周分裂为主，向内形成栓内层，向外形成木栓层，共同组成周皮。

当第一个木栓形成层活动停止后，接着在它内方又可产生新的木栓形成层，这样，木栓形成层发生的位置逐渐内移，越来越深，在老树干内可深达次生韧皮部。

新周皮的每次形成，它外方所有活组织，由于水分和营养供应终止，相继全部死亡，结果在茎外方产生较硬的层次，并逐渐积累，人们常把这些外层称为树皮。

在老的木质茎上，树皮包括死的外树皮（硬树皮或落皮层）和活的内树皮（软树皮）。前者包含新的木栓和它外方的死组织；后者包括木栓形成层、栓内层和最内具功能的韧皮部。

周皮形成后代替表皮作为保护组织，但是木栓是不透水、不透气的紧密无隙组织。周皮内方的活细胞则通过皮孔与外界进行气体交换。皮孔是分布在周皮上的具有许多胞间隙的新通气结构，是周皮的组成部分。在树木枝干表面，肉眼可见的、具有一定色泽和形状、纵向或横向凸出的斑点，就是皮孔（lenticel）。最早的皮孔，多在气孔下出现，气孔下方的木栓形成层和邻近的木栓形成层不同，其活动不形成木栓，而是产生一些排列疏松、具有发达胞间隙、近似球形的薄壁细胞，细胞栓化或非栓化，称为补充组织（complementary tissue）。由于补充组织逐渐增多，撑破表皮或木栓，形成皮孔。皮孔的形状、色泽、大小，在不同植物上差别明显。因此，落叶树冬枝上的皮孔，可作为鉴别树种的依据之一。

（三）单子叶植物茎的异常次生结构

大多数单子叶植物没有次生生长，因而也就没有次生结构。但少数热带或亚热带的单子叶植物茎，除一般初生结构外，还有次生生长和次生结构，如龙血树（*Dracaena angustifolia*）、朱蕉、丝兰、芦荟等的茎中，维管形成层的发生和活动情况，不同于双子叶植物，一般是在初生维管组织外方产生形成层，形成新的维管组织（次生维管束），因植物不同而有各种排列方式。现以龙血树（图5-25）为例加以说明。

龙血树茎内，在维管束外方的薄壁组织细胞能转化成形成层，进行切向分裂，向外产生少量薄壁细胞，向内产生一圈基本组织，在这一圈组织中，有一部分细胞直径较小，细胞较长，成束出现，将来分化成次生维管束。次生维管束是散列的，比初生的更密，在结构上不同于初生维管束，因为所含韧皮部的量较少，木质部由管胞组成，包于韧皮部外周，形成周木维管束。初生维管束为外韧维管束，木质部由导管组成。

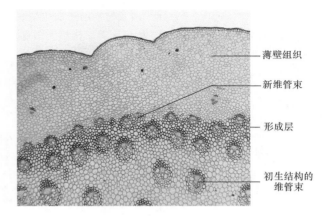

图5-25　龙血树茎的部分横切面，示异常次生生长

薄壁组织
新维管束
形成层
初生结构的维管束

四、裸子植物茎的结构

裸子植物都是木本植物，茎的结构基本和双子叶植物木本茎大致相同，有形成层，能产生次生结构，使茎逐年加粗，并有显著的年轮，不同之处是维管组织组成上存在差异。

初生韧皮部主要由筛胞和韧皮薄壁组织构成，其中韧皮薄壁组织有大量蛋白质细胞；初生木质部全部由管胞组成。木质部成熟方式为内始式，有的植物木质部中有树脂道；初生木质部与初生韧皮部之间有维管形成层；髓细胞多，由含树脂、丹宁等物质的异细胞和薄壁细胞组成。

裸子植物茎在经过短暂初生生长后，就进入次生生长，产生次生结构。次生结构从外到内依次由周皮、皮层和维管柱三部分组成（图5-26）。次生韧皮部只有筛胞、韧皮薄壁细胞和韧皮射线，有些种类含有韧皮纤维，有些种类还有围绕树脂道的薄壁组织。次生木质部结构均匀，构造简单，一般只有大量管胞、少量木薄壁组织、木射线和树脂道等；晚材中只有管胞状纤维（纤维管胞）。有的种类次生木质部完全由管胞及

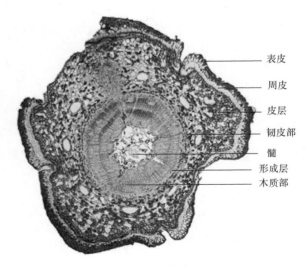

表皮
周皮
皮层
韧皮部
髓
形成层
木质部

图5-26　松属茎横切面

少量薄壁组织组成，如松属。裸子植物由于次生生长形成的木材主要由管胞组成，因而木材结构均匀细致，易与双子叶植物的木材区分。木材中也有年轮、心材和边材的分化。

在百岁兰（*Welwitschia mirabilis*）等少数高级裸子植物中，木质部出现了导管，韧皮部出现了筛管，加强了植物对旱生环境的适应性。

五、茎的变态

（一）地上茎的变态

1. 茎刺

由茎转变而成的刺，称为茎刺（stem thorn）或枝刺，行保护功能。茎刺由腋芽发育而来，常位于叶腋，有时可产生分枝，如山楂、刺榆（*Hemiptelea davidii*）

的单刺和皂荚的分枝刺（图5-27）。蔷薇茎上的皮刺是由表皮突起形成的，刺中维管组织与茎内维管组织无联系，与茎刺有显著区别。

2. 茎卷须

许多攀缘植物的茎细长，不能直立，茎可变成卷曲细丝，称为茎卷须（stem tendril）。茎卷须的位置或与花枝的位置相当，或生于叶腋（如南瓜、黄瓜）（图5-27）。

3. 叶状茎

茎转变成叶状，扁平，呈绿色，能进行光合作用，称为叶状茎或叶状枝（phylloid）。绿玉树（*Euphorbia tirucalli*）和假叶树（*Ruscus aculeata*）的侧枝变为叶状枝，叶退化为鳞片状，叶腋内可生小花。竹节蓼（*Homalocladium platycladum*）的叶状枝极显著，叶小或全缺（图5-27）。

图 5-27　茎刺、茎卷须和叶状茎
A. 柑橘；B. 皂荚；C. 葡萄；D. 竹节蓼

4. 小鳞茎与小块茎

一些植物叶腋处或花被间，常生小球体，具肥厚的小鳞片，称为小鳞茎，也称珠芽（bulbil）。小鳞茎长大后脱落，在合适条件下，发育成一新植株。卷

丹（*Lilium tigrinum*）地上茎叶腋内常形成紫色小鳞茎；蒜的花被间常形成小鳞茎；倒根蓼（*Polygonum ochotense*）花序下部常形成小鳞茎；薯蓣（*Dioscorea polystachya*）缠绕茎节部常形成小块茎（图5-28）。

图 5-28　小鳞茎与小块茎
A. 卷丹；B. 卷丹小鳞茎解剖；C. 薯蓣小块茎

（二）地下茎的变态

植物的茎一般生在地上，但多年生植物常在土

壤中形成变态的地下茎，以渡过不良生长季节。变态的地下茎与根有许多相似之处，但由于仍具茎的特征（有节和节间），其上的叶一般退化成鳞叶，脱落后留

有叶痕,叶腋内有腋芽。

1. 根状茎

根状茎简称根茎,是横生于地下,似根的变态茎。竹、莲、芦苇、姜、菖蒲(*Acorus calamus*)等都有根状茎(rhizome)(图5-29)。根状茎储有丰富的养料,

春季,腋芽发育成新的地上枝。藕就是莲根状茎中先端肥大、具顶芽的一些节段,节间处有退化小叶,叶腋内可抽出花梗和叶柄。竹鞭是竹的根状茎,有明显的节和节间。笋是由竹鞭叶腋内伸出地面的腋芽,可发育成竹的地上枝。

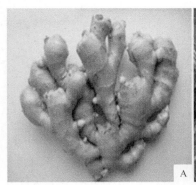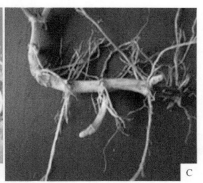

图 5-29 根状茎

A. 姜;B. 菖蒲;C. 藿香

2. 块茎

块茎(stem tuber)中最常见的是马铃薯(图5-30)。马铃薯块茎是由根状茎先端膨大,积累养料而形成的。从外表看,块茎顶端有一顶芽,四周有许多凹陷,称为芽眼,整个块茎上的芽眼作螺旋状排列。每个芽眼相当于节的部位,芽眼内有芽,适宜条件下就可萌发、

生长和发育。在芽眼下方,幼时具退化的鳞叶,长大后脱落留下的叶痕,称为芽眉。

菊芋(*Helianthus tuberosus*)俗称洋姜,也具有块茎,块茎可制糖或糖浆。甘露子(*Stachys sieboldii*)串珠状块茎可供食用,即酱菜中的"螺丝菜",也称宝塔菜。

图 5-30 马铃薯块茎

A. 植株;B. 块茎发育过程;C. 块茎横切

3. 鳞茎

由许多肥厚肉质鳞叶包围着扁平或圆盘状的地下茎，称为鳞茎（bulb），如百合、洋葱、蒜等（图5-31）。洋葱的鳞茎呈圆盘状，但四周的鳞叶不成显著的瓣，而是整片将茎紧紧围裹。每一鳞叶是地上叶的基部，外方的几片随地上叶枯死而成为干燥的膜状鳞

叶包在外方，有保护作用。内方的鳞叶肉质，在地上叶枯死后仍然存活，富含糖分，是主要的食用部分。

兰科植物部分茎膨大，卵球形至椭圆形，肉质，有时为绿色或为其他色泽，通常无节，或只含1个节间，顶端生叶，特称假鳞茎。假鳞茎间以根状茎相连，其寿命只有1～5年，根状茎的生长锥会源源不断的产

图 5-31　百合鳞茎

A. 百合植株；B. 鳞茎外形；C. 鳞茎解剖

生假鳞茎，如羊耳蒜（*Liparis japonica*）。

4. 球茎

球茎（corm）是肥而短的地下茎，由根状茎先端膨大而成，如唐菖蒲（*Gladiolus gandavensis*）、芋、荸

荠（*Heleocharis dulcis*）、慈姑（*Sagittaria trifolia* var. *sinensis*）等（图5-32）。球茎有明显的节和节间，节上具膜质鳞叶和腋芽，顶端有粗壮的顶芽，将来形成花枝，而侧芽可形成新球茎。

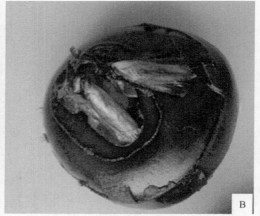

图 5-32　球茎

A. 芋；B. 荸荠

第四节　茎的起源和演化

一、茎的起源和演化

人类关于茎、叶起源的认识从历史发展来看，有同源学说、异源学说、混合源学说和顶枝学说。本书仅介绍顶枝学说。由 Potonie 和 Zimmermann 相继提出，并把孢子体顶端的简单分枝称为顶枝（telome），下面两个分枝之间的节间为枝间（mesome），在个体发育中每一个枝间开始时即为顶枝，并分为能育的和不

育的顶枝，或集合成群，成为顶枝束。茎是由多数顶枝联合形成的一个复合顶枝。由顶枝形成高等植物茎叶型，可以分四个过程。

顶枝和枝间的越顶（overtopping）。从无叶而二叉分枝的植物开始，从属侧枝不在同一平面上，伸长生长，形成不等二叉分枝。

扁化（poanation）和叶系统发育的并合（fushion in leaf phyllogeny）——蹼化（webbing）。由原来辐射对称的顶枝束，演化成左右对称具开放二叉分歧脉序特征的原始叶——大型叶（macrophyll）。由于叶子维管束进一步并合，便形成了网状脉序。

退化（reduction）。随着扁化与蹼化，由复合顶枝逐渐退化成一条单脉的小型叶。

茎干分枝的演化以二叉状分枝为原始，在二叉状分枝中又以等二叉分枝最原始，由二叉分枝的越顶而产生的单轴分枝，其顶芽具长期分生能力，故能长成高大乔木。由单轴分枝演化成合轴分枝的途径，如单轴分枝属于互生叶（芽），其顶芽因枯死（榆）、变成刺（鼠李）、卷须（葡萄）或开花等原因停止伸长，而由腋芽代替顶芽生长发育，于是就演化成合轴分枝或单歧合轴分枝，如果单轴分枝属于对生叶（芽），由其顶芽停止生长而产生对生枝，即演化成假二叉分枝或二歧合轴分枝，如丁香。

在古代的中期、后期，由于火山爆发等原因，大气中增加了 CO_2，这为木本植物的发展提供了可能性。现存的裸子植物都是木本植物，木本植物早期原始类型是乔木，经多干乔木向灌木和半灌木演化，另外还可向木本藤进化形成高大乔木的基础；合轴分枝为多干乔木创造条件；多干乔木的矮化和根蘖的形成，是由乔木进化成灌木的根本原因。藤本（指木本）是适应热带、亚热带雨林的层外植物的进化旁枝。半灌木为由木本植物向草本植物进化过渡类型，如蒿属（Artemisia）、铁线莲属（Clematis）等。多数被子植物的进化，是从乔木经过灌木型向多年生草本型，再向一年生草本型演化的。

二、管胞的起源和演化

系统发育上，环纹与螺纹管胞都是最古老的管胞形式，前者较后者更为原始。螺纹是由于环纹的相互联合而发生的，螺纹较环纹增大了对管腔的支持作用。由螺纹进一步缩合，便衍生出梯纹管胞。在较晚的维管植物的后生木质部中，优势地发展了梯纹管胞；后来才出现网纹管胞和孔纹管胞，如瓶尔小草属（Ophioglossum）。

在进化过程中，从环纹管胞壁上的环纹愈合形成螺纹管胞，由螺纹管胞向具纹孔塞的具缘纹孔管胞与不具纹孔塞的梯纹管胞两个方向演化。

三、导管的起源与演化

一般认为导管是由管胞演化而来。

导管分子的长度长者原始，短者进化。单管孔原始，较进化者则为复管孔或管孔链。带棱角的管孔较不带棱角的管孔原始。穿孔板进化过程为梯状——梯状和孔状—倾斜的孔状，具有梯状的遗迹——横行孔状。梯状穿孔板上的横闩数目多者比少者原始。导管底壁倾斜程度也随之而改变，即从高度倾斜位置而逐渐特化成横向位置。导管尾端长者为原始，短者为进化。导管与木薄壁组织间的纹孔对进化顺序是：具缘纹孔对—半具缘纹孔对—单纹孔对。

四、筛管的起源和演化

筛分子在系统发育过程中，由薄壁组织细胞演化而来。薄壁组织细胞伸长，并进一步产生筛域，而进化成原始的筛分子——筛胞，再由筛胞的底壁倾斜形成具倾斜复筛板的细而长的原始筛管分子；最后，再进化成具横的单筛板的短而粗的筛管分子。

筛胞为原始，筛管为进化，后者是从前者演化而来；筛域的位置，是由倾斜底壁向横底壁上进化，高度特化筛域的位置逐渐处于端壁；筛管的筛板由复筛板向单筛板演化；筛板上的联络索是由多而细向少而粗的方向进化；筛管侧壁上的筛域由明显向不明显进化，其数量逐渐减少。筛管分子的长度变短而直径不断变大。

五、木纤维的起源和演化

从系统发育看，木纤维是从管胞演化而来。管胞演化成木纤维的过程中，壁变厚，纹孔数目减少和纹孔室变小，导致了具缘纹孔的最后消失；在进化过程中，被子植物体内由管胞（除进化成导管外）进化成各种纤维（fibre），即由具圆形纹孔内口的孔纹管胞进化成具裂隙状纹孔内口的纤维管胞（fibre-tracheid），再一步形成具单纹孔的韧型木纤维（libriform nood fibre）；由韧型木纤维再进化成单纹孔的分隔木纤维（separate fibre）。

韧皮纤维在系统发育过程中，起源于筛胞；皮层纤维来源于皮层薄壁组织。石细胞由薄壁组织细胞演化而来。

本章主要内容和概念

茎是连接根与叶的轴状营养器官，主茎由胚芽发育而来，各级分枝茎由侧芽分化形成；在茎顶端有顶芽，其侧面有侧芽，芽是枝、花的原始体，有多种类型，枝芽伸长后形成枝，枝的轴状部分就是茎，茎的结构包括茎尖结构、初生结构、次生结构和异常结构。本章主要包括茎的形态结构、发育过程、生理功能、变态、起源与演化等内容。

知识要点包括：

茎的形态，茎的分枝，芽的类型，茎尖结构及其生长动态，原套－原体分层结构，茎初生生长与初生结构，内始式发育方式，束中形成层与束间形成层，髓与髓射线，茎维管形成层发生与活动，纺锤状原始细胞与射线原始细胞，茎木栓形成层发生与活动，茎次生生长与次生结构，初生射线与次生射线，生长轮，早材与晚材，边材与心材，散孔材与环孔材，侵填体与胼胝体，树皮，木材三切面，茎的变态及类型。

复习思考题

1. 试述茎尖和根尖的异同点。
2. 试述双子叶植物根和茎初生结构的异同点。
3. 茎与根的初生木质部发育方式有何不同？为什么？
4. 禾本科植物茎与双子叶植物茎的结构有何不同？
5. 一棵古老的"空心"树，为什么仍能活着和生长？
6. 双子叶植物茎中维管形成层、木栓形成层怎样产生？怎样活动？形成哪些结构？
7. 纺锤状原始细胞与射线原始细胞在形态和分裂性质上有何不同？
8. 试述木材三切面的结构特点。
9. 年轮是怎样形成的？它如何反映季节变化？为什么说生长轮比年轮这一名词要正确？
10. 常言道"树怕剥皮"，为什么杜仲却能剥皮不死？
11. 为什么向日葵和玉米不能像树木那样长高和长粗，并形成周皮？
12. 比较小麦茎和玉米茎在解剖结构上的异同点。
13. 举例说明茎的变态类型及用途。

第六章 叶的结构、发育和功能

叶（leaf）是植物重要的营养器官，是植物体中唯一完全暴露在空气中的营养器官。在长期自然选择过程中，植物叶形成了与其功能相适应的、复杂的形态和解剖学特征。

第一节 叶的生理功能

叶的主要生理功能是进行光合作用和蒸腾作用。

一、光合作用

光合作用（photosynthesis）是植物在光照下，通过光合色素和有关酶类活动，把二氧化碳和水合成有机物（主要是碳水化合物），把光能转化为化学能储存起来，同时释放氧气的过程。光合作用是地球上进行的最大规模的将无机物转变成有机物、把光能转化成化学能的过程，对于整个生物界和人类的生存发展以及维持自然界生态平衡有着重要作用。光合作用合成的有机物，不仅满足植物自身生长发育的需要，也为人类和其他动物提供了食物来源。人类生活所需要的粮、棉、油、菜、果、茶等都是光合作用的产物。光合作用是一个巨大的能量转换过程，人类生产生活利用的主要能源，如煤、石油、天然气和木材也是来自于植物光合作用固定的太阳能。此外，光合作用释放氧气、吸收二氧化碳，有效维持大气成分的平衡，为地球生物创造了良好的生存环境。农业生产的主要目的是获得更多光合产物。因此，光合作用成为农业生产的核心。通过采取各种栽培措施以及选育高光合强度的品种来提高光合作用，以获得高产。

二、蒸腾作用

蒸腾作用（transpiration）是植物体内的水分以气体形式从植物体表面散失到大气中的过程。叶是植物进行蒸腾作用的主要器官。蒸腾作用是根系吸水的动力之一，并能促进植物体内矿质元素运输，还可降低叶表温度，使其免受强光灼伤。但是，过于旺盛的蒸腾作用对植物不利。

叶片还有吸收能力，如向叶面喷洒一定浓度的肥料（根外施肥）和农药，均可被叶表面吸收。有些植物的叶还能进行繁殖，在叶片边缘叶脉处可以形成不定根和不定芽。当它们自母体叶片上脱离后，即可独立形成新的植株。叶的这种生理功能常被用来繁殖某些植物。例如，在繁殖柑橘属、秋海棠属（*Begonia*）时，便可采用叶扦插方法进行。

除了上述普遍存在的功能外，有的植物叶还有特殊功能，并与之形成了相适应的特殊形态，如猪笼草属（*Nepenthes*）的叶形成囊状，可以捕食昆虫；洋葱的鳞叶肥厚具有储藏作用；豌豆复叶顶端的小叶变成卷须，有攀缘作用；小檗属（*Berberis*）的叶变态形成针刺状，起保护作用。

叶有多种经济价值，食用的如白菜、菠菜；药用的如颠茄（*Atropa belladonna*）、薄荷（*Mentha haplocalyx*）；香料植物如留兰香（*Mentha spicata*）；造纸的如剑麻（*Agave rigida*）等。

第二节 叶 的 组 成

植物的叶一般由叶片（blade）、叶柄（petiole）和托叶（stipule）三部分组成（图6-1）。

一、叶片

典型的叶片为叶的绿色扁平部分，光合作用和蒸腾作用主要通过叶片进行。叶片包括叶尖（leaf apex）、叶基（leaf base）和叶缘（leaf margin）等部分。叶片上分布着大小不同的叶脉（vein），居中最大的为中脉，中脉上的分枝为侧脉，其余较小的称细脉，细脉末端称为脉梢。植物叶片的形态特征可作为识别植物的依

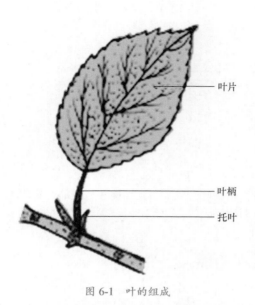

图 6-1 叶的组成

据之一。

二、叶柄

叶柄是紧接叶片基部的柄状部分,与茎相连,是茎与叶片之间物质交流的通道,并支持叶片伸展于空间。此外,叶柄还能扭曲生长,改变叶片位置和方向,使叶片互不重叠,以充分接受阳光,这种特性称为叶的镶嵌性(leaf mosaic)。

三、托叶

托叶是叶柄基部的附属物,常成对而生。它的形状和作用因植物种类不同而异,如棉花的托叶为三角状;梨树的托叶为线形;豌豆的托叶大而呈绿色,可进行光合作用;苎麻(*Boehmeria nivea*)的托叶为薄膜状,对幼叶有保护作用;荞麦的托叶两片合生成鞘,包围着茎,称为托叶鞘。也有的植物无托叶,如杨、桑和丁香等。

具有叶片、叶柄和托叶的叶称为完全叶(complete leaf),如梨、桃、棉花等的叶;缺少任何一部分或两部分的叶称为不完全叶(incomplete leaf),如油菜叶缺托叶;烟草叶缺叶柄;台湾相思树(*Acacia confuse*)的叶缺叶片,由叶柄扩展成为片状进行光合作用,特称为叶状柄(phyllode)。

禾本科植物的叶与一般植物的叶不同(图6-2)。从外形上仅可区分为叶片和叶鞘(leaf sheath)两部分。叶片一般呈带状、扁平,叶鞘长而抱茎。有些植物在叶片和叶鞘交界处的内侧常有膜状突起物,称为叶舌(ligule),能防止雨水、真菌和害虫进入叶鞘内。在叶舌两侧有一对突起物,称叶耳(auricle)。叶舌和叶耳的有无、形态及大小常用作鉴别禾本科植物种或品种的依据,如水稻有叶耳、叶舌,稗草无叶耳、叶舌;大麦叶耳大,小麦叶耳小等。有的植物(如玉米)在叶片和叶鞘连接处的外侧,有不同色泽的环带,称为叶环(vane ring)或叶颈,叶枕有弹性和延伸性,借此调节叶片位置。

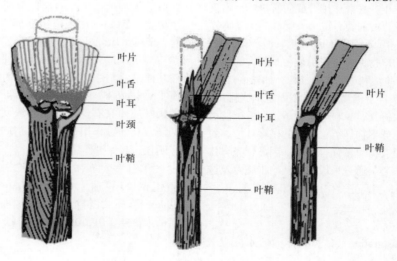

图 6-2 几种禾本科植物的叶

第三节 叶的发生和结构

一、叶的发生和生长

叶由叶原基(leaf primordium)发育而成。叶原基由生长锥侧面的表皮和表皮以内几层分生组织细胞分裂形成。叶原基形成后,其下部发育为托叶,上部发育为叶片和叶柄(图6-3)。托叶原基生长迅速,不久

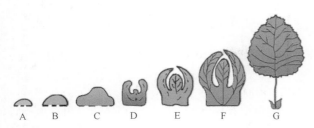

图 6-3　完全叶形成过程图解

A、B. 叶原基的形成；C. 叶原基分化为上下两部分；
D～F. 托叶原基与幼叶形成；G. 成熟的完全叶

即成为保护叶原基上部的雏形托叶。叶原基上部先分化出叶片，一般在芽内已具雏形，叶柄或在芽内叶形态发生后期，或当叶片从芽中展开时才明显可见，以后随幼叶片展开而迅速伸长。

　　叶片由叶原基上部经顶端生长、边缘生长和居间生长形成（图 6-4）。叶原基上部顶端分生组织进行顶端生长使其延长；不久在其两侧形成边缘分生组织（marginal meristem）进行边缘生长，形成有背腹性的扁平雏形叶片；如果是复叶，则通过边缘生长形成多数小叶片。边缘生长进行一段时间后，顶端生长停止。当幼叶从芽内伸出、展开后，边缘生长也停止，此时整个叶片基本上由居间分生组织组成，并由其进行近似平均的居间生长（intercalary growth），叶片的这种初生生长，一方面使叶片继续长大，另一方面形成成熟的初生结构。在此过程中，居间分生组织因本身分化为成熟组织而逐渐消失，以后也不再形成新的分生组

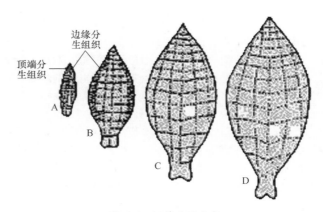

图 6-4　烟草叶的发育

A、B. 芽内的顶端生长和边缘生长；
C、D. 芽外的居间生长（方格为添加标记，示近似平均生长）

织。所以，叶的生长与根、茎的无限生长不同，它是一种有限生长。

二、双子叶植物叶的结构

（一）叶片

　　双子叶植物叶片扁平，形成较大光合和蒸腾面积。双子叶植物叶片多有背面（下面或远轴面）和腹面（上面或近轴面）之分。腹面直接受光，因而背腹两面结构有差异，这种叶称为两面叶（bifacial leaf）或异面叶（dorsi-ventral leaf）。横切面观，叶片的结构分为表皮、叶肉（mesophyll）和叶脉（vein）三大部分（图 6-5）。

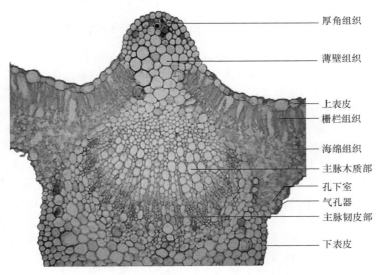

厚角组织
薄壁组织
上表皮
栅栏组织
海绵组织
主脉木质部
孔下室
气孔器
主脉韧皮部
下表皮

图 6-5　棉花叶经主脉的部分横切面图
（徐兴友摄）

1. 表皮

　　覆盖在整个叶片外表，有上下表皮之分。表皮通常由一层生活细胞组成，但也有多层细胞组成的，称为复表皮（multiple epidermis），如海桐花（Pittosporum robira）、夹竹桃叶的表皮。叶表皮包括表皮细胞、气孔器、表皮毛、排水器等。

　　纵切面观，表皮细胞一般是形状不规则的扁平细胞，侧壁凹凸不齐，彼此互相嵌合，紧密相连，无胞间隙。横切面观，为方形或长方形，外壁较厚、角质化，具角质层，有的还有蜡被，加强了表皮的保护功

能，有减少蒸腾的作用。表皮细胞通常无叶绿体，有的植物含花青素，使叶片呈现红、紫等颜色。

双子叶植物的气孔由两个肾形保卫细胞围合而成，有的植物（如甘薯）还有 2 个或多个副卫细胞。叶表皮上的气孔分布密度比茎表皮大得多，大多数植物每平方毫米下表皮有 100～300 个气孔，一般多于上表皮。这些特点与叶片的功能及下表皮空间位置紧密相关。成熟叶蒸腾量的 95% 通过气孔进行，而气孔孔隙总面积不超过叶表的 1%～2%。这是因为气孔形成"小孔扩散"的边缘效应，彼此在叶面上合理分布，使这种效应得以充分发挥的缘故。气孔也是分泌或吸收某些物质的通道。

保卫细胞的细胞壁增厚情况特殊，与表皮细胞相连的一面，细胞壁较薄，其余各方细胞壁较厚。这样的结构，使保卫细胞充水膨大时，向表皮细胞一方弯曲，将气孔分离部分的细胞壁拉开，结果气孔张开，肾形保卫细胞变得更为弯曲。当保卫细胞失水时，膨压降低，紧张状态不再存在，两个保卫细胞恢复原来的状态，气孔关闭。气孔的开闭在一天内是有周期性的。常于黎明开启，随气温升高和日照增强逐渐扩大，上午 9 时至 10 时增至最大，中午前后逐渐关闭，下午因叶内水分渐增再开启，至傍晚日落又因光合作用停止而逐渐关闭。这种周期变化因植物种类、生理状况以及气候和水分条件而异。了解气孔开闭规律，对于选择适宜的根外追肥或喷施农药的时间有实际意义。

表皮细胞间可能生有数量不等、单一或多种类型的表皮毛。有的植物还含有晶细胞，有的在叶缘具有排水器。

2. 叶肉

叶肉是上表皮、下表皮以内的绿色同化组织的总称，富含叶绿体，是进行光合作用的场所。有的植物，如棉、柑橘还有分泌腔，茶有骨状石细胞等。

双子叶植物一般是异面叶。由于叶片背面、腹面受光情况不同，叶肉分化为近腹面的栅栏组织（palisade tissue）和近背面的海绵组织（spongy tissue）。栅栏组织由 1～4 层长柱形、含大量叶绿体的薄壁细胞组成，细胞长轴与表皮垂直，排列紧密，细胞间隙小。其层数因植物种类及环境而异，如棉花为 1 层，甘薯为 1 层或 2 层；茶因品种不同可有 1～4 层的变化。旱生植物叶片中栅栏组织层数较多。栅栏组织细胞内叶绿体的分布对光照有适应性变化，在强光下移向侧壁，减少受光面积，避免灼伤；弱光下分散于细胞质中以充分利用微弱光。海绵组织是位于下表皮和栅栏组织间的同化组织。含叶绿体较少，细胞的大小和形状不规则，形成短臂状突起并互相连接形成较大的细胞间隙。由于这些特点，使叶片背面色泽浅于腹面。

叶片同化组织中的细胞间隙与气孔器的孔下室一起，形成曲折而连贯的通气系统，有利于光合作用以及与光合作用有密切关系的气体交换——CO_2 的进入

与暂储、O_2 及水汽逸出等。

3. 叶脉

叶脉是叶片中的维管组织，分布在叶肉组织中，呈网状，起输导和支持作用。叶脉内部的结构因脉大小而有不同。

主脉中有数个维管束，木质部位于近叶腹面，韧皮部位于近叶背面，中间有时有活动极微弱的形成层；维管束包埋在基本组织中，这些基本组织不分化为叶肉组织，常为薄壁组织，有时在近表皮处还有厚角组织（棉、甘薯等）或厚壁组织（棉、柑橘等）。机械组织在叶背面一侧特别发达，使叶脉在叶片背面形成隆起。

侧脉常含有一个维管束，周围的基本组织分化为叶肉组织，近表皮处有机械组织。叶脉越分越细，结构也越简单，形成层消失，机械组织减少以至完全没有。木质部和韧皮部结构逐渐简单，组成分子数目减少。到了叶脉末梢，木质部只有短管胞，韧皮部只有短而狭的筛管分子和增大的伴胞。较小叶脉维管束外面常围绕着一层或几层排列紧密的细胞，形成维管束鞘（vascular bundle sheath）（图 6-6）。维管束鞘由薄壁细胞或厚壁细胞组成，或两者兼有。维管束鞘一直延伸到叶脉末梢。因此，叶脉维管组织很少直接暴露在叶肉细胞间隙中。

在许多植物叶片中观察到，小脉附近有特化的、利于吸收和短途运输的传递细胞。传递细胞来源于韧皮薄壁细胞、伴胞、木薄壁细胞和维管束鞘细胞。传递细胞能有效地从叶肉组织输送光合产物到筛管分子。

（二）叶柄与托叶

叶柄结构与幼茎的初生结构基本相似，也由表皮、基本组织和维管束三部分组成。一般叶柄在横切面上呈半圆形、近圆形或三角形，外围是一层表皮层，其上有气孔器和表皮毛。表皮内主要为薄壁组织，其靠外围部分常为几层厚角组织，起机械支持作用；内方为薄壁组织，其中包埋着维管束。叶柄维管束与茎维管束相连，排列方式因植物种类不同而异，多数为半环形，缺口向上。维管束的木质部在近轴面（向茎一面），韧皮部在远轴面（背茎一面），两者之间有一层活动微弱的形成层。

托叶形状各异，外形与结构大体如叶片，可行光合作用，但内部组成较简单，分化程度较低。

三、禾本科植物叶的结构

禾本科植物叶片同双子叶植物叶片一样，也包括表皮、叶肉和叶脉三个基本组成部分（图 6-7）。但在具体结构上有所不同。

（一）叶片的结构

1. 表皮

与双子叶植物相比，禾本科植物叶片表皮细胞形

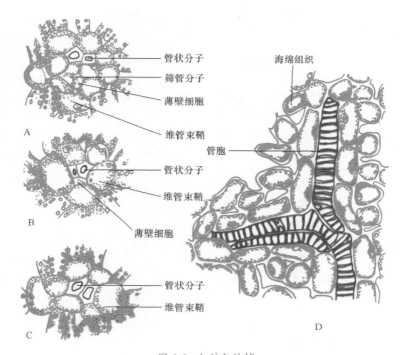

图 6-6 细脉与脉梢

A~C. 示梨属叶细脉（A、B）至脉梢（C）结构的梯度变化（横切面）；D. 脉梢纵切面

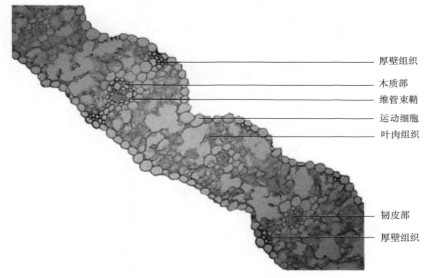

图 6-7 小麦叶片的结构

（徐兴友摄）

状较规则，沿叶长轴成行排列，从叶片纵面观可见两种形态不同的细胞类型，即长细胞和短细胞。长细胞为长方柱形，长径与叶纵轴平行，外壁角化、硅化，形成一些硅质和栓质乳突，是表皮的主要成分。短细胞分为硅细胞和栓细胞两种，两者有规则地纵行相隔排列，多分布于叶脉位置上方。许多禾本科植物表皮中的硅细胞常向外突出如刺或成为刚毛，使表皮坚硬而粗糙，这对于增强植物抗病虫能力有适应意义。

相邻两叶脉之间的上表皮有数列特殊的薄壁大型细胞，称为泡状细胞（bullifrm cell）或运动细胞（motor cell）（图 6-7、图 6-8）。泡状细胞常 5~7 个为一组，中间细胞最大，两旁的渐小。在叶片横切面上，每组泡状细胞的排列常似展开的折扇形，又称扇形细胞，细胞中都有大液泡，不含或含有少量叶绿体。通常认为当气候干燥、叶片蒸腾失水过多时，泡状细胞发生萎蔫，于是叶片向上卷成筒状，以减少蒸腾；当气候湿润、蒸腾减少时，它们吸水膨胀，于是叶片又平展。植物叶片失水上卷，也与叶片中其他组织的差别收缩、厚壁组织分布、组织之间的内聚力等有关。在小麦，玉米、甘蔗生长或水稻晒田过程中，如果发现叶片上卷，傍晚仍能复原，说明叶的蒸腾量大于根系吸收量，这是炎热干旱条件下常有的现象。如果叶片到晚上仍不展开（晚上蒸腾很少），这是根系不能吸水的标志，说明植物受到干旱伤害。

禾本科植物叶片上表皮、下表皮都分布有气孔器，常与长细胞一起排成纵行。它除由两个哑铃形保卫细胞构成外，其两侧还有一对近似菱形的副卫细胞。保卫细胞中部狭窄、具厚壁，两端壁薄、膨大成球状，含有叶绿体。当保卫细胞吸水膨胀时，薄壁的两端膨大，互相撑开，于是气孔开放；缺水时，两端收缩，气孔关闭。禾本科植物叶片上表皮、下表皮的气孔数目几乎相等，这个特点与叶片生长比较直立，上表皮、下表皮受光影响差异较小有关。气孔在近叶尖和叶缘部分分布较多。气孔多的地方，蒸腾失水增强。水稻插秧后，往往发生叶尖枯黄，这是因为根系暂受损伤，吸水量少，而叶尖蒸腾失水多的缘故。

2. 叶肉

禾本科植物的叶肉没有栅栏组织和海绵组织的分化，称为等面型叶。各种禾本科作物的叶肉细胞在形态上有所不同，甚至不同品种或植株上不同部位的叶片中，叶肉细胞形态也有差异。例如，水稻的叶肉细胞，整体为扁圆形，细胞壁某些部位向内凹陷，成叠沿叶纵轴排列，叶绿体沿细胞壁分布；小麦、大麦的叶肉细胞，细胞壁某些部位向内凹陷，形成具有"峰、谷、腰、环"的结构（图6-8），这有利于更多叶绿体排列在细胞边缘，易于接受 CO_2 和光照，进行光合作用。当相邻叶肉细胞的"峰、谷"相对时，细胞间隙加大，便于气体交换，同时，多环细胞与相同体积的圆柱形细胞比较，相对减少了细胞个数和细胞壁层数，对于物质运输更为有利。禾本科植物具有"峰、谷、腰、环"结构的叶肉细胞，同时具备了双子叶植物栅栏组织和海绵组织细胞的特点。

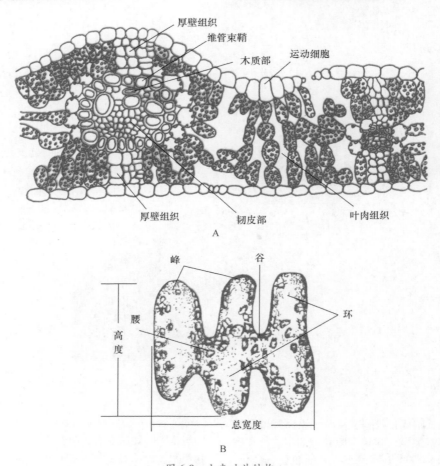

图6-8 小麦叶片结构
A. 叶片部分横切面（引自刘穆）；B. 一个叶肉细胞（引自贺学礼，2009）

叶肉细胞含有大量叶绿体，而叶绿素是不断合成和分解的。当营养生长旺盛、氮肥充足时，叶绿素合成多于分解，含量增加，叶色变绿；在不利于叶绿素形成的条件下，它的含量减少，类胡萝卜素的橙黄色就显露出来，叶色变为黄绿。所以，水稻和其他作物叶色在不同生育期的变化，是叶绿素含量增减的表现，反映了植株新陈代谢的特点。实践证明，掌握作物叶色变化规律，可作为看苗管理的依据，从而采取适当措施，获得稳产高产。

3. 叶脉

禾本科植物的叶脉由维管束和维管束鞘组成。在大的维管束上下两侧常有厚壁组织与表皮相连，增强机械支持力。维管束与茎内维管束结构相似，无形成层，属有限外韧维管束。在维管束外围有一至几层细胞，构成维管束鞘。可分为两种类型：一种如水稻、大麦、小麦等三碳植物，其维管束鞘有两层细胞，内层细胞壁厚而小、无叶绿体，外层细胞壁薄而大，与叶肉细胞比较所含叶绿体小而少；另一种如玉米、甘蔗等四碳植物，其维管束鞘仅由一层较大的薄壁细胞组成，所含叶绿体比叶肉细胞的大而色深，特别是在维管束鞘周围，紧密

毗接着一圈排列很规则的叶肉细胞，组成"花环型"结构（图6-9），这种结构有利于固定还原叶内产生的二氧化碳，提高光合效率。在光合作用过程中，CO_2同化的最初产物含有4个碳原子的植物称为C_4植物，最初产物含有3个碳原子的植物称为C_3植物。一般C_4植物为高光效植物，C_3植物为低光效植物。C_3和C_4植物不仅存在于禾本科植物，其他单子叶植物和双子叶植物中也有发现，如大豆、烟草属C_3植物，菊科、茄科、莎草科、苋科、藜科等科也有C_4植物。

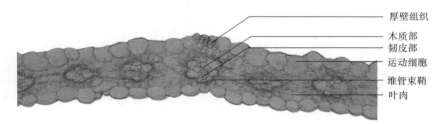

厚壁组织
木质部
韧皮部
运动细胞
维管束鞘
叶肉

图6-9　玉米叶片结构

（二）叶鞘、叶舌和叶耳

叶鞘表皮无泡状细胞，气孔较少，含叶绿体的同化组织，其细胞壁不形成凹陷。大小维管束相间排列，分布在近背面位置，叶舌、叶耳结构简化，仅由几层细胞构成。

四、裸子植物叶的结构

裸子植物多为常绿植物，如松柏类，少数为落叶植物，如银杏。大多数裸子植物叶的形状常呈针形、短披针形或鳞片状。现以松属植物针形叶为例，说明松柏类植物叶的结构。

松属植物的针叶生长在短枝上，大多是两针一束，如油松、马尾松；也有三针一束，如白皮松、云南松；五针一束，如华山松。两针一束的横切面呈半圆形，三针和五针一束的呈三角形。

松属的针叶在形态和结构上都具有旱生植物叶的特点，能够忍耐低温和干旱。分为表皮、下皮层（hypodermis）、叶肉、内皮层和维管组织等几部分（图6-10）。

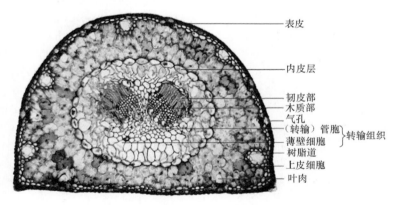

表皮

内皮层

韧皮部
木质部
气孔
（转输）管胞
薄壁细胞 ｝转输组织
树脂道
上皮细胞
叶肉

图6-10　马尾松叶横切面
（徐兴友摄）

1. 表皮

表皮由一层细胞构成，细胞壁显著加厚并强烈木质化，外壁有厚的角质膜，细胞腔很小。气孔器在表皮上成纵行排列，保卫细胞下陷到下皮层中，副卫细胞拱盖在保卫细胞上方。保卫细胞和副卫细胞的壁均有不均匀加厚并木质化。冬季气孔被树脂性质的物质闭塞，可减少水分蒸发。

2. 下皮层

下皮层在表皮内方，为一至数层木质化厚壁细胞。发育初期为薄壁细胞，后逐渐木质化，形成硬化的厚壁细胞。下皮层除了防止水分蒸发外，还能使松叶具有坚挺性质。通常下皮层是指位于器官表皮层以内并与其内方细胞在形态结构和生理机能上有区别的细胞层。在描述叶片结构时普遍应用，在其他器官中使用

较少。下皮层起源于原表皮或基本分生组织。起源于原表皮的下皮层与表皮同源，两者合成复表皮。复表皮中只有外表面一层细胞具有表皮组织特征。

3. 叶肉

下皮层以内是叶肉，叶肉无栅栏组织和海绵组织的分化。细胞壁某些部位向内凹陷，形成许多突入细胞内部的皱褶。叶绿体沿皱褶边缘排列，皱褶扩大了叶绿体分布面积，增加光合作用面积，弥补了针形叶光合面积小的不足。在叶肉组织中含有两个或多个树脂道，树脂道的腔由一层上皮细胞围绕，上皮细胞外还有一层纤维构成的鞘包围。树脂道的数目和分布位置可作为鉴定种的依据之一。

4. 内皮层

叶肉细胞以内有明显的内皮层，细胞内含有淀粉粒，细胞壁上有带状增厚并木质化和栓质化的凯氏带。

5. 维管组织

内皮层里面是维管组织，有一到两个维管束，木质部在近轴面，韧皮部在远轴面。初生木质部由管胞和薄壁组织组成，两者间隔径向排列。初生韧皮部由筛胞和薄壁组织组成，在韧皮部外方常分布一些厚壁组织。包围在维管束外方的是一种特殊的维管组织——转输组织（transfusion tissue），该组织包括三种细胞：一种是死细胞，细胞壁稍加厚并轻微木质化，细胞壁上有具缘纹孔，这种细胞称为管胞状细胞（tracheidal cell）；一种细胞是生活的薄壁细胞，细胞中含有鞣质、树脂，有时还有淀粉，管胞状细胞零散分布在这种细胞之间；还有一种细胞也是生活的薄壁细胞，细胞中含有浓厚的细胞质，这种细胞成群分布在韧皮部一侧，称为蛋白质细胞（albuminous cell）。转输组织的功能目前还不完全清楚，可能与叶肉组织和维管束之间的物质交换有关。具有转输组织，是裸子植物叶的共同特征。

第四节　叶片结构与生态环境的关系

在植物器官中，叶形态结构最易受生态环境影响，其中以水分、光照的影响最为明显。

按照植物与水分的关系，把植物分为旱生植物（xerophytes）、中生植物（mesophtes）和水生植物（hydrophytes）。旱生植物是指在气候干燥、土壤水分缺乏的干旱环境中生长，能够忍受较长时间干旱仍能维持体内水分平衡和正常发育的植物。水生植物是指生活在水中的植物。中生植物生长在水分条件适中、气候温和的环境中，是介于上述两种极端类型之间的一种中间类型。前面所谈到的叶片结构主要是中生植物叶的形态结构。

一、旱生植物叶

旱生植物叶片的结构特点主要是朝着适应干旱环境、降低蒸腾和有利于贮藏水分方面发展。

旱生植物的叶形成了两种不同的结构类型。一种是叶片小而硬，叶表皮细胞外壁增厚，角质层发达或密生表皮毛，气孔下陷或具多层表皮细胞；栅栏组织层数较多，海绵组织和胞间隙不发达，这些特征都利于减少水分蒸腾，如夹竹桃的叶（图6-11）形成发达的复表皮。另一种是叶肥厚多汁，富含储水组织，细胞液浓度高，保水力强，白天在烈日下气孔关闭，以保持水分，夜间气孔开放时，进行气体交换，不会过多散失水分。夜间气孔开放时，吸进CO_2，与细胞质内PEP结合，形成草酰乙酸，进一步还原为苹果酸，转运到液泡中暂时存储；黎明后，苹果酸从液泡转移到细胞质，氧化脱羧，形成CO_2和丙酮酸。CO_2进入叶绿体，通过C_3途径合成糖类，丙酮酸则进入线粒体，进一步释放出CO_2，CO_2又可转移出来，进入C_3途径。这类植物的叶片在黑暗中有机酸含量增加，淀粉减少；白天则相反，细胞内有机酸含量减少，而淀粉增多。这种代谢方式最先在景天科中发现，所以称为景天酸代谢（crassulacean acid metabolism，CAM）途径，如景天（*Sedum sarmentosum*）、马齿苋（*Portulaca oteracea*）等肉质植物的叶。CAM代谢途径与C_4途径相似，但C_4植物的CO_2最初固定和以后的同化是空间上分开的，CAM植物则是时间上分隔的。

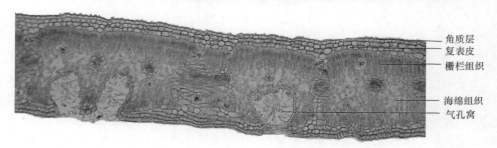

角质层
复表皮
栅栏组织
海绵组织
气孔窝

图6-11　夹竹桃叶的结构

（曲波摄）

二、水生植物叶

整个植物体或植物体的一部分浸没在水中生活的植物称为水生植物。按照浸没在水中位置深浅不同，水生植物分为沉水植物、浮水植物和挺水植物三种类型。水生植物可以直接从周围环境获得水分和溶解于水中的物质，却不易得到充分光照和良好通气。在长期适应水生环境过程中，水生植物体内形成了特殊结构，叶片结构的变化尤为显著。

沉水植物（submerged plant），是指整个植物体沉没在水下，与大气完全隔绝的植物，如眼子菜科（Potamogetonaceae）、金鱼藻科（Ceratophyllaceae）、水鳖科（Hydrocharidaceae）、茨藻科（Najadaceae）、水

马齿科（Callitrichaceae）及小二仙科（Haloragaceae）狐尾藻属（Myriophyllum）等。沉水植物是典型的水生植物，叶片通常较薄，带形，有的沉水叶呈丝状细裂（如狐尾藻），有助于增加叶的吸收表面。由于水中光照弱，叶肉组织不发达，没有栅栏组织和海绵组织的分化，叶肉全部由海绵组织构成，叶肉细胞中的叶绿体大而多。叶肉细胞间隙很发达，有发达的通气系统（如睡莲科植物）（图6-12），既有利于通气，又增加了叶片浮力。叶片中的叶脉很少，木质部不发达甚至退化，韧皮部发育正常。机械组织和保护组织不发达，表皮上没有角质膜或很薄，没有气孔器，气体交换通过表皮细胞的细胞壁进行。表皮细胞具叶绿体，能够进行光合作用。

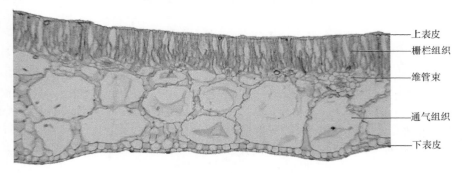

上表皮
栅栏组织
维管束
通气组织
下表皮

图 6-12 睡莲叶片横切面结构图
（表皮细胞内含有叶绿体，叶内有大气腔）

浮水植物（floating plant），是植物体浮悬水上或仅叶片浮生水面的植物。主要有满江红科（Azollaceae）、槐叶萍科（Salviniaceae）、浮萍科（Lemnaceae）、雨久花科（Pontederiaceae）凤眼莲属（Eichhornia）、睡莲科（Nymphaeaceae）芡属（Eruyale）和睡莲属（Nymphaea）、水鳖科（Hydrocharidaceae）水鳖属（Hydrilla）、天南星科（Araceae）大薸属（Pistia）、胡麻科（Pedaliaceae）茶菱属（Trapella）及菱科（Trapaceae）植物。浮水植物常有异形叶性（heterophylly），即有浮水和沉水两种叶片，如菱除有菱状三角形浮水叶外，还有羽状细裂的沉水叶。浮水植物还有适应于浮水的特殊组织，如菱和凤眼莲（水葫芦 Eichhornia crassipes）的叶柄，中部膨大形成气囊，以利植物体浮生水面。浮水植物上表皮细胞具有厚的角质层和蜡质层，气孔器全部分布在上表皮，靠近上表皮一侧有数层排列紧密的栅栏组织，叶肉含有机械组织。靠近下表皮的叶肉细胞之间有大的细胞间隙，通气组织发达，下表皮细胞角质层薄或无。有的浮水植物，如王莲（Nelu lutea），叶片很大，叶脉中有发达的机械组织，保证叶片在水面上展开。

挺水植物（emerging plant），是茎叶大部分挺伸在水面以上的植物，如芦苇、香蒲等。挺水植物在外部形态上与中生植物相似。但由于根部长期生活在水中，所以，有非常发达的通气组织。

三、阳地植物和阴地植物叶

光照强度是影响叶片结构的另一重要因素。阳地植物（heliophytes，sun plant）是指在强光环境中生长良好的植物。需要全日照，需光最下限是全日照的1/10～1/5，在水分、温度等生态因子适合的情况下，不存在光照过度问题，在荫蔽和弱光条件下生长发育不良。这类植物多生长在旷野、路边等地，如蓟属（Cirsium）、蒲公英属、杨属、柳属等，旱生植物和大多数农作物也属于阳地植物。

阳地植物的叶称为阳生叶，由于受光受热较强，周围空气比较干燥，蒸腾作用较强，因此，阳生叶倾向于旱生植物叶的形态结构（图6-13）。叶片厚而小，角质层厚，气孔小而密集，栅栏组织和机械组织发达，海绵组织不甚发达，叶肉细胞间隙较小。但阳地植物不等于旱生植物，如水稻是水生植物又是阳地植物。阳地植物的气生环境与旱生植物相似，但地下环境大不相同，甚至完全相反。

阴地植物（shade plant）是指与在强光下比较，在较弱光照条件下生长良好的植物。需光量可低于全日照的1/50，呼吸和蒸腾作用较弱。最适光合作用所需的光照强度低于全日照。阴地植物多生长在潮湿、背阴地方或密林内，如林下蕨类植物、苔藓植物以及铁杉（Tsuga chinensis）、红豆杉（Taxus chinensis）、人参、三七（Panax

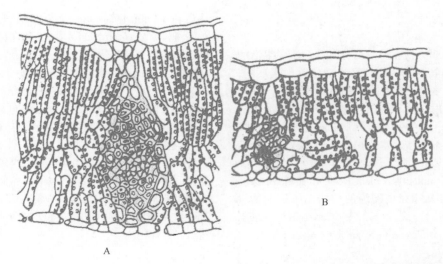

图 6-13　栎树叶片横切面
A. 阳生叶；B. 阴生叶

pseudo-ginseng）、半夏（*Pinellia ternata*）等。

　　阴地植物的叶称为阴生叶，其叶片结构与水生植物叶相似（图 6-13），一般叶片大而薄，角质层较薄，栅栏组织发育不良，叶肉大部分或全部都是海绵组织，胞间隙发达，叶绿体个体较大，叶绿素 b 含量较高，表皮细胞常含叶绿体。这些特点均有利于叶对散射光的吸收和利用。

　　耐阴植物（shade-enduring plant）是介于上述两者之间的植物。在全日照下生长最好，但也能忍耐适度荫蔽，所需最小光量为全日照的 1/50～1/10，如麦冬、玉竹（*Polygonatum odoratum*）、党参、侧柏、青杆（*Picea wilsonii*）、云杉等。

　　实际上，具有相同基因型而生长在不同环境下的两株植物以及同一株植物不同部位的叶，均会对环境条件表现出相应的适应性。一般顶部和向阳的叶倾向于阳生叶结构，下部和荫蔽的叶倾向于阴生叶结构。

四、盐生植物叶

　　盐碱是一种常见的危害植物生长的不利生境，经过长期进化和生境选择，仅有少数种类植物适应了盐生环境而能维持正常生长发育，并产生了一系列特殊形态结构。盐生植物叶片数较少，叶面积减小，单位面积上的气孔数少，叶片及叶表皮肥厚，蜡质层厚，细胞木质化程度强。另外，盐生植物叶片内含有的电解质较中生植物高，当电解质高时，有利于将盐离子排出体外，盐离子在叶片上是通过叶表面密布的盐腺（图 6-14）排出的，如獐茅（*Aeluropus sinensis*）、柽柳（*Tamarix chinensis*）、匙叶草（*Latouchea fokiensis*）和瓣鳞花（*Frankenia pulverulenta*）植物的叶。

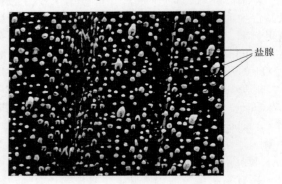

盐腺

图 6-14　獐茅叶片表面观，示盐腺

第五节　叶的衰老与脱落

一、叶的衰老

　　叶有一定的寿命，当生活期终结时，便枯死脱落。叶生活期的长短因植物而异。草本植物的叶随植株死亡，但仍残留在植株上。多年生木本植物的叶只能生活一个生长季，在冬季来临时便全部脱落，这种树木称为落叶树（deciduous tree）；而荔枝、松、柏、女贞的叶可生活一至几年，叶在植株上次第脱落，因而全树看上去终年常绿，称为常绿树（evergreen tree）。

　　叶在脱落前要经历衰老变化：叶肉细胞间隙扩大、气孔关闭提前、光合效率下降、叶绿素降解，而不易被破坏的叶黄素、胡萝卜素以及液泡中的花青素显现，使叶转为黄、橙或紫红等色。

　　叶的衰老，就整株而言，是向顶进行的；就单叶而言，因植物类群而异，双子叶植物大多由叶基向叶尖进行，禾本科植物则向基进行。

二、叶的脱落

叶经历衰老变化后即死亡、脱落。大多数植物落叶的原因与叶柄中产生离层（abscission layer）（图 6-15）有关。叶脱落前，叶柄基部的一些细胞进行分裂，形成由几层小型薄壁细胞组成的离区（abscission zone），之后不久，该细胞群的胞间层黏液化，组成胞间层的果胶酸钙转化为可溶性果胶和果胶酸，使离区细胞彼此分离形成离层，有的植物还伴有离区部分细胞壁甚

　　　　　　　　　　　　　叶柄

　　　　　　　　　　　　　离层

图 6-15　离区的离层

至整个细胞的解体。在离层形成的同时，叶逐渐枯萎，稍受外力（如风、雨）或重力作用，叶便自离层处脱落。脱落前，紧接离层附近的几层细胞壁栓质化，形成保护层（protective layer），以避免水的散失和病虫害侵入。

大多数单子叶植物和草本双子叶植物并无离层形成，凋萎叶的脱落似乎只是机械性折断。小麦等植物叶的凋落只限于叶片，而叶鞘仍然留存并起作用。

离层不仅在叶柄基部，在一定条件下也可在花柄、果梗基部出现，造成落花、落果。因此，研究解决植物器官脱落问题具有重要意义。例如，常用 10～25ppm[①] 的 2,4-D 喷洒番茄，可防止落花落果。

一般认为叶的衰老和脱落不仅是对不良生态环境的积极适应，而且在进化上也有意义。随着叶的脱落，具绿色皮层的小枝常产生周皮。此时光合作用终止，蒸腾量减少，有利于植株进入休眠，顺利越冬。对一些一年生植物而言，植株特别是叶的及时衰亡，有利于生殖器官发育和形成，加速后代增殖。在叶衰老和脱落前，其营养物质部分转移到竞争力更强的部位。例如，一年生植物主要流向果实，如水稻抽穗后，叶中的含氮量迅速下降而向穗中转移；多年生植物则将叶内部分营养转移至茎、芽和根等部位。落叶中的铝、锌、铅等含量几乎均高于生活叶，由此推测落叶可能具有一定的排泄作用。

本章主要内容和概念

叶是植物进行光合作用和蒸腾作用的主要器官，起源于叶原基，经过顶端生长、边缘生长和居间生长形成由叶柄、叶片和托叶三部分组成的双子叶植物叶，而大多数禾本科植物叶由叶片、叶鞘、叶舌和叶耳四部分构成，不同类型植物叶的叶片具有不同的解剖特点，但基本上都可划分为表皮、叶肉和叶脉三部分；叶还是最易受到环境影响的器官，不同生态环境下，叶在解剖构造上会有不同的适应变化，从而产生不同的生态类型。本章主要包括叶的形态结构、发育过程和生理功能等内容。

知识要点包括：

叶的功能，完全叶与不完全叶，单叶与复叶，复叶类型，叶的镶嵌性，叶的发生和生长，双子叶植物叶的结构，叶柄结构，禾本科植物叶的结构，花环型结构，等面叶与异面叶，气孔器的结构与类型，主脉、侧脉、细脉及脉梢的结构特征，栅栏组织与海绵组织，运动细胞，硅质细胞与栓质细胞，叶迹与叶隙，C_3 植物与 C_4 植物，CAM 植物，裸子植物叶的结构，叶的生态型，旱生植物与水生植物叶的结构特征，阳地植物与阴地植物叶的结构特征，落叶和离层。

复习思考题

1. 简述叶的发生和生长过程。
2. 列表比较双子叶植物和禾本科植物叶的组成及叶片形态结构的异同点。
3. 小麦叶肉细胞呈峰、谷、腰、环状有何生理意义？
4. 为什么夏日中午玉米叶会发生卷曲？这一现象有何意义？
5. 比较 C_3 植物和 C_4 植物叶片结构的主要区别。
6. 简述裸子植物松针叶的结构，并指出哪些特征体现了其抗旱性？
7. 从结构与功能相统一原则，说明干旱环境对植物叶片形态结构的影响。
8. 简述离层的产生过程及落叶的意义。

①　1ppm $= 1 \times 10^{-6}$，下同。

第七章 植物的繁殖

植物的全部生命活动周期都包括两个互相依存的方面：一方面是维持其个体生存；另一方面是保持种族延续。尽管有些植物的寿命很长，可以生活几百年甚至上千年，但相对于其种族生存时间而言，还是很短暂的，其个体生命总是有一定时限的，都要经过生长、发育、衰老、死亡等阶段。因此，植物生长发育到一定阶段，就要以一定方式由旧个体产生新个体来增加个体数量，维持种族延续，这种现象称为繁殖（propagation）。繁殖是所有生命有机体具有的生命现象之一，是植物生命活动周期中的重要环节。

繁殖的意义在于植物通过繁殖，一方面增加新一代植物个体数量，扩大其生活分布范围，延续种族，同时，通过繁殖丰富后代的遗传性和变异性，产生生活力更强、适应性更广的后代，使种族得到发展。在生产实践中，人类利用植物繁殖的特性，通过人工选择和自然选择等方法，培育出大量优良栽培品种，丰富植物资源，使其更好地为人类服务。

第一节 植物繁殖的类型

植物繁殖的方式多种多样，一般可分为：营养繁殖（vegetative propagation）、无性生殖（asexual reproduction）和有性生殖（sexual reproduction）三种方式。

一、营养繁殖

营养繁殖（vegetative reproduction）是植物通过自身营养体的一部分从母体分离形成新个体的方式。通过营养繁殖产生的后代，能保持母体的遗传特性，变异少，并能提早开花结实，比种子繁殖要快得多。农业生产上应用的扦插、分株、压条、嫁接、组培快繁等都属于营养繁殖，尤其是对一些不能产生种子或产生无效种子的植物种类，如香蕉、无花果、柑橘、葡萄等，营养繁殖常作为主要的繁殖手段。

（一）自然营养繁殖

自然营养繁殖是指植物在自然条件下，在长期演化中形成的靠营养器官产生新植株的一种繁殖方式。在被子植物中，自然营养繁殖大多是借助于块根、块茎、鳞茎、球茎、根状茎等变态器官进行。

很多植物借助于根状茎进行繁殖，如竹、芦苇、姜、莲、白茅等植物。繁殖时，根状茎的节上长出不定根，而节上的腋芽则伸出土面，逐渐长成一新植株。

马铃薯、菊芋的块茎，也能进行营养繁殖，块茎上有芽，可形成植株地上部分，下部生出不定根而长成新植株。

百合、蒜、贝母、水仙等植物都能利用鳞茎进行繁殖。鳞茎的肉质鳞叶储藏大量营养，鳞叶叶腋内长出的小鳞茎和地上部分的珠芽都能进行营养繁殖。另外，荸荠、芋等的球茎，草莓、狗牙根等的匍匐茎，甘薯和大丽花的块根都能用于营养繁殖。

有些植物还可用根进行营养繁殖。例如，在银杏、枣、刺槐、白杨和丁香等木本植物主干周围，常可看到大量"幼苗"，这些"幼苗"是由老根上的不定芽发育而成的。

某些植物的叶也有营养繁殖的能力，如落地生根繁殖时，其叶缘上可长出不定芽和不定根，进而长成一个新植株。

（二）人工营养繁殖

利用植物具有营养繁殖的特性，经过人工辅助，采取各种方式达到繁育植物、改良品种或保留优良性状为目的的营养繁殖方式。

1. 分离繁殖

把植物体根状茎、块茎、球茎、根蘖、枝条等器官，人为加以分割使之与母体分离后长成独立的植株，这种繁殖方式称为分离繁殖（division）。分离的"幼苗"或小植株，一般已有根、茎、叶分化，所以成活率高，成苗快。很多木本植物采用根蘖繁殖，如刺槐、杨树等。

2. 压条

对生根慢的植物可用压条（layering）繁殖，将枝条先埋入土中，待埋入土中的部分长出不定根后，再从母体上割离栽植。

3. 扦插

扦插（cutting）是剪取植物一段带芽的枝条、一段根或一片叶子，将其下端插入土壤或其他适宜基质中，使其生根发芽长成新植株的方法。扦插繁殖方法简便，能在短期内获得较多植株，它是繁殖园林植物常用的方法，如杨树、合欢、秋海棠、无花果等。

4. 嫁接

嫁接（grafting）是将一株植物上的枝条或芽体，移接在另一具根系的植株上，使两者彼此愈合，共同生长在一起。接上去的枝条或芽称为接穗（scion），保留根系的、被接的植物称为砧木（stock）。嫁接时使接穗与砧木的两个切开面上的形成层相互靠拢贴紧，两者的形成层、射线细胞、木质部和韧皮部薄壁细胞等各自增生新细胞形成愈伤组织。愈伤组织分化形成新的形成层细胞，新形成层再进一步产生新的维管组织，将接穗与砧木连接成为一个整体，此时嫁接就成活了。

5. 组织培养和细胞培养

将植物体的一部分，如少量器官、组织、单个细胞在人工合成培养基上进行无菌培养，诱导出一个完整的植株，称为"快速繁殖技术"（rapid propagation）或"微繁殖技术"（micropropagation）。这是一种特殊的营养繁殖方式。它具有快速、能够获得无病毒植株等优点，已在农业、林业、花卉、药用植物等领域得到广泛应用。

二、无性繁殖

无性繁殖（asexual reproduction）是植物产生具有繁殖能力的特化细胞——孢子（spore），孢子离开母体后直接萌发成新个体。无性繁殖也称为孢子繁殖，如藻类、菌类、苔藓和蕨类植物的繁殖。无性生殖与营养繁殖一样，繁殖不经过有性过程，其遗传信息不进行重组，子代继承下来的遗传信息与亲代相同，有利

于保持亲代的遗传特性。同时，无性生殖不经过复杂的有性过程，其繁殖速度快，产生的子代数量多，有利于种族繁衍。但是，由于无性生殖的后代来自同一个基因型亲体，对外界环境的适应性会受到一定限制，生活力也会出现逐渐衰退的现象。

三、有性繁殖

有性生殖（sexual reproduction）是通过两性配子（gamete）结合产生新个体的形式，配子为单倍体，雌雄两性配子结合后形成合子，合子发育成新个体，被子植物的繁殖主要是有性生殖。有性生殖是最进化的繁殖方式，通过有性生殖产生的后代具有丰富的变异和遗传，提供了选择的可能性。根据两性配子之间的差异程度，有性生殖可分为三种不同类型。

（一）同配生殖

同配生殖（isogamy）中，相互结合的两种配子，形态、结构、运动能力、大小均相同，这是一种较原始的有性生殖方式。例如，衣藻属某些种，有性生殖时，产生大量具有两条鞭毛的配子，由配子相互结合形成合子，再萌发为新个体。这两种相互结合的配子，很难从形态上判断其性别，所以常用"＋"、"－"号表示这两种配子生理上的差别（图7-1A）。

（二）异配生殖

某些藻类和菌类，有性生殖时产生的两种配子，在形态和构造上完全一样，但大小不同，其中较大的一个为雌配子，较小的一个为雄配子，只有两种不同的配子才能结合形成合子，然后萌发为新个体。这种有性生殖方式，称为异配生殖（heterogamy），如实球藻属（*Pandorina*）部分种（图7-1B）。

（三）卵式生殖

生物在进化过程中，有性生殖的两性配子进一步分化，它们不仅表现在大小不同，而且形态、结构和运动能力等方面也出现明显差异。雄配子较小，细长，有的还具鞭毛，能运动，称为精子（sperm）；雌

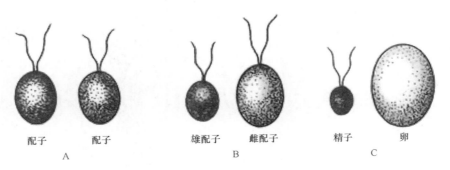

图7-1　植物有性生殖方式

A. 同配生殖；B. 异配生殖；C. 卵式生殖

配子　　配子　　　　雄配子　雌配子　　精子　　卵

　　A　　　　　　　　　B　　　　　　　C

配子较大，常为卵球形，不具鞭毛，不能运动，称为卵（egg）。精子和卵相互融合的过程称为受精作用（fertilization），形成的合子称为受精卵（fertilized egg）。再由受精卵发育成为新植株，这种生殖方式，称为卵式生殖（oogamy）。卵式生殖是有性生殖的高等形式，普遍存在于各类植物中（图 7-1C）。

第二节　花的组成与花序

被子植物从种子萌发开始不断地进行着生长和发育。经过营养生长，在适当的外界条件下，通过内部因素，如某些激素的诱导作用开始分化形成花芽，最后形成生殖器官——花。经过开花、传粉、受精，最终形成果实和种子，以繁衍后代，延续种族。

一、花的概念

从形态发生和解剖构造看，花是一种适应生殖功能的变态短枝。这是因为花的各个组成部分，如萼片、花瓣、雄蕊、雌蕊等都可看成是叶的变态，这些变态叶在花梗上着生的部位是节，各节间的距离特别缩短，所以说花实际上是一个节间特别缩短且不分枝的变态枝条，其上着生各种变态叶，用以形成有性生殖过程中的大孢子、小孢子和雌配子、雄配子，进而形成合子，发育出种子和果实。

二、花的组成

一朵典型的花通常包括花柄、花托、花萼、花冠、雄蕊群和雌蕊群 6 部分，花萼、花冠、雄蕊群和雌蕊群由外至内依次着生在花柄顶端的花托上（图 7-2）。

凡是花柄、花托、花萼、花冠、雄蕊群和雌蕊群均具备的花称为完全花（complete flower），如桃、油菜等。缺少其中一部分或几部分的花为不完全花（incomplete flower），如黄瓜的雌花和雄花、杨树的雌花和雄花等。

（一）花柄与花托

花柄（pedicel），也称花梗，是连接花与枝条的轴

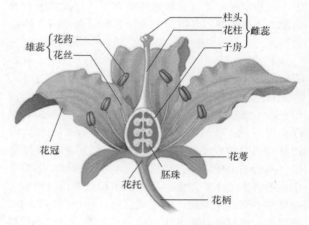

图 7-2　花的组成

状结构，可以将花展布于一定空间位置。其结构与茎相似，表皮之内有维管组织呈环状或筒状分布于基本组织中，且与茎连通，是营养物质和水分由茎向花输送的通道。当果实形成时花柄发育为果柄。花柄的长短因植物种类不同而异，有些植物的花柄较长，如垂丝海棠（*Malus halliana*）；有的则极短或无花柄，如贴梗海棠（*M. speciosa*）。

花托（receptacle）是花柄顶端着生花萼、花冠、雄蕊群、雌蕊群的部分，多数植物的花托稍膨大，如油菜。花托的形状在不同植物中变化较大（图 7-3），如玉兰的花托伸长呈圆柱状（图 7-4A）；草莓的花托肉质化隆起，呈圆锥形；莲的花托呈倒圆锥形；月季的花托为壶状等（图 7-4B）。花生的花托受精后能迅速伸长，形成雌蕊柄，将子房推入土中，结成果实。

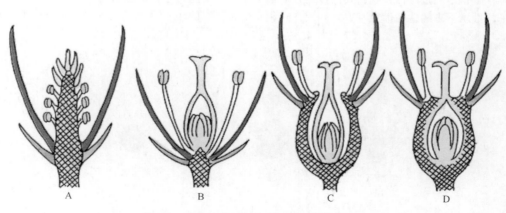

图 7-3　不同形状的花托（方格部分是花托）
A. 花托突出如圆柱状；B. 花托突出如圆顶状；C、D. 花托凹陷如杯状

图 7-4　花托的形状

A. 花托圆柱状（玉兰）；B. 花托杯状（月季）

（二）花萼

花萼（calyx）位于花最外轮或最下端，由若干萼片（sepal）组成（图 7-5），多为绿色叶状体，结构与叶片相似，但栅栏组织和海绵组织分化不明显。萼片之间相互分离的称离萼，如油菜、茶。萼片彼此联合的称合萼，如棉、茄子。合萼下端联合部分为萼筒（calyx tube），上端分离部分称为萼裂片（calyx lobe）。有些植物的萼筒下端向一侧延伸成管状的距（spur），如飞燕草（*Consolida rugulosa*）、凤仙花。有些植物在花萼外面还有一轮绿色片状结构，称为副萼（epicalyx），如锦葵、棉花、草莓等。多数植物开花后花萼即脱落，但也有些植物直到果实成熟时，花萼仍存在，这种花萼称为宿存萼（persistent calyx），如柿、茄等（图 7-5）。

图 7-5　花萼

A. 凤仙花花萼成距；B. 委陵菜花的副萼；C. 柿花的宿存萼

花萼和副萼具有保护花蕾的作用，并能进行光合作用。有些植物，如一串红的花萼颜色为鲜艳的红色，可引诱昆虫传粉；茄、柿的花萼花后宿存，对幼果形成保护；蒲公英等菊科植物的花萼变成毛状称为冠毛，有助于果实传播。

（三）花冠

花冠（corolla）位于花萼内侧或上方，由若干花瓣（petal）组成，排为一轮或多轮。花瓣为形状各异的叶状结构，常有鲜艳色彩，花瓣细胞有的含有色体，可使花瓣呈现黄色、橙黄色或橙红色；有的因细胞液泡含花青素等，花瓣呈现红、蓝、紫等色彩；两者都有的，花瓣则绚丽多彩。有时花瓣表皮细胞形成乳突，使花瓣有了丝绒般光泽。有些植物花瓣表皮细胞含挥发性芳香油，或花瓣内有蜜腺，能散发芳香气味。花冠色彩与芳香适应于昆虫传粉。此外，花冠还有保护雌蕊、雄蕊的作用。杨、栎、玉米、大麻等植物的花冠多退化，以利于风力传粉。

一朵花中，花瓣彼此分离的称为离瓣花（choripetalous flower），如油菜、棉花、桃、苹果等；花瓣彼此联合的称为合瓣花（synpetalous flower），花瓣联合部分形成花冠筒（corolla tube），前端分离部分称为花冠裂片，如番茄、南瓜、甘薯等，有些植物的花冠筒向下部一侧伸长形成细长管状，称为距，如柳穿鱼（*Linaria vulgaris*）；有的植物花瓣完全联合。

不同植物，其花瓣分离或联合、花瓣形状、大小、花冠筒长短不同，形成各种类型的花冠，主要有下列几种（图 7-6）。

蔷薇形（roseform）。花瓣 5 片，彼此分离，呈辐

图 7-6　花冠的类型

A. 蝶形花冠；B. 辐状花冠；C. 唇形花冠；D. 十字形花冠；E. 管状花冠；F. 舌状花冠；G. 漏斗形花冠；

H. 假蝶形花冠；I. 高脚碟形花冠；J. 钟形花冠；K. 蔷薇花冠；L. 坛状花冠

射状排列，如桃、梨、蔷薇、月季等。

十字形（cruciform）。由 4 片分离的花瓣排成十字形，如油菜、萝卜等十字花科植物。

蝶形（papilionaceous）。花瓣 5 片，离生，排成蝶形，最上一片花瓣最大，称旗瓣；侧面两片较小称翼瓣；最下面两片合生并弯曲成龙骨状称为龙骨瓣，如大豆、蚕豆等豆科植物。

唇形（labiate）。花瓣 5 片或 4 片，基部合生成筒状，上部裂片分成二唇状，两侧对称，如唇形科植物。

漏斗形（funnelform）。花瓣 5 片，合生，花冠基部呈筒状，由基部向上逐渐扩大成漏斗状，如甘薯、牵牛等。

管状（tubular）。花瓣联合成管状，花冠裂片向上伸展，如向日葵花序的盘花。

舌状（ligulate）。花瓣基部连成短筒，上部连生并向一边开张成扁平状，如向日葵花序的边花。

钟形（campanulate）。花冠筒宽而稍短，上部扩大成钟形，如南瓜、桔梗（*Platycodon grandiflorus*）、沙参（*Adenophora stricta*）等。

高脚碟状（hypocrateriform）。花冠下部狭圆筒状，上部突然成水平状扩展成碟状，如水仙、丁香等。

辐射状（rotate）。花冠筒极短，花冠裂片向四周辐射状伸展，如茄、番茄等。

坛状（urceolate）。花冠筒膨大成卵形或球形，上部收缩成一短颈，其上部短小的冠裂片向四周辐射状伸展，如柿树、乌饭树属（*Vaccinium*）。

花萼与花冠统称为花被（perianth），每一片花被称为花被片（tepal）。花萼和花冠都有的花称为两被花（dichlamydeous flower），如桃、油菜等，缺少其中之一的称为单被花（monochlamydeous flower）。单被花中的花被有的是花萼状，如甜菜、藜；有的是花冠状，如百合、荞麦。有的植物既无花萼又无花冠，如杨、柳等，称为无被花（achlamydeous flower）或裸花（naked flower）（图7-7）。

花瓣与萼片在花芽中排列的方式也因植物种类不同而异，常见的有镊合状、旋转状和覆瓦状等类型（图7-8）。

图 7-7　单被花百合（A）与两被花牻牛儿苗（B）

镊合状　　向内镊合状　　向外镊合状　　旋转　　覆瓦状　　重覆瓦状

图 7-8　花被的排列方式

镊合状（valvate）。花瓣或萼片各片边缘彼此接触，但不相互覆盖，如茄、番茄等。

旋转状（convolute）。花瓣或萼片每一片的一边覆盖着相邻一片的边缘，而另一边又被另一相邻片的边缘所覆盖，如夹竹桃、棉花等。

覆瓦状（imbricate）。与旋转状排列相似，但花瓣或萼片中有一片或两片完全在外，有一片或两片则完全在内，如桃、梨、油菜等。

（四）雄蕊群

雄蕊群（androecium）是一朵花内所有雄蕊的总称，由一定数目或多数雄蕊组成，其数目常因植物种类而不同，如小麦、大麦的花有3枚雄蕊，油菜、水稻有6枚雄蕊，苹果、桃、茶的花具多数雄蕊。雄蕊（stamen）着生在花冠内方，一般直接着生在花托上呈螺旋状或轮状排列，有些植物的雄蕊可以着生在花冠或花被上，形成冠生雄蕊（epipetalous stamen），如连翘、丁香等。

每个雄蕊由花丝（filament）和花药（anther）两部分组成（图7-9）。

花丝常细长，支持花药，使之伸展于一定空间，有利于散粉。花丝形态多样，有的呈扁平带状，如莲；有的花丝短于花药，如玉兰；有的花丝完全消失，如栀子；有的花丝呈花瓣状，如美人蕉等。花丝长短因植物种类而异，一般同一朵花的花丝等长，但有些植物同一朵花中花丝长短不等，如唇形科和玄参科植物花的4枚雄蕊，2枚长，2枚短，称为二强雄蕊（didynamous stamen）。十字花科植物每朵花中有6枚雄蕊，内轮4个花丝较长，外轮2个花丝较短，称作四强雄蕊（tetradynamous stamen）（图7-10）。

花药是雄蕊的主要部分，位于花丝顶端膨大成囊状，通常由4个或2个花粉囊（pollen sac）组成，分成两半，中间由药隔相连。花粉囊是产生花粉粒的地方，花粉粒成熟后，花粉囊自行开裂，花粉粒由裂口处散出。花药开裂方式很多（图7-11），最常见的开裂方式是沿花药长轴方向纵向裂开，称为纵裂

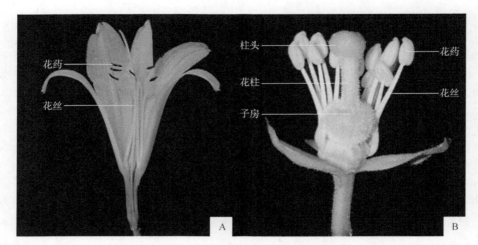

图 7-9 雄蕊及雌蕊的组成

A. 萱草花剖面图；B. 枸橘花剖面图

图 7-10 雄蕊的类型

A. 单体雄蕊；B. 二体雄蕊；C. 五体雄蕊；D. 无柄雄蕊；E. 四强雄蕊；F. 二强雄蕊；G. 离生雄蕊；H. 聚药雄蕊

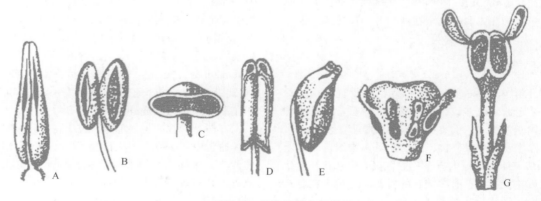

图 7-11 花药开裂方式

A、B. 纵裂（油菜、牵牛、小麦）；C. 横裂（木槿）；D、E. 孔裂（杜鹃、茄）；F、G. 瓣裂（樟、小檗）

（longitudinal dehiscence），如百合、桃、梨等。有的植物花药成熟后在其侧面裂成2～4个瓣状的盖，瓣盖打开时花粉散出，称为瓣裂（valvate dehiscence），如小檗、樟树等。有些植物花药为孔裂（porous dehiscence），即药室顶端成熟时裂开一小孔，花粉由小孔散出，如茄、杜鹃等。

花药在花丝上着生的方式有多种类型（图7-12），有的花药全部着生在花丝上，称全着药（adnate anther）；有的仅花药基部着生在花丝顶端，为基着药（basifixed anther）；有的是花药背部着生在花丝上，为背着药（dorsifixed anther）；花药背部中央着生在花丝顶端的为丁字药（versatile anther）；个字药（divergent anther）是指花药基部张开，花丝着生在汇合处，形如个字；有的花药近完全分离，叉开成一直线，花丝着生在汇合处，称为广歧药（divaricate anther）。

丁字药　个字药　广歧药　全着药　基着药　背着药
图7-12　花药在花丝上的着生方式

雄蕊也有分离与联合的变化。多数植物雄蕊的花丝、花药全部分离，称为离生雄蕊（distinct stamen），如桃、梨等；有的植物花中雄蕊的花丝互相联合成一体，而花药分离，称为单体雄蕊（monadelphous stamen），如木槿、锦葵、棉花等；有的花药完全分离而花丝联合并分成两组（两组的数目相等或不等），称为二体雄蕊（diadelphous stamen），如刺槐、大豆、紫藤等；花丝联合成多束的称为多体雄蕊（polyadelphous stamen），如蓖麻、金丝桃（*Hypericum chinensis*）；有的植物雄蕊的花丝分离而花药合生，称为聚药雄蕊（syngensious stamen），如菊科植物（图7-10）。

（五）雌蕊群

雌蕊群（gynoecium）是一朵花内所有雌蕊的总称，

位于花正中央，着生在花托上。一朵花中的雌蕊群可由1个或多个雌蕊（pistil）组成。从发育角度看，雌蕊也是由叶变态而成的，我们把这种适应于生殖作用的变态叶称为心皮（carpel）。心皮是构成雌蕊的基本单位，由一个或多个心皮卷合发育形成雌蕊（图7-13）。心皮边缘相结合处，相当于叶缘的部分称为腹缝线，心皮的背部相当于叶中脉的部分称为背缝线，腹缝线和背缝线处均可见到维管束。在形成雌蕊时，常分化出柱头（stigma）、花柱（style）和子房（ovary）三部分。

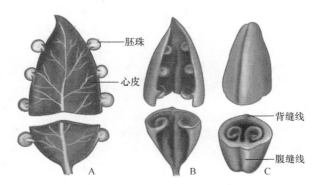

——胚珠
——心皮
——背缝线
——腹缝线
A　　　B　　　C
图7-13　心皮进化为雌蕊的示意图
A. 一个打开的心皮；B. 心皮边缘内卷；C. 心皮边缘愈合

植物种类不同，组成雌蕊的心皮数目和结合情况也不同（图7-14）。一朵花中仅有一个由一个心皮构成的雌蕊称为单雌蕊（simple pistil），如大豆、桃等；一朵花中的雌蕊群，虽然有多个心皮，但各个心皮彼此分离，各自形成一个雌蕊，称为离生单雌蕊（apocarpous gynaccium），如毛茛、草莓、蔷薇等；一朵花中只有一个由两个或两个以上心皮联合而成的雌蕊，称为复雌蕊（compound pistil），如油菜、苹果、棉花等。复雌蕊中，有的子房合生，花柱、柱头分离，如梨等；有的子房、花柱合生，柱头分离，如向日葵；有的子房、花柱和柱头全部合生，如油菜。一个复雌蕊的心皮数目，常与花柱、柱头和子房室数一致，可以借此判断复雌蕊的心皮数目。在植物演化过程中，离生单雌蕊为原始类型，由此向复雌蕊类型演化。

柱头是雌蕊的顶端部分，是接受花粉的地方，通

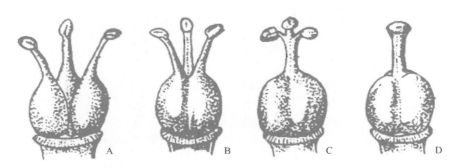

A　　　　B　　　　C　　　　D
图7-14　雌蕊的类型
A. 离生单雌蕊；B～D. 不同程度联合的复雌蕊

常膨大或扩展成各种形状。柱头表皮细胞可形成各种乳头状突起、短毛或长茸毛状。有的柱头成熟时表皮细胞分泌水分、糖类、脂类、激素、酚类、酶等物质，故柱头表面湿润，有助于花粉粒附着和萌发。

花柱是连接柱头与子房之间的部分，也是花粉进入子房的通道，多为细长管状，长短因植物不同而异。

花柱为花粉管生长提供营养及一些趋化物质，并对伸长的花粉管形成保护，有利于花粉管进入子房。

子房是雌蕊基部膨大的部分，由子房壁、子房室、胎座和胚珠组成，是雌蕊最重要的部分。子房着生在花托上，它与花其他部分的相对位置，常因植物种类而不同，通常分为三类（图7-15）。

子房上位（下位花）　　子房上位（周位花）　　半下位子房（周位花）　　下位子房（上位花）

图 7-15　子房的位置

上位子房（superior ovary）。雌蕊子房仅以底部与花托相连。花其他部分不与子房相连，可分为两种类型：一种是花萼、花冠、雄蕊群着生于子房下方，称为上位子房下位花，如油菜、棉花等；另一种是花托呈杯状或花萼、花冠、雄蕊群下部愈合成杯状花筒（floral tube），子房仅以底部着生在花托中央，花其他部分生于花托边缘或花筒边缘，上部各自分离环绕于子房周围，称为上位子房周位花，如桃、李、梅等。

半下位子房（half-inferior ovary）。子房下半部陷生于花托中，并与其愈合，花萼、花冠、雄蕊群环绕子房四周而着生于花托边缘，故称为半下位子房，这种花称为周位花，如蔷薇、甜菜、石楠等。

下位子房（inferior ovary）。子房全部陷生于杯状花托或花筒中，并与其愈合，仅柱头和花柱外露，花萼、花冠、雄蕊群着生于子房以上的花托或花筒边缘，这种花称为上位花。多数植物的下位子房是被花筒包围而发育形成的，如苹果、梨等；子房陷生于花托的植物较少，一般见于葫芦科、蜡梅科（Calycanthaceae）、仙人掌科、番杏科（Aizoaceae）和檀香科（Santalaceae）等少数科中。从植物进化角度看，下位子房比上位子房进化，子房被花托包被起来，增强了对受精后胚的保护，对植物繁衍具有积极意义。

心皮卷合时在子房内留下的空间为子房室（locule）。单雌蕊和离生单雌蕊的子房称为单子房，只有一个子房室，如豆、桃等；复雌蕊子房称为复子房，可以有一个子房室，也可以是几个子房室。复雌蕊子房室数目的差别取决于组成雌蕊的心皮数目及其接合方式。如果各心皮以边缘连接，全部心皮均为子房的壁，则只有一个子房室，如黄瓜、三色堇等；如果各心皮边缘向内卷入，在子房中央部分连接，则心皮的一部分构成了子房壁，一部分构成了子房内的隔膜，就形成多个子房室，如棉花、百合等。多室子房的子房室数目一般与组成子房的心皮数目相等，但也有例外，如石竹原为多室，后由于隔膜消失成为一室；油

菜原为一室，因产生假隔膜而成假二室。

胚珠（ovule）是着生于子房内胎座上的卵形小体，是种子的前身。由珠心、珠被、珠孔、珠柄和合点等部分构成。子房内胚珠的数目1至多数，因植物种类不同而异。

胎座（placenta）是子房内胚珠着生的部位，由于心皮数目和连接方式不同，形成了不同的胎座类型，常见的有如下几种（图7-16）。

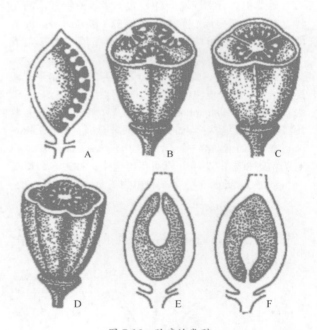

图 7-16　胎座的类型
A. 边缘胎座；B. 侧膜胎座；C. 中轴胎座；D. 特立中央胎座；E. 顶生胎座；F. 基生胎座

边缘胎座（marginal placentation）。一室单子房，胚珠着生于腹缝线上，如豆科植物。

侧膜胎座（parietal placentation）。一室复子房或假数室，胚珠着生于腹缝线上，如西瓜、黄瓜等。

中轴胎座（axile placentation）。多心皮构成的复子房，心皮边缘愈合内卷，直达子房中央，子房内隔膜完整，将子房分为数室，胚珠着生于中央交汇处的中轴周围，如棉花、番茄、百合等。

特立中央胎座（free central placentation）。一室复子房，或多室复子房内的隔膜消失成为一室，子房中央形成向上伸出的短轴，但未达子房顶部，胚珠着生其上，如石竹科、报春花科、马齿苋等。

基生胎座（basal placentation）。子房一室，胚珠着生于子房基部，如向日葵、大黄等。

顶生胎座（apical placentation）。子房一室，胚珠着生于子房室顶部，如桑、榆等。

一朵花中兼有雄蕊和雌蕊的称为两性花（bisexual flower），如油菜、桃、蚕豆、水稻等；仅有雌蕊或雄蕊的称为单性花（unisexud flower），其中只有雌蕊的称为雌花（pistillate flower），仅有雄蕊的称为雄花（staminate flower）。如果雌花和雄花长在同一植株上，称为雌雄同株（monoecious），如南瓜、蓖麻、玉米等；如果雌花和雄花分别生在不同植株上，称雌雄异株（dioecious），如大麻、菠菜、柳等。花中既无雌蕊，又无雄蕊的称为无性花（asexual flower）或中性花（neutral flower），如向日葵花序边缘的舌状花等。

三、花各部分的演化

植物在长期演化过程中，花的形态变化较大。各类群之间花的形态差异比较稳定，因此被子植物的分类，很大一部分是以花来决定的。花各部分的演化趋势，主要表现在以下几个方面。

（一）花各部分数目

不同植物，花各部分在数目上是不同的，总的演化趋势是从多而无定数进化到少而有定数，如玉兰、毛茛等较原始植物的花，雌蕊、雄蕊或花被片数目多而无定数；而大多数被子植物的雌蕊、雄蕊和花被片数目显著减少，并有一定数目。单子叶植物多为3数或3的倍数；双子叶植物多为4数或5数，或是4或5的倍数。花各部分相对固定的数目称为花基数。大多数植物萼片数目等于花基数，花瓣数目等于花基数或为其倍数。雄蕊数目常为花基数的2倍，而雌蕊心皮数目一般等于或少于花基数，如石竹的花基数是5，具5个萼片、5个花瓣、10个雄蕊、2个心皮。有些植物的花部有退化现象，如油菜的花基数为4，雄蕊两轮应有8个，但其中2个退化，只有6个；雌蕊的心皮数也有退化现象，如桃花的花基数为5，但雌蕊只由1个心皮组成；花被也有退化现象。

（二）排列方式

花各部分在花托上的排列方式因植物种类而异。双子叶植物中的木兰科、毛茛科花部排列方式多为螺旋排列；大多数被子植物的花部为轮状排列。螺旋排列较为原始，轮状排列进化。

（三）联合与分离

花各部分有分离，也有联合。从演化观点看，离生是原始的，联合是较高级的形态。

（四）对称性

花各部分在花托上的排列，常形成一定的对称面。如果通过花中心可作出多个对称面的称为辐射对称花或整齐花，如桃、百合、李等。如果通过花中心只能作出一个对称面的，称为两侧对称花或不整齐花，如大豆、堇菜、兰科植物。此外，还有完全不对称的花，如美人蕉，其雄蕊的部分退化和瓣化而使整朵花呈现不对称状。从演化观点看，辐射对称是原始的，两侧对称是进化的。

（五）花托形状和子房位置

花托有各种形状，按演化趋势，圆锥形花托是最原始的类型，花托仍保持枝状形态，如玉兰；在演化过程中，花托逐渐变短成为圆顶形或平顶形，如毛茛、牡丹；进一步的演化在花托中央部分形成凹陷，形成杯状或壶状花托，这是一种高级的花托类型。

花托形状的改变，也导致了子房位置的变化。花托圆锥形、圆顶形或平顶形，形成子房上位下位花；凹陷的花托，如果子房仅底部与花托愈合，则形成上位子房下位花，如桃、杏；如果整个子房壁与周围的花托愈合则形成下位子房上位花，如梨、苹果。由于花托与子房壁愈合，下位子房能受到较好保护，因此下位子房是进化的类型。

（六）两性花与单性花

演化的趋势是从两性花到单性花。

（七）完全花与不完全花

完全花是原始性状，不完全花是进化性状。

花各部分演化趋势是多方面的，就一朵花而言，各部分演化趋势并不同步，如梨和苹果的花，花萼和花冠离生，雄蕊多数是原始性状，而凹陷花托和下位子房则是进化形态。此外，人工栽培植物，花各个部分常发生相互转变的现象，如栽培的芍药和玫瑰，雄蕊数目减少、花瓣增多而成为重瓣花，有些花瓣上还可观察到残存的花药。

四、禾本科植物的花

小麦、水稻、玉米、甘蔗等禾本科植物花的形态和结构比较特殊，与一般花的形态不同。这里以小麦为例说明禾本科植物花的构成（图7-17）。

小麦的麦穗是一个复穗状花序，在穗主轴上着生

图 7-17　禾本科植物的花

1. 外颖；2. 内颖；3. 第一小花；4. 第二小花；5. 第三小花；6. 第四小花；7. 第五小花；8. 第六
小花；9. 第七小花；10. 外稃；11. 内稃；12. 浆片；13. 花丝；14. 花药；15. 子房；16. 柱头

许多小穗（spikelet），每一个小穗基部有 2 片坚硬的颖片（glume），分别称为外颖和内颖。颖片之内有几朵小花，一般基部的 2～3 朵能正常发育、结实，称为能育花（fertile flower）；上部的几朵为发育不完全的不育花（sterile flower）。每朵能育花的外面有 2 片鳞片状稃片包住，外面一片称外稃（lemma），相当于花基部的苞片；里面一片称内稃（palea）。有的小麦品种，外稃中脉明显，并延长成芒（awn）。内稃里面有 2 片小的囊状突起，称为浆片（lodicule）。内稃和浆片是由花被退化而成的。开花时，浆片吸水膨胀，使内稃、外稃张开，露出花药和柱头。花中央有 3 个雄蕊和 1 个雌蕊。雄蕊花丝较长，花药较大，开花时，常悬垂花外；雌蕊具 2 个羽毛状柱头，花柱不显著，子房 1 室。不育花只有内稃、外稃，没有雄蕊和雌蕊。

五、花程式和花图式

为了简要说明一朵花的结构、各部分组成、排列、位置及其相互关系，常采用一种公式或图解来对一朵花进行描述和记载，前者称为花程式（floral formula），后者称为花图式（floral diagram）。

（一）花程式

花程式是用一些字母、符号和数字，按一定顺序表示花各部分的组成、数目、排列、位置以及它们彼此之间的联系。花各部分一般用每一轮花部拉丁名词的第一个字母表示，通常用 Ca 或 K 表示花萼（kalyx or calyx），Co 或 C 代表花冠（corolla），A 代表雄蕊群（androecium），G 代表雌蕊群（gynoecium），如果花萼、花冠无明显区分，可用 P 代表花被（perianth）。每一字母右下角可以记上一个数字来表示各轮实际数目，如果缺少某一轮，可记下"0"，如果数目极多，可用"∞"表示。如果某一部分各组成单元互相联合，可在数字外加上"（）"表示。如果某一部分不止一轮，可在各轮数字间加上"+"号。如果是子房上位，可在 G 字下加一划"$\underline{G}$"；子房下位，则在 G 字上加一划"$\overline{G}$"；周位子房，则在 G 字上下各加一划"$\overline{\underline{G}}$"。在 G 字右下角第一个数字表示心皮数目，第二个数字表示子房室数，第三个数字表示子房中每室的胚珠数目，中间可用"："号相连。整齐花用"*"表示，不整齐花用"↑"表示。♂表示单性雄花，♀表示单性雌花，⚥表示两性花。现分别举例说明：

百合：⚥ $*P_{3+3} A_{3+3} \underline{G}_{(3:3:\infty)}$

豌豆：⚥ ↑$K_{(5)} C_{1+2+2} A_{(9)+1} \underline{G}_{1:1:\infty}$ 或 ⚥ ↑$Ca_{(5)}$ $Co_{1+2+2} A_{(9)+1} \underline{G}_{1:1:\infty}$

油菜：⚥* $K_4 C_4 A_{4+2} \underline{G}_{(2:2:\infty)}$ 或 ⚥*$Ca_4 Co_4 A_{4+2} \underline{G}$ $_{(2:2:\infty)}$

南瓜：♀*$K_{(5)} C_{(5)} A_0 \overline{G}_{(3:1:\infty)}$ 或 ♀*$Ca_{(5)} Co_{(5)}$ $A_0 \overline{G}_{(3:1:\infty)}$

♂*$K_{(5)} C_{(5)} A_{1+(2)+(2)} G_0$ 或 ♂* $Ca_{(5)} Co_{(5)}$ $A_{1+(2)+(2)} G_0$

（二）花图式

花图式是用花器官各部分横剖面简图来表示花的结构和各部分数目、离合情况，以及在花托上的排列位置，也就是花各部分在垂直于花轴平面所作的投影图。现以百合和蚕豆为例说明（图7-18）。图7-18中空心弧线表示苞片，实心弧线表示花冠，带横线条弧线表示花萼。雄蕊和雌蕊分别以花药和子房横切面图表示。图7-18中也可看到联合或分离，整齐或不整齐的排列情况等。

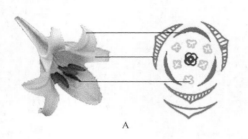
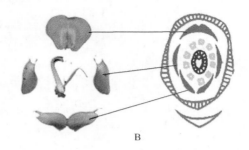

图7-18　花图式

A. 百合的花图式；B. 紫藤的花图式

六、花序

被子植物的花，有的是一朵花单独生于枝条顶端或叶腋，如玉兰、牡丹、桃等，称为单生花，而更多的是花按一定方式和顺序排列形成花序（inflorescence）。花序可生于枝条顶端或叶腋。整个花序的轴称为花序轴（rachis），其上的花称为小花。花序轴上小花梗基部的变态叶称为苞片（bract），有些植物苞片集生在花序基部，称为总苞（involucre）。常见花序分为无限花序和有限花序两大类（图7-19、图7-20）。

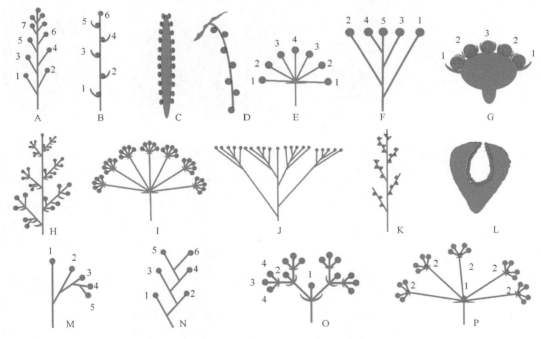

图7-19　花序的类型

A. 总状花序；B. 穗状花序；C. 肉穗花序；D. 柔荑花序；E. 伞形花序；F. 伞房花序；G. 头状花序；H. 圆锥花序；I. 复伞形花序；J. 复伞房花序；K. 复穗状花序；L. 隐头花序；M. 螺旋状单歧聚伞花序；N. 蝎尾状单歧聚伞花序；O. 二歧聚伞花序；P. 多歧聚伞花序

（一）无限花序

无限花序（indefinite inflorescence）或向心花序（centripetal inflorescence）是一种类似总状分枝的花序，开花顺序是花序轴下部或周围的花先开放，渐及上部或向中心依次开放，而花序轴可继续生长。

1. 简单花序（simple inflorescence）

花序轴不分枝，其上直接生长小花，包括以下几种。

（1）总状花序（raceme）。花序轴伸长，其上着生许多花柄几乎等长的两性花，如油菜、刺槐等。

图 7-20 常见花序

A. 穗状花序；B. 轮伞花序；C. 头状花序；D. 隐头花序；E. 总状花序；F. 柔荑花序；G. 复穗状花序；
H. 佛焰花序；I. 伞房花序；J. 螺旋状聚伞花序；K. 蝎尾状聚伞花序；L. 伞形花序

（2）穗状花序（spike）。花序轴直立，较长，小花直接生长在花序轴上，呈穗状，花无柄或近无柄，如车前、大麦等。

（3）柔荑花序（catkin）。花序轴柔软，常下垂（少数直立），其上着生许多无柄单性花，花后或结果后整个花序或连果脱落，如杨、柳、桑等。

（4）肉穗花序（spadix）。花序轴肉质化，呈棒状，花无柄，单性，如玉米雌花序、芋等。有的植物在肉穗花序下面有大型苞片，称佛焰苞（spathe），如马蹄莲（Zantedeschia aethiopica）、半夏等，这种花序也称佛焰花序。

（5）伞形花序（umbel）。花序轴缩短，许多花柄近等长的花聚生在花轴顶端，状如张开的伞，如五加、报春花（Primula malacoides）等。

（6）伞房花序（corymb）。花序轴较短，下部花柄较长，向上渐短，近顶端的花柄最短，整个花序的花几乎排列在一个平面上，如苹果、梨、山楂等。

（7）头状花序（capitulum）。花序轴常膨大为球形、半球形或盘状，许多无柄花集生其上，而成一头状体，如菊科植物；也有的植物花序轴不膨大，如三叶草、紫云英。

（8）隐头花序（hypanthodium）。花序轴肥厚膨大而中央凹陷，呈囊状，很多无柄单性花着生在凹陷腔壁上，一般上部为雄花，下部为雌花，几乎全部隐没不见，仅留一小孔与外方相通，为昆虫进出腔内传布花粉的通道，如无花果。

2. 复合花序（compound inflorescence）

花序轴具分枝，分枝上生长着简单花序。

（1）圆锥花序（复总状花序）（panicle）。花序轴分枝，每一分枝上形成一总状花序，又称复总状花序，如玉米的雄花、水稻、葡萄等。

（2）复穗状花序（compound spike）。花序轴分枝，每一分枝上形成一穗状花序，如小麦等。

（3）复伞房花序（compound corymb）。花序轴分

枝，伞房状，每一分枝上又形成伞房花序，如麻叶绣线菊（*Spiraea cantoniensis*）、花楸属（*Sorbus*）等。

（4）复伞形花序（compound umbel）。花序轴顶端丛生数个长短相等的分枝，各分枝形成伞形花序，如胡萝卜、芹菜等。

（二）有限花序

有限花序（definite inflorescence）或离心花序（centrifugal inflorescence），也称为聚伞花序（cyme inflorescence）。花序顶端或中心的花先开放，渐及下边或周围，花序轴不再延长。

1. 单歧聚伞花序（monochasium）

主轴顶芽成花后，侧枝又在顶端开花，逐次继续下去，各次分枝的方向又有变化，包括如下几种。

（1）螺旋状聚伞花序（helicoid cyme）。一侧发育而卷曲如螺旋状的聚伞花序，如附地菜（*Trigonotis peduncularis*）、聚合草（*Symphytum officinale*）等。

（2）蝎尾状聚伞花序（scorpioid cyme）。侧生聚伞花序左右间隔形成，如唐菖蒲（*Gladiolus gandavensis*）、美人蕉等。

2. 二歧聚伞花序（dichasium）

顶芽成花后，其下左右两侧的侧芽发育成侧枝和花，分枝的顶花下再形成两个分枝，依次发育成花序，如冬青、石竹等。

3. 多歧聚伞花序（pleiochasium）

顶芽成花后，其下形成 3 个侧芽发育成侧枝和花，再依次发育成花序，如泽漆（*Euphorbiahelioscopia*）等。

4. 轮伞花序（verticillaster）

聚伞花序着生在对生叶腋，花序轴及花梗极短，呈轮状排列，如夏至草等。

自然界有些植物在同一花序上既有有限花序又有无限花序，形成混合花序（mixed inflorescence），这类花序的主花序轴形成无限花序，侧生花序轴形成有限花序，如丁香等。

第三节　花的形成和发育

一、花芽分化

花和花序均由花芽发育而来，植物在完成其幼年期生长后，便开始形成花芽，是被子植物从营养生长进入生殖生长的重要标志。幼年期的长短各种植物不同。一般木本植物较长，草本植物较短。当植物完成了幼年期生长，在一定的光周期、温度、营养条件下，一些芽的分化随之发生质的变化。芽内顶端分生组织即生长点停止叶原基和腋芽原基分化，而分化发生花的各部分原基或花序原基。逐渐依次形成花或花序各组成部分，分化成花或花序，这一过程称为花芽分化（flower bud differentiation）。

花芽分化时，生长点横向扩大，向上突起并逐渐变平。以后按一定规律先后形成若干轮小突起，这些小突起就是花各部分原基，它们是一些幼嫩的细胞群。花原基可依次分出花萼原基、花瓣原基、雄蕊原基、雌蕊原基等。由这些原基发育成花各部分。花芽形成后，生长锥的分生组织全部分化，生长锥也就不存在了。

花芽形态因植物而异，一般花芽比枝芽肥大。有些植物一个花芽只分化形成一朵花，如油茶、玉兰、桃等；有些植物可分化为许多花而形成花序，如蚕豆、油菜、小麦等。

现以桃和小麦为例，说明花芽分化过程。

（一）桃的花芽分化

桃的花芽着生在腋芽两侧，桃花有 5 枚萼片、5 枚花瓣、多数雄蕊和 1 枚单心皮雌蕊。萼片、花瓣和雄蕊的上部各自分离，下部贴生成托杯（hypanthium），着生在花托上。托杯与中央的雌蕊分离。

花芽分化开始时，生殖生长锥渐呈宽圆锥形，顶部增宽，渐趋平坦，先在生长锥周围产生 5 个小突起，即萼片原基。接着在萼片原基内方，相继出现 5 个花瓣原基和外轮的雄蕊原基。在此发育过程中，萼片原基进一步伸长并向心内曲，由萼片、花瓣和雄蕊贴生而成的托杯向上升高，最后，生长锥中央逐渐向上突起，形成雌蕊原基（图 7-21）。

桃花的雄蕊、雌蕊原基在当年秋季至翌年早春继续发育。雄蕊发育要比雌蕊发育快得多。雄蕊在秋季即分化出花药和花丝，花药中有造孢组织出现，随后有药壁组织分化。雌蕊原基逐渐形成花柱和子房，但胚珠珠心组织的出现和柱头膨大开始于第二年早春，然后，花粉粒成熟，胚囊发育，直至开花。

（二）小麦的幼穗分化

禾本科植物花序的分化，一般称为幼穗分化。小麦幼穗开始分化时，叶片仍处于丛生状态，幼穗分化经过以下几个时期（图 7-22）。

（1）生长锥伸长期。茎的半球形生长锥显著伸长，扩大成长圆锥形，此时不再形成新的叶原基。

（2）单棱期。在茎生长锥继续伸长的同时，生长锥基部两侧，自下而上出现一系列环状突起，即苞叶原基，包围着茎枝的轴。

（3）二棱期。从幼穗中部开始，以向基和向顶次序发育，在各苞叶原基叶腋中分化出小穗原基。由于小穗原基也隆起，故在茎尖两侧出现了由两种原基突起所形成的双棱，上方的一个棱为小穗原基，继续增

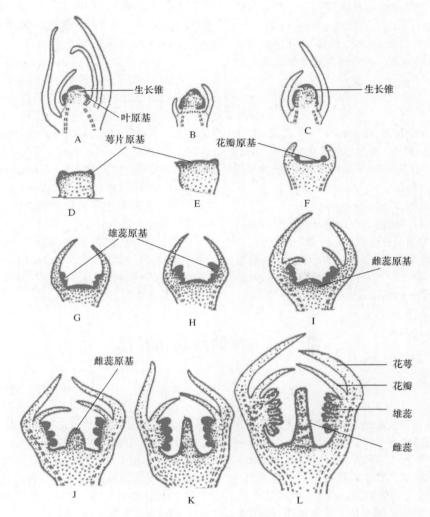

图 7-21　桃的花芽分化

A. 营养生长锥；B、C. 生殖生长锥分化初期；D、E. 萼片原基形成期；F. 花瓣原基形成期；
G、H. 雄蕊原基形成期；I～L. 雌蕊原基形成期

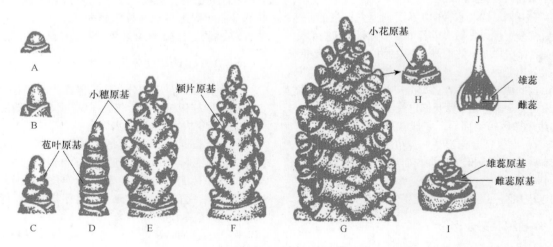

图 7-22　小麦的幼穗分化

A. 生长锥；B. 生长锥伸长期；C. 单棱期；D. 二棱期开始；E. 二棱期末期；F. 颖片分化期；
G. 小花分化期；H. 两个小穗正面观；I. 雄蕊分化期；J. 雌蕊形成期

大；下方的一个棱为苞叶原基，以后逐渐消失。

（4）颖片分化期。幼穗中部的小穗首先开始分化，先在基部分化出 2 个颖片原基，随后向上、向下依次排列的小穗原基陆续分化出各自的颖片原基。

（5）小花分化期。当小穗分化出颖片原基后，在小穗轴两侧自下而上进行小花分化，出现小花原基。此时，苞叶原基停止发育，小穗的发育迅速超过苞叶原基。每一朵小花依次发育出外稃原基、内稃原基、2 个浆片原基、3 个雄蕊原基和 1 个雌蕊原基。

（6）雌蕊、雄蕊分化期。当小花中发育出 2 个浆片原基后，小花中部分化出 3 个圆形突起，为雄蕊原基，稍后在小花中心部位发生出雌蕊原基。小麦的雌蕊由 2 个心皮组成，雌蕊原基初发生时，心皮合生，呈环状结构，包围着突起的胚珠，以后环状结构闭合，上部形成花柱，发育出二叉羽毛状柱头。位于小穗上部的小花，其雌蕊、雄蕊常退化，成不育花。

二、成花的生理与遗传基础

花芽分化是植物体由营养生长进入生殖生长的转折点，花和花序分化的好坏，直接关系到作物的产量。花的分化，需要一定的温度、光照、水分和肥料等。因此，在农业、林业生产上应掌握各种植物花芽分化的时期和规律，以及它们对各种条件的要求，在花芽分化前后，采取相应的栽培措施，促进生殖生长，为花芽分化和穗大粒多创造有利条件。例如，小麦拔节孕穗期是生长发育最旺盛、需水、需肥最多时期，此时适施水肥，可促进小花分化，增加结实粒数。

（一）低温与成花

低温是某些植物开花必需的条件，如将冬小麦种子低温处理后，于春季播种，可在当年开花。低温促使植物开花的作用称为春化作用（vernalization）。

各种植物春化要求的温度和时间长短不同。植物完成春化作用除低温条件外，还需要氧和水分等，干种子不能进行春化。植物感受低温的部位主要在茎尖的生长点。

（二）光周期与成花

许多植物的开花受光照时间长短控制，光照长短对植物开花的效应称为光周期现象（photoperiodism）。

根据开花与光周期的关系，将植物划分为短日植物（short-day plants）、长日植物（long-day plants）和日中性植物（day-neutral plants）。

长日植物要求日照长度大于一定的时数才能开花。延长光照时间、缩短暗期时间可提早成花，如冬小麦、菠菜、拟南芥（Arabidopsis thaliana）等。

短日植物要求每天日照短于一定时数才能开花。延长暗期可促进开花，如大豆、烟草、稻（晚稻）等。

日中性植物在任何日照条件下都能开花，对昼夜

长短无一定要求，如黄瓜、菜豆、番茄等。

植物叶是感受光周期的部位，而发生反应的部位是在茎尖，植物叶感受光周期后，将某种信号物质从叶转运到茎尖。迄今为止，人们尚未发现哪一种物质可促进所有植物开花，因此提出了植物成花是受多因子控制的模型，这些因子包括植物激素和其他代谢物。

（三）花器官发育的 ABC 模型

通过对拟南芥和金鱼草（Antirrhinum majus）花同源异型突变体的研究，Coen 和 Meyerowitz（1991）提出了花发育的 ABC 模型，它使人们能够通过改变 A、B、C 三类基因表达而控制花的结构。

拟南芥的花由外向内由花萼、花瓣、雄蕊和雌蕊 4 轮同心花器官组成，在经典的 ABC 模型中，4 轮花器官是由 A、B、C 三类器官特征基因共同表达的结果，每类基因组分别控制相邻两轮花器官发育，A 类基因单独控制花萼发育，A 类和 B 类基因共同控制花瓣发育，B 类和 C 类基因共同控制雄蕊发育，C 类基因单独控制雌蕊发育。此外，A、C 两类基因相互拮抗，即 A 功能基因能够抑制 C 在 1～2 轮的表达，C 反过来也能抑制 A 在 3～4 轮表达。

随着研究的深入，人们在对矮牵牛中影响胚珠发育突变体的研究中发现了与 C 类基因功能部分重叠的 D 类基因，拟南芥的研究也进一步证明了控制胚珠发育的 D 类基因的存在，于是 Angenent 和 Colombo（1996）提出将 ABC 模型延伸为 ABCD 模型，把控制胚珠发育的基因列为 D 类功能基因。后来，人们在寻找与 A、B、C 类基因相互作用的蛋白质时发现了另一类花特征基因，这类基因和 B、C 类基因联合作用可以完成由营养器官向花器官的转变，但它们既不属于 B 类基因，也不属于 C 类基因，被命名为 E 类功能基因。从而使花器官发育的 ABC 模型进一步发展形成 ABCDE 模型（图 7-23）。

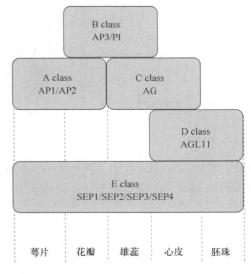

图 7-23　拟南芥花器官发育的 ABCDE 模型及相关基因

通过对花器官特征基因 A、B、C、D、E 的研究，花器官发育基因是以蛋白质复合体形式决定花器官的发育，通过对这些基因表达蛋白的相互作用研究，人们推测这些复合体以四聚体形式存在：2A＋2SEP 决定萼片；A＋2B＋SEP 决定花瓣；2B＋C＋SEP 决定雄蕊；2C＋2SEP 决定心皮，即花器官发育的四聚体模型（图 7-24）。

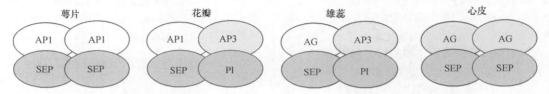

图 7-24　花器官发育的四聚体模型，显示每轮器官均由 4 个蛋白质组成的复合体决定

第四节　雄蕊的发育与结构

一、雄蕊的发育

雄蕊由花芽中的雄蕊原基经细胞分裂、分化而来。雄蕊分化时，首先在其基部迅速伸长形成花丝。花丝的结构一般简单，最外层是一层角质化表皮细胞，有的还附生毛茸、气孔等，表皮以内是薄壁组织，中央有一条维管束贯穿，上连药隔，下连花托。

在雄蕊原基分化形成花丝的同时，花丝顶端膨大发育为花药。花药是雄蕊的主要部分，是产生花粉（pollen）或小孢子（microspore）的地方，与生殖有直接关系。多数被子植物的花药由 4 个花粉囊组成，分为左、右两半，中间由药隔相连，药隔中含有一个维管束自花丝通入。也有少数种类的花药仅由 2 个花粉囊组成，如棉花。花粉囊外由囊壁包围，内生许多花粉粒。花药成熟后，药隔每一侧的 2 个花粉囊之间的壁破裂消失，花粉囊相互沟通，花粉由裂开的花粉囊散出（图 7-25）。

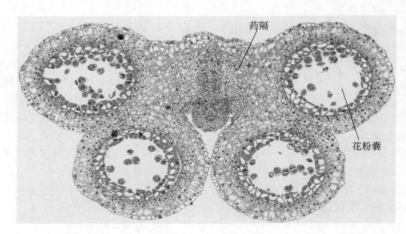

药隔

花粉囊

图 7-25　百合花药的结构

二、花药的发育与结构

（一）花药的发育

最初形成的幼小花药是由一群具有高度分裂能力的细胞组成（图 7-26A），这群细胞在分裂过程中，四个角处的细胞分裂较快，使幼小花药逐步形成在横切面上具有四棱外形的花药雏体（图 7-26B），它的最外面分化出一层表皮。随之，在四个棱角处的表皮细胞内侧，分化出一或几纵列的孢原细胞（archesporium cell）。孢原细胞体积和细胞核较大，细胞质较浓，通过一次平周分裂，形成内外两层细胞，外层为初生壁细胞（primary wall cell）或称初生周缘细胞（primary parietal cell），内层为造孢细胞（sporogenous cell）。以后初生壁细胞再进行平周分裂和垂周分裂，产生呈同心排列的数层细胞，自外向内依次为药室内壁（endothecium）、中层（middle layer）和绒毡层（tapetum），它们连同包被整个花药的表皮构成了花药壁，将造孢细胞及其衍生细胞包围起来。在初生壁细胞分裂的同时，造孢细胞也进行分裂，形成多个花粉母细胞（pollen mother cell），少数植物的造孢细胞不经过分裂，可直接形成花粉母细胞（图 7-26）。花药原基的中部细胞逐步发育成药隔。

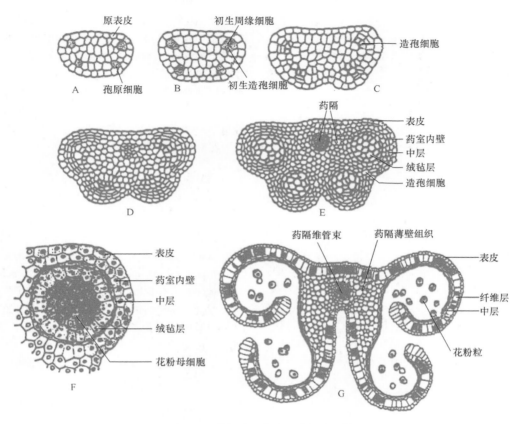

图 7-26　花粉囊的发育和花粉的形成

A. 幼期花药横切；B. 孢原细胞出现；C. 孢原细胞进行平周分裂，产生初生壁细胞与造孢细胞；D、E. 初生壁细胞与造孢
细胞进行分裂，产生药壁细胞层与花粉母细胞；F. 减数分裂开始前花药的构造，自外向内：表皮、药室内壁、中层、绒毡
层、花粉母细胞；G. 已开裂的花药，示花药结构及成熟花粉粒

（二）花药壁的结构

　　花药的壁在达到完全分化时期，从外到内的细胞层依次为：表皮、药室内壁、中层和绒毡层（图 7-26F、图 7-27）。这几层细胞在形成和生长过程中发生了各种变化。

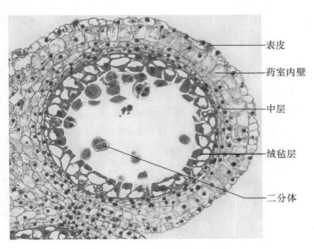

图 7-27　百合花粉囊壁的结构

1. 表皮

　　表皮（epidermis）是位于花药最外侧的一层细胞，在花药发育过程中，这层细胞可进行垂周分裂增加细胞数目以适应内部组织的迅速增长。随着花药扩大，表皮细胞逐渐扩展成扁长形。表皮上通常具角质层，有的还有表皮毛，主要行使保护功能。

2. 药室内壁

　　药室内壁（endothecium）位于表皮下方，通常为单层细胞。幼期药室内壁细胞含有大量多糖，在花药接近成熟时，这层细胞径向增大明显，细胞内储藏物质逐渐消失，细胞壁除外切向壁外，其他各面的壁多产生不均匀条纹状加厚，加厚成分一般为纤维素，或在成熟时略为木质化。药室内壁在发育后期又称纤维层（fibrous layer）（图 7-27、图 7-28）。由于在同侧两个花粉囊交接处的花药壁细胞保持薄壁状态，无条纹状加厚，花药成熟时，药室内壁失水，其细胞壁加厚特点所形成的拉力，致使花药在抗拉力弱的薄壁细胞处裂开，花粉囊随之相通，花粉沿裂缝散出。花药孔裂的植物以及一些水生植物、闭花受精植物，其药室内壁不发生条纹状加厚，花药成熟时也不开裂。

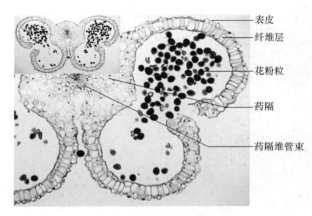

图 7-28　百合成熟花药的结构

表皮
纤维层
花粉粒
药隔
药隔维管束

3. 中层

位于药室内壁内方，通常由 1～3 层细胞组成。中层（middle layer）发育初期，细胞内含有淀粉或其他储藏物质，然而，当花粉母细胞进行减数分裂时，中层细胞内的储藏物质逐渐减少，同时由于受到花粉囊内部细胞增殖和长大所产生的挤压，中层细胞变为扁平，较早地解体而被吸收。所以，在成熟花药中一般无中层。但有的植物，如百合，中层最外层细胞像纤维层一样，一直保留至花药成熟时期，也发生纤维状加厚（图 7-28）。

4. 绒毡层

绒毡层（tapetum）是花药壁最内层细胞，它与花粉囊内的造孢细胞直接毗连。绒毡层细胞较大，细胞器丰富，细胞质浓厚，液泡少而小，含有较多的 RNA、蛋白质和酶，并富有油脂、胡萝卜素和孢粉素等物质，初期具单核，后来发生核分裂不伴随新壁的形成，因此出现双核和多核结构。当花粉母细胞减数分裂接近完成时，绒毡层细胞开始退化、解体，并一直延续到小孢子后期或雄配子体阶段，此期间，绒毡层细胞作为营养物质被花粉粒发育吸收和利用，绒毡层细胞仅留残迹或不存在。

根据绒毡层发育后期的形态差异，可区分为分泌和变形两种形式的绒毡层。

分泌绒毡层（secretory tapetum）又称腺质绒毡层（glandular tapetum），整个发育过程中绒毡层始终维持在原来的位置，没有细胞破损，直至花粉成熟时细胞在原位解体，是被子植物常见的发育方式，如百合。变形绒毡层（amoeboid tapetum）又称周缘质团绒毡层（periplasmodiol tapetum），它在发育过程中较早地发生内切向壁和径向壁的破坏，原生质体突出至花粉囊中，彼此融合形成多核周原质团，在花粉完全成熟时被吸收。

绒毡层在花粉粒发育过程中起着非常重要的作用，可归纳为：当花粉母细胞减数分裂时，绒毡层细胞转运营养物质至药室内；绒毡层合成和分泌的胼胝质酶，能适时分解花粉母细胞和四分体的胼胝质壁，使幼期单核花粉粒互相分离而保证正常发育；绒毡层合成的蛋白质

转运到花粉壁，构成花粉外壁蛋白质，在花粉与雌蕊相互识别中起重要作用；当花粉母细胞减数分裂完成后，绒毡层提供构成孢粉素的外壁物质；成熟花粉粒外面的花粉鞘和含油层主要包含脂类和胡萝卜素，这些物质由绒毡层细胞输送；当绒毡层解体后，它的降解产物可作为花粉合成 DNA、RNA、蛋白质和淀粉的原料。如果绒毡层发生功能失常，致使花粉粒不能正常发育，就会导致花粉败育，出现雄性不育现象。

三、小孢子母细胞和小孢子的产生

（一）小孢子母细胞的形成

在初生壁细胞分裂、分化形成花粉囊壁的同时，造孢细胞也相应地分裂形成多个小孢子母细胞（microspore mother cell），也称花粉母细胞（pollen mother cell）；有少数植物（如锦葵科和葫芦科某些植物），其小孢子母细胞由造孢细胞不经分裂直接发育而成。刚形成的小孢子母细胞呈多边形，后呈近圆形。细胞核和细胞体积较大，细胞质浓厚，无明显液泡。小孢子母细胞之间以及与绒毡层细胞之间均存在胞间连丝。小孢子母细胞不断积累营养物质，细胞内各种细胞器大量增加，RNA 和蛋白质大量合成，在质膜与细胞壁之间积累大量胼胝质，并形成胼胝质壁，进入减数分裂阶段，此时小孢子母细胞核中的 DNA 已经复制完成。

（二）小孢子的产生

小孢子母细胞经过减数分裂形成 4 个单倍体子细胞，称为小孢子（microspore），最初 4 个小孢子共同包于胼胝质壁中，称为四分体（tetrad）。四分体小孢子之间也有胼胝质分隔，以保持减数分裂后的基因重组和小孢子之间的独立性。后来由于绒毡层分泌胼胝质酶，使四分体胼胝质壁溶解，将小孢子从四分体中释放出来，成为 4 个单核花粉粒（小孢子）。但有些植物的由同一花粉母细胞形成的 4 个花粉粒始终结合在一起，保持四分体状态，如杜鹃（*Rhododendron simsii*）、香蒲属（*Typha*）的花粉。

花粉母细胞经过减数分裂形成的 4 个小孢子，在排列上常随新壁产生方式不同而有所不同。减数分裂在第一次分裂完成之后即生成新壁，出现一个二分体阶段，第二次分裂面因与第一次相垂直，所以四分体排列在同一个平面上，这种胞质分裂类型称为连续型（successive type）（图 7-29A），如大多数单子叶植物和夹竹桃等少数双子叶植物。减数分裂在第一次分裂完成之后不立即形成新壁，而是在形成四分体时才同时产生细胞壁，新壁并不互相垂直，所以四分体的 4 个细胞呈四面体，这种胞质分裂类型称为同时型（simultaneous type）（图 7-29B），如大多数双子叶植物和兰科、莎草科等部分单子叶植物。

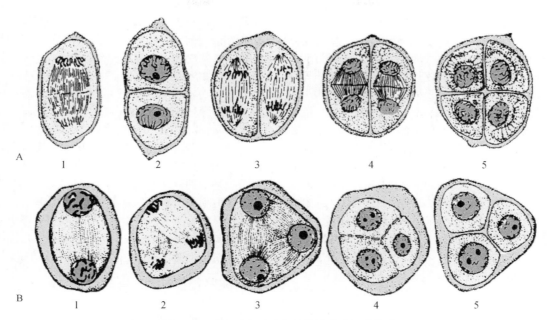

图 7-29　花粉母细胞减数分裂的胞质分裂类型

A. 1~5 连续型胞质分裂；B. 1~5 同时型胞质分裂

四、花粉粒的形成与发育

随着花药发育，绒毡层分泌胼胝质酶，将四分体胼胝质壁溶解，四分体分离并游离在花粉囊中，形成小孢子，也称单核花粉粒。刚游离出来的单核花粉粒，细胞壁薄，细胞质浓厚，细胞核位于细胞中央（图 7-30）。不久，单核花粉粒从解体的绒毡层细胞吸取营养物质，细胞体积迅速增大，细胞中逐渐形成中央大液泡，细胞

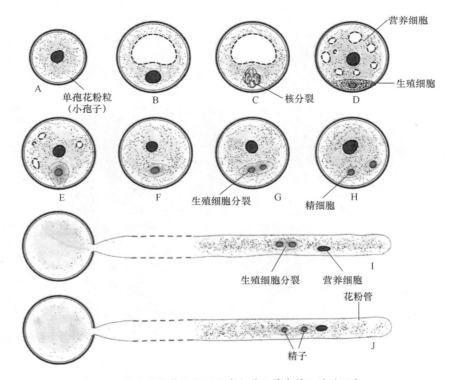

图 7-30　被子植物花粉粒的发育与花粉管中精细胞的形成

A、B. 单核花粉粒时期；C. 单核花粉粒核分裂；D. 营养细胞与生殖细胞；E. 生殖细胞脱离花粉粒内壁；F. 生殖细胞移至花粉粒中央；G、H. 生殖细胞有丝分裂形成 2 个精子（3 细胞花粉粒）；I、J. 生殖细胞在花粉管中分裂形成 2 个精子

质呈贴壁的一薄层，细胞核随之由中央移向一侧（单核靠边期）。单核花粉粒长大后，接着进行一次有丝分裂，先形成两个细胞核，贴近单核花粉粒壁的为生殖核，向着大液泡的称为营养核。之后进行一次不均等的胞质分裂，形成两个形状、大小和功能不同的细胞，其中较大的是营养细胞（vegetative cell），较小的是生殖细胞（generative cell）。营养细胞包含了单核花粉粒的大液泡及大部分细胞质，以后液泡逐渐变小消失。营养细胞中，细胞器丰富，代谢活跃，含有大量淀粉、脂肪、生理活性物质、色素等，其功能主要与花粉粒发育中的营养以及花粉管生长有关。生殖细胞呈凸透镜状，细胞核较大，细胞质仅一薄层，细胞质含线粒体、核糖体、内质网、高尔基体等细胞器。生殖细胞刚形成时紧贴花粉粒内壁，与营养细胞之间只被两层质膜分隔，两层质膜间有狭窄空间，在其中逐渐沉积胼胝质的壁物质。这样营养细胞和生殖细胞各自都具有细胞壁，以后生殖细胞脱离花粉壁，游离在营养细胞细胞质中；与此同时，生殖细胞变为球形，胼胝质壁消失。这样，生殖细胞仅为它本身的质膜和周围营养细胞的质膜所包围，成为一个无壁的裸细胞。有些植物在散粉前，生殖细胞再进行一次有丝分裂，形成 2 个裸细胞结构的精子（sperm），即雄配子（male gamete），成熟花粉粒就是雄配子体（male gametophyte）。这种细胞中有细胞的独特现象，反映了被子植物的雄配子体结构高度进化和简化的状态。

很多植物，当花药成熟花粉粒散出时，只发育到含有营养细胞和生殖细胞的状态，这种花粉粒称为 2- 细胞型花粉粒。2- 细胞型花粉粒在传粉以后随花粉管的生长，在花粉管里再进行一次有丝分裂，产生 2 个精细胞（图 7-30）。在调查过的 260 科 2000 多种被子植物中，179 科有 2- 细胞型花粉粒，如木兰科、毛茛科、蔷薇科、豆科等，约占调查总数的 70%。有些植物在散粉前，生殖细胞再进行一次有丝分裂形成两个精子，花粉粒中含有营养细胞和两个精子，这种花粉粒称为 3- 细胞型花粉粒，如禾本科和菊科部分种类的花粉。也有少数植物散粉的同时具有 2- 细胞型和 3- 细胞型两种状态的花粉，如堇菜属（Viola）、捕蝇草属（Dionaea）以及单子叶植物的百合属等。

在花粉粒进行内部发育的同时，花粉粒的壁也逐渐发育出内壁（intine）和外壁（exine）两层结构。减数分裂形成四分体不久，花粉粒的壁也开始发育。在四分体时期，壁物质来源于小孢子细胞质；当小孢子分离后，壁物质除来源于小孢子本身外，还由绒毡层细胞提供。初形成的壁是花粉粒的外壁，后在外壁内侧，萌发孔区开始发育内壁，再遍及整个外壁内侧。

五、成熟花粉粒的形态与结构

（一）成熟花粉粒的形态

花粉粒的形态多种多样，有圆球形（如水稻、小麦、桃等）、椭圆形（如油菜、蚕豆、苹果等），也有的略呈三角形（如烟草、茶、枣等）等其他形状。花粉粒的直径一般为 10～50μm，如桃的花粉粒直径约 25μm；柑橘约 30μm；油茶约 40μm；南瓜可达 200μm；最大的花粉粒如紫茉莉为 250μm；最小的花粉粒如高山勿忘草（Myosotis alpestris），仅 2.5～3.5μm。花粉外壁形态变化多样，有的光滑，有的形成刺状、粒状、瘤状、棒状、穴状、网状等各式雕纹（图 7-31）。花粉粒的形状、大小、外壁纹饰特征，萌发孔有无、数量和分布等特征，都因植物种类而异，但这些特征受遗传因素控制，就每种植物来说，这些特征非常稳定。

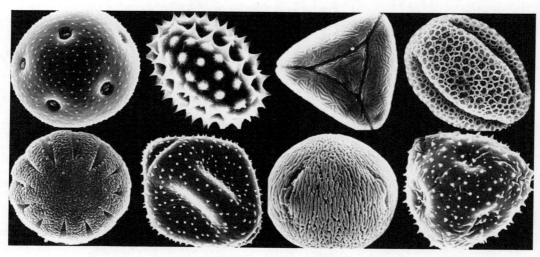

图 7-31 成熟花粉粒的形状

（二）成熟花粉粒的结构

成熟花粉粒由花粉壁，包括外壁和内壁，一个营养细胞和一个生殖细胞或两个精子构成（图 7-32）。

1. 花粉粒壁的结构和成分

花粉粒的壁不同于一般的植物细胞壁，它包括外

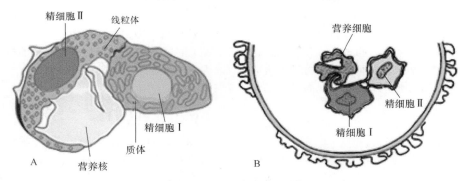

图 7-32　雄性生殖单位图解

A. 油菜的雄性生殖单位（三维重组图）；B. 油菜花粉粒的一部分，示内部的雄性生殖单位

（引自 Dumas et al. ，1984）

壁和内壁两部分。外壁较厚，常形成各种条纹、网纹等纹饰和刺、疣、棒状或圆柱状等各种附属物。未形成外壁的一些孔隙发育形成萌发孔（germ pore）或萌发沟（germ furrow）。在萌发孔或萌发沟处只有内壁而无外壁，花粉萌发时花粉管由萌发孔或萌发沟长出。孔、沟的有无和数量因植物种类而异，有的只有萌发孔，有的只有萌发沟，有的两者均有。萌发沟的数量变化较少，但萌发孔的数量变化较大，可从一个至多数。花粉外壁主要成分为孢粉素、纤维素、类胡萝卜素、类黄酮素、脂类及蛋白质等，所以，花粉常呈黄色。孢粉素的化学性质极为稳定，具有抗高温、高压、抗酸碱、抗生物分解等特性，因而花粉粒的外壁及其上的纹饰特征能够长期保存，对花粉鉴别有特殊意义。

花粉粒的内壁较薄，主要组成成分为纤维素、果胶质、半纤维素及蛋白质等。花粉外壁和内壁所含蛋白质是一种活性蛋白，具有识别功能，称为识别蛋白或称花粉壁蛋白。外壁蛋白是绒毡层细胞提供的，内壁蛋白是花粉本身合成的，存在于内壁多糖基质中。在传粉受精过程中，花粉壁蛋白与雌蕊组织之间的识别反应决定着花粉是否萌发以及亲和性或不亲和性。外壁和内壁上还有酶，特别是水解酶，但酶的种类明显不同。例如，核糖核酸酶、酸性磷酸酶仅存于内壁；而琥珀酸及 NADH 脱氢酶、蛋白酶仅存在于外壁。

花粉粒的形状、大小、外壁纹饰以及萌发孔、萌发沟形状和数量等特性，都因植物种类不同而不同。运用这些特异性可以鉴定植物种类；同时，对古植物的孢粉研究在判断地质年代、勘探煤田和石油矿藏、研究不同植物类群演化和历史地理分析等方面也得到广泛应用。

2. 营养细胞

在成熟花粉粒中，营养细胞较大，核结构疏松，核孔较多，核质常向外扩散，含酸性蛋白较多，染色较浅，通常没有核仁。营养细胞的细胞质较多，细胞器丰富，RNA 含量较高（对花粉管生长和生殖细胞分裂是必要的）。储藏物质含量丰富，在花粉粒发育后

期，质体开始积累淀粉，许多植物花粉的营养细胞内积累脂肪，大量脂肪分布在生殖细胞周围。表明营养细胞代谢活动旺盛，这对花粉萌发和花粉管生长十分有利。

3. 生殖细胞或精子（精细胞）

在成熟的 2- 细胞型花粉粒中，生殖细胞是一个无壁的裸细胞，仅由其本身的质膜和营养细胞的质膜所包围。生殖细胞为长纺锤形或长椭圆形，这种形状被认为有利于进入花粉管。生殖细胞的核相对较大，内含 1～2 个核仁，染色质凝集，细胞质稀少。电镜下，生殖细胞含有线粒体、内质网、高尔基体、核糖体等细胞器，除少数植物，如月见草属（Oenothera）、天竺葵属（Pelargonium）等生殖细胞始终含有质体外，多数植物缺少质体。生殖细胞中质体的存在与细胞质遗传信息的传递有关。

在 3- 细胞型花粉粒发育过程中，生殖细胞形成后即进行 DNA 复制，接着进入有丝分裂形成 2 个精子。2- 细胞型花粉粒，生殖细胞的有丝分裂停滞在分裂前期或中期，直至进入花粉管中才继续分裂为 2 个精子。精子也是无壁的裸细胞，体积小，细胞质稀少，含有线粒体、内质网、高尔基体、核糖体、微管等细胞器。其形状多样，各种植物有特定的形态，如纺锤形、球形、椭圆形、蠕虫状、带状等。

20 世纪 80 年代以来，应用电镜连续超薄切片技术和计算机三维重组技术，重构花粉粒的三维结构模型以及定量细胞学研究证明，在白花丹（Plumbago zeylanica）、菠菜、甘蓝、玉米等植物中发现一对精子间有分化，即具异型性。一般较大的一个精子与营养核紧密联结或更为接近，具有长的尾部，含大量线粒体，几乎无质体；小的精子，无尾，质体丰富而线粒体少，但在菠菜、甘蓝、油菜等的精子中无质体。杜马（Dumas）等（1984）提出了雄性生殖单位的概念，指在被子植物雄配子体中精子与营养核及一对精子之间存在物理上的连接或结构上的连接，成为一个结构单位（图 7-32），即"雄性生殖单位"。

有关雄性生殖单位的研究已经证明，雄性生殖单位不仅存在于 3- 细胞型花粉中，也存在于 2- 细胞型花粉植物中。因此，雄性生殖单位也指在成熟花粉或花粉管中营养核与生殖细胞形成的联合体。雄性生殖单位概念的建立和精子异型性的发现可视为被子植物胚胎学史上的重大发现。

（三）花粉的生活力

花粉的生活力因植物种类不同而差异很大。自然条件下，大多数植物的花粉从花药散出后只能存活几小时，几天或几个星期。一般木本植物花粉的寿命比草本植物的长，如在干燥、凉爽条件下，柑橘花粉能存活 40～50d，椴树 45d，苹果 10～70d，樱桃 30～100d，麻栎一年。而在草本植物中，如棉属花粉采下后 24h 存活只有 65%，超过 24h 很少存活；多数禾本科植物的存活时间不超过一天，如玉米 1～2d，水稻花粉在田间条件下经 3min 就有 50% 丧失生活力，5min 后几乎全部死亡。花粉粒的类型和生活力也表现出相关性，通常 3- 细胞型花粉的寿命较 2- 细胞型花粉短，如水稻等禾本科植物为 3- 细胞型花粉，寿命都较短。

了解花粉的生活力对于农林生产和育种工作具有重要意义。在生产和杂交工作中需要进行人工辅助的杂交授粉，都需要收集和储藏具有生活力的花粉。花粉的生活力除受植物本身遗传决定外，同时受环境影响。影响花粉生活力的主要环境因素是温度、湿度和空气。控制低温、干燥、缺氧条件进行花粉储藏，以降低花粉代谢活动水平，使其处于休眠状态以达到保持或延长花粉的寿命，解决远距离或不同花期植物之间的授粉问题。近年来，在储藏花粉方面利用超低温、真空或降低氧分压以及快速冷冻干燥等方法，延长花粉生活力取得良好效果。

六、花粉败育和雄性不育

由于外界和内在因素影响，花粉的正常发育受到影响，有时散发出的花粉不能起到生殖作用，这一现象称为花粉的败育（abortion）。花粉败育往往与环境条件相联系，如温度过低或过高、水分亏缺、光照不足、严重干旱、污染、药剂处理等，均有可能引起植物生理失调而导致花粉败育。花粉败育最敏感的时期多在花粉母细胞进行减数分裂阶段，如水稻在此阶段遭遇 16℃ 以下低温，其花粉母细胞的减数分裂异常，常形成大量败育花粉，是成为谷粒"空壳"的一个重要原因。

由于内在生理、遗传的原因，正常自然条件下也会产生花药或花粉不能正常发育，成为畸形或完全退化的情况，这一现象称为雄性不育（male sterility）。雄性不育特征一旦形成，常常是可遗传的。雄性不育可遗传的品系称为"雄性不育系"。遗传性雄性不育在植物界是一种常见现象，据统计已在 43 科、162 属、

320 种和 297 个种间杂种中发现了雄性不育现象。由于雄性不育是杂种优势利用的基础，因此，对雄性不育机理的探索一直是一个非常活跃的研究领域。雄性不育的原因是多方面的，与植物学有关的原因有如下几个。

（一）绒毡层发育

研究表明，雄性不育的发生与绒毡层正常发育途径受干扰有关。绒毡层细胞延迟退化、提早降解、细胞肥大生长都是影响花粉发育，导致花粉败育的原因。另外，绒毡层营养物质减少，绒毡层细胞生物合成活性下降，影响了小孢子发育，也可导致花粉败育。

（二）细胞骨架

植物正常花粉含有丰富的肌动蛋白，不育花药中的肌动蛋白很少。细胞骨架系统的紊乱也是花粉败育过程的一种表现。在水稻光温敏核雄性不育系培矮 64s 小孢子母细胞减数分裂期间，发现各发育阶段细胞内的微管骨架呈现许多不正常现象。例如，在偶线期没有极性分布的微管；减数分裂期间出现许多特别粗的维管束；终变期，围绕核的微管宽带结构松散，内含微管数量少等。

（三）细胞的程序性死亡

在高等植物生活周期中，有些部位的器官、组织和细胞会在个体生活周期结束之前死亡，这种死亡是对外界环境变化的生理反应，是由外部信号引起的细胞自主死亡过程，称为细胞程序性死亡（programmed cell death，PCD）。细胞学研究表明，在花药成熟之前，作为正常有性生殖过程的前提，有些花药组织以精确的时间顺序经历细胞死亡过程，如果这些细胞的死亡过程发生了变化则往往导致不育。最典型的例子是花药绒毡层，通常在花粉发育的特定时间内死亡，在成熟花药中已不存在。在光敏核不育水稻的可育花药中，与花粉粒接触的绒毡层细胞部位先发生凹陷现象，表明绒毡层细胞程序死亡过程受小孢子发育的影响；在不育花药中，由于小孢子的败育，绒毡层的细胞程序死亡不发生或推迟，从另一方面也证明了花粉发育与否对绒毡层细胞程序死亡的影响。

（四）雄性不育植株的形态特征

从植株形态上，雄性不育性表现出许多不同形式：雌雄异株株系中完全没有或高度缺乏雄性个体；在正常两性花植株上，雄性器官不发育或畸形；不能发育正常的造孢组织；小孢子发生异常，产生不完善、无生活力、畸形或败育的花粉；花粉不能成熟或在亲和柱头上不能萌发；形成有生活力的花粉，但花药不开裂；不是因为自交不亲和而导致的花粉不能到达柱头或胚珠等。

第五节　雌蕊的发育与结构

一、雌蕊的发育与结构

雌蕊是由花芽的雌蕊原基发育而来，雌蕊原基形成后，上部伸长，逐渐发育成柱头和花柱，基部形成囊状子房。心皮在形成雌蕊各部分时，常向内卷合或数个心皮互相联合形成一个雌蕊。

（一）柱头

柱头是承受花粉粒和花粉萌发的场所，具有特殊的表面以适应接受花粉。柱头表皮细胞常变为乳突状或毛状，有利于黏附花粉。表皮及乳突角质膜外，还覆盖着一层亲水的蛋白质薄膜，它能使花粉萌发获得所需水分，在花粉和柱头相互识别中起重要作用。表皮以下为基本组织。开花传粉时，有些植物柱头表皮下具有分泌功能的细胞群，大量分泌糖类、脂类、酚类、酸类、激素、酶、氨基酸和蛋白质等物质，使柱头表面湿润，称为湿柱头，如百合、烟草、苹果、胡萝卜等。脂类有助于黏住花粉粒，减少柱头失水或防湿；酚类化合物有助于防止病虫对柱头的侵害，可以有选择地促进或抑制花粉粒萌发；糖类是花粉粒萌发及花粉管生长时的营养物质；蛋白质在花粉与柱头相互识别中起重要作用。另一种是干柱头，在被子植物中最常见，这类柱头由于表面存在亲水性蛋白质薄膜，能通过其下面的角质层中断处吸水，辅助黏着花粉并使其获得萌发必需的水分，如石竹科、十字花科以及禾本科植物的柱头。

（二）花柱

花柱是花粉管进入子房的通道，最外层为表皮，内为基本组织。花柱有空心花柱和实心花柱两种类型。空心花柱的中央有一条至数条中空的纵行沟道，称为花柱道（stylar channel），自柱头通向子房。在花柱道表面有一层具有分泌功能的内表皮细胞，称为花柱道细胞。这种细胞呈乳头状，细胞壁较厚，细胞核大，有的是多核，含丰富的细胞器和分泌物，开花前或传粉时，花柱道细胞角质层破裂或部分细胞自行解体，将分泌物释放出来，传粉后，花粉粒萌发形成的花粉管就沿着花柱道表皮分泌物生长，进入子房，如豆科、罂粟科、马兜铃科和百合科等科部分植物。实心花柱的中央常分化出一种有分泌功能的引导组织（transmitting tissue），引导组织细胞在功能上与花柱道细胞相似，但其形态特征有很大差异，引导组织的细胞侧壁厚，横壁薄，细胞纵向伸长且常浅裂，胞间隙明显，胞内除含丰富的细胞器外，还有大的液泡、脂肪小球和晶体，传粉后，花粉管沿引导组织胞间隙进入子房（图7-33），如白菜、番茄、梅等。有些植物，如垂柳、小麦、水稻等，它们的花柱结构较为简单，无引导组织分化，花粉管则从花柱中央薄壁组织的胞间隙中穿过。

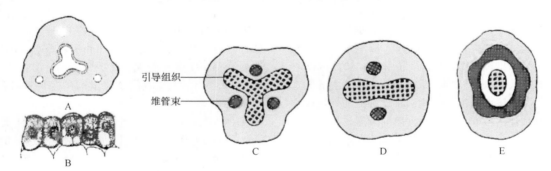

引导组织

维管束

图 7-33　不同植物花柱横切面图解
A、B. 中空花柱道及其周围的通道细胞（花柱内表皮）；C～E. 实心花柱中各种组织不同分布

（三）子房

子房是雌蕊基部膨大的部分，其外是子房壁，内部分化出子房室，胚珠着生在子房室内的胎座上（图7-34）。子房壁内、外两面都有一层表皮（相当于叶片上表皮、下表皮），外表皮常有气孔及表皮毛，两层表皮之间为薄壁组织（相当于叶肉）和维管束。在背缝线处有一个较大的维管束，腹缝线处有两个较小的维管束。通常在腹缝线处着生1至多数胚珠。

二、胚珠的发育与结构

胚珠由胎座上的胚珠原基发育而成。随着雌蕊发育，子房内腹缝线一定部位，内表皮下一些细胞经平周分裂，产生一团具有强烈分裂能力的细胞突起，称为胚珠原基（图7-35、图7-36）。胚珠原基逐渐向上生长，前端发育为珠心（nucellus），是胚珠中最重要的

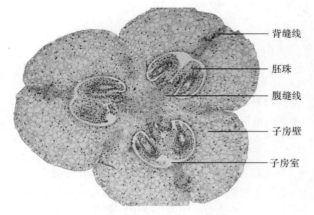

图 7-34 百合子房横切图

部分；基部分化发育为珠柄（funiculus），与胎座相连。以后，由于珠心基部外围细胞分裂较快，产生一环状突起，并逐渐向上扩展，将珠心包围起来，形成珠被（integument），珠被在珠心顶端留有一小孔，形成珠孔（micropyle）。双子叶植物中多数合瓣花类，如番茄、向日葵等只有一层珠被。但双子叶植物中多数离瓣花类和单子叶植物，如油菜、棉花、小麦、百合、水稻等则有两层珠被，内层为内珠被（inner integument），外层为外珠被（outer integument）。内珠被首先发育，然后在内珠被基部外侧的细胞快速分裂形成外珠被。珠柄与珠心直接相连，心皮维管束通过珠柄进入胚珠。维管束进入之处，即胚珠基部珠被、珠心和珠柄愈合的部位，称为合点（chalaza）。

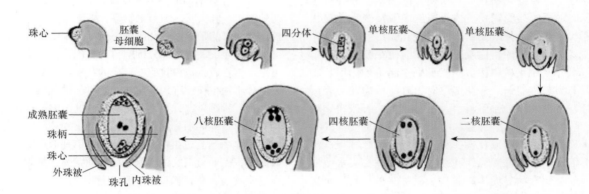

图 7-35 胚珠和胚囊发育过程模式图

胚珠在生长时，珠柄和其他各部分的生长速度并不均匀一致，因此，胚珠在珠柄上的着生方位不同，从而形成不同类型的胚珠（图 7-37）。直生胚珠（orthotropous ovule），胚珠各部分能平均生长，胚珠正直着生在珠柄上，因而珠柄、珠心和珠孔的位置在同一直线上，珠孔在珠柄相对一端，如大黄、酸模、荞麦等。倒生胚珠（anatropous ovule），珠柄细长，整个胚珠作 180° 扭转，呈倒悬状，但珠心并不弯曲，珠孔位置在珠柄基部一侧；靠近珠柄的外珠被常与珠柄相贴合，形成一条向外突出的隆起，称为珠脊（raphe），如大多数被子植物。如果胚珠在形成时胚珠一侧增长较快，使胚珠在珠柄上形成 90° 扭曲，胚珠和珠柄成直角，珠孔偏向一侧，这类胚珠称为横生胚珠（hemianatropous ovule）。也有胚珠下部保持直立，而上部扭转，使胚珠上半部弯曲，珠孔朝向基部，但珠柄并不弯曲，称为弯生胚珠（campylotropous ovule），如蚕豆、豌豆和禾本科植物。如果珠柄特别长，卷曲，包住胚珠，这样的胚珠称为拳卷胚珠（circinotropous ovule），如仙人掌属、漆树等。

三、胚囊的发育与结构

胚珠发育的同时，在珠心中产生大孢子母细胞，大孢子母细胞减数分裂产生大孢子，再由大孢子发育形成胚囊，其内产生雌配子——卵。

（一）大孢子的形成

胚囊发生于珠心组织中，最初，珠心是一团均匀一致的薄壁细胞，在珠被原基刚开始形成时，珠心内部的细胞发生变化。在靠近珠孔端的珠心表皮下，逐渐发育出一个体积较大、细胞质浓厚、细胞核大、细胞器丰富、RNA 和蛋白质含量高的与周围细胞显著不同的细胞，称为孢原细胞（archesporium cell）。孢原细胞形成后，进一步发育长大成大孢子母细胞（megaspore mother cell），也称胚囊母细胞（embryo sac mother cell），但其发育形式因植物种类不同而异。有些植物，如向日葵等合瓣花植物及小麦、水稻等，其孢原细胞不经分裂，直接长大发育为大孢子母细胞（胚囊母细胞）（图 7-37）；而在棉花等植物中，孢原细胞先进行一次平周分裂，形成内外两个细胞，靠近珠孔端的称为周缘细胞（parietal cell），远离珠孔端的称为造孢细胞（sporogenous cell）。周缘细胞继续分裂产生多数细胞，参与珠心的组成；而造孢细胞则直接发育为大孢子母细胞。通常把孢原细胞不经分裂，直接发育为大孢子母细胞，由此形成的胚囊称为薄珠心胚囊（tenuinucellate embryo sac），而将孢原细胞经平周分裂后形成周缘细胞和造孢细胞，由造孢细胞进一步形

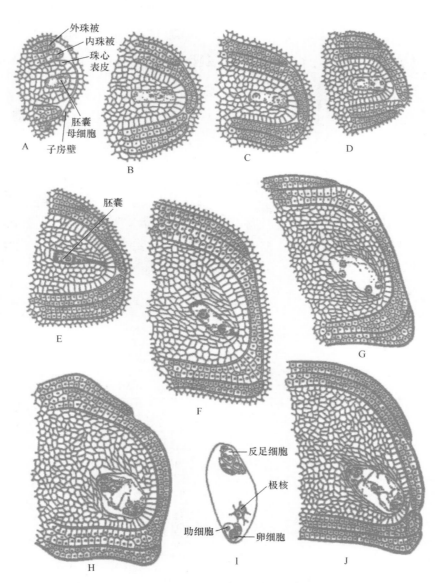

图 7-36　水稻胚珠及胚囊的发育

A. 胚囊母细胞的形成，外珠被和内珠被的发育；B、C. 胚囊母细胞减数分裂的第一次分裂；D. 减数分裂的第二次分裂，

形成四分体；E. 四分体近珠孔端的 3 个细胞退化，合点端的 1 个发育；F. 二核胚囊；G. 四核胚囊；

H. 八核胚囊；I、J. 成熟胚囊，示卵细胞、助细胞、反足细胞和极核（引自李扬汉，2006）

成的胚囊称为厚珠心胚囊（crassinucellate embryo sac）。如果珠心组织中形成的孢原细胞不止一个，而是多个，仍然只有一个可以继续发育，成为大孢子母细胞。

大孢子母细胞进行减数分裂产生 4 个大孢子（macrospore），不同植物种类，参与胚囊形成的大孢子核数不同，据此将胚囊的发育划分为 3 种不同类型，即单孢子胚囊、双孢子胚囊和四孢子胚囊（图 7-38）。

单孢子胚囊（蓼型胚囊）。大孢子母细胞经减数分裂后形成 4 个单倍体大孢子，大孢子呈直线形排列，其中仅有 1 个大孢子参与胚囊发育，其余 3 个都退化。

双孢子胚囊。大孢子母细胞经减数分裂第一次分裂后，形成 2 个单倍体细胞，其中一个细胞退化，另一个细胞进行减数分裂的第二次分裂。第二次分裂只

发生细胞核分裂，不进行细胞质分裂，形成 2 个单倍体大孢子核。这两个大孢子核参与胚囊的发育。

四孢子胚囊。大孢子母细胞在减数分裂的两次连续分裂中，只发生细胞核分裂，不进行细胞质分裂，形成 4 个单倍体大孢子核，这 4 个大孢子核都参加胚囊的形成。

（二）蓼型胚囊（单孢子胚囊）的发育

约有 81% 的被子植物的胚囊是单孢子胚囊，成熟胚囊是由一个大孢子参与形成的。由于在蓼科植物中发现这种类型的胚囊，因此，也称为蓼型胚囊，如小麦、水稻、油菜等植物的胚囊（图 7-38、图 7-39）。

大孢子母细胞经过减数分裂，形成 4 个大孢子

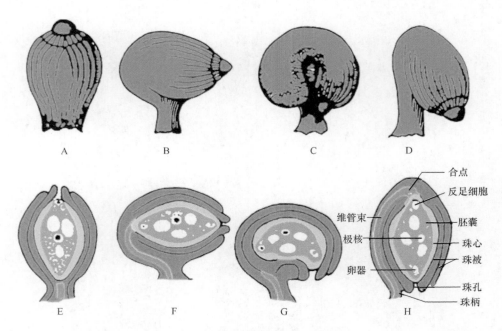

图 7-37　胚珠的类型和结构

A～D. 胚珠外形；E～H. 胚珠纵切

A、E. 直生胚珠；B、F. 横生胚珠；C、G. 弯生胚珠；D、H. 倒生胚珠

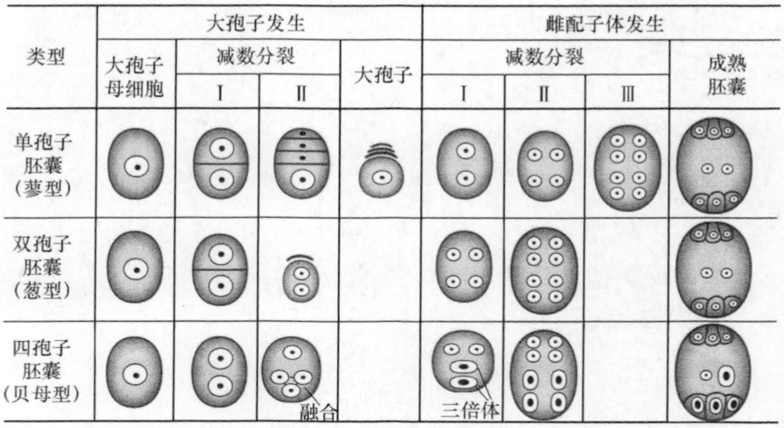

类型	大孢子发生				雌配子体发生			
	大孢子母细胞	减数分裂		大孢子	减数分裂			成熟胚囊
		Ⅰ	Ⅱ		Ⅰ	Ⅱ	Ⅲ	
单孢子胚囊（蓼型）								
双孢子胚囊（葱型）								
四孢子胚囊（贝母型）			融合		三倍体			

图 7-38　单孢子胚囊、双孢子胚囊和四孢子胚囊发育模式图

（macrospore），通常呈直线排列，也有呈 T 形或其他形排列的。在 4 个线形排列的大孢子中，近珠孔端的 3 个大孢子退化消失，仅合点端的 1 个为功能大孢子，发育形成胚囊。大孢子母细胞外也有胼胝质壁的形成，减数分裂形成 4 个大孢子时，胼胝质壁从其合点端首先消失，便于营养物质进入功能大孢子，对其进一步发育有重要作用。而 3 个无功能大孢子被胼胝质壁包围较长时间，最后退化消失。功能大孢子发育成胚囊的过程中，首先从珠心组织吸收营养物质，体积明显增大，出现了大液泡，称为单核胚囊，也是雌配子体的第一个细胞。以后，单核胚囊进行连续 3 次核有丝分裂，第一次有丝分裂生成的 2 个子核，分别移到胚囊两端，然后，每端的核各自再分裂两次，于是在胚囊两端各形成 4 核。这 3 次有丝分裂都是核

分裂，不伴随细胞质分裂和新壁产生，因此，胚囊中最终出现了 8 个游离核，每端各有 4 个游离核。不久，每端各有一个核移向胚囊中央，并互相靠近，这 2 个核称为极核（polar nuclei）。随着核分裂进行，胚囊体积迅速增大，沿纵轴扩展更为明显，使胚囊占据珠心的大部分体积。最后各核之间产生细胞壁，形成细胞。极核与周围的细胞质共同组成胚囊中的大型中央细胞（central cell）；靠近珠孔端的 3 个核，分化成为 1 个较大的卵细胞（egg cell）和 2 个较小的助细胞（synergid），三者合称卵器；位于合点端的 3 个核，分化成 3 个反足细胞（antipodal cell）。至此，单核胚囊已发育成为一个具有 7 个细胞，即 1 个卵细胞、2 个助细胞、3 个反足细胞和 1 个中央细胞的八核胚囊，即雌配子体（female gametophyte），其中的卵细胞为雌配子

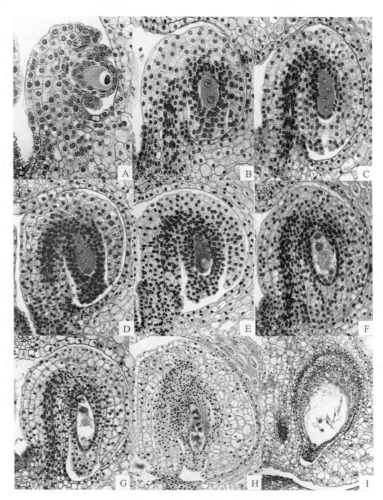

图 7-39　百合胚珠及胚囊的发育

A. 胚囊母细胞的形成，外珠被和内珠被的发育；B、C. 胚囊母细胞减数分裂；D～I. 胚囊的发育

（female gamete）。中央细胞的 2 个极核在受精前，可保持分离状态，如水稻、小麦等，也有些植物在受精前，2 个极核互相融合形成 1 个二倍体次生核（secondary nucleus），如棉花、油菜等植物。

（三）成熟胚囊的结构

虽然胚囊发育有各种形式，但大多数被子植物成熟胚囊的结构是一致的。成熟胚囊具有 7 个细胞 8 个核，即 1 个卵细胞、2 个助细胞、1 个含有 2 个核的中央细胞和 3 个反足细胞（图 7-40）。

1. 卵细胞

卵细胞是雌配子，成熟卵细胞近乎洋梨形，狭长端对向珠孔，在珠孔端与两个助细胞排列成三角鼎立状（图 7-40、图 7-41）。大多数被子植物的卵细胞具有明显极性，即核和细胞质偏于合点端，珠孔端有一个大液泡。细胞质主要分布在合点端核的周围，液泡四周及珠孔端只有少量细胞质。卵细胞在发育初期，有许多线粒体、质体、内质网、核糖体等细胞器，这些细胞器大部分分布在合点端细胞质中，珠孔端的细胞质中细胞器十

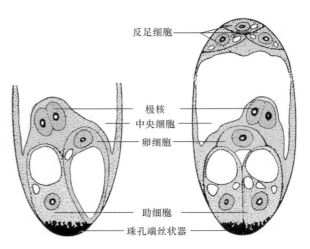

图 7-40　成熟胚囊的构造模式图（引自贺学礼，2009）

分稀少。成熟卵细胞中各种细胞器减少，说明成熟的卵细胞代谢和合成活动较低，且卵细胞成熟时，珠孔端大液泡分散成小液泡，细胞核更贴近合点端。

卵细胞仅在珠孔端区域具有细胞壁，近合点端区

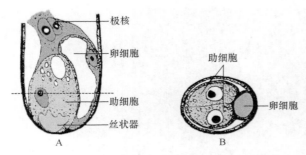

图 7-41　棉花成熟胚囊珠孔端图解

A. 纵切面；B. 通过 A 图虚线部位所作的横切面

域缺少细胞壁（如棉花、玉米等）或呈蜂窝状（如莠菜）。在向日葵中发现，卵细胞在发育初期，外周以完全壁与助细胞、中央细胞相隔，壁上有胞间连丝，随着卵细胞发育成熟，卵细胞合点端开始变薄，之后合点端约占整个卵细胞 1/3 部位的细胞壁完全消失。

2. 助细胞

助细胞位于珠孔端，两个助细胞彼此紧靠，体积比卵细胞稍小。助细胞的极性与卵细胞相反，即合点端常有一个大液泡，细胞质与核偏向珠孔端。助细胞细胞质中有丰富的线粒体、内质网、高尔基体、核糖体等细胞器，说明助细胞是代谢高度活跃的细胞。大多数被子植物助细胞的壁与卵细胞的相似，仅在珠孔端有壁的存在，从珠孔端至合点端逐渐变薄，在合点端与卵细胞和中央细胞之间只以质膜相隔，没有细胞壁，或合点端有壁但变为蜂窝状。助细胞在珠孔端的细胞壁向细胞腔内生出一些指状突起，称为丝状器（filiform apparatus）。丝状器与传递细胞的壁很类似，它也增加了细胞质膜的表面积，具有将珠心和珠被细胞内的营养物质转运给胚囊，特别是转运给卵细胞的短距离运输作用。另外，丝状器还可能具有将助细胞所产生的某种化学物质分泌到珠孔或与珠孔相邻近的珠心细胞中去的作用，这种化学物质具有引导花粉管准确到达胚囊的功能。助细胞存在时间比较短暂，在受精后很快就解体了，有些植物的助细胞甚至在受精前就已退化。

珠孔端的两个助细胞和一个卵细胞合称为卵器（图 7-40）。这 3 个细胞有一个共同特点，就是具有不完全和厚度不同的细胞壁，靠近合点端只有质膜而无细胞壁。卵器细胞的这一特征为受精过程提供了有利条件，使精子容易进入卵细胞完成受精过程。

3. 中央细胞

中央细胞是胚囊中体积最大而高度液泡化的细胞，中央细胞的 2 个核称为极核。在成熟胚囊中，2 个极核相互靠近，或融合为 1 个双倍体次生核。中央细胞也表现出一定的极性，在合点端有 1 个大液泡，细胞质主要集中在极核或次生核周围。在液泡和侧壁之间，只有很薄的一层细胞质。

胚囊成熟后，中央细胞的壁薄厚不匀，与卵器接触处细胞壁较薄或无细胞壁，只有质膜；与反足细胞相接处具有薄的细胞壁；与珠心细胞相接处具有由最初胚囊细胞保留下来的细胞壁。中央细胞通过胞间连丝与卵器和反足细胞联系，而与珠心细胞间并不存在这种联系，但是中央细胞的侧面有由细胞壁向内形成的大量指状内突，在珠孔端极为发达。

中央细胞内含有丰富的线粒体、质体、内质网、高尔基体等，显示出中央细胞的代谢很活跃，而且中央细胞内含有大量淀粉粒和脂类，表明中央细胞是胚囊内储存营养物质的主要场所。中央细胞受精后发育成胚乳。

4. 反足细胞

反足细胞位于胚囊的合点端，虽与受精作用没有直接关系，却是代谢活跃的细胞。反足细胞的形状及数目变化，依植物种类不同差异很大。大多数植物的反足细胞为 3 个，但有些植物反足细胞可以增生，多达几十个，甚至几百个，如小麦、玉米约有 30 个，胡椒有 100 个。反足细胞的超微结构表明，在玉米等植物的反足细胞中，与珠心相邻的细胞壁上，有发达的壁内突，反映了反足细胞具有传递细胞的特征，具有从珠心组织吸收营养物质的功能。反足细胞含有丰富的线粒体、内质网、核糖体和高尔基体，整个反足细胞呈现代谢活跃状态。

（四）雌性生殖单位

雌性生殖单位这一概念是由杜马等（Dumas et al.，1984）与雄性生殖单位的概念同时提出的。雌性生殖单位是指由卵细胞、助细胞和中央细胞组成的一个结构单位，是一个和生殖直接相关的功能单位。雌性生殖单位的结构有助于双受精的成功，表现在雌性细胞在精子到达的位置通常没有细胞壁，这排除了配子融合时的障碍；卵核与中央细胞的极核（或次生核）相向贴近，这保证了两种融合的同时进行，同时雌性生殖单位也是当胚囊发育到一定临界状态即准备受精之前才组成的一个暂时性单位，在其功能结束后即行解散，以保证胚和胚乳各自发育。

第六节　开花、传粉与受精

一、开花

当雄蕊中的花药和雌蕊中的胚囊达到成熟的时期，或两者之一达到成熟，这时花萼、花冠展开，露出雌蕊、雄蕊，这一现象称为开花（anthesis）。

不同植物，开花年龄并不相同。一年生、两年生植物生长数日至数月就能开花，这类植物一生只开花一次，花后植物死去。多年生植物达到开花年龄后，年年开花，一生中开花多次，直到植物死亡为止。木本植物都是多年生的，一般需要生长数年后才能达到开花年龄。龙舌兰有的要生长数十年才能达到开花年龄。龙舌兰虽是多年生植物，但一生中只开花一次，花后植物死亡。木本植物的开花年龄差异很大，如桃属植物 3～5 年，桦属植物 10～12 年，椴属植物 20～25 年。

各种植物在每年的开花季节也有差别，风媒木本植物多在早春叶未长出之前开花，花期较早，这有利于风媒传粉的进行，如樱花、玉兰、桃花等。但一般植物多在叶长出后开花，花期较晚。不同植物的开花季节虽不完全相同，但大体上集中在早春季节的较多，少数在冬天开花。多数植物在白天开花，也有的在晚上开花，如晚香玉（Polianthes tuberosa）。

一株植物，从第一朵花开放到最后一朵花开花结束所经历的时间，叫做开花期。开花期的长短常因植物种类不同而异，如小麦 3～6d，早稻 5～7d，晚稻 9～10d，柑橘、苹果 6～12d，油菜 20～40d，棉花、番茄可延续几个月。有些热带植物种类几乎终年开花，如可可、桉树、柠檬等。各种植物开花习性与其原产地生活条件有关，也是植物长期适应的结果。但在某种程度上也受生态条件影响，如纬度、海拔、气温、光照、湿度、营养状况等的变化都可能引起植物开花的提早或推迟。开放后的花朵，一般雌雄蕊已经成熟，雄蕊的花粉囊通过一定方式开裂并散出花粉，完成传粉作用。散放出来的花粉，在适宜的温度、湿度条件下，保持一定时期的萌发力。高温、干旱或过量雨水，一方面能破坏花粉生活力，同时对柱头分泌作用产生不利影响，所以作物在开花时遇到高温、干旱或连阴雨等恶劣天气，都会导致减产。

二、传粉

成熟的花粉，借助一定媒介，传送到同一花朵或另一花朵雌蕊柱头上的过程，称为传粉（pollination）。传粉是种子植物有性生殖过程中必不可少的环节，是完成受精作用的第一步。因为有性生殖过程中的雌配子即卵细胞，是产生在胚囊中，胚囊又深埋在子房以内的胚珠里，要完成全部有性生殖过程，首先必须使产生雄配子即精细胞的花粉与胚珠接近，传粉就是起到了这样的作用。其次，花粉萌发需要有柱头分泌物的刺激作用并提供萌发条件。一般情况下，花粉只有落到柱头上才能自然萌发，且柱头对落在其上的不同植物的花粉具有选择作用，只有一部分性质相近的花粉才能萌发，而其他花粉会受到柱头的抑制，而不能萌发。正因为有性生殖过程中花粉来源各异，受精过程中两个配子相互同化的结果也就不同，而新生一代生活力和适应性的强弱，也因传粉性质不同而出现差异。这与植物的遗传和变异密切相关。

被子植物的传粉方式有自花传粉（self-pollination）和异花传粉（cross pollination）。这两种传粉方式在自然界都普遍存在。

（一）自花传粉及其生物学意义

花粉传送到同一朵花雌蕊柱头上的传粉方式，称为自花传粉。在农业、林业生产上，农作物同株异花间的传粉和果树品种内的传粉也称为自花传粉。最典型的自花传粉方式是闭花传粉和闭花受精，它与一般的开花传粉和受精不同。这类植物的花不待花苞张开，就已经完成受精作用。它们的花粉直接在花粉囊里萌发，花粉管穿过花粉囊壁，向柱头生长，完成受精，如豌豆、落花生等。闭花受精在自然界是一种合理的适应现象，在环境条件不适于开花传粉时，闭花受精就弥补了这一不足，而且花粉可以不受雨水淋湿和昆虫的吞食。

自花传粉植物花的特征：①两性花；②花的雄蕊常围绕雌蕊而生，且挨得很近，花药位置高于柱头，花药开裂方向向着柱头，使花粉容易落在本朵花的柱头上；③雄蕊和雌蕊同时成熟；④雌蕊的柱头对于本花的花粉萌发和花粉管中雄配子的发育没有任何生理阻碍；⑤花的形态通常较小，无蜜腺，无香味。

在植物界，自花传粉并不是普遍现象。因为自花传粉会削弱后代的生活力，引起后代衰退，这在农业生产实践中已得到证明。例如，小麦是自花传粉植物，如果长期连续自花传粉，30～40 年后会逐渐衰退而失去栽培价值。同样，大豆在连续 10～15 年的自花传粉后，也会产生同样的现象。自花传粉、自体受精之所以有害，是因为自花传粉植物所产生的两性配子，是处在同一环境条件下，两配子的遗传性缺乏分化作用，差异很小，所以融合后产生的后代生活力弱、适应性差。

虽然自花传粉是一种原始的、有害的传粉形式，但在自然界却被保存了下来，这是因为自花传粉对某些植物仍是有利的。在异花传粉因缺乏必需的风、虫等媒介力量，而使传粉不能进行时，自花传粉弥补了这一缺点。正如达尔文曾经指出，对于植物来说，用自体受精方法来繁殖种子，总比不繁殖或繁殖很少量种子好些。何况在自然界没有一种植物是绝对的自花传粉，在它们中间总会有比较少的一部分植株是在进行异花传粉。所以，长期以来自花传粉植物种类仍能存在。

（二）异花传粉及其生物学意义

一朵花的花粉传送到同一植株或不同植株另一朵花柱头上的传粉方式，称为异花传粉。在果树栽培上，不同品种间的传粉和作物栽培上不同植株间的传粉也称异花传粉。植物界中，异花传粉占优势。异花传粉是植物进化中的一种进步现象，因此，植物在长期历史发展过程中形成了一些生理上和形态结构上的特点，借以避免自花传粉的发生而适应于异花传粉进行。主要表现在如下几个方面。①单性花，雌雄异株。②两性花，雄蕊和雌蕊异时成熟，有雄蕊先熟的，如玉米、莴苣等，或雌蕊先熟的，如木兰、甜菜等。③雌蕊、雄蕊异长或异位，如荞麦、藏报春（*Primula sinensis*）等植物的花中有两种类型的植株，一种是雌蕊的花柱高于雄蕊的花药，另一种是雌蕊的花柱低于雄蕊的花药。传粉时，只有高雄蕊上的花粉粒传到高柱头上去，低雄蕊的花粉粒传到低柱头上去才能受精，异长的雌蕊、雄蕊之间传粉则不能完成受精作用。④自花不育性，花粉落在本朵花柱头上不能萌发，或不能完全发育而无法完成受精作用，如亚麻、桃、梨、苹果、葡萄等。其原因可能有两种：一种是花粉粒落在本花柱头上，柱头黏液对自花的花粉粒有抑制作用，花粉不能正常萌发，如荞麦、向日葵；另一种是花粉粒虽能萌发，但花粉管生长缓慢，远不如异花传粉来的花粉萌发的快，所以不能到达子房完成受精，从而保证了异花受精，如玉米、番茄。所以，在进行玉米自交系培育时，必须在人工授粉后套袋隔离。

异花传粉和异体受精的后代往往具有强大的生活力和适应性，种子重量较大，发芽能力较强，且具有父本植物和母本植物的遗传性，因此丰富了子代植物的遗传性，增加了子代植物的变异性，使植物的进化成为可能。

异花传粉虽然能提高子代植物生活力，丰富子代植物遗传性，但却受外界环境条件的限制。如果在植物开花期间，缺少了风、昆虫等传粉媒介或遇连阴雨，就会对异花传粉造成不利影响。然而，异花传粉植物和自花传粉植物的划分并非是绝对的。事实上，前者在条件不具备时，可以进行自花传粉，而后者在一定条件下也可进行异花传粉。虽然自花传粉对后代有不利影响，但自花传粉作为缺乏异花传粉条件时，植物对繁殖的一种适应现象，所以被保留下来，如棉花以自花传粉为主（自交率达60%～70%），但也有部分花朵（30%～40%）进行异花传粉，柑橘和桃等也有类似情况。

异花传粉植物必须借助各种外力帮助，才能把花粉传送到其他花朵的柱头上。传送花粉的媒介有风力、昆虫、鸟和水，最为普遍的是风和昆虫。各种不同外力传粉的花，往往产生一些特殊的适应性结构，使传粉得到保证。

1. 风媒花

借助于风力传送花粉的花，称为风媒花（anemophilous flower）。据估计，约有1/10的被子植物是风媒植物，大部分禾本科植物以及木本植物的栎、杨、桦木等都是风媒植物。

风媒花的花粉散出后，随风飘散，随机落到雌蕊柱头上。风媒植物的花一般较小，花被小或退化，不具色彩，无香气和蜜腺，花常密集成穗状花序或柔荑花序；能产生大量花粉，花粉一般质轻、干燥，表面光滑，容易被风吹送；花丝细长，开花后花药伸出花外，易被风吹拂摆动，使大量花粉被吹散到空气中；风媒花的花柱较长，柱头膨大呈羽毛状，高出花外，增加接受花粉的机会和面积；多数风媒植物有先叶开花的习性，开花期常在枝叶展开之前，散出的花粉受风吹送时，可以不受枝叶的阻挡而利于传播。

2. 虫媒花

借助昆虫为传粉媒介的花，称为虫媒花（entomophilous flower）。多数有花植物依靠昆虫传粉，常见的传粉昆虫有蜂类、蝶类、蛾类、蝇类等，这些昆虫来往于花丛之间，或是为了在花中产卵，或是以花朵为栖息场所，或是采食花粉、花蜜作为食料。在这些活动中，不可避免地要与花接触，这样也就将花粉传送出去。

虫媒花一般大而显著，具有鲜艳、亮丽的颜色，芳香的气味或其他特殊气味以吸引昆虫，不同植物散发的气味不同，所以趋附的昆虫种类也不一样，有喜芳香的，也有喜恶臭的；虫媒花多具蜜腺，能产蜜汁，昆虫取蜜时，花粉粒黏附在虫体上而被传送；虫媒花的花粉粒较大，外壁粗糙有纹饰，具有黏性，常黏集成块，不易被风吹散，易于黏附在虫体上；虫媒花花粉粒富含多种营养物质，可作为昆虫的食物；虫媒花多为两性花，在有一定数量昆虫存在的条件下，两性花传粉机会较单性花多一倍。另外，适应昆虫传粉的另一特点是白天开花的花多为红色、黄色等鲜艳颜色；夜间开花的花多为白色，便于夜间活动的昆虫识别。由于长期的互相适应，虫媒花的大小、结构和蜜腺位置与昆虫大小、形体、结构和行为之间产生了各种巧妙的关系。

3. 其他传粉方式

除风媒和虫媒传粉外，水生被子植物中的金鱼藻、黑藻等都是借助水力传粉，称为水媒花（hydrophilous flower）。例如，有一种苦草属（*Vallisneria*）植物是雌雄异株的，它们生活在水底，当雄花成熟时，大量雄花自花柄脱落，漂浮在水面上开放，同时雌花花柄迅速伸长，把雌花顶出水面，当雄花漂近雌花时，两种花在水面相遇，柱头和雄花花药接触，完成传粉受精过程，以后雌花花柄重新卷曲成螺旋状，把雌蕊带回水底，进一步在水底发育成果实和种子。其他借鸟类传粉的花称为鸟媒花（ornithophilous flower），传粉的花是小型蜂鸟，它的头部有细长的喙，在摄取花蜜时把花粉传开。

（三）农业上对传粉规律的利用

根据植物传粉规律，人为加以利用和控制，不仅可提高作物产量和品质，还可培育新品种，造福人类。

1. 人工辅助授粉

异花传粉容易受到环境条件的限制，如风媒传粉没有风，虫媒传粉因风大或气温低，而缺少足够昆虫飞出活动等，从而降低传粉和受精机会，影响到果实和种子产量。在农业生产上常采用人工辅助授粉方法，以克服因条件不足而使传粉得不到保证的缺陷，以达到预期产量。人工辅助授粉可以大量增加柱头上的花粉粒，使花粉粒所含激素相对总量有所增加，酶的反应也相应加强，起到促进花粉萌发和花粉管生长的作用，受精率可以得到很大提高。如玉米在一般栽培条件下，由于雄蕊先熟，到雌蕊成熟时已得不到及时传粉，因而果穗顶部往往缺粒，降低了产量。人工辅助授粉就能克服这一缺点，使产量提高 8%～10%。向日葵在自然传粉条件下，空瘪粒较多，如果辅以人工辅助授粉，同样能提高结实率和含油量。而且后代抗病力也可增强。鸭梨是自花不孕植物，核桃是雌雄异熟植物，故在生产上，必须与其他品种混栽，即配置授粉树。

2.　自花传粉的利用

自花传粉有引起后代衰退的不利一面，也有提纯作物品种有利的一面。例如，在玉米育种工作中，重要的环节是培育自交系。根据育种目标，从优良品种中选择具有某些优良性状的单株，进行人工自花传粉（自交），经过连续 4～5 年严格的自交和选择后，生活力虽有衰退，但在苗色、叶型、穗型、穗粒、生育期等方面达到整齐一致时，就能成为一个稳定的自交系。利用两个这种纯化的优良自交系配制的杂种（即单交种）进行生产具有显著的增产效益。

三、受精作用

传粉完成以后，花粉粒在柱头上萌发形成花粉管，并通过花粉管把精子送入胚囊、释放出精子与卵细胞相互融合的过程，称为受精（fertilization）。被子植物的受精过程是有性生殖过程的重要阶段。

（一）花粉粒在柱头上的萌发

成熟花粉粒传到柱头上后，花粉粒内壁穿过外壁上的萌发孔，向外突出、伸长，形成花粉管，这一过程，称为花粉粒萌发。并非所有落在柱头上的花粉粒都能萌发，只有通过花粉壁蛋白与柱头表面分泌物相互识别，同种或亲缘关系很近的花粉粒才能萌发。亲缘关系较远的异种花粉往往不能萌发。有些异花传粉植物的柱头，会抑制自花花粉粒萌发和花粉管生长，相反，对同种异株花粉的萌发和花粉管的生长，却有促进作用。花粉粒和柱头的相互识别或选择，具有重要的生物学意义。通过相互识别，防止遗传差异过大或过小的个体交配，是植物在长期进化过程中形成的一种维持物种稳定的适应现象。

落在柱头上的花粉粒释放壁蛋白与柱头蛋白质薄膜相互作用，如果两者是亲和的，对于湿柱头而言，柱头提供水分、碳水化合物、胡萝卜素、各种酶和维生素及刺激花粉萌发生长的特殊物质，同时花粉粒就在柱头上吸收水分、分泌角质酶溶解柱头接触点上的角质层，花粉管得以进入花柱；干柱头虽不产生分泌物，但柱头表面的蛋白质膜是亲水的，花粉可以通过角质层中断处从柱头细胞内吸水，形成花粉管进入花柱；如果两者是不亲和的，柱头的乳头状突起随即产生胼胝质，阻碍花粉管进入，产生排斥和拒绝反应，花粉萌发和花粉管生长被抑制。此外，不同植物柱头的分泌物在成分和浓度上各不相同，特别是酚类物质的变化，对花粉萌发可以起到促进或抑制作用。实验证明，硼可以减少花粉破裂，提高花粉萌发率，促使花粉管生长；钙有诱导花粉管沿一定方向生长的作用。花粉在柱头上有立即萌发的，如玉米、橡胶草等。或者需要经过几分钟以至更长时间才会萌发的，如棉花、小麦、甜菜等。空气湿度过高，或气温过低，不能达到萌发所需温度或湿度时，萌发就会受到影响。育种时，如在下雨或雾后进行授粉，通常是不结实的。花粉受湿后随即干燥，也是致命因素。故花粉的寿命在柱头上能维持多久，除与植物遗传特性有关外，与气候条件也有很大关系。

（二）花粉管的生长

通常一粒花粉萌发时产生一个花粉管，但有些多萌发孔（沟）的花粉，如锦葵科、葫芦科、桔梗科植物等，可以同时长出几个花粉管，但最终只有一个继续伸长，其余的都在中途停止生长。花粉管具有顶端生长特性，它的生长只限于前端 3～5μm 处，内含大量囊泡，这些囊泡与花粉管前段的质膜融合，释放出合成细胞壁的物质，用于新细胞壁合成，使花粉管不断向下引申，在角质酶、果胶酶等的作用下，穿越柱头组织胞间隙，向花柱组织中生长伸长。花粉管壁的组成特殊，主要是胼胝质和果胶。在花粉管生长时，花粉管中存在大量微管和微丝，同时花粉细胞内含物全部注入花粉管内，向花粉管顶端集中，如 3- 细胞型花粉粒，则一个营养核和两个精子全部进入花粉管内。而 2- 细胞型花粉粒在营养核和生殖细胞移入花粉管后，生殖细胞在花粉管中进行一次有丝分裂，形成 2 个精子（图 7-42）。营养细胞的核一般在花粉管到达胚囊时就消失，或仅留下残迹。

花粉管通过花柱到达子房的生长途径有两种情况：在空心花柱中，花粉管常沿管壁内表面的黏性分泌物向下生长，到达子房；在实心花柱中，具有特殊的引导组织，花粉管通过引导组织细胞间隙达到子房。花粉管在花柱中的生长，除利用花粉本身储藏物质作为营养外，也从花柱道或引导组织分泌物中吸取养料，作为生长和建成管壁合成物质之用。

花粉管穿过花柱到达子房后，或直接沿着子房内壁或经胎座继续生长，伸向胚珠，通常花粉管从珠孔经珠心进入胚囊，称为珠孔受精（porogamy）。有些

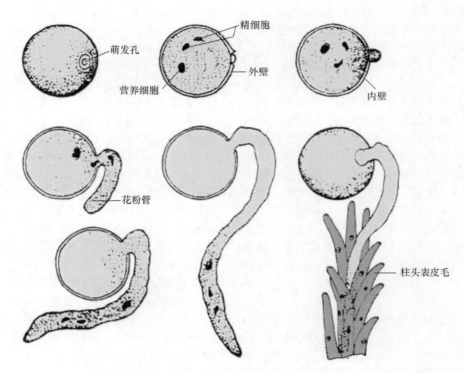

图 7-42 水稻花粉粒的萌发和花粉管的形成

植物，如胡桃、漆树等，花粉管经过胚珠基部的合点端进入胚珠，然后沿胚囊壁外侧穿过珠心组织经珠孔进入胚囊，称为合点受精（chalazogamy）。此外，有些植物从中部横穿过珠被进入胚珠，然后再经珠孔端进入胚囊，称为中部受精（mesogamy），如南瓜等（图 7-43）。

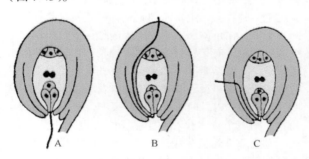

图 7-43 花粉管进入胚珠的方式
A. 珠孔受精；B. 合点受精；C. 中部受精

花粉粒在柱头上萌发到花粉管进入胚囊所需时间，因植物种类和外界环境条件而异。正常情况下，多数植物需要 12～48h，但水稻在传粉 20～30min 后花粉管就进入胚囊。柑橘的花粉管到达胚珠则需 30h。不正常的低温和高温，不利于花粉粒萌发和花粉管伸长，甚至还会影响受精作用的正常进行。温带地区的植物，花粉粒萌发和花粉管伸长的最适温度为 20～30℃。此外，用多量的花粉粒传粉，会提高花粉管的生长速度和结实率。

雌蕊柱头的生活力，一般能维持 1 至数天，如水

稻、棉花的柱头可保持 1～2d。油菜雌蕊承受花粉粒能力最强的时期为开花后 1～3d，4d 后下降，约 6d 后丧失承受花粉粒的能力。

（三）被子植物的双受精过程

花粉管通过花柱到达子房，进入胚囊的方式虽因植物不同而异，但近年研究认为，都与助细胞有一定关系。在用电子显微镜研究过的棉花、玉米、荠菜、矮牵牛等 10 多种植物中，花粉管进入胚囊的途径是一致的，即从一个助细胞的丝状器基部进入，然后到达助细胞细胞质，因此，可以认为花粉管进入助细胞中是比较普遍的现象，助细胞的丝状器是吸引花粉管向胚囊生长的中心。也有的植物花粉管是从卵细胞和助细胞之间进入胚囊的，如荞麦；或是从解体的助细胞进入的，如玉米；或是破坏一个助细胞作为进入胚囊的通路的，如天竺葵（Pelargonium hortorum）。

花粉管进入胚囊后，花粉管末端一侧形成一个小孔，将精子、营养核及其他内容物注入胚囊，两个精子被放到卵细胞与极核之间的位置（图 7-44、图 7-45），其中一个精子与卵细胞融合，形成受精卵（合子）；另一个精子与中央细胞的两个极核（或次生核）融合，形成初生胚乳核，这种由两个精子分别与卵细胞和中央细胞融合的现象，称为双受精（double fertilization）。双受精是被子植物有性生殖所特有的现象。

进入胚囊的两个精子在形态和生化特性方面，并非完全相同，即存在异型性。它们分别与卵细胞、中

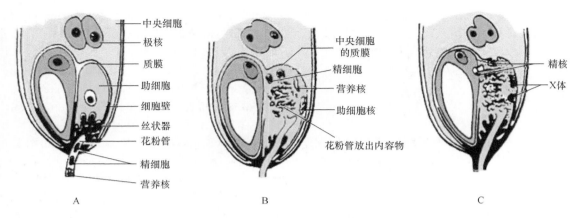

图 7-44　胚囊纵切，示双受精作用

A. 花粉管进入一个助细胞丝状器内；B. 花粉管近顶端处出现穿孔，释出内容物；C. 一个精子与卵细胞接触，另一个精子
与中央细胞接触（X体可能是营养核和助细胞核破坏后的残余）

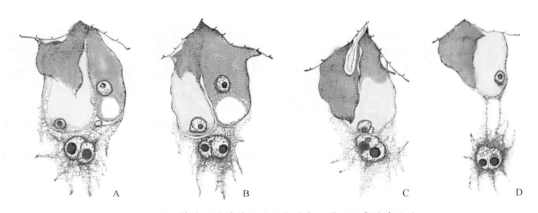

图 7-45　棉花双受精作用的几个时期，图示胚囊的珠孔端

A. 受精后一个精子在卵细胞内，另一个精子将进入中央细胞；B. 2个精子分别与卵核和极核接触；C. 一个精子紧贴着卵
核，另一个精子已进入一个极核中；D. 卵核与精核在融合中，精核与两极核完成融合，形成初生胚乳核

央细胞受精，可能也存在一定的预定性，存在着配子之间的选择性。一般情况下，卵细胞总是选择生理上和遗传上最适合的精细胞完成受精作用。

在双受精过程中，一个精子与卵细胞合点端的无壁区域接触，两细胞的质膜发生融合，精核进入卵细胞细胞质中，并与卵核靠近，随后，两核核膜融合，核质相融，两个核的核仁融合为一个核仁，至此，卵细胞受精过程完成，形成了一个具有二倍染色体的合子，即受精卵，它将来发育成胚。另一个精子与中央细胞的融合过程，基本上与精卵融合过程相似。有些植物，在受精前，中央细胞的两个极核尚未融合时，精核先与一个极核融合后再与另一极核融合，中央细胞受精后，形成三倍染色体的初生胚乳核，将来发育成胚乳。在此过程中，精细胞的细胞质是否进入卵细胞，从不同植物得出的观察结果不同，白花丹（*Plumbago zeylanica*）中精子的细胞质进入卵细胞中，但大麦、棉花的细胞质却被排斥在卵细胞外。

双受精过程中，精子与卵细胞的融合比精子与中央细胞的融合开始得早，历经时间较长，融合速度较慢，故完成较晚；因而，初生胚乳核反而比受精卵形成的早。例如，棉花精、卵融合需经4h，而精细胞与两个极核的融合仅需1h；小麦的精、卵融合需要3.5~4.5h，而精细胞与极核的融合仅需1~2h。

双受精完成后，合子即进入休眠期。在此期间，合子将发生一系列显著变化，形成一个细胞壁连续的、高度极性化的和代谢强度很高的细胞。初生胚乳核通常只有短暂的休眠，如小麦、棉花；或没有休眠期，如水稻，即进入第一次分裂时期。胚囊中的助细胞和反足细胞，通常都相继解体消失。

双受精是植物系统进化过程中被子植物特有的现象，具有特殊的生物学意义。通过单倍体的雌配子（卵细胞）与单倍体的雄配子（精子）结合，形成了二倍体合子，由合子发育成新一代植物体，恢复了植物体原有的染色体数目，保持了物种的稳定性；由于雌配子、雄配子间存在遗传差异，精、卵融合将父母本具有差异的遗传物质组合在一起，形成具有双重遗传性的合子，由此发育的个体有可能形成新的变异，极大地丰富了后代的遗传性和变异性，为生物进化提供了选择的可能性和必然性；在被子植物中，中央细胞受精形成三倍体的初生胚乳核，由初生胚乳核发育成的胚乳同样兼有双亲的遗传特性，其为合子及胚的发育提供营养，可使子代生活力更强。

四、外界环境条件对传粉和受精的影响

植物传粉、受精过程中，对外界环境条件十分敏感，只要在全过程中的某一环节受到影响，就不能受精，子房不能发育，最后导致空粒、秕粒、落花和落果等现象，产量下降。

影响传粉和受精的因素包括内因和外因。内因主要有雄性不育、雌蕊与花粉粒之间的遗传不亲和性以及植株营养不良等；外因主要是气候条件及栽培措施等。

外界环境条件中，以温度的影响最大。水稻传粉和受精的最适温度为26～30℃，如日平均温度在20℃以下，最低温度在15℃以下，对水稻的传粉和受精就有妨碍。因为低温不仅使花粉粒萌发和花粉管生长减慢，甚至使花粉管不能到达胚囊。低温还会使卵细胞和中央细胞的退化现象逐渐加重，精细胞接近卵细胞和中央细胞的过程受到抑制，精细胞与卵细胞接触时间延长，精核不能在卵核膜上展开，以及两性细胞核融合所需时间延长等。所以，在我国双季稻地区，早播的早熟品种如在传粉、受精期间，遇到低温、多雨侵袭，就会产生大量的空粒、秕粒。

湿度和水分对传粉、受精也有很大影响。水稻开花时，对大气的相对湿度要求为40%～95%，最适相对湿度为70%～80%，这时如果遇上干旱高温天气，花粉萌发力很快丧失，柱头干枯，不利于花粉管生长，故水稻抽穗开花期，稻田要保持一定的水层。这不仅因为此时植株需水量最大，而且可提高田间小气候的相对湿度，有利于传粉和受精。大雨和长期阴雨，反而会增加作物的空、秕率，降低果树结果率。因为花粉被雨水浸润，吸水后很易破裂，而且柱头上的分泌物会被雨水冲洗或稀释，不适合花粉萌发，长时间阴雨也会妨碍传粉昆虫的活动和降低植株光合合成量，使植株营养生理状况变劣，都会影响植物传粉和受精。

五、自交不亲和性

大多数被子植物的花为完全花，其雌蕊和雄蕊在位置上相距很近，因而，极有可能自花授粉结实，导致近亲繁殖，最终引起后代对环境适应性降低。然而，在长期进化过程中，完全花植物采取多种生殖机制来抑制近亲繁殖，其中最重要的就是自交不亲和性，而且在植物界，自交不亲和性普遍存在。自交不亲和性（self-incompatibility，SI）是指雌、雄两性配子均有正常生活受精能力，在不同基因型的植株间授粉能正常结籽，但花期自交不能结籽或结籽率极低的特性。几乎一半以上的显花植物具有自交不亲和性。根据植物花形不同，自交不亲和性可划分成同形性SI

（homomorphic SI）和异形性SI（heteromorphic SI）两类。同形性SI植物所有花形相同，自花授粉能否完成受精取决于雌、雄双方的S基因型；而异形性SI植物个体花形多样（如短花药/长花柱和长花药/短花柱类型），只有等长的花药和花柱之间授粉才能亲和。

根据花粉自交不亲和性的遗传控制方式，同形性自交不亲和性又分成孢子体型自交不亲和性（sporophytic self-incompatibility，SSI）和配子体型自交不亲和性（gametophytic self-incompatibility，GSI）。孢子体自交不亲和性由花粉母细胞的S基因型决定，当花粉母细胞S基因型和雌蕊S基因型相同时，花粉粒在柱头乳突表面萌发受阻，如十字花科、菊科、旋花科植物等；配子体自交不亲和性取决于花粉自身的S基因型，当它和雌蕊S基因型相同时，花粉一般能在柱头上萌发并伸入花柱，但花粉管在花柱中生长受到抑制，如茄科、蔷薇科等。一般而言，植物自交不亲和性有4种表现形式：①花粉在柱头上不能正常萌发；②花粉萌发后花粉管不能进入柱头；③花粉管进入柱头后，在花柱中不能继续延伸；④花粉管到达胚囊后精卵不能结合。GSI具有双核花粉和湿性柱头，自体花粉经过萌发和初期生长后，在花柱组织中被抑制。而芸薹属植物是SSI型，与此不同，它具有三核花粉粒和干性柱头，花粉的抑制作用发生在花粉与柱头作用的初期，自交抑制并非花器形态学或时间上的障碍，而是花粉与柱头相互作用后，花粉管生长受到抑制而发生。受抑制的部位是柱头表面的胼胝质。其中白菜等自交不亲和是花粉在柱头上能萌发，但不能穿透柱头乳突细胞；而甘蓝等，花粉在柱头上不能正常萌发，花粉与柱头接触后，花粉和乳突细胞胼胝质不断积累。因此，有人认为，胼胝质的多少是芸薹属植物亲和与否的标志之一。不亲和时，乳突细胞沉积大量胼胝质，亲和时没有或很少有胼胝质积累。自交不亲和性对花粉而言，控制自交不亲和的S基因在花药中表现，然后基因产物再转移到花粉上；对于柱头而言，S基因产物在花前2d左右迅速积累，表现自交不亲和性，因此开花前2d或更早的柱头不能区分自体或异体花粉，能实现自体受精。

六、传粉生物学

传粉（pollination）是植物的花粉从花药散播到同种植物雌蕊柱头上的过程，是植物有性生殖中的重要环节。有花植物的基因流（gene flow）借助于三类传播体来完成，即花粉、种子（果实）和各种营养繁殖体。以花粉为主要基因流动的植物种类居多。基因流的存在与否对植物进化至关重要，传粉在植物进化中具有重要作用。因为隔离有利于变异的发生和保留，而基因流动会削弱这种趋势。这种作用在三个层次上发生：①居群（population）内个体变异的发生；②居群及居群间变异的分布频率；③居群间隔离与分化程度及多样性的保

留。传粉生物学已有 300 多年的研究历史，主要研究植物传粉过程中各种生态因子对传粉时间和传粉效率的影响，到今天，传粉生物学已从定性研究逐步深入到定量研究，并与植物进化紧密联系起来。

近年来，除上述研究内容外，研究者在基因流动、花粉与柱头相互作用、交配选择（mate choice）及其对进化作用的探讨等方面进行了大量工作。

基因流动的研究包括传粉效果与传粉距离两个方面。传粉效果是研究基因的纵向流动，即向后代流动的结果，这方面的研究与植物的遗传联系起来。各种杂交技术、突变体植株与标记技术为这种研究提供了可能，相关内容在遗传学中有详述。传粉距离研究的是散布范围，即基因的横向流动结果，从而为确定遗传邻居（genetic neighborhood）的大小提供数据。这方面的研究报道见于 20 世纪 80 年代，近几年研究工作不断深入。

主要原因是研究技术的限制，因为不易确定母株花粉粒散布后的位置。早年的研究主要依赖于化学染料标记，近年来，突变体及各种标记技术，尤其是荧光标记技术的应用，为此提供了可靠的技术保证。

花粉与柱头相互作用是近年来的研究热点之一，它主要研究柱头对花粉的识别，花粉管在柱头上的萌发，以及母本和父本对后代的投资（investment）。深入研究必然涉及交配的选择，交配选择包括雄性竞争（male competition）和雌性选择（female choice）两个方面。这些研究既有在宏观水平（个体及居群水平）上研究的必要，又需要深入到细胞及分子水平上开展工作，需将宏观的生态机制与微观的分子水平相连接，因而引起生物学家的关注。而对交配选择的研究又离不开对进化的分析，因此对交配选择的研究可以成为联结胚胎学、生态学和进化生物学的纽带。

本章主要内容和概念

植物生长包括营养生长和生殖生长两个阶段。种子萌发后，首先进行根、茎、叶等营养器官的生长，经过一定时间后，便进入生殖生长，即在植物体一定部位分化出花芽，再经开花、传粉、受精等过程，形成果实和种子，产生新的个体来延续后代。植物从营养生长转入生殖生长，是植物生长发育的重要转变。研究植物生殖器官形态建成和生殖过程的规律，对于调控植物生长发育、繁殖和增质增产都有重要意义。本章主要包括植物繁殖及其类型，花的组成与花序，花的形成和发育，雄蕊发育与结构，雌蕊发育与结构，

开花、传粉与受精等内容。

知识要点包括：

繁殖的概念及其类型，花的形态，花芽分化，心皮，花的发生与演化，禾本科植物的花，花序类型，花程式和花图式，花药的发育与结构，花药壁的结构与功能，花粉母细胞与小孢子的发生，花粉粒的形成、发育与形态结构，雄性生殖单位，花粉败育与雄性不育，胚珠的发育与结构，胚囊的发育与结构，雌性生殖单位，传粉方式与媒介，受精过程和意义，花粉管的生长，双受精过程及其生物学意义，自交不亲和性，传粉生物学。

复习思考题

1. 为什么说花是适应生殖的变态短枝？
2. 简述花芽分化的过程。
3. 简述花各组成部分的类型及花序分类。
4. 列表说明花药发育及花粉粒的形成过程。
5. 试述成熟花粉粒的结构及各部分的特征。
6. 花粉粒内壁、外壁物质的来源有何不同？

7. 试述胚囊的发育与结构，并分析哪些部分为二倍体？哪些部分为单倍体？
8. 简述双受精过程及其生物学意义。
9. 自花传粉和异花传粉有何生物学意义？现代传粉生物学研究的主要进展有哪些？

第八章 种子和果实

被子植物受精作用完成后，胚珠发育形成种子，子房发育形成果实。有些植物花的其他部分和花以外的结构也参与果实形成。被子植物的种子包被在果实内，受到很好保护。裸子植物的胚珠外面没有包被，胚珠发育形成种子后是裸露的。种子是所有种子植物特有的器官，种子植物可利用种子进行繁殖，种子也是植物借以渡过不良环境的有效措施。

第一节 种 子

被子植物经过双受精后，受精卵（合子）发育成胚（embryo），初生胚乳核发育成胚乳（endosperm），珠被发育形成种皮（seed coat）。大多数植物的珠心，在种子形成过程中被吸收利用而消失，少数植物的珠心继续发育成为种子的外胚乳（perisperm，prosembryum），于是整个胚珠发育形成种子。

虽然不同植物种子的大小、形状、内部结构颇有差异，但它们的发育过程大同小异。

一、胚的发育

种子里的胚是受精后由合子发育而来，合子是胚的第一个细胞。合子通常需要经过一段休眠期，休眠期的长短因植物种类而异，如水稻的休眠期为4～6h，小麦为16～18h，棉花为2～3d，苹果为5～6d，秋水仙（*Colchicum autumnale*）为4～5个月。休眠期过后，合子经多次分裂，逐步发育形成胚。一般情况下，胚发育的起始时间，较晚于胚乳发育的起始时间。

合子是一个高度极化的细胞，它的第一次分裂，通常为不均等的横裂，形成一列两个细胞。靠近合点端的细胞较小，称为顶细胞（apical cell）；靠近珠孔端的细胞较大，称为基细胞（basic cell）。顶细胞和基细胞在形态结构与生理功能上差异很大。顶细胞原生质浓厚，液泡小而少，具有胚性；基细胞具有大液泡，细胞质稀薄，不具有胚性。这种细胞的异质性，是由细胞生理极性决定的。两细胞间有胞间连丝相通。第一次分裂后，顶细胞再进行多次分裂形成胚体，基细胞分裂或不分裂，主要形成胚柄（suspensor），或部分参与形成胚体。

胚柄的作用是使胚伸向胚囊内部，以利于胚在发育过程中吸收周围营养物质；胚柄还有营养物质吸收和运输作用，供胚生长和分化需要；另外，胚柄在激素合成和分泌、胚早期发育方面也有调节作用。胚柄在胚发育过程中并不是一个永久结构，随着胚的发育，胚柄逐渐被吸收退化。

胚在没有出现分化前的阶段称为原胚（proembryo）。由原胚发育为成熟胚的过程，在双子叶植物和单子叶植物之间存在差异。

（一）双子叶植物胚的发育

现以荠菜为例，说明双子叶植物胚的发育过程（图8-1）。合子经短暂休眠后，横向分裂为两个细胞，靠近珠孔端的基细胞和靠近合点端的顶细胞。基细胞经连续多次横分裂后，形成一列由6～10个细胞组成的胚柄。顶细胞经过两次纵分裂（第二次的分裂面与第一次的垂直），形成4个细胞，此时期称为四分体时期。然后各个细胞再横向分裂一次，形成8个细胞，即八分体时期。八分体的各细胞先进行一次平周分裂，再继续进行各个方向的分裂成为一团组织，称为球形胚（图8-2A）。以上各个时期都属原胚阶段。以后由于球形胚顶端两侧分裂生长较快，形成两个突起，称为子叶原基，这时的胚呈心形，故称心形胚（图8-2B）。子叶原基迅速发育，成为两片子叶，使胚的形状类似鱼雷，称鱼雷形胚（图8-2C）。紧接着在子叶间凹陷部分逐渐分化出胚芽；胚体的基部细胞和胚柄顶端一个细胞也不断分裂生长，一起分化为胚根；胚根与胚芽间的部分即为胚轴。在胚体进一步发育过程中，子叶和胚轴不断延长，由于胚珠内空间的限制，子叶弯曲，使胚呈马蹄形，称马蹄形胚。至此，胚已发育成熟，胚柄逐渐退化消失（图8-2D）。

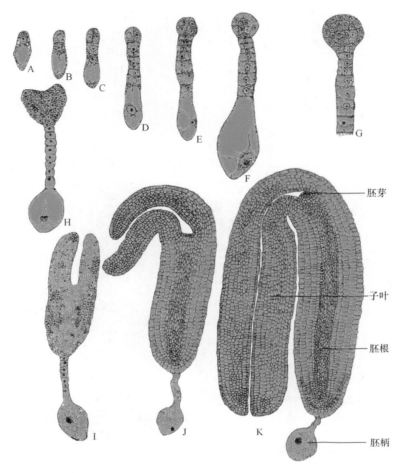

图 8-1　荠菜胚发育过程示意图

A. 合子；B. 合子第一次分裂形成两个细胞，上为顶细胞，下为基细胞；C～G. 基细胞发育为胚柄（包括一列细胞），
顶端细胞经多次分裂形成球形胚的过程；H. 心形胚；I. 鱼雷形胚；J、K. 马蹄形胚，胚体各部分结构形成

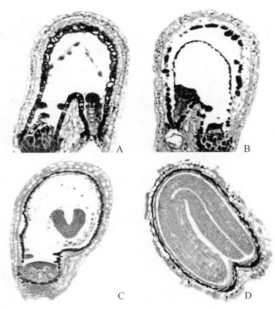

图 8-2　荠菜胚的发育过程

A. 球形胚；B. 心形胚；C. 鱼雷形胚；D. 成熟胚

（二）单子叶植物胚的发育

　　单子叶植物胚在发育早期，与双子叶植物胚的发育相似，但在胚分化过程中出现了差别，显著差异是只形成一片子叶。现以禾本科的水稻为例，说明单子叶植物胚的发育过程（图 8-3）。

　　水稻的受精卵经过 4～6h 休眠后开始分裂，经过第一次横向分裂形成两个细胞，远离珠孔端的顶细胞和近珠孔端的基细胞。接着，基细胞进行一次横向分裂，顶细胞进行一次纵向分裂，形成 4 个细胞的原胚。原胚继续扩大使细胞呈梨形。之后，随着细胞分裂和生长，在胚一侧（腹面）出现一个凹沟，使胚呈不对称状态，在形态上胚可区分为顶端区、器官形成区和胚柄细胞区三个区。以后，顶端区形成盾片上半部和胚芽鞘的一部分；器官形成区形成胚芽鞘其余部分和胚芽、胚轴、胚根、胚根鞘和外胚叶等；胚柄细胞区主要形成盾片下部和胚柄。至此，经过 14d 发育，水稻胚中各器官在形态上的分化已全部完成。一般情况下，10d 左右的水稻胚已具备了发芽能力。

图中标注：胚芽　子叶　胚根　胚柄

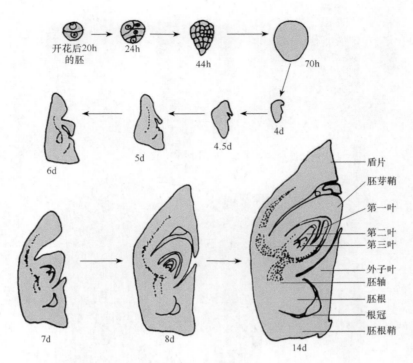

图 8-3 水稻胚的发育

小麦胚的发育过程与水稻相似，但整个胚胎发育时间较水稻长。冬小麦胚的发育成熟约16d，而春小麦胚的发育成熟一般需要22d左右。

二、胚乳的发育

胚乳由极核受精后产生的初生胚乳核发育而成。初生胚乳核不经休眠，就发育形成胚乳。胚乳发育方式一般有核型、细胞型和沼生目型三种类型。核型方式最普遍，沼生目型少见。

核型胚乳发育时，初生胚乳核的第一次分裂以及以后一段时间的核分裂，都不伴随细胞壁的形成，形成许多细胞核，呈游离状态，分布在同一细胞质中，这一时期称为游离核时期。游离核的数目因植物种类而异，多的可达数百或数千个，如胡桃、苹果等。少的仅8个或16个核，甚至只有4个核，如咖啡。核分裂进行到一定阶段，就向细胞时期过渡，在游离核之间形成细胞壁，进行细胞质分割，形成胚乳细胞，整个组织称为胚乳。有些植物的胚乳核全部转化为细胞，有的仅在胚囊周围形成1~2层细胞，或仅在珠孔端形成细胞。核型胚乳在单子叶植物和双子叶离瓣花植物中普遍存在，是被子植物中最普遍的胚乳发育方式（图8-4）。

细胞型胚乳发育特点是，初生胚乳核分裂后，随即伴随有胞质分裂和细胞壁形成。所以，胚乳自始至终是细胞的形式，无游离核时期，整个胚乳为多细胞结构。大多数合瓣花植物的胚乳发育均属此类型（图8-5）。

沼生目型胚乳的发育，是介于核型和细胞型之间的中间类型。初生胚乳核第一次分裂后，胚囊被分成珠孔室和合点室。珠孔室较大，这一部分的核进行多次分裂，成游离核状态。到后期，游离核间产生细胞壁，形成细胞。合点室的核分裂次数较少，始终保持游离核状态。这种类型的胚乳多限于沼生目种类，如泽泻（*Alisma plantago-aquatica*）、慈姑（*Sagittaria trifolia*）等，但少数双子叶植物，如虎耳草属（*Saxifraga*）、檀香属（*Santalum*）等植物也属于这种类型（图8-6）。

有的植物，如豆类、瓜类等，随着胚的形成，胚乳中的养料被胚吸收，储存在子叶中，种子成熟时无胚乳存在，这些是无胚乳种子；有些植物，如禾本科植物、蓖麻等，种子形成时具有胚乳，胚乳中的养料在种子萌发时才被胚利用，这类种子称为有胚乳种子。

在胚和胚乳发育过程中，要从胚囊周围吸收养料，多数植物的珠心遭到破坏而消失，但少数植物的珠心始终存在，且在种子中发育成类似胚乳的储藏组织，称为外胚乳。外胚乳与胚乳的作用相同，但来源不同。甜菜、菠菜、石竹等的成熟种子具有外胚乳，无胚乳。姜、胡椒等植物成熟种子既有胚乳，又有外胚乳。

三、种皮的发育

在胚和胚乳发育的同时，胚珠的珠被发育形成种皮，包在胚和胚乳之外，起保护作用。珠被有一层的，发育形成的种皮也只有一层，如向日葵、胡桃等；具有两层珠被的，通常形成的种皮也有两层（外种皮和内种皮），如蓖麻、油菜等。有些植物，一部分珠被组织和营养被胚吸收，只有剩余部分珠被发育形成种皮，如大

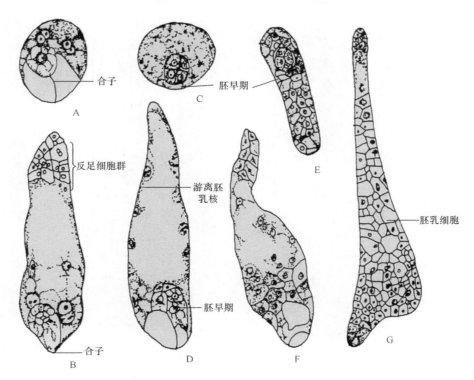

图 8-4 玉米的胚乳发育（核型）

A、C、E. 胚囊横切面观；B、D、G. 胚囊纵切面观；F. 胚囊斜切面观

A、B. 示合子和少量胚乳核（传粉 26～34h 后）；C、D. 胚发育早期，胚乳核在分裂中（由 128 个游离核心过渡到 256 个游离核时期，传粉后 3d）；E. 由游离核时期向细胞时期过渡（传粉后 3.5d）；F、G. 胚乳细胞形成（传粉后 4d）

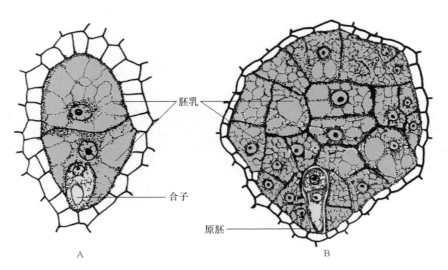

图 8-5 矮茄（*Solanum demissum*）胚乳形成早期

A. 二细胞发育时期；B. 多细胞时期

豆、蚕豆的种皮是由两层珠被中的外珠被发育而成，而小麦、水稻的种皮是由两层珠被中的内珠被发育而来。

少数植物的种皮外面还有由珠柄、胎座等部分发育而来的假种皮，常含大量油脂、糖类和蛋白质等储藏物质，如龙眼、荔枝的肉质可食部分就是由珠柄发育而来的假种皮。

种皮的结构，不同植物差异很大，一方面取决于珠被层数，另一方面取决于种皮在发育中的变化。下面以蚕豆和棉花为例加以说明。

蚕豆种子形成过程中，胚珠的内珠被被胚吸收而消失，种皮由外珠被发育而来。外珠被发育成种皮时，珠被分化成三层组织，外层是一层长柱状厚壁细胞，细胞的长轴紧密平行排列，犹如栅栏组织；第二层为骨形厚壁细胞，呈"工"字形，有极强的保护作用和机械支持

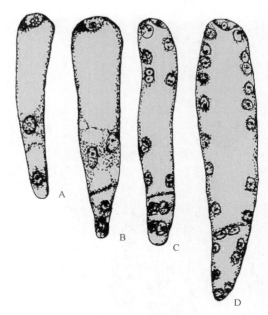

图 8-6 沼生目型胚乳

A～D. 喜马拉雅独尾草（*Eremurus himalaicus*）胚乳的发育
顺序：A. 胚乳细胞经第一次分裂，形成 2 个细胞，上端一
个已产生 2 个游离核；B～D. 示上端与下端 2 个细胞的核
均进行核分裂，产生多个游离核

力量；最下面是多层薄壁细胞，是外珠被未经分化的细胞层，这部分在种子形成过程中常被压扁。早期的种皮细胞内含淀粉，是储藏营养的场所，所以新鲜种皮柔软

可食，老了以后则转为坚硬组织（图 8-7）。

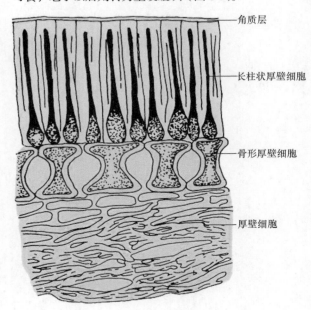

图 8-7 蚕豆种皮的横切面结构

棉花纤维是棉花种皮的附属物（单细胞表皮毛），它由外珠被表皮细胞向外突出，经过伸长和增厚而形成。在棉花纤维发育过程中，水分和温度是影响其伸长生长的主要因素。土壤缺乏水分，纤维显著变短；温度较高，细胞壁加厚较快，若温度低于 10℃，纤维伸长较短，且不能成熟。

第二节 果 实

一、果实的发育和结构

被子植物受精后，胚珠发育形成种子时，能合成吲哚乙酸等植物激素，刺激子房，使其新陈代谢加速，迅速生长，子房发育形成果实，如水稻、小麦、玉米、桃等；有些植物的果实由子房及花其他部分，如花托、花萼、花序轴等共同参与发育形成。花其他部分，如花被、花冠、雄蕊和雌蕊的柱头和花柱一般都枯萎凋落。

1. 真果的结构

真果（true fruit）是指单纯由子房发育而成的果实。多数植物的果实属于这一类型，如花生、玉米、棉花、桃、杏等。

真果外为果皮，内含种子。果皮由子房壁发育而成。一般分为外果皮、中果皮和内果皮三层结构，如桃、杏、李、梅等（图 8-8），也有些植物的果实，其三层果皮分界不明显，难以区分，如番茄的中果皮与内果皮。外果皮上常有气孔、角质、蜡质、表皮毛等。中果皮在结构上变化较大，有些植物的中果皮常变干

收缩，成为膜质或革质，如花生、蚕豆；有些植物的中果皮由许多富有营养的薄壁细胞组成，成为果实中的肉质可食部分，如桃、梅、李、杏等。内果皮变化也很大，有些植物的内果皮由坚硬的石细胞构成，如桃、李、杏、核桃等。有的内果皮表皮毛变成肉质化汁囊，如柑橘；有些植物的内果皮肥厚多汁，如葡萄。下面以桃的果实为例说明真果结构。

桃的果实是由单心皮子房发育而来。果皮明显分为外果皮、中果皮和内果皮三层。外果皮为一层表皮细胞和数层厚角细胞组成，表皮外有很多毛；中果皮厚，由许多大型薄壁细胞和维管束组成，为食用部分；内果皮坚硬，由石细胞组成，起保护作用。内果皮内含有种子。

在果实发育过程中，果实颜色和细胞内的物质也发生变化。幼嫩果实中，果皮细胞含有叶绿体和有机酸、单宁等，故幼果呈青绿色，口感酸涩。成熟时，果皮细胞中产生了花青素或有色体，有机酸和单宁减少，糖分增加，所以成熟果实颜色鲜艳，口感甜美。

2. 假果的结构

假果（pseudocarp 或 false fruit）是指除子房外，

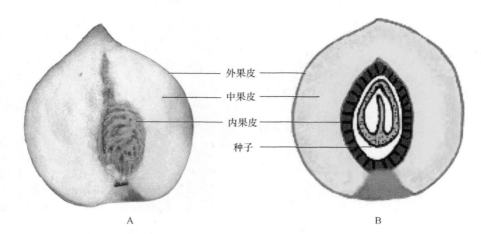

外果皮

中果皮

内果皮

种子

图 8-8　桃果实（真果）的结构

A、B. 桃的子房纵切面

还有花其他部分，如花托、花被以至整个花序参与发育而成的果实，如苹果、梨、瓜类、菠萝、桑葚等。

假果结构复杂，如苹果、梨的果实是由花筒（花托杯）和心皮部分愈合后共同形成的，外面很厚的肉质部分主要由花筒（花托杯）发育而成，中部是由子房发育而来的部分，所占比例很小（图 8-9）；南瓜、冬瓜等假果的食用部分主要是果皮；西瓜食用部分主要是胎座；无花果、菠萝等植物果实中，肉质化部分主要由花序轴、花托等部分发育而成。

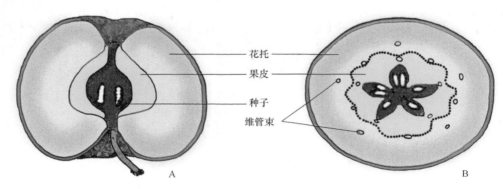

花托

果皮

种子

维管束

图 8-9　苹果果实（假果）的结构

A. 果实纵切面；B. 果实横切面

二、单性结实和无籽果实

一般情况下，植物受精后才能结实。但有些植物，不经过受精作用，子房就可直接发育形成果实，这种现象称为单性结实（parthenocarpy）。单性结实的果实不含种子，故称为无籽果实。

单性结实有自发单性结实和诱导单性结实两种情况。自发单性结实是指子房不经传粉或其他任何刺激，便可形成无籽果实的现象，如香蕉、柑橘等。诱导单性结实是子房必须经过一定刺激，才能形成无籽果实的现象，如用马铃薯的花粉刺激番茄柱头，或用爬墙虎的花粉刺激葡萄柱头，都能得到无籽果实。农业生产上通常应用植物生长物质诱导单性结实，如 IAA、2,4-D 等可诱导番茄、茄子、辣椒、西瓜等单性结实。

单性结实可以形成无籽果实，但无籽果实并非全由单性结实所致。有些植物虽然完成了受精作用，但是胚珠在发育形成种子的过程中受阻，也可形成无籽果实。

三、果实的类型

根据果实形态结构可分为单果、聚合果和聚花果三大类（图 8-10）。

（一）单果

单果（simple fruit）是指一朵花中的单雌蕊或复雌蕊所形成的果实。根据果实成熟时果皮性质，可分为干果和肉质果两大类。

1. 干果

干果（dry fruit）果实成熟时，果皮干燥。根据成熟时果皮是否开裂，分为裂果和闭果。

1）裂果（dehiscent fruit）

果实成熟时果皮裂开，根据心皮数目和开裂方式

图 8-10　果实的类型

A. 蓇葖果（八角）；B. 荚果（大豆）；C. 颖果（玉米）；D. 坚果（榛子）；E. 分果（窃衣）；

F. 角果（荠菜）；G. 蒴果（马齿苋）；H. 瘦果（向日葵）；I. 翅果（臭椿）；J. 胞果（碱蓬）；K. 浆果（西红柿）；

L. 柑果（柠檬）；M. 核果（李）；N. 梨果（梨）；O. 瓠果（黄瓜）；P. 聚合果（草莓）；

Q. 聚花果（菠萝）（D、E、G、I、J 为曲波摄）

不同，又分为以下类型。

（1）蓇葖果（follicle）。由单雌蕊子房发育而成，成熟时沿背缝线或腹缝线一面开裂，如飞燕草（Consolida rugulosa）。梧桐和芍药聚合果的每一小果也是蓇葖果。

（2）荚果（legume）。由单雌蕊子房发育而成，成熟时果皮沿背缝线和腹缝线两面开裂，如蚕豆、大豆、豌豆等，但有的荚果不开裂，如花生、合欢等。有的荚果呈分节状，每节含一粒种子，成熟时分节脱落，如含羞草、决明（Senna tora）等。

（3）角果。由两个心皮的复雌蕊子房发育而成，子房一室，后来由心皮边缘合生处向中央生出假隔膜，将子房分隔成两室。果实成熟时，果皮从两条腹缝线裂开，成两片脱落，种子附在假隔膜上。十字花科植物具有角果。根据果实长短不同，又有长角果（silique）和短角果（silicle）之分。前者如白菜、萝卜，后者如荠菜。

（4）蒴果（capsule）。由复雌蕊子房发育而成，果实成熟时有多种开裂方式。

① 背裂（loculicidal dehiscence）。沿背缝线开裂，如百合、棉花、鸢尾等。

② 腹裂（septicidal dehiscence）。沿腹缝线开裂，如马兜铃（Aristolochia debilis）、薯蓣（Dioscorea polystachya）等。

③ 轴裂（septifragal dehiscence）。沿背缝线或腹缝线裂开，但隔膜与中轴仍相连，如牵牛、曼陀罗（Datura stramonium）等。

④ 孔裂（poricidal dehiscence）。果实成熟时，子房各室上方裂成小孔，种子通过小孔散出，如罂粟、桔梗（Platycodon grandiflorus）等。

⑤ 盖裂（pyxis）。果实成熟时上部呈盖状开裂，也称为周裂（circumscissile dehiscence），如马齿苋（Portulaca oleracea）、车前等。

⑥ 齿裂（teeth dehiscence）。果实成熟时顶端呈齿状裂开，如石竹等。

2）闭果（indehiscent fruit）

果实成熟后，果皮不开裂，可分为以下几种类型。

（1）瘦果（achene）。由单雌蕊或 2～3 个心皮合生的复雌蕊而具一室的子房发育而成，只含一粒种子，果皮与种皮分离，如向日葵、荞麦等。

（2）颖果（caryopsis）。一室，内含一粒种子，但果皮与种皮紧密愈合不易分离，如水稻、玉米、小麦等禾本科植物。

（3）坚果（nut）。果皮坚硬、内含一粒种子，有些植物的坚果包藏于总苞内，如板栗、榛子（*Corylus heterophylla*）等。

（4）翅果（samara）。果皮延伸成翅状，有利于随风传播，如榆、枫杨（*Pterocarya stenoptera*）等。

（5）分果（schizocarp）。由复雌蕊子房发育而成，成熟后各心皮分离，形成分离的小果，但小果果皮不开裂。例如，胡萝卜、芹菜等伞形科植物的果实是由两心皮组成的分果，成熟后，并列悬挂在中央果柄上端，又称双悬果（cremocarp）。

（6）胞果（utricle）。由复雌蕊子房形成的一类果实，具1枚种子，果皮薄而疏松地包围种子，极易与种子分离，如菠菜、藜（*Chenopodium album*）等。

2. 肉质果

成熟时果皮肉质化，肥厚多汁的果实称为肉质果（fleshy fruit）。根据果皮来源和性质，可分为以下几类。

（1）浆果（berry）。由一个或多个心皮形成的果实，外果皮膜质，中果皮、内果皮肉质化，充满汁液，如番茄、葡萄、柿等。在番茄中，除中果皮与内果皮肉质化外，胎座也肉质化，为主要食用部分。

（2）柑果（hesperidium）。由复雌蕊具中轴胎座的子房发育而成，外果皮坚硬革质，有很多油囊，中果皮髓质疏松、分布有维管束，内果皮膜质，分为数室，室内生有多个汁囊，汁囊来自子房内壁的毛茸，是主要食用部分，如柑橘、柚、柠檬等。

（3）核果（drupe）。由单雌蕊或复雌蕊子房发育而成。成熟种子明显分为三层，外果皮极薄，中果皮肉质，为主要食用部分，内果皮形成坚硬、木质化壳，通常包围1粒种子形成坚硬的核，如桃、李、杏等。

（4）梨果（pome）。是由花筒和多心皮下位子房愈合后共同形成的假果。花筒形成的部分，外果皮、中果皮均肉质化，它们之间无明显界限，内果皮革质，如苹果、梨等。

（5）瓠果（pepo）。由复雌蕊下位子房发育而成，花托与果皮愈合，无明显外果皮、中果皮、内果皮之分，果皮和胎座肉质化，如黄瓜、西瓜等葫芦科植物。

（二）聚合果

如果一朵花中有许多离生雌蕊，每一雌蕊形成一个小果，许多小果聚集在同一花托上，称为聚合果（aggregate fruit）。根据小果不同，聚合果有聚合蓇葖果，如八角、玉兰；聚合瘦果，如蔷薇、草莓；聚合核果，如茅莓（*Rubus parvifolius*）。

（三）聚花果

聚花果（collective fruit）是由整个花序发育而成的果实，也称复果（multiple fruit），如桑、菠萝、无花果等。

四、果实和种子的传播

在长期自然选择过程中，成熟果实和种子形成了多种适应不同传播方式的形态特征，有助于果实和种子传播。果实和种子的散布，扩大了植物分布范围，有利于植物种族繁衍。果实和种子的传播，主要依靠风力、水力、果实本身所产生的机械力量，以及动物和人类活动。

（一）风力传播

适应风力传播的果实和种子，一般细小质轻，果实和种子表面常生有毛、翅或其他有利于风力传送的构造。例如，兰科植物的种子小而轻，可随风吹送到数千米以外；蒲公英等菊科植物的果实上生有冠毛（图8-11A），杨、柳种子外面生有细长绒毛，榆树、枫杨（*Pterocarya stenoptera*）的果实及云杉、松等的种子具有翅，酸浆（*Physalis alkekengi*）果实有薄膜状气囊等，这些都是适应风力传播的结构，使种子或果实随风飘扬而传至远方。

（二）水力传播

水生植物和沼泽植物的果实和种子，多形成有利于漂浮的结构，借水力传播。例如，莲的花托形成"莲蓬"，倒圆锥形，组织疏松，质轻，能漂浮于水面，随水流到各处，将种子传到远方（图8-11B）。生长在热带海边的椰子，其外果皮与内果皮坚实，可防止海水侵蚀，中果皮疏松，富有纤维，利于果实随水漂浮传播到远方。

（三）果实的自身弹力传播

有些植物的果实成熟时开裂，产生机械弹力或喷射力，将种子散布出去，如大豆、油菜等植物，其果皮各层细胞结构和含水量不同，果实成熟时，各层干燥收缩程度也不同，因此可发生爆裂而将种子弹出。喷瓜的果实，在顶端形成一个裂孔，当果实收缩时，将种子喷到远处。

（四）动物和人类的活动传播

一些植物的果实和种子靠动物和人类活动散布。这类果实和种子外面多生有刺毛、倒钩或有黏液分布，能附在人们衣服或动物皮毛上，随人们和动物活动被散布到较远的地方，如苍耳（*Xanthium sibiricum*）、鬼针

图 8-11　果实和种子对传播的适应
A. 蒲公英的冠毛；B. 莲的花托形成的"莲蓬"
（解寒冰摄）

草（*Bidens pilosa*）、葎草（*Humulus scandens*）等植物的果实具有钩刺。另外，一些植物的果实和种子成熟后被鸟兽吞食，由于它们具有坚硬果皮或种皮，可以不被消化，种子随粪便排出体外而散布到各地，如番茄种子和稗草果实等。人在食用果实后将种子丢弃，也为种子传播提供了机会。

第三节　被子植物的生活史

多数植物经过一个时期的营养生长后，便转入生殖生长阶段，这时植物体的一定部位形成生殖结构，产生生殖细胞进行繁殖。例如，有性生殖产生卵和精子，受精后形成合子，然后发育形成新一代植物体。所以，植物在一生中所经历的发育和繁殖阶段，前后相继，有规律循环的过程，称为生活史（life history）或生活周期（life cycle）。

被子植物的个体发育，一般从一粒种子开始。种子成熟后，经过一个短暂休眠期，在适宜外界条件下，开始萌发为幼苗，逐渐长成具根、茎、叶的植物体，经过一定时间营养生长后，在植物体一定部位形成花芽，形成花朵，在雄蕊花药里产生花粉粒，在雌蕊子房胚珠内形成胚囊，花粉和胚囊又分别产生雄性的精子和雌性的卵细胞。经过传粉和受精后，一个精子和卵细胞融合后形成受精卵（合子），以后发育形成胚；另一个精子和 2 个极核融合形成初生胚乳核，以后发育形成胚乳，最后，胚珠发育形成种子，子房发育形成果实。从种子萌发开始到又形成新一代种子的全部历程，称为被子植物的生活史。水稻、玉米、小麦、油菜、番茄等一年生和两年生植物，在种子成熟后，整个植株逐渐枯死。而桃、李、茶等多年生植物，经过多次结实后才会衰老死亡。

被子植物生活史有两个基本阶段，一个是孢子体阶段，一个是配子体阶段。孢子体阶段从受精卵（合子）发育开始，经过幼苗生长，直到雌蕊、雄蕊分别形成胚囊母细胞（大孢子母细胞）和花粉母细胞（小孢子母细胞），到减数分裂前为止，这一阶段在被子植物生活史中占绝大部分时间，植物体各部分染色体数目是 2 倍（2n）的，故又称为二倍体阶段或无性世代。

配子体阶段从花粉母细胞和胚囊母细胞经减数分裂分别形成单核花粉（小孢子）和单核胚囊（大孢子）开始，直到大孢子发育形成含卵细胞的成熟胚囊，小孢子发育成含精子的成熟花粉粒或花粉管为止。这个时期的细胞内染色体数目是单倍的，又称为单倍体阶段或有性世代。配子体阶段在被子植物生活史中所占的时间很短，配子体不能脱离二倍体植物而生存。精子和卵细胞融合形成合子，合子发育形成新一代胚，使染色体又恢复二倍数，生活周期重新进入二倍体阶段，从而完成了一个生活周期。在被子植物生活史中，二倍体占优势，而单倍体只是附着在二倍体上生存。二倍体的孢子体阶段（无性世代）和单倍体的配子体阶段（有性世代），在生活史中有规律交替出现的现象，称为世代交替（alternation of generation）。

在被子植物世代交替中，减数分裂和受精作用是整个生活史的关键，也是两个世代交替的转折点（图 8-12）。

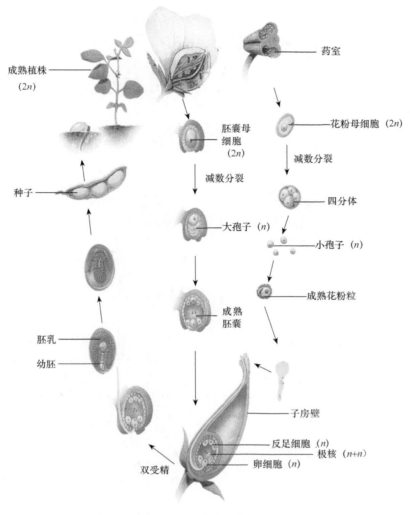

图 8-12　大豆生活史

本章主要内容和概念

　　被子植物经过传粉和双受精后，胚珠发育形成种子，子房发育形成果实。有些植物花的其他部分和花以外的结构也参与果实形成。种子是所有种子植物特有的器官，被子植物的种子包被在果实内，受到很好保护。裸子植物的胚珠外面没有包被，胚珠发育形成种子后裸露在外。种子不仅是种子植物的繁殖器官，也是植物借以渡过不良环境的有效措施。本章主要包括种子发育与结构，果实发育与结构，被子植物生活史等内容。

　　知识要点包括：

　　胚的发育过程，胚乳发育及其类型，种皮的发育，真果与假果，单性结实和无籽果实，果实类型及其结构特征，果实和种子传播方式，无融合生殖，被子植物生活史，世代交替，孢子体和配子体。

复习思考题

1. 双受精后，花的各个部分有哪些变化？
2. 以荠菜为例说明双子叶植物胚的发育过程。
3. 以水稻为例说明单子叶植物胚的发育过程。
4. 表解种子的基本结构。为什么说胚是植物的雏体？
5. 一个成熟的果实，你如何判断它是真果还是假果？
6. 什么是单性结实？自发和诱导单性结实在生产上有何重要意义？
7. 种子和果实的传播有哪些方式？
8. 什么是被子植物的生活史？它包括哪两个基本阶段？转折点是什么？
9. 何谓世代交替，人们通常看到的被子植物是孢子体还是配子体？

第九章　植物的水分代谢

在植物生长过程中，一方面，植物不断从环境中吸取水分满足需要；另一方面，植物体不可避免地会丢失大量水分到环境中。这种水分在环境—植物体间的不断交换，即植物从环境中吸收水分、水分在植物体内运输和植物体向环境排出水分，就构成了植物水分代谢（water metabolism）的三个主要过程。

第一节　植物细胞对水分的吸收

细胞是植物水分代谢的基本单位。植物细胞吸收水分的方式有三种，即有液泡的植物细胞主要靠渗透作用吸水；没有液泡或未形成液泡的细胞，靠吸涨作用吸水；此外，细胞还有代谢性吸水。在这三种吸水方式中，以渗透性吸水为主。

一、植物细胞的渗透性吸水

植物细胞通过渗透作用吸水，称为渗透吸水（osmotic absorption of water）。

（一）自由能、化学势和水势

任何物质的移动都需要能量，水分也不例外，水分的移动及方向主要取决于水分具有的自由能和化学势。

根据热力学原理，在一个系统中，物质的总能量分为束缚能（bound energy）和自由能（free energy）两部分。自由能是指在恒温恒压条件下能用于做功的那部分能量。每摩尔物质具有的自由能称为该物质的化学势（chemical potential），化学势越大，物质发生化学反应的速率或转移速度越快。按照 Kramer（1966）的定义，水势（water potential）为每偏摩尔体积（V_w^*）水的化学势（μ_w）和同温同压下纯水的化学势（μ_w^0）之差，可用下式表示：

$$\psi_w = \frac{\mu_w - \mu_w^0}{V_w^*} = \Delta\mu_w / V_w^*$$

实际应用中，由于自由能和化学势的绝对值不易测定，为了方便，人们将标准状态下（1atm 下，引力场为 0，与体系同温度）纯水的化学势规定为零。纯水的化学势最大，因此，溶液的化学势为负值。水的偏摩尔体积是指在压力、温度及其他组分不变的条件下，溶液中 1mol 水所占据的有效体积。在稀的水溶液中，水的偏摩尔体积 V_w^* 与纯水的摩尔体积 V_w（18.00cm³/mol）相差甚小，计算时可用 V_w 代替 V_w^*。化学势以能量单位 J/mol（J=N·m=牛顿·米）表示，但人们习惯用压力单位 Pa（Pa=N/m²）来表示水的化学势，两者之间的换算关系为：

$$\psi_w = \Delta\mu_w / V_w^* = (J/mol)/(m^3/mol) = J/m^3 = N \cdot m/m^3$$
$$= N/m^2 = Pa$$

水势单位一般用兆帕（1MPa=10⁶Pa）表示，其与大气压（atm）或巴（bar）之间的换算关系是：1bar=0.1MPa≈0.987atm，1atm≈1.013×10⁵Pa=1.013bar。

纯水的水势为 0，因为纯水的化学势与自身化学势之差为零。在溶液中，由于溶质分子与水分子之间发生了水合作用，消耗了部分能量，因此，溶液的水势小于纯水的水势，为负值，溶液越浓，水势越低。例如，海水水势为 -2.5MPa，1mol/L 蔗糖溶液的水势为 -2.69MPa，1mol/L NaCl 溶液的水势为 -4.46MPa。水分充足叶片的水势为 -0.8～-0.2MPa，土壤干旱缺水的叶片水势为 -1.5～-0.8MPa。

在一个体系中，水由水势高的区域向水势低的区域移动，两个区域之间的水势差就是水分自发运转的动力，若想使水分由低水势区域向高水势区域移动，必须外加能量。

（二）渗透作用

扩散作用（diffusion）是物质从浓度高（化学势较高）的区域向浓度低（化学势较低）的区域运动的过程。当把两种浓度不同的溶液混合时，溶质分子会顺其浓度梯度从浓溶液区域向稀溶液区域移动，同时，水分子会从稀溶液区域向浓溶液区域扩散，直到溶液完全均匀为止。一般情况下，水分子的扩散作用无法观察到。肠衣（膀胱膜）、羊皮纸、火棉胶等是一些选择透性膜（半透膜），水分可以自由通过，但溶质不能或很难通过。如果用一种选择透性膜把两种浓度不同的溶液隔开，就可观察到水分自发地从低浓度溶液向高浓度溶液运动，在水分从高水势区域向低水势区域运动的过程中，释放出来的自由能可以推动水面上升。这种水分通过半透性膜，从水势高的区域向水势低的区域扩散的作用称为渗透作用（osmosis）。因此，渗透作用是一种特殊的扩散作用，是溶剂分子通过半透性膜的一种扩散作用。

（三）植物细胞的渗透作用

植物细胞是一个渗透系统。植物细胞的细胞壁是由纤维素构成的网孔状结构，水和溶质分子都易于通过，是一种全透性膜。成熟植物细胞内有一个中央大液泡，液泡膜和质膜是一种选择透性膜，水可以通过，而对其他溶质或离子具有选择性。当把由质膜、细胞质和液泡膜构成的原生质层当作一个半透膜时，膜内的液泡溶液与膜外环境溶液就构成了一个渗透系统。

如果液泡溶液与环境溶液之间存在水势差，水分便会通过原生质层半透膜而发生渗透作用。当环境溶液浓度比液泡溶液浓度高时，液泡溶液水势高于环境溶液水势，这时，水分会发生一个由液泡向环境的净移动，液泡体积变小，细胞壁和原生质层也随着发生收缩。由于细胞壁的伸缩性有限，到一定程度就会停止收缩，而原生质体的收缩性很高，此时如果液泡内的水分继续向外流动，原生质体会继续收缩下去而与细胞壁发生分离，开始时主要在边角部位发生分离，随着水分进一步流动，分离程度也会加深，最后，整个原生质体与细胞壁分离，形成球状小团。植物细胞由于液泡失水，而使原生质体和细胞壁发生分离的现象，称为质壁分离（plasmolysis）。发生质壁分离的细胞，由于液泡失水，液泡内溶液浓度升高，水势下降，此时，如果把这个细胞放在清水或浓度较低的溶液中，水分便会从环境中向液泡发生净移动，液泡体积变大，原生质体也会随着扩大而恢复原来的状态，这种现象称为质壁分离复原（deplasmolysis）。把含有液泡的植物细胞通过渗透作用吸水的过程称为做渗透吸水（osmotic absorption of water）。

（四）植物细胞的水势

植物细胞是一个复杂的体系，不同于简单的溶液系统。一个典型的植物细胞，中央有大液泡，外面有坚硬的细胞壁，此外，细胞内还存在一些亲水物质，如蛋白质、淀粉、纤维素等，这些因素都会影响植物细胞的水分得失。因此，植物细胞的水势组成比较复杂。典型的植物细胞水势由三部分组成，即：

$$\psi_w = \psi_s + \psi_p + \psi_m$$

式中，ψ_w 代表植物细胞水势；ψ_s 代表渗透势（osmotic potential）；ψ_p 代表压力势（pressure potential）；ψ_m 代表衬质势（matrix potential）。

渗透势（ψ_s）是由于植物细胞发生渗透作用而使水分移动的水势差，是由细胞中溶质的存在所降低的水势，所以又称为溶质势（solute potential），为负值，取决于溶液中溶质颗粒（分子或离子）总数，溶质颗粒浓度越大，溶液渗透势越低；渗透势可按下式进行计算：

$$\psi_s = -icRT$$

式中，i 为溶质的解离系数；c 为溶质浓度；R 为气体常数；T 为热力学温度。

压力势（ψ_p）是由于细胞壁的压力作用于原生质体而增加的水势。当细胞充分吸水后，原生质体膨胀，就会对细胞壁产生一个压力，称为膨压；细胞壁受到膨压作用的同时，对原生质体也产生一个反作用力，这个反作用力的存在会增大细胞水势，一般为正值。但是，当细胞发生初始质壁分离时，ψ_p 为零；当细胞处在强烈蒸发环境时，细胞的 ψ_p 会成负值。

衬质势（ψ_m）是由于细胞内蛋白质、淀粉等亲水物质和毛细管吸附水分子所降低的水势，为负值。未形成液泡的细胞有一定的衬质势，但当液泡形成后，细胞内亲水胶体已被水分饱和，其衬质势对细胞水势的影响很小，通常忽略不计。

事实上，重力对水势也有影响，称为重力势（gravity potential）。重力势（ψ_g）是水分因重力下移而引起水势降低的力量，取决于参考状态下水的高度（h）、水的密度（ρ_w）和重力加速度（g），即重力势可用公式 $\psi_g = \rho_w gh$ 计算。考虑到细胞水平的水分移动，与渗透势和压力势相比，重力势通常可忽略不计。

不同组织的植物细胞，其水势组成有所不同。成熟细胞中央液泡大，亲水性物质被水饱和，对细胞水势影响很小，可忽略不计，因此，其细胞水势为：$\psi_w = \psi_s + \psi_p$。对于风干种子，细胞内没有溶液，渗透势和压力势为 0，细胞水势为：$\psi_w = \psi_m$。

（五）细胞及组织之间的水分移动

植物细胞的水分得失情况取决于细胞与其环境之间的水势梯度，如果细胞水势高于环境水势，细胞失水；反之则细胞吸收水分。植物细胞之间和组织之间的水分流动同样遵循这样的规律，即从水势高的细胞或组织流向水势低的细胞或组织，且水势差越大，水分流动速度越快。一般情况下，同一植株，地上部的细胞水势比地下部低，距离地面高的叶子比距离地面低的叶子水势低，同一片叶子的细胞，距离主脉越远水势越低，在根部则内部细胞的水势低于外部细胞水势，这些组织和细胞之间的水势差造就了水分在植物体内流动的基本方向，即植物根系从土壤中吸收水分，并由植物地下部分运至地上部分。

二、植物细胞的吸涨性吸水

亲水胶体吸水膨胀的现象，叫做吸涨作用

（imbibition）。未形成液泡的细胞主要靠吸涨作用吸水，称为吸涨性吸水，如风干种子、分生细胞生长、果实种子形成过程等的吸水。在这些细胞中，存在大量亲水性物质，如细胞壁含有纤维素、果胶物质、半纤维素等，细胞质含有蛋白质、多糖等大分子物质，这些物质的亲水基团通过氢键与水分子结合而发生膨胀，且都处于凝胶状态。

实际上，吸涨作用的大小就是水势组成中衬质势的大小。在没有液泡的细胞中，衬质势的大小决定了水势大小，如风干种子，没有液泡，$\psi_s=0$、$\psi_p=0$、$\psi_w=\psi_m$，即水势等于衬质势。吸涨过程中，水分也是由水势高的区域流向水势低的区域，如风干种子萌发过程中，由于土壤水势高，种子水势低，水分由土壤流向种子。蛋白质类物质吸涨力最大，其次是淀粉，纤维素最小，因此，大豆及其他富含蛋白质的种子吸涨力很大，而禾谷类淀粉质种子吸涨力较小。干燥种子的衬质势很低，当种子吸水后，衬质势很快升高，细胞吸水饱和时，$\psi_w=\psi_m=0$。

三、植物细胞的代谢性吸水

代谢性吸水是指植物细胞利用呼吸作用释放出的能量使水分经过质膜进入细胞的过程。实验证明，当呼吸作用加强时，细胞吸水增强；呼吸作用减弱或受到抑制时，细胞吸水减弱。因此，细胞吸水与原生质代谢过程有密切关系，但是，有关代谢性吸水的机理目前尚不清楚。需要指出的是，在总吸水量中，代谢性吸水只占很少一部分。

四、水分的跨膜运输

细胞内水分的进出，都涉及了水分的跨膜运输。在进出的水分中，一小部分水分是通过膜脂双分子层进行扩散的，速度较慢，而大部分水分是通过细胞膜上的水孔蛋白进行扩散的，速度较快。

水孔蛋白（aquaporins，AQPs）是细胞膜上能选择性高效转运水分子的水通道蛋白，属于膜内在蛋白

（major intrinsic protein，MIP）家族。目前，人们已经在细菌、酵母、动物、植物中发现了水孔蛋白。水孔蛋白以同源四聚体存在。每个 AQP 单体分子质量为 $23\sim31$kDa，由 6 个跨膜螺旋结构和两端伸入细胞质的 N 端、C 端组成，有 2 个环位于膜内，3 个环位于膜外，其中 1 个膜内环和 1 个膜外环都拥有一段高度保守的氨基酸序列 NAP（Asn-Pro-Ala），各自形成半个跨膜螺旋，折叠进膜内形成"水漏模型"（hour-glass model），参与 AQPs 的活性调节（图9-1）。

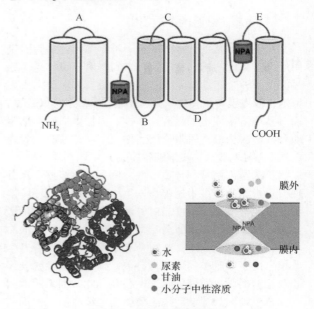

图 9-1 植物的水孔蛋白
（引自 Gomes et al.，2009）

AQPs 存在于植物的不同部位，根部 70%～80% 的水分由 AQPs 运输，这是水分进入植物细胞的主要途径。大部分 AQPs 具有转运水分功能，同时 AQPs 也有转运其他小分子物质、营养元素及金属离子的功能。此外，AQPs 还参与种子成熟与萌发、植物开花和果实发育、气孔运动及光合作用，以及免疫应答和信号转导等过程。

第二节　植物根系对水分的吸收

植物地下部和地上部都可吸水，只是吸水能力不同。植物叶片等地上部吸水量很少，陆生植物主要靠地下部分，即根系从土壤中吸收水分，以满足生长需要。因此，根系是陆生植物吸收水分的主要器官。

一、根系吸水部位

根的各部分吸水能力并不相同。根的老化区由于表皮细胞木质化甚至木栓化，吸水能力很小，因此，根的吸水主要在幼嫩根尖进行。在根尖中，根冠、分生区和伸长区细胞质浓厚，输导组织不发达，对水分移动阻力大，吸水能力较差；根毛区有许多根毛，吸收面积大，根毛细胞壁外部的果胶质可以很好地与土壤颗粒黏着并吸水，且根毛区输导组织发达，对水分移动阻力小，根毛区吸水能力最大。因此，移栽植物时要带土，尽量减少根毛损伤，以利成活。

二、根系吸水方式及其动力

根系吸水主要有主动吸水和被动吸水两种方式。

（一）根系的主动吸水

由根代谢活动而引起的植物根系吸水过程，称为主动吸水（active absorption of water）。植物主动吸水可通过两种现象得到证明，即吐水和伤流。

在土壤水分充足、天气潮湿的环境中，未受伤的植物叶片尖端或边缘会向外溢出液滴，这种现象称为吐水（guttation）。吐水现象常见于夏季早晨或傍晚，这时，植物吸水大于蒸腾，为了保持植物体内水分继续流动，植物会通过叶尖或叶缘水孔将水分排出，排出的液体常含糖、氨基酸和无机盐类等物质。植株生长健壮、根系活力强，其吐水量较大，所以，农业上吐水现象可作为根系生理活动的指标。

如果从植物茎基部靠近地面部位将植株切断，不久可看到有液滴从伤口流出。从受伤或折断的植物组织中溢出液体的现象，叫做伤流（bleeding）。流出的液体为伤流液，成分有水、无机盐、有机物、植物激素等。伤流液的多少与植物根系生理活动、根系有效吸收面积等因素直接相关，也是反映根系生理活动强弱的指标之一。

将发生伤流现象的植物切口与压力计相接，就会表现出一定压力，这种植物根系生理活动促使水分从根部上升的压力称为根压（root pressure）。伤流和吐水现象就是根压作用的结果，因此，根压是植物主动吸收水分的主要动力。各种植物的根压大小不同，但大多数植物的根压为 0.1～0.2MPa。

土壤水分在从根表皮向内皮径径向迁移过程中，可以通过两条途径（图 9-2），即共质体途径和质外体途径。所有细胞的原生质体，即所有细胞中活的部分，通过胞间连丝联成一体，称为共质体（symplast）。共质体途径是水分通过细胞膜或胞间连丝进行移动的途径，由于共质体是植物中"活"的部分，水分在其中移动受到的阻力大，移动速度慢。质外体（apoplast）是指没有原生质的部分，主要包括细胞壁、细胞间隙和木质部导管分子等。质外体途径是水分完全通过细胞壁、细胞间隙和木质部导管分子等移动，不越过任何膜途径，由于质外体是植物体中"死"的部分，水分在质外体中移动受到的阻力小，移动速度快。内皮层细胞壁上的凯氏带，把质外体分成内外两部分，外面部分包括表皮、皮层细胞壁和细胞间隙；里面部分在中柱内，包括成熟导管。由于凯氏带（casparian strip）的分隔，由质外体途径移动的水分必须通过内皮层细胞质膜进入细胞质，最后才能进入中柱，所以，内皮层凯氏带的存在使水和溶质通过内皮层时只有沿着共质体途径运输，整个内皮层细胞就像一选择透性膜把中柱与皮层隔开。

当植物根系处于一定浓度的土壤溶液时，根系利用呼吸作用释放的能量主动吸收土壤离子并将其转运

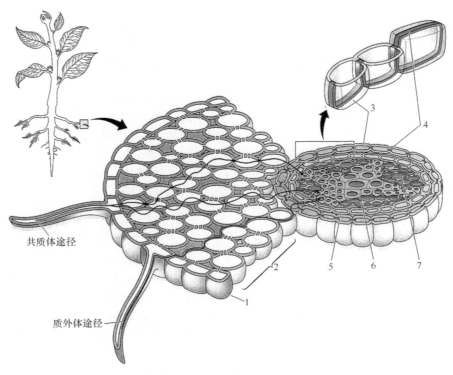

共质体途径

质外体途径

图 9-2　根部吸水途径
1. 表皮；2. 皮层；3. 内皮层；4. 凯氏带；5. 中柱鞘；6. 木质部；7. 韧皮部
（引自 Taiz and Zeiger，2010）

到内皮层以内，使中柱细胞和导管中的溶质增加，水势下降，形成了水势梯度，即皮层的水势较高，中柱的水势较低，水通过渗透作用经过内皮层进入中柱和导管。这样，水向中柱的渗透扩散作用，产生了一种静水压力，即根压。因此，根压的产生与根系生理活动和内皮层内外水势差有关。良好的通气条件和呼吸促进剂能促进植物的伤流，而抑制呼吸的因素，如呼吸抑制剂、低温、缺氧等均能降低植物的伤流；根系在水势高的溶液中时，伤流速度快，如将根系转放在水势较低的溶液中，伤流速度变慢，当外界溶液水势更低时，伤流停止甚至已流出的伤流液再被吸回。

（二）根系的被动吸水

由于植物地上部的蒸腾作用而引起根部吸水称为被动吸水（passive absorption of water）。当叶片进行蒸腾作用时，靠近气孔下腔的叶肉细胞失水而水势降低，所以就会向相邻水势较高的细胞吸水，导致相邻细胞水势下降，依次传递下去直到导管，最后到根部，结果引起根部水分不足，水势降低，根部细胞就从环境中吸收水分。这种由于蒸腾作用产生一系列水势梯度而使植物体内水分上升的力量称为蒸腾拉力。蒸腾拉力是植物被动吸水的主要动力。用化学药剂或高温将植物根麻醉或杀死，植物照样从环境中吸水，甚至没有根的植物也可吸水。因此，在这种情况下，根只是水分进入植物体的被动吸收表面。这种吸水完全是由蒸腾失水产生的蒸腾拉力所引起的被动吸水，与植物根代谢活动无关。

植物根系主动吸水和被动吸水所占比例因植物蒸腾强度而不同。一般情况下，蒸腾作用较强，蒸腾拉力是植物吸水的主要动力，植物以被动吸水为主，主动吸水所占比例很小。只有蒸腾速率很低的植株，如春季叶片尚未展开时，或植物蒸腾作用受到抑制时，根压才成为主要吸水的动力，主动吸水才占重要地位，但是，一旦叶片展开，蒸腾作用加强，便以被动吸水为主。

三、影响根系吸水的土壤条件

植物根系分布在土壤中，根系与土壤溶液之间的水势差是植物根系水分得失的根本原因。因此，任何影响土壤水势和根系水势的因素，都会影响根系吸水。植物根系吸水除受内部因素（如根系发达程度和根系代谢作用强弱等）影响外，还受周围环境因素的影响，大气因子影响蒸腾速率，从而间接影响根系吸水，而土壤因子，如土壤水分、温度、通气状况以及土壤溶液浓度等，则直接影响根系吸水。

（一）土壤水分

土壤中的水分可分为3种，即重力水、毛细管水和束缚水（或称吸湿水）。重力水主要存在于较大的土壤空隙中，在重力作用下易于通过土壤颗粒间的空隙下降。毛细管水是指存在于土壤颗粒间毛细管内的水分，植物吸收的水主要是毛细管水。束缚水是土壤颗粒或土壤胶体亲水表面吸附的水分，植物一般不能利用束缚水。

当水分亏缺严重时，植物叶片和茎幼嫩部分因细胞失水松弛而下垂。这种现象称为萎蔫（wilting）。当土壤中已无可利用水分，即使降低蒸腾也不能使植物恢复原状，这种萎蔫称为永久萎蔫（permanent wilting）。土壤的永久萎蔫系数（permanent wilting coefficient）是指当植物发生永久萎蔫时，土壤中存留的水分含量（以占土壤干重百分率计），是反映土壤中不可利用水的指标。当土壤含水量低于永久萎蔫系数时，水分受土壤胶粒吸引，根系不能吸水；但当土壤含水量过高，超过田间最大持水量（指降了大雨或充分灌溉后的土壤含水量）时，土壤通气不良，根系吸水困难甚至不能吸水。因此，土壤永久萎蔫系数至最大田间持水量之间的那部分土壤水分属于土壤可利用水。在这种土壤水分条件下，植物根系可正常吸水。

（二）土壤溶液浓度

植物根系是否能够从土壤中吸收水分，不仅受土壤水分状况影响，也受土壤溶液浓度影响。植物根系位于土壤中，水分在根细胞与土壤之间的流动取决于两者的水势差。只有当土壤溶液水势高于根细胞水势时，根细胞才能从土壤中吸收水分，反之，根细胞不仅吸不到水，反而会产生反渗透失水而使植物枯死。

（三）土壤温度

根系为植物提供了吸水表面，其状态直接影响植物吸水情况。土壤温度是影响根系状态的一个重要因素，因此，也是影响植物根系吸水的重要因素。在适宜温度范围内，土壤温度越高，根细胞代谢越强，吸水越快；反之，土壤温度越低，根细胞代谢越弱，同时，水分和原生质黏滞性增加，根系吸水减慢。不适宜的高温或低温都会影响植物根系吸水。

（四）土壤通气状况

与土壤温度相似，土壤通气状况由于影响植物根系代谢而影响植物根系吸水。在通气良好的环境中，氧气充足，根系代谢活动旺盛，根系发达，吸水表面扩大，吸水能力增强；通气不良时，短期缺氧会使细胞呼吸减弱，根系主动吸水下降，长期缺氧会使植物进行无氧呼吸而产生和积累较多乙醇，根系会发生乙醇中毒而吸水能力下降。此外，缺O_2还会产生一些还原物质（如Fe^{2+}、NO_3^-、H_2S等），这些物质都不利于根系生长，因而会影响根系吸水。

第三节　植物的蒸腾作用

水是植物正常生存的重要条件，然而，植物吸收的水分中，只有一小部分用于自身组成及代谢活动，绝大部分水分都会被植物排出体外。植物既可以液体方式排水（如吐水现象），也可以气体方式排水。水分通过植物体表面（主要是叶）以水蒸气状态由体内散失到体外的过程称为蒸腾作用（transpiration）。植物体内大部分水分都是通过蒸腾作用排出体外。

一、蒸腾作用部位及方式

植物地上部分任何一个器官都能进行蒸腾作用，只是各器官随植物生长在整个蒸腾作用中所占比例不同。当植物幼小时，暴露在地面上的全部表面都能蒸腾。当植物长大后，虽然植物的茎、花、果实等都可蒸腾，但量很小，植物主要通过叶片进行蒸腾作用。在木本植物中，随着茎枝表面木栓的形成，植物也可通过茎枝上的皮孔进行蒸腾，叫做皮孔蒸腾（lenticular transpiration），但仅占全部蒸腾量的 0.1% 左右。植物叶片是进行蒸腾作用的主要器官，蒸腾方式有两种，一种是通过角质层进行的蒸腾称为角质层蒸腾（cuticular transpiration），一种是水分从叶肉细胞壁气化蒸发进入细胞间隙后进入气孔下腔（气腔），再通过气孔扩散到大气中的过程称为气孔蒸腾（stomata transpiration）。一般植物成熟叶片的角质层蒸腾仅占总蒸腾量的 3%～10%，因此，气孔蒸腾是植物蒸腾作用的最主要形式。

二、蒸腾作用的生物学意义及指标

尽管蒸腾作用会使植物散失大量水分，严重时会导致植物发生萎蔫甚至死亡，但蒸腾作用有非常重要的生理意义：①能降低叶面温度；②是植物被动吸水及水分在植物体内运输的主要动力；③可促进矿物质及有机物在植物体内的运输。

衡量蒸腾作用强弱的指标主要有：①蒸腾速率（transpiration rate），植物在单位时间内，单位叶面积通过蒸腾作用所散失水分的量称为蒸腾速率或蒸腾强度，一般以每小时每平方米所蒸腾水量的克数 $[g/(m^2 \cdot h)]$ 表示；②蒸腾比率（transpiration ratio），是指植物每散失 1kg 水所形成的干物质克数，常用 g/kg 表示；③蒸腾系数（transpiration coefficient），是指植物每生产 1g 干物质所散失水量的克数，用 g/g 表示，又称需水量。

三、气孔蒸腾

（一）气孔的结构、大小、数量及分布

气孔是由叶表皮组织上的一对保卫细胞构成的一个特殊小孔结构，是植物蒸腾过程中水蒸气、光合作用及呼吸作用过程中二氧化碳和氧气出入的主要门户。叶片气孔大小、数目及分布因植物种类及生长环境而有差异。例如，禾谷类植物，叶片直立，上下表面的光照及空气湿度等环境条件差异小，因此，其叶片上下表面气孔数目相近。水生植物的气孔主要分布于叶片上表面，这种分布有利于水生植物进行气体交换。双子叶植物，如马铃薯、番茄等的叶片下表面气孔较多，而木本植物通常只在叶片下表面有气孔。气孔一般较小，长 15～40μm，宽 5～10μm，在叶片上所占总面积一般不超过叶面积的 1%。

（二）水分通过气孔的扩散

尽管气孔总面积不到叶片面积的 1%，但其蒸发量却很大，可达相同面积自由水面蒸发量的 15%～50%，蒸腾强烈时甚至可达 100%。这种现象可用小孔扩散定律解释，即气体通过小孔扩散速率不与小孔面积成正比，而与小孔周长成正比。

在任何蒸发面上，气体分子除经过中央表面向外扩散外，还沿边缘向外扩散。气体分子向外扩散时，处在气孔中央的气体分子彼此碰撞，故扩散速率较慢，而处在气孔边缘的分子向外扩散时，彼此碰撞机会少，扩散速率较快，即所谓的边缘效应。当扩散表面面积较大时，其边缘与面积的比值较小，水分子主要通过表面进行扩散，因而，大孔扩散速率与其面积成正比。当扩散通过小孔进行时，小孔边缘与面积的比值较大，孔越小，边缘与面积的比值越大，气体扩散时受到的阻力越小。所以通过小孔扩散并不与孔的面积成正比，而与孔的边缘（周长）成正比。因此，植物叶片气孔虽小，但其扩散完全符合小孔扩散定律，扩散速率比同面积的自由水面快几十倍，甚至百倍。

（三）气孔蒸腾过程

气孔蒸腾过程主要包括蒸发和扩散两个阶段，首先是水分从气孔下腔叶肉细胞湿润的细胞壁或细胞间隙蒸发到气孔下腔，然后水蒸气通过气孔下腔从气孔扩散到大气中。气孔蒸腾速率取决于气孔外面水蒸气界面层的厚薄和气孔大小，尤其取决于气孔大小。实验证明，绝大多数情况下，气孔大小直接影响蒸腾速率的大小。

气孔是一个随环境条件变化而不断运动的结构，其大小与气孔运动直接相关。因此，气孔运动决定着气孔大小和气孔蒸腾速率。

（四）气孔运动及其运动机理

气孔运动就是气孔的开闭过程，一般情况下，气孔白天张开，夜间关闭。气孔运动是由保卫细胞的结构和体积发生变化引起的，而这种结构和体积变化与保卫细胞水势改变所导致的水分得失密切相关。

构成气孔的保卫细胞有两种，即肾形和哑铃形，双子叶植物及禾本科之外的大多数单子叶植物的保卫细胞为肾形，禾本科、莎草科等单子叶植物的保卫细胞为哑铃形（图9-3）。保卫细胞具有很多不同于其他细胞的特点，这些特点与气孔运动密不可分。保卫细胞的体积比其他细胞小得多，微小的渗透质浓度变化就会使细胞由于水势改变而发生水分得失，从而导致细胞膨压迅速发生变化。保卫细胞有少量叶绿体，而其周围表皮细胞中没有，但与叶肉细胞的叶绿体相比，保卫细胞的叶绿体较小，数目较少，片层结构发育不良，无基粒存在，但能进行光合作用。此外，保卫细胞的细胞壁厚薄不同，肾形保卫细胞内壁厚，外壁薄，哑铃形保卫细胞中间部分细胞壁厚，两端细胞壁薄。保卫细胞壁上还有许多以气孔为中心呈辐射状横向缠

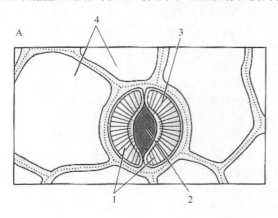

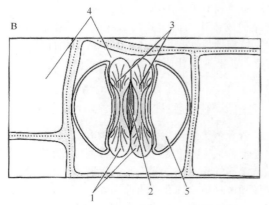

图 9-3　保卫细胞结构及气孔开闭

A. 肾形保卫细胞；B. 哑铃形保卫细胞

1. 保卫细胞；2. 气孔；3. 辐射状微纤丝；

4. 表皮细胞；5. 副卫细胞

（引自 Taiz and Zeiger，2010）

绕的微纤丝，这些微纤丝的抗拉强度很高，在外力作用下难以伸长。

当肾形保卫细胞吸水膨胀时，由于内壁厚外壁薄，且细胞径向有辐射状微纤丝束缚，细胞主要沿外壁纵向扩增，在微纤丝牵引下，内壁也向外运动，于是气孔张开。当哑铃形细胞吸水膨胀时，细胞壁较薄的两端吸水膨胀，将两个保卫细胞中部推离开，于是气孔张开。当保卫细胞失水时，气孔关闭。除了细胞结构变化外，气孔能否张开还要取决于保卫细胞中的静水压力（膨压）与其周围表皮细胞或副卫细胞中的静水压力（膨压）之差。保卫细胞从其周围表皮细胞吸水后，若膨压大于表皮细胞膨压，保卫细胞向外膨胀，气孔张开；反之，如果表皮细胞膨压大，气孔关闭，因此，气孔开闭是保卫细胞特殊结构和膨压变化共同引起的。

气孔运动取决于保卫细胞水分得失，保卫细胞水分的得失是由细胞水势变化引起的，目前，有关气孔运动的机理主要有以下几种。

1. 淀粉与糖转化学说

淀粉和糖在淀粉磷酸化酶催化下可以互相转变，在高 pH（6.1～7.3）条件下，淀粉磷酸化酶催化淀粉发生水解形成葡萄糖 -1- 磷酸，而在低 pH（2.9～6.1）条件下，淀粉磷酸化酶催化葡萄糖合成淀粉。

$$\text{淀粉}+Pi \underset{\text{低 pH}}{\overset{\text{高 pH}}{\rightleftharpoons}} \text{葡萄糖 -1- 磷酸} \rightleftharpoons \text{己糖}+Pi$$

在光照下，保卫细胞叶绿体进行光合作用，消耗 CO_2，pH 升高，淀粉磷酸化酶催化淀粉水解转化为葡萄糖 -1- 磷酸，细胞中葡萄糖浓度升高、水势下降，水分从副卫细胞或周围表皮细胞中渗透进入保卫细胞，保卫细胞膨压增加，气孔开放；在黑暗中则相反，光合作用不能进行，而呼吸作用继续进行，CO_2 积累，pH 下降，葡萄糖 -1- 磷酸在淀粉磷酸化酶催化下合成淀粉，细胞液溶质浓度降低，水势升高，保卫细胞失水，膨压降低，细胞体积缩小，气孔关闭。该学说是由 Sayre 于 20 世纪 20 年代提出的，尽管该学说解释了一些生理现象，如保卫细胞中淀粉白天消失，晚上出现的现象，但随着研究深入，有些现象该学说解释不了，如洋葱等植物的保卫细胞中没有叶绿体，因此无淀粉积累与代谢，但气孔仍可开闭。此外，实际当中，淀粉和糖的转化速度与气孔开闭速度不匹配，前者速度比后者速度慢得多，这些现象很难用淀粉和糖转化学说加以解释。

2. K^+ 泵学说

20 世纪 60 年代末，人们发现，保卫细胞中 K^+ 浓度与气孔运动关系密切。光照下气孔张开时，鸭趾草（*Commelina communis*）保卫细胞 K^+ 浓度高于副卫细胞 K^+ 浓度，在黑暗中气孔关闭时，保卫细胞 K^+ 浓度则低于其副卫细胞 K^+ 浓度。无论光照或黑暗条件，蚕

豆叶片表皮的气孔开度随周围溶液 K^+ 浓度改变而变化, 溶液 K^+ 浓度越大, 气孔开度越大, 反之越小。说明保卫细胞 K^+ 浓度调节着细胞水势, 从而调节着气孔运动。K^+ 泵学说认为, 在光照下, 保卫细胞质膜上具有光活化 H^+-ATP 酶, 能分解光合磷酸化和氧化磷酸化产生的 ATP, 并将 H^+ 分泌到保卫细胞外, 保卫细胞 pH 升高, 质膜内侧的电势变得更低, 驱动周围细胞的 K^+ 通过保卫细胞质膜上的钾通道进入保卫细胞中, Cl^- 也伴随着 K^+ 进入, 以保证保卫细胞的电中性, 保卫细胞中积累较多的 K^+ 和 Cl^-, 水势降低, 气孔张开, 反之关闭。

3. 苹果酸代谢学说

20 世纪 70 年代初, 研究证明, 叶片表皮细胞的苹果酸水平和气孔运动密切正相关。在光下, 保卫细胞内的 CO_2 部分被利用, pH 上升, 活化磷酸烯醇式丙酮酸 (PEP) 羧化酶, 催化由淀粉通过糖酵解作用产生的 PEP 与 HCO_3^- 作用形成草酰乙酸, 然后形成苹果酸。苹果酸解离为 H^+ 和苹果酸根, 在 H^+/K^+ 泵作用下, H^+ 与 K^+ 交换, 保卫细胞内 K^+ 浓度增加, 苹果酸根进入液泡和 Cl^- 共同与 K^+ 保持电荷平衡, 苹果酸浓度的增加进一步降低了保卫细胞水势, 从而促进气孔张开; 夜间则情况相反。

$$PEP + HCO_3^- \xrightarrow{\text{PEP羧化酶}} \text{草酰乙酸} + \text{磷酸}$$

$$\text{草酰乙酸} + NADH (\text{或} NADPH) \xrightarrow{\text{苹果酸脱氢酶}} \text{苹果酸} + NAD^+ (\text{或} NADP^+)$$

4. 玉米黄素学说

20 世纪 90 年代, Quinones 和 Zeiger 等根据一些有关保卫细胞中玉米黄素与调控气孔运动的蓝光反应在功能上密切相关的实验结果, 提出了玉米黄素学说, 认为由于光合作用而积累在保卫细胞的类胡萝卜激素——玉米黄素可能作为蓝光反应受体, 参与气孔运动调控。玉米黄素是叶绿体中叶黄素循环的三大组分之一, 叶黄素循环在保卫细胞中起着信号转导作用, 气孔对蓝光反应的强度取决于保卫细胞中玉米黄素含量和照射蓝光总量。玉米黄素含量取决于类胡萝卜素库的大小和叶黄素循环的调节。气孔对蓝光反应的信号转导是从玉米黄素被蓝光激发开始的, 蓝光激发的最可能光化学反应是玉米黄素异构化, 引起其脱辅基蛋白发生构象改变, 以后可能是通过活化叶绿体膜上的 Ca^{2+}-ATPase, 将胞基质中的钙泵进叶绿体, 胞基质中的钙浓度降低, 又激活质膜上的 H^+-ATPase, 不断泵出质子, 形成跨膜电化学势梯度, 推动钾离子吸收, 同时刺激淀粉水解和苹果酸合成, 使保卫细胞水势降低, 气孔张开。因此, 蓝光通过玉米黄素活化质膜质子泵是保卫细胞渗透调节和气孔运动的重要机制。

（五）影响气孔运动的因素

1. 光照

光照影响保卫细胞的光合作用, 对保卫细胞中的糖、苹果酸、K^+、Cl^- 等渗透质浓度具有调节作用, 因此, 在无干旱胁迫的环境中, 光照是影响气孔运动的主要因素。

2. CO_2

二氧化碳浓度直接影响气孔运动。无论光照或黑暗环境中, CO_2 含量减少时, 气孔张开; 当 CO_2 浓度增加时, 气孔关闭。

3. 温度

温度影响气孔运动, 一般情况下, 气孔开度随温度上升而增大。叶温在 30℃ 左右时气孔开度达最大值。

35℃ 以上高温会使气孔开度变小甚至关闭。低温 (如 10℃) 下, 即使长时间光照气孔也不能很好张开。

4. 水分

叶片水分状况对气孔运动具有调节作用。当叶片由于蒸腾失水时, 如果水分不能及时得到补偿, 即使在光照下气孔开度也会变小甚至关闭。当叶片含水量达到饱和时, 表皮细胞处于饱胀状态, 其膨压高于保卫细胞膨压, 故在白天气孔也不能张开。

5. 植物激素

细胞分裂素能促进气孔开放, 而脱落酸 (abscisic acid, ABA) 却引起气孔关闭。当土壤含水量减少时, 部分根系处于脱水状态, 产生根源信号物质 ABA, 并通过木质部运到地上部, 促进保卫细胞膜上 K^+ 外流通道开启, 同时抑制 K^+ 内流通道活性, 细胞内 K^+ 浓度降低, 水势升高, 水分外流, 保卫细胞膨压下降, 气孔开度变小甚至关闭。这样能够使植物避免过度失水, 对有效利用土壤水分具有重要意义。

四、影响蒸腾作用的因素

在蒸腾作用中, 任何影响气孔扩散力量及扩散途径阻力的因素都会影响蒸腾作用。

（一）内部因素

气孔频度和大小、气孔下腔体积及叶片内部面积等是影响蒸腾作用的内部因素。气孔频度大且气孔大时, 内部阻力小, 蒸腾较强; 反之则阻力大, 蒸腾较弱。气孔下腔体积大时, 暴露在气孔下腔的细胞壁面积大, 气孔下腔相对湿度较高, 叶内外蒸汽压差大, 蒸腾快, 否则较慢。

（二）外部因素

1. 光照

一定强度光照可促使气孔开放, 减小气孔阻力, 促进气孔蒸腾。此外, 光照还可提高叶片温度, 光照下，叶温比气温高 2～10℃，叶内外蒸汽压差增大，蒸腾速率加快。

2. 温度

一方面，气孔开度随温度升高而增大，减小了气孔蒸腾阻力，蒸腾加强；另一方面，气温增高时，气孔下腔蒸汽压和空气蒸汽压增加，但由于叶温比气温高，所以，前者增加的较多，造成叶内外蒸汽压差加大，有利于水分从叶内进出，蒸腾加强。

3. 湿度

空气湿度影响叶片内外蒸汽压梯度，因而会影响到蒸腾作用。当空气湿度较低时，其蒸汽压较低，叶内外蒸汽压差较大，蒸腾加快。相反，空气相对湿度增大时，蒸腾变慢。

4. 风

水分要通过界面层从叶扩散到大气中，因此，界面层越薄，蒸汽压梯度越大，扩散阻力越小，蒸腾越快。风速会影响叶片界面层的薄厚，因此，也会影响蒸腾作用。无风时，叶片界面层厚，蒸腾阻力大，风速增大时，界面层变薄甚至消失，阻力减小，蒸腾加快。

5. CO_2

CO_2 浓度通过影响气孔运动而影响蒸腾作用。一般情况下，低浓度 CO_2 促进气孔开放，蒸腾加强，反之，蒸腾减弱。

6. 土壤条件

由于植物根系吸水状况与蒸腾作用密切相关，因此，影响根系吸水的各种土壤条件，如土壤温度、土壤通气状况等可间接影响蒸腾作用。

在这些外界因素中，光照是影响蒸腾作用的主要因素，但各因素间并不是彼此孤立的，而是相互联系共同作用于植物体。

第四节　植物体内水分的运输

植物根系从土壤中吸收的水分，除了供给植物各器官生理代谢所需外，大部分水分都要通过蒸腾作用散失到大气中，这就涉及一个水分运输问题，即水分是怎样从根运输到叶等器官后进入大气的？

一、水分运输的途径

水分从根到大气的具体运输途径是：土壤→根毛→根皮层→根中柱→根导管或管胞→茎导管或管胞→叶导管或管胞→叶肉细胞→叶肉细胞间隙→气孔下腔→气孔→大气。水分在整个运输途径中形成了土壤-植物-大气的连续体系，在这个体系中，水分基本上按照水势梯度进行运输。

水分在植物体内的运输分为质外体与共质体两种途径，但两条途径并不是截然分开的，而是互相交错共同完成水分在植物体内的运输（图 9-4）。

质外体途径主要是指水分经过细胞间隙、细胞壁和导管或管胞等死细胞而进行的运输。共质体途径主要是指水分经过活细胞的运输。当水分从土壤进入根内时，水分会通过质外体途径沿着细胞壁、细胞间隙等自由空间扩散到内皮层，然后通过共质体途径以渗透方式经内皮层、中柱鞘、中柱薄壁细胞到根导管；进入根导管后，水分通过质外体途径以集流方式经过导管或管胞等死细胞进行长距离运输，由下向上从根导管或管胞→主茎导管或管胞→分枝导管或管胞→叶片导管或管胞进行运输。裸子植物的水分运输途径是管胞，被子植物是导管和管胞。成熟的导管和管胞是中空的长形死细胞。由于成熟导管分子失去原生质体，相连的导管分子间的横壁形成穿孔，使导管成为一个中空的、阻力很小的通道。管胞上下两个管胞分子相

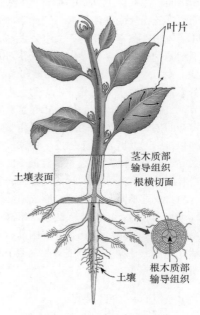

图 9-4　水分从根向地上部运输

连的细胞壁未打通而是形成纹孔，水分要经过纹孔从一个管胞分子进入另一个管胞分子，所以管胞的运输阻力比导管大很多，与活细胞内的水分运输相比，在导管或管胞内，水分移动时受到的阻力很小，因此水分在导管或管胞内的运输速度很快。当水分通过导管或管胞进入叶脉后，经叶脉导管运输到气孔下腔附近的叶肉细胞，这个过程是共质体途径。然后，水分再通过质外体途径经叶肉细胞间隙和气孔下腔，以气态形式经气孔扩散到大气中。在水分运输过程中，水分进入共质体后，主要通过胞间连丝，以渗透传导方式，从一个细胞进入另一个细胞，在这种途径中，水分运

输受到的阻力很大，所以运输距离虽然很短，但运输速度却很慢。相反，当水分通过质外体途径运输时，受到的阻力很小，所以运输速度很快。

二、水分运输的动力

水分在植物体内的运输是从高水势区向低水势区进行，在水分运输过程中，水分沿导管或管胞上升的动力主要有两种，即根压和蒸腾拉力。不同植物、不同环境条件及植物生长不同阶段，水分运输的主要动力不同。

植物的根压通常不超过 0.2MPa，只能使水分沿导管上升 20.4m 左右。对于低矮植物，或在土温高、水分充足、大气相对湿度大、蒸腾作用很小时，亦或在夜晚，以及幼苗和树木早春尚未展叶前，根压是水分运输的主要动力。

相反，对于高大植物，或在土壤水分状况差、蒸腾作用强以及日照强烈等情况下，蒸腾拉力才是水分沿导管上升的主要动力。当气孔下腔附近的叶肉细胞蒸腾失水时，水势降低，便从旁边细胞夺取水分，这个细胞又从另一细胞吸水，依次下去，在叶片与根系之间形成了一系列水势梯度；蒸腾作用不断进行，叶肉细胞的水分不断散失到大气中，于是，叶肉细胞始终处于低水势状态；此外，叶肉细胞的细胞壁具有很强的亲水性，可以吸附水。这两种作用都可使导管始终处于负压力，即处于拉力作用下。因此，蒸腾作用越强，叶肉细胞失水越多，叶片与根系之间的水势梯度越大，水分沿导管上升速度越快。

然而，在水分沿导管上升过程中，一方面，水柱受到向上蒸腾拉力的作用，另一方面，随着水柱上升，水柱自身产生的向下重力越来越大，在这两种力量作用下，水柱产生了一定的张力，水分要想从根系运动到叶片，必须保持连续不断，否则，水柱一旦中断，水分就不能再沿导管上升。1914 年，爱尔兰植物学家 H. H. Dixon 在前人研究基础上提出了内聚力学说（cohesion theory），又称为蒸腾拉力-内聚力-张力学说（transpiration-cohesion-tension theory）。相同分子之间有相互吸引的力量，称为内聚力（cohesive force）。水分子内聚力很大，可达 30MPa 以上，而水柱沿导管上升过程中产生的张力很小，为 0.5～3.0MPa，水分子间的内聚力远大于水柱张力；同时，由于导管是由纤维素、木质素和半纤维素等亲水性物质组成，水分可对导管产生附着力，在这些因素的共同作用下，导管内的水分能够形成连续水柱。在这个过程中，由于导管和管胞分子具有加厚的次生壁，使得它们能够耐受较大张力而不破碎。

尽管木质部溶液有很高的抗张强度，但实际上，木质部的水柱中常出现气泡。导管溶液中溶解有气体，当水柱张力增大时，溶解的气体很容易形成气泡。一旦水柱中形成气泡，在张力作用下它会不断扩大，阻断水向叶片的运输，使植物叶片脱水、死亡，因此，植物必须以一定方式消除木质部中的气泡。植物有几种方式可使气泡造成的危害减至最小程度。当气泡在一个导管或管胞分子中形成后，它会被导管或管胞分子相连处的纹孔阻挡（气泡不能穿过很细的孔），这样气泡便被局限在一条管道中。在气泡附近，水分可以进入相邻本质部分子而绕过气泡，形成一条旁路，这样仍可保持连续水柱。另外，植物也可除去木质部中的气泡：当夜间蒸腾作用降低时，木质部中的张力也随之降低，逸出的水汽或空气可能重新进入溶液；此外根压也可压缩气泡，使气体重新溶解而恢复连续水柱。

水在茎中除了向上运输外还能旁侧运输。例如，将苹果树某一侧根系切断，树冠两边叶片含水量没有明显差异；把一棵树干在不同高度从不同方向锯开一部分，尽管锯口总深度可以超过树干直径，但树木仍不死亡，这都是由于导管或管胞分子之间交联使水分可以在相邻分子中进行侧向移动的结果。因此，在水分运输过程中，水分上升并不需要全部木质部起作用，只要部分木质部输导组织畅通即可。

三、水分运输的速度

水分在植物体内运输的速度因植物种类、运输途径及环境条件等而有所不同。植物种类不同水分运输速度也不相同。例如，裸子植物水流速度较慢，约为 0.6m/h；被子植物中木本植物水分运输速度较快，为 12～20m/h，最高达 45m/h，草本植物水流速度较慢，如烟草茎中水流速度为 1.3～4.6m/h。

水分在植物体内运输途径不同运输速度也不同。例如，共质体运输，由于活细胞原生质是亲水性胶体，运输速度很慢，约为 10^{-3}cm/h。质外体运输，水分受到的阻力较小，速度较快；尤其在导管或管胞中的运输更快。

环境因子也影响植物体内水分运输速度。同一株植物，夜间水流速度低，白天高，这可能与植物生理活动强弱有关。白天蒸腾作用强烈，叶片急需补充水分，蒸腾拉力大，因而导管内水流速度很快。土壤供水状况也直接影响水分运输速度。例如，当土壤可利用水和树干木质部含水量降至 33%～36% 时，水流上升速度可达 18～25m/min。

本章主要内容和概念

水是地球上所有生命得以生存的一个必不可少的条件。水分在植物体内主要以束缚水和自由水两种状态存在。自由水含量越大，代谢越旺盛。束缚水含量相对较多，植物抵抗不良环境的能力增强，常以束缚水／自由水的比率作为衡量植物抗性强弱的指标之一。本章主要包括植物对水分的需要，植物细胞对水分的吸收，植物根系对水分的吸收，植物的蒸腾作用，植物体内水分的运输等内容。

知识要点包括：

植物的含水量，束缚水与自由水，水势，扩散作用，渗透作用，细胞质壁分离与复原，渗透势，压力势，衬质势，吸胀作用，根系被动吸水及其动力，根系主动吸水及其动力，根压，蒸腾作用，皮孔蒸腾与角质层蒸腾，蒸腾速率、蒸腾比率和蒸腾系数，吐水，伤流，小孔定律，凝聚力，凝聚力学说，水分临界期，植物体内水分运输的途径、动力和速度。

复习思考题

1. 植物体内水分存在形式及其与植物代谢强度、抗逆性之间有何关系？
2. 将细胞放入纯水中或比细胞液浓度高的溶液中，细胞体积将会如何变化？
3. 细胞质壁分离及复原现象有何生理学意义？
4. 试述细胞水势组成与组织之间的关系。
5. 植物根系吸水方式有几种？其吸水动力及吸水原理分别是什么？有哪些影响因素？
6. 试述蒸腾作用的影响因素。
7. 如果没有蒸腾作用，依靠根压，能否满足高大乔木对水分的需求？
8. 用学过的知识解释"午不浇园"的科学道理。

第十章 植物的矿质营养

维持植物正常生命活动需要多种元素，这些元素主要靠根系从土壤无机盐中获得。由于自然状况下土壤无机盐都是从矿物质风化而来，由复杂的晶体结构通过物理或化学变化缓慢分解，所以，这些元素被称为矿质元素（mineral element）。植物对矿质元素的吸收、运转和同化称为矿质营养（mineral nutrition）。

第一节　植物必需的矿质元素及其作用

一、植物体内的元素

植物材料在105℃烘箱内烘干至恒重，剩下的物质即为干物质。干物质含量高低，随植物种类、器官以及植物生长发育时期而有很大差异，一般可占鲜重的5%~90%。干物质经过燃烧后所减轻的重量，即有机物重量。有机物约占干物质的90%，主要包括碳、氢、氧、氮四种元素，在燃烧时它们以二氧化碳、水蒸气、游离氮和氧化氮形式散失到空气中，剩下的残留物称为灰分（ash）。灰分中所含元素称为灰分元素。氮虽不是灰分元素，但也是以无机盐形式从土壤中吸收而来，所以通常把氮归并于矿质元素一起讨论。

植物体内矿质元素的种类和含量，因植物种类、器官不同而有所差异。例如，豆科植物富含钙，马铃薯含有较多钾，毛茛科和菊科植物积聚锂。玉米叶片含氮量一般在2%左右，茎中只有0.7%，叶鞘只有0.4%。矿质元素含量随生长时期和生态条件不同而变化。例如，盐生植物，灰分中含钠较多；生长在酸性红壤土上的植物，灰分中含铝较多；生活在海水中的海藻，灰分中含有大量碘。

二、植物体内必需矿质元素与确定方法

（一）植物必需元素的标准

植物体内矿质元素种类很多。据分析，地壳中存在的元素几乎都可在不同植物体中找到，但并不是这些元素中的每一种都是植物生长发育所必需。植物的必需元素（essential element）是指植物正常生长发育必不可少的营养元素。

Arnon 和 Stout（1939）提出了判断植物必需元素的三个条件：①缺乏时，植物不能正常生长发育，即不能完成其生活史；②缺乏时，植物表现出专一症状，该症状不能通过加入其他元素而消除，只有加入该元素后植物才能恢复正常；③该元素的营养作用是直接的，而不是因改变土壤（或培养液）微生物或物理、化学条件引起的间接作用。

根据上述标准，现已确定植物必需的矿质元素有14种，即氮、磷、钾、钙、镁、硫、铁、铜、硼、锌、锰、钼、氯和镍，再加上从空气和水中得到的碳、氢和氧，共17种（表10-1）。根据植物对这些元素的需

表 10-1　植物的必需元素

元素	化学符号	植物利用形式	相对原子质量	在干物质中的浓度 /%
大量元素				
硫	S	SO_4^{2-}	32.07	0.1
磷	P	$H_2PO_4^-$，HPO_4^{2-}	30.97	0.2
镁	Mg	Mg^{2+}	24.31	0.2
钙	Ca	Ca^{2+}	40.08	0.5
钾	K	K^+	39.10	1.0
氮	N	NO_3^-，NH_4^+	14.01	1.5

续表

元素	化学符号	植物利用形式	相对原子质量	在干物质中的浓度 /%
氧	O	O_2,H_2O	16.00	45
碳	C	CO_2	12.01	45
氢	H	H_2O	1.01	6
微量元素				
钼	Mo	MoO_4^{2-}	95.94	0.000 01
镍	Ni	Ni^{2+}	58.69	0.000 01
铜	Cu	Cu^{2+},Cu^{+}	63.55	0.000 06
锌	Zn	Zn^{2+}	65.39	0.002 0
锰	Mn	Mn^{2+}	54.94	0.005 0
硼	B	H_3BO_3	10.81	0.002
铁	Fe	Fe^{2+},Fe^{3+}	55.85	0.010
氯	Cl	Cl^-	35.45	0.010

求量，把它们分为两大类。

（1）大量元素（macroelement）。植物需要量较大，其含量占植物体干重 0.1% 以上的元素，包括碳、氢、氧、氮、磷、钾、钙、镁和硫 9 种。

（2）微量元素（trace element or microelement）。植物需要量极微，其含量占干重的 0.01% 以下，包括铁、硼、锰、锌、铜、钼、氯和镍 8 种。尽管它们需要量很小，但缺乏时植物不能正常生长；稍有过量，反而对植物有害，甚至导致植物死亡。

（二）确定植物必需元素的方法

由于植物体内所含元素不一定是植物的必需元素，所以通过分析植物灰分中各种元素组成并不能确定某种矿质元素是否是植物的必需元素。因此，需要通过控制矿质元素种类和用量才能确定。土壤条件复杂，其中的元素成分无法控制，因此，用土培法不能正确确定某种元素是否为必需元素。目前，常用溶液培养法（solution culture method）或水培法（hydroponics）、砂基培养法（sand culture method）、气培法（aeroponics）（或称雾培法）、营养膜法（nutrient film）（图 10-1）等方法确定植物必需的矿质元素。溶液培养法是在营养液中栽培植物，通过人为控制培养液成分，观察植物生长情况，从而判定某元素是否为植物必需及其生理作用。砂基培养法是用洗净的石英沙、珍珠岩或蛭石等作为支持物，加入营养液来栽培植物的方法。气培法是将植物根系置于营养液气雾中栽培植物的方法。

在溶液培养过程中，应注意以下问题：①由于植物根系的选择吸收会使培养液中各种成分的比例和 pH 发生变化，应定期更换培养液；②在溶液培养时要不断通气以保持培养液中含有足够氧气，避免由于根系缺氧而造成其对营养吸收困难和对有氧呼吸的抑制；③在用营养液培养法确定某元素是否必需时，必须保证所用试剂、水、容器等纯净，否则轻微污染都会造成错误结果；④对于大粒种子植物，应注意种子内部原有营养物的影响；⑤种子必须严格消毒，以免微生物污染。

三、各种必需元素的生理作用及其缺素症

必需元素在植物体内的生理功能主要表现在四个方面，即细胞结构物质的组分，如原生质组成成分氮和硫；参与生命活动的调节，如酶的成分和活化剂（如钾、钙）等；电化学作用，如在渗透调节、胶体稳定和电荷中和等方面所起作用，如钾、氯等；作为重要的细胞信号转导信使，如钙等。

（一）氮

根系从土壤中吸收的主要是铵态氮（NH_4^+）或硝态氮（NO_3^-），也可吸收一部分有机氮，如尿素等。氮在植物体内的含量只占干重的 1%～3%。

氮的主要生理作用：①构成蛋白质（包括酶）、核酸和磷脂的主要成分，而这三者又是原生质、细胞核和生物膜的重要组分；②植物激素（如生长素、细胞分裂素）、核苷酸、维生素（B_1、B_2、PP 等）、许多辅酶和辅基（如 NAD^+、$NADP^+$、FAD）的组分；③叶绿素的组分，与光合作用密切相关。由此可见，氮在生命活动中占有首要地位，称为生命元素。

缺氮时，植物下部叶片先发黄，易脱落，生长矮小，产量降低。缺氮导致部分糖转变为花色素苷（anthocyanin），使某些植物（如玉米的部分品种）茎叶变红。氮过多时，植株营养体徒长，叶大而深绿，柔软披散，成熟期延迟，抗逆性低，茎部机械组织不发达，易造成倒伏和病虫害。

（二）磷

磷通常以 $H_2PO_4^-$ 和 HPO_4^{2-} 的形式被植物吸收，在植物幼嫩组织和种子、果实中含量较多。

磷的主要生理作用：①核酸、核蛋白和磷脂的主

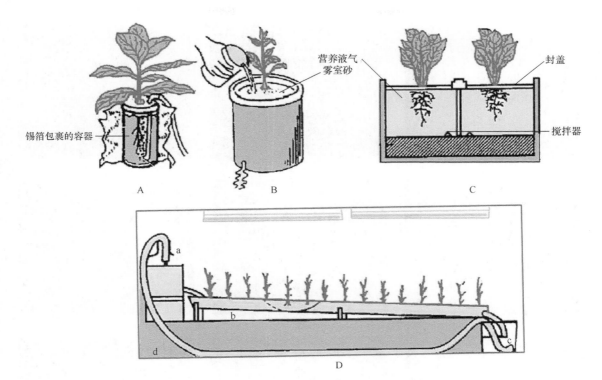

图 10-1　溶液培养法

A. 溶液培养法；B. 砂培法；C. 气培法：营养液被搅起呈雾状；D. 营养膜法：营养液从容器 a 流进长着植物的浅槽 b，未被吸收的营养液流进容器 c，并经管 d 泵回容器 a，营养液成分及 pH 可自动调节

（引自 Salisbury and Ross，1992）

要成分，它与蛋白质合成、细胞分裂、生长有密切关系；②NAD^+、$NADP^+$、AMP、ADP 和 ATP 的组分，它们参与光合、呼吸过程，与细胞内能量代谢有密切关系，在糖类、脂肪及氮代谢过程不可缺少；③对维持细胞渗透和酸碱平衡起一定作用。

当植物缺磷时，幼芽和根部生长缓慢，分枝或分蘖减少。植株矮小，茎细弱。叶色暗绿或紫红（图 10-2），这是缺磷的典型病症。磷过多时，可提高根冠比，叶上会出现小斑点（磷酸钙沉淀所致）。由于水溶性磷酸盐能与土壤的锌结合，减少锌的有效性，引起缺锌病。同时，磷过多会阻碍对硅的吸收，导致水稻易感病。

（三）钾

钾在土壤中以 KCl、K_2SO_4 等形式存在。被植物吸收后，以离子态存在于细胞内。

钾的主要生理作用：①多种酶的活化剂，如淀粉合成酶、苹果酸脱氢酶等，因此，钾在碳水化合物代谢、呼吸作用、蛋白质代谢中起重要作用；②调节细胞渗透势，提高作物抗旱性；③促进蛋白质、糖类合成，也能促进糖的运输。

缺钾时，植物茎秆柔弱，易倒伏，抗旱、抗寒性降低，作物叶片边缘黄化、焦枯、碎裂，叶脉间出现坏死斑点（图 10-2）。供钾过多，果实出现灼伤病或苦陷病，储存过程中易腐烂。

由于植物对氮、磷和钾需要量大，而且土壤中经常缺乏，所以在农业生产中需要补充这三种元素。

（四）硫

根系以硫酸根（SO_4^{2-}）形式从土壤中吸收硫。硫的主要生理作用：①半胱氨酸、胱氨酸和甲硫氨酸等含硫氨基酸的组分，所以硫参与原生质中蛋白质的合成；②通过半胱氨酸-胱氨酸系统影响细胞氧化还原电位；③辅酶 A、硫胺素、生物素的组分，与糖类、蛋白质、脂肪代谢密切相关。

植物缺硫时，蛋白质含量显著减少，幼叶缺绿，叶片发红，植株矮小。

（五）钙

钙以 Ca^{2+} 的形式被植物吸收。Ca^{2+} 是一种不容易再利用的元素。钙的主要生理作用：①与细胞壁形成有关，细胞壁的胞间层由果胶酸钙组成；②与细胞有丝分裂有关，纺锤体的形成需要钙；③是少数酶的活化剂，但多数酶被其抑制；④有解毒作用，Ca^{2+} 与有机酸结合为不溶性钙盐（如草酸钙、柠檬酸钙），防止有机酸积累过多；⑤在细胞壁中，Ca^{2+} 可与钙调蛋白可逆结合，参与调节许多代谢活动，因此钙也被称为第二信使（second messenger）。

土壤中一般不缺钙。植株缺钙时分生组织受

全营养　　　　　　　　缺钾　　　　　　　　缺磷

缺铁　　　　　　　　缺锌　　　　　　　　缺钙

缺镁　　　　　　　　缺铜　　　　　　　　缺锰

图 10-2　草莓缺素症状

害最早，细胞分裂不能正常进行，有时形成多核细胞。缺钙时幼叶缺绿并向下弯曲，叶尖和边缘坏死（图 10-2），继之顶芽和根尖坏死，生长受阻。缺钙植株的根短，分枝多，变褐。

（六）镁

镁以 Mg^{2+} 的形式被植物吸收。镁的主要生理作用：①参与光合作用，如镁是叶绿素的组分，缺镁则不能合成叶绿素；②酶的活化剂或组分，尤其是转移磷酸基酶类的活化剂；③能使核蛋白体亚单位结合形成稳定的细胞器，维持其合成蛋白质的功能。

土壤中一般不缺镁。植株缺镁时首先老叶叶脉间缺绿，严重时叶变黄或变白，叶在成熟前脱落，有时叶上形成坏死斑（图 10-2）。

（七）铁

铁主要以 Fe^{2+} 或 Fe^{3+} 的形式被吸收。铁的主要生理作用：①许多重要酶的辅基成分，如血红蛋白、过氧化氢酶、过氧化物酶、一些黄素蛋白、铁氧还蛋白都是依靠其所含的血红素铁或非血红素铁的价态变化（$Fe^{2+} \rightleftharpoons Fe^{3+}$）传递电子，因而在呼吸作用和光合作用中起作用。

铁也是固氮酶中铁蛋白和钼铁蛋白的成分。②是叶绿素合成中原叶绿素酸酯的必需因子和铁氧还蛋白的组分。

植物缺铁的典型症状是幼叶叶脉间缺绿。缺铁严重时，叶脉失绿，整个叶成为淡黄色或白色（图 10-2）。蔷薇科植物及玉米、高粱等对缺铁特别敏感。

（八）铜

在通气良好的土壤，铜多以 Cu^{2+} 形式被吸收，而在潮湿缺氧土壤，多以 Cu^+ 形式被吸收。铜的主要生理作用：①一些氧化还原反应中酶或蛋白质（如细胞色素氧化酶、质体蓝素、多酚氧化酶、抗坏血酸氧化酶、超氧化物歧化酶）的关键成分；②参与光合作用，是光合链中质体蓝素（PC）的成分。

植物一般缺铜。当植株缺铜时，禾谷类作物分蘖增多，叶尖发白，叶片卷曲，易得"白瘟病"。果树缺铜，不但叶片失绿（图 10-2），夏季顶梢枯死，易得"顶枯病"。

（九）硼

硼以硼酸（H_3BO_3）的形式被植物吸收，植株各器官中硼的含量以花最高，花中以柱头和子房为高。硼的主要生理作用：①有利于花粉形成，可促进花粉萌发、花粉管伸长及受精过程；②能与游离态糖结合，促进其运输；③与核酸和蛋白质合成、激素反应、膜功能、细胞分裂、根系发育等生理过程有关。

缺硼时，花药和花丝萎缩，花粉发育不良，导致油菜"花而不实"。缺硼还能引起绿原酸等酚类化合物含量过高，使顶芽坏死，失去顶端优势。果实、肉质根、块茎等可因缺硼引起内部组织解体而出现坏死或变态。

（十）锰

植物主要吸收 Mn^{2+}。锰的主要生理作用：①可激活植物细胞许多酶，如脂肪酸合成、核酸合成中的一些酶、三羧酸循环中的脱羧酶和脱氢酶、硝酸还原酶、亚硝酸还原酶等；②参与光合作用，可维持叶绿体类囊体膜的结构，水的光解需要锰。

缺锰时幼叶或老叶（因植物种而异）出现叶脉间缺绿，并有小的坏死斑点（图10-2）；谷粒上出现灰斑，豆科植物种子褪色、变形。

（十一）锌

锌以 Zn^{2+} 的形式被吸收。锌的主要生理作用：①许多酶的组分或活化剂，如谷氨酸脱氢酶、碳酸酐酶、超氧化物歧化酶等需要锌作为其必需成分；②参与叶绿素合成或防止其降解；③与吲哚乙酸合成有关。

缺锌时幼叶和茎节间生长受抑制，在苹果、桃等果树上表现小叶症和丛叶症，叶片边缘常撕裂或皱缩（图10-2）。玉米、高粱、豌豆等植物的老叶可出现叶

脉间缺绿，继之有白色坏死斑点。

（十二）钼

植物以钼酸盐（MoO_4^{2-}）形式吸收。钼的主要生理作用：①硝酸还原酶必需成分，缺钼使硝酸还原过程受阻，常引起缺氮症状；②是固氮酶中的钼铁蛋白，黄嘌呤脱氢酶及脱落酸合成中一个氧化酶的必需成分。

缺钼时首先老叶出现叶脉间缺绿，进而向幼叶发展，并可出现坏死。在某些植物（如花椰菜）中，不表现缺绿，而是幼叶严重扭曲，最终死亡。

（十三）氯

氯以 Cl^- 的形式被植物吸收。Cl^- 在光合作用中水的光解、叶和根中细胞分裂、调节溶质势和维持电荷平衡方面起重要作用。

缺氯时叶生长变缓，失绿坏死，缺氯植株生长受阻，根尖附近变粗成为棍状。

（十四）镍

植物吸收 Ni^{2+}，Ni^{2+} 是脲酶、氢酶的必需组分。脲酶催化尿素水解，若缺镍，会积累尿素而对植物产生毒害。

总之，缺乏上述任何一种必需元素时，植物代谢都会受到影响，进而在外观上出现可见症状，即所谓的营养缺乏症（nutritional deficiency）或缺素症。为便于检索，现将植物缺乏各种必需矿质元素的主要症状归纳如表10-2所示。

表 10-2　植物缺乏必需矿质元素的病症检索表

A 较老器官或组织先出现病症	A 较幼嫩器官或组织先出现病症
B 病症常遍布全株，长期缺乏则茎短而细	B 顶芽死亡，嫩叶变形和坏死，不呈叶脉间缺绿
C 基部叶片先缺绿，发黄，变干时呈浅褐色⋯⋯⋯⋯氮	C 嫩叶初期呈典型钩状，后从叶尖和叶缘向内死亡⋯⋯⋯钙
C 叶常呈红色或紫色，基部叶片发黄，变干时呈暗绿色⋯⋯⋯磷	C 嫩叶基部浅绿，从叶基起枯死，叶捻曲，根尖生长受抑⋯硼
B 病症常限于局部，基部叶不干焦，但杂色或缺绿	B 顶芽仍活
C 叶脉间或叶缘有坏死斑点，或叶卷皱状⋯⋯⋯钾	C 嫩叶易萎蔫，叶暗绿色或有坏死斑点⋯⋯⋯铜
C 叶脉间坏死斑点大，并蔓延至叶脉，叶厚，茎短⋯⋯⋯锌	C 嫩叶不萎蔫，叶缺绿
C 叶脉间缺绿（叶脉仍绿）	D 叶脉也缺绿⋯⋯⋯硫
D 有坏死斑点⋯⋯⋯镁	D 叶脉间缺绿但叶脉仍绿
D 有坏死斑点并向幼叶发展，或叶扭曲⋯⋯⋯钼	E 叶淡黄色或白色，无坏死斑点⋯⋯⋯铁
D 有坏死斑点，最终呈青铜色⋯⋯⋯氯	E 叶片有小的坏死斑点⋯⋯⋯锰

第二节　植物细胞对矿质元素的吸收

植物细胞对溶质的吸收是植物吸收矿质元素的基础。由于细胞与环境之间有细胞膜相隔，细胞对矿质元素吸收的实质就是溶质的跨膜运输（transport

across membrane）。任何物质的运动都需要驱动力。驱动溶质跨膜运输的动力来自跨膜电化学势梯度（transmembrane electrochemical potential gradient）或

ATP 水解产生的能量。细胞吸收不带电荷的溶质取决于溶质在膜两侧的浓度梯度（concentration gradient），而浓度梯度决定着溶质的化学势（chemical potential gradient）。对于带电荷溶质而言，其跨膜运输是由膜两侧的电势梯度（electrical gradient）和化学势梯度（chemical potential gradient）共同决定的，两者合称为电化学势梯度（electrochemical potential gradient）。

矿质元素带电荷，难以直接通过非极性细胞膜，其跨膜运输需要生物膜中的功能蛋白（运输蛋白）参与，根据结构及运送元素跨膜方式，一般将运输蛋白（translocator protein）分为通道蛋白、载体蛋白和离子泵三类。植物细胞对矿质元素的吸收可分为被动吸收（passive absorption）、主动吸收（active absorption）和胞饮作用（pinocytosis）三种类型。

一、细胞膜的跨膜运输蛋白

（一）通道蛋白

通道蛋白简称通道（channel）或离子通道（ion channel），由质膜或液泡膜的内在蛋白构成，横跨膜两侧，其蛋白质多肽链在膜内能够形成通道的微孔结构域。根据通道蛋白对离子选择性、运送离子的方向、通道开放与关闭调控机制等可将通道蛋白分为多种类型。如可选择性运输钾离子的通道；如果该通道只是将钾离子自胞外向胞内运输，成为内向钾离子通道。如果离子通道的开放或关闭受跨膜电位控制，则称为电压门控通道。图 10-3 是一个离子通道的假想模型，K^+ 顺电化学势梯度（质子泵运行导致的质膜外侧带正电荷的质子浓度高），但逆浓度梯度从细胞外移向细胞内。

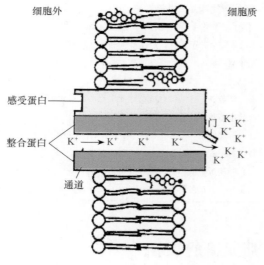

图 10-3 离子通道的假想模式
（引自王宝山，2007）

膜片钳技术（patch-clamp technique）由联邦德国马普研究所 Erwin Neher 和 Bert Sakmann 于 1976 年发明，

其要点是：用酶解法或用激光去除全部或部分细胞壁，用经过抛光的、尖端直径为 1～2μm 的玻璃微电极压在膜表面，用微电极尖端分离出只有一个通道的一小片膜，微电极玻璃管内事先装入盐溶液（图 10-4）。微电极与高分辨率放大器连接，当离子经过通道流入微电极时，敏感的放大器能测量出来，根据记录到的电讯号，可推测离子通道的开关情况（图 10-5）。利用膜片钳技术，已证实在植物细胞中存在许多种类的离子通道，如 K^+ 通道、Ca^{2+} 通道、Cl^- 通道、NO_3^- 通道、有机酸离子通道（如苹果酸）等。

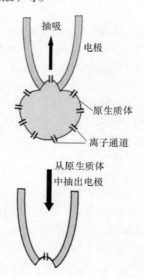

图 10-4 膜片钳技术测定个别通道示意图
（引自潘瑞炽，2004）

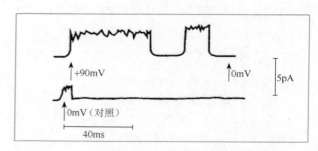

图 10-5 离子通道测定示意图
气孔保卫细胞膜上 K^+ 通道被 90mV 脉冲电流刺激而开放，注意脉冲电流结束前通道有一短暂的关闭与开启；0 mV 为对照
（引自 Hopkins，1999）

图 10-6 为植物内向整流 K^+ 通道蛋白结构模型。它有 6 个跨膜区（S_1～S_6），S_4 为电压感受域，含有几个带正电荷的氨基酸残基。通道以四聚体形式发挥作用，每个亚基的微孔结构域相互作用，形成一个含 K^+ 结合和识别位点的狭窄缢痕。微孔结构域在离子透过及选择性方面起关键作用。

（二）载体蛋白

载体蛋白又称载体（carrier），是一类内在蛋白。

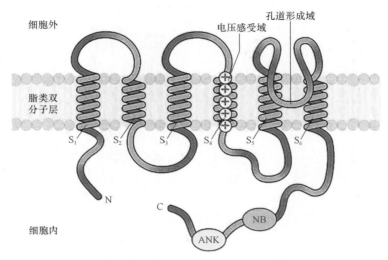

图 10-6 植物 K^+ 通道蛋白（AKT1）结构模型

（引自 Buchanan et al., 2000）

由载体转运的物质首先与载体蛋白活性部位结合，然后载体蛋白产生构象变化，将被转运物质暴露于膜另一侧，并释放出去。由载体进行的转运可以是被动的（顺电化学势梯度），也可以是主动的（逆电化学势梯度）。图 10-7 是通过载体进行被动转运的示意图。载体蛋白对被转运物质的结合及释放，与酶促反应中酶与底物的结合及对产物的释放情况相似。通过动力学分析，可以区别溶质是经通道还是载体进行转运的，经通道的转运是一种扩散过程，没有饱和现象，而经载体的转运依赖于溶质与载体特殊部位的结合，而结合部位的数量有限，所以载体运输有饱和效应（图 10-8）。

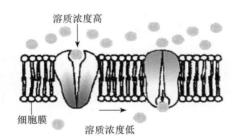

图 10-7 易化扩散（单向传递）的简化模型

（引自 Salisbury and Ross, 1992）

（三）离子泵

离子泵（ion pump）也是离子载体的一种，只是其运送离子的能量直接来源于 ATP 水解，包括质子泵（proton pump）和钙泵（calcium pump）。用来转运 H^+ 的 ATP 酶称为质子泵（H^+ pump）或 H^+-ATP 酶（H^+-ATPase）。由于 ATP 酶驱动离子跨膜转运，在膜两侧形成电化学势差，所以 ATP 酶也称为致电泵（electrogenic pump）。质子泵主要有质膜 H^+-ATP

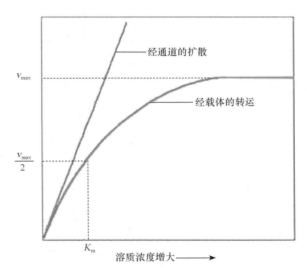

图 10-8 离子通过载体和通道转运的动力学分析

（引自 Salisbury and Ross, 1992）

酶、液泡膜 H^+-ATP 酶、线粒体 H^+-ATP 酶和叶绿体 H^+-ATP 酶等。钙泵有质膜 Ca^{2+}-ATP 酶和液泡膜 Ca^{2+}-ATP 酶。

关于质膜质子泵工作原理可用图 10-9 说明。位于质膜上的质子泵（蛋白质）形成的孔道，首先开口于膜内侧，并与内部阳离子（M^+）及 ATP 结合，当这些物质被结合后，ATP 中的一个磷酸基转移到蛋白质分子的天冬氨酸残基上，蛋白质构象发生变化，在关闭膜内侧蛋白质孔口的同时打开膜外侧蛋白质孔口，阳离子（M^+）离开结合部位，释放到膜外侧，蛋白质恢复原来构象，最后磷酸基团离开蛋白质，如此反复进行。

H^+-ATP 酶对植物许多生命活动都有调控作用，如细胞内环境 pH 的稳定、细胞伸长生长、气孔运动、种子萌发等，所以 ATP 酶被认为是植物生命活

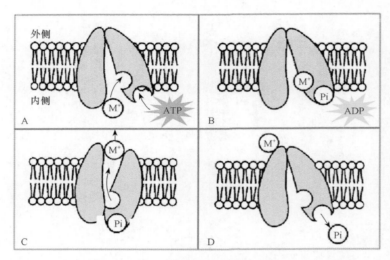

图 10-9　ATP 酶逆电化学势梯度转运阳离子的可能机制

A、B 酶与细胞内离子结合并被磷酸化；C 磷酸化导致酶构象改变，将离子暴露于外侧并释放出去；D 释放 Pi，恢复原构象

（引自李合生，2002）

动中的主宰酶（master enzyme）。研究证明，大麦根吸收 Cl⁻ 和浮萍吸收硫酸盐都是靠与 H⁺ 协同运输实

现的。图 10-10 是关于 H⁺ 泵（H⁺-ATP 酶）功能与位置的模型。

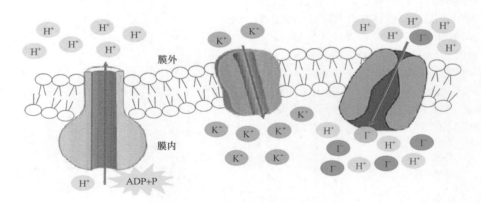

图 10-10　H⁺-ATP 酶的工作机理

H⁺-ATP 酶起着致电泵的作用，把 H⁺ 单向泵出细胞，导致膜外侧正电荷增加，形成跨膜电化学势差，推动 K⁺ 或其他阳离子

通过阳离子通道进入细胞，或推动阴离子通过阴离子—质子共运输进入细胞

迄今为止，在植物细胞上确认的离子泵包括质膜 H⁺-ATP 酶和 Ca²⁺-ATP 酶（钙泵）、液泡膜 H⁺-ATP 酶（图 10-11）和 Ca²⁺-ATP 酶，以及内膜系统上的 H⁺- 焦磷酸酶（依赖水解焦磷酸获取能量来跨膜运送质子）。

二、植物细胞对矿质元素的吸收

　　根据植物细胞对矿质元素的吸收机理，矿质元素跨膜运输分为三大类，即被动吸收，驱使离子跨膜运输的动力是跨膜电化学势梯度；主动吸收，通过水解 ATP 产生的能量来驱动离子跨膜转运，吸收矿质元素。此外，细胞对某些大分子物质的吸收是靠胞饮作用实现的，但这种吸收方式不太普遍。

（一）被动吸收

　　被动吸收是指植物细胞顺着电化学势梯度吸收矿质离子，不需要代谢能量直接参与，即物质从其电化学势较高区域向较低区域扩散。被动吸收主要包括单纯（简单）扩散（simple diffusion）和易化（协助）扩散（facilitated diffusion），后者包括离子通道运输（ion channel transport）和载体运输（carrier transport）（图 10-12）。

1. 单纯扩散

　　溶液中的溶质不需要其他物质辅助，顺浓度梯度进行跨膜转移的现象称为单纯扩散。因此，当细胞外、内浓度梯度大时，细胞便大量吸收物质，但随着浓度

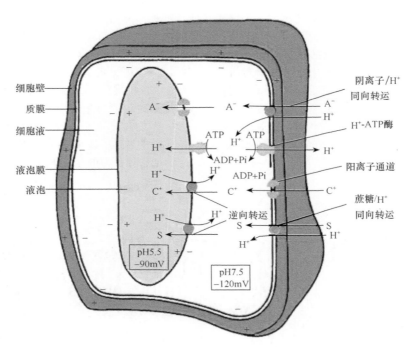

图 10-11　溶质跨质膜和液泡膜进入细胞质和液泡的转运示意图
（引自曹仪植和宋占午，1998）

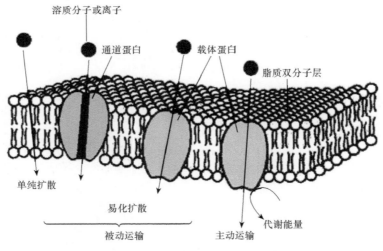

图 10-12　溶质跨膜转运的几种方式

梯度变小，吸收也随之减少，直至细胞内外溶质浓度达到平衡为止。所以，细胞内外浓度梯度是单纯扩散的决定因素。

膜中脂质是扩散途径中的主要障碍。脂溶性较好的非极性溶质能够较快通过膜，O_2、CO_2、NH_3 均可通过单纯扩散方式穿过膜脂质双分子层。带电荷的离子不能以单纯扩散方式通过脂质双分子层，但能通过通道蛋白等进行扩散转运，即易化扩散。

2. 易化扩散

易化扩散是指溶液中的溶质通过扩散作用跨膜转移时，需要膜上某些特殊蛋白质（膜传递蛋白）的帮助。在易化扩散中，不带电荷的溶质转运方向取决于溶质浓度梯度，而带电荷的溶质（离子）转运方向取决于电化学势梯度。易化扩散与单纯扩散一样，可以双向进行，但两者都不会逆电化学势梯度进行运输。参与易化扩散的膜转运蛋白有通道蛋白（channel protein）和载体蛋白（carrier protein），两者统称为传递蛋白或转运蛋白（translocator protein）。

（二）主动吸收

主动吸收是指植物细胞利用代谢能量，逆电化学势梯度进行矿质元素跨膜转运的过程。主动吸收所需能量是由膜上 ATP 磷酸水解酶（ATP phosphohydrolase，简称 ATP 酶）催化 ATP 水解释放的，是植物细胞吸收矿质元素的主要方式之一，如质膜或液泡膜上 H^+-ATP 酶运送质子跨膜运输的过程。

主动吸收（或主动转运）包括初级主动转运和次级主动转运。H^+-ATP 酶直接利用 ATP 水解释放的能量逆电化学势梯度转运 H^+ 的过程叫做初级主动转运（primary active transport）。由它所建立的跨膜电化学势梯度促进细胞对矿质元素的吸收，这种间接利用能量转运离子的过程称为次级主动转运（secondary active transport）。次级主动转运实际上是一种共转

运过程，即两种离子同时被跨膜运输。次级共转运有三类：①同向转运（共向转运，symport），被转运的物质与 H^+ 同向越过膜的转运，阴离子与中性物质（Cl^-、蔗糖、氨基酸）通常以此种方式进行跨膜转运；②反向转运（antiport），被转运的物质与 H^+ 反向越过膜的转运，一些阳离子（如 Na^+）以此种方式转运；③单向转运（uniport），仅与膜电位梯度（ΔE）相关联的转运，属于需要载体的易化扩散。参与单向转运的载体称为单向传递体（图 10-13）。

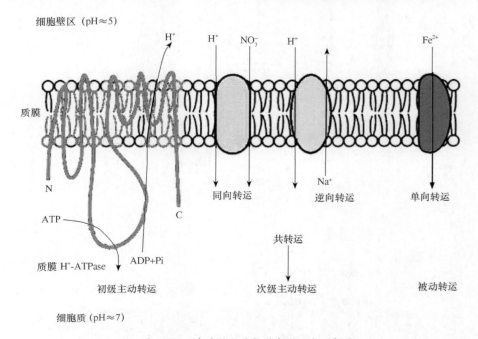

图 10-13　跨质膜 3 种类型载体运输示意图

（三）胞饮作用

胞饮作用是细胞通过膜运动吸收溶质的方式。被吸收物质首先被吸附在质膜外表面，然后通过膜内陷而

将物质转移到胞内，或进一步运送到液泡内。胞饮作用属于非选择性吸收。因此，包括各种盐类、大分子物质甚至病毒在内的多种物质都可能通过胞饮作用被植物吸收。胞饮作用不是植物吸收矿质元素的主要方式。

第三节　植物对矿质元素的吸收

一、植物吸收矿质元素的特点

（一）根对矿质和水分的相对吸收

根系对矿质元素和水分的吸收是相互依赖，又相互独立的。这表现在矿质元素要溶解在水中才能被根吸收，根吸收矿质元素后，水势下降又促进了水分吸收。但根吸收矿质元素和水的机制不同，根部吸收水分主要是因蒸腾拉力而引起的被动过程，根吸收矿质元素则以消耗代谢能量的主动吸收为主，需要通过通道和载体，有选择性和饱和效应。另外，两者的分

配方向不同，水分主要被分配到叶片，并通过蒸腾作用散失到大气中，而矿质主要被分配到当时的生长中心。

（二）离子的选择性吸收

比较细胞内的溶质浓度与生活环境中的溶质浓度，可以发现细胞对溶质的吸收具有高度选择性。选择性首先表现在不同植物上，即不同植物对不同离子的吸收数量不同，吸收离子与溶液中离子浓度不成正比例，这种现象称为离子的选择性吸收（selective absorption）。植物的选择性吸收还表现在对同一种

盐的不同离子上。例如，供给（NH₄)₂SO₄ 时，根系吸收的 NH_4^+ 多于 SO_4^{2-}，根系在吸收 NH_4^+ 时，向外分泌 H^+ 使外界环境 pH 降低，这类盐称为生理酸性盐（physiologically acid salt）。如果供给 $NaNO_3$，根系吸收的 NO_3^- 多于 Na^+，根在吸收 NO_3^- 时向外界释放 HCO_3^- 从而使环境 pH 升高，这类盐称为生理碱性盐（physiologically alkaline salt）。当供给植物 NH_4NO_3 时，根系吸收 NO_3^- 与 NH_4^+ 的速率几乎相等，环境 pH 不发生变化，这类盐称为生理中性盐（physiologically neutral salt）。生产上施用化肥时应注意合理搭配肥料种类，如果长期施用某种生理酸性盐或生理碱性盐，会改变土壤酸碱度，从而破坏土壤结构。

（三）单盐毒害与离子拮抗

如果将植物在某种单盐溶液中培养，即使这种盐是由植物必需元素组成的（如 KCl），仍然会发生毒害而死亡，这种现象称为单盐毒害（toxic action of single ion）。例如，将海藻放入纯 NaCl 溶液（浓度等于或低于海水），不久就会死亡。在单盐毒害作用中，金属离子的毒害作用明显高于非金属离子。单盐毒害也可能与单盐在体内过多积累，破坏正常离子平衡、干扰细胞正常代谢有关。

如果在单盐溶液中加入少量化合价不同的其他金属离子，即能减弱或消除单盐毒害。离子间能够相互消除单盐毒害作用的现象，称为离子拮抗（ion antagonism）。一般说来，同价金属离子间不能产生拮抗作用，即 K^+ 不能拮抗 Na^+，Ba^{2+} 不能拮抗 Ca^{2+}，只有异价离子间才有拮抗作用（如 K^+ 与 Ca^{2+} 能相互

拮抗）。植物只有在含有适当比例、按一定浓度配成的多盐溶液中才能正常生长，这种溶液称为平衡溶液（balanced solution）。对陆生植物而言，土壤溶液一般是平衡溶液，但并非是理想的平衡溶液，某些土壤常需要通过施用化肥，使其达到平衡，以利于其生长发育。

二、根对土壤矿质元素的吸收

植物体对矿质元素吸收的最主要器官是根系，根系对矿质元素的吸收影响着整个植物体的生长发育。

（一）根系吸收矿质元素的部位

关于根吸收矿质元素的具体部位至今仍有争议。有人认为，根尖是植物吸收矿质元素的主要部位，也有人认为从根尖端到其后许多厘米的区域都能吸收矿质元素。但一般认为，不同矿质元素在根系吸收区域不同，不同植物对同种矿质元素的吸收部位也不同。例如，大麦主要在根尖吸收铁，而玉米吸收铁却在整个根系表面。许多植物的整个根系都能吸收钾、硝酸根，但玉米却在根尖伸长区吸收钾和硝酸根离子。

（二）根系吸收矿质元素的过程

1. 离子被吸附在根系细胞表面

根细胞呼吸产生 CO_2 释放到根表面后，与 H_2O 作用生成 H^+ 和 HCO_3^-，然后与土壤中正负离子（如 K^+、Cl^-）交换，后者就可被吸附在根表面（图 10-14），这种细胞交换吸附离子的形式，称为交换吸附（exchange adsorption）。交换吸附不需要能量，吸附速度很快。

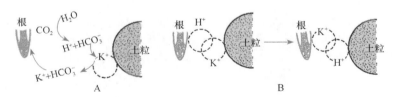

图 10-14 根对吸附在土壤颗粒上矿物质的吸收

A. 通过土壤溶液和土粒进行离子交换；B. 接触交换

（引自李合生，2002）

2. 离子进入根内部

离子从根表面进入根内部有质外体和共质体两种途径，详见第九章水分代谢部分。

（1）质外体途径。质外体又称非质体（apoplast）或自由空间（free space），是指植物体内由细胞壁、细胞间隙、导管等构成的允许矿质元素、水分和气体自由扩散的非细胞质开放性连续体系。自由空间的大小无法直接测定，但可由表观自由空间（apparent free space，AFS）或相对自由空间（relative free space，RFS）间接衡量，RFS 的计算方法如下：

$$RFS（\%）=\frac{自由空间体积}{根组织总体积}\times100=\frac{进入组织自由空间的溶质数（\mu mol）}{外液溶质浓度（\mu mol/ml）\times组织总体积（ml）}\times100$$

据测定，豌豆、大豆、小麦的 RFS 为 8%～14%。离子经质外体运送至内皮层时，由于有凯氏带存在，

离子（和水分）最终必须经共质体途径才能到达根内部或导管。不过，在根幼嫩组织，内皮层尚未形成凯

氏带前，离子和水分可经质外体到达导管。此外，在内皮层中有个别胞壁不加厚的通道细胞，可作为离子和水分的通道。

（2）共质体途径。离子由质膜上的载体或离子通道运入细胞内，通过内质网在细胞内移动，并由胞间连丝进入相邻细胞。进入共质体内的离子也可运入液泡暂存起来。溶质经共质体的运输以主动运输为主，也可进行扩散性运输，但速度较慢。

3. 离子进入导管

离子经共质体途径最终从木质部薄壁细胞进入导管，关于其进入机制，目前有两种观点：一是离子以被动扩散方式从导管周围薄壁细胞随水分流入导管，证据是木质部中各种离子的电化学势均低于皮层或中柱内其他生活细胞中的电化学势。另一种是离子通过主动转运方式从导管周围薄壁细胞进入导管，证据是离子向木质部转运在一定时间内不受根部离子吸收速率的影响，但可被 ATP 合成抑制剂抑制。总之，这个问题还需进一步探究。

三、外界条件对根系吸收矿质元素的影响

根系对矿质元素的吸收涉及土壤对矿质元素的供应及根系吸收能力两个方面。因此，凡影响这两个方面的因素都会影响根系对矿物质的吸收。

（一）土壤温度

在一定范围内，根系吸收矿质元素的速度，随土温升高而加快；当超过一定温度时，吸收速度反而下降。这是由于土温能通过影响根系呼吸而影响根对矿质元素的主动吸收。温度也影响酶活性，在适宜温度下，各种代谢加强，需要矿质元素的量增加，根吸收也相应增多。原生质胶体状况也能影响根系对矿质元素的吸收，低温下原生质胶体黏性增加，透性降低，吸收减少；适宜温度下原生质黏性降低，透性增加，对离子吸收加快。高温（40℃以上）可使根吸收矿质元素的速度下降，其原因可能是高温使酶钝化，从而影响根部代谢；高温还导致根尖木栓化加快，减少吸收面积；高温也能引起原生质透性增加，使被吸收的矿质元素渗漏到环境中。

（二）土壤通气状况

土壤通气状况直接影响根系呼吸作用，进而影响根系吸收矿质元素的速度。通气良好时，根系吸收矿质元素速度快。根据离体根试验，水稻在土壤含氧量 3% 时吸收钾速度最快，番茄在土壤含氧量 5%～10% 时吸钾最快，若再增加氧浓度，吸收速度不再增加。缺氧时，根系生理活动受影响，降低对矿质的吸收。土壤通气除增加氧气外，还能减少 CO_2，促进根系呼吸，进而影响根对矿质的吸收。因此，增施有机肥料，改善土壤结构，加强中耕松土等改善土壤通气状况的措施都能增强根系对矿质元素的吸收。

（三）土壤溶液浓度

当土壤溶液浓度很低时，根系吸收矿质元素的速度，随浓度增加而增加；达到某一浓度时，再增加离子浓度，根系对离子吸收速度不再增加。这一方面可能是受细胞膜上离子载体和离子通道数量所限，根系对矿质元素的吸收已经达到饱和；另一方面土壤溶液浓度过高，会引起水分反渗透，导致"烧苗"。因此，农业生产上不宜一次施用化肥过多。

（四）土壤溶液 pH

1. 直接影响

由于组成细胞质的蛋白质是两性电解质，在弱酸性环境中，氨基酸带正电荷，易于吸收外界溶液中的阴离子；在弱碱性环境中，氨基酸带负电荷，易于吸收外界溶液中的阳离子。

2. 间接影响

土壤溶液 pH 的间接影响远大于直接影响。土壤 pH 对矿质元素吸收的间接影响因离子性质不同而异。例如，当土壤 pH 升高时，Fe、Ca、Mg、Cu、Zn 等元素逐渐变成不溶化合物，植物吸收它们的量也逐渐减少；当土壤 pH 降低时，PO_4^{3-}、K^+、Ca^{2+}、Mg^{2+} 等溶解性增加，但植物来不及吸收，便被雨水冲走。故在酸性红壤土中，常缺乏上述元素。另外，土壤酸性过强时，Al、Fe、Mn 等溶解度增大，当其数量超过一定限度时，就可引起植物中毒。

一般植物生长的最适 pH 为 6～7，但也有少数植物喜偏酸性或偏碱性环境。此外，pH 还可通过影响土壤微生物生长而间接影响根系对矿质元素的吸收。当土壤偏酸时，根瘤菌会死亡，固氮菌失去固氮能力；当土壤偏碱时，反硝化细菌等对农业有害的细菌发育良好。这些都会对植物氮素营养产生不利影响。

（五）土壤含水量

土壤水分对土壤溶液浓度和通气状况有显著影响，对土壤温度、pH 等也有影响，从而影响根系对矿质元素的吸收。不同性质的土壤含水情况不同，在农业生产中具有团粒结构的土壤好，这种土壤能较好解决保水与通气之间的矛盾。

（六）土壤微生物

土壤中有许多微生物，其中固氮菌、根瘤菌等有固氮能力，反硝化细菌等对植物矿质营养不利。在土壤中，植物根系常被真菌侵染而形成菌根（mycorrhiza）。菌根是非病原或弱病原真菌与根生活细胞形成的互惠共生体。真菌从植物体获取所需的有机营养，同时改善植物根系对矿质和水分的吸收。菌根可增加根对矿物质，特别是磷酸盐、硝酸盐、铵盐、

钾、铜和锌等的吸收。有菌根的根吸收磷酸盐的速度比没有菌根的快4倍，这可能是由于菌根扩大了根吸收面积。

四、叶片营养

除了根系，植物地上部分也能吸收矿质元素。生产上常把速效性肥料直接喷施在叶面上以供植物吸收，这种施肥方法称为根外施肥或叶片营养（foliar nutrition）。外连丝是营养物质进入叶内的重要通道，它遍布于表皮细胞、保卫细胞和副卫细胞外围。

营养物质进入叶片的量与叶片内外因素有关。嫩叶比老叶的吸收速率和吸收量大，这是由于两者表层结构差异和生理活性不同。温度对营养物质进入叶片有直接影响，在30℃、20℃和10℃时，叶片吸收^{32}P的相对速率分别为100、71和53。由于叶片只能吸收溶解在溶液中的营养物质，所以溶液在叶面上保留时间越长，被吸收的营养物质量就越多。凡能影响液体蒸发的外界环境因素，如光照、风速、气温、大气湿度等都会影响叶片对营养物质的吸收。因此，向叶片喷营养液时应选择在凉爽、无风、大气湿度高的时间进行。

第四节　矿质元素在植物体内的运输

一、矿物质运输的形式、途径和速度

植物吸收的矿质元素，除少部分留在根内被利用外，其余大部分被运输到植物体其他部位，叶片吸收矿物质的去向与此相似。

（一）矿物质在植物体内运输的形式

不同矿质元素在植物体内运输形式不同，金属以离子状态运输，非金属以离子状态或小分子有机化合物形式运输。例如，根系吸收的N素，多在根部转化成有机化合物，如天冬氨酸、天冬酰胺、谷氨酸、谷氨酰胺，以及少量丙氨酸、缬氨酸和蛋氨酸，然后运往地上部；磷酸盐主要以无机离子形式运输，还有少量在根部先合成磷酯酰胆碱和ATP、ADP、AMP、6-磷酸葡萄糖、6-磷酸果糖等有机化合物后再运往地

上部；硫的主要运输形式是硫酸根离子，但也有少数以甲硫氨酸及谷胱甘肽等形式运送。

（二）矿物质在植物体内运输的途径和速度

根系吸收的矿质元素在体内的径向运输，主要通过质外体和共质体两条途径运输到导管，然后随蒸腾流一起上升或顺浓度差而扩散。

根系吸收矿质元素向上运输的途径，已经用放射性同位素查明。将具有两个分枝的柳树苗，在两枝对立部位把茎韧皮部和木质部分开（图10-15），在其中一枝的木质部与韧皮部之间插入蜡纸（处理Ⅰ），而另一枝不插蜡纸，让韧皮部与木质部重新接触（处理Ⅱ），并以此作为对照。在根部施用^{42}K，5h后，再测定^{42}K在茎中各部位分布情况，结果如表10-3所示。可见，在木质部内有大量^{42}K，而韧皮

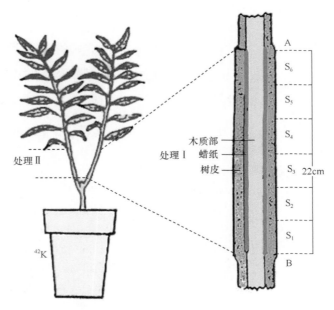

图 10-15　放射性^{42}K向上运输试验

（引自王忠，2010）

部内几乎没有，这表明根系所吸收的 ^{42}K 通过木质部导管向上运输。在未分离区 A 与 B 处，以及分开后又重新将木质部与韧皮部密切接触的对照茎中，在韧皮部内也存在较多 ^{42}K，显然这些 ^{42}K 是从木质部运到韧皮部的，由此表明矿质元素在木质部向上运输的同时，也可横向运输。

表 10-3　^{42}K 在柳树茎中的分布（单位：mg/L）

部位	处理 I		处理 II	
	韧皮部	木质部	韧皮部	木质部
A	53	47	64	56
S_6	11.6	119		
S_5	0.9	122		
S_4	0.7	112		
S_3	0.3	98	87	69
S_2	0.3	108		
S_1	20	113		
B	84	58	74	67

叶片吸收的矿质元素可向上或向下运输，其主要途径是韧皮部。此外，矿质元素还可从韧皮部活跃地横向运输到木质部，然后再向上运输。因此，叶片吸收的矿质元素在茎部向下运输以韧皮部为主，向上运输则是通过韧皮部与木质部。

矿质元素在植物体内的运输速率与植物种类、植物生育期以及环境条件等因素有关，一般为 30～100cm/h。

二、矿质元素在植物体内的分布

根部和叶片吸收的矿物质，少部分留在根和叶内，大部分运输到植物体其他部位。矿质元素运到生长部位后，有的参与合成代谢；有的作为酶活化剂，参与生化反应；有的作为渗透物质，调节水分吸收。有些已参与到生命大分子中去的矿质元素，经过一定时间后也可被分解并运到其他部位重复利用，这些元素便是可再利用元素。在可再利用元素中以氮、磷、钾最为典型。可再利用元素的再分配，也表现在植株开花结实时和落叶植物落叶之前。例如，玉米形成籽实时所得到的氮大部分来自营养体，尤其是叶片；落叶植物在叶子脱落之前，叶中的氮、磷等元素运至茎干或根部，而钙、硼、锰等则不能运出或只有少量运出。绿肥和牧草作物结实后，其营养体的氮化合物等含量大减，作绿肥或饲料价值下降，道理也在于此。有些元素（如硫、钙、铁、锰、硼等）在细胞中呈难溶解的稳定化合物，它们不能重复利用。

第五节　无机养料的同化

高等植物的特点之一就是能把从环境中获取的无机营养合成自身成分。矿质营养转化进入碳水化合物、脂类、氨基酸、核酸等有机物的过程称为同化作用（assimilation）。

一、氮的同化

大气中含有近 79% 的氮气（N_2），但植物却无法直接利用。只有某些微生物（包括与高等植物共生的

固氮微生物）才能利用大气中的氮气。土壤中无机含氮化合物以铵盐和硝酸盐为主。植物从土壤吸收铵盐后，可直接利用其合成氨基酸。如果吸收硝酸盐，则必须经过代谢还原才能被利用，因为蛋白质中的氮呈高度还原态，而硝酸盐中的氮则呈高度氧化态。

（一）硝酸盐的代谢还原

一般认为，硝酸盐还原按以下步骤进行：

$$\underset{\substack{\text{硝酸盐}\\(+5)}}{NO_3^-} \xrightarrow{+2e} \underset{\substack{\text{亚硝酸盐}\\(+3)}}{NO_2^-} \xrightarrow{+2e} \underset{\substack{\text{次亚硝酸盐}\\(+1)}}{[NO_2^{2-}]} \xrightarrow{+2e} \underset{\substack{\text{羟氨}\\(-1)}}{[NO_2OH]} \xrightarrow{+2e} \underset{\substack{\text{氨}\\(-3)}}{NH_3}$$

式中，圆括号内的数字为 N 的价位数。整个过程需要 8 个电子，最后将 NO_3^- 还原为 NH_3。其中次亚硝酸盐和羟氨两个步骤仍未肯定。

1. 硝酸盐还原为亚硝酸盐

在高等植物中，这一过程在细胞质中进行。硝酸盐还原为亚硝酸盐是由硝酸还原酶（nitrate reductase，NR）催化的，其反应如下：

$$NO_3^- + 2e^- + 2H^+ \xrightarrow{NR} NO_2^- + H_2O$$

硝酸还原酶为钼黄素蛋白（molybdoflavoprotein），含有 FAD、细胞色素 b_{557} 和钼复合体（Mo-Co）。在

NR 催化反应中，电子从 NADH 经 FAD、细胞色素 b_{557} 传至 Mo，最后传给 NO_3^- 使其还原为 NO_2^-（图 10-16），整个酶促反应为：

$$NO_3^- + NAD（P）H + H^+ \longrightarrow NO_2^- + NAD（P）^+ + H_2O$$

由于硝酸还原酶含有 Mo，所以植物缺钼时，硝酸还原受阻，植物表现出缺氮症状。

NR 是一种诱导酶（induced enzyme）或适应酶（adaptive enzyme）。所谓诱导酶是指植物本来不含有的酶，在特定外来物质诱导下，可以生成这种酶。例如，水稻幼苗若培养在含硝酸盐溶液中就会诱导幼苗产生硝酸还

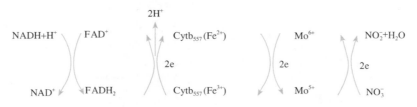

图 10-16　硝酸还原酶催化反应示意图

（引自李合生，2002）

原酶，如培养在不含硝酸盐溶液中，则无此酶出现。

光照能促进硝酸盐还原主要是因为光合作用为 NO_3^- 还原提供还原力。但是硝酸还原酶在细胞质中，而光合链中形成的 $NADPH+H^+$ 却在叶绿体内，光合作用所产生的还原力怎样进入细胞质供硝酸盐还原？有学者推测，通过苹果酸-草酰乙酸穿梭使 $NADPH+H^+$ 转化为细胞质的 $NADH+H^+$，以供 NO_3^- 还原。

硝酸盐还原在根和叶中都能进行。在 NO_3^- 供应少时，还原主要在根中进行，NO_3^- 量较大而根中还原力不足时，可运到地上部位进行还原。硝酸盐在根部及叶内还原所占比例受植物种类、年龄等因素影响。

2. 亚硝酸盐还原为氨

亚硝酸还原为铵的过程由叶绿体或根中的亚硝酸还原酶（nitrite reductase，NiR）催化，其反应式为：

$$NO_2^- + 6Fd_{red}（Fe^{3+}）+ 8H^+ \xrightarrow{NiR} NH_2^+ + 6Fd_{ox}（Fe^{3+}）+ 2H_2O$$

亚硝酸盐还原酶的辅基由西罗血红素（sirohaem）和一个 Fe_4-S_4 簇组成。图 10-17 表示亚硝酸还原酶催化反应过程。绿色组织中亚硝酸还原酶活性远大于硝酸还原酶活性，这样可以避免亚硝酸盐在组织中积累引起的毒性。因而，在硝酸盐转化为铵盐过程中，硝酸还原酶催化为限速步骤。

图 10-17　叶绿体中亚硝酸还原酶的催化示意图

（引自李合生，2002）

（二）氨的同化

当植物吸收铵盐的氨或硝酸盐还原产生的氨后立即被同化。因为高浓度氨态氮对植物有害。氨态氮的同化在根细胞和叶细胞中都可进行。植物体内 NH_3 的同化有多种途径，其中最主要是通过谷氨酰胺合成酶-谷氨酸合酶途径。谷氨酰胺合成酶（glutamine syntheses，GS）又称谷氨酰胺 -α- 酮戊二酸转氨酶（glutamine α-ketoglutarate aminotransferase，GOGAT）。氨酰胺合成酶和谷氨酸合酶催化的反应如下：

$$L\text{-谷氨酸} + ATP + NH_3 \xrightarrow{GS} L\text{-谷氨酰胺} + ADP + Pi$$

$$L\text{-谷氨酰胺} + α\text{-酮戊二酸} + NAD(P)H 或 FD_{red} \longrightarrow 2L\text{-谷氨酸} + NAD(P)^+ 或 FD_{ox}$$

氨被同化后进入氨基酸，参与蛋白质及核酸等含氮物质的代谢（图 10-18），并进一步在植物生长发育中发挥作用。

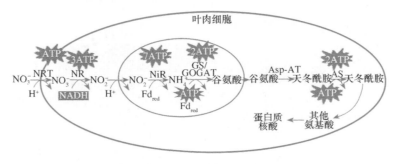

图 10-18　叶片氮同化过程

（引自 Taiz and Zaiger，2010）

（三）生物固氮

生物固氮（biological nitrogen fixation）是指利用微生物或与植物共生的微生物直接把大气中的游离氮转化为含氮化合物（NH_3或NH_4^+）的过程。生物固氮规模非常宏大，它对农业生产和自然界氮素平衡都有重大意义。

生物固氮通过两类微生物来实现，分别是自生固氮微生物和共生固氮微生物。自生固氮菌包括圆褐固氮菌和蓝藻。共生固氮主要有与豆科植物共生的根瘤菌、与非豆科植物共生的放线菌、与水生蕨类红萍共生的鱼腥藻等，其中以与豆科植物共生的根瘤菌最重要。

固氮微生物之所以能够固氮，主要是由于其体内含有一种固氮酶（nitrogenase），它由铁蛋白（Fe protein）和钼铁蛋白（Mo Fe protein）构成。

固氮微生物通过固氮酶将N_2还原为NH_3（NH_4^+），总反应式为：

$$N_2 + 8e^- + 16ATP + 8H^+ \xrightarrow{\text{固氮酶复合物}} 2NH_3 + H_2 + 16ADP + 16Pi$$

在固氮酶催化的反应中，由铁氧还蛋白提供的电子首先传递给固氮酶的铁蛋白组分，处于还原态的铁蛋白在水解 ATP 的同时将固氮酶的钼铁蛋白还原，然后钼铁蛋白再将电子传递至氮分子使后者还原。

生物固氮虽然可以得到植物可利用的氮，满足作物需要，但是，固氮过程需要消耗大量能量，固氮得到 1 分子NH_3要消耗 8 分子 ATP。据计算，高等植物固定 1g N_2要消耗 12g 糖类，如何减少固氮所需能量是生物固氮研究中亟待解决的问题之一。

二、硫的同化

植物体内的硫大部分是根系以硫酸盐（SO_4^{2-}）形式从土壤吸收的，少量是叶片吸收的SO_2，它与H_2O作用转化为SO_4^{2-}再进入同化途径，反应过程如下：

$$SO_4^{2-} + ATP + 8e^- + 8H^+ \longrightarrow S^{2-} + ADP + Pi + 4H_2O$$

植物同化SO_4^{2-}的第一步是将SO_4^{2-}还原合成半胱氨酸，半胱氨酸进一步合成胱氨酸或甲硫氨酸，最后被用于合成蛋白质。

三、磷的同化

植物以磷酸盐形式从土壤吸收磷，少量磷酸盐（HPO_4^{2-}）以离子状态存在于体内，大多数在根部或地上部被同化成有机物。磷酸盐最主要的同化过程是通过光合磷酸化和氧化磷酸化及底物水平磷酸化，使磷酸与 ADP 形成 ATP 后，ATP 中的磷可直接被转移到磷酸化的糖类、磷脂和核苷酸等含磷有机物中。

$$ADP + Pi \longrightarrow ADP + H_2$$

本章主要内容和概念

通过溶液培养法、砂基培养法、气培法、营养膜方法等手段，现已确定碳（C）、氧（O）、氢（H）、氮（N）、磷（P）、钾（K）、钙（Ca）、镁（Mg）、硫（S）、铁（Fe）、锰（Mn）、硼（B）、锌（Zn）、铜（Cu）、钼（Mo）、氯（Cl）、镍（Ni）17 种元素为植物必需元素。除碳、氧、氢外，其余 14 种元素均为植物所必需的矿质元素。本章主要包括植物必需的矿质元素及其作用，植物细胞对矿质元素的吸收，植物对矿质元素的吸收、转运和利用（同化）等内容。

知识要点包括：

矿质元素与矿质营养，大量元素与微量元素，矿质元素生理功能及其缺素症，有益元素与稀土元素，电化学势梯度，单纯扩散与易化扩散，主动吸收，被动吸收，胞饮作用，离子通道，载体蛋白，质子泵，初级主动转运，次级主动转运，单盐毒害与离子拮抗，根系吸收矿质元素的部位与吸收过程，平衡溶液，交换吸附，表观自由空间，外界条件对根系吸收矿质元素的影响，叶片营养，生物固氮植物。

复习思考题

1. 植物进行正常生命活动需要哪些矿质元素？采用什么方法，根据什么标准来确定？
2. 植物必需的矿质元素有哪些生理作用？植物细胞通过哪些方式吸收矿质元素？
3. 试比较被动吸收和主动吸收的异同点。
4. 试述H^+-ATP 酶的生理作用，以及质子泵（H^+-ATP酶）运输矿质离子的机理。
5. 试述共转运的类型及含义。
6. 试述根系吸收矿质元素的特点、主要过程及其影响因素。
7. 试述固氮酶复合物的特性，并说明生物固氮的原理。
8. 根据所学知识，说明合理施肥增产的原因及其有效措施。

第十一章　植物的光合作用

碳是生命的基本元素，也是组成所有有机化合物的主要骨架。碳素营养是植物的生命基础，按照碳素营养方式不同可将植物分为两种类型：只能利用现成有机化合物作为碳素营养，这类植物称为异养植物（heterophyte），如多数微生物和少数高等植物；能利用无机碳化合物作为碳素营养，并将其合成为有机物，这类植物称为自养植物（autophyte），包括大多数高等植物和少数微生物。

自养植物将二氧化碳同化为有机物的过程称为植物的碳素同化作用（carbon assimilation）。包括绿色植物的光合作用、细菌光合作用和化能合成作用三种类型。其中绿色植物是地球上分布最广泛的自养植物，其光合作用利用的太阳能以及合成的有机物质，成为生物界所有物质代谢和能量代谢的基础。

第一节　光合作用的意义

光合作用（photosynthesis）是绿色植物利用光能同化 CO_2 和 H_2O，合成有机物质并释放氧气的过程。光合作用的总体过程可用以下方程式表示：

$$CO_2+H_2O \xrightarrow[\text{绿色细胞}]{\text{光能}} (CH_2O)+O_2$$

式中，（CH_2O）表示合成的以糖类为主的有机物，从反应中可以看出，通过光合作用，二氧化碳被还原，水被氧化放出氧气。因此，光合作用是一种氧化还原反应。

通过绿色植物的光合作用，完成了地球上巨大规模的将无机物同化为有机物、将光能转变为储藏在有机物中化学能的过程。这对于整个生物界的生存发展，保持自然界生态平衡具有重要意义。

植物光合作用是合成有机物的最重要途径。估计自养植物每年通过光合作用大约固定 $2×10^{11}t$ 碳素，约合 $5×10^{11}t$ 有机物质，其中大约60%是陆生植物同化的。绿色植物光合作用的产物既满足自身生长发育需要，又作为生物界的食物来源。

植物的光合作用实现了巨大规模的能量转换过程。植物通过光合作用将无机物转变为有机物的同时，将光能转变为储藏在有机物中的化学能。以上述合成 $5×10^{11}t$ 有机物计算，相当于储存 $3.2×10^{21}J$ 的能量。目前人们利用的主要能源，如煤、石油、天然气和木材等都是过去或现代植物光合作用所储存的能量。

光合作用是地球上氧气的来源。绿色植物通过光合作用每年向大气释放大约 $5.35×10^{11}t$ 的氧气，作为供应需氧生物氧气的源泉。由于光合作用吸收二氧化碳，释放氧气，带动了大气中氧气和二氧化碳的循环。光合作用的出现，也从根本上改变了地球表面的生活环境，这对生物发展和进化具有重大意义。

光合作用机制已成为提高作物光能利用，增加作物产量，改进工业生产中光能转换率以及开辟新能源等方面的理论依据，是解决当今世界上粮食、能源、环境等问题的重要理论基础。

第二节　叶绿体及其色素

高等植物的光合作用主要在叶片中进行，叶肉细胞的叶绿体是光合作用的场所，光合作用过程中对光能的吸收转换、二氧化碳的固定和还原、同化产物淀粉的合成以及氧气释放等，都是在叶绿体中进行的。

一、叶绿体的化学组成

高等植物叶绿体被膜由两层膜组成，外膜为非选择性膜，内膜为选择透性膜。被膜以内为基质，基质是进行光合碳同化的场所，它含有同化 CO_2 的全部酶系，其中核酮糖 -1,5- 二磷酸羧化酶（ribulose-1,5-bisphosphate carboxylase，RuBPcase 或 RuBP 羧 化 酶 ）占基质总蛋白质的一半以上。此外，基质中含有很多种物质及其代谢酶类。因而在基质中能进行复杂的生化反应。叶绿体中的类囊体是进行光合作用光反应的场所，也称光合膜（photosynthetic membrane）。

叶绿体含水量为 75%～80%。干物质中蛋白质占 30%～45%，脂质占 20%～40%，色素占 8% 左右，还有约 10% 的灰分元素和 10%～20% 储藏物质以及各种维生素等。其中，蛋白质和脂质是构成叶绿体膜系统的基础物质。色素及电子载体大多与蛋白质结合，形成色素蛋白复合体（pigment protein complex）分布在类囊体膜不同部位，这些复合体在光合作用中起着光能吸收、传递和转换的作用。此外，叶绿体中还含有自己的 DNA，主要用于编码与光合作用密切相关的一些蛋白质以及叶绿体的一些核糖体蛋白。

二、叶绿体色素

参与光合作用的色素统称为光合色素，它们都位于叶绿体中。主要包括叶绿素、类胡萝卜素和藻胆素三大类（图 11-1）。绿藻和高等植物含有叶绿素和类胡萝卜素；藻胆素存在于蓝绿藻和红藻中。

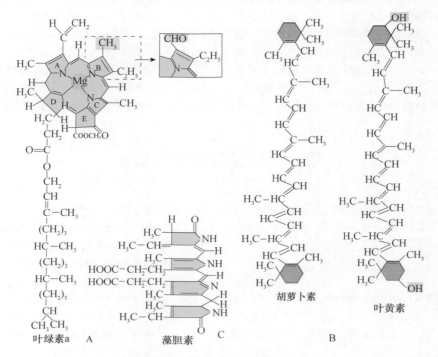

图 11-1　叶绿体色素及其结构
A. 叶绿素；B. 类胡萝卜素（胡萝卜素和叶黄素）；C. 藻胆素

（一）叶绿素类

高等植物叶绿体含有叶绿素 a 和叶绿素 b（图 11-1A）。叶绿素是一种双羧酸酯。它含有一个极性的"头部"和一条亲脂性的"尾部"，"头部"可与蛋白质等亲水物质相结合，"尾部"能伸入类囊体膜使其定向排列在光合膜上。

叶绿素主要吸收 640～660nm 的红光和 430～450nm 的蓝紫光（图 11-2），而对橙光和黄光吸收较少，对绿光吸收最少，所以叶绿素的溶液呈绿色。叶绿素 a 和叶绿素 b 在结构上的差异造成它们的颜色不同，叶绿素 a 呈蓝绿色，叶绿素 b 呈黄绿色。

在光合作用中，绝大部分叶绿素 a 分子和全部叶绿素 b 分子具有吸收光能的作用，只有少数特殊状态的叶绿素 a 分子还有将光能转化为电能的作用。

（二）类胡萝卜素

高等植物叶绿体中的类胡萝卜素（carotenoid）包括胡萝卜素（carotene）和叶黄素（xanthophyll）两种（图 11-1B）。胡萝卜素呈橙黄色，叶黄素呈黄色。在叶片中叶黄素的含量往往超过胡萝卜素，通常其比值约为 2∶1。

胡萝卜素和叶黄素的吸收光谱与叶绿素不同，最大吸收带在 400～500nm 蓝紫光区，不吸收红光等长波光。

类胡萝卜素可将吸收的光能传递给叶绿素 a 分子。由于类胡萝卜素和藻胆素吸收的光能能够传递给叶绿素用于光合作用，因此被称为光合作用的辅助色素（accessory photosynthetic pigments）。

叶绿体色素都是与蛋白质结合形成色素蛋白复合

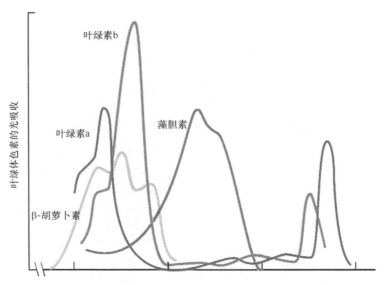

图 11-2　叶绿体色素吸收光谱

体分布在光合膜上。其含量及比例随植物种类、叶片受光条件、水肥供应状况、叶龄以及季节变化而有所变化。一般叶绿素与类胡萝卜素的比值约为 3 : 1；叶绿素 a、叶绿 b 之间的比值约为 3 : 1。

第三节　光合作用的光反应

光合作用是一个包含着一系列极其复杂的能量转换和物质转换的生理过程。根据光合作用过程对光强以及温度的响应与否，将其分为光反应（light reaction）和碳同化反应（carbon reduction）两个阶段（图 11-3）。光反应阶段发生在类囊体膜上，必须在照光下才能进行。碳同化是在叶绿体基质中进行的一系列酶促反应过程，因此受温度的影响，与光的存在与否无关。

光反应由原初反应和电子传递与光合磷酸化两大过程组成。原初反应包括光能的吸收、传递与光化学反应，将光能转变为电能。电子传递与光合磷酸化通过一系列电子传递及转换，将电能转变为活跃的化学能储存在 ATP 和 NADPH 中。

碳同化阶段以光反应形成的 ATP 和 NADPH 作为同化力，将二氧化碳同化成有机物质（如淀粉、蔗糖等），同时将活跃的化学能转变为储存在有机物中稳定的化学能。

光合作用的原初反应、电子传递与光合磷酸化以及光合碳同化过程之间的能量转变过程见表 11-1。

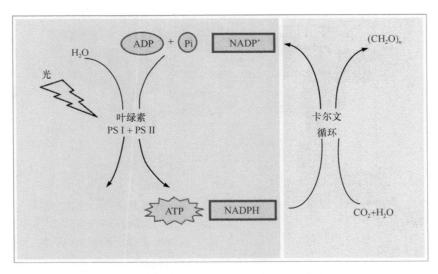

图 11-3　光反应与碳同化反应之间的关系

表 11-1　光合作用的能量转变过程

能量转变	光能	电能	活跃化学能	稳定化学能
储存能量的物质	量子	电子	ATP、NADPH、质子	糖类
完成能量转变的过程	原初反应	电子传递与光合磷酸化		碳同化
进行转变的部位	基粒类囊体	基粒类囊体		基质

一、原初反应

原初反应（primary reaction）包括光能的吸收、传递和引起作用中心的第一个光化学反应的过程。这是光合作用起始阶段的反应，它发生在类囊体膜上，由光合色素蛋白复合体完成。

根据光合色素在原初反应中的功能不同，将其分为反应中心色素（reaction centre pigment）和聚光色素（light harvesting pigment）。反应中心色素也称为作用中心色素，是指少数特殊状态的叶绿素 a 分子，具有光化学活性，它们吸收从其他色素传递来的能量用于推动光化学反应的进行，实现电荷分离，将光能转变为电能。聚光色素也称天线色素（antenna pigment），聚光色素没有光化学活性，不直接参与光化学反应，只将吸收的光能以诱导共振方式传递给作用中心色素。叶绿体中大部分叶绿素 a 分子、全部叶绿素 b 分子和类胡萝卜素分子都属于聚光色素，聚光色素和与之结合的蛋白质共同组成的复合物被称为聚光复合物（light-harvesting complex，LHC）。

在原初反应中，每吸收和传递 1 个光量子到反应中心完成光化学反应所需的色素分子，称为光合单位（photosynthetic unit）。光合单位包括了聚光色素系统和作用中心两部分，是类囊体膜上能完成光化学反应最小结构的功能单位。一个光合单位包含 250～300 个叶绿体色素分子。作用中心（reaction centre）是叶绿体中进行光合原初反应的反应中心色素和与之结合的蛋白质所构成的复合体，它至少包括 1 个作用中心色素分子（P）、1 个原初电子受体（A）和 1 个电子供体（D）（图 11-4）。原初电子受体是指直接接受作用中心色素分子传来电子的电子传递体。原初电子供体是指以电子直接供给作用中心色素分子的电子传递体。

当作用中心色素分子（P）被聚光色素传递来的光能激发变成激发态 P^*，立即将电子传递给原初电子受体（A），这时 P 就被氧化成 P^+，而 A 被还原为 A^-，这样就形成了电荷分离，同时 P^+ 又可从电子供体（D）获得电子，D 则被氧化为 D^+，结果是 D 被氧化而 A 被还原，P 又恢复原状。这样，反应中心色素被激发的电子经过一系列电子载体的传递就形成了电子的流动。上述过程可归纳如下：

$$D \cdot P \cdot A \longrightarrow D \cdot P^* \cdot A \longrightarrow D \cdot P^+ \cdot A^- \longrightarrow D^+ \cdot P \cdot A^-$$

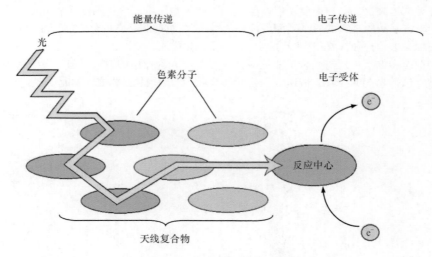

图 11-4　光合原初反应示意图
（引自 Taiz and Zeiger，2010）

二、电子传递与光合磷酸化

（一）光合电子传递

由聚光复合物和反应中心复合物组成的光能吸收、转移和转换的功能单位称为光系统（photosystem，PS）。从类囊体膜上分离出的两个色素系统，它们是镶嵌在光合膜上的色素蛋白复合体，分别称为光系统 I（PS I）和光系统 II（PS II）。PS I 的作用中心色素分子最大吸收峰在 700nm 处，称为 P700。PS I 的颗粒较小，直径11nm，分布在类囊体膜外侧。PS Ⅰ 的光反应是长波光反应，主要特征是 NADP$^+$ 的还原。PS Ⅱ 的作用中心色素分子吸收峰在680nm，称为P680。PS Ⅱ 的颗粒较大，直径为17.5nm，分布在类囊体膜内侧。PS Ⅱ 的光反应是短波光反应，主要特征是水的光解和放氧。P700和P680都是叶绿素a，它们间的差异在于与它们结合的蛋白质不同。

　　PS Ⅱ 被光激发出来的高能电子，经过一系列电子载体传给 PS Ⅰ。PS Ⅰ 被光激发又放出电子，这些电子也经过一系列电子载体，最终传给 NADP$^+$ 使其还原。与此同时，PS Ⅱ 受光激发失去电子后，通过 H_2O 的光解而得到电子。这种存在于光合膜上的由一系列相互连接着的电子传递体组成的电子传递轨道，称为光合电子传递链，简称光合链（photosynthetic chain），又称"Z"链（图11-5），是由 Hill 和 Bendall 提出的。

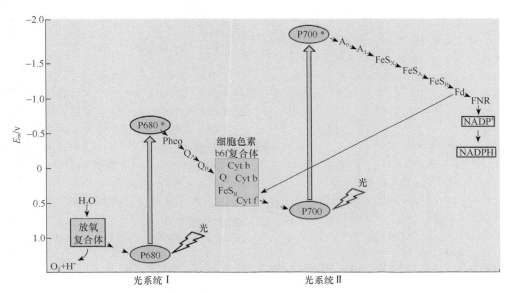

图11-5　光合作用中的电子传递模式
（引自 Taiz and Zeiger，2010）

　　各电子载体以电子传递顺序和氧化还原电位高低串联排列。电子从 P680 → P680* 以及从 P700 → P700* 是逆着电势梯度传递的，需要光能推动；其余的电子传递都是顺着电势梯度进行。它的最终电子供体是 H_2O，最终电子受体是 NADP$^+$，即电子由 H_2O 向 NADP$^+$ 进行传递。PS Ⅱ 的原初电子受体是去镁叶绿素（Pheo），PS Ⅱ 产生一个强氧化势将 H_2O 氧化生成 O_2。PS Ⅰ 的原初电子供体是 PC，原初电子受体为铁氧还蛋白（Fd）。PS Ⅰ 产生一个强还原势，使 Fd 还原，然后把电子传递给铁氧还蛋白 -NADP$^+$ 还原酶及 NADP$^+$。

（二）光合磷酸化

　　光合磷酸化（photophosphorylation）是在叶绿体类囊体膜上伴随着光合电子传递的同时，将 ADP 磷酸化成 ATP 的过程。离体叶绿体在光下可以进行非环式光合磷酸化和环式光合磷酸化。

　　水光解放出的电子经过一系列传递，在质体醌（plastoquinone，PQ）和细胞色素之间引起了 ATP 的形成，同时把电子传递到 PS Ⅰ，进一步提高了能位，从而将 NADP$^+$ 还原为 NADPH＋H$^+$。在此过程中，电子传递是一个开放的通路（图11-5），故称为非环式光合磷酸化（noncyclic photophosphorylation）。

　　PS Ⅰ 激发出的电子经过 Fd 和细胞色素 b_6/f 复合体等，只引起 ATP 的形成，而不伴随其他反应。在这个过程中，电子经过一系列传递后降低了能位，最后经过质体蓝素（plastocyanin，PC）重新回到原来的起点。其电子传递是一个闭合回路（图11-5），故称为环式光合磷酸化（cyclic photophosphorylation）。

　　关于光合磷酸化形成 ATP 的机制，目前得到较普遍认可的是 P. Mitchell 提出的化学渗透假说。光合电子传递链位于光合膜上，被光激发后引起水的分解，放出的电子进入光合链，而放出的 H$^+$ 和 PQ 穿梭传递的 H$^+$ 进入类囊体空间，结果造成类囊体膜内外电势差和质子浓度差，两者合称为跨膜质子电动势（proton motive force，PMF），即为光合磷酸化的动力。跨膜质子电动势的存在，驱使质子有沿着浓度梯度返回膜外的趋势。当 H$^+$ 穿过 ATP 合酶复合物流回到基质时，其能量促使 ADP 与 Pi 合成 ATP。

　　经过光合电子传递和光合磷酸化，首先将光能转变为电能，再将电能转变成活跃的化学能，即形成 ATP 和 NADPH＋H$^+$。ATP 是能量载体，NADPH 是强还原物质，两者都用于 CO_2 同化作用，故把叶绿体在光合作用中形成的 ATP 和 NADPH 合称为"同化力"（assimilatory power）。

第四节 光合碳同化

绿色植物碳同化是利用光合电子传递与光合磷酸化形成的同化力——ATP 和 NADPH，经过一系列酶促反应，将 CO_2 还原为稳定的碳水化合物，同时将活跃的化学能转变为储存在碳水化合物中稳定的化学能的过程。根据不同植物光合碳同化过程中的最初产物及碳代谢特点，将光合作用同化 CO_2 的途径分为三类，即 C_3 途径（C_3 path way）、C_4 途径（C_4 path way）和景天酸代谢（crassulacean acid metabolism，CAM）途径。相应的植物也被分为 C_3 植物、C_4 植物和景天酸代谢植物。大部分植物和农作物为 C_3 植物。

一、C_3 途径——卡尔文循环

1946 年卡尔文（M. Calvin）及本森（A. A. Benson）等利用放射性同位素示踪和纸层析技术，发现了小球藻光合作用中 CO_2 被同化为碳水化合物的反应过程，推导出了 CO_2 同化的循环途径，被称为卡尔文循环（Calvin cycle）。由于这条途径中 CO_2 固定后形成的最初产物是三碳化合物，因此也称 C_3 途径。这是植物光合作用固定 CO_2 的基本途径，也是放氧光合生物同化 CO_2 的共有途径。

卡尔文循环的反应步骤包括核酮糖 1,5-二磷酸（ribulose 1,5-bisphosphate，RuBP）羧化、3-磷酸甘油酸（PGA）还原以及 RuBP 再生三个阶段（图 11-6）。

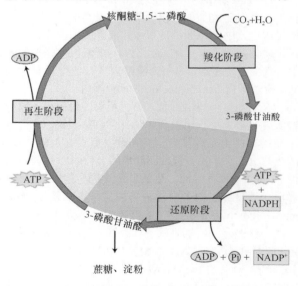

图 11-6 卡尔文循环中 RuBP 羧化、PGA 还原和 RuBP 再生示意图

（引自 Taiz and Zeiger，2010）

（一）RuBP 羧化

在 RuBP 羧化酶催化下，CO_2 与其受体 RuBP 结合生成 2 分子 PGA。这是光合碳同化的第一步反应，无机物 CO_2 被固定为有机物 PGA。

（二）PGA 还原

PGA 在 PGA 激酶催化下，消耗 ATP 形成甘油酸-1,3-二磷酸（DPGA），NADP-GAP 脱氢酶催化 NADPH 将 DPGA 还原为 3-磷酸甘油醛（GAP）。

CO_2 羧化所形成的 PGA 为有机酸，还原生成的 GAP 为磷酸丙糖，至此完成了光合作用中 CO_2 向三碳糖的转变。同时，将光合作用光反应中所形成的 ATP 和 NADPH 携带的能量转储于碳水化合物中。

GAP 可能通过叶绿体内膜上的"磷酸运转器"（phosphate translator），运到细胞质中合成蔗糖，也可在叶绿体基质中合成淀粉，暂时积累。

（三）RuBP 再生

由于羧化反应不断消耗 RuBP，为了维持卡尔文循环继续运转，叶绿体中需要保持 CO_2 的受体 RuBP 不断再生。

再生阶段主要反应过程是由 GAP 经过 C_3 糖、C_4 糖、C_5 糖、C_6 糖和 C_7 糖等多种糖的转化，形成核酮糖-5-磷酸（Ru5P），最后由核酮糖-5-磷酸激酶催化，消耗 ATP，再生成 RuBP（图 11-7）。

卡尔文循环中有部分 C_6 糖转变为光合产物，如淀粉或蔗糖。其主要步骤为：GAP 在丙糖磷酸异构酶催化下，异构化形成二羟丙酮磷酸（DHAP），这两种磷酸丙糖在醛缩酶作用下合成果糖-1,6-二磷酸（FBP）。FBP 的一部分转变为葡萄糖-6-磷酸（G6P），在叶绿体基质中进一步形成淀粉。另一部分则继续转变，形成一系列以糖磷酸酯为形式的中间产物，如木酮糖-5-磷酸（Xu5P）、赤藓糖-4-磷酸（E4P）、景天庚酮糖-1,7-二磷酸（SBP）、核糖-5-磷酸（R5P）以及核酮糖-5-磷酸（Ru5P）等。最后，Ru5P 经磷酸戊糖激酶催化，被 ATP 磷酸化后又形成 RuBP，使整个途径形成一个循环。

C_3 途径每循环一次可同化 3 分子 CO_2，需消耗 9 分子 ATP 和 6 分子 $NADPH+H^+$，形成 1 分子 PGA。C_3 途径总反应式可概括为：

$$3CO_2+5H_2O+9ATP+6NADPH+6H^+ \longrightarrow PGA+9ADP+8Pi+6NADP^+$$

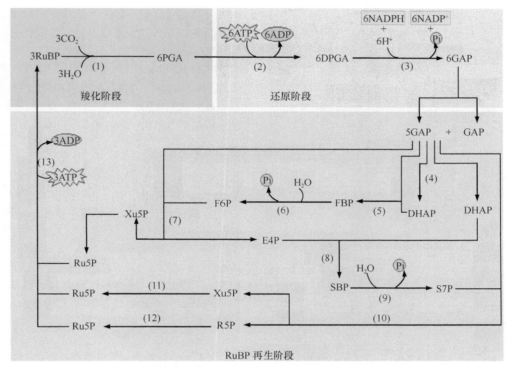

图 11-7　卡尔文循环

（引自 Taiz and Zeiger，2010）

代谢产物名称：RuBP. 核酮糖 -1，5- 二磷酸；PGA. 3- 磷酸甘油酸；DPGA. 1，3- 二磷酸甘油酸；GAP. 甘油醛 -3- 磷酸；
DHAP. 二羟丙酮磷酸；FBP. 果糖 -1，6- 二磷酸；F6P. 果糖 -6- 磷酸；E4P. 赤藓糖 -4- 磷酸；S7P. 景天庚酮糖 -7- 磷酸；
R5P. 核糖 -5- 磷酸；Xu5P. 木酮糖 -5- 磷酸；Ru5P. 核酮糖 -5- 磷酸
参与反应的酶：（1）核酮糖 -1，5- 二磷酸羧化酶 / 加氧酶；（2）3- 磷酸甘油酸激酶；（3）NADP⁺- 甘油醛 -3- 磷酸脱氢酶；
（4）丙糖磷酸异构酶；（5）醛缩酶；（6）果糖 -1，6- 二磷酸（酯）酶；（7）转酮酶；（8）醛缩酶；（9）景天庚酮糖 -1，7- 二
磷酸（酯）酶；（10）转酮酶；（11）核糖 -5- 磷酸表异构酶；（12）核糖 -5- 磷酸异构酶；（13）核酮糖 -5- 磷酸激酶

参与卡尔文循环的酶类很多。其中 RuBP 羧化酶、NADP-GAP 脱氢酶、FBP 酯酶、SBP 酯酶以及 Ru5P 激酶等属于光调节酶（light regulator enzyme）。光调节酶具有光下活化、暗中钝化的特性，使卡尔文循环成为一个自动调节系统。

RuBP 羧化酶是碳同化的关键酶，也是叶绿体中含量最丰富的可溶性蛋白。RuBP 羧化酶活性与叶绿体基质中 pH 和 Mg^{2+} 浓度有密切关系。在光下，由于光合电子传递使叶绿体基质的 H^+ 向类囊体空间转移，使基质 pH 由 7.0 上升至 8.0。与此同时，Mg^{2+} 作为对应离子则从类囊体空间转移至基质。基质 pH 升高和 Mg^{2+} 增多可使 RuBP 羧化酶活化。相反，在黑暗中基质 pH 下降至 7.0，Mg^{2+} 浓度也随之降低，RuBP 羧化酶钝化。

FBP 酯酶控制淀粉和蔗糖的积累。FBP 酯酶及 SBP 酯酶也随光下基质 pH 升高和 Mg^{2+} 浓度增加而活化。NADP-GAP 脱氢酶由光合电子传递形成 NADPH 而活化；Ru5P 激酶则随光合磷酸化过程 ATP 合成而活化。

二、光呼吸

植物绿色细胞在光下除进行一般呼吸外，还要进行一种与一般呼吸特性显著不同的呼吸，因此，把植物绿色细胞在照光条件下进行的吸收 O_2 并放出 CO_2 的过程称为光呼吸（photorespiration）。光呼吸的底物是乙醇酸，经过乙醇酸代谢途径完成，整个途径是在一系列酶催化下，涉及叶绿体、过氧化物体及线粒体三种细胞器的协同作用（图 11-8）。

RuBP 羧化酶具有双重催化活性，既可催化 RuBP 的羧化反应，又可催化加氧反应，也称 RuBP 羧化 / 加氧酶（RuBP carboxylase/oxygenase，Rubisco）。在叶绿体基质中，Rubisco 催化加氧反应生成 PGA 和磷酸乙醇酸，磷酸酯酶催化磷酸乙醇酸水解成乙醇酸。生成的乙醇酸从叶绿体转移到过氧化物体，在乙醇酸氧化酶作用下，氧化生成乙醛酸和 H_2O_2，H_2O_2 则由过氧化氢酶分解生成 H_2O 和 O_2。

乙醛酸主要通过转氨酶作用形成甘氨酸，并从过氧化物体转移到线粒体，2 分子甘氨酸缩合为 1 分子丝氨酸，并放出 CO_2，这也是光呼吸 CO_2 的来源。丝氨酸又从线粒体转运回过氧化物体中，转化为羟基丙酮酸，然后还原为甘油酸，甘油酸进入叶绿体后经甘油酸激酶催化形成 PGA，参与卡尔文循环。

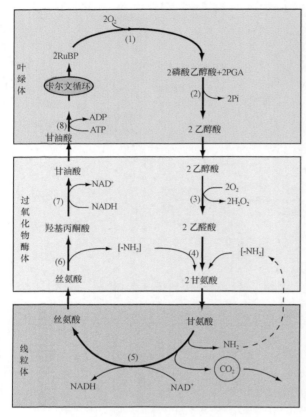

图 11-8　光呼吸代谢途径及其在细胞中的定位
（引自 Hopkins and Hüner，2008）

RuBP 在羧化或加氧间的竞争使光合碳固定效率降低，所以在叶片中的光合碳代谢实际上是卡尔文循环

与光呼吸碳氧化循环整合平衡的结果。Rubisco 是催化羧化反应还是加氧反应以及相对速度，主要取决于细胞内 CO_2 与 O_2 浓度比值。高浓度 CO_2 及低度浓度 O_2 有利于羧化反应，因而使光合作用加速；反之则有利于加氧反应，促进光呼吸。由于 RuBP 的再生需要光反应不断提供同化力，所以乙醇酸只有在光下才能形成，在一定范围内，光呼吸也随光照增强而增强。

三、C_4 途径

20 世纪 60 年代中期，Dhatch 和 Slack 发现有些起源于热带的植物，如玉米、高粱和甘蔗等，它们固定 CO_2 的最初产物不是甘油酸磷酸，而是四碳二羧酸的草酰乙酸（OAA），因此称为 C_4 二羧酸途径（C_4 dicarboxylic acid pathway），简称 C_4 途径，也称为 Hatch Slack 途径。具有 C_4 碳同化途径的植物称为 C_4 植物。至今已发现禾本科、莎草科、苋科、藜科、大戟科、马齿苋科及菊科等 20 多科约 2000 种植物是 C_4 植物，其中禾本科有 800 多种。

C_3 植物的维管束鞘不发达，其周围叶肉细胞排列疏松，只有叶肉细胞有正常叶绿体。因此，C_3 植物的光合细胞主要是叶肉细胞，而 C_4 植物的光合细胞包括叶肉细胞和维管束鞘细胞。此外，C_4 植物的两类光合细胞中含有不同酶类，叶肉细胞中含有磷酸烯醇式丙酮酸羧化酶（phosphoenolpyruvate carboxylase，PEP 羧化酶）以及与 C_4 二羧酸生成有关的酶；而维管束鞘细胞含有 Rubisco 等参与 C_3 途径的酶、乙醇酸氧化酶以及脱羧酶。在这两类细胞中进行不同的生化反应，共同完成 CO_2 的固定与还原（图 11-9）。C_4 途径包括以下几个步骤。

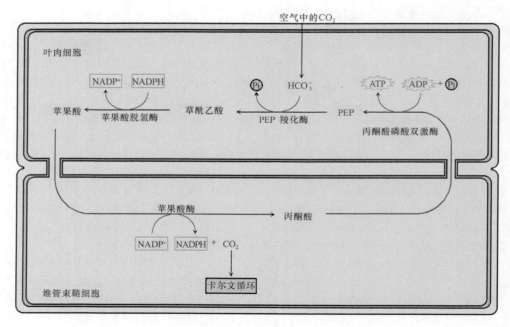

图 11-9　在两种类型细胞中进行的 C_4 循环
（引自 Taiz and Zeiger，2010）

（一）CO₂ 固定

在叶肉细胞细胞质中，PEP 羧化酶催化 CO₂ 受体磷酸烯醇式丙酮酸（PEP）固定 CO₂ 形成草酰乙酸。

（二）C₄ 二羧酸的转化与转移

通常草酰乙酸在 NADP- 苹果酸脱氢酶催化下，还原为苹果酸。也可由天冬氨酸转氨酶催化转变为天冬氨酸。

所形成的苹果酸或天冬氨酸被运至维管束鞘细胞中脱羧放出 CO₂。脱羧反应所释放的 CO₂，在维管束鞘细胞叶绿体中经卡尔文循环形成光合产物。

（三）PEP 的再生

为了保证 C₄ 途径中 CO₂ 固定的持续循环，需要 CO₂ 受体 PEP 的再生。在上述 NADP 苹果酸酶型植物中，苹果酸脱羧生成的丙酮酸运回叶肉细胞后，由丙酮酸磷酸双激酶催化形成 PEP。

对于 NAD- 苹果酸酶型植物，苹果酸脱羧生成的丙酮酸，转化为丙氨酸后运回叶肉细胞，再形成 PEP。而第三种 PEP 羧激酶型植物，草酰乙酸脱羧生成的 PEP 并不直接运回，先转化成丙酮酸，再经过转氨作用形成丙氨酸后转移到叶肉细胞，进一步转变为丙酮酸，最后形成 PEP。

C₄ 植物的 PEP 羧化酶对 CO₂ 亲和力很高，能充分利用低浓度 CO₂。在叶肉细胞通过 C₄ 途径固定 CO₂，并以 C₄ 二羧酸形式转运入维管束鞘细胞中，使鞘细胞 CO₂ 浓度提高，促进卡尔文循环运转。同时，C₄ 植物光呼吸系统存在于维管束鞘细胞中，较高的 CO₂ 浓度抑制了 Rubisco 的加氧酶活性，使其光呼吸速率很低。因此，C₄ 植物又称低光呼吸植物，光呼吸消耗仅占新形成光合产物的 2%～5%，甚至更少。即使发生光呼吸，放出的 CO₂ 也很快在叶肉细胞被 PEP 羧化酶重新固定。然而，C₃ 植物光呼吸消耗占新形成光合产物的 25%～35%。

四、景天酸代谢途径（CAM）

许多起源于热带的植物，如景天科、仙人掌科、凤梨科及兰科等，它们在对高温干旱环境适应过程中，叶片退化或形成很厚的角质层，有些形成肉质茎，叶肉细胞有大液泡。气孔在白天大部分时间关闭以减少蒸腾，傍晚后气孔开放以吸收 CO₂。这类植物在进化过程中也形成了一套特殊的光合碳同化途径——景天酸代谢途径。通过这种方式进行光合作用的植物称为 CAM 植物。

（一）夜间进行的 PEP 羧化反应

CAM 植物在夜间气孔开放，细胞质中，来自糖酵解途径的 PEP 在 PEP 羧化酶催化下，与 CO₂ 反应生成草酰乙酸，并在 NADP- 苹果酸脱氢酶催化下，将草酰乙酸还原成苹果酸并储存于液泡内。此时细胞水势因苹果酸积累而降低以保持水分，细胞液 pH 也随之下降。

（二）白天完成的 CO₂ 再同化

CAM 植物白天气孔关闭，空气中的 CO₂ 不能通过气孔进入叶片，夜间储存于液泡中的苹果酸此时转移到细胞质中，被 NADP- 苹果酸酶催化脱羧，放出的 CO₂ 进入叶绿体，通过卡尔文循环再次被同化。苹果酸脱羧后形成的丙酮酸经丙酮酸载体转运进入叶绿体后，被还原为 PEP，再由叶绿体运到细胞质中，PEP 再还原成丙糖磷酸，最后合成淀粉；或转移到线粒体，进一步氧化释放出 CO₂，再进入 C₃ 途径。白天由于苹果酸脱羧作用，含量下降，因此，细胞液 pH 上升。

白天由于 CAM 植物气孔关闭，通过气孔进行的气体交换被限制，水分以及苹果酸脱羧产生的 CO₂ 也不易逸出叶片，使叶肉细胞 CO₂ 浓度维持较高水平，这就限制了 Rubisco 的加氧活性，因此，CAM 植物的光呼吸较低。

植物在长期进化过程中与环境的相互作用形成多条光合碳同化途径，其中 C₃ 途径是植物碳同化的最基本、最普遍的途径，C₄ 植物和 CAM 植物的光合途径最终还需通过 C₃ 途径完成光合碳同化过程。

第五节　影响植物光合作用的环境因素

一、植物的光合速率

植物光合作用的指标通常以光合速率（photosynthetic rate）表示。光合速率是单位时间内单位叶面积所吸收的 CO₂ 量或释放的 O₂ 量，计量单位为 μmol CO₂/（m²·s）。

由于植物叶片呼吸作用也产生 CO₂ 消耗 O₂，因此，测定光合作用时所得结果实际是光合作用减去呼吸消耗的差值，称为净光合速率（net photosynthetic rate），有时也称表观光合速率（apparent photosynthetic rate）。如果测定真正的光合速率（true photosynthetic rate），就需要同时测定其呼吸速率，两者之和则为真正光合速率，即：

真正光合速率＝净光合速率 ＋ 呼吸速率

在测定田间作物或林木光合作用时，常用的指标是光合生产率（photosynthetic production rate）或称净同化率（net assimilation rate）。是指在一个较长时间，如一昼夜或一周，单位叶面积净积累的干物质量。农作物光合生产率一般为4～6g DW/（m²·d）。

二、影响光合作用的外界条件

（一）光照

光是植物光合作用的能量来源，也是影响光合碳循环中光调节酶活性的重要因素；光还通过调节气孔运动直接影响光合作用CO₂的供应；光还是叶绿体发育和叶绿素合成的必要条件。

通过测定在不同光照强度下植物的光合速率，制作植物光合速率随光照强度改变的变化曲线（图11-10）。可以看出，在暗中，植物不能进行光合作用，所测得的为呼吸作用释放的CO₂量，即呼吸速率。之后随光照强度逐渐增强，植物光合速率随之提高，当光照达到某一强度时，植物光合作用吸收的CO₂与呼吸作用释放的CO₂量相等，即植物表观光合速率为零，此时的光照强度称为光补偿点（light compensation point）。

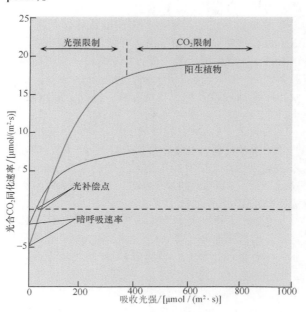

图11-10 C₃植物光合速率与光辐射强度的关系曲线

植物生活在光补偿点条件下，有机物的形成与消耗相等，没有光合产物积累，由于呼吸消耗昼夜都在进行，则会造成光合产物的亏缺。生长在不同环境中的植物光补偿点不同，一般阳生植物光补偿点较高，约为10～20μmol/（m²·s）；阴生植物的呼吸速率较低，光补偿点也低，为1～5μmol/（m²·s）。

当光强在光补偿点以上时，随着光强增加光合速率迅速上升，当达到某一光强之后，光合速率不再增加，这种现象称为光饱和现象（light saturation）。开始达到光饱和时的光照强度称为光饱和点（light saturation point），此时的光合速率达到最大值。

多数植物的光饱和点为500～1000μmol/（m²·s），但不同植物的光饱和点也有很大差异，一般阳生植物的光饱和点高于阴生植物，C₄植物的光饱和点高于C₃植物。

（二）CO₂

CO₂浓度对植物光合速率的影响和光强对光合速率的影响类似，植物光合作用既有CO₂补偿点，也有CO₂饱和点。植物光合作用吸收CO₂量和呼吸作用放出的CO₂量达到动态平衡时，植物净光合速率为零，这时环境中的CO₂浓度称为CO₂补偿点（CO₂ compensation point）。之后随着CO₂浓度进一步增加，光合速率不断提高，当CO₂浓度增至一定程度时，光合速率不再升高，这时的CO₂浓度为CO₂饱和点（CO₂ saturation point）。

不同植物的CO₂补偿点不同，植物必须在高于CO₂补偿点时才有同化物积累。一般C₄植物CO₂补偿点低于C₃植物，如C₄植物玉米CO₂补偿点为0～10μl/L，而C₃植物小麦CO₂补偿点约为50μl/L。通常空气中CO₂浓度约为350μl/L，不能满足作物光合作用对CO₂的需要，CO₂浓度常成为光合作用的限制因素，尤其对C₃植物有较大影响。

（三）温度

各种植物光合作用的温度范围与植物起源有关，反映了植物长期进化过程中对环境的适应。大多数温带植物，可进行光合作用的最低温度为0～2℃；在10～35℃范围内，一般植物光合作用均可正常进行，在光合作用最适温度时，光合速率最高。一般植物光合作用最适温度为25～30℃；在35℃以上，光合速率就开始下降，光合作用最高温度为40～50℃，这时光合作用已很微弱，超过此温度光合作用即完全停止，这种最低、最适和最高温度称为光合作用的温度三基点。

昼夜温差对光合净同化率有很大影响。白天温度高，光照充足，有利于光合作用进行；夜间温度较低，降低了呼吸消耗。因此，在一定温度范围内，昼夜温差大有利于光合积累。

（四）水分

水虽然是光合作用的原料，但是用于光合作用的水不到蒸腾失水的1%。因此，缺水对光合作用的影响主要是间接的。缺水可使气孔开度减小或关闭，阻碍CO₂扩散进入叶片，使光合速率下降。缺水时叶片生长缓慢不利于光合面积扩大；缺水还可使水解酶类活性提高，不利于糖类合成，同时也使光合产物输出受阻，对光合作用产生反馈抑制作用，使净光合速率降低。若严重水分亏缺，叶绿体结构特别是光合膜系统受到破坏，光合电子传递受阻，光合磷酸化解偶联，影响同化力的形成。缺水致叶子萎蔫时，光合急剧下降甚至停止。即使这时灌溉或降雨，使叶子恢复到原来的膨胀状态，但光合速率却难以恢复至原来程度。

（五）矿质营养

矿质营养对植物光合作用有直接或间接影响，在一定范围内，增加矿质营养有利于光合作用进行和有机物积累。矿质营养对光合作用的影响有：N、Mg、Fe、Mn、Zn等作为叶绿素组分或参与其生物合成过程，其中氮素营养对光合作用影响最为显著；Cu、Fe是光合电子传递体的组分；Mn、Ca和Cl参与光合作用中水的光解放氧过程；光合碳同化所需的同化力ATP和NADPH以及卡尔文循环的中间磷酸化合物都含有磷酸基团；K、Ca调节气孔运动控制CO_2扩散，间接影响光合作用；Mg是Rubisco等酶的活化或调节因子；K和P促进光合产物转化与运输等。

（六）光合速率的日变化

影响光合作用的环境因子在一天中不断发生变化，导致光合速率变化。在生长季节，光照强度在一天中呈周期性变化，也导致温度与湿度等环境因子相应变化，从而引起光合速率的日变化与光照强度变化趋向一致，即随着太阳升起，光合作用开始进行并逐步增强，中午光照最强时光合速率最高，以后随光强减弱光合速率逐步减弱，至日落后光合作用逐渐停止，一天中光合速率变化表现为单峰曲线。而在炎热季节里，许多植物的光合日变化出现双峰曲线，中午光合速率反而下降，这就是光合作用"午休"现象（midday depression of photosynthesis）。

对光合作用影响的因素是综合的，相互联系的。每个影响因素的最适范围也不是固定不变的，是随其他因素的影响相应变化的。影响光合作用的因素中，如某一因素处在最低条件下，就成为当时限制其他因素发挥作用的主要因子，如限制因子得到改善，将会提高光合速率。

第六节　植物对光能的利用

植物干物质中90%～95%源于光合作用制造的有机物。农产品都是光合作用直接或间接产物。将植物一生中合成并积累下来的全部有机物质的干重，称为生物产量（biological yield）；而将人类收获的经济器官的干重称为经济产量（economic yield）；经济产量与生物产量之比称为经济系数或收获指数（harvest index）。

如果从光合角度来分析生物产量与经济产量间的关系便可看出：

生物产量＝光合产量－光合产物消耗
光合产量＝光合面积 × 光合速率 × 光合时间
经济产量＝生物产量 × 经济系数

作物的产量主要靠光合作用转化光能得来。决定作物经济产量的因素主要包括光合面积、光合时间、光合速率、光合产物消耗和光合产物分配利用等方面，这些方面称为光合性能（photosynthetic property）。光合性能是产量形成的关键。因此，提高光合速率、适当增加光合面积、尽量延长光合时间和减少呼吸消耗、器官脱落及病虫害等以及提高经济系数，是提高作物产量的根本途径。

植物对光能的利用

（一）植物的光能利用率

光能利用率（efficiency for solar energy utilization）是指单位面积植物光合作用形成的有机物中所储存的化学能与照射到该地面上的太阳能之比率，可用下列公式计算。

$$植物光能利用率＝\frac{单位面积作物总干物质折算含热能}{同面积入射太阳总辐射能}×100\%$$

太阳辐射到达地球外层的平均能量为1.353kJ/（$m^2·s$）。通过大气层到达地面的辐射能，即使在夏日晴天中午也不会超过1kJ/（$m^2·s$），且只有其中可见光的400～700nm能被植物用于光合作用。对光合作用有效的可见光称为光合有效辐射（photosynthetically active radiation）。然而，作物对光合有效辐射并不能全部利用，因为只有被叶绿体色素吸收的光能，在光合作用中才能转化为化学能。

即使是一个非常茂密的作物群体，也不能将照射在它上面的光能全部吸收，这里至少包括两个方面损失，即叶片的反射；群体漏光和透射损失，约占总辐射的8%；此外，热散失占8%；其他代谢能耗损失约占19%，最终只有5%的光能被光合作用转化储存在光合产物中。

生产中作物光能利用率远低于此值，一般不到1%。世界上作物单产较高的国家，如日本（水稻）、丹麦（小麦）光能利用率只有 2%～2.5%。

（二）植物光能利用率低的原因

作物生长初期，生长缓慢，叶面积小，光能大部分漏射到地面而损失。估计一般水稻、小麦田间平均漏光损失达 50% 以上；作物不能吸收照射在叶片上的全部辐射能，对光合有效的光能只占 40%～50%，由于反射和透射，作物只能吸收对光合有效辐射的 80% 左右；光合色素吸收的光能不可避免地有相当一部分被损失掉，能量转化率只有 19%～27%；光照不足限制光合作用进行，然而，夏季中午前后的高光强也可能引起一些植物冠层上部叶片光饱和现象甚至光抑制；诸如 CO_2 不足、水分胁迫、温度过低或过高和矿质营养缺乏及病虫害的影响等不良环境条件的存在，使光合作用潜力得不到充分发挥；作物不能把所有同化产物全部积累下来，必然有或多或少的消耗，其中主要是呼吸消耗，以及光合产物运输的能量消耗。据估计，呼吸消耗占光合作用的 15%～25%，在不良条件下甚至达 30%～50% 或更多。

本章主要内容和概念

叶是绿色植物进行光合作用的主要场所，植物通过光合作用制造生长发育所需的糖类，并以此为原料，合成多种多糖、脂肪和蛋白质等有机物。光合作用产物是人类和动物直接或间接的食物来源，所释放的氧气是生物生存的必要条件之一。本章主要包括光合作用概念和意义，叶绿体及其色素，光合作用的光反应，光合碳同化，光合作用影响因素，植物对光能的利用等内容。

知识要点包括：

高等植物光合色素种类及其吸收光谱，光系统，反应中心色素分子，天线色素，光合作用中的能量转化，水的光解，光合电子传递，光合磷酸化，光合作用中的物质转化，卡尔文循环中的 3 个阶段，光补偿点，光饱和点，CO_2 补偿点，影响光合作用的环境因子。

复习思考题

1. 试述如何提高植物的光能利用率？

2. 有一种豌豆突变体缺少胡萝卜素，其光合效率较野生型低，为什么？

3. 试述不同单色光对植物光合利用率的影响。

4. 简述不同环境因子对植物光合作用的影响。

5. 试想 CO_2 增加，会对地球上的植物产生什么影响？

第十二章 植物的呼吸作用

呼吸作用（respiration）是所有生物的基本生理功能，将生物体内有机物质不断分解，释放的能量供给各种生理活动需要。呼吸作用的许多中间产物，在植物体各种主要物质转变中起着枢纽作用，所以呼吸作用是植物代谢的中心。

第一节 呼吸作用的概念和生理意义

一、呼吸作用的概念

植物体的呼吸作用包括有氧呼吸和无氧呼吸两大类型。

1. 有氧呼吸

有氧呼吸（aerobic respiration）是指生活细胞在氧气参与下，把某些有机物质彻底氧化分解，产生二氧化碳和水，并释放出能量的过程。有氧呼吸是植物进行呼吸的主要方式，依其代谢反应路线不同，植物体内主要存在糖酵解-三羧酸循环途径与戊糖磷酸途径两类。一般来说，葡萄糖是植物细胞呼吸最常利用的物质，因此，有氧呼吸过程可表示如下：

$$C_6H_{12}O_6 + 6O_2 + 6H_2O \longrightarrow 6CO_2 + 12H_2O + 能量$$

2. 无氧呼吸

无氧呼吸（anaerobic respiration）是指在无氧条件下，细胞把某些有机物分解为不彻底的氧化产物，同时释放出能量的过程。这个过程用于高等植物，习惯上称之为无氧呼吸，在微生物中又称为发酵（fermentation）。高等植物的无氧呼吸可产生乙醇或乳酸。大多数高等植物不能长期在缺氧条件下生活，但植物的某些器官，如苹果果实内部和一些肥大的块根或块茎在缺氧条件下可以进行无氧呼吸。此外，在淹水等特殊情况下，植物可在短期内进行无氧呼吸。

从发展观点看，有氧呼吸是由无氧呼吸进化而来。因为远古时，地球大气中没有氧气，微生物只能进行无氧呼吸。绿色植物出现后，通过光合作用放出氧气，改变了大气成分，于是出现了好气性微生物。如今高等植物的呼吸类型主要是有氧呼吸，但仍保留无氧呼吸的能力。

二、呼吸作用的生理意义

1. 提供生物体生命活动所需的大部分能量

植物通过光合作用把光能转变为化学能并储存在碳水化合物中，但是光合作用产生的碳水化合物通常不能直接提供生物生理活动所需能量，必须通过呼吸作用将其逐步氧化，释放出的能量，一部分转为热能而散失掉，一部分以ATP形式供应生物体代谢活动需要。植物对水分和矿质元素的吸收和运输、植物生长和发育、细胞分裂、生长和分化等都需要能量。因此，任何生活细胞都不停地呼吸。

2. 提供合成其他有机物所需的原料

呼吸代谢过程会产生一系列中间产物，这些中间产物又是其他代谢途径的中间产物，可为进一步合成植物体内其他有机化合物提供原料，并将各种代谢过程联系起来。所以，呼吸作用就成为植物代谢的中心环节。

第二节 植物呼吸代谢途径

植物呼吸作用的具体过程十分复杂，其中糖分解代谢途径有糖酵解、三羧酸循环和戊糖磷酸途径三种。

一、糖酵解

糖酵解（glycolysis）是指由淀粉、葡萄糖或果糖在无氧状态下分解为丙酮酸的过程。这一过程普遍存在于动物、植物和微生物中。糖酵解在细胞质中进行，是有氧呼吸和无氧呼吸的共同途径。在阐明糖酵解过程中 G. Embden、O. Meyerhof 和 J. K. Parnas 做出了突出贡献，因此糖酵解也称为 EMP 途径。

糖酵解包括一系列化学反应（图 12-1），糖酵解过

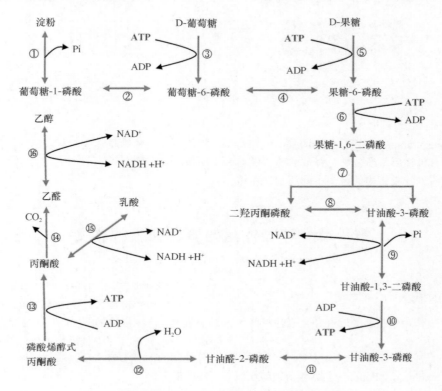

图 12-1　糖酵解和无氧呼吸途径（引自潘瑞炽，2004）

参加各反应的酶：① 淀粉磷酸化酶；② 磷酸葡糖变位酶；③ 己糖激酶；④ 磷酸葡糖异构酶；

⑤、⑥ 磷酸果糖激酶；⑦ 醛缩酶；⑧ 磷酸丙糖异构酶；⑨ 磷酸甘油醛脱氢酶；

⑩ 磷酸甘油酸激酶；⑪ 磷酸甘油酸变位酶；⑫ 烯醇酶；⑬ 丙酮酸激酶；⑭ 丙酮酸脱羧酶；

⑮ 乳酸脱氢酶；⑯ 乙醇脱氢酶

程可分为三个阶段。

（1）己糖磷酸化。淀粉或己糖活化，将果糖活化为果糖 -1,6- 二磷酸。

（2）己糖磷酸裂解。己糖磷酸裂解为两分子丙糖磷酸，以及丙糖磷酸之间的相互转化。

（3）ATP 和丙酮酸生成。葡萄糖氧化释放能量，形成 ATP、NADP 和 H[+]，最终形成丙酮酸。

糖酵解总反应式如下：

$$C_6H_{12}O_6 + 2NAD^+ + 2ADP + 2Pi \longrightarrow 2CH_3COCOOH + 2NADH + 2H^+ + 2ATP + 2H_2O$$

葡萄糖　　　　　　　　　　　　　　　丙酮酸

在糖酵解过程中，没有二氧化碳释放，也无氧气吸收。1 分子葡萄糖经酵解后形成 2 分子丙酮酸，同时产生 2 分子 ATP 和 2 分子 NADH，NADH 可以进入线粒体被氧气氧化，产生的 ATP，也可在细胞质中参加其他还原反应。

二、无氧呼吸

高等植物的无氧呼吸，包括了从己糖经糖酵解形成丙酮酸，随后进一步产生乙醇或乳酸的全过程，是在细胞质中进行的。

丙酮酸在丙酮酸脱羧酶作用下，脱羧生成乙醛，进一步在乙醇脱氢酶作用下，被 NADH 还原为乙醇，反应式如下：

$$CH_3COCOOH \longrightarrow CO_2 + CH_3CHO$$
$$CH_3CHO + NADH + H^+ \longrightarrow CH_3CH_2OH + NAD^+$$

在缺少丙酮酸脱羧酶而含有乳酸脱氢酶的组织里，丙酮酸会被 NADH 还原为乳酸。反应式如下：

$$CH_3COCOOH + NADH + H^+ \longrightarrow CH_3CHOHCOOH + NAD^+$$

植物进行无氧呼吸时，能量利用率低，有机物耗损大，而且无氧呼吸产物的产生和累积，对细胞原生质有毒害作用。如果乙醇累积过多，会破坏细胞膜结构，但乙醇可以扩散出细胞，可在一定程度上减少毒害；而乳酸累积过多，可使细胞酸化，如果超过细胞自身的缓冲能力，会引起细胞酸中毒。因此不能长期依赖无氧呼吸维持细胞的生命活动。

三、三羧酸循环

糖酵解完成后，生成的丙酮酸在有氧条件下，通过一个包括三羧酸和二羧酸的循环逐步氧化分解，直到形成 CO_2 和 H_2O，故称这个过程为三羧酸循环（tricarboxylic acid cycle，TCA 循环），这个循环是英国生物化学家 H. Kerbs 首先发现的，所以又名 Kerbs 循环。三羧酸循环在细胞线粒体内进行。

1. 丙酮酸的氧化脱羧

有氧条件下，丙酮酸通过丙酮酸转运器从细胞质进入线粒体基质，在丙酮酸脱氢酶复合体催化下氧化脱羧生成乙酰辅酶 A 和 NADH，然后进入三羧酸循环彻底氧化分解。因此丙酮酸的氧化脱羧反应是连接糖酵解和三羧酸循环的桥梁。

$$CH_3COCOOH+CoA—SH+NAD^+ \longrightarrow CH_3CO—SCoA+CO_2+NADH+H^+$$

丙酮酸 （左）　　　乙酰辅酶 A（右）

乙酰辅酶 A 在细胞代谢中是降解和合成的枢纽物质，不仅是丙酮酸氧化脱羧产物，也是脂肪酸和某些氨基酸的代谢产物。另外，乙酰辅酶 A 又能参与多种代谢，如赤霉素、萜类、类胡萝卜素、脂肪酸等的合成均需乙酰辅酶 A 作为原料。

2. 三羧酸循环

三羧酸循环包括一系列反应过程（图 12-2），可分为 3 个阶段。

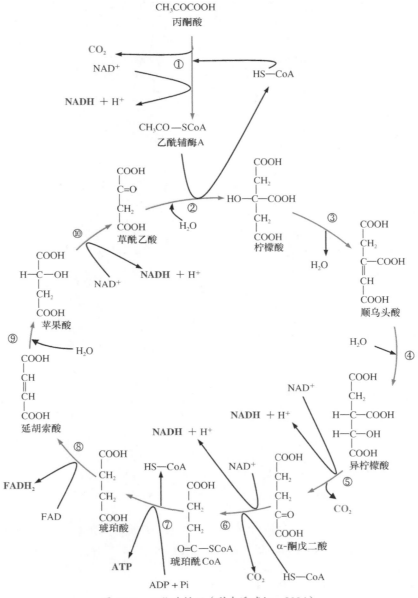

图 12-2　三羧酸循环（引自潘瑞炽，2004）

参加各反应的酶：① 丙酮酸脱羧酶；② 柠檬酸磷合成酶；③、④ 顺乌头酸酶；⑤ 异柠檬酸脱氢酶；⑥ α-酮戊二酸脱氢酶；⑦ 琥珀酸 CoA 合成酶；⑧ 琥珀酸脱氢酶；⑨ 延胡索酸酶；⑩ 苹果酸脱氢酶

（1）柠檬酸合成阶段。乙酰辅酶 A 和草酰乙酸在柠檬酸合成酶催化下，缩合形成柠檬酸。

（2）氧化脱羧阶段。包括异柠檬酸形成、异柠檬酸氧化脱羧、α- 酮戊二酸氧化脱羧和琥珀酸生成，本

$$CH_3CO—SCoA+2H_2O+3NAD^++FAD+ADP+Pi \longrightarrow 2CO_2+3NADH+3H^++FADH_2+CoA-SH+ATP$$

三羧酸循环每运转一次，消耗 1 分子乙酰辅酶 A，生成 2 分子 CO_2，同时生成 1 分子 ATP，共有 4 次氧化反应，生成 3 分子 NADH 和 1 分子 $FADH_2$。三羧酸循环中虽然没有氧分子直接参加反应，但是三羧酸循环只能在有氧条件下进行。因为三羧酸循环所产生的 3 个 NADH 和 1 个 $FADH_2$ 分子只能通过电子传递链和氧分子才能再被氧化。

每个葡萄糖分子通过三羧酸循环产生的 ATP 数远远超过糖酵解的 ATP 数，而脂类、氨基酸等呼吸底物彻底氧化主要通过三羧酸循环，因此三羧酸循环是有机体获得能量的最主要途径。此外，三羧酸循环将各种有机物代谢联系起来，成为物质代谢的枢纽。

（3）草酰乙酸的再生。琥珀酸经过延胡索酸和苹果酸生成，最后形成草酰乙酸。

阶段释放二氧化碳和 ATP。

三羧酸循环总反应方程式为：

四、戊糖磷酸途径

高等植物体内有氧呼吸代谢除糖酵解-三羧酸循环途径外，还存在戊糖磷酸途径（pentose phosphate pathway，PPP 途径）。该途径分为两个阶段（图 12-3），第一个阶段是氧化阶段，把 6 碳的葡萄糖 -6- 磷酸（G6P）转变为 5 碳的核酮糖 -5- 磷酸（RuBP），释放 1 分子 CO_2，产生 2 分子 NADPH；第二个阶段是非氧化阶段，以核酮糖 -5- 磷酸为起点，经过 C_3、C_4、C_5、C_7 等糖，最后又形成葡萄糖 -6- 磷酸，重新循环。

戊糖磷酸途径总反应式如下：

$$6G6P+12NADP^++7H_2O \longrightarrow 5G6P+6CO_2+Pi+12NADPH+12H^+$$

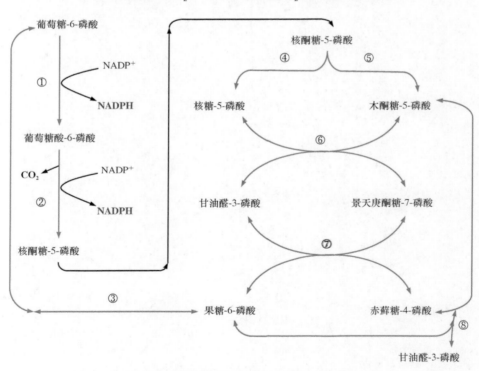

图 12-3　戊糖磷酸途径（引自潘瑞炽，2004）

参加各反应的酶：① 葡萄糖 -6- 磷酸脱氢酶；② 葡萄糖酸 -6- 磷酸脱氢酶；③ 己糖磷酸异构酶；
④ 戊糖磷酸异构酶；⑤ 戊糖磷酸异构酶；⑥ 转酮酶；⑦ 转醛酶；⑧ 转酮酶

戊糖磷酸途径也在细胞质中进行。该途径能提供脂肪、固醇等合成代谢中需要的 NADPH，也为核糖合成提供戊糖。该途径中己糖重组阶段的一系列中间产物及酶，与光合作用中卡尔文循环相同，因此戊糖磷酸途径可与光合作用联系起来。正常状况下，葡萄糖的降解主要沿糖酵解-三羧酸循环途径进行，而戊糖磷酸途径所占比例较小，一般只占百分之几至百分之三十左右。

第三节　电子传递与氧化磷酸化

一、呼吸链

糖酵解和三羧酸循环中产生的 NADH 和 H^+，不能直接与游离氧分子结合，需经过电子传递链传递后，才能与 O_2 结合。电子传递链（electron transport chain）也称呼吸链（respiratory chain），就是呼吸代谢中间产物的电子和质子，沿着一系列有顺序的电子传递体组成的电子传递途径，传递到分子氧的总过程。

组成电子传递链的传递体分为氢传递体和电子传

递体。氢传递体传递氢（包括电子和质子）有下列几种：NAD（辅酶Ⅰ）、FMN（黄素单核苷酸）、FAD（黄素腺嘌呤二核苷酸）、UQ（泛醌）。电子传递体有细胞色素体系和铁硫蛋白（Fe-S）等，它们只传递电子。

（一）细胞色素呼吸链

植物线粒体的电子传递链位于线粒体内膜上，由 4 种蛋白质复合体（protein complex）组成（图 12-4）。还有 1 种 ATP 合酶复合体。

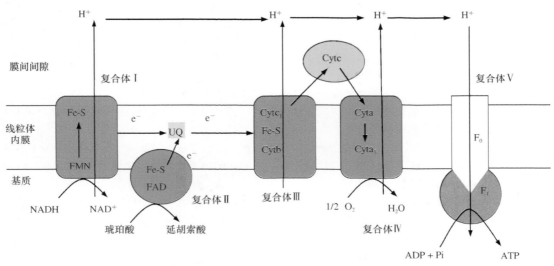

图 12-4　植物线粒体内膜上的复合体及其电子传递（引自李合生，2002）

复合体Ⅰ也称 NADH 脱氢酶，由 FMN 和几个 Fe-S 蛋白组成，其作用是氧化三羧酸循环产生的 NADH 并将电子传递给泛醌（UQ 或 Q），同时将线粒体基质中的 H^+ 泵到膜间间隙。

复合体Ⅱ又称琥珀酸脱氢酶，有 FAD 和 Fe-S 蛋白，其作用是催化琥珀酸氧化为延胡索酸，并把 H 转移到 UQ 生成 UQH_2。此复合体不泵出质子。

复合体Ⅲ又称细胞色素 bc_1 复合物，含 2 个 Cytb、$Cytc_1$ 和 Fe-S 蛋白，把 UQH_2 的电子经 Cytb 传到 Cytc，同时将线粒体基质中的 H^+ 泵到膜间间隙。Cytc 是松散地附着在线粒体内膜外侧的小蛋白体，作为可移动的电子载体在复合体Ⅲ和复合体Ⅳ之间进行电子传递。

复合体Ⅳ又称细胞色素氧化酶，含 2 个铜中心（Cu_A 和 Cu_B）、Cyta 和 $Cyta_3$，把 Cytc 的电子传递给 O_2，激发 O_2 并与基质中的 H^+ 结合成水，传递电子的同时，把线粒体基质中的 H^+ 泵入膜间间隙。

复合体Ⅴ又称 ATP 合酶，由 F_0 和 F_1 两部分组成，它能催化 ADP 和 Pi 转变为 ATP。

电子在呼吸链上传递的动力是电势梯度，每个电子传递体都具有其标准电位。电子只能从低电位向高电位传递。例如，NADH 的标准电位为 $-0.320V$，UQ 为 $+0.070V$，O_2 为 $+0.0.816V$，所以电子从 NADH 传递至 O_2。

上述线粒体电子传递途径是所有生物共有的电子传递途径，在这条途径中，电子最终经细胞色素氧化酶传递给氧，形成水，因此这条途径也称为细胞色素呼吸链。细胞色素呼吸链受一些电子传递抑制剂抑制，如安米妥（amytal）、鱼藤酮（rotenone）可阻断电子由 NADH 向 UQ 传递，丙二酸（malonate）阻断电子由琥珀酸传递到 FAD，抗霉素 A（antimycin A）可阻断电子在复合体Ⅲ的传递，一氧化碳、叠氮化物和氰化物阻止电子从 Cytc 传递给 O_2。这些特异的抑制剂被用来研究电子传递顺序及限速步骤。

（二）交替途径

在氰化物存在下，许多植物的呼吸不受抑制，所以把这种在氰化物存在下的呼吸作用称为抗氰呼吸（cyanide-resistant respiration）。研究表明，在进行抗氰呼吸的植物体中，存在着一条细胞色素呼吸链之外的电子传递途径，称为交替途径（alternative pathway）。

在交替途径中，电子可能从泛醌传递给一种黄素蛋白，然后经过交替途径的末端氧化酶——交替氧化酶（alternative oxidase）再传递给氧。这条途径被水杨基羟肟酸（salicylhydroxamic acid，SHAM）抑制。

$$NADH \longrightarrow FMN \longrightarrow Fe\text{-}S \longrightarrow UQ\cdots Cytb、Fe\text{-}S、Ctyc_1\cdots Ctyc\cdots Ctya、Ctya_3 \longrightarrow O_2$$
$$\longrightarrow Fp \longrightarrow 交替氧化$$

NADH 通过交替途径的氧化只经过线粒体膜上复合体 I，因此形成的 ATP 很少，即 P/O 值小，电子传递过程中释放的大部分能量以热的形式散发出来。研究表明，200 余种植物都不同程度的存在抗氰呼吸，如睡莲科（Nymphaeaceae）和天南星科（Araceae）花粉，豌豆、绿豆和玉米的种子，木薯（Manihot esculenta）和胡萝卜的块根。其他如原生动物、酵母也有抗氰呼吸。抗氰呼吸的强弱与植物种类、发育条件及外界条件有关。

抗氰呼吸主要的生理意义有如下几个。①促进开花和传份。抗氰呼吸可以释放大量热量，温度升高，有助于某些植物花序发育，增加胺类等物质挥发，吸引昆虫传份。②增强抗逆性。在逆境条件下交替途径活性提高。交替氧化酶在结构上比细胞呼吸链中的电子传递体简单，在逆境下可能更容易维持其功能。③平衡呼吸碳代谢和电子传递间的供求关系。当细胞中糖含量高，而糖酵解和三羧酸循环进行特别迅速时，交替氧化酶活性很高。可能是当细胞色素途径被电子饱和时，交替途径起了分流电子的作用，可以耗去过多碳的累积。

植物对细胞色素电子传递途径和交替电子途径是协调控制的。细胞色素途径受到抑制时，交替途径的活性会加强。当细胞色素途径恢复时，交替途径又会减弱。

二、氧化磷酸化

在线粒体中，电子经过电子传递链传递到氧，伴随 ATP 合酶催化，使 ADP 和磷酸合成 ATP 的过程，称为氧化磷酸化（oxidative phosphorylation）。

关于氧化磷酸化的机理，目前被人们普遍接受的是英国生物化学专家 P. Mitchell 在 1961 年提出的化学渗透假说（chemiosmotic hypothesis）。线粒体内膜上的呼吸链，在传递电子的同时，也把基质中的 H^+ 释放到膜间间隙。由于内膜不让泵出的 H^+ 自由返回基质，因此膜外侧 H^+ 高于膜内侧而形成跨膜 pH 梯度，同时也产生跨膜电位梯度，这两种梯度便建立起跨膜的质子电化学势梯度，于是使膜间间隙的 H^+ 通过并激活 ATP 合酶，驱动 ADP 和 Pi 结合形成 ATP。

氧化磷酸化所产生的 ATP 数目和电子传递所经过的电子载体有关，可以用 ADP : O（即每传递 2 个电子到氧所产生的 ATP 数目）来表示电子传递产生 ATP 的效率。根据实验测定，内（基质）NADH 的 ADP : O 为 2.4～2.7；琥珀酸和外 NADH 的 ADP : O 是 1.6～1.8；用抗坏血酸使电子从细胞色素 c 进入呼吸链，则得到 ADP : O 为 0.8～0.9。因此，一般认为电子传递链上有 3 个储能部位，即复合体 I、复合体 III 和复合体 IV。

氧化磷酸化是氧化（电子传递）和磷酸化的偶联反应，磷酸化作用所需能量由氧化作用供给，氧化作用所产生的能量通过磷酸化作用储存，两者相互联系和相互依赖，如果一方或两者之间的偶联受到破坏，就会阻碍氧化磷酸化作用。例如，解偶联剂 2,4- 二硝基苯酚不影响氧化（电子传递），但是抑制磷酸化，从而破坏偶联反应。

三、末端氧化酶

末端氧化酶（terminal oxidase）是把底物的电子传递给分子氧并形成水或过氧化氢酶。除前面提到的存在于线粒体膜上的细胞色素氧化酶和交替氧化酶外，还有在细胞质中的酚氧化酶、抗坏血酸氧化酶和黄素氧化酶等。细胞色素氧化酶是植物体内最主要的末端氧化酶，承担细胞内约 80% 的耗 O_2 量。线粒体外末端氧化酶的特点是催化某些特殊底物的氧化还原反应，一般不能产生可利用的能量。

（一）酚氧化酶

酚氧化酶（phenol oxidase）包括单酚氧化酶（monophenol oxidase）和多酚氧化酶（polyphenol oxidase）。酚氧化酶是一种含铜的酶，在植物体内普遍存在，催化酚类氧化为醌类。正常情况下，酚氧化酶与其底物酚是分隔开的。植物组织受伤、衰老或受病菌侵害，细胞结构有些解体时，酚氧化酶与底物酚接触，发生反应。苹果和马铃薯受伤后出现褐色、鸭梨黑心病等就是酚氧化酶作用的结果。醌类对微生物有毒害效应，可以防止植物感染，提高抗病力。制绿茶时把采下的茶叶立即焙烧杀青，破坏多酚氧化酶，以保持茶叶绿色。而在制红茶时，要揉捻使细胞破裂，通过多酚氧化酶的作用，将茶叶中的儿茶酚和单宁类物质氧化并聚合成红褐色物质，制成红茶。

（二）抗坏血酸氧化酶

抗坏血酸氧化酶（ascorbic acid oxidase）也是一种含铜酶，催化抗坏血酸氧化。抗坏血酸氧化酶在植物中普遍存在，以蔬菜和果实中较多。它与植物受精过程有密切关系。

（三）乙醇酸氧化酶体系

乙醇酸氧化酶（glycolate oxidase）体系是光呼吸的末端氧化途径，是一种黄素蛋白，存在于过氧化物酶体，催化乙醇酸氧化成乙醛酸，产生过氧化氢。

第四节　影响呼吸作用的因素

一、呼吸作用的生理指标

呼吸作用的指标包括呼吸速率和呼吸商。

1. 呼吸速率

呼吸速率（respiratory rate）又称呼吸强度，是最常用的生理指标。植物体的呼吸速率可用植物单位鲜重、干重或原生质（以含氮量）表示，或在一定时间内所放出的二氧化碳体积，或所吸收氧气的体积来表示。究竟采用哪种单位，要根据具体情况而定，要尽量表达出其客观真实变化。

2. 呼吸商

呼吸商（respiratory quotient, RQ）又称呼吸系数，是指植物组织在一定时间内，呼吸作用放出二氧化碳的摩尔数与吸收氧气的摩尔数的比值。它表示呼吸底物的性质和氧气供应的情况。当呼吸底物为糖类（如葡萄糖）而又完全氧化时，RQ＝1。如果底物是一些富含氢的物质，如脂类或蛋白质，RQ＜1。如果底物是一些比糖含氧多的物质，如有机酸，则RQ＞1。因此，可以根据呼吸商来了解某呼吸过程的底物性质。一般来说，植物呼吸通常先利用糖类，其他物质较后才被利用。

二、内部因素对呼吸作用的影响

不同种类植物的呼吸速率不同。一般来说，生长快的植物的呼吸速率大于生长慢的植物。例如，小麦的呼吸速率高于仙人掌，真菌的呼吸速率高于高等植物。

同一植物不同器官呼吸速率差异很大。越是生长旺盛的组织或器官，其呼吸速率越高。幼嫩器官（如根尖、茎尖、嫩叶等）呼吸速率比生长慢、年老的器官（如老根、茎、叶）快。生殖器官的呼吸速率高于营养器官，花的呼吸速率比叶快3～4倍。

同一器官不同生长时期，呼吸速率也有较大变化，幼叶呼吸快，成年后下降，衰老时又上升。果实发育过程中，嫩果呼吸速率最高，随后逐渐降低。一些果实（如苹果、芒果、香蕉）会出现呼吸速率突然升高的现象，称为呼吸跃变（climacteric）。这种现象与内源乙烯增加有关。

粮食作物种子的含水量与其储藏关系密切。如果含水量较高，呼吸强度增大，消耗大量有机物，严重时种子会发生霉变。因此种子入库前必须风干，降低水分至种子储藏安全含水量以下。安全含水量因种子不同而异，油料种子为8%～9%，淀粉种子为14%～15%。

三、外部因素对呼吸作用的影响

1. 温度

温度通过影响酶活性而对呼吸作用产生影响。呼吸作用的最低、最适和最高温度称为温度三基点，在最低点与最适点之间，呼吸速率总是随温度增加而加快。超过最适点，呼吸速率会随温度增加而下降。最适温度是能够持续维持高呼吸速率的温度。高温在短时间内可以提高呼吸速率，但持续时间不长。这是由于呼吸酶和细胞质都不耐高温。

一般来说，接近0℃时，植物的呼吸很慢；呼吸作用最适温度是25～35℃，最高温度是35～45℃。最低温度和最高温度的范围，与植物种类和生理状态有关。例如，冬季松针叶在−25℃仍可测出呼吸，但在夏季当温度降到−5～−4℃时，松针叶呼吸便会停止。

温度对呼吸的影响常用温度系数Q_{10}表示。温度每升高10℃而引起呼吸速率的增加，称为温度系数（temperature coefficient, Q_{10}）。大多数植物的Q_{10}为2.0～2.5。

Q_{10}＝（t＋10）℃时的呼吸速率 /t℃时的呼吸速率

2. 氧气

氧气供应状况直接影响呼吸速率与呼吸性质。氧浓度下降时，有氧呼吸降低，无氧呼吸升高。长时间无氧呼吸会使植物受伤死亡，其原因是：无氧呼吸产生乙醇，引起蛋白质变性；无氧呼吸产生能量少，物质消耗多；没有丙酮酸氧化过程，许多中间产物不能合成。

3. 二氧化碳

二氧化碳是呼吸作用的最终产物，对呼吸作用影响很大。当外界环境中二氧化碳浓度增加时，呼吸速率变慢。当二氧化碳体积分数升高到10%以上时，呼吸作用明显被抑制。高温季节有机体呼吸旺盛，如果土壤通气不良，则会积累二氧化碳，进行中耕松土有助于促进土壤和大气的气体交换。

4. 机械损伤

机械损伤会明显加快组织的呼吸速率。其原因是：第一，正常情况下，末端氧化酶与底物是隔开的，机械损伤破坏了这种分隔，底物迅速被氧化；第二，机械损伤使某些细胞转变为分生组织状态，形成愈伤组织去修补伤口，这些生长旺盛细胞的呼吸速率远高于成熟组织。所以在采收、包装、运输、储藏水果蔬菜时，要注意防止机械损伤。

5. 光照

在光下或黑暗中植物都要呼吸，植物通过光合作用产生的同化物质有很大一部分会通过呼吸消耗掉。植物在光下的呼吸速率与其光合作用有关。直射光下叶的呼吸速率通常高于遮阴部分叶的呼吸速率。这可能是光下的叶可以提供更多糖用于呼吸。另外光照会引起温度升高，也有可能增加呼吸速率。

呼吸作用是代谢中心，应该设法提高，以促进生长发育。但是呼吸作用消耗有机物，对储藏来说，又需要设法降低呼吸速率。粮食和果蔬的储藏可以应用降低温度或降低氧浓度的原理。例如，苹果、柑橘、梨等果实在 $0\sim1℃$ 储藏几个月都不坏。番茄箱中抽去空气，补充氮气，降低氧气浓度，这样番茄可储藏 $1\sim3$ 个月。

本章主要内容和概念

植物细胞内能量来源于糖、脂类和蛋白质的氧化，这些有机化合物在生活细胞内氧化分解，产生二氧化碳和水并释放能量，形成 ATP，这个过程就是细胞呼吸。呼吸作用是所有生物的基本生理功能，呼吸作用的许多中间产物，在植物体各种主要物质转变中起着枢纽作用，所以呼吸作用是植物代谢的中心。呼吸作用不仅与植物种类、器官、生理状况等有关，也受到温度、氧气、二氧化碳等外界条件影响。本章主要包括呼吸作用的概念及意义，呼吸代谢途径，电子传递与氧化磷酸化，影响呼吸作用的因素等内容。

知识要点包括：

有氧呼吸与无氧呼吸，呼吸速率，呼吸商，呼吸代谢途径，糖酵解，三羧酸循环，戊糖磷酸途径，呼吸链概念和类型，电子传递，氧化磷酸化，ATP。

复习思考题

1. 糖酵解、三羧酸循环、戊糖磷酸途径和氧化磷酸化过程分别发生在细胞的哪些部位、这些过程相互之间有何联系？

2. 为什么说ATP是细胞内能量的"流通货币"？

3. 试述线粒体内膜复合体Ⅰ、复合体Ⅱ、复合体Ⅲ和复合体Ⅳ的结构和功能特点。

4. 什么是交替途径（抗氰呼吸）？其生理意义是什么？

5. 说明植物呼吸代谢的多样性及其意义？

6. 粮食种子储藏过程中应注意什么？说明其原理。

第十三章 植物的生长发育及其调控

植物生长是以细胞数目增多、细胞体积增大和伸长来完成的。植物发育是指植物体的构造和机能由简单到复杂的变化过程。植物生长和发育除受内部因素（如基因、激素、营养等）控制外，还受外界环境条件，如温度、水分和光照等的影响。

第一节 植物的生长物质

植物激素（plant hormone or phytohormone）是在植物体内合成、对植物生长发育有显著调节作用的微量化合物，它可以从植物体一个部位移动到另一个部位。植物激素对于植物体生长、细胞分化、器官发生、成熟和脱落等多方面具有调节作用，微量植物激素就可影响植物生长发育，它是植物体内必不可少的微量化合物。

与动物细胞一样，在植物细胞膜上具有特定的植物激素受体分子，它们能够识别不同种类的植物激素。植物激素信号常从细胞膜传到细胞核，最后引起基因表达或关闭。这个过程就是所谓的信号转导（signal transduction）（图13-1）。只要是能够接受外部环境信号的细胞，都能产生信号转导。在植物、动物、微生物中信号转导的许多方面都是相似的。植物遗传了微生物的信号转导途径，如一些植物激素受体分子就是从古老微生物受体进化而来。

由微生物和植物产生的300多种次生代谢物，对植物生长发育具有调节活性。传统的植物激素包括生长素（auxin）、细胞分裂素（cytokinins）、赤霉素（gibberellins）、脱落酸（abscisic acid）和乙烯（ethylene）五大类。近年来人们又把油菜素甾体类（brassinosteroids，BRs）化合物作为第六类。另外，茉莉酸类（jasmonates，Jas）和水杨酸（salicylic acid，SA）也在某些方面对植物生长表现出调节活性。这些植物激素在植物发育过程中起着不同的生理作用（表13-1）。

植物生长调节剂（plant growth regulater，PGR）是具有植物激素效应的化学合成物质。植物生长物质统指植物激素和植物生长调节剂。

一、生长素类

人们常在春天给苹果和梨树喷施某种液体，以防

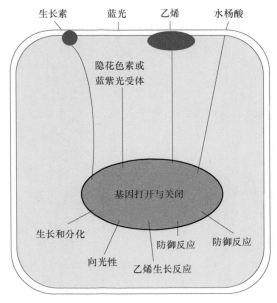

图 13-1　植物细胞信号转导

植物细胞对生长素、乙烯、水杨酸等激素信号的反应，或光经过光受体分子反应，直接或间接影响基因表达

止果实脱落，也常使用生根粉来促进植物插枝生根。这些液体或生根粉都含有植物激素生长素。生长素是最早发现的一类植物激素。1926年 F. W. Went 从植物中分离了这种活性物质并进行了检测。Went 的研究取得两个重要进展：①证明胚芽鞘顶端产生调节物质；②建立了提取和定量检测活性物质的方法，并把此物质命名为生长素（auxin）。由于 Went 使用萌发的燕麦做检测材料，因此称为燕麦胚芽鞘弯曲实验（avena curvature test）。1934年人们就从微生物和高等植物中

表13-1　植物激素分子结构及其作用

植物激素	化学结构	功能
生长素（IAA）		芽顶端优势；光指导间接生长反应；诱导维管组织发育；刺激次生分生组织活动；诱导插枝生根；抑制叶和果实脱落；刺激果实发育和乙烯合成
赤霉素（GA₃）		芽伸长时刺激细胞分裂和伸长；促进种子萌发和一些植物开花
细胞分裂素（zeatin）		促进芽和根分生组织细胞分裂；影响维管组织发育；延缓叶衰老；在组织培养时促进愈伤组织分化为芽
脱落酸（ABA）		促进养分由叶向种子运输；促进种子和芽休眠；有助于植物对水分胁迫的反应；调节叶表面气体交换
乙烯	$H_2C{=}CH_2$	促进果实成熟；加速叶和花衰老以及加速果实、叶脱落；影响细胞伸长和种子萌发；有助于植物对机械胁迫信号的接受反应
油菜素甾体类（BR）		刺激芽伸长；减缓热、冷、干旱、盐对植物的胁迫，以及除草剂对植物的伤害

分离出生长素吲哚乙酸（IAA）。IAA 普遍存在于细菌、真菌、藻类、蕨类和种子植物中。

生长素的生物合成主要在苗端幼嫩叶中进行，然后向下运输，并影响所经过的组织，说明生长素具有极性运输的特点，即从形态学上端向下端运输。生长素一般分布在生长旺盛的组织或器官，如顶端分生组织、幼叶、受精后的子房、幼嫩果实和种子等。

生长素能够诱导细胞分泌酸到细胞壁，造成细胞壁松弛，使细胞扩展，从而引起生长反应。如果把一株植物平放一段时间后，就会观察到植物地上部分向上弯曲，这就是由生长素引起的植物地上部分的背地性生长——向重力性（gravitropism）的一面（图 13-2A），生长素促进根向地性生长是向重力性的另一面。我们经常看到放在室内窗台上的植物会向光弯曲，即引起苗顶端向光性生长——向光性（phototropism）（图 13-2B）。生长素还能引起植物接触

图 13-2　生长素引起的植物间接反应

A. 向重力性：水平放置的马铃薯（左）20h 后（右）表现出的反应；B. 向光性：通过萝卜苗向光弯曲证明植物向光性；C. 向触性：黄瓜茎卷须缠绕周围邻近的草本植物

反应——向触性（thigmotropism），如茎卷须对支持物缠绕（图 13-2C），这些都是生长素引起植物的间接反应。

生长素能够诱导新维管组织的形成，当新维管组织发育成熟时，所形成的生长素运输途径将生长素运输到植物体下部。由顶芽产生的生长素能够抑制下部芽（腋芽）生长，即顶端优势（apical dominance）。如果去除植株顶芽，则腋芽生长发育成枝条，园艺工作者常通过去除顶芽使植株生长茂密。此外，生长素还能刺激木本植物次生分生组织的形成。

生长素促进细胞生长的作用机理首先在于生长素与质膜上的受体结合，结合后的信号一方面传至质膜上的 H^+ 泵 ATPase，使胞质中 H^+ 泵出细胞壁，细胞壁酸化，引起细胞壁疏松；另一方面，信号传至细胞核，使之合成 mRNA 和蛋白质；同时增加细胞吸水能力，促进细胞生长。

生长素被普遍用于植物组织培养。植物组织培养是指在无菌、人工控制条件下把植物器官、组织、细胞或离体胚放在一定培养基上进行生长、分化的一种培养方法。通常把被培养的离体植物细胞、组织或器官称为外植体（explant）。对外植体进行表面灭菌后（防止细菌生长），放入含有矿物质、维生素和糖的培养基上，如果生长素和细胞分裂素的比例大约是 10∶1，则植物细胞分裂形成大量疏松无差异的白色组织——愈伤组织（callus）。把愈伤组织转移到新的含有相同营养物质，但生长素比例较高（大于 10∶1）的培养基上，愈伤组织就会形成根。如果降低生长素和细胞分裂素比例，愈伤组织就会变绿并发育成苗（图 13-3）。由一个分离的愈伤组织可以繁殖出几百个相同的新个体，再利用激素处理诱导形成根或芽。

人工合成的生长素类主要有 2,4-D（2,4-二氯苯氧乙酸）、NAA（萘乙酸）、IBA（3-吲哚丁酸）等。2,4-D 通常作为除草剂去除杂草，它也是组织培养中常用的

生长素∶细胞分裂素　　　　生长素∶细胞分裂素　　　　生长素∶细胞分裂素
10∶1　　　　　　　　　　＞10∶1　　　　　　　　　　＜10∶1

图 13-3　图解显示激素在植物组织培养中的使用

植物激素。2,4-D 与 2,4,5-T（2,4,5-三氯苯氧乙酸）混合物作为脱落剂，被美国在越南战争中广泛喷洒，促使树叶脱落，以提高能见度。后来，人们发现 2,4,5-T 生产中会产生二噁英（dioxin），一种高度致癌物质。但二噁英并不是植物激素，也不是植物产生的，它是木材浆化的副产品。

二、赤霉素类

赤霉素（gibberellins，GA）是日本人 E. Kurosawa 1926 年从水稻恶苗病研究中发现的。Kurosawa 将灭菌的赤霉菌提取液用于水稻苗，引起水稻苗疯长，说明引起疯长的因子来自赤霉菌分泌物。随后人们陆续发现了多种赤霉素类。赤霉素类的命名与生长素不同，它是以其相似的化学结构来定义，而生长素类则是根据相似生物活性来定义。所有赤霉素分子都具有基本的赤霉素烷结构，是由 4 个异戊二烯单位组成的含有 20C 的双萜。由于双键、—OH 数目和位置不同，而形成各种 GA。C20-GA 因其第 19 位和第 20 位 C 原子发生缩合反应而形成 C19-GA。大约有 1/3 赤霉素是 C20-GA。赤霉素广泛分布于细菌、真菌、藻类及高等植物中。迄今，在植物和微生物中分离的 GA 有 120 余种，且每年都有新赤霉素种类被发现。

不同种类的赤霉素活性大小不同。GA_3（gibberellic acid）是含有 20C 的赤霉素，也是第一个被分离的赤霉素，具有较高的生物活性。GA_1 和 GA_{20} 都是 C19-GA，可能是活性最高的赤霉素类。通常 C19-GA 比 C20-GA 具有更高的生物活性。

一般认为，赤霉素的生物合成主要在发育的种子与果实、顶芽发育的幼叶与苗、根尖这三个部位进行。

赤霉素最重要的作用是通过刺激细胞分裂和伸长来促进茎伸长。赤霉素也能造成细胞壁松弛，使水进入细胞而发生膨胀，刺激细胞壁物质合成。

赤霉素促进细胞伸长的作用机理是 GA 与质膜上的受体结合，该信号使胞内 Ca^{2+} 与 CaM 结合，被激活的 CaM 作用于细胞核 DNA，使之形成 mRNA，mRNA 与细胞质中的核糖体结合，形成新蛋白质（酶），促进细胞伸长。

许多矮生植物之所以不能长高，就是由于与赤霉素合成的相关基因缺失。Potts 等（1982）和 Ingram 等（1983）发现长得较高的植物比矮生植物含有更多 GA_1。Lester 等（1997）证明，在豌豆中 le 基因调节茎的长度，该基因通过诱导某种酶的合成，该酶使羟基化 GA_{20} 转变为高活性 GA_1，从而使植物长高。如果缺乏该酶，则植物中只有少量或没有 GA_1，植株就矮小。如果用赤霉素喷洒各种矮生植物，它们就能生长到正常高度。

赤霉素除了影响茎伸长外，还控制种子萌发，包括胚乳的动员和休眠的解除，并能影响花的发端、性别分化和坐果。在种子萌发过程中，由胚产生的赤霉素，运输到胚乳周围组织，诱导水解酶产生，从而把淀粉和储藏蛋白分解为糖和氨基酸，用于种苗生长。因此，赤霉素就是由胚传送到种子营养组织的"自养信息"。啤酒生产中常使用大麦芽，就是利用赤霉素处理大麦种子，使其同时萌发，然后高温烘烤麦芽，造成麦芽死亡，同时糖被焦化，从而产生啤酒特有的风味。

三、细胞分裂素类

细胞分裂素（cytokinins，CTK）是腺嘌呤的衍生物，广泛存在于细菌、真菌、藻类和高等植物中。玉米素（zeatin）是一种天然细胞分裂素，最早发现在未成熟玉米胚乳中，随后人们在许多植物中发现了玉米素，一些细菌中也有玉米素存在。激动素（kinetin）是人们使用较多的细胞分裂素，但它并不是天然产生的植物激素，而是 DNA 降解产物。

细胞分裂素在植物根尖合成，通过木质部运输到分生组织、种子、幼叶和果实中，刺激这些组织器官的细胞分裂。细胞分裂素通过使细胞周期进入有丝分裂期而促进细胞分裂。外源细胞分裂素能够影响次生分生组织活性，影响茎下部不定根的产生。细胞分裂素还与植物根和有益微生物的协作有关，如植物与根瘤菌和其他豆科固氮微生物共生，植物与真菌之间共生菌根的形成等都与细胞分裂素有关。

细胞分裂素对植物生长发育的调节是在转录和翻译水平上进行的。

四、乙烯

人们最早注意到乙烯对植物的影响是在 19 世纪，当时人们发现煤气灯下的植物叶片会出现不正常脱落。乙烯（ethylene，ETH）是一种简单的 C—H 气体化合物。尽管在根和苗发育中乙烯有显著作用，但对植物正常生长来说，似乎并不需要乙烯。乙烯最主要的作用是加速果实成熟。在许多应用外源生长素的抑制反应中，都是由于生长素刺激了乙烯的释放而不是生长素自身的作用。

乙烯广泛存在于真菌、细菌及高等植物体中。根、茎、叶、果实、种子等植物器官都能产生乙烯，乙烯合成的速率随发育程度不同而改变。乙烯虽然能够在这些器官不同组织间移动，但通常分布在外部组织中。

乙烯不仅在果实成熟和叶片脱落过程中起重要作用，还影响着植物发育的许多方面，包括细胞分化、性别决定、花的衰老、防御反应以及机械胁迫反应等。乙烯的作用方式是促进 RNA 及蛋白质合成，改变膜透性。

在坚果类果实成熟时，乙烯引起细胞膜破裂和组织失水。在其他果实成熟过程中，乙烯通过提高糖含量，使果实甜度增加，细胞壁变软。过度成熟的香蕉或苹果释放出的乙烯，能够加速与其一起存放水果的成熟。因此，收获的苹果常要储存在乙烯浓度较低的环境中。

种子萌发过程中，萌发的种苗必须顶出土壤表面。

在这个过程中乙烯起了重要作用，乙烯会引起三重反应（triple response），抑制茎和根伸长、促进茎增粗、使茎更健壮。茎会呈弯钩状，形成一个保护的折叠形状，隐藏住向下的萌芽叶。

五、脱落酸

脱落酸（abscisic，ABA）是一种含有 15 个碳的倍半萜羧酸，因其能使叶和果实脱落，因此称为脱落酸，也称为脱落素。当植物处于恶劣环境下，脱落酸会降低或停止植物新陈代谢活动，提高其抗逆性。

在种子发育过程中诱导储藏蛋白的合成，以及水分胁迫时调节气孔关闭是脱落酸的两个最主要的作用。此外，脱落酸还能诱导休眠（dormancy）的启动，在不适宜生长环境下，被保护在组织里的芽和种子会停止生长。例如，在生长季节，多年生植物地上部会积累脱落酸，刺激形成保护组织，以保护顶端分生组织周围的芽，使它们能够在寒冷冬季存活。苹果和樱桃种皮也会积累脱落酸，以防止种子在不适宜温度和水分条件下萌发。当植物处于干旱、高盐和寒冷环境时，脱落酸对植物水分保存起重要作用。植物出现水分胁迫时，会诱导脱落酸的产生，促使气孔关闭，阻止叶面水分散失。

脱落酸通常在成熟绿色叶片中合成，并能迅速运输到植物其他部位，尤其是衰老组织。如果将标记的脱落酸应用于大豆叶片，15min 内就能在根部检测到。

六、其他天然植物生长物质

（一）油菜素甾体类

油菜素甾体类是一类聚合的羟基化类固醇。它的生物合成与赤霉素和脱落酸的生物合成途径有关。对油菜素甾体类的研究可追溯到 20 世纪 70 年代。当时，一个农业研究工作组在研究花粉中大量刺激生长物质时，发现花粉刺激豆类第二节间伸长的物质是它所含的脂类混合物。后来从油菜花粉中得到了这种有活性的提取物，这个活性物质就是油菜素（brassin）。这种提取物仅是赤霉素的粗提物，而不是一种新植物激素。1979 年，油菜素中的这种活性物质被定义为油菜素内酯（brassinosteroid，BR）。此后，陆续从 60 多种植物的花粉、种子、叶、茎、根和花组织中分离出 40 多种油菜素内酯类。

油菜素内酯是活性最高的一种油菜素甾体类，广泛存在于植物界。植物中油菜素内酯含量极低，225kg 油菜花粉仅能提取到 10mg 油菜素内酯结晶物。

多年来，油菜素内酯作为植物激素并不被人们普遍接受。因为，只有在外源油菜素内酯作用下，才能证明它的生理作用。在离体情况下，人们很难判断内源油菜素内酯的作用。在以油菜素内酯生物合成被阻断的番茄，以及发生了基因突变的豌豆为材料的实验中，外源油菜素内酯能够使这些表型发生变化的植物恢复正常。这说明油菜素内酯作为外源激素，在植物正常发育过程中有明显作用。油菜素内酯可以诱导一系列发育反应，包括茎增大速率，花粉管伸长，维管组织分化等。油菜素内酯还能保护作物抵抗高温、低温、盐胁迫、除草剂的伤害。

（二）多胺

多胺（polymaine，PA）一般是指至少含有 2 个以上氨基的多氨基化合物。事实上，多胺广泛存在于微生物、植物、动物等有机体细胞中。直到 20 世纪 70 年代，多胺才引起植物生理学家的注意。

在细胞内正常 pH 下，多胺呈多聚阳离子态，其分子上有多个带正电荷的基团，它们能与核酸结合，也能像某些蛋白质那样与质膜上的磷酸基团结合，从而影响生物大分子合成或活性，影响生物膜透性。多胺具有促进生长、抑制乙烯合成、延迟衰老、适应逆境等生理作用。

（三）茉莉酸和水杨酸

茉莉酸（jasmonic acid，JA）和水杨酸（salicylic acid，SA）能够调动植物对病毒、细菌、真菌感染的防御反应，是具有保护作用的激素。植物通过感受入侵者释放的化学物质而感受到外源微生物的存在，从而诱导防御激素茉莉酸、水杨酸的形成，激发一系列防御反应，产生次生物质和过氧化氢，如产生对微生物入侵者有毒性的丹宁类物质，过氧化氢则能够像某些酶那样分解微生物细胞壁。

茉莉酸与哺乳动物激素前列腺素结构相似，是脂肪酸衍生物。它是茉莉油的组成成分，有特殊香味，常用于香水生产。在防御功能上，这种激素能够抑制种子和花粉萌发，延缓根的生长，诱导果实成熟和颜色变化。

水杨酸是一种化学结构与阿斯匹林相似的物质。它不仅具有防御作用，还能延缓花卉衰老。如果将一片阿司匹林溶解在鲜切花瓶中，就能使切花持续较长时间。

第二节　植物的生长生理

受精卵或合子经过细胞分裂、生长，逐渐分化出不同组织和器官，最后长成一个高度复杂的有机体，该植物体经历的开花、结果，最后衰老、死亡的过程，称为植物的生命周期（life cycle），即植物体从发生到死亡所经历的全部过程。生长是指植物在体积和重量等形态指标上量的变化，是由细胞分裂、细胞伸长以及原生质体、细胞壁不可逆增加而引起。可以用细胞数目增加或离心管里细胞鲜重变化来衡量培养细胞生长情况。对于高等植物，鲜重作为衡量生长的指标有时并不准确。因为绝大多数植物组织虽然含有约80%的水分，但植物的水分组成高度可变，鲜重随植物水分状态而波动。通常使用较多的是植物干重。在某些时候干重作为生理指标也会出现错误。例如，黑暗中萌发的种子，虽然看到了种子萌发和种苗生长，但植物干重却在减少，因为在种子萌发过程中，储藏的碳通过呼吸作用转变为二氧化碳散失，而黑暗中又无法进行光合作用来补偿碳的损失，这时，干重就不能作为衡量生长的指标，此时用植物鲜重或苗长度作为衡量生长情况的指标更好。对于伸展中的叶片，可用长度或宽度作为衡量指标。

分化（differentiation）是从一种同质细胞类型转变成形态结构和功能与原来不相同的异质细胞类型的过程。植物分化是指植物细胞在结构、功能和生理生化方面发生的变化。植物细胞可以表现出高度分化或专门化，也可由已经分化的植物细胞、组织或器官在组织培养过程中恢复细胞分裂能力并形成与原有状态不同的细胞，这个过程称为脱分化（dedifferentiate）。组织培养中脱分化形成的具有细胞分裂能力的细胞群就是愈伤组织（callus）。由脱分化细胞再转变成具有一定结构、执行一定生理功能的细胞团和组织，构成一个完整植物体或器官的现象称为再分化（redifferentiation）。例如，通过刺激烟草髓或大豆子叶，使它们分裂、生长成未分化的愈伤组织，由愈伤组织再分化成完整新个体。这种分化的细胞能够再生新植物体的能力，证明了植物细胞具有全能性（totipotency），即植物体的每个活细胞都含有植物生长发育的全套基因，在适当条件下都具有发育成一个完整植株的能力。

发育（development）是指植物生长和分化的总和，是植物的组织、器官或整体，在形态结构和功能上的有序变化过程，是贯穿整个植物生活史的所有变化的总称。它包括种子萌发、生长、成熟、开花、新种子形成和衰老。最明显的发育变化就是器官或有机体的形成，如从营养阶段到开花阶段的转变，或从叶原基到完全伸展的叶。发育不仅是形态上的变化，在亚细胞水平和生化水平也有明显变化，如叶肉细胞中叶绿体的出现引起了光合酶的激活。总之，发育并不是基因信息的丢失，而是某些信息的选择使用，是基因的顺序表达，从而引起个别细胞反应和活动，以实现其独特发育。

生长、分化和发育之间关系密切，有时交叉或重叠在一起。例如，在茎分生组织转变为花原基的发育过程中，既有细胞分化，又有细胞生长，似乎这三者

没有明确界线，但根据它们的性质和表现可以区别：生长是量变，是基础；分化是局部的质变；发育则是器官或整体有序的一系列量变与质变。一般认为，发育包含了生长和分化。例如，花的发育，包括花原基分化和花器官各部分生长。

一、种子萌发

种子由胚珠发育而来，是可脱离母体的延存器官。严格地说，生命周期是从受精卵分裂形成胚开始的。但是，由于农业生产是从播种开始，人们习惯上还是以种子萌发作为个体发育的起点，将植物从种子萌发到形成新种子的整个过程称为植物的发育周期。

播种后种子能否迅速萌发，达到早苗、全苗和壮苗，关系到能否为作物丰产打下良好基础。种子萌发是指干种子从吸水到胚根（或胚芽）突破种皮期间所发生的一系列生理生化过程。种子萌发一般以胚根突破种皮作为标志，并大致分为三个阶段（图13-4），即吸水萌动、内部物质和能量转化及胚根突破种皮。种子萌发生理生化变化的实质是完成植物由异养到自养的转变。

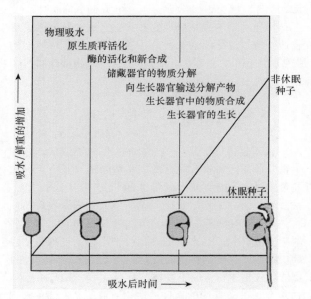

图 13-4　种子萌发的三个阶段和生理转变过程

人们常用种子生活力（seed viability）来评价种子好坏。从本质上讲，种子生活力就是种子的生活能力或活力，它直接通过种子发芽力而得到体现。种子活力（seed vigor）是指种子的健壮度。种子生活力和活力是决定种子正常萌发和形成健壮、整齐幼苗的内部因素。

二、种子的寿命

种子从发育成熟到丧失生活力所经历的时间，称为种子寿命（seed longevity）。种子寿命的长短与植物种类及环境条件或储藏条件有关。

自然条件下，根据种子寿命长短，可将种子分为正常性种子（orthodox seed）和顽拗性种子（recalcitrant seed）。正常性种子是指可耐脱水和低温、寿命一般较长的种子。大多数植物的种子属于此类。顽拗性种子是指不耐脱水和低温、寿命很短的种子，如可可、芒果等热带植物的种子。

三、种子萌发的生理变化和外界条件

（一）生理生化变化

1. 种子的吸水

根据萌发过程中种子吸水量的变化，把种子萌发分为三个阶段。阶段 I 为吸胀吸水阶段，即依赖原生质胶体吸胀作用的物理吸水。阶段 II 为吸水迟缓阶段，此时细胞内各种代谢开始旺盛进行。随着细胞水合程度增加，酶蛋白恢复活性，细胞中某些基因开始表达，转录成 mRNA；于是，"新生"的 mRNA 与原有"储备"mRNA 一起翻译与萌发有关的蛋白质。与此同时，酶促反应与呼吸作用增强。子叶或胚乳中的储藏物质开始分解，转变成简单的可溶性化合物，如淀粉被分解为葡萄糖。阶段 III 为生长吸水阶段（此时，胚根已突破种皮）。在储藏物质转化转运基础上，胚根、胚芽中的核酸、蛋白质等原生质组分合成旺盛，细胞吸水加强。胚细胞的生长与分裂引起了种子外观可见的萌动。当胚根突破种皮时，新生器官生长加快，表现为种子渗透吸水和鲜重持续增加。死种子由于没有生命活动，不能进行该过程。

2. 呼吸作用的变化

种子萌发时的呼吸作用与吸水过程相似，分为三个阶段。种子吸胀吸水阶段，呼吸作用也迅速增强，此时的呼吸由已存在于种子细胞中而在吸水后活化的酶催化。吸水停滞阶段呼吸也停滞，此时胚根尚未突破种皮，呼吸需氧受限，有些酶尚未大量合成。再次大量吸水阶段，呼吸作用又迅速增强。

3. 酶的活化与合成

种子萌发时酶的来源有两个，一是已经存在于种子中、吸水后被活化的酶，如 β- 淀粉酶等；二是种子吸水后新合成的酶，如 α- 淀粉酶等。其中有些酶合成所需的 mRNA 是在种子形成过程中就已产生，这种在种子形成过程中就已产生并保存在干种子中，编码种子萌发早期蛋白质的 mRNA，被称为长命 mRNA。

4. 储藏物质的动员

种子萌发是储藏在胚乳或子叶中的有机物被分解为小分子化合物，并被运输到胚根和胚芽中被利用的过程。这一过程包括淀粉、脂肪、蛋白质、植酸（肌醇六磷酸）的动员等。

（二）外界条件

1. 水分

水分是种子萌发的首要条件。风干种子虽然含有 5%～13% 的水分，但这些水分都属于被蛋白质等亲水胶体吸附住的束缚水，不能作为反应介质。干种子要正常萌发，首先要吸收足够水分，只有吸水后，种子细胞中的原生质胶体才能由凝胶转变为溶胶，使细胞器结构恢复，基因活化，转录萌发所需的 mRNA 并合成蛋白质。同时吸水能使种子呼吸上升，代谢活动加强，让储藏物质水解成可溶性物质供胚发育需要。另外，吸水后种皮膨胀软化，有利于种子内外气体交换，也有利于胚根、胚芽突破种皮继续生长。

2. 氧气

种子萌发时，由于呼吸作用旺盛，需要足够氧气。因为萌发期间种子内部有机物分解、合成与转变以及营养物质运输等都需要有氧呼吸提供能量。一般种子萌发所需氧气量应在 10% 以上，当氧浓度在 5% 以下时，很多作物种子不能萌发。

3. 温度

种子萌发期间的各种代谢都是在酶催化下完成的，而酶促反应与温度密切相关，因而种子萌发受温度影响，并有温度三基点。在最低温度时，种子虽能萌发，但所需时间长，发芽不整齐，易烂种；最适温度是在最短时间内萌发率最高的温度；高于最适温度，虽然萌发速率较快，但发芽率低。低于最低温度或高于最高温度时，种子就不能萌发。一般种子萌发所需温度的高低与植物原产地有关。人工变温处理不仅有利于种子萌发，而且有利于提高种子抗逆性。

4. 光照

少数植物种子的萌发需要光照，此类种子被称为需光种子，如莴苣、烟草、拟南芥等植物。也有少数植物种子萌发需要黑暗，此为需暗种子，如西瓜属植物。通常，绝大多数植物的种子萌发对光照没有要求，有光无光均可萌发。

四、植物细胞的生长和分化

任何器官的生长都反映在细胞分裂和细胞生长上。因此，要理解器官生长和发育，首先要了解细胞的生长。细胞生长是一个不可逆过程，任何细胞的大部分体积都是水，细胞要扩大体积就必须吸收水分。相反，如果一个细胞不能吸收水分，也就不再生长。

（一）细胞的生长

1. 细胞周期

具有分裂能力的植物细胞由母细胞分裂后形成的子细胞到下次分裂为新子细胞之间的过程，称为细胞周期（cell cycle）。一个完整的细胞周期包括分裂期（mitotic phase，M 期）和分裂间期（interphase）两个时期。事实上 M 期包含核分裂和胞质分裂两部分，它是细胞周期最短的时期。细胞周期的 90% 是分裂间期，在此时期细胞生长并进行染色体复制，为下一次细胞分裂作准备。分裂间期包括第一间隙期（first gap，G₁ phase）、合成期（synthesis，S phase）和第二间隙期（second gap，G_2 phase）。在整个分裂间期，细胞通过产生蛋白质和线粒体、内质网等细胞器进行生长，但染色体复制只在 S 期进行。因此，当一个细胞生长到染色体自我复制就由 G_1 期进入 S 期，当它完成细胞分裂的准备工作就进入了 G_2 期。

细胞周期有其自我控制系统，细胞周期的循环进行，实质上是分子水平上关键因子的开闭和协调。控制细胞周期的关键因子是细胞周期蛋白依赖性激酶（cyclin-dependent-kinases，CDK）。当不同的周期蛋白（cyclin）与不同 CDK 结合，就构成了不同 Cyclin-CDK，不同的 Cyclin-CDK 在细胞周期不同时期表现活性，从而影响不同的下游事件。把细胞周期控制系统比作一台自动洗衣机的自我控制（图 13-5）。就像人们对洗衣时间的设定，细胞周期控制系统根据自身内部时间按计划进行。细胞周期与洗衣程序一样，服从内部控制（传感器检测洗衣桶被装满水）和外部调整（机器开始运行），并被一定的内部和外部检查点（checkpoint）调节。这种细胞周期检查点通过停止或继续进行的信号来调节细胞周期。这些信号可以通过细胞转运途径传输。已经发现在 G_1、G_2 和 M 期各有一个细胞周期检查点。在许多细胞中，G_1 检查点似乎是最

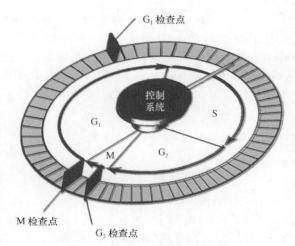

图 13-5　细胞周期控制系统及三个检查点

重要的（图 13-6），如果一个细胞在 G_1 检查点接受了继续进行的信号，这个细胞通常将完成 G_1、S、G_2 和 M 期，发生细胞分裂。如果细胞在这个检查点没有接收到前进信号，它就可能退出细胞周期，转换到一个不分裂状态，即 G_0 期（G_0 phase）。

2. 细胞伸长

细胞分裂后形成的子细胞除最靠近生长点顶部的一些细胞保留分裂能力外，大部分子细胞进入伸长生

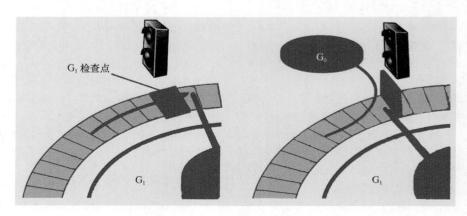

图 13-6　细胞周期 G_1 期检查点

长阶段。细胞的伸长与细胞壁扩大密切相关。植物细胞壁不仅能够维持细胞形状，还能稳定相邻细胞之间的结构。因此，植物细胞的伸长面临两个问题：既要维持细胞壁的强度和其结构的完整，又要保持足够弹性，以便为原生质体扩大提供空间。植物细胞初生壁是由随机排列的纤维素分子通过 β-1,4- 糖苷键联结成束状微纤丝，微纤丝分子间通过氢键连接，构成细胞壁的基本框架，交联多糖（cross-linking glycans）再把相邻微纤丝联结成半刚性网状结构（图 13-7）。这种特殊结构恰恰满足了上述两个方面的需要。双子叶植物和多数单子叶植物初生壁的交联多糖是木葡聚糖（xyloglucan，XyG），单子叶植物鸭趾草类的交联多糖则是侧链带有阿拉伯糖或阿拉伯葡糖醛酸的木葡聚糖

（glucuronoarabinoxylan，GAX）。

在植物细胞生长过程中，植物激素改变了细胞壁的 pH，使木葡聚糖与微纤丝脱离，微纤丝分子间氢键断裂，细胞壁网状结构被破坏，细胞壁弹性增大，从而使细胞伸长。

细胞伸长阶段的特征是细胞体积显著增加、细胞质及细胞壁物质增加和液泡出现等。

（二）细胞的分化

细胞分化是由分生组织细胞转变为形态结构和生理功能不同的细胞群的过程。细胞分化是植物基因在时间和空间上顺序表达的结果。

植物细胞可以通过内部调控机制控制细胞分化。

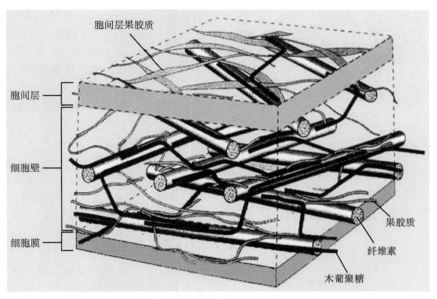

图 13-7　细胞壁模型显示纤维素微纤丝、交联木葡聚糖和果胶质在细胞壁上可能的
排列方式；未显示伸展蛋白和其他细胞壁蛋白

①通过极性控制分化。极性（polarity）是指器官、组织甚至细胞中在不同轴向上存在某种形态结构和生理生化上的梯度差异。植物的极性是植物分化中的一个基本现象，是分化产生的第一步。极性的存在使形态学上端分化出芽，下端分化出根。极性的产生受受精卵第一次不均等分裂和 IAA 在茎中极性传导两个因素影响。②通过基因调控分化，如开花基因的活化，可导致成花。

虽然植物基因表达的确切机制尚不十分清晰，但已知植物激素（如 CTK/IAA）、某些有机物（如蔗糖）和环境因素对植物基因表达具有调节作用。例如，丁香茎髓愈伤组织在低糖浓度（蔗糖<2.5%）时，有利于木质部形成；高糖浓度（>3.5%）时，有利于韧皮部形成；中等糖浓度（2.5%～3.5%）时，木质部、韧皮部都形成，且中间有形成层。植物激素影响器官的分化，IAA 促进愈伤组织分化出根，CTK 促进芽分化。IAA 与 GA 控制韧皮部与木质部的分化。

第三节　植物的生长

植物的生长是一个由代谢引起的，细胞数量、体积或重量不可逆的增加过程。植物生长在细胞水平、组织器官水平、整株植物生长上都表现出一定的规律性。

一、周期性

植株或器官生长随昼夜和季节等发生有规律变化的现象称为植物生长的周期性（growth periodicity），这是植物长期适应环境条件的结果。

（一）生长大周期

通常植物的生长量用生长积累数量或生长速率两种方法表示，生长速率有绝对生长速率（absolute growth rate，AGR），即单位时间内植物生长的绝对增加量；也有相对生长速率（relative growth rate，RGA），即单位时间内植物生长绝对增加量占原来生长量的相对比例。无论是细胞、组织、器官，还是个体乃至群体，在其整个生长进程中，植物生长速率均表现出相同规律，即初期

缓慢，以后加快，达到最高，之后又缓慢，以至停止。呈现出"慢–快–慢"的变化，通常把生长的这三个阶段统称为植物生长大周期（grand period of growth）。如果以植物（或器官）生长量对时间作图，可得到植物生长曲线。如果以生长积累表示生长量，生长大周期呈现典型的"S"形曲线（图 13-8）。

"S"形曲线分为 4 个时期：停滞期（lag phase），处于细胞分裂和原生质积累时期，生长较慢；指数期（logarithmic growth phase），细胞体积随时间呈对数增大，细胞内的 RNA、蛋白质等原生质和细胞壁成分合成旺盛，细胞越多生长越快；线性期（linear growth phase），生长继续以恒定速率（通常是最高速率）增加；衰减期（senescence phase），生长速率下降，细胞成熟并开始衰老。对个体和群体而言，初期生长缓慢，是因为处于苗期，光合能力低，干物质积累少；以后随叶绿体增加，光合能力提高，干重急剧增加，生长迅速；生育后期，由于植株衰老，光合能力下降，干

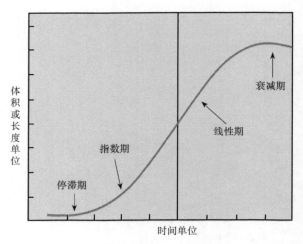

图 13-8　植物的"S"形生长曲线

物质积累减慢，最后不再增加甚至因呼吸消耗而减少。

（二）植物生长的昼夜周期性

植物的生长随昼夜交替变化而呈现有规律的周期性变化，称为植物生长的昼夜周期性（daily periodicity）。影响植物昼夜生长的因素有温度、湿度、光照以及植株体内水分与营养等因素，以温度的影响最为明显。例如，越冬植物，白天生长量通常大于夜间，因为此时限制生长的主要因素是温度。在温度高、光照强、湿度低的日子里，影响生长的主要因素是植株含水量，此时在日生长曲线中可能会出现两个生长峰，一个在午前，另一个在傍晚。如果白天蒸腾失水强烈造成植株体内水分亏缺，而夜间温度又较高，日生长峰会出现在夜间。

植物生长的昼夜周期性变化反映了植物在长期系统发育中形成的对环境的适应性。例如，番茄虽然是喜温作物，但系统发育是在变温下进行的。在白天温度较高（23～26℃）、夜间温度较低（8～15℃）时生长最好，果实产量最高。若将番茄放在白天与夜间都是 26.5℃的人工气候箱或改变昼夜时间节奏（如连续光照或光暗各 6h 交替），植株不仅生长不好，而且产量也低。如果夜温高于日温，生长明显受到抑制。水稻在昼夜温差大的地方栽种，不仅植株健壮，而且籽粒充实，米质也好，这是因为白天气温高，光照强，有利于光合作用及光合产物的转化与运输；夜间气温低，呼吸消耗下降，有利于糖分积累。

（三）生长的季节周期性

植物在一年中的生长会随季节变化而呈现一定的周期性，即生长的季节周期性（seasonal periodicity of growth）。这种生长的季节周期性与温度、光照、水分等因素季节性变化相适应。春天，日照延长，气温回升，为植物芽或种子萌发提供了最基本条件；到了夏天，光照延长，温度升高，夏熟作物开始成熟，其他

作物进一步旺盛生长，并开始孕育生殖器官；秋天来临，日照缩短，气温下降，叶片接受到短日照信号后，将有机物运向生殖器官，或储藏在根和芽等器官中，同时，体内糖分与脂肪等物质含量提高，组织含水量下降，原生质趋向凝胶状态，生长素、赤霉素、细胞分裂素等促进植物生长的激素由游离态转变为束缚态，而脱落酸等抑制生长的激素含量增加，因此植物体内代谢活动降低，最终导致落叶。一年生植物完成生殖生长后，种子成熟进入休眠，营养体死亡。而多年生植物，如落叶木本植物，其芽进入休眠。一年生植物生长量的周期变化呈"S"形曲线，这也是植物生长季节周期性变化的表现。

二、植物生长的相关性

植物体是由各种器官构成的复杂有机体，在整个生长发育过程中，植物的各个部分既有精细分工又有密切联系，既相互协调又相互制约，形成统一有机整体。植物各部分之间的相互协调与相互制约现象称为相关性。

（一）主茎生长与侧枝生长的相关性

通常植物的顶芽与侧芽、主根与侧根之间，由于它们发育时间和所处部位不同，在生长势上有明显差异。一般顶芽生长较快，侧芽较慢，甚至潜伏不长。当去除顶芽后，侧芽才加速生长或萌发。这种主茎顶芽抑制侧枝侧芽生长的现象称为顶端优势（apical dominance）。

顶端优势的强弱因植物种类而不同，有些植物具有明显的顶端优势。例如，松、杉、柏等针叶树，上部侧枝受抑制明显，生长极慢，下部侧枝生长较快，因此呈宝塔形树冠。

关于顶端优势产生的原因有多种解释，但都与生长素对侧芽的抑制有关。

（二）地上部分与地下部分的相关性

植物地下部分与地上部分相互支持、相互依赖。地上部分为地下部分提供生长所需的光合产物、维生素和生长素等。地下部分为地上部分提供所需水、矿质营养、细胞分裂素、部分氨基酸和生物碱。在水分和养料供应不足时，植物地上与地下部分由于竞争而相互制约。

外界条件的变化，也会影响地上部分和地下部分生长的平衡。地上部分和地下部分相关性常用根冠比（R/T）来衡量。根冠比是指地下部分与地上部分干（鲜）重之比。它是一个相对值，并随植物年龄和外界环境条件而变化。土壤缺水时，地上部由于缺水而生长受阻，地下部水分供应好于地上部，光合产物相对较多地输入地下部分，根冠比增加；土壤水分过多，促进地上部生长，消耗大量光合产物，减少了光合产

物向根系输入，削弱根系生长，根冠比下降。"旱长根、水长苗"就是这个道理。在相对低温下，不利于地上部生长，根冠比增加；高光照下，叶片光合能力增强，增加了光合产物向根的输入，根冠比增加。人工剪枝，一方面相对减少了光合产物向根的运输，另一方面相对增加了肥水向枝叶的供应，促进地上部生长，使根冠比变小。

（三）营养生长与生殖生长的相关性

植物生命周期中总是先进行营养器官生长，然后才开花结实。只有健壮的营养体，才能结出丰硕果实。生殖器官生长所需养料，大部分由营养器官供应，营养器官生长不好，生殖器官也会发育不良。在水分和氮肥缺乏情况下，由于营养体提前衰老，从而使生殖体不正常地早熟，致使果实少而小。但营养生长与生殖生长之间也存在矛盾。首先，营养生长能制约生殖生长，如果营养器官生长过旺，也会影响生殖器官的形成和发育，如水稻、小麦生长前期肥水过多，茎、叶徒长，就会延迟穗分化过程，后期肥水过多，会造成贪青晚熟，影响粒重。棉花、果树等也因枝叶徒长，营养器官耗去过多养料而阻碍花芽形成，往往不能正常开花结实，或者严重落花落果。反之，生殖器官的形成与生长也会对营养器官生长产生抑制作用，并加速营养器官衰老和死亡。因为花果的形成与发育要消耗大量营养，使根系发育首先受到限制，致使吸收水肥减少，进而枝叶生长量下降，削弱了整个营养器官的生长过程。特别是在果树栽培上，由于管理粗放，

造成果树出现"大小年"现象。其原因在于养分失调和赤霉素变化的影响。当年结果太多，养分消耗过大，降低花芽分化率，来年结果必然减少。

三、光和温度对植物生长的影响

（一）光对生长的影响

光在植物生长发育中的一个重要作用是为光合作用提供辐射能，而另一个重要作用是作为环境信号调节整个生命周期的许多生理过程。光对形态建成有重要作用。例如，暗中生长的豌豆黄化幼苗，每昼夜只要照光5~10min，即使光源很弱，也足以使黄化苗转化成正常苗。

由光控制的植物生长、发育、分化过程称为光形态建成（photomorphogenesis）。植物的很多发育过程由光调控，包括种子萌发、子叶张开、弯钩伸直、叶分化和扩大、节间延长、小叶运动、花青素形成、性别表现、花芽分化、向光性、器官衰老、脱落和休眠、节律现象等。

1. 光敏色素

太阳光中红光、远红光、蓝光和紫外光对植物形态建成有重要调节作用。光要引起一定的生理作用，首先要被吸收，光形态建成中的光受体称为光敏受体（photorecepter）。光敏受体包括光敏色素（phytochrome，Phy），蓝光-紫外光-A受体也称隐花色素（blue/UV-A receptor or cryptochrome）和蓝光-紫外光-B受体（UV-B receptor）。

光调节作用的主要作用方式：

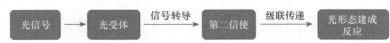

光形态建成是低能反应，光只作为信号，激发光受体，启动细胞内一系列反应。

光形态建成主要受光敏色素控制，红光可使黄化苗转为正常苗，促进子叶伸长，抑制茎过度伸长，阻止黄化。远红光能逆转红光的效应。这种现象和光敏色素受体系统光平衡的两种状态有关，光敏色素分子有两种不同存在方式，即红光吸收形式（red light-absorbing form of the pigment，Pr）和远红光吸收形式（far-red-absorbing form of the pigment，Pfr）。当Pr吸收红光后就转化为Pfr，Pfr是有生理活性的形式。当Pfr暴露在远红光下就转化回到Pr形式。

2. 蓝光反应

植物体内还存在由蓝光调节的光形态建成反应。一般将蓝光和紫外光A的受体称为隐花色素。蓝光抑制茎伸长生长，调节多种基因表达，还能刺激植物向光性反应和气孔运动。

研究表明，蓝紫光对植物抑制生长与提高IAA氧化酶活性、降低IAA水平有关。生产上利用浅色塑料薄膜育秧，因其可透过大量400~500nm波长的蓝紫光，使秧苗矮壮，并且由于吸收了大量600nm波长的橙光，可提高膜内温度，所以比无色塑料薄膜下生长的秧苗苗壮，分蘖较多，干重、鲜重也大。

（二）温度对生长的影响

温度对植物生长的影响是通过酶而影响各种代谢过程的综合效应。温度不仅影响水分与矿质吸收，而且影响物质合成、转化、运输与分配，进而影响细胞分裂与伸长。

通常维持植物生命活动比保持生长活动的温度范围大。把维持植物生命活动的最低温度和最高温度叫做生存最低温度和最高温度，两者合称为植物生存的极限温度。一般来说，生存的极限温度与植物种类及其生育期有关，凡原产于温带的植物，其生存最低温度较低，如苹果和梨可在我国东北地区栽培。但原产热带或亚热带的植物，其生存最高温度较高，如香蕉、菠萝。不同器官的生存温度也有差异，营养器官生存的极限温度变化幅度较大，而生殖器官较小，因而花、果实比根、茎、叶更容易受冻害。

植物生长的最低、最适和最高温度称为生长温度三基点。最适温度是植物生长最快的温度，但并不是使植物健壮生长的温度。通常把植物健壮生长、比最适温度略低的温度叫做生长协调最适温度。生长温度三基点一方面与植物原产地有关，另一方面随植物器官和生育期不同而有差异。自然条件下，温度有日温较高、夜温较低的周期性变化，植物对这种温度昼夜周期性变化的反应，称为生长的温周期现象（thermoperiodicity of growth）。这种昼夜温度变化有利于植物的生长。白天温度较高使光合速率提高，合成更多有机物，夜间温度低使呼吸降低，有机物消耗少，有利于物质积累，促进生长。

第四节　植物的运动

高等植物虽然不能像动物或低等植物那样整体移动，但植物体的某些器官在空间可产生有限的位置移动，把植物体器官在一定空间范围内发生有限度位置移动称为植物运动（plant movement）。高等植物的运动分为向性运动（tropic movement）和感性运动（nastic movement）。前者是指外界对植物单方向刺激所引起的定向生长运动，植物运动的方向与引起运动的外界刺激方向有关。后者指外界不定向刺激或内部时间机制引起的运动。根据引起运动的原因分为生长性运动和膨胀性运动，生长性运动是由于生长不均匀而造成的，而膨胀性运动是由于细胞膨压改变造成的。植物的运动大多属于生长性运动。

一、向性运动

向性运动一般具有积极的生物学意义，包括向光性、向重力性、向水性和向化性运动。

（一）向光性运动

在向光性运动中，植物感受光的部位是茎尖、芽鞘尖端、根尖、某些叶片或生长着的茎。引起向光性运动的有效光为波长较短的蓝紫光。向光性运动与光强度有关。

向光性运动可能的机制是光受体吸收光后，引起植物器官或组织不均匀生长。这种不均匀生长可能是由于器官或组织内生长素或抑制物质（如萝卜中的萝卜宁 raphanusanin、萝卜酰胺 raphanusamide 等）分布不均匀所造成。最新研究表明，在植物中存在光受体，这可能是向光性运动的内在分子机制。

（二）向重力性运动

植物依重力方向而产生的运动为向重力性运动。根据运动方向与重力方向的关系将其分为正向重力性、负向重力性和横向重力性运动。例如，茎的背地性生长就是负向重力性运动，根向地性生长就是正向重力性运动。近年来，国际上逐渐倾向于用向重力性定点角（gravitropic setpoint angle，GSA）来描述植物向重力性及向重力性运动。

植物向重力性运动可能的机制是植物器官中的淀粉体（amyloplast）可能起"平衡石"作用，当器官位置改变时，淀粉体将沿重力方向"沉降"至与重力垂直的细胞一侧，进而作为一种刺激引起植物器官或组织不均匀生长。不均匀生长也可能是由于器官或组织内生长素分布不均匀所引起，且与生长素浓度有关。近年来研究认为，Ca^{2+}、ABA 等物质在向重力性运动中起着重要作用。

（三）向水性和向化性运动

向水性运动是指植物器官特别是根趋向潮湿方向生长的运动。向化性运动是植物器官受环境中化学物质所吸引而产生的运动。植物的向化性运动对作物栽培中的施肥有借鉴意义。

二、感性运动

感性运动是没有一定方向性的外界刺激（如光暗变化、触摸、震动）所引起的植物运动。根据外界刺激的种类，可包括感震性运动、感夜性运动、感热性运动等。

植物感受外界震动而产生的运动称为感震性运动。它是膨胀性运动，也是可逆运动。例如，含羞草小叶和复叶的运动，其运动机理是含羞草小叶和复叶叶柄基部具有叶褥（特殊细胞群），小叶叶褥上半部细胞胞间隙较大，壁较薄，而下部细胞排列紧密，壁较厚。复叶叶褥上下部细胞状况与小叶叶褥的正好相反。当小叶和复叶受到震动刺激后，间隙较大、壁较薄的细胞透性增大，水分外流到胞间隙，细胞膨压下降，该处组织疲软，而胞壁较厚的细胞仍保持紧张状态，从而导致小叶合拢，复叶下垂。含羞草感震运动的反应速度很快，刺激后 0.1s 就开始，若干秒即可完成。刺激信号的传递速度可达 40～50cm/s。目前普遍认为，含羞草感受震动刺激后会产生出动作电位。

三、近似昼夜节奏——生理钟

生理钟（physiological clock），也称生物钟（biological clock），是植物某些生理活动以某种内源性节奏自由进行而不受环境条件干扰的周期变化现象。由于这种内源性节奏的周期接近 24h，因此又称为近似昼夜节奏（circadian rhythm）。植物的某种运动若具有该节奏特点，即为生理钟运动。许多豆科植物叶片白天张开，夜晚关闭，如菜豆叶片的运动即属于生理钟运动。其他一些生理现象，如气孔开闭、蒸腾速率变化、膜透性变化、细胞周期等也具有生理钟特点。

本章主要内容和概念

植物生长是以细胞数目增多、细胞体积增大和伸长来完成的。植物发育是指植物体的构造和机能由简单到复杂的变化过程。植物生长和发育除受内部因素（如基因、激素、营养等）控制外，还受外界环境条件，如温度、水分和光照等的影响。本章主要包括植物激素对生长发育的调节，环境因子对植物生长发育的调节，植物的运动等内容。

知识要点包括：

植物激素的概念、基本特性及其主要生理作用，植物激素与生长调节剂，影响激素作用的因素，不同激素对细胞分裂、伸长及扩大的作用，生长素作用的酸生长学说和基因表达学说，顶端优势及其产生原因，乙烯作用的"三重反应"，乙烯对果实成熟的调节，植物生长的周期性，生物钟，植物生长的相关性，环境条件对植物生长的影响，向性运动与感性运动，向光性及其机制，向重力性及其机制，向水性与向化性。

复习思考题

1. 举例说明植物生长发育过程中各种激素间的相互作用。
2. 举例说明顶端优势的原理在生产实际中的应用。
3. 试述细胞发育三个时期的形态及生理特点。
4. 植物种子萌发发生了哪些生理生化变化？
5. 高山上的树木为什么比平地生长的矮小？
6. 植物产生向光性弯曲的原因是什么？
7. 简述外界条件对植物细胞分化的调节作用。
8. 植物生长的相关性表现在哪些方面？在农业生产上有何应用？
9. 简述植物运动的生物学意义。
10. 举例说明感夜运动及其机制。

第十四章 植物的生殖生理及其调控

第一节 外界条件对花诱导的影响

植物生长到一定生理年龄后，就会在外界条件刺激下，由营养生长转入生殖生长。不论是一年生、两年生或多年生植物都必须达到一定生理状态后，才能感受所需的外界条件而开花。植物具有能感受环境条件而诱导开花的这种生理状态被称为花熟状态。花熟状态是植物从营养生长转入生殖生长的标志。此时某些外界环境因素起主导作用——作为一种信号去触发细胞内某些成花诱导所必需的生理生化变化。这些外界条件主要是低温和日照长短。

一、幼年期

幼年期（juvenility）是植物生长的早期阶段，在此期间，任何处理都不能诱导开花，即植物必须达到一定生理年龄后才能开花。幼年期的长短因植物种类不同而有很大差异。例如，日本牵牛（*Pharbitis nil*）几乎没有幼年期，在种子萌发的第二天，子叶完全展开时就能感受昼夜长度而诱导成花，一般一年生植物的幼年期为几周或数月，而多年生木本植物的幼年期则要几年、几十年甚至更长时间。

（一）幼年期的特征

幼年期主要是适宜环境条件不能诱导开花。除此之外，它和成年期在形态结构和生理特征方面也有差异（表14-1）。生理方面，处于幼年期的植株生长快，呼吸强，核酸代谢和蛋白质合成快。其茎切段易发根，而成年期的茎切段则不易发根，这可能是由于幼年期的茎切段内含有较多 IAA 的缘故。

表14-1 常春藤的幼年期和成年期特征比较

特征	幼年期	成年期
叶形	三或五裂掌状叶	完整的卵圆形叶
叶序	互生叶序	旋生（spiral）叶序
花色素苷	嫩叶及茎有花色素苷	没有花色素苷
毛	茎被短柔毛	茎无毛
生长习性	攀缘及斜向生长	直生

续表

特征	幼年期	成年期
顶芽	枝条无限生长，无顶芽	枝条有限生长，具鳞叶的顶芽
气生根	有	无
发根能力	强	差
开花	不开花	开花

处于幼年期的植株随着生长会向成年期转变，而且其转变是从基部向顶部逐渐进行，所以植株不同部位其成熟度不同。例如，树木基部通常是幼年期，顶部是成年期，中间则为混合型或中间型。植株一旦进入成年期就非常稳定，除非通过有性生殖，重新进入幼年期，否则不易重新转入幼年期。例如，在常春藤扦插繁殖时，若从其茎基部取材，繁殖出的植株呈幼年期特征；若从茎顶部取材，繁殖出的植株则呈成年期特征；若从中部取材，繁殖出的植株呈中间型特征。

（二）提早成熟

由于处于幼年期的植株不能开花，因此对于果树生产而言，可根据需要，用加速或减慢生长的办法，使植物加快通过幼年期提早开花。对于一些长日照植物，可利用延长光照来加速生长缩短幼年期。例如，桦树在连续长日照下生长，可使不开花期由5~10年缩短到1年。另外，果树需要达到一定大小才能通过幼年期，即树的大小可决定幼年期的长短。例如，将大小不同的幼年期接穗，嫁接到同一砧木上，接穗直径最大的先开花。也可用减慢生长速率的方法缩短幼年期，如幼年苹果芽嫁接到成熟矮化砧木上，可提前开花。

GA 在幼年期向成年期转变中起作用。对于常春藤、甘薯、柑橘、李等植物，外施 GA 可延长幼年期；对于杉科、柏科和松科部分植物，外施 GA 反而缩短幼年期而提早开花。另外，靠近地面的根对维持幼年期也很重要，如果将常春藤幼年期的气生根（含较高浓度 GA）除去，则茎顶端 GA 含量下降，幼年期就向成年期转变。

二、低温和花诱导

有些植物的成花需要一定的低温阶段，如部分一年生冬性植物（冬小麦、冬黑麦等）和一些两年生植物（如白菜、芹菜、萝卜、胡萝卜、百合、甜菜、天仙子等）。一些植物在秋季播种，冬前经过一定的营养生长，然后渡过寒冷冬季，在第二年春季重新旺盛生长，并于春末夏初开花结实。如果将这些植物春播，则不能开花或延迟开花。早在1918年，加斯纳（Gassner）用冬黑麦进行试验时发现，冬黑麦在萌发期或苗期必须经历一个低温阶段才能开花，而春黑麦则不需要。1928年，李森科（Lysenko）将吸水萌动的冬小麦种子经低温处理后春播，发现其可在当年夏季抽穗开花，将这种处理方法称为春化，意指使冬小麦春麦化。这种低温诱导促使植物开花的作用称为春化作用（vernalization）。如果不经过低温处理，这些植物维持营养生长状态或延迟开花。我国北方农民应用春化处理创造了"闷麦法"，即将萌动的冬小麦种子闷在罐中，放在0～5℃低温下40～50d，就可用于春天补种冬小麦。

（一）植物通过春化的条件

1. 低温

低温是春化作用的主要条件。对大多数要求低温的植物而言，1～2℃是最有效的春化温度，只要有足够时间，在−3～10℃范围内对春化都有效。不同植物通过春化所需低温的时间长短不同，在一定期限内，春化效应随低温处理时间延长而增加。

在植物春化过程结束前，如遇较高生长温度，低温效果会被减弱甚至消除，这种现象称为去春化作用（devernalization）或解除春化。一般解除春化的温度为25～40℃，如冬小麦在30℃以上3～5d即可解除春化。通常植物经过低温春化时间越长，解除春化越困难。当春化过程结束后，春化效应很稳定，不会被高温所解除。

2. 水分

植物通过春化作用还需要适当含水量。如将已萌动的小麦种子失水干燥，当其含水量低于40%时，用低温处理种子也不能使其通过春化，即40%是小麦种子通过春化的临界含水量。

3. 氧气

充足的氧气也是植物通过春化作用所必需的条件。在缺氧条件下，即使满足了低温和水分要求，仍不能完成春化。据测定，在春化期间，细胞内某些酶活性提高，氧化还原作用加强，呼吸作用增强，表明氧气是植物完成春化的必要条件。不仅高温可以解除春化，缺氧也有解除春化的效果。

4. 营养

植物通过春化时还需足够的营养物质。将小麦种子的胚培养在富含蔗糖的培养基中，在低温下可以通过春化，但若培养基中缺乏蔗糖，即使其他条件具备，仍然不能完成春化。

此外，许多植物在感受低温后，还需经长日照诱导才能开花。例如，天仙子在较高温度下不能开花，经低温春化后放在短日照下也不能开花，只有经低温春化且处于长日照条件下植株才能抽薹开花。

（二）春化刺激的感受和传递

1. 感受低温的时期和部位

一般情况下，植物在种子萌发后到植物营养体生长的苗期都可感受低温而通过春化。但不同植物感受低温的时期略有不同。例如，冬小麦、冬黑麦等一年生冬性植物在种子吸胀萌动时和幼苗期可感受低温进行春化，其中以三叶期最有效。胡萝卜、甘蓝、芹菜等植物不能在种子萌发时进行春化，只有在幼苗长到一定大小时才能感受低温而通过春化。

植物幼苗感受低温的部位是茎尖生长点，如栽培于温室中的芹菜，只要对茎尖生长点进行低温处理，就能通过春化；若把芹菜栽培在低温条件下，而茎尖却给予25℃左右的温度，则植株不能通过春化。对于萌动的种子，其感受低温的部位是胚。某些植物的叶片感受低温的部位是在可进行细胞分裂的叶柄基部，如椴树叶柄基部在适当低温处理后，可培养再生出花茎，如将叶柄基部0.5cm切除，再生植株则不能形成花茎。由此可见，春化作用感受低温的部位是分生组织和某些能进行细胞分裂的部位。

2. 春化效应的传递

春化效应是否可以传递，观点不一。将菊花已春化植株和未春化植株的顶芽嫁接，未春化的植株不能开花，如将春化后的芽移植到未春化植株上，则这个芽长出的枝梢将开花。但是将未春化的萝卜植株顶芽嫁接到已春化的萝卜植株上，该顶芽长出的枝梢却不能开花。上述实验结果指出，植物完成了春化的感应状态只能随细胞分裂从一个细胞传递到另一个细胞，且传递时应有DNA的复制。

然而，将已春化的两年生植物天仙子枝条或一片叶子嫁接到未春化植株上，能诱导未被春化的植株开花。甚至将已春化的天仙子枝条嫁接到烟草或矮牵牛植株上，也使这两种植物都开了花。说明通过低温处理的植株可能产生了某种可以传递的开花刺激物质，称为春化素（vernalin），它可通过嫁接传递给未经春化的植株，而诱导其开花。但是，这种物质至今还未分离出来。

（三）春化作用的机制

植物在通过春化作用的过程中，虽然在形态上没有明显变化，但生理生化代谢有了深刻变化，包括呼吸代谢、核酸和蛋白质代谢，以及涉及有关基因的表达。

在春化处理前期，需要氧和糖的供应，此时氧化磷酸化作用的顺利进行对冬小麦春化过程有强烈影响，如用氧化磷酸化的解偶联剂2,4-二硝基酚（DNP）处理，不但抑制了氧化磷酸化，同时也抑制了春化过程。在春化过程中，冬性谷类作物细胞内的末端氧化酶系统发生了变化：前期以细胞色素氧化酶起主导作用，但随着低温处理时间延长，细胞色素氧化酶活性逐渐降低，而抗坏血酸氧化酶活性不断提高。这些酶活性的变化说明了在春化过程中呼吸代谢的复杂性。

在植物春化过程中，低温诱导的一个重要作用是促使幼芽内某些特定基因的表达。研究指出，在春化过程中，核酸（特别是RNA）含量增加，且有新的mRNA合成。经过60d春化处理的冬小麦幼苗中，主要合成大于20S的mRNA，而常温下萌发的冬小麦幼苗中主要合成9～20S的mRNA。提取春小麦和经春化处理的冬小麦幼芽中的mRNA，通过麦胚系统进行体外翻译，能得到几种多肽，而未经春化处理的冬小麦则不能翻译出这些多肽。可以认为，春化过程是一个基因启动、表达与调节的复杂过程，某些特定基因被诱导活化，促进了特异mRNA和新蛋白质的合成，进而导致一系列生理生化变化，促进花芽分化。

在经过了低温处理的冬小麦种子中游离氨基酸和可溶性蛋白质含量增加。电泳分析显示，经春化处理的冬小麦有新的蛋白质谱带出现，未经低温处理的冬小麦幼苗体内却没有这些蛋白质，表明这些蛋白质是由低温诱导产生的；将进行春化的冬小麦幼芽置于高温下进行去春化处理，播种后生长的植株不能抽穗开花，检测幼芽内的可溶性蛋白质组分，发现原来经低温诱导产生的新蛋白质消失了。例如，在冬小麦春化过程结束后，再经高温处理，则不影响植株抽穗开花，而且新蛋白质也没有消失。同样，在常温下萌发的春小麦幼苗体内就存在这些蛋白质，对春小麦进行低温处理后，这些蛋白质也无显著变化。这些结果都表明在低温诱导下产生的这些新蛋白质在小麦体内的存在是生长点可进行穗分化的前提条件之一。

由此可见，在春化过程中，前期为糖类氧化和能量代谢的旺盛时期，中期是核酸代谢的关键时期，中后期为蛋白质起主要作用的时期。各个时期在时间上有交叉，但先后顺序是明确的。

近来研究结果表明，GA与春化作用有关。许多需春化的植物，如两年生天仙子、白菜、甜菜和胡萝卜等不经低温处理就只长莲座状的叶丛，而不能抽薹（bolting）开花，但使用GA却可使这些植物不经低温处理就能开花（图14-1）；一些植物（如油菜、燕麦等）经低温处理后，体内GA含量较未处理的多；冬小麦的GA含量原来比春小麦低，但经低温处理后其体内的GA含量能增高到春小麦的水平；用GA生物合成抑制剂处理植株会对春化起抑制效应。GA主要是通

过信号转导，诱导了与开花有关的基因表达，从而促进了开花。

图14-1　低温和外施赤霉素对胡萝卜开花的效应

左：未经低温处理的对照；中：未经低温处理，每天施用10μg GA，共8周；右：低温处理8周

三、光周期和花诱导

地球上不同纬度地区的温度、雨量和昼夜长度等会随季节有规律变化。其中，昼夜长度的季节性变化很准确。自然界一昼夜间的光暗交替称为光周期（photoperiod）。生长在地球上不同地区的植物在长期适应和进化过程中表现出生长发育的周期性变化，植物对昼夜长度发生反应的现象称为光周期现象（photoperiodism）。植物的开花、休眠和落叶，以及鳞茎、块茎、球茎等地下储藏器官的形成都受昼夜长度的调节。

1920年美国园艺学家加纳和阿拉德观察到烟草一个变种在华盛顿地区夏季生长时，株高达3～5m时仍不开花，但在冬季转入温室栽培后，株高不足1m就可开花。通过试验发现，短日照是这种烟草开花的关键条件。大量实验证明，许多植物的开花与昼夜相对长度即光周期有关，这些植物必须经过一定时间适宜光周期后才能开花，否则就一直处于营养生长状态。光周期的发现，使人们认识到光不但为植物光合作用提供能量，还作为环境信号调节植物发育过程，尤其是对成花诱导起重要作用。

（一）植物的光周期反应类型

1. 长日植物

长日植物（long-day plant，LDP）是指在24h昼夜周期中，日照长度长于一定时数才能成花的植物。对这些植物延长光照可促进或提早开花，相反，如延

长黑暗则推迟开花或不能成花，如小麦、大麦、黑麦、油菜、菠菜、萝卜、白菜、甘蓝、芹菜、甜菜、胡萝卜、金光菊（*Rudbeckia laciniata*）、山茶（*Camellia japonica*）、桂花（*Osmanthus fragrans*）等属于长日植物。典型的长日植物天仙子必须满足一定天数的8.5～11.5h日照才能开花，如果日照长度短于8.5h就不能开花。

2. 短日植物

短日植物（short-day plant，SDP）是指在24h昼夜周期中，日照长度短于一定时数才能成花的植物。对这些植物适当延长黑暗或缩短光照可促进或提早开花，相反，若延长日照则推迟开花或不能成花，如水稻、玉米、大豆、高粱、苍耳（*Xanthium sibiricum*）、紫苏（*Perilla frutescens*）、草莓、烟草、菊花、秋海棠（*Begonia grandis*）、蜡梅（*Chimonanthus praecox*）、日本牵牛等属于短日植物，如菊花须满足少于10h日照才能开花。

3. 日中性植物

日中性植物（day-neutral plant，DNP）是指成花对日照长度不敏感，只要其他条件满足，在任何长度日照下均能开花的植物，如月季、黄瓜、茄子、番茄、辣椒、菜豆、君子兰、向日葵、蒲公英等。

4. 长-短日植物

长-短日植物（long-short day plant）是指开花要求有先长日后短日的双重日照条件的植物，如大叶落地生根（*Kalanchoe daigremontiana*）、芦荟、夜香树（*Cestrum nocturum*）等。

5. 短-长日植物

短-长日植物（short-long day plant）是指开花要求先短日后长日的双重日照条件的植物，如风铃草（*Campanula medium*）、鸭茅（*Dactylis glomerata*）、瓦松（*Orostachys fimbriatus*）、白三叶草等。

6. 中日照植物

中日照植物（intermediate-daylength plant）是指只有在中等长度日照条件下才能开花，而在较长或较短日照下均保持营养生长状态的植物，如甘蔗成花要求每天有11.5～12.5h日照。

7. 两极光周期植物

两极光周期植物（amphophotoperiodism plant）与中日照植物相反，这类植物在中等日照条件下保持营养生长状态，而在较长或较短日照下才开花，如狗尾草（*Setaria viridis*）等。

许多植物成花有明确的极限日照长度，即临界日长（critical daylength）。临界日长是指在光暗周期中，诱导短日植物开花所需的最长日照长度或诱导长日植物开花所需的最短日照长度。长日植物的开花，日长需要长于某一临界日长；短日植物则要求短于某一临界日长，这些植物称为绝对长日植物或绝对短日植物。但是，还有许多植物的开花对日照长度反应并不十分

严格，它们在不适宜光周期条件下，经过相当长时间，也能或多或少开花，这些植物称为相对长日植物或相对短日植物。需要明确的是，长日植物的临界日长不一定都长于短日植物；而短日植物的临界日长也不一定短于长日植物。例如，一种短日植物大豆的临界日长为14h，若日照长度不超过此临界值就能开花。一种长日植物冬小麦的临界日长为12h，当日照长度超过此临界值时才开花。将此两种植物都放在13h日照长度条件下，它们都开花。因此，重要的不是它们所受光照时数的绝对值，而是在于超过还是短于其临界日长。

（二）植物光周期诱导的特性

1. 光周期诱导

对光周期敏感的植物只有在经过适宜日照条件诱导后才能开花，但引起植物开花的适宜光周期处理并不需要一直持续到花芽分化。植物在达到一定生理年龄时，经过足够天数的适宜光周期处理，以后即使处于不适宜光周期下，仍能保持这种刺激的效果而开花，这叫做光周期诱导（photoperiodic induction）。

不同种类植物的光周期诱导时间不同，有些短日植物，如苍耳、日本牵牛、水稻、浮萍（*Lemna minor*）等只要1d短日照处理，以后即使在不适合光周期下，仍可进行花芽分化。其他短日植物，如大豆要2～3d，大麻要4d，红叶紫苏（*Perilla frutescens* var. *arguta*）和菊花要12d才能完成光周期诱导。毒麦、油菜、菠菜、白芥菜等长日植物也只需1d长日照处理，其他长日植物，如天仙子需2～3d，拟南芥要4d，一年生甜菜要13～15d，胡萝卜要15～20d。短于其诱导周期最低天数时，不能诱导植物开花，而增加光周期诱导天数可加速花原基发育，花的数量也增多。

2. 光周期刺激的感受和传导

实验证明，植物感受光周期刺激的部位是叶片。以短日植物菊花作为材料，将叶片置于短日照下而茎顶端给予长日照，可开花；叶片置于长日照下而茎顶端给予短日照，却不能开花（图14-2）。叶片对光周期的敏感性与叶片发育程度有关。幼小和衰老叶片敏感性差，叶片长至最大时敏感性最高，这时甚至叶片很小一部分处在适宜光周期下就可诱导开花。例如，苍耳或毒麦的叶片完全展开达最大面积时，仅对2cm²叶片进行短日照处理，即可导致开花。

植物感受光周期的部位是叶片，而形成花芽的部位在茎顶端，在光周期感受部位和发生成花反应部位之间隔着叶柄和一小段茎的距离。因此，由感受光周期的叶片产生的开花刺激物应该存在一个传导过程。苏联学者柴拉轩（Chailakhyan）用嫁接实验来证实这种推测：将5株苍耳互相嫁接在一起，如果给其中一株的一片叶适宜短日光周期诱导，即使其他植株都处在不适宜长日照条件下，所有植株都能开花（图14-3）。证明确实有刺激开花的物质通过嫁接

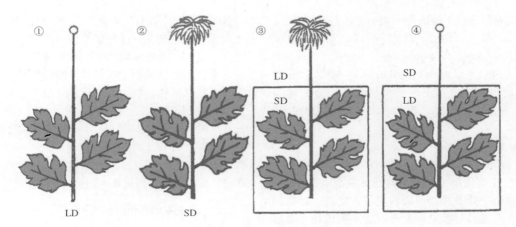

图 14-2 光周期刺激的感受部位

LD. 长日照；SD. 短日照

图 14-3 开花刺激物通过嫁接传递

（引自 Hopkins，1999）

在植株间传递并发挥作用。另外，不同光周期类型的植物嫁接后，在各自适宜光周期诱导下，都能相互影响而开花。例如，长日植物天仙子和短日植物烟草嫁接，无论长日照或短日照条件下两者都能开花。将长日植物大叶落地生根在适宜光周期诱导下产生的花序切去，把未经诱导的短日植物伽蓝菜（*Kalanchoe laciniata*）嫁接在大叶落地生根断茎上，置于长日照下，伽蓝菜可大量开花。但若作为砧木的大叶落地生根在嫁接前未经适宜光周期诱导，嫁接在其上的伽蓝菜仍保持营养生长状态。这些实验说明，长日植物和短日植物所产生的成花刺激物质可能具有相同性质。

利用环割或蒸汽处理叶柄或茎，可以干扰或阻止韧皮部的运输，从而延迟或抑制开花，这表明开花刺激物质传导的途径是韧皮部。

3. 暗期与光周期诱导

在自然条件下，昼夜总是在 24h 周期内交替出现。所以，有临界日长就会有相应临界暗期（critical dark period），即在昼夜周期中，短日植物能开花所需的最短暗期长度或长日植物能开花所需的最长暗期长度。那么，植物开花究竟是光期还是暗期起决定作用？许多试验表明，暗期有更重要的作用。例如，用短时间黑暗打断光期，并不影响光周期成花诱导，但如果用闪光中断暗期，则使短日植物不能开花，而处于营养生长状态，相反却诱导了长日植物开花。此外，在短日条件下，缩短黑暗可抑制短日植物开花，促进长日植物开花；在长日条件下延长黑暗，可诱导短日植物开花，抑制长日植物开花（图 14-4）。因此，在植物光周期诱导成花中，暗期长度是决定植物成花的决定因素，尤其是短日植物，要求超过一个临界值的连续黑暗。但光期过短也会影响花芽分化，可能因光照不足，影响了植物正常生长。短日植物对暗期中的光非常敏感，中断暗期的光不要求很强，低强度（日光的 10^{-5} 或月光的 3～10 倍）、短时间的光（闪光）即有效，说明这是不同于光合作用的高能反应，是一种涉及光信号诱导的低能反应。

光暗处理 开花反应

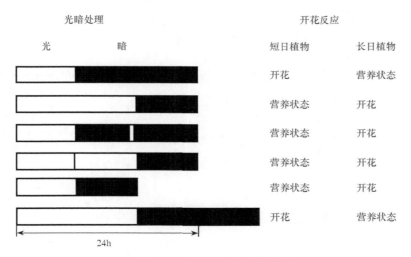

图 14-4 暗期间断对开花的影响

用不同波长的光间断暗期的试验表明，无论是抑制短日植物开花或诱导长日植物开花都是红光最有效。如果在红光照过之后立即再照远红光，红光中断暗期的效果会被抵消。说明在植物成花光周期诱导中也有光敏色素的参与。

（三）成花刺激物

通过嫁接实验已经证实，在适宜光周期诱导下，植物叶中形成了开花刺激物，可从一株植物传递到另一株植物。柴拉轩将这种物质称为成花素（florigen），并提出了有关成花素的假说：①感受光周期反应的器官是叶片，它经诱导后产生成花刺激物；②成花刺激物可向各方向运转，到达茎生长点后引起成花反应；③不同植物的开花刺激物具有相似性质；④植株在特定条件下产生的成花刺激物不是基础代谢过程中产生的一般物质。但是对成花素的分离与鉴定并未得到预期结果。

目前已经确定，GA 可促进 30 多种长日植物在非诱导短日照条件下开花，对某些冬性长日植物（如胡萝卜、甘蓝等）又可代替低温，不经过春化作用即可开花。这些植物经过适宜光周期诱导后，体内 GA 含量都会增加。进一步研究发现，GA_4 和 GA_7 能更有效促进高山勿忘草（Myosotis alpestris）和高雪轮（Silene armeria）等植物的成花，而 GA_3 却没有该作用。施用抗 GA 的 CCC 则抑制长日植物开花。

IAA 可抑制短日植物成花，但能促进一些长日植物，如天仙子、毒麦等的成花。另外，IAA 和乙烯都能有效诱导菠萝成花。

细胞分裂素能促进藜属、紫罗兰属、牵牛属和浮萍等短日植物成花，甚至还能促进长日植物拟南芥成花。不过紫罗兰属植物体内细胞分裂素含量的增加不是出现在光周期诱导过程中，而是在光周期诱导之后。

ABA 可代替短日照促使一些短日植物在长日照条件下开花。例如，将 ABA 溶液喷于黑醋栗（Ribes nigrum）、牵牛、草莓和藜属植物叶片上，可使它们在长日照下开花。但是 ABA 却使毒麦、菠菜等长日植物的成花受到抑制。

四、春化和光周期理论在农业上的应用

（一）人工春化处理

将已经吸水萌动的种子进行人为低温处理，使之完成春化的措施称为春化处理。经过春化处理的植物，花诱导过程加速，可以提前开花成熟。例如，我国农民创造的"闷麦法"，即可解决春天补种冬小麦的问题。春小麦经低温处理后，可提早成熟。在作物育种过程中，利用人工春化处理，可在一年内培育 3～4 代冬性作物，从而加速育种进程。

（二）指导引种

我国地域辽阔，北方纬度高、温度低，南方纬度低、温度高。若要在南北方之间进行相互引种，必须先了解被引品种对低温的要求，北方品种引到南方时，就有可能无法满足它对低温的要求，使其只进行营养生长而不开花结实，造成无法弥补的损失。

同一种植物，由于其地理起源不同，往往形成了对日照长短需求不同的品种，因此，在不同纬度地区之间引种时，还要考虑该品种开花对日照长短的要求。对于短日植物大豆，我国南方的品种一般需要较短日照，北方品种一般需要稍长日照。南方的大豆拿到北方去种，由于短日条件来临较迟，使其开花期推迟；相反，北方的大豆引至南方种植时，会使其开花期提前。因此，对日照要求严格的作物品种进行南北引种时，一定要根据其光周期特性，对引进地区的具体日照情况进行分析，并做引种试验。

（三）控制开花

利用人工控制光周期方法，可以控制植物开花时

间。例如，菊花为短日植物，在自然条件下秋季开花，经过人工遮光缩短光照时间的办法，可使其在夏季开花。如果延长光照或进行暗期间断，可推迟开花。对于杜鹃、山茶花等长日植物，人工延长光照或暗期间断，可使其提前开花。在杂交育种时，经常会遇到父母本花期不遇，通过人工控制光周期，可使父母本同时开花，便于进行杂交。

对以收获营养体为主的作物，可通过控制光周期而控制开花，提高产量。例如，甘蔗，用闪光间断暗期，可抑制其开花，增加营养体生物量。对于短日植物麻类，南种北引可推迟其开花，增加植株高度，提高纤维产量和品质。

对于冬性植物，也可利用解除春化的办法来控制开花。例如，当归为两年生药用植物，当年收获的块根质量差，不宜入药，需第二年栽培，但第二年又容易抽薹开花而影响块根品质。若在第一年将块根储藏在高温下使其解除春化，第二年栽培时抽薹率会大大减少，从而提高块根产量和药用品质。

第二节　花器官形成及其生理

植物在营养生长时期，茎顶端分生组织不断分化产生叶原基，只有经过适宜条件的成花诱导后，茎顶端分生组织才转变为花分生组织，产生花原基，并进一步分化形成不同的花器官。

一、花器官发育的 ABC 模型

近年来以拟南芥和金鱼草（*Antirrhinum majus*）突变体为材料，对有关花发育的同源异型基因的研究取得突破性进展。有时花的某一重要器官位置发生了被另一类器官替代的突变，如花瓣部位被雄蕊替代，这种遗传变异现象称花发育的同源异型突变（homeotic mutation）。控制同源异型化的基因称为同源异型基因（homeotic gene）。现已克隆了拟南芥和金鱼草花结构的多数同源异型基因，并对其进行了序列分析。这些基因控制花分生组织特异性、花序分生组织特异性和花器官特异性的建立。科恩（Coen）等提出了花形态建成遗传控制的"ABC模型"。认为典型的花器官从外到内依次为花萼、花瓣、雄蕊和心皮四轮基本结构。控制花结构的这些基因按功能分为 ABC 三大组：A 组基因控制第一、第二轮花器官的发育，其功能丧失会使第一轮萼片变成心皮，第二轮花瓣变成雄蕊；B 组基因控制第二、第三轮花器官的发育，其功能丧失会使第二轮花瓣变成萼片，第三轮雄蕊变成心皮；C 组基因控制第三、第四轮花器官的发育，其功能丧失会使第三轮雄蕊变成花瓣，第四轮心皮变成萼片。花的四轮结构花萼、花瓣、雄蕊和心皮分别由 A、AB、BC 和 C 组基因决定（图 14-5）。在拟南芥中已经发现了 5 种决定花器官特征的基因，即 AP1、AP2、AP3、PI 和 AG，其中 AP1 和 AP2 属 A 组基因，AP3 和 PI 属 B 组基因，AG 属 C 组基因。另外在金鱼草、矮牵牛和玉米中也发现了相似的同源异型基因。进一步的研究见第七章第三节相关内容。

二、花器官形成所需的条件

在植物成花过程中，花的诱导和花器官形成是两个紧密相连但不同的过程。当植株完成花诱导后，还需要适宜外界条件，才能完成全部成花过程而开花。例如，水稻在经过适宜光周期诱导后，在合适条件下，可以完成颖花分化和发育，但如果内外条件不适，也会在分化过程中停止，造成颖花退化而影响产量。

（一）营养状况

营养是花芽分化以及花器官形成与生长的物质基础，是决定花器官形成的主要条件，其中碳水化合物对花芽形成尤为重要，它是合成其他物质的碳源和能源。花器官形成需要大量蛋白质，氮素营养不足，花芽分化缓慢且花少，但是氮素过多，C/N 值失调，植株贪青徒长，花反而发育不好。例如，水稻颖花分化过程中由于发育先后和养分供应限制，使同一穗上不同颖花所获得的营养量有差异，处在上部枝梗与枝梗顶端的花发育早，优先获得较多营养物质，成为强势花而发育正常；处在下部枝梗的颖花因发育迟，成为容易生长不良的弱势花。

（二）内源激素对花芽分化的调控

花芽分化受内源激素的调控。IAA、CTK、ABA 和乙烯对果树花芽分化有促进作用；GA 可抑制多种果树的花芽分化，但能促进苍耳、菊花等短日植物的花芽分化。GA 可提高淀粉酶活性促进淀粉水解，而 ABA 对 GA 有拮抗作用，有利于淀粉积累；在夏季对果树新梢进行摘心，则 GA 和 IAA 减少，CTK 含量增加，这样能改变营养物质的分配，促进花芽分化。

总之，当植物体内淀粉、蛋白质等营养物质丰富，CTK 和 ABA 含量较高而 GA 含量低时，有利于花芽分化。在一定营养水平下，内源激素的平衡对成花起主导作用。但在营养缺乏时，花芽分化则受营养状况影响。体内营养状况与激素间的平衡相互影响而调节花芽的分化。

（三）外界因素

影响花器官形成的外界因素主要有光照、温度、

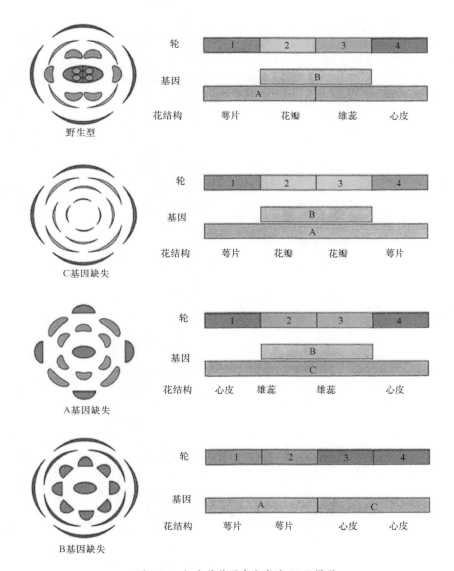

图 14-5　拟南芥花器官发育的 ABC 模型

水分和矿质营养等。①光对花器官形成的影响最大。在植物花芽分化开始后，光照时间越长，光照强度越大，有机物合成越多，越有利于成花。相反，如在花器官形成时多阴雨，则营养生长延长，花芽分化受阻。花器官中，雄蕊发育对光强较敏感。在小麦花药发育处于花粉母细胞形成前夕，遮光处理 72h，则花粉全部败育。在农业生产中，通过对果树整形修剪，棉花整枝打杈，可以避免枝叶相互遮阴，使各层叶片都得到较强光照，有利于花芽分化。②温度主要通过影响光合作用、呼吸作用和物质转化及运输等过程，间接影响花芽分化。在水稻减数分裂期，如遇 17℃ 以下低温，花粉母细胞不能正常分裂，绒毡层细胞肥大，不能向花粉粒供应充足养分，从而形成不育花粉。③不同植物的花芽分化对水分需求不同。稻、麦等作物的孕穗期，尤其是在花粉母细胞减数分裂期对缺水最敏感，此时水分不足会导致颖花退化。夏季适度干旱可

提高果树 C/N 值，有利于花芽分化。④矿质营养对花的形成也有重要作用。氮肥不足时，花芽分化缓慢且形成的花少，氮肥过多，容易造成贪青徒长，C/N 值下降，花芽分化受阻。另外，在适量氮肥条件下，如能配合施用磷肥、钾肥，并注意补充锰、钼等微量元素，则有利于花芽分化，花数增多。

三、植物性别的分化

植物在花芽分化过程中，会进行性别分化。大多数高等植物的花芽在同一花内分化出雌蕊和雄蕊，成为雌雄同花植物，如小麦、番茄、拟南芥等植物。有一些植物雌花、雄花分株着生，雄株只开雄花，雌株只开雌花，称为雌雄异株植物，如大麻、杨、柳、银杏等。还有一些植物在同一株中有两种花，一种是雄花，另一种是雌花，称为雌雄同株异花植物，如玉米、南瓜、黄瓜等。此外，经过长期人工选择，人们还得

到了一些特别品系，如在某些同株异花植物中有仅开雄花的雄性系，仅开雌花的雌性系，既开雄花又开两性花的雄花、两性花同株植物和既开雌花也开两性花的雌花、两性花同株植物。在大麻、菠菜等雌雄异株植物中，在雌株、雄株之间还有一些中间类型。其实，植物花器官发育初期都有两性器官原基，但在有些因素诱导下，使其中某一种性器官退化了，从而引起性别分化。

（一）雌雄花出现的规律性

雌雄同株异花植株中，雄花一般早于雌花出现。例如，西瓜、黄瓜、南瓜等植株下部节位多为雄花，雌花着生节位较高。玉米植株一般雄穗先抽出，然后在茎中部一定节位才出现雌花。在多年生树木中，雌花常着生在生理年龄较老的树冠上层枝条上，而雄花多着生在发育幼嫩的下层枝条上。这表明雌花是在植株要进入盛花期时才出现。

（二）雌雄个体的生理差异

在雌雄异株植物中，雌雄个体间在生理代谢方面有明显差异，如大麻、桑、番木瓜（Carica papaya）等植物雄株的呼吸速率高于雌株；一般植物雄株的过氧化氢酶活性比雌株高50%～70%；芦笋雌株的呼吸速率高于雄株；银杏、菠菜等植物雄株幼叶过氧化物酶同工酶的谱带数少于雌株；许多植物雌株的RNA、叶绿素、胡萝卜素和碳水化合物含量都高于雄株。另外，雌雄株内源激素含量也有明显差异，如大麻雌株叶片中的IAA含量较高，而雄株叶片中GA含量较高；玉米雌穗原基中IAA含量较高而GA较低，但在雄穗原基中则相反。因此，可以根据这些差异，早期鉴定雌雄异株植物的性别。

（三）影响植物性别分化的外界因素

植物性别分化主要由遗传因素决定，但光周期、温周期、营养条件、激素等外界因素也会影响植物的性别形成。

植物经过适宜光周期诱导后都能开花，但如果植物完成诱导后继续处于适宜光周期下，雌花数量会增多，若处于非适宜光周期下，则多开雄花。例如，短日植物玉米，光周期诱导完成后若继续处于短日照下，可在雄花序上形成雌花。菠菜是一种雌雄异株的长日植物，在光周期诱导后若给予短日照，在其雌株上也能形成雄花。

较低夜温与较大昼夜温差对许多植物雌花发育有利。例如，夜间较低温度对菠菜、大麻、葫芦等植物雌花的发育有利；但黄瓜相反，在夜温低时雌花减少；对于番木瓜，在低温下雌花占优势，在适温下两性花比例增加，高温时则以雄花为主。

在一些雌雄异株植物中，低的C/N值有利于雌花分化。土壤条件也会影响植物性别分化。通常土壤水分充足、氮肥较多时促进雌花分化，土壤干旱、氮肥较少时则雄花分化较多。

植物激素和一些生长调节剂具有控制性别分化的作用。IAA可以降低黄瓜第一朵雌花的着生节位，并增加雌花数目，而GA则正相反，主要促进雄花分化。三碘苯甲酸（抗生长素）和马来酰肼（生长抑制剂）可抑制雌花分化，而矮壮素（抗赤霉素）则能抑制雄花形成。CTK有利于雌花形成，可以使黄瓜雌花数量增加。乙烯促进雌花发育。在农业生产上采取熏烟来增加雌花数量，就是因为在烟中含乙烯和CO，CO的作用是抑制IAA氧化酶活性，保持较高水平的IAA而有利于雌花分化。机械损伤也能增加雌花数量，这是因为损伤使乙烯增加的缘故。

第三节　受精生理

植物开花后要经过授粉、花粉萌发、花粉管进入胚囊和配子融合等一系列过程才能完成受精作用（fertilization）。充分了解花粉、柱头和受精生理过程及特点，对指导农业生产，保证受精过程顺利进行，获得稳产高产具有重要意义。

一、花粉寿命和储存

成熟花粉自花药散发出来，其生活力能保持一定时间，即有一定寿命。不同种类植物花粉的寿命有差异。自然状态下，水稻花粉寿命只有5～10min，小麦15～30min，玉米1d，梨、苹果寿命较长，可维持70～210d。一般刚从花药中散发出来的成熟花粉活力最强，随时间延长花粉活力下降。高温、高湿、高氧条件下花粉易丧失活力。因为在高温、高湿、高氧条件下，花粉的代谢活动、储藏物质消耗、酶活性衰退、有害物质积累以及病菌感染等都加快，从而加速了花粉衰老和死亡。一般讲，干燥、低温、低氧分压有利于花粉储存。通常相对湿度在6%～40%（禾本科花粉要40%以上相对湿度），温度控制在1～5℃，降低氧分压或增加空气CO_2浓度，可降低花粉的呼吸，减少储藏物质消耗，从而延长花粉寿命。另外，光线对花粉储存不利，一般以遮阴或暗处储存较好。

二、柱头的生活能力

柱头是雌蕊承载接受花粉的地方。柱头的生活能力决定了其承载花粉能力持续时间的长短，也关系到花粉落到柱头上后能否萌发，花粉管能否生长，所以柱头生活力直接关系到受精的成败。柱头生活力持续时间长短因植物种类而异，如水稻一般能持续6～7d，以开花当天活力最强，以后逐渐下降。小麦柱头在麦穗从叶鞘中抽出2/3时就开始有承受花粉的能力，麦穗完全抽出后第3天结实率最高，到第6天下降，但可持续到第9天。因此，在作物杂交育种过程中，需要了解柱头生活能力开始具备的时间、活力最强时间和活力丧失时间，以便掌握最佳授粉时机，提高制种产量和质量。

三、外界条件对授粉的影响

（一）温度

温度会影响花药开裂，如水稻开花受精的最适温度为25～30℃，在15℃时花药不能开裂，导致颖花不能正常开花授粉。温度超过50℃时，花药容易干枯，柱头失活，无法授粉受精。

（二）湿度

植物开花时要维持一定湿度，否则会影响授粉的正常进行。空气相对湿度太低会影响花粉生活力和花丝生长，并使雌蕊花柱和柱头干枯而不能接受花粉。如果相对湿度很大或雨天开花，花粉会过度吸水而破裂。一般来说，70%～80%的相对湿度对水稻授粉较为合适。

（三）其他

影响植株营养代谢和生殖生长的因素，如土壤水肥条件、株间通风、透光等因能影响雌雄蕊发育而影响授粉。玉米生育期缺磷时会影响花柱伸长，容易使雌穗顶部小穗错过雄花的花时而不育，造成秃顶。另外，无风或大风都不利于风媒花植物授粉。虫媒花植物的授粉受昆虫数量影响。例如，杂交大豆制种时，不育系要靠一种称为花蓟马的昆虫授粉，如果花蓟马数量不足就会严重影响杂交大豆制种产量。

四、花粉和柱头的相互"识别"

花粉落到柱头上后能否萌发，花粉管能否生长并通过花柱组织进入胚囊受精，除要求适宜环境条件外，还取决于花粉与柱头的亲和性（compatibility）和识别反应。识别（recognition）是细胞分辨"自己"与"异己"的一种能力，是细胞表面在分子水平上进行的化学反应和信号传递。在自然条件下，任何一种植物开花时，都会有各种植物花粉落在柱头上，但大多数植物只能接受同一种植物的花粉，这说明柱头具有从不同花粉中识别自己花粉和异己花粉的能力。在高

等植物中，凡是杂交亲和的植物，花粉和柱头能相互识别；在杂交不亲和的植物中，花粉和柱头会相互排斥。花粉和柱头的相互识别取决于花粉和柱头上存在着的识别蛋白。花粉粒上的识别蛋白是外壁蛋白，是一种糖蛋白，而柱头识别蛋白是柱头乳突表面的亲水性蛋白质膜，具有黏性。当亲和花粉落到柱头上时，花粉就释放出外壁糖蛋白并扩散入柱头表面，与柱头表面蛋白质膜相互识别，认可后花粉便吸水萌发，花粉管尖端产生能溶解柱头乳突细胞壁角质层的角质酶（cutinase），使花粉管伸长并穿过柱头，沿花柱引导组织生长并进入胚囊受精。如果是不亲和的花粉则相互不能识别，花粉不能萌发或花粉管生长受阻，或花粉管发生破裂，或柱头乳突细胞产生胼胝质阻碍花粉管穿过柱头。

自然界中被子植物估计一半以上存在自交不亲和性（self incompatibility，SI），远缘杂交不亲和性更为普遍。遗传学上自交不亲和性是受一系列复等位S基因所控制，当雌雄双方具有相同S等位基因时就表现不亲和。S基因的表达产物为S-糖蛋白，S-糖蛋白具有核酸酶活性，故又称S-核酸酶（S-RNase），它能被不亲和花粉管吸收，并将花粉管内的RNA降解，从而抑制花粉管生长并导致花粉死亡。被子植物存在两种自交不亲和系统：一种称为配子体型不亲和（gamatophytic self incompatibility，GSI），因为导致SI的雄性决定因子产生于配子体，当配子的单倍体S基因与雌蕊的双倍体S基因中的任何一个相同，则产生不亲和反应。二细胞花粉（茄科、蔷薇科、百合科）及三细胞花粉中的禾本科属于这种类型。另一种为孢子体型不亲和（sporphyric self incompatibility，SSI），因为导致SI的雌雄决定因子分别产生于柱头和花粉粒绒毡层组织，它们都是二倍体组织，即孢子体。三细胞花粉的十字花科、菊科属于SSI。

两种不亲和性发生的部位不同：SSI发生于柱头表面，即S基因的产物S-糖蛋白在柱头乳突细胞中，表现为花粉管不能穿过柱头乳突细胞的角质层；GSI发生在花柱中，即S-糖蛋白在花柱中表达，表现为花粉管能生长进入花柱，但在花柱中生长被抑制。远缘杂交不亲和性常会表现出花粉管在花柱内生长缓慢，不能及时进入胚囊等症状。

远缘杂交（或自交）不亲和性是保障开花植物远系繁殖的机制之一，有利于物种的稳定、繁衍和进化。

五、花粉萌发和花粉管伸长

具有生活力的花粉粒落到柱头上后，如果是亲和的，花粉粒就会吸水。花粉中含有淀粉和脂类等储藏物，水势较低，于是便从柱头吸水，花粉粒内壁通过外壁上的萌发孔向外突出形成花粉管，这个过程称为花粉萌发（图14-6）。不同植物从传粉至长出花粉管所需时间差异较大，短的如水稻、高粱等，几乎是传粉

后立即萌发，而玉米大概需要 5min，甜菜需要 2h，棉花需要 1~4h。

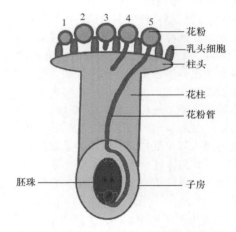

图 14-6 雌蕊的结构模式及其花粉萌发过程

1. 花粉落在柱头上；2. 吸水；3. 萌发；4. 侵入花柱细胞；5. 花粉管伸长至胚囊

花粉管形成后，穿过柱头乳突细胞的角质层而侵入柱头细胞间隙进入花柱引导组织。花粉管在生长过程中，除耗用花粉粒本身储藏物质外，还会分泌各种水解酶，使花柱组织溶解，从中吸收营养供花粉管生长和新壁合成，同时利于花粉管向胚囊方向生长。另外，花柱还存在一些特殊蛋白，如引导组织特异糖蛋白（transmitting tissue-specific glycoprotein，TTS）和雌蕊类伸展蛋白（pistil extension-like protein，PELP）均属糖蛋白，有刺激花粉管生长和引导花粉管向子房生长的功能。

花粉管的生长局限于顶端区。顶端区代谢十分旺盛，内含与壁形成密切相关的细胞器，如运送合成壁前体的高尔基体小泡及细胞骨架系统，而营养细胞内含物几乎全部集中于花粉管的亚顶端，如线粒体、内质网及高尔基体等。花粉管的基部则被胼胝质堵住，以免内含物倒流（图 14-7）。

花粉管之所以能向胚囊方向定向生长，是由于花粉管向化性运动引起的。花柱组织中存在着 Ca^{2+} 浓度

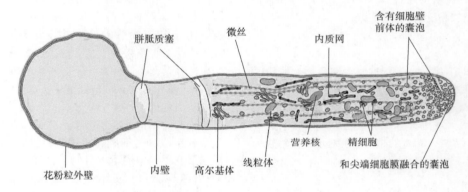

图 14-7 花粉管顶端区的结构示意图

梯度，即从柱头到子房珠孔位置 Ca^{2+} 浓度呈逐渐升高的趋势。花粉管在生长过程中，不断从花柱组织中吸收 Ca^{2+}。使生长的花粉管从顶端到基部存在着由高到低的 Ca^{2+} 浓度梯度。这种 Ca^{2+} 梯度的存在有利于控制高尔基体小泡的定向分泌、运转与融合，从而使合成花粉管壁和质膜的物质源源不断运到花粉管顶端，保持花粉管向 Ca^{2+} 浓度高的方向定向生长。若破坏这种 Ca^{2+} 梯度会导致花粉管生长异常或停滞。

另外，胚囊中的助细胞也与花粉管定向生长有关。例如，棉花的花粉管在雌蕊中生长时，花粉管中的信号物质，如赤霉素会引起一个助细胞先解体，并释放出大量 Ca^{2+}，造成花柱与珠孔间的 Ca^{2+} 梯度，花粉管会朝 Ca^{2+} 浓度高的方向生长，最后穿过珠孔，进入胚囊。

硼对花粉萌发和花粉管生长也有显著促进效应。在花粉培养基中加入硼和 Ca^{2+} 有助于花粉萌发。

花粉萌发和花粉管生长表现出集体效应，即在一定面积内，花粉数量越多，花粉萌发和花粉管生长越好。这可能是花粉本身带有激素和营养物质，或者高密度花粉互相作用，产生了促进花粉萌发和生长的物质。在人工培养花粉时，高密度花粉萌发和花粉管生长比低密度的好。生产上人工辅助授粉就是增加了柱头上的花粉密度，有利于花粉集体效应的发挥，提高了受精结实率。

六、受精前后雌蕊的代谢变化

授粉后，花粉在柱头上吸水萌发，花粉管在花柱和子房壁中生长，在此过程中，花粉管不断从花柱中摄取物质，同时还分泌一些物质到雌蕊中。因此，花粉与雌蕊间不断地进行着信息与物质的交换，并对雌蕊代谢甚至整个植株产生广泛影响。主要表现在如下几个方面。

1. 呼吸速率增强

由于花粉不断向花柱组织分泌各种酶类，同时雌蕊组织中的糖类和蛋白质代谢明显加强，因此受粉后雌蕊呼吸速率一般要比未受精时高得多。例如，棉花受精时雌蕊的呼吸速率增高 2 倍；百合花的呼吸速率

在授粉后出现两次高峰，一次在精细胞与卵细胞发生融合时，另一次是在胚乳游离核分裂旺盛期。

2. 生长素含量显著增加

授粉后雌蕊中的生长素含量大大增加。例如，烟草授粉后20h时，花柱中生长素含量增加3倍多，而且合成部位从花柱顶端向子房转移。这一方面是由于花粉本身的生长素携带至子房，但这部分的量很少，主要还是由于花粉中含有促进吲哚乙酸合成的酶系，在花粉管生长过程中被分泌到花柱和子房中，引起生长素大量合成。子房中生长素含量增加会促进合子与初生胚乳核分裂与生长，使这时的子房成为一个竞争力很强的库，吸引营养物质从营养器官向子房的运输，使子房迅速膨大生长。在生产上应用植物生长物质，如2,4-D、NAA、GA和CTK处理未受精子房，使养分向子房输送，可以产生无籽果实。我国北方冬季温室栽培番茄，因温度过高，常使花粉不育，造成严重落花。如果用2,4-D蘸花处理，就可促进坐果并形成无籽果实。

3. 有机物的转化和运输加快

由于呼吸速率增加，促进雌蕊组织内大分子物质的转化分解，同时雌蕊组织吸收水分和无机盐能力也增强，促进子房膨大生长。例如，兰科植物授粉后，合蕊柱吸水增加了1/3，N、P含量明显增多，而花被的N、P含量下降，蒸腾作用急剧增强，造成花被凋萎。又如，玉米授粉后，雌蕊中P含量约增加0.7倍。

受精不仅影响雌蕊代谢，而且影响到整个植株，这是因为受精是新一代生命的开始，随着新一代的发育，各种物质要从营养器官源源不断向子房输送，带动了根系对水分与矿质的吸收，促进了叶片光合作用，以及物质运输和转化。

第四节　植物的成熟、衰老及其调控

植物经过双受精后，受精卵发育成胚，胚珠发育成种子，子房及其周围组织（包括花被、胎座等）膨大形成果实。种子和果实形成时，不只是形态上发生很大变化，而且在生理生化上也发生剧烈变化。

一、种子的成熟及其调控

（一）种子成熟时的生理生化变化

高等植物种子的发育成熟实质上包含胚分化发育以及储藏物质积累两个过程。植株营养器官输入的可溶性低分子物质（如葡萄糖、氨基酸等），在种子中逐渐转化为不溶性高分子化合物（如淀粉、蛋白质、脂类等），并在胚乳或子叶中储藏起来。

1. 种子成熟期间的物质变化

水稻、小麦、玉米等禾谷类种子以淀粉为主要储藏物，称为淀粉种子。在其成熟过程中，催化淀粉合成酶类的活性提高，可溶性糖浓度逐渐降低，而淀粉含量不断升高。水稻在开花后的最初几天，颖果的可溶性糖和淀粉含量都增加。十余天后，可溶性糖含量开始下降，淀粉含量增加。在可溶性糖合成淀粉的同时，还形成了构成细胞壁的不溶性物质，如纤维素和半纤维素。

豆科植物种子中含有较高的蛋白质。种子中储藏蛋白质合成的原料是来自由营养器官输入的氨基酸和酰胺。在豆科种子成熟过程中，先在豆荚中将氨基酸和酰胺转化为蛋白质，暂时储存起来。随着种子进一步发育，这些暂存的蛋白质分解，以酰胺态运至种子，转变为氨基酸后合成蛋白质，用于储藏。种子储藏蛋白没有明显的生理活性，主要功能是提供种子萌发时所需的氮和氨基酸。种子中的储藏蛋白主要积累在蛋白体中。种子发育初期，蛋白体通常呈球状，悬浮在种子储藏细胞的细胞质中，在种子成熟后期，胚乳细胞中的蛋白体往往被充实的淀粉体挤压，只能存在于淀粉体之间的空隙中。此时储藏蛋白合成停止，而启动了一种具有特殊生理功能的蛋白质的合成，这种蛋白质称为胚胎发育晚期丰富蛋白（late embryogenesis-abundant protein，Lea蛋白），它参与种子抗脱水过程，使种子在后期脱水时不致受到破坏，并与种子休眠有关。

大豆、花生、油菜、向日葵等种子中脂肪含量很高，被称为脂肪种子或油料种子。这类种子发育初期，先积累碳水化合物，随着种子成熟，碳水化合物逐渐转变为脂肪。另外，在种子成熟初期，先合成饱和脂肪酸，以后在去饱和酶作用下，转化为不饱和脂肪酸。因此，随着种子成熟度增加，脂肪的碘值逐渐升高而酸价逐渐下降。如果油料种子在未完全成熟时便收获，不但种子含油量低，而且油质差。

此外，运入种子的糖通常是与磷酸结合的，在糖转化为淀粉时会脱下磷酸，而游离的磷酸不利于淀粉合成，当正在成熟的种子脱水时，磷酸会与钙、镁和肌醇等形成非丁（phytin，肌醇六磷酸钙镁盐或植酸钙镁盐）。它是禾谷类等淀粉种子中磷酸的储存库与供应源，是植物对磷酸含量的一种自动调节方式。例如，水稻种子成熟时有80%的无机磷以非丁形式储存于糊粉层，当种子萌发时，非丁分解释放出磷、钙和镁等供幼苗生长之用。

2. 种子呼吸速率的变化

种子成熟过程是有机物质合成与积累的过程，需要大量能量供应，因此，种子有机物积累迅速时，呼吸作用旺盛。种子接近成熟时，种子储藏物质积累缓慢，呼吸作用逐渐降低。

3．种子含水量

随着种子成熟，含水量逐渐降低。有机物合成是脱水过程，种子成熟时，幼胚中具有浓厚细胞质，一般无液泡，自由水含量很少。随着种子脱水，种子生命活动由代谢活跃状态转入休眠状态。

4．内源激素变化

种子的整个成熟过程受到多种内源激素的调控，随着种子成熟，内源激素含量发生变化。例如，小麦胚珠受精前，CTK 含量很少，在受精末期达最大值，然后减少。抽穗到受精前，GA 有一个小峰，然后下降，这可能与穗子抽出有关。受精后籽粒开始生长时，GA 浓度迅速增加，受精后 3 周达最大值，然后减少。IAA 在胚珠内含量极低，受精时略有增加，然后降低，籽粒生长时再增加，籽粒鲜重达最大值时其含量最高，成熟时 IAA 消失。ABA 在籽粒生长时浓度逐渐增加，至成熟中后期最大值后下降。种子发育过程中内源激素含量的顺序变化，可能与这些激素的功能有关。首先出现的 CTK 可能调节籽粒形成的细胞分裂过程；其次是 GA 和 IAA，可能调节有机物质向籽粒运输与积累过程；ABA 也控制种子中淀粉和储藏蛋白的积累，ABA 还与籽粒成熟时的脱水休眠有关。

（二）外界条件对种子成熟和化学成分的影响

种子粒重及其化学成分主要由遗传基因控制，但外界环境条件也会对种子成熟过程及其化学成分产生影响。

在种子成熟过程中，若遇到干燥和热风会影响种子发育，引起风旱不实现象。在我国西北地区，如宁夏河西走廊的小麦，在灌浆成熟时常因遭受这种"干热风"而减产。这是因为土壤干旱和空气湿度低时叶片发生萎蔫，同化物不能顺利流向正在灌浆的籽粒，且籽粒中合成酶活性降低，而水解酶活性增强，妨碍了储藏物质的积累，同时籽粒中缺水导致其干缩和过早成熟。小麦种子灌浆期间若遇高温，特别是夜温偏高，也不利于干物质积累，从而影响籽粒的饱满度。我国小麦单产最高地区在青海，青海高原除日照充足外，昼夜温差大也是一个重要因素。

温度、水分条件对种子化学成分有显著影响。土壤水分供应不足，种子灌浆困难，通常淀粉含量少，蛋白质含量高。我国北方雨量及土壤含水量比南方少，所以北方栽种的小麦比南方栽种的小麦蛋白质含量高。温度高低直接影响油料种子含油量和油分性质，成熟期适当低温有利于油脂积累，而低温、昼夜温差大有利于不饱和脂肪酸的形成，相反情形下则利于饱和脂肪酸的形成。因此，最好的干性油是从高纬度或高海拔地区生长的油料种子中获得的。

植物营养条件对种子化学成分也有显著影响。氮是蛋白质组分之一，适当施氮肥能提高淀粉性种子的蛋白质含量。但在种子灌浆、成熟期过多施用氮肥会使大量光合产物流向茎、叶，引起植株贪青迟熟而导致减产。钾肥能促进糖类由叶、茎向籽粒或其他储藏器官运输，增加淀粉含量。磷肥对脂肪形成有良好作用，因此对油料种子来说，适当增施磷钾肥，有助于含油率的提高。氮肥过多，易使植株体内的糖类和氮化合物结合形成蛋白质，从而影响脂肪合成，降低种子含油率。

二、果实的成熟及其调控

果实是由子房或连同花的其他部分发育而成的。果实的发育成熟包括子房受精到膨大、果实形成和成熟等过程。果实成熟通常是果实经充分成长以后经过一系列质变，达到最佳食用的阶段。

（一）果实的生长模式

一般肉质果实的生长和营养器官生长一样，也有生长大周期，呈 S 形生长曲线。果实的生长曲线主要有三种模式。①单 S 形生长曲线，如苹果、梨、香蕉、板栗、核桃、石榴、柑橘、枇杷、菠萝、草莓、番茄、无籽葡萄等。这一类果实在开始生长时速度较慢，以后逐渐加快，直至急速生长，达到高峰后又渐变慢，最后停止生长。这种慢-快-慢生长节奏的表现与果实中细胞分裂、膨大以及成熟的节奏相一致。②双 S 形生长曲线，如桃、李、杏、梅、樱桃、有籽葡萄、柿、山楂和无花果等。这一类果实在生长中期出现一个缓慢生长期，表现出慢-快-慢-快-慢的生长节奏。这个缓慢生长期是果肉暂时停止生长，而内果皮木质化、果核变硬和胚迅速发育的时期。果实第二次迅速增长时期，主要是中果皮细胞膨大和营养物质大量积累。③三 S 形生长曲线，目前只发现猕猴桃具有这种生长曲线。

果实生长与授粉受精有密切关系，这是因为受精后子房中 IAA 含量增多，促进了果实生长。但有些植物在不发生授粉受精条件下，子房仍能继续发育形成没有种子的果实，这种现象称为单性结实（parthenocarpy）。单性结实分为天然单性结实和刺激性单性结实。

天然单性结实是指不需要经过受精作用或其他刺激诱导而结实的现象，如葡萄、柑橘、香蕉、菠萝、无花果、柿子、黄瓜等。这些植物的祖先都靠种子传种，由于各种原因，个别植株或枝条发生突变，形成了无籽果实。人们用营养繁殖方法把突变枝条保存下来，形成了无籽品种。同一种植物，能形成天然无籽果实的子房内含有 IAA 和 GA 量较形成有籽果实的子房为高，并在开花前就已开始积累，这样使子房本身能代替种子所具有的功能。

刺激性单性结实也称诱导性单性结实（induced

parthenocarpy），是指在外界环境条件刺激下诱导产生的单性结实，如夜间低温和短日照可诱导黄瓜产生单性结实。用花粉或花粉浸出液处理雌蕊也可诱发单性结实。

更多的是使用植物生长调节剂，它们可以代替植物内源激素，刺激子房等组织膨大，形成无籽果实。例如，番茄、茄子用 2,4-D 或防落素（对氯苯氧乙酸），葡萄、枇杷用 GA，辣椒用 NAA 等均能诱导单性结实，在苹果、梨、桃、草莓、西瓜、无花果等植物上用植物生长调节剂也都成功诱导出无籽果实。

（二）呼吸跃变

当果实成熟到一定程度时，果实的呼吸速率先降后升，达到高峰后迅速下降，此时果实进入完全成熟。果实成熟前出现的这个呼吸高峰，称为呼吸跃变（respiratory climacteric）。呼吸跃变的出现标志着果实达到成熟可食程度，也意味着果实已不耐储藏。根据成熟过程中是否存在呼吸跃变，将果实分为跃变型和非跃变型两类。跃变型果实有苹果、梨、香蕉、桃、李、杏、柿、无花果、猕猴桃、芒果、番茄、西瓜、甜瓜、哈密瓜等；非跃变型果实有柑橘、橙子、葡萄、樱桃、草莓、柠檬、荔枝、可可、菠萝、橄榄、腰果、黄瓜等。主要区别是，跃变型果实成熟迅速，含有复杂的储藏物质（淀粉或脂肪），在摘果后达到最佳食用状态前，储藏物质强烈水解，呼吸上升，而非跃变型果实成熟较慢。

跃变型果实的呼吸速率随成熟而上升。不同果实的呼吸跃变差异很大。苹果呼吸高峰值是初始速率的 2 倍，香蕉几乎是 10 倍，而桃却只上升约 30%。多数果实的跃变可发生在母体植株上，而鳄梨的一些品种连体时不完熟，离体后才出现呼吸跃变和成熟变化。非跃变型果实在成熟期呼吸速率逐渐下降，不出现高峰。

目前认为果实发生呼吸跃变是由于果实中产生乙烯引起的。虽然非跃变型果实成熟时没有出现呼吸高峰，但是外源乙烯处理也能促进叶绿素破坏、组织软化、多糖水解等变化。外源乙烯在整个成熟过程中都能起作用，提高呼吸速率，其反应大小与所用乙烯浓度有关，而且其效应是可逆的，当去掉外源乙烯后，呼吸也会下降到原来水平。同时外源乙烯不能促进内源乙烯的增加。对于跃变型果实，外源乙烯只在跃变前起作用，它能诱导呼吸上升，同时促进内源乙烯大量增加，形成了乙烯自我催化作用，且与所用乙烯浓度关系不大，是不可逆作用。由此可见，跃变型与非跃变型果实的主要差别在于对乙烯作用的反应不同，跃变型果实中乙烯能诱导乙烯自我催化，不断产生大量乙烯，从而促进成熟。

乙烯影响果实呼吸作用的可能机理是：乙烯通过其受体与细胞膜结合，使膜透性增高，有利于气体交换，从而加快淀粉等分解成可溶性糖，提高了呼吸底

物浓度。另外，乙烯通过诱导相关基因的表达，提高呼吸酶含量和活性，并提高了抗氰呼吸活性，明显加速了果实的成熟和衰老过程。

（三）肉质果实成熟时的生理生化变化

1. 果实变甜

果实发育过程中，由叶子运来的光合产物主要以淀粉形式储存于果肉细胞中，因此，未成熟果实生硬而无甜味。果实成熟时，淀粉等储藏物质水解成蔗糖、葡萄糖和果糖等可溶性糖，使果实变甜。各种果实的糖转化速度和程度不尽相同。香蕉的淀粉水解很快，几乎是突发性的，香蕉由青变黄时，淀粉从占鲜重的 20%～30% 下降到 1% 以下，同时可溶性糖含量从 1% 上升到 15%～20%；柑橘中糖转化很慢，有时要几个月；苹果介于这两者之间（图 14-8）。葡萄是果实中糖分积累最高的，可达鲜重 25% 或干重 80% 左右，但如在成熟前就采摘下来，则果实不能变甜。杏、桃、李、无花果、樱桃、猕猴桃等也是这样。

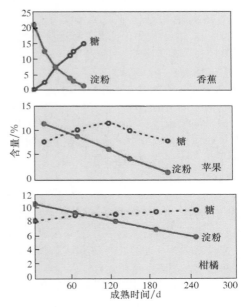

图 14-8　香蕉、苹果、柑橘在成熟过程中糖含量的变化

2. 酸味减少

未成熟果实的酸味出于有机酸的积累，如柑橘、菠萝含有柠檬酸，仁果类（苹果、梨）和核果类（如桃、李、杏、梅）含苹果酸多，葡萄含有大量酒石酸，番茄含柠檬酸、苹果酸较多。随着果实成熟，果实有机酸含量下降。这是因为果实成熟时有机酸合成被抑制，同时部分有机酸转变成糖，部分被用于呼吸消耗，部分与 K^+、Ca^{2+} 等阳离子结合生成盐。与营养价值有关的维生素 C（抗坏血酸）含量的变化在不同果实中也不同。苹果中维生素含量的变化有利于提高果实营养价值，幼果期含量较低，到花后 165d 达到最高，为鲜重的 0.0378%，而甜樱桃及枣的某些品种的果实，幼果

维生素含量很高，以后逐渐下降。

糖酸比是决定果实品质的一个重要因素。糖酸比越高，果实越甜。但一定酸味往往体现了一种果实的特色。

3. 果实软化

果实软化是成熟的一个重要特征。引起果实软化的主要原因是细胞壁物质的降解。果实成熟期间多种与细胞壁有关的水解酶活性上升，细胞壁结构成分及聚合物分子大小发生显著变化，如纤维素长链变短，半纤维素聚合分子变小，其中变化最显著的是果胶物质的降解。细胞壁中层不溶性原果胶分解成可溶性果胶或果胶酸，导致果肉细胞相互分离，果肉变软。另外，果肉细胞中的淀粉降解（淀粉水解为可溶性糖），也是果实变软的一个原因。

4. 香味产生

果实成熟时会产生一些特有香气，这些微量挥发性物质主要是酯、醇、酸、醛和萜烯类等，从而赋予果实特殊香味。例如，苹果的香味物质主要有乙酸丁酯、乙酸己酯、辛醇等，香蕉的特色香味是乙酸戊酯，橘子的香味主要来自柠檬醛。成熟度与挥发性物质的产生有关，未熟果中没有或很少有这些香气挥发物，所以收获过早，香味就差。

5. 涩味消失

有些果实未成熟时有涩味，如柿子、香蕉、李子等。这是由于果肉细胞液中含有单宁等物质。单宁是一种不溶性酚类物质，可以保护果实免于脱水及病虫侵染。果实成熟时，单宁可被过氧化物酶氧化成无涩味过氧化物，或凝结成不溶性单宁盐，还有一部分可以水解转化成葡萄糖，因而涩味消失。

6. 色泽变化

随着果实成熟，多数果色由绿色渐变为黄色、橙色、红色、紫色或褐色。这常作为果实成熟度的直观标准。果实成熟时，果皮中叶绿素逐渐被破坏，从而失去绿色，而类胡萝卜素仍然存在，呈现黄色、橙色，或者由于形成花色素苷而呈现红色或紫色等。花色素苷的形成需要足够的糖、适宜温度和充足光照，因此光照充足、昼夜温差大的地区果实着色较深。

（四）果实成熟的调控

由于肉质果实的呼吸跃变是其达到成熟可食状态的标志。因此，在实践中可通过调节呼吸跃变的来临，以推迟或提早果实成熟。例如，提高温度和 O_2 浓度，或施以乙烯，可使呼吸跃变提前，加速果实成熟。另外一些传统技术，如用温水浸泡使柿子脱涩，用喷洒法使青的蜜橘变为橙红色，用烟熏法催熟香蕉等，都是很有效的催熟方法。目前用得最多最有效的方法还是施用乙烯（或乙烯利）来催熟。例如，在我国棉田中，普遍存在霜前许多棉桃来不及开裂（霜后花）和一些甚至不能成熟吐絮（僵瓣）的问题。施用乙烯利

后，可使一部分霜后花变为霜前花，使吐絮畅快集中，利于提早收获，并能增产。

果实成熟过程中发生的变化，如质地变软、硬度下降等，给长途运输和加工保存带来困难。果实的软化还降低了果实的货架期。因此，在果实储运中，控制果实成熟，延长果实储存和保鲜期，显得尤为必要。目前主要采用冷库、气调（降低 O_2，提高 CO_2 浓度或充入 N_2）、变温和减压储藏方法，降低果实呼吸强度，抑制乙烯生物合成，延缓果实成熟和衰老，防止和减少一些生理病害。另外，利用基因工程技术来控制乙烯产生或果实软化，可增强果实耐储性和加工性能。例如，将 ACC 合成酶和 ACC 氧化酶的反义基因转入番茄后，可降低乙烯生物合成，成熟速度明显变慢。

三、植物的衰老及其调控

植物的衰老（senescence）通常是指植物器官或整个植株生理活动和功能不可逆衰退过程。衰老总是先于一个器官或整株死亡，是受植物遗传控制、主动和有序的发育过程。它不仅能使植物适应不良环境条件，而且对物种进化起重要作用。衰老可以发生在分子、细胞、组织、器官以及整体水平上。

根据植株与器官死亡情况将植物衰老分为：①整体衰老（overall senescence），如一年生或两年生植物，开花结实后，整株植物衰老死亡；②地上部衰老（top senescence），多年生草本植物，地上部每年死亡，而根系和其他地下系统仍继续生存多年；③落叶衰老（deciduous senescence），多年生落叶木本植物，发生季节性叶片同步衰老脱落；④渐进衰老（progressive senescence），如多年生常绿木本植物的茎和根能生活多年，而叶片和繁殖器官则渐次衰老脱落。

（一）衰老时的生理生化变化

1. 光合速率下降

在植物叶片衰老过程中，叶绿体的间质被破坏，类囊体膨胀、裂解，叶绿体含量迅速下降。叶绿素a与叶绿素b比值也下降，最后叶绿素完全消失。类胡萝卜素比叶绿素降解稍晚。另外，Rubisco 分解，光合电子传递和光合磷酸化受阻，这些都会导致光合速率下降（图 14-9）。

2. 核酸的变化

叶片衰老时，RNA 总量下降，尤其是 rRNA 减少最为明显。DNA 含量也下降，但下降速度较 RNA 缓慢。例如，在烟草叶片衰老处理 3d 内，RNA 含量下降 16%，但 DNA 只减少 3%。虽然 RNA 总量下降，但某些酶（如蛋白酶、核酸酶、酸性磷酸酶、纤维素酶、多聚半乳糖醛酸酶等）的 mRNA 合成仍在继续。

3. 蛋白质的变化

叶片在衰老时，蛋白质合成能力减弱，分解加快。

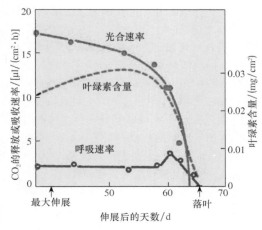

图 14-9　白苏（*Perilla frutescens*）叶片的叶绿素含量、光合速率与呼吸速率随叶伸展后天数的变化

（引自 Woolhouse，1967）

在蛋白质水解的同时，伴随着游离氨基酸的积累，可溶性氮暂时增加。衰老过程中可溶性蛋白和膜结合蛋白同时降解，被降解的可溶性蛋白中 85% 是 Rubisco。在未离体的叶片衰老时氨基酸可以酰胺形式转移至茎或其他器官被再度利用。在衰老过程中也有某些蛋白质的合成，主要是水解酶，如核糖核酸酶、蛋白酶、酯酶、纤维素酶含量或活性增加。

4. 呼吸作用

叶片在衰老时呼吸速率下降，但下降速率比光合速率慢。有些植物叶片在衰老开始时呼吸速率保持平稳，后期出现一个呼吸跃变期，以后呼吸速率迅速下降（图 14-9）。这与乙烯出现高峰有关，因为乙烯加速膜透性，呼吸加强。衰老时，氧化磷酸化逐步解偶联，产生的 ATP 数量减少，细胞中合成反应所需能量不足，这更促使衰老加剧。

5. 植物激素

植株在衰老时，植物内源激素有明显变化。一般促进生长的植物激素，如细胞分裂素、生长素、赤霉素等在衰老时含量逐渐减少，而诱导衰老和成熟的激素，如脱落酸、乙烯等含量增加。

6. 细胞结构的变化

正常情况下，细胞膜为液晶态，流动性大，当细胞衰老时，膜脂脂肪酸饱和程度逐渐提高，脂肪链加长，使膜由液晶态逐渐转为凝胶态，流动性下降。另外，细胞中的核糖体和粗糙型内质网数量减少；线粒体先是嵴变形，进而收缩或消失；核膜裂损，液泡膜、质膜发生降解。膜结构的破坏引起细胞透性增大，选择透性功能丧失，使细胞液中的水解酶分散到整个细胞中，产生自溶作用，进而使细胞解体和死亡。

（二）植物衰老的机制

1. 自由基损伤假说

1955 年哈曼（Harman）提出，衰老过程是细胞和组织中不断进行着自由基损伤反应的总和。衰老过程伴随着超氧化物歧化酶（superoxide dismutase，SOD）活性的降低和脂氧合酶（lipoxygenase，LOX，催化膜脂中不饱和脂肪酸加氧，产生自由基）活性升高，导致生物体内自由基产生与消除的平衡被破坏，以致积累过量自由基，对细胞膜及许多生物大分子产生破坏作用，如加强酶蛋白质降解、促进脂质过氧化反应、加速乙烯产生、引起 DNA 损伤、改变酶性质等，进而引发衰老。

2. 营养亏缺假说

该假说认为，在自然条件下，一年生、两年生植物一旦开花结实，全株就会衰老死亡。这是因为生殖器官是一个很大的"库"，生殖器官发育时垄断了植株营养的分配，使营养器官得不到充足营养而衰老死亡。但该学说不能解释下列问题：有些已开花植物即使供给充足营养，也不能阻止植株衰老死亡；对于雌雄异株的大麻和菠菜的雄株，开花后养分消耗甚少，但仍然会衰老死亡。

3. 激素平衡假说

该学说认为植物体内或器官内各种激素相对水平不平衡是引起衰老的原因。抑制衰老的激素（如细胞分裂素、生长素、赤霉素、油菜素内酯）与促进衰老的激素（如乙烯、脱落酸）之间可相互作用、协同调控衰老过程。例如，吲哚乙酸在低浓度时可延缓衰老，但浓度升高到一定程度时可诱导乙烯合成，从而促进衰老；ABA 对衰老的促进作用可为细胞分裂素所拮抗。

4. DNA 损伤假说

该学说由 Orgel 等提出，植物衰老是由于基因表达后直至蛋白质合成过程中引起差误并积累造成的。当差误的积累超过某一阈值时，机能失常，引起衰老。这种差误是由于 DNA 裂痕或缺损导致错误的转录和翻译，最终引起无功能蛋白积累。

5. 细胞程序性死亡理论

细胞程序性死亡（programmed cell death，PCD）是指在胚胎发育、细胞分化和许多病理过程中，细胞遵循其自身"程序"，主动结束其生命的生理性死亡过程。细胞程序性死亡是一种由内在因素引起的非坏死性变化，是受相关基因调控的一系列特有的形态学和生物化学变化。在植物花的发生到胚胎发育、细胞分化及形态建成中普遍存在着细胞程序性死亡。而叶片衰老被认为是在核基因控制下，细胞结构发生高度有序解体以及内含物降解，并且其中的大量矿质元素和有机营养能在衰老细胞解体后有序地向非衰老细胞转移，以供循环再利用。可以说，叶片衰老是一种器官水平上的细胞程序性死亡过程。

（三）衰老的调控

植物或其器官的衰老主要受遗传基因控制，同时也受环境因子影响。因此可通过多种措施调控植物的衰老，以服务于农业生产。

1. 衰老的遗传调控

植物的衰老过程伴随着基因表达的变化。例如，植物叶片衰老过程中可能有一些基因受到抑制而低水平表达，甚至完全不表达，而另一些基因则在衰老期间被激活，其表达增强。在衰老早期，叶片中部分mRNA水平显著下降，即这些基因的表达是下调的，称为衰老下调基因（senescenc down-regulated gene，SDG），如编码与光合作用有关的蛋白质 [叶绿素 a、叶绿素 b 集光色素复合体、rbcL、rbcS（1,5-二磷酸核酮糖羧化酶 / 加氧酶大亚基、小亚基）、电子传递体（petB）、光合系统Ⅱ（psbA）] 的基因随叶片衰老其表达量急剧下降。随着衰老进行，大多数基因的 mRNA 水平随叶片衰老而提高，即这些基因的表达是上调的，通常称之为衰老相关基因（senescence-associate gene，SAG）或衰老上调基因，其中一类仅在衰老特定发育阶段表达的基因称为衰老特定基因（senescence-specificgene，SSG），如 SAG12、SAG13、LSC54 等。这些基因主要是编码一些水解酶，如蛋白酶、酸性磷酸酯酶、纤维素酶、β- 半乳糖苷酶、多聚半乳糖醛酸酶等，另外还编码催化乙烯生物合成的 ACC 合成酶、ACC 氧化酶以及参与降解物转化与再分配的谷氨酰胺合成酶和天冬酰胺合成酶等。

应用基因工程可以对植物或器官衰老进行调控。通过基因扩增，使 SOD 过度表达，可产生抗衰老的转基因植物。美国萨托（Sato）等（1989）首先获得 ACC 合成酶反义 RNA 转基因番茄，后来阿艾勒（Oeller）等（1991）也获得了 ACC 合成酶反义 RNA 转基因番茄植株，这些植株能正常开花结实，其果实乙烯产量下降了 99.8%，因而明显推迟了果实成熟与衰老。约翰（John）等（1995）将 ACC 氧化酶的反义基因导入番茄，也使果实、叶片衰老得到延缓。甘（Gan）等（1995）把 SAG12 的启动子与 ipt（编码异戊烯基转移酶）（isopentenyl transferase）的编码区连接形成融合基因 PSAG12-ipt，一旦衰老，SAG12 启动子将激活 ipt 的表达，使 CTK 含量上升。当 CTK 含量增加到一定程度时，叶片衰老延缓，对衰老敏感的 SAG12 启动子关闭，从而使基因产物维持一定水平，有效阻止了 CTK 的过量合成而影响植物正常发育，这是一个比较完善的衰老自动调控系统。

2. 衰老的激素调控

一般来说，细胞分裂素、低浓度生长素、赤霉素、油菜素内酯、多胺能延缓植物衰老；脱落酸、乙烯、茉莉酸、高浓度生长素则促进植物衰老。外源激素对不同物种的效应不同，这可能与内源激素水平或器官对激素的敏感性有关。

（1）乙烯。乙烯不仅与成熟有关，而且是诱导衰老的主要激素。乙烯使呼吸电子传递转向抗氰途径，从而引起电子传递速率增加 4～6 倍，物质消耗多，ATP 生成少，促进衰老。也有认为，乙烯能增加膜透性，刺激 O_2 的吸收并产生活性氧（如 H_2O_2），过量活性氧使膜脂过氧化加剧，而使植物衰老。因此可用乙烯释放剂（如乙烯利）或 ACC 来促进成熟、衰老，而用乙烯吸收剂 $KMnO_4$、乙烯合成抑制剂 AVG 或 Co^{2+}、Ag^{2+} 等来推迟果实、叶片衰老和延长切花寿命。

（2）脱落酸。外源 ABA 可直接促进植物离体器官衰老，但对整株植物的效果不明显。ABA 可能通过诱导乙烯的产生而引起衰老，也有人认为 ABA 是利用关闭气孔的效应协同其他作用来促进衰老的。

（3）茉莉酸类物质。茉莉酸和茉莉酸甲酯是一类与植物衰老、死亡密切相关的激素，有死亡激素之称。它能加快叶片中叶绿素的降解，加速 Rubisco 分解，促进乙烯合成，提高蛋白酶与核酸酶等水解酶活性，加速生物大分子降解，从而促进衰老。

（4）细胞分裂素。CTK 是最早被发现具有延缓衰老作用的内源激素。在初始衰老的叶片上喷施 CTK，能显著延缓衰老，有时甚至可逆转衰老。CTK 的延衰作用是由于先影响 RNA 的合成，然后再提高蛋白质合成能力的缘故。生产上应用 CTK 可延长果蔬储藏时间，防止果树的生理落果等。

（5）多胺。多胺类物质中的腐胺、精胺、亚精胺可延缓植物衰老。多胺可通过维持膜系统的稳定性，抑制乙烯合成，抑制体内自由基的产生，保持 SOD、CAT 等活性氧清除酶的较高活性，促进 DNA、RNA 和蛋白质合成，稳定细胞内生物大分子含量等方面来延缓植物衰老。衰老时多胺生物合成酶活性下降，而氧化酶活性上升，使多胺水平下降。可见，植物维持细胞内一定水平的多胺，可以起到推迟衰老的作用。

（6）生长素。低浓度的生长素能延缓衰老，高浓度生长素对衰老有促进作用，这可能是与生长素能促进乙烯合成有关。此外，生长素还与胞液内游离态钙离子浓度的增加以及钙在细胞之间的运输有密切关系，因为钙也可通过推迟并抑制乙烯、H_2O_2 的生成，提高 CAT、SOD 等的活性，维持膜的稳定性等对植物衰老起调控作用。

此外，油菜素甾体类化合物与赤霉素也能阻止叶绿素和蛋白质的降解，因而也都有一定的延衰效应。

由于植物体或某一器官中同时存在几种具有不同功能的激素，因此，植物衰老进程可能与植物体内多种激素的综合作用有关。

3. 环境因素对衰老的影响

①光。适度光照能延缓小麦、燕麦、菜豆、烟草等多种作物叶片的衰老，而强光对植物有伤害作用，会加速衰老。不同光质对衰老作用不同，红光可阻止叶绿素和蛋白质降解，从而延缓衰老，远红光可消除红光的作用；蓝光显著延缓绿豆叶片衰老；紫外光因可诱发叶绿体中自由基的形成而促进衰老。另外，日照长短能影响 ABA 和 GA 的生物合成，从而影响器官

衰老。②水分。水分胁迫下 ABA 和乙烯合成增加，从而加速叶绿体解体，降低光合速率，呼吸速率升高，物质分解加速，促进衰老。③矿质营养。营养亏缺会促进衰老，其中 N、P、K、Ca、Mg 的缺乏对衰老影响很大。④气体。若 O_2 浓度过高，会加速自由基形成，引发衰老。低浓度 CO_2 有促进乙烯形成的作用，从而促进衰老；高浓度 CO_2（5%～10%）则抑制乙烯形成和呼吸作用，因而延缓衰老。⑤其他不良环境条件。高温、低温、大气污染、病虫害等都不同程度促进植物

或器官衰老。这些逆境因素都要通过体内调节机制（如激素水平、信号转导、基因表达）而影响衰老。

生产上可通过改变环境条件来调控衰老。例如，通过合理密植和科学肥水管理来延长水稻、小麦上部叶片的功能期，以利于籽粒充实；使用 Ag^+（10^{-10}～10^{-9}mol/L）、Ni^{2+}（10^{-4}mol/L）和 Co^{2+}（10^{-3}mol/L）能延缓水稻叶片的衰老；在果蔬储藏保鲜中常以低 O_2（2%～4%）高 CO_2（5%～10%），并结合低温来延长果蔬的储藏期。

本章主要内容和概念

植物需要生长到一定生理年龄后，才能在外界条件刺激下完成花诱导，由营养生长转入生殖生长。本章主要包括外界条件对花诱导的影响，花器官形成及其生理，受精生理，植物的成熟、衰老及其调控等内容。

知识要点包括：

植物幼年期和提早成熟，花熟状态，春化作用及其机制，植物通过春化的条件，光周期现象及其光周期诱导的特性，植物的光周期反应类型，花器官发育的 ABC 模型，植物性别的分化，花粉萌发和花粉管伸长，受精前后雌蕊的代谢变化，种子成熟及其调控，果实成熟及其调控，集体效应，单性结实，呼吸跃变，植物的衰老及其调控。

复习思考题

1. 试述植物光周期反应类型及主要代表植物。
2. 春化作用和光周期理论在农业生产中有哪些应用？
3. 试述植物花器官发育的 ABC 模型及其发展动态。
4. 影响植物花器官形成的条件有哪些？
5. 研究植物性别分化有何实践意义？影响性别分化的外界因素有哪些？
6. 种子成熟过程中发生了哪些生理生化变化？
7. 肉质果实成熟期间主要有哪些生理生化变化？
8. 植物的衰老有哪些类型，有何生理意义？如何调控衰老？
9. 植物衰老过程中有哪些生理生化变化？

第十五章 植物多样性研究的基础知识

第一节 植物多样性的概念和意义

生物多样性（biological diversity）是一个内涵十分广泛的概念。通俗地说，生物多样性是指地球上的生物（包括动物、植物、微生物等）及其与环境形成的所有形式、层次和联合体的多样化。同样道理，植物多样性是指地球上所有植物及其与环境形成的统一体及多样化，包括多个层次或水平，如基因、细胞、组织、器官、物种、种群、群落、生态环境、景观等。每一层次都存在着多样性，其中研究最多，意义较大的有4个层次，即遗传多样性（genetic diversity）、物种多样性（species diversity）、生态系统多样性（ecological system diversity）和景观多样性（landscape diversity）。

遗传多样性又称基因多样性，广义的概念是指地球上所有生物所携带遗传信息的总和，狭义的概念是指种内个体之间或一个群体内不同个体遗传变异的总和。遗传多样性是生态系统多样性和物种多样性的基础，即遗传多样性是生物多样性的内在形式。

物种多样性是指一定地区内物种的多样化，是生物多样性研究的核心内容。物种多样性有两个方面的含义，一是指一定区域内物种的总和，主要从分类学、系统学和生物地理学角度对一个区域内物种状况进行研究，可称为区域物种多样性；二是指生态学方面的物种分布的均匀程度，是从群落组织水平进行研究，有时称生态多样性（ecological diversity）或群落物种多样性。

生态系统多样性是指生物圈内生境、生物群落和生态过程的多样化，以及生态系统内生境差异、生态过程变化的多样性，是生物多样性研究的重点。生境多样性是生物群落多样性乃至整个生物多样性形成的无机环境基本条件。生物群落多样性主要是指群落组成、结构和动态（包括演替和波动）方面的多样化。生态过程主要是指生态系统中生物组分之间及其与环境之间的相互作用或相互关系，主要表现在系统的能量流动、物质循环和信息传递等方面。

景观多样性是指由不同类型景观要素或生态系统构成的景观在空间结构、功能机制和时间动态方面的多样化或变异性。

上述4个层次有着密切的内在联系，遗传多样性是物种多样性和生态系统多样性的基础，任何一个物种都具有独特的基因库和遗传组织形式；物种多样性则显示了基因遗传的多样性，物种又是构成生物群落和生态系统的基本单元；生态系统多样性离不开物种多样性，这样，生态系统多样性也就离不开不同物种所具有的遗传多样性。

生物多样性有直接经济价值和间接经济价值。直接经济价值体现在人类收获的生物产品中，可用价格来体现，进一步可分为消耗使用价值（生物物品就地消耗）和生产使用价值（生物物品进入市场）。间接经济价值表达为生物多样性所提供的、不涉及收获和资源毁坏的益处，难以精确价格来体现，主要体现在环境作用和生态系统服务方面，如生态系统生产力、保护水土资源、气候调节、废物处理、休闲和生态旅游、教育和科学价值、环境监测等。

目前，生物多样性危机已是全球关注的热点问题。由于人类生存空间的扩展造成了其他生物生境的丧失和破碎，生物资源被过度开发，环境污染加剧，以及外来物种侵入，在最近几百年中，大量物种灭绝，速度之快前所未有，物种灭绝的同时，伴随着遗传多样性消失和生态系统的破坏。因此，生物多样性的保护刻不容缓。

生物多样性的保护既有价值取向，也有伦理方面的依据。每个物种都有存在的权利，这种权利与人类需求无关。所有物种相互依存，人类应生活在与其他物种相同的生态学限度内，而且人类有责任充当地球的管家，对人类的尊重应与对生物多样性的尊重兼容，不能因为非人物种缺乏与权利和义务相关的自我意识而忽视它们。

第二节 植物分类的基础知识

一、植物分类阶元

建立植物的分类系统，需要有完整的分类等级，再按照等级高低、从属关系按顺序排列起来，就形成分类的阶层系统（hierarchy）。植物分类阶元（taxon）由高到低主要有界、门、纲、目、科、属、种，有时在各个阶元之下还可插入一些亚单位。每一阶元都有相应的拉丁词和词尾。每种植物都可在分类阶层系统中表示出它的分类地位及从属关系（表15-1）。

表15-1 植物分类阶元表

分类阶元（等级）				植物分类举例	
中文	英文	拉丁文	词尾	中文	拉丁文
植物界	Vegetable Kingdom	Regnum vegetable		植物界	Regnum vegetable
门	Division	Divisio，Phylum	-phyta	被子植物门	Angiospermae
亚门	Subdivision	Subdivisio	-phytina		
纲	Class	Classis	-opsida,-eae	双子叶植物纲	Dicotyledoneae
亚纲	Subclass	Subclassis	-idea	蔷薇亚纲	Rosidae
目	Order	Ordo	-ales	蔷薇目	Rosales
亚目	Suborder	Subordo	-ineae	蔷薇亚目	Rosineae
科	Family	Familia	-aceae	蔷薇科	Rosaceae
亚科	Subfamily	Subfamilia	-oideae	蔷薇亚科	Rosoideae
族	Tribe	Tribus	-eae	蔷薇族	Roseae
亚族	Subtribe	Subtribus	-inae	蔷薇亚族	Rosinae
属	Genus	Genus	-a,-um,-us	蔷薇属	*Rosa*
亚属	Subgenus	Subgenus		蔷薇亚属	*Rosa*
组	Section	Sectio		合柱组	*Synstylae*
亚组	Subsection	Subsectio			
系	Series	Series		齿裂托叶系	*Multiflorae*
种	Species	Species		洋蔷薇	*Rosa centifolia* L.
亚种	Subspecies	Subspecies			
变种	Variety	Varietas		滇红洋蔷薇	*Rosa centifolia* var. *pomponia* Lindl.
变型	Forma	Forma		白花洋蔷薇	*Rosa centifolia* f. *albo-muscosa*（Willm.）Rehd.

界是分类学最高级单位。历史上曾有众多分界系统，其中美国生物学家 Whittaker（1924～1980 年）1969 年提出的五界系统影响较大，包括原核生物界、原生生物界、植物界、动物界和真菌界。

种（物种）是生物分类的基本单位。种的概念经历了相当长的历史演变，仍存在争议。一般认为种是具有一定自然分布区和一定生理、形态特征、起源于共同祖先的生物群，种内个体间不仅具有相同遗传性状，而且可彼此交配产生后代，一般不与其他物种个体交配，或交配后一般不能产生有生殖能力的后代，即种间存在生殖隔离。物种由一至数个居群（种群）组成，居群由若干个体组成。种是生物进化与自然选择的产物。

然而，植物界中远缘杂交现象时有发生，因此种的概念在实际应用中会遇到困难。种下还有 3 个分类单位：亚种是指在不同分布区同一种植物，由于生境不同导致两地植物在形态结构或生理功能上的差异；变种是指具有相同分布区的同一种植物，由于微生境不同导致植物间具有可稳定遗传的差异；变型是指仅具有微小形态学差异，但其分布没有规律的相同物种的不同个体。

目前，进化植物学很重视居群（population）这一

231

层次，因为居群是物种的基本结构单元，也是物种存在的具体形式，很多遗传学规律是在居群层次上起作用的。居群是指在一定时间和空间范围内生活着的同种个体的集群，也称为种群。Allee 等认为居群是一个具有空间和时间性的实体，它具有 5 个方面的性质：①具有一定的结构和组成；②有自身的"个体"发育，表现出生长、分化和分工、生存、衰老及死亡；③具有遗传性；④是遗传和生态两个方面因素的结果；⑤像有机体一样，作为一个整体而接受其环境的影响并导致变化，而居群的变化又会对其生境产生影响。

二、植物命名法

命名是分类所必需的。植物种类繁多，由于世界各个国家、民族的语言文字不同，往往会出现同物异名（synoname）和同名异物（anoname）现象，容易造成混乱。给每种植物全世界统一的名称，是进一步研究和成果交流的必要前提。

瑞典生物学家 Carl Linnaeus（1707～1778 年）于 1753 年发表的《植物种志》（*Species Plantarum*）中比较完善地创立了双名法（binomial system，binomial nomenclature），即每种植物的种名必须由两个拉丁词或拉丁化形式的词构成，第一个词为属名，第二个词为种加词。在双名法基础上，经过反复修改和完善制定了《国际植物命名法规》（International Code of Botanical Nomenclature，ICBN），为各国植物学工作者共同遵守。要点如下。

（1）各分类群名称的应用由其命名模式（nomenclature types）决定。命名模式就是分类单位名称的永久依据。种或种下分类群的命名必须有能永久保存的模式标本（图 15-1）作为依据。

图 15-1　报春花捕虫堇 *Pinguicula primuliflora* 的模式标本（Angiosperm Phylogeny Group，1998）

（2）每种植物只能有一个合法名称，就是学名（scientific name），即符合《国际植物命名法规》的规定。

（3）每种植物的种名必须由两个拉丁词或拉丁化形式的词构成。第一个词为属名，第二个词为种加词。

（4）属名一般用名词单数第一格，若用其他名字或专有名词时，必须使其词尾变为拉丁语法上的单数第一格。种加词一般用形容词，要求与属名的性、数、格一致。

（5）双名法书写形式：属名第一字母必须大写，种加词小写。有时还需在种加词后写上命名人姓氏或姓氏缩写，如小麦，*Triticum aestivum* L.。如果是变种，其拉丁名称应在种名之后写上变种（varietas）的缩写 var.，还要写上变种加词并在性数格上与种加词一致，最后再写上定名人姓氏或姓氏缩写。例如，蟠桃是桃的变种，其名称为 *Prunus persica*（L.）Batsch. var. *compressa* Bean.。

（6）学名必须经过有效和合格发表。

（7）植物名称的发表，遵循优先律（priority）原则，即凡符合"法规"的最早发表的名称，为唯一正确名称。

另外还有涉及学名改变、保留名、名称废弃等方面的规定。

三、植物检索表及其应用

检索表（key）是用来鉴定植物，认识植物种类的工具。它是通过一系列的从两个相互对立性状中选择一个相符的，放弃一个不符的方法，从而达到鉴定目的。目前广泛采用的检索表有两种。

定距（二歧）检索表。相对立的特征编为同样号码，并在左边同样位置开始，每组性状编排时，向右退一格。现以本教材涉及的植物各大类群编制成检索表于下：

1. 植物体无根、茎、叶分化；合子不发育成胚，直接萌发成植物体
　2. 植物体不为藻类和真菌共生体
　　3. 植物体含有色素，能进行光合作用，自养 … 藻类 Algae
　　3. 植物体一般无色素，不能进行光合作用，异养 …………………………… 菌类 Fungi
　2. 植物体为藻类和真菌共生体 …… 地衣门 Lichens
1. 植物体有根、茎、叶分化；合子先发育成胚，然后萌发成植物体
　4. 植物体无维管组织 ……… 苔藓植物门 Bryophyta
　4. 植物体有维管组织
　　5. 不形成种子，主要以孢子繁殖 … 蕨类植物门 Pteridophyta
　　5. 形成种子，主要以种子繁殖
　　　6. 种子裸露，不形成果实 ……… 裸子植物门 Gymnospermae

6. 种子有果皮包被，形成果实 … 被子植物门 Angiospermae

平行检索表。特点是左边的字码平头写，尤其是在种类多时可节约篇幅。仍以上例说明。

1. 植物体无根、茎、叶分化；合子不发育成胚，直接萌发成植物体 …………………………… 2
1. 植物体有根、茎、叶分化；合子先发育成胚，然后萌发成植物体 …………………………… 4
2. 植物体不为藻类和真菌共生体 …………… 3
2. 植物体为藻类和真菌共生体 ……… 地衣门 Lichens
3. 植物体含有色素，能进行光合作用，自养 … 藻类 Algae
3. 植物体一般无色素，不能进行光合作用，异养菌类 …………………………………… Fungi
4. 植物体无维管组织 ………… 苔藓植物门 Bryophyta
4. 植物体有维管组织 ………………………… 5
5. 不形成种子，主要以孢子繁殖 ……… 蕨类植物门 Pteridophyta
5. 形成种子，主要以种子繁殖 …………………… 6
6. 种子裸露，不形成果实 … 裸子植物门 Gymnospermae
6. 种子有果皮包被，形成果实 ………… 被子植物门 Angiospermae

从上面例子可见，两种检索表所采用的特征相同，不同之处在于编排方式。比较而言，平行检索表使用更为方便。

编制检索表时需要注意如下几点。

（1）检索表中包含多少个被检索对象完全是人为编辑在一起的，可以按某一地区、某一类群或某种用途进行编辑。

（2）认真观察和记录植物的特征，排列出特征比较表，以便找出各类植物的识别特征。

（3）在选用区别特征时，最好选用相反的或易于区分的特征，千万不能采用似是而非或不肯定的特征。采用的特征要明显稳定，最好选用仅用肉眼或手持放大镜就能看到的特征。

（4）有时同一种植物由于生长环境不同既有乔木也有灌木，遇到这种情况时，在乔木和灌木各项中都可以编进去，这样就能保证查到。

（5）检索表的编排号码，只能用两个相同的，不能用三项以上，如1，1；2，2。

（6）为了验证你编制的检索表是否适用，还需要到实践中验证。

使用检索表时要注意如下几点。

（1）对植物各部分特征，特别是花各部分构造，要做细致解剖观察，因此，要鉴定的标本一定要完整，尤其要有花、果。

（2）要根据植物特征从头按次序逐项往下查，决

不能跳过一项去查下一项，因为这样极易发生错误。

（3）要全面核对两项相对性状，如果第一项性状看上去已符合手头的标本，也应继续读完相对的另一项性状，因为有时后者更合适。

（4）在核对了两项性状后仍不能做出选择或手头的标本上缺少检索表中要求的特征，可分别从两个方面检索，然后从所获的两个结果中，通过核对两个种的描述或图作出判断。

（5）根据检索结果，对照植物标本形态特征是否与植物志或图鉴上的描述及图一致，如果全部符合，证明鉴定结论正确，否则还需重新研究，直到完全正确为止。

第三节　植物分类方法

植物分类学是根据自然界植物有机体的性状分门别类，并按照一定的分类等级和分类原则进行排列，从而建立合乎逻辑的、能反映各类植物间亲缘关系的分类系统的学科。植物分类学是在个体水平上，以发现和描述植物多样性为基本任务发展起来的学科。

要对分布广泛、种类繁多、结构多样化的植物进行研究，首先必须根据它们的特征加以分门别类，建立植物界的系统。对植物进行分类的方法可分为人为分类法和自然分类法。

人为分类法，是早期人们按照自己的目的和方便或限于自己的认识，根据植物用途、生境习性或少数形态特征对植物进行分类，不考虑植物种间亲缘关系和系统发育地位的分类方法。例如，我国明朝李时珍（1518～1593 年）所著《本草纲目》依植物外形及用途将植物分为草、木、谷、果、菜五部；林奈依据雄蕊的有无、数目及着生情况，将植物分为 24 纲，其中 1～23 纲为显花植物，第 24 纲为隐花植物。这种按人为分类方法建立起来的分类系统称为人为分类系统（artificial system）。人为分类系统不能反映植物的亲缘关系和进化顺序，常把亲缘关系很远的植物归为一类，而把亲缘关系很近的又分开了。

自然分类法，是指根据植物进化过程中植物亲缘关系的亲疏远近作为分类标准，力求客观反映生物界亲缘关系和演化过程的分类方法。依自然分类方法建立起来的分类系统称为自然分类系统（natural system）。建立自然分类系统，要求人们应用现代科学技术，从植物学各个学科（如形态解剖学、古植物学、植物细胞学、植物化学、植物分子生物学和植物地理学等）去了解植物的自然性质，确认植物之间的亲缘关系，反映植物间演化规律和演化过程。自达尔文（1809～1882 年）在《物种起源》（The Origin of Species）一书中提出进化学说以后，许多分类学家就试图建立科学的自然分类系统。

经典分类学（classical taxonomy）是利用形态性状和地理分布资料进行分类，而现代分类学（modern taxonomy）或实验分类学（experimental taxonomy）则坚信建立在全面相似性基础上的系统才是自然的和客观的系统。因此，分类证据来源极其广泛，几乎涉及所有自然科学。

一、形态分类法

形态分类法就是根据植物体形态、解剖性状进行分类的方法，是实际应用最广的一种分类方法。

植物形态结构虽然是传统的研究内容，但由于新技术的引入，又有了新的发展。尽管某一分类群可能会在许多性状上发生变异，但并非同等重要。人们通常在大量研究基础上，区分出那些最有用的性状或概括出最保守的性状。对于不同分类群而言，关键特征往往各不相同。一般认为，植物生殖器官较营养器官的特征更稳定，因此分类学家很重视生殖器官，并总结出各方面特征的演化趋势。

随着电子显微镜技术的应用，产生了超微结构或亚显微结构（ultrastructure）形态学。分类学家用扫描电镜（SEM）对花粉、叶、种子和果实表面进行研究，在表皮细胞排列、纹饰、角质层分泌物等方面都有极其多样的形态。用透射电镜（TEM）对细胞内部结构进行研究，可以获得大量分类证据，如筛分子质体、P-蛋白、核蛋白质晶体、内质网膨大潴泡等。应该强调的是植物同一器官不同位置上，超微结构可能会有差异，超微结构的观察需要定位比较。

二、细胞分类法

细胞分类法（cytotaxonomy）是以细胞学方面性状作为分类学依据的方法。染色体研究促使了细胞分类学的产生。染色体数目、染色体组型中各染色体的绝对大小作为分类性状的价值在于它在种内相对恒定。减数分裂是染色体的行为方式，表明了不同亲本染色体组之间配对的程度，因而常用来揭示种间关系。因此，细胞学资料作为分类学的一个依据，在确定某些分类单位、探讨系统演化、建立新的自然分类系统等方面具有重要意义。已经证明，植物界杂交和异源多倍体形成是物种起源的重要途径，多倍体复合体（polyploidy complex）的形成和发展是植物界进化的重要方式，而染色体结构变异既可导致物种缓慢形成，也可引起物种快速起源。

在物种水平上，经常存在大量染色体数目的变异。具有不同染色体数目的植物常具有生殖隔离

（reproductive isolation），因此有人认为每个种应具有相同的染色体数目。

染色体的数目、结构和形态主要是通过核型（karyotype）进行研究。核型是某一个体或一群亲缘个体在有丝分裂中期时染色体的数目、大小、形态和排列。因此，有丝分裂中期染色体的照片、描图以及把染色体按大小顺序的排列都可称为核型，其中，以同源染色体为单位，按一定顺序排列起来的核型称为核型图（karyogram）。根据对某些种的核型分析，发现有的亚种之间存在染色体结构差异，这是由于近交繁育引起基因交流的限制和生殖隔离造成的分化。因此，染色体结构差异为亚种进一步分化为种提供了基础。

通过研究染色体在减数分裂时的配对行为分析染色体组之间的关系，称为染色体组分析（genome analysis）。染色体组分析对于研究多倍体复合体的起源和复杂的内在关系具有重大意义。此外，染色体组分析对于进一步了解植物种进化、种系发生（phylogeny）和分类也很重要。

三、孢粉分类法

孢粉分类就是将植物孢子和花粉性状应用于分类研究。孢子和花粉是植物系统发育中较保守的器官，其变异程度常标志着进化水平。孢子和花粉表面各种形态结构性状，都可用于分类。较高分类单元之间孢子或花粉超微结构差异较大，较低分类单元之间差异较小，共同点较多。

孢子和花粉形态研究不仅可为分类鉴定和花粉分析中鉴定化石孢粉提供依据，同时也为植物系统发育研究提供有科学信息。

四、化学分类法

血清学方法（serotaxonomy）是一种既方便又快速，广泛用于植物分类的方法。此方法多采用沉淀反应，它将从某一种植物中提纯的某种蛋白质注射到哺乳动物身上（多用兔子），哺乳动物血清中会产生抗体，然后提纯含有该蛋白质抗体的血清（抗血清），将其与要试验的另一种植物的蛋白质悬浊液（抗原）进行凝胶扩散或免疫电泳，观察其产生的沉淀反应来估计不同生物的相似程度，相似程度越高则沉淀反应越明显。

蛋白质作为化学分类特征，还可直接用蛋白质电泳法比较植物种类之间的异同。主要根据凝胶上蛋白质颗粒在电场影响下分成带正电荷和负电荷的两种，各向其异性方向移动。由于蛋白质分子有大小，所带电荷也有大小，因此在电场下移动速度不一，这样就形成了一幅蛋白质区带谱。不同种类植物含有的蛋白质不同，因此出现的区带谱也不同，由此来评价不同种类植物之间的亲缘或演化关系。目前，用植物体内所含酶作为分类依据是一项快速发展而有意义的蛋白质电泳方法，即把植物体内的酶提取后在一定介质（淀粉凝胶或聚丙烯酰胺凝胶）进行电泳，再经酶特异染色，产生一个酶谱，用来区分和归并一些物种。常用的有过氧化氢酶、过氧化物酶以及酯酶等同工酶。一定条件下，某些同工酶代表了它们的遗传特征，在分类学上有应用价值。

五、分子生物学方法

不同物种在形态结构、生理生化方面的差异是染色体上基因差异造成的一种表型差异，因此，可以直接从染色体 DNA 结构上寻找分子水平上的差异作为分类学资料。DNA 双螺旋结构中，碱基配对有两种形式，A—T 与 G—C。每个物种的 DNA 都有其特定的 G＋C 含量，不同物种 G＋C 含量不同，亲缘关系越远，其 G＋C 含量差别越大，所以这是一个新的能反映属种间亲缘关系的遗传型特征。目前用于系统分析的分子生物学资料主要来自基因组重排和基因序列分析，其中又以叶绿体基因组和核基因组研究较多。

DNA 分子杂交是分子生物学用于分类的又一方法。不同物种 DNA 上碱基顺序各不相同。DNA 是由两条方向相反、相互平行的核苷酸链通过碱基配对方式连接在一起的双螺旋体，这两条链在加热到 100℃并迅速冷却的条件下，可以相互分离，分离的两条链在适当条件下可再度结合。人们利用 DNA 这一特性，将不同种个体得来的两条单链放在一起，如果它们之间的顺序相似，就可在适当条件下，按碱基配对原则形成杂交 DNA 分子，再根据杂交程度，确定这两个种的相似程度。

氨基酸顺序（amino acid sequencing）测定技术也被广泛应用于系统分类。

六、数量分类法

数量分类学（numerical taxonomy）。用数量方法评价有机体类群之间的相似性，并根据这些相似值把类群归成更高阶层的分类群。数量分类学虽然不能提供新的证据，但却能提供新的信息。目前，图论、概率论、信息论、统计数学和模糊数学等已应用于分类学。

主分析成分（principal component analysis）。研究如何将多指标问题化为较少的综合性新指标问题。这些新指标既是彼此不相关，又能综合反映原来多个指标的信息，综合后的新指标称为原指标的主成分。最基本工作流程包括选择研究对象、选择特征、特征量化、原始数据标准化、主成分分析运算、运算结果分析。

聚类分析（cluster analysis）。建立在全面表征（phenotype）相似性基础上的分析，因此特征的选取十分广泛且数量极大。特征的选取、量化及标准化方法与主成分分析相同。该方法的基本思想是通过计算机研究对象（OUT）之间的相似性系数或相异性系数，根据此系数将关系最近的研究对象逐级予以归类，最终描绘成树状示意图，称为树状图（dendrogram）。一般的统计软件（如 SAS、SPSS）中均有较多的系数计算方案供选择。

分支分类学（cladistic taxonmy）。根据共同衍征（advanced character）来建立单系类群的原则，依系统发育关系进行的分类。首先根据外类群比较法等方法确定性状的极性，即祖征和衍征，前者赋值为 0，后者赋值为 1、2、3 等，其中假设具有全部祖征的类群为 OG。然后，根据公式计算不同类群间的距离，最后根据距离值构建系统演化树。

本章主要内容和概念

丰富多彩的自然界是各种物质系统相互联系、相互作用的整体，植物仅仅是这个整体的一个组分，迄今为止人们已知地球上约有 200 万种生物，其中植物约有 50 万种，如此多样的植物种类，与自然界和人类活动息息相关。植物多样性是指地球上所有植物及其与环境形成的统一体及多样化，包括多个层次或水平，如基因、细胞、组织、器官、物种、种群、群落、生态环境、景观等。每一层次都存在着多样性，其中研究最多，意义较大的有 4 个层次，即遗传多样性、物种多样性、生态系统多样性和景观多样性。本章主要包括植物多样性概念及意义，植物分类基础知识，植物分类方法等内容。

知识要点包括：

生物多样性及其价值，植物多样性及其 4 个层次，植物分类阶元，物种，居群，双名法，国际植物命名法规及其要点，同物异名与同名异物，模式标本，检索表及其类型，植物分类方法，人为分类法与自然分类法，生殖隔离，核型。

复习思考题

1. 简述生物多样性的含义及各层次间的相关性。
2. 结合中国实际情况，说明生物多样性保护与经济发展的关系。
3. 在校园中选择一种植物，依次列出其所隶属的各级分类阶元。
4. 举例说明双名法的意义。
5. 何谓模式标本？模式标本对于植物命名有何意义？
6. 采集校园六种植物，用检索表将其区别。

第十六章 植物界的基本类群与系统演化

在不同的生物界系统中，植物界所包含的内容也不一样。按照林奈两界系统，植物界主要包括藻类植物（Algae）、菌类植物（Fungi）、地衣（Lichens）、苔藓植物（Bryophyte）、蕨类植物（Perteridophyte）、裸子植物（Gymnosperm）和被子植物（Angiosperm）。根据植物体是否有根、茎、叶分化，合子是否发育为胚等特征，可将植物界分成低等植物（lower plants）和高等植物（higher plants）。低等植物又称原植体植物（thallophyte）或无胚植物（noembryophyte），包括藻类植物、菌类植物和地衣；高等植物又称茎叶体植物（phyllophyte）或有胚植物（embryophyte），包括苔藓植物、蕨类植物、裸子植物和被子植物。

第一节　低等植物

一、藻类植物

（一）概述

藻类植物（algae）是一类结构简单，没有根、茎、叶分化，具有光合色素，能进行自养生活的原植体植物（autotrophic thallophyte）。

1. 藻体形态结构

藻类植物体大小悬殊，多数较小，需借助显微镜才能观察到。最小单细胞藻类只有 1～2μm，最大藻体可达 100m 以上，如主要分布于美洲太平洋沿岸的巨藻属（Macrocystis）植物。

藻类植物体型多样，有单细胞、群体和多细胞。单细胞包括运动型的（有鞭毛，能自主游动）和非运动型的（没有鞭毛，不能自主游动）。群体是由多个细胞群集而成，但细胞没有分化，每个细胞都兼具营养和繁殖功能，包括定型群体（细胞间通过细胞壁连接）和不定型群体（细胞间通过胶质连接）。多细胞藻体有营养和繁殖细胞的分化，包括丝状体（单列或多列、分枝或不分枝）、叶状体、囊状体和皮壳状体等。

藻类植物有原核细胞（没有以核膜包被的细胞核）和真核细胞（有以核膜包被的细胞核）两种基本类型。

2. 繁殖方式和生活史

藻类植物生殖器官多数为单细胞，只有少数高级类群的生殖器官是多细胞，生殖器官每个细胞都直接参与生殖作用，形成孢子或配子，其外围没有不孕细胞层。合子（受精卵）不发育形成多细胞胚。

繁殖方式有营养繁殖、无性生殖和有性生殖。营养繁殖（vegetative reproduction）是营养体上一部分从母体分离后，独立生长为新个体，如单细胞种类经细胞分裂后，形成两个子细胞，各长大为新个体，多细胞种类，其藻体断裂，断裂下来的部分长成新个体。无性生殖（asexual reproduction）是由母体孢子囊（sporangium）产生生殖细胞—孢子（spore），再发育成为新个体，有具鞭毛的游动孢子（zoospore）和不具鞭毛的不动孢子（aplanospore）。有性生殖（sexual reproduction）是依靠两性生殖细胞——配子（gamete），相互融合形成合子（zygote），再发育成为新个体，产生配子的母细胞为配子囊（gametangium），包括同配生殖（isogamy）（两配子的形状、大小和运动能力完全相同）、异配生殖（heterogamy）（两配子形状相同，而大小和运动能力不同）和卵式生殖（oogamy）（两配子的形状、大小和运动能力都不相同，大的无鞭毛，不能运动，称为卵，小的有鞭毛，能运动，称为精子）。

藻类植物生殖方式多样，生活史也不同。蓝藻和某些单细胞真核藻类，没有有性生殖过程，不存在核相交替，也无世代交替现象。大多数真核藻类进行有性生殖，出现核相交替，包括三种形式。①合子减数分裂：减数分裂发生在合子萌发时，只有单倍植物体（图 16-1A）。②配子减数分裂：减数分裂发生在配子形成时，只有二倍植物体（图 16-1B）。③孢子减数分裂：减数分裂发生在孢子形成时，单倍和二倍植物体交替出现，即世代交替现象（图 16-1C），其中又分同型世代交替（孢子体和配子体形态结构相同）和异型世代交替（配子体或孢子体占优势）。

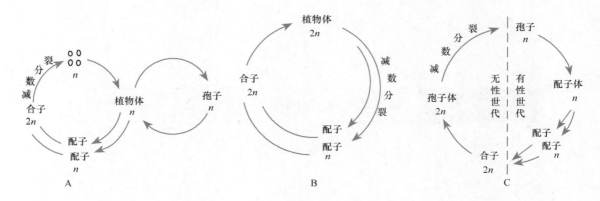

图 16-1　藻类植物的三种生活史

3. 分布

藻类植物分布极广,对环境条件要求不严,适应性较强,潮湿有光的地方,都可生长。多数水生,有的浮游或漂浮,有的固着在水中岩石或其他动植物体上,还有一些是陆生或气生的,不仅能生长在海洋、江河、湖泊和溪流,也能生长在短暂积水或潮湿土壤、岩石表面、墙壁和树干上。从热带到两极,从积雪高山到温热泉水,都有藻类分布。还有一些种类可与其他生物共生,如与真菌共生形成的地衣(lichen),有的寄生或内生于其他生物体内。

4. 进化

从地球上最早出现蓝藻至今已有 30 多亿年,之后,藻类植物各类群相继出现,经过几十亿年的漫长发展演化,成为现代的藻类。总体来说,藻类植物有一定的演化规律,从原核细胞,经过中核(间核)细胞,到真核细胞,藻体由单细胞到群体和多细胞、由简单到复杂、由游动到不游动再到固着,繁殖由营养繁殖、无性生殖到有性生殖,生活史由合子减数分裂到配子减数分裂,再到孢子减数分裂,由同型世代交替到异型世代交替,由配子体占优势到孢子体占优势。根据内共生学说,藻类植物的进化有 3 条路线(图 16-2)。

5. 经济价值

藻类植物能进行光合作用,是初级生产者,也是

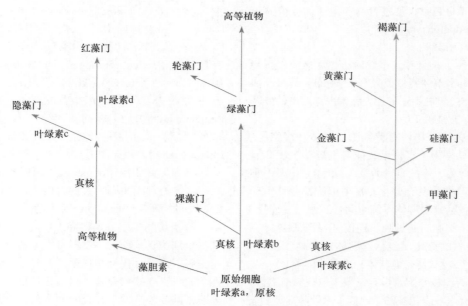

图 16-2　藻类植物的进化路线

水生态系统中食物链的基础,是一些鱼类和其他水生动物的主要饵料。许多藻类植物可以食用,营养价值很高,如海带和紫菜是极普通的副食品,地木耳、发菜、螺旋藻、小球藻等含有丰富的蛋白质,有的藻类在沿海或某些地区普遍食用。有的藻类还有医药价值,如海带等褐藻含有丰富的碘,可预防和治疗甲状腺肿,有些红藻中提取的琼脂是医药或生物学研究的最佳培养基材料。红球藻(*Haematococcus lacustris*)和盐藻

（*Dunaliella salina*）大量培养产生虾青素和胡萝卜素，具有很好的保健作用。硅藻大量死亡后，细胞壁沉积保存形成硅藻土，是良好的吸附剂和过滤剂。藻类在造纸、化工、纺织工业等方面也有广泛用途。蓝藻中有100多种具有固氮作用，可用于稻田生物氮肥，提高水稻产量。许多藻类在水体净化方面发挥了重要作用，有些种类对环境有指示作用，可用于水质监测。

6. 危害

有些藻类植物在一定条件下，也会对环境和其他生物产生危害，最重要的是形成水华（water bloom）和赤潮（red tide）。水华是淡水中某些浮游藻类大量生长繁殖，在水体表层形成密集絮状物并呈现颜色。有些形成水华的藻类，如微囊藻（*Microsystis* spp.）等，不仅产生异味，还产生毒素，危害极大。产生水华后，水体严重缺氧，造成鱼类大量死亡，严重的还会危害

人体健康。我国云南滇池、江苏太湖等地都暴发过严重的水华。在海洋中，藻类大量繁殖，使海水呈现红色，称为赤潮。形成赤潮的主要是一些甲藻，也产生毒素，对海洋中的鱼、虾、蟹等危害极大。

7. 分类

藻类植物种类繁多，目前已知有3万多种。早期的植物学家将藻类和菌类纳入一个门，即藻菌植物门。随着人们对藻类植物认识不断深入，认为藻类不是一个自然分类群。根据细胞结构、细胞壁成分、光合色素、同化产物和鞭毛类型等，将藻类植物分为若干个独立的门。各国学者对藻类植物分门的观点不同，我国藻类学家多采用Alexopoulus和Blod（1967）的分类系统，将常见藻类植物分为11个门，即蓝藻门、红藻门、隐藻门、甲藻门、金藻门、黄藻门、硅藻门、褐藻门、裸藻门、绿藻门和轮藻门。表16-1是各门的主要特征。

表16-1　各门藻类的主要特征

门	生境	主要光合色素	同化产物	细胞壁成分	鞭毛
蓝藻门 Cyanophyta	淡水，海水，陆地	叶绿素a 藻胆素	蓝藻淀粉	肽聚糖	无
红藻门 Rhodophyta	海水多 淡水少	叶绿素a、叶绿素d 藻胆素	红藻淀粉	纤维素，果胶，碳酸钙	无
隐藻门 Cryptophyta	淡水多 海水少	叶绿素a、叶绿素c 藻胆素	淀粉	无细胞壁	2条 顶生
甲藻门 Pyrrophyta	海水 淡水	叶绿素a、叶绿素c	淀粉 油	纤维素	2条不等长 1条环绕，1条后拖
金藻门 Chrysophyta	淡水多 海水少 陆地	叶绿素a、叶绿素c	金藻昆布糖 油	纤维素，硅质或无细胞壁	1条或2条 顶生
黄藻门 Xanthophyta	淡水多 海水少	叶绿素a、叶绿素c	金藻昆布糖 油	纤维素 果胶	2条不等长 顶生
硅藻门 Bacillariophyta	海水 淡水	叶绿素a、叶绿素c	金藻昆布糖 油	硅质 果胶	1条 顶生
褐藻门 Phaeophyta	海水多 淡水很少	叶绿素a、叶绿素c	褐藻淀粉 甘露醇	纤维素 褐藻酸	2条不等长 侧生
裸藻门 Euglenophyta	淡水多 海水少 陆地	叶绿素a、叶绿素b	裸藻淀粉	无细胞壁	1条或2条不等长顶生
绿藻门 Chlorophyta	淡水多 海水少 陆地	叶绿素a、叶绿素b	淀粉	纤维素 果胶	1条到多条等长 顶生
轮藻门 Charophyta	淡水	叶绿素a、叶绿素b	淀粉	纤维素 果胶	2条等长 顶生

（二）蓝藻门（Cyanophyta）

1. 一般特征

蓝藻常称蓝绿藻（blue-green algae），由于它和细菌同属原核生物，在细胞结构等许多方面与细菌有相

同特征，又称蓝细菌（cyanobacteria）。

（1）藻体形态。植物体有单细胞、群体和丝状体。群体有定形和不定形。丝状体不分枝、分枝或具假分枝。营养细胞和生殖细胞无鞭毛。

（2）细胞结构。蓝藻细胞具有明显细胞壁，内层

为肽聚糖，外层为脂蛋白，胞壁外往往有多糖构成的胶质鞘（gelatinous sheath）。原生质体分化为中心质（centroplasm）和周质（periplasm）两部分，细胞无细胞器和细胞核。中心质又称中央体，存在于细胞中央，有 DNA 微丝，但无组蛋白，不形成染色体，无核膜和核仁结构，但有核物质的功能，称原核或拟核。中心质的周围是周质，又称色素质。电子显微镜下，在周质中可看到类囊体，或称光合作用片层，不形成色素体。光合色素有叶绿素 a、藻蓝素（phycocyanin）、藻红素（phycoerythin）、胡萝卜素和叶黄素。光合作用产物为蓝藻淀粉（cyanophycean starch）。藻胆体由藻蓝蛋白和藻红蛋白组成，两者分别是由藻蓝素和藻红素与组蛋白结合成的颗粒体。因藻蓝素含量比例较大，藻体常呈蓝绿色。浮游蓝藻周质中常有气泡（gas vacuole），也称为伪空胞（pseudovacuole），有遮强光和漂浮的功能，是适应浮游生活的结构。部分丝状种类有异形胞（heterocysts），是一种比营养细胞大的特殊细胞，常呈无色透明状。异形胞常形成固氮酶系统，能进行固氮作用。

（3）繁殖。蓝藻主要繁殖方式是细胞分裂。单细胞种类，细胞分裂后，子细胞分离，立即形成单细胞。群体种类，细胞多次分裂，形成大的群体，破裂后形成多个小群体。丝状体类型是断裂形成可繁殖的藻殖段（homogonium），再发育成新藻体。少数种类可通过形成厚壁孢子（chlamydospore）、外生孢子

（exospores）、内生孢子（endospore）进行繁殖。厚壁孢子是由营养细胞体积增大，积累营养物质，细胞壁增厚而形成，可长期休眠，以渡过不良环境。外生孢子形成时，细胞内原生质发生横分裂，形成大小不等的两块，上端一块较小，形成孢子，萌发成新藻体，基部一块仍保持分裂能力，继续分裂形成孢子，因此孢子不断释放，如管胞藻属（Chamaesiphon）。内生孢子是由母细胞增大，原生质进行多次分裂，形成许多具有薄壁的子细胞，母细胞破裂后孢子放出，每个孢子萌发形成新的藻体，如皮果藻属（Derocarpa）。

（4）分布。蓝藻分布很广，在淡水和海水、潮湿土壤和岩石、树干和树叶都有。由于蓝藻常有胶质鞘，所以抗逆性很强，耐旱、耐高温，常称为先锋植物，在温泉、冰雪、盐池、干旱的岩石缝等处都可生存。在营养丰富的水体中，浮游蓝藻大量繁殖集聚水面，特别是夏季，形成水华。有些种类与真菌共生形成地衣，有的生于苏铁（Cycas revoluta）根和满江红（Azolla imbricata）叶腔中。

2. 代表植物

（1）微囊藻属（Microcystis）。植物体是球形、不规则形或具有很多穿孔的浮游性群体，细胞多数，有群体胶质鞘。细胞球形，多数有气泡（图 16-3）。以细胞分裂和群体破裂进行繁殖。夏季在营养丰富的水中大量繁殖，形成水华。微囊藻能分泌毒素，危害摄食藻类的动物。

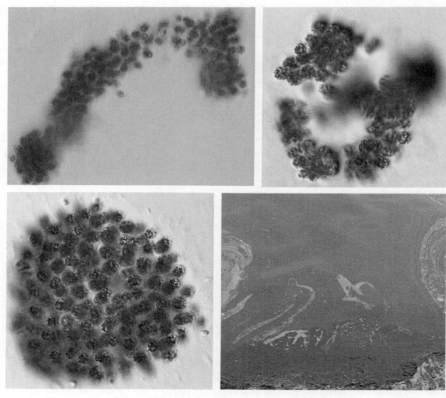

图 16-3　微囊藻属及引起的水华

（2）颤藻属（*Oscillatoria*）。植物体是单列细胞组成的丝状体，不分枝，丝状体常丛生，并形成团块。细胞短圆柱状，无胶质鞘或有不明显胶质鞘。丝状体能前后运动，或左右摆动，故称颤藻（图16-4）。以形成藻殖段进行繁殖。常见于有机质污染的湿地或浅水中。

（3）螺旋藻属（*Spirulina*）。植物体由细长单细胞或单列细胞组成的不分枝丝状体，螺旋状卷曲，故称螺旋藻（图16-5）。以藻殖段进行繁殖。淡水、海水中均生长，特别是碱性水体中。富含蛋白质及各种维生素、微量元素、藻多糖、藻蓝素、亚麻酸、类胰岛素等多种活性物质，常作为营养滋补品。

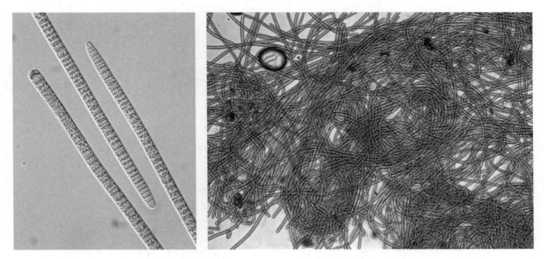

图 16-4　颤藻属

图 16-5　螺旋藻属

（4）念珠藻属（*Nostoc*）。植物体由单列细胞组成不分枝的丝状体，丝状体常无规则集合在一个公共胶质鞘

中，形成肉眼可见或不可见的球状、片状、发状或不规则团块，细胞多球形或扁球形，排列如念珠状而得名，

丝状体有个体胶质鞘或无，异形胞顶生或间生（图16-6）。以藻殖段或厚壁孢子进行繁殖。生于淡水、潮湿土壤或

岩石上。能固氮。本属的地木耳（*N. cooune*）、发菜（*N. flagelliforme*）和葛仙米（*N. sphaeroids*）等可供食用。

图16-6　念珠藻属

（标注：异形胞）

（三）红藻门（Rhodophyta）

1. 一般特征

（1）形态特征。藻体除少数为单细胞外，多数是多细胞的。藻体多较小，少数大型的可超过1m。藻体有简单丝状体，单列或多列细胞，分枝或不分枝，也有形成假薄壁组织的叶状体或枝状体。假薄壁组织主要由藻体细胞贴合而成，可分为"单轴和多轴"两种类型。单轴型藻体中央有1条轴丝（藻丝），向各个方向发出分枝，侧枝相互密贴，形成"皮层"，多轴型藻体中央有多条轴丝（藻丝）组成髓（中央管），由髓向各方向发出侧枝，密贴成"皮层"，又称同化丝，形成围轴管。顶端生长、居间生长或弥散式生长。

（2）细胞结构。细胞壁分两层，内层为纤维素，外壁是果胶质。多数红藻细胞只有1个核。色素体1至多数，光合色素有叶绿素a和叶绿素d、β-胡萝卜素、叶黄素、藻红素和藻蓝素，一般藻红素占优势，故藻体多呈红色。储藏物为红藻淀粉（floridean starch）。

（3）繁殖。原始类型可以细胞分裂进行营养繁殖。无性生殖产生不动孢子，有单孢子（孢子囊仅产生1个孢子）和四分孢子（孢子囊中母细胞减数分裂产生4个孢子）。有性生殖为卵式生殖，雌雄同株或异株。雄性生殖器官为精子囊（antheridium），产生无鞭毛的不动精子。雌

性生殖器官为果胞（carpogonium），形似烧瓶，上部为细长的受精丝（trichogyne）。精子释放后，借助水流粘在受精丝上，进入果胞。合子形成产孢丝，进而形成果孢子囊，许多果孢子囊集生成为果孢子体（carposporophyte）。果孢子体是二倍的，附生在配子体上。果孢子体产生果孢子，萌发成二倍的四分孢子体，再经过减数分裂，产生四分孢子，发育成配子体。红藻门植物的生活史中不产生游动细胞，绝大多数种类都有3个世代的藻体进行世代交替，即孢子体世代、配子体世代和果孢子体世代。

（4）分布。大多数种类固着生活在不同深度的海洋中；淡水种类较少，多固着于冷泉、溪流中；极少数生于潮湿土壤。

2. 代表植物

（1）紫菜属（*Parphyra*）。藻体为叶状体，紫红色、紫色或蓝紫色，单层细胞或两层细胞，边缘皱褶，高20~30cm，宽10~20cm，生于海滩岩石上。细胞单核，色素体1枚，星状，中轴位，有蛋白核。藻体弥散式生长。无性生殖产生单孢子。有性生殖精子囊和果胞由藻体边缘细胞转化而成。合子发育为果孢子囊，产生2倍果孢子。果孢子释放后，落到软体动物壳上，萌发成分枝丝状体（曾被称为壳斑藻 *Conchocelis rosea*），减数分裂产生壳孢子，萌发为叶状体紫菜（图16-7）。我国南北沿海都有分布，是经济价值极高的食品。

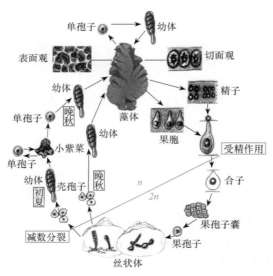

图 16-7　紫菜属的生活史

（2）串珠藻属（*Batrachospermum*）。藻体为具轮节的分枝丝状体，多胶质，单轴型，具明显中轴，分化成节和节间。节细胞上有初生枝。节间包被有皮层细胞，上面可生长次生枝或缺乏。初生枝和次生枝共同组成轮节。无性生殖在初生枝或次生枝上产生单孢子囊。有性生殖形成果胞和精子囊，雌雄同株或异株。果胞枝发生于初生枝基部或中部，少有顶端的，也有生于次生枝上的，果胞基部对称，受精丝形状多样。果孢子体球形或半球形，每一轮节上数目不等。精子囊生于初生枝或次生枝顶端或近顶端，也有生于果胞枝上苞片顶端的，一般为球形，单生、双生或多个丛生（图 16-8）。固着生于山泉、溪流中，是淡水红藻中最具代表性的类群。

（3）多管藻属（*Polysiphonia*）。藻体为多列细胞的分枝丝状体，直立或部分匍匐，基部以假根固着，丝状体中央有一列较粗的细胞，为中轴管（central siphon），四周由 4～24 个较细的细胞围成一圈，为围

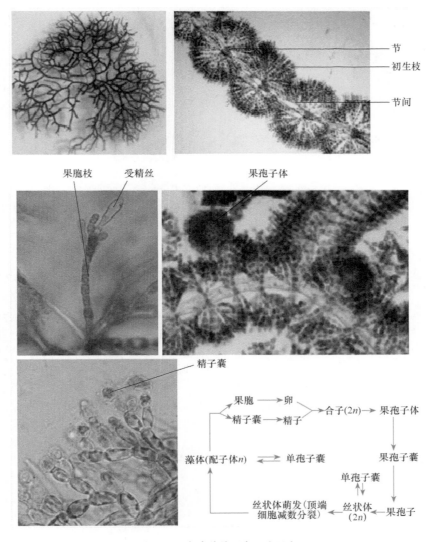

图 16-8　串珠藻属形态及生活史

轴管（peripheral siphon）。无性生殖产生四分孢子。生活史中有单倍的配子体、双倍的果孢子体和四分孢子体，其中配子体和四分孢子体在外形上完全相同，是同形世代交替。精子囊生在雄配子体上部生育枝上，果胞在雌配子体上部可育性毛丝状体上产生，结构复杂，受精后形成果孢子体，产生果孢子囊，释放果孢子。果孢子萌发，形成二倍的四分孢子体，在四分孢子体上形成四分孢子囊，经减数分裂，形成四分孢子，四分孢子萌发形成单倍的配子体（图16-9）。生于沿海地区。

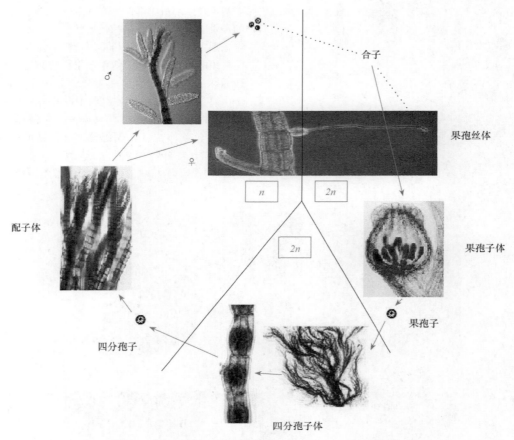

图 16-9　多管藻属的生活史

（四）甲藻门（Pyrrophyta）

1. 一般特征

（1）形态特征。藻体多数是单细胞，球形或长椭圆形，极少数种类为丝状体。

（2）细胞结构。细胞壁多数较厚，少数较薄。纵裂甲藻由左右两个对称的瓣组成，无纵沟（sulcus）和横沟（girdle），横裂甲藻细胞壁由多个板片嵌合而成，具背腹之分，板片形态、数目和排列方式是鉴定种的依据。多具1纵沟（又称腹区）和1横沟（又称腰带），横沟位于细胞中部偏下，上部称上壳或上锥部，下部称下壳或下锥部，纵沟位于下壳腹面中央，与横沟垂直。细胞核1个，有丝分裂过程中核膜和核仁不消失，称为间核（mesokaryon）。色素体多数，含叶绿素a和叶绿素c、β-胡萝卜素、多甲藻（黄）素（peridinin）等。同化产物为淀粉和油。甲藻液泡（pusule）近于体表层，囊状体，没有伸缩能力，外端有一开口与外界相通，有渗透营养的作用。刺丝泡（trichocyst）由高尔基体长出，遇敌时放出，具捕食功能。具2条鞭毛，从横沟、纵沟交界处的鞭毛孔伸出，排列不对称，1条为横鞭毛，外有1排鞭茸，带状，环绕横沟，波状运动，使藻体旋转，1条为纵鞭毛，外有2排鞭茸，通过纵沟后拖，鞭状运动，使藻体前进。

（3）繁殖。以细胞纵裂的营养繁殖为主，有的在母细胞内产生游动孢子或不动孢子行无性生殖，少数种类发现有性生殖，为同配。

（4）分布。大多数为海产，淡水产种类较少。甲藻是重要的浮游藻类，是水生动物的主要饵料之一。但是，若过量繁殖，常使水色变红，形成"赤潮"，对渔业危害很大。甲藻死亡后沉积海底，成为古生代油地层中的主要化石，是石油勘探中的常用依据。

2. 代表植物

（1）多甲藻属（*Peridinium*）。藻体单细胞，椭圆形、卵形或多角形，背腹扁，背面稍凸，腹面平或凹入，纵沟和横沟明显，细胞壁由多块板片组成（图 16-10A）。细胞以斜向纵裂进行营养繁殖，或无性生殖形成厚壁孢子，少数具有性生殖。分布于海水或淡水。

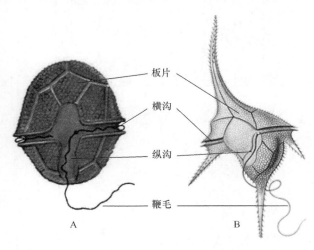

图 16-10　甲藻门植物

A. 多甲藻属；B. 角甲藻属

（2）角甲藻属（*Ceratium*）。藻体单细胞，不对称，顶端有板片突出形成的长角，底部有 2 个或 3 个短角（图 16-10B）。细胞以斜向纵裂方式进行营养繁殖。分布于海水或淡水。

（五）硅藻门（Bacillariophyta）

1. 一般特征

（1）形态特征。藻体为单细胞，圆形、新月形或长杆形，可连接成各种形状的群体或丝状体。丝状体的细胞个体单个贴合在一起，可形成假分枝。

（2）细胞结构。细胞壁成分为硅质和果胶质。硅质较厚在外，胶质较薄在内，主要成分为 $SiO_2 \cdot H_2O$。由两个套合的半片组成，外面的半片称上壳（epitheca），里面的半片称下壳（hypotheca），顶面和底面称为壳面（valve），两个半片套合的地方称为环带面（girdle band）。壳面有各种花纹、突起，在电镜下呈小孔、小穴、小腔状，开口向内，辐射对称或两侧对称，两侧对称种类的壳面中线上常有长的纵裂缝，称为壳缝（raphe），中央加厚处称中央节，两端加厚处称端节。细胞核 1 个。色素体 1～2 个或多个，含叶绿素 a 和叶绿素 c、α- 胡萝卜素和 β- 胡萝卜素、墨角藻黄素、硅藻黄素和硅甲黄素等。同化产物为金藻昆布糖和油。营养体没有游动细胞，仅精子具 1～2 条等长或不等长鞭毛。能自发运动的硅藻都有 1 条或 2 条壳缝，运动方向是沿着纵轴方向前进或后退。

（3）繁殖。硅藻主要以细胞分裂进行营养繁殖。细胞分裂时，原生质膨胀，上下两壳分离，一个子细胞获得母细胞的上壳，另一个子细胞获得下壳，每个子细胞立即分泌出另一半细胞壁，新分泌出的半片始终作为子细胞的下壳，老的半片作为上壳，结果是一

个子细胞体积和母细胞等大，另一个则比母细胞小一些，几代之后，也只有一个子细胞的体积与母细胞等大，其余的越来越小（图 16-11）。当缩小到一定程度后，多可通过有性生殖产生复大孢子（auxospore）恢复其大小。藻体通过减数分裂形成配子，结合后合子发育为复大孢子，进而发育为新藻体。有性生殖包括同配、异配和卵式生殖。

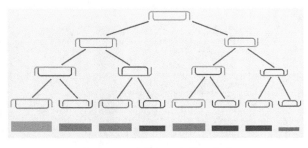

图 16-11　硅藻细胞分裂示意图

（4）分布。硅藻分布很广，淡水、半咸水、海水或潮湿土壤、岩石、墙壁、树干、苔藓植物体表等处均有，浮游或附着在基物上。硅藻春秋两季生长旺盛，是鱼、贝等动物的饵料，也是海洋初级生产力的重要指标。

2. 代表植物

（1）直链藻属（*Melosira*）。藻体单细胞，圆柱形，常连成链状。壳面纹饰辐射对称或无（图 16-12A、图 16-12B）。

（2）小环藻属（*Cyllotella*）。藻体单细胞，圆盘状，有些种类连成链状。壳面边缘有辐射状排列的线纹、孔纹、肋纹，中央平滑或具颗粒（图 16-12C、图 16-12D）。

（3）舟形藻属（*Navicula*）。藻体单细胞或以壳面连成群体。壳面线形、椭圆形或披针形，两侧对称，两端头状、钝圆或喙状，具横线纹，中轴区狭窄。上下壳面均具壳缝，具中央节和极节（图 16-12E、图 16-12I）。

（4）桥弯藻属（*Cymbella*）。藻体单细胞或连接成群体。壳面新月形、线形、半椭圆形或舟形，两侧不对称，有背腹之分，背侧突出，腹侧近平直，线纹略呈辐射状。上下壳面均具壳缝，具中央节和极节（图 16-12G）。

（5）异极藻属（*Gomphonema*）。藻体单细胞或连接成扇状群体。壳面棒形或披针形，两端不对称，上端宽，下端窄，线纹略呈辐射状。上下壳面均具壳缝，具中央节和极节（图 16-12F、图 16-12H）。

（六）褐藻门（Phaeophyta）

1. 一般特征

（1）形态特征。藻体为多细胞，无单细胞及群体类型，基本上分为三大类：①分枝丝状体，分化为匍匐枝和直立枝的异丝状体；②分枝丝体互相紧密结合，

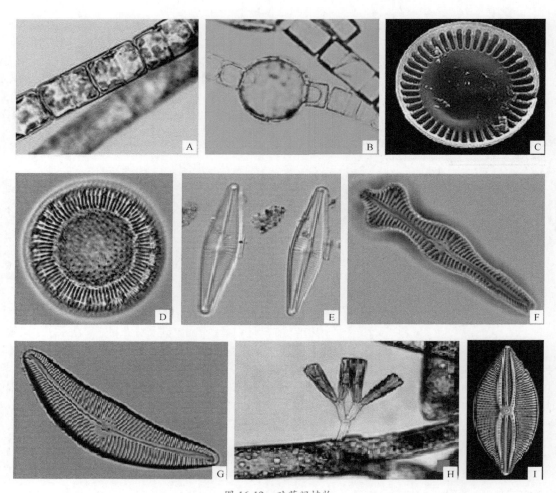

图 16-12　硅藻门植物

A、B. 直链藻属；C、D. 小环藻属；E、I. 舟形藻属；G. 桥弯藻属；F、H. 异极藻属

形成假薄壁组织；③比较高级的类型有组织分化，内部分化成表皮层、皮层和髓三部分。表皮层细胞多，较小，内含许多色素体，皮层细胞较大，有机械支持作用，接近表皮层的几层细胞也含有色素体，髓在中央，由无色长细胞组成，有输导和储藏作用，有些种类在髓部有类似筛管的构造，称喇叭丝。顶端生长、弥散生长、边缘生长、居间生长或毛基生长等。

（2）细胞结构。细胞壁分为两层，内层是纤维素，外层为藻胶，含有一种碳水化合物，称为褐藻糖胶（fucoidan），能使褐藻形成黏液质，退潮时，黏液质可使暴露在外面的藻体免于干燥。细胞单核，色素体 1 至多数，含有叶绿素 a、叶绿素 c、β- 胡萝卜素和 6 种叶黄素，其中墨角藻黄素含量最大，使藻体呈褐色。储藏物质为褐藻淀粉（laminarin）和甘露醇（mannitol）。细胞中具特有的小液泡，称为褐藻小液泡，呈酸性反应，大量存在于分生组织、同化组织和生殖细胞中。仅生殖细胞具鞭毛，即精子和游动孢子，多具两条不等长侧生鞭毛，向前伸出的一条较长，是茸鞭型，向后伸出的一条较短，是尾鞭型。

（3）繁殖。生殖方式有营养繁殖、无性生殖和有性生殖。营养繁殖有两种：①营养体断裂成几部分，每一部分都可发育成新植物体；②营养体某一部分长出具有繁殖功能的小枝，即繁殖枝（propagule），小枝脱落发育成新个体。无性生殖产生游动孢子或不动孢子，分为单室孢子囊（unilocular sporangium）（由孢子体一个细胞增大形成，经减数分裂和有丝分裂，形成多数单倍的游动或不动孢子）和多室孢子囊（plurilocular sporangium）（孢子体一个细胞经过多次分裂，形成一个细长的多细胞组织，每个小立方形细胞发育成一个侧生双鞭毛游动孢子，这种孢子囊发生在二倍体藻体上，形成孢子时不经过减数分裂，因此游动孢子是二倍的，发育成一个二倍植物体）两种类型。有性生殖有同配、异配和卵式生殖。生活史多数孢子减数分裂，少数配子减数分裂。

（4）分布。绝大多数海产，仅有几个罕见种生活在淡水中。主要分布在寒带和温带海洋，生长在低潮带和潮下带岩石上，是构成海底森林的主要类群。有的种类可食用，许多种类可提取褐藻酸钠、甘露醇、碘、氯化钾等药品和化学品。

2. 代表植物

（1）水云属（*Ectocarpus*）。藻体（孢子体和配子体）为小型单列细胞的分枝丝状体，分化成匍匐附着部分和直立部分，直立部分簇生，末端小枝逐渐变细，匍匐部分的分枝密而不规则。细胞单核，有少数带状或多数盘形色素体。生活史为同形世代交替。无性生殖产生游动孢子，有单室孢子囊和多室孢子囊，都发生于侧生小枝顶端细胞上。有性生殖为同配或异配（图16-13A～C）。分布较广，固着生于海洋潮间带岩石或其他藻体上。

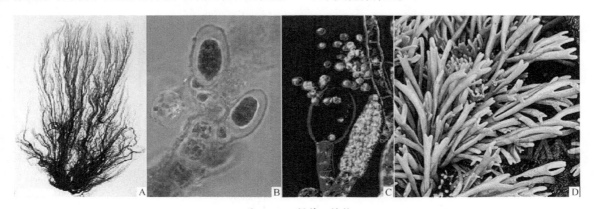

图16-13 褐藻门植物
A. 水云属藻体；B. 孢子囊；C. 配子囊；D. 鹿角菜属

（2）鹿角菜属（*Pelvetia*）。藻体软骨质，高为6～15cm。基部为圆锥状固着器，中间为扁圆状短柄，上部为二叉状分枝，分化为表皮、皮层和髓，皮层和髓都有类似筛管的构造。顶端生长。鹿角菜的生活史是配子减数分裂。生殖时在枝端形成长角果状生殖托（receptacle），有柄，比普通营养枝粗，表面有明显突起，突起处有一开口的腔，称为生殖窝（conceptacle），在生殖窝内产生精囊与卵囊。合子发育成二倍藻体（图16-13D）。多固着于温带海洋中潮或高潮带岩石上。可食用和工业上提取藻胶。

（3）海带属（*Laminaria*）。藻体（孢子体）大型片状，长达3～4m，宽20～30cm，由固着器、柄和带片组成，柄和带片内部分化为表皮、皮层和髓。居间生长。配子体小型丝状。生活史为异形世代交替，孢子体占绝对优势（图16-14）。无性生殖产生游动孢子，孢子体成熟时，在带片两面产生单室游动孢子囊，棒状丛生，中间夹着长细胞，称为隔丝（或侧丝）（paraphysis），隔丝顶端有透明胶质冠。孢子母细胞经过减数分裂和多次有丝分裂，产生32个侧生不等长双鞭毛的梨形游动孢子，附着萌发为配子体。配子体雌雄异株，雄配子体是十几个细胞组成的分枝丝状体，其上每个细胞均可发育为精子囊，每个精子囊产生1枚侧生不等长双鞭毛精子。雌配子体由几个大细胞组成，很少分枝，枝端产生单细胞卵囊，内有1枚卵，成熟时排出，附着于卵囊顶端，在母体外受精，形成合子，萌发为孢子体（图16-15）。原产苏联远东地区、日本和朝鲜北部沿海，1927年引进我国大连，并逐渐在辽东和山东半岛海区生长，现在是我国常见海洋藻类，营养丰富，是人们喜爱的食品。

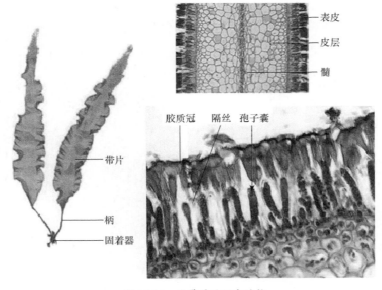

图16-14 海带属的形态结构

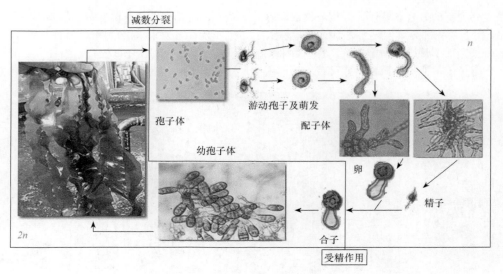

图 16-15 海带属的生活史

（七）裸藻门（Euglenophyta）

1. 一般特征

（1）形态特征。藻体大多为能自由游动的单细胞，顶生 1～3 条鞭毛，前端钝圆，后端尖细。前端有胞口（cytostome）和狭长胞咽（cytopharynx），胞咽下部膨大部分称为储蓄泡（reservoir），储蓄泡周围有一至多个伸缩泡（contractile vacuole）。

（2）细胞结构。无细胞壁，最外层是原生质膜，内有蛋白质构成的周质体（periplast），有些周质体薄，藻体易弯曲变形，有些周质体厚而硬，藻体形状固定，有些属能分泌带孔的囊壳（lorica）。细胞核大，有丝分裂过程中核膜和核仁不消失，没有染色体纺锤丝，称为中核（mesocaryon）。色素体多个，含叶绿素 a 和叶绿素 b、β-胡萝卜素和 3 种叶黄素。同化产物是裸藻淀粉（副淀粉）（paramylum）和油，存在于细胞质中。眼点（stigma, eye spot）位于储蓄泡与胞咽之间。鞭毛 1 条或 2 条，不等长。

（3）繁殖。裸藻以细胞纵裂进行营养繁殖。可形成胞囊（cyst），渡过恶劣环境，环境好转时原生质从厚壁中脱出，萌发成新个体。

（4）分布。多数分布在淡水，少数生长在半咸水，很少生活在海水中。在有机质丰富的水中生长良好，是水质污染的指示植物。裸藻又称眼虫，有些种类无色，营异养生活。有 2 个属生活在两栖类的消化管内。

2. 代表植物

（1）扁裸藻属（*Phacus*）。藻体单细胞，明显侧扁，正面观圆形、卵形或椭圆形，后端多尾状，表质较硬化，具螺旋状排列的线纹、肋纹或颗粒。色素体多数，小盘形，副淀粉多 1 个，大型（图 16-16A）。大多生活于淡水中。

（2）囊裸藻属（*Trachelomonas*）。藻体单细胞，外具囊壳，由胶质或铁、锰等化合物组成，透明或不透明，顶端具鞭毛孔，有领或无，光滑或有纹饰（图 16-16B）。生活于淡水中。

（3）裸藻属（*Euglena*）。藻体单细胞，纺锤形、

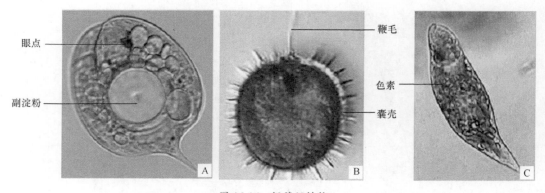

图 16-16 裸藻门植物

A. 扁裸藻属；B. 柄裸藻属；C. 裸藻属

长纺锤形或圆柱形，前端宽而钝圆，后端锐，表质柔软或略硬化，具螺旋状排列的线纹或颗粒。色素体1至多数，副淀粉粒2或多数，颗粒状（图16-16C）。主要生活于含有机质的淡水中。

（八）绿藻门（Chlorophyta）

1. 一般特征

（1）形态特征。藻体多样，有单细胞（游动或不游动）、群体（定形或不定形）、丝状体（分枝或不分枝）、叶状体、管状体等类型。少数种类的营养细胞前端具有鞭毛，终生能运动，多数种类的营养细胞不能运动，但在繁殖时形成的孢子和配子大多有鞭毛，能运动。

（2）细胞结构。大多具细胞壁，主要成分是纤维素和果胶。通常具1个细胞核，少数多核。色素体1个至多个，含叶绿素a和叶绿素b、β-胡萝卜素及叶黄素，同化产物主要是淀粉，多储于蛋白质核周围成为淀粉鞘。运动细胞具有2条、4条或更多的等长鞭毛。运动细胞常具眼点。鞭毛通常是2条或4条，顶生，等长，尾鞭型。

（3）繁殖。营养繁殖通过母体断裂和细胞分裂进行。单细胞种类可形成胶群体。无性生殖可产生游动孢子和不动孢子，还可产生与母细胞形态特征相似的似亲孢子（autospore）。可通过原生质体分裂和细胞壁加厚产生休眠孢子（hypnospore），以渡过不良环境。有性生殖除同配、异配和卵式生殖外，还有产生没有鞭毛配子相结合的接合生殖。

（4）分布。以淡水种类为主，海水种类少。淡水种类分布广泛，静水和流水均有，漂浮、浮游或固着生活。有的生于潮湿土壤、墙壁、岩石和树干上，甚至冰雪里，也有寄生、内生、共生的种类。

2. 代表植物

（1）衣藻属（*Chlamydomonas*）。藻体为游动单细胞，卵形、椭圆形或圆形。前端有2条顶生鞭毛，有些种类在鞭毛着生处有乳头状突起。细胞壁分两层，内层主要成分是纤维素，外层由果胶质包着。色素体1个，多数形状如厚底杯状，在基部有一个明显蛋白核，也有片状、H形或星芒状。细胞中央有1个细胞核。鞭毛基有2个伸缩泡，一般认为是排泄器官。眼点橙红色，位于体前端。无性生殖产生游动孢子，有性生殖多为同配。生活史为合子减数分裂（图16-17A）。生活于有机质丰富的淡水中，早春和晚秋较多。

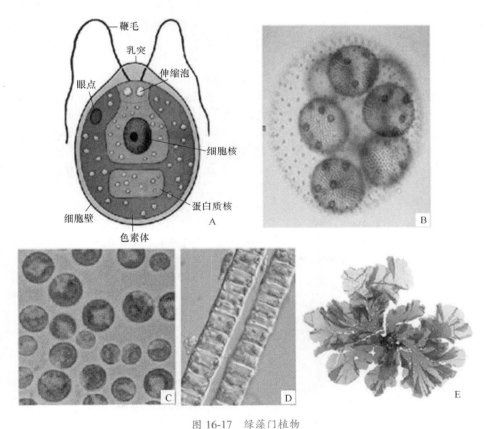

图 16-17　绿藻门植物

A. 衣藻属；B. 团藻属；C. 小球藻属；D. 丝藻属；E. 石莼属

（2）团藻属（*Volvox*）。藻体是由数百至上万个细胞排成一层位于表面的空心球体，球体内充满胶质和水。细胞形态结构和衣藻属相同。每个细胞各有一层胶质包着。群体后端有些细胞失去鞭毛，比普通营养细胞大10倍或更多，称为生殖胞（gonidium）（图16-17B）。由于出现营养细胞和生殖细胞的分化，因此该属藻体也是原始的多细胞体。繁殖方式较复杂。经常在夏季发生于淡水池塘或临时性积水中。

（3）小球藻属（*Chlorella*）。藻体单细胞，圆形或略椭圆形，可聚集成群。细胞壁通常较薄，色素体1个，杯状或或片状，老熟时分裂成数块，蛋白核有或无（图16-17C）。无性生殖产生不动孢子。有性生殖未知。生活于含有机质的河流、沟渠、池塘等淡水中，潮湿土壤上也有分布。

（4）丝藻属（*Ulothrix*）。藻体为单列细胞不分枝丝状体，细胞圆柱形，略膨大，基部细胞分化为固着器。细胞壁薄或厚，有的具胶质。色素体带状，蛋白质核多。可通过丝状体断裂进行营养繁殖。无性生殖产生游动孢子。有性生殖为同配（图16-17D）。多生活于流动的淡水中，在瀑布或急流的岩石上较多，少数种类海产。

（5）石莼属（*Ulva*）。藻体为大型多细胞片状体，椭圆形、披针形或带状，由2层细胞构成。下部长出无色的假根丝，互相紧密交织，构成假薄壁组织状固着器。藻体细胞排列紧密，表面观多角形，切面观长形或方形。色素体片状，有1个蛋白质核。无性生殖产生游动孢子，有性生殖为同配，生活史为同形世代交替。固着生长于海洋潮间带岩石上（图16-17E）。可食用，俗称海白菜。

（6）水绵属（*Spirogyra*）。藻体是由1列细胞组成的不分枝丝状体，细胞圆柱形。色素体螺旋带状，1条至多条，有多数蛋白质核纵列于色素体上。细胞单核，位于中央。有性生殖为接合生殖。生殖时2条丝状体平行靠近，在两细胞相对一侧相互发生突起，逐渐伸长而接触，接触处胞壁消失，连接成管，称为接合管（conjugation tube），同时，细胞内原生质体收缩形成配子。1条丝状体（雄性的）细胞中的配子，变形运动，通过接合管移至相对的另一条丝状体（雌性的）细胞中，并与其中的配子结合形成合子。2条接合的丝状体和形成的接合管，外观同梯子一样，称为梯形接合（scalariform conjugation）（图16-18）。合子成熟时分泌厚壁，随死亡母体沉于水底，待母体细胞破裂后放出，

环境适宜时萌发。有些种类则进行侧面接合（lateral conjugation），是在同一条丝状体上相邻两个细胞间形成接合管，其中一个细胞的原生质体通过接合管移入另一个细胞中形成合子。生活史为合子减数分裂。生活于各种淡水水体中，用手触及有黏滑的感觉。

（九）轮藻门（Charophyta）

1. 一般特征

轮藻门在细胞结构、光合色素和同化产物上与绿藻相同，故也有将其列入绿藻门的一个纲即轮藻纲。但其营养体及生殖器官和繁殖方式较复杂，与绿藻门的区别较大。

藻体大型，分化为地上直立部分和地下部分。地下部分为单列多细胞有分枝的假根。地上部分有主枝、侧枝和小枝之分，在主枝、侧枝和小枝上都有节和节间分化。在主枝和侧枝节上轮生多个小枝。植物的生长是顶端生长。主轴和侧枝能无限生长，小枝到一定长度便停止生长。可通过藻体断裂或假根上产生珠芽行营养繁殖。无无性生殖。有性生殖是卵式生殖。雌性生殖器官称为藏卵器（nucule），雄性生殖器官称为藏精器（globule），都生于小枝节上。藏卵器外围是5个螺旋状管细胞（tube cell），每个管细胞顶端有1~2个冠细胞（coronular cell），内部有1个卵细胞。藏精器球圆形，外围有4~8个三角形细胞，称为盾细胞（shield cell），构成外壳，橘红色，每个盾细胞内侧中央连接一个长圆柱形盾柄细胞（manubrium），末端有1~2个圆形头细胞（head cell），其上可生几个小圆形次生头细胞（secondary capitulum cell），从次生头细胞顶端长出数条单列多细胞精子囊丝，在其细胞内产生1个精子，精子细长，顶端2条等长鞭毛。精子器成熟时，其盾细胞相互分离，露出其中的精子囊丝，放出精子，游入水中。藏卵器成熟时，冠细胞裂开，精子从裂缝中进入，与卵结合。合子分泌厚壁，变为黑褐色，落至水底，经休眠后萌发。生于淡水和半咸水中。

2. 代表植物

轮藻属（*Chara*）。小枝节上只能轮生单细胞刺状突起，藏卵器生于刺状突起上方，每个管细胞只有1个冠细胞，总共5个，藏精器生于刺状突起下方（图16-19）。

生于淡水和半咸水中，喜生于含钙质丰富的硬水和透明度较高的水体中。

二、菌类植物

细菌门、黏菌门和真菌门统称为菌类植物（Fungi）。自然界的菌类植物约有12万种，分布极广。虽然它们不是一个具有自然亲缘关系的类群，但它们具有以下共同特征：植物体结构简单，多为单细胞或丝状体；一般不具光合色素，不能自制养料，以寄生或腐生的营养方式生活；均具有细胞壁或生活史中的某一阶段具有细胞壁。

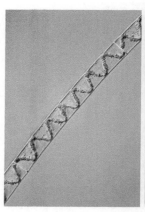
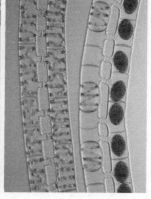

图 16-18　水绵属

小枝

藏卵器

藏精器

图 16-19　轮藻属

（一）细菌门（Bacteriophyta）

细菌门约有 2000 种，分布很广。水中、空气中、土壤中和许多动植物体内外都有细菌存在。

细菌是一类微小的单细胞原核生物，在高倍显微镜或电子显微镜下才能观察清楚。绝大多数细菌不含光合色素，营腐生或寄生生活；极少数自养，如紫细菌、硫细菌等。

细菌在形态上通常分为三种类型：球菌（coccus），细胞球形，直径 0.5～2μm；杆菌（bacillus），细胞呈杆棒状，长 1.5～10μm，宽 0.5～1μm；螺旋菌（spirillum），细胞长而弯曲，略弯曲的称为弧菌（图 16-20）。

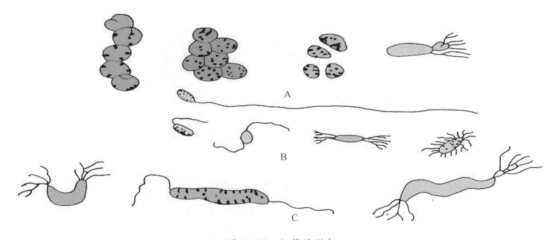

A

B

C

图 16-20　细菌的形态
A. 球菌；B. 杆菌；C. 螺旋菌

细菌细胞的构造比一般真核细胞简单，没有真正的细胞核，核质分散于细胞质中。细胞壁主要化学成分是黏质复合物。多数细菌的细胞壁外还有一层透明的由多糖类物质组成的胶状物质，称为荚膜（capsule），有保护作用。不少杆菌和螺旋菌在其生活史中某一时期生出鞭毛，能游动。很多杆菌生长到某个阶段，细胞失水，细胞质浓缩，逐渐形成 1 个厚壁的芽孢（spore）。芽孢在适宜环境条件下能重新形成一个细菌。

繁殖方式主要为营养繁殖。繁殖时，首先核质进行分裂，接着在菌体中央形成横隔膜，把细胞质分为两部分，然后细胞壁向内生长将横隔膜分为两层，并形成子细胞细胞壁。细菌裂殖速度极快，在最适条件下，20～30min 就可分裂一次。

细菌在自然界中的作用和经济意义。在自然界物质循环中，细菌起着重要作用。腐生细菌可将地球上的动植物尸体和排泄物分解为简单的无机物，重新为植物吸收利用，从而使物质循环不断。

农业上，与豆科植物共生的根瘤菌能将大气中的氮转化为有机氮，直接或间接供绿色植物需要。某些细菌寄生于昆虫体内，可致昆虫死亡，如杀螟杆菌、白僵菌等生物农药，早已用于防治病虫害。

工业上，可利用细菌生产多种工业产品，如德氏乳酸杆菌（*Lactobacillus delbrueckii*）等可发酵产生乳酸，用于纺织、树脂合成及制革工业等。

医药卫生方面，利用细菌可以生产预防和治疗疾病的疫苗、抗病血清、代血浆以及各种抗生素，如常见的链霉素、四环素、土霉素、氯霉素等，都是从放线菌代谢物中提取出来的抗生素药物。

除此之外，细菌的有害方面也不容忽视。寄生细菌能引起人、畜、禽及植物发生病害，甚至造成死亡，如痢疾、霍乱、白喉、破伤风等病菌，水稻叶枯病、蔬菜软腐病等病原菌；腐生细菌常致使肉类等食品腐烂；工业生产中也常因污染了杂菌而使发酵停止等。

（二）黏菌门（Myxomycophyta）

黏菌门约有 500 种，多营腐生生活，生于潮湿环境里，如树的孔洞或破旧木梁上。仅少数寄生，如寄生在白菜、芥菜、甘蓝根部组织内的黏菌，使寄主根部膨大，植物生长不良，甚至死亡。

黏菌是一类独特的生物，生活史中一段是动物性的，另一段是植物性的。其营养体是一团裸露的无细胞壁多核的原生质团，无叶绿素。因其可做变形运动，又称"变形体"（plasmodium）。其营养方式是吞食有机物颗粒和细菌等固态食物。这一特征与原生动物中的变形虫相似。但是，黏菌在无性生殖时期可产生具

纤维素细胞壁的孢子，这又是植物性状。因此，不少学者认为黏菌是介于动物和植物之间的一类特殊生物，也有部分学者主张将黏菌单独列为一界。

发网菌属（*Stemonitis*）。发网菌的营养体为裸露的原生质团，称为"变形体"。变形体呈不规则网状，直径数厘米，在阴湿处的腐木或枯叶上缓慢爬行。

繁殖时，变形体爬到干燥光亮的地方，形成很多发状突起，每个突起可发育成一个具柄的孢子囊（子实体）。孢子囊通常长筒形，紫灰色，外有包被（peridium）；孢子囊柄深入囊内部分，称囊轴（columella），囊内有孢丝（capillitium）交织成孢网。原生质团中的许多核进行减数分裂，原生质团割裂成许多块单核的小原生质，每块小原生质分化出细胞壁，形成一个孢子，藏在孢丝网眼中。孢子成熟时，包被破裂，孢子借助孢网弹力被弹出。在适宜环境条件下，孢子可萌发为具两条不等长鞭毛的游动细胞。游动细胞的鞭毛可以收缩，使游动细胞变成一个变形体状细胞，称变形菌胞。有性生殖时，游动细胞或变形菌胞两两配合，形成合子；不经过休眠，合子核进行多次有丝分裂，形成多数双倍体核，合子成为一个多核的变形体（图 16-21）。

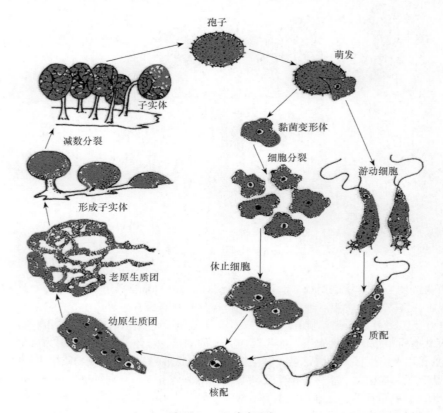

孢子
萌发
子实体
黏菌变形体
减数分裂
细胞分裂
游动细胞
形成子实体
休止细胞
老原生质团
质配
幼原生质团
核配

图 16-21　黏菌生活史

（三）真菌门（Eumycophyta）

真菌门约有 10 000 属，120 000 种，分布极广，陆地、水、大气、土壤中以及动植物体上均有分布。

除少数原始种类为单细胞外，大多数真菌是由菌丝（hypha）构成的分枝或不分枝的丝状体。菌丝有无隔菌丝（nonseptate hypha）和有隔菌丝（septate hypha）之分。组成一个植物体的所有菌丝称为菌丝体

（mycelium）。在生殖时，菌丝体可形成伞形、球形、盘形等形状，称为子实体（sporophore）。

大多数真菌具有细胞壁，部分低等真菌的细胞壁由纤维素构成，高等真菌的细胞壁主要成分为几丁质（chitin）。细胞内有明显的细胞核；细胞核单核、双核或多核。储藏的营养物质主要是肝糖、脂肪和蛋白质。

繁殖方式有营养繁殖、无性生殖和有性生殖。少数单细胞真菌以细胞分裂方式繁殖，许多真菌以菌丝断裂方式进行营养繁殖；无性生殖极为发达，如水生真菌产生无细胞壁、裸露的游动孢子，陆生真菌产生有细胞壁而借空气传播的孢子。有性生殖包括同配、异配、卵式生殖等。

根据 Ainsworth（1971，1973）的分类系统，真菌分为 5 个亚门，即鞭毛菌亚门（Mastigomycotina）、接合菌亚门（Zygomycotina）、子囊菌亚门（Ascomycotina）、担子菌亚门（Basidiomycotina）和半知菌亚门（Deutero-mycotina）。

1. 鞭毛菌亚门

除少数低等种类为单细胞外，多数种类的营养体由无隔多核菌丝组成菌丝体。细胞壁成分是纤维素或几丁质。繁殖时，菌丝形成孢子囊或配子囊；无性生殖产生具 1 条或 2 条鞭毛的游动孢子；有性生殖为同配、异配和卵配。本亚门植物 180 余属、1100 余种，多数水生、两栖生，少数陆生、腐生或寄生。

水霉属（*Saprolegnia*）。淡水池塘中常见的丝状真菌，多腐生于水生动物、植物尸体上，少数种类寄生于鱼身体上。其菌丝多核无隔。

营养丰富时，水霉进行无性生殖，产生两种类型的游动孢子，即具 2 条顶生鞭毛的游动孢子（初生孢子）和具 2 条侧生鞭毛的游动孢子（次生孢子）；营养缺乏时，水霉进行有性生殖。水霉有性生殖时，其菌丝顶端分别形成卵囊和精囊；通过受精管，精囊内的多数雄核进入卵囊，与卵细胞结合形成厚壁合子（称卵孢子，oospore）。休眠结束后，合子进行减数分裂和多次有丝分裂，进而萌发成为新的菌丝体（图 16-22）。

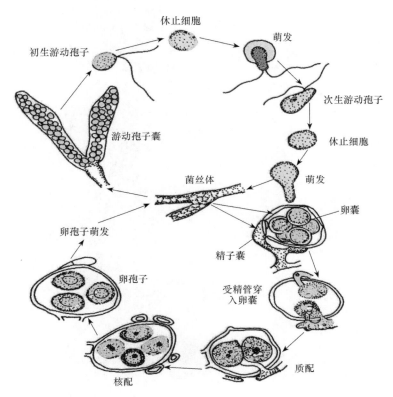

图 16-22　水霉生活史

2. 接合菌亚门

多数种类的营养体为无隔多核菌丝组成的菌丝体。细胞壁主要成分为几丁质和壳聚糖。无性生殖多产生不动的孢囊孢子（sporangiospore）；有性生殖为配子囊配合（gametangial copulation），产生二倍体接合孢子（zygospore）。本亚门约 115 属、610 种，多陆生，营寄生或腐生生活。

根霉属（*Rhizopus*）。分布极广的常见腐生菌。匍枝根霉（*R. stolonifer*）最为常见，常腐生于面包、馒头等食物上，引起食物腐烂变质。

匍枝根霉的菌丝是无横隔壁结构的管状体，内含多数细胞核。菌丝在基质表面匍匐生长，伸入基质吸取养料的菌丝称为假根。在与假根相对处，向上产生若干直立的菌丝；菌丝顶端生孢子囊，囊内产生多数黑色孢囊孢子，因而孢子囊外观呈黑色。以后孢子囊破裂，孢子散出并萌发为新菌丝（图16-23）。

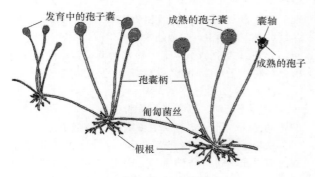

图16-23　匍枝根霉

匍枝根霉的有性生殖为配子囊配合，但不常见。形态上无区别，而生理上有差别的（＋）（－）两种菌丝体相遇时，在各自菌丝顶端膨大形成（＋）（－）配子囊，以后两个配子囊合二为一形成合子。合子经减数分裂，生出一个直立菌丝，其顶端产生孢子囊，囊内形成（＋）（－）两种孢子，以后孢子散出萌发形成新一代（＋）（－）菌丝体。

3. 子囊菌亚门

除酵母菌等极少数种类为单细胞外，多数种类的营养体为有隔菌丝组成的菌丝体。细胞壁成分为几丁质。无性生殖时，子囊菌多产生分生孢子（conidium）；有性生殖为配子囊接触配合或体配；有性生殖过程中，子囊菌产生子囊（ascus）；合子在子囊中减数分裂后产生子囊孢子（ascospore）。多数子囊菌种类可形成子实体；子囊菌的子实体又称子囊果（ascocarp）。子囊果有3种类型，即闭囊壳（cleistothecium）、子囊壳（perithecium）和子囊盘（apothecium）。本亚门约1950属、15 000种，分布广泛，腐生或寄生于动植物体上。

（1）酵母菌属（*Saccharomyces*）。子囊菌中最原始类型。菌体为单细胞，卵形，有一个大液泡，细胞核很小，有时数个细胞连成串，形成假菌丝（pseudomycelium）。营养繁殖方式是芽殖（budding reproduction）。酵母菌繁殖时，首先在母细胞顶端形成一个小芽，母细胞核分裂一次，一个子核进入小芽中，这个小芽称为芽孢子；芽孢子长大后脱离母体，发育成一个新酵母菌。有性生殖时，酵母菌的合子不转变为子囊，而是以芽殖法产生双倍体细胞，由双倍体营养细胞转变成子囊，减数分裂后形成4个子囊孢子（图16-24）。

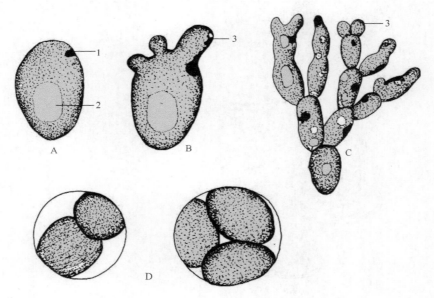

图16-24　酵母菌属

A. 单个细胞；B. 出芽；C. 假菌丝；D. 子囊和子囊孢子

1. 细胞核；2. 液泡；3. 芽孢子

（2）青霉属（*Penicillium*）。在自然界分布极其广泛，多生于水果、蔬菜、淀粉质食品、衣服和皮革上。菌丝体淡绿色。无性生殖时，青霉菌丝上产生很多分生孢子梗，生小梗的枝称为梗基（metula），从

小梗上生出一串灰绿色或深绿色分生孢子。孢子成熟后，随风飞散，落到基质上，条件适宜便萌发成菌丝（图16-25）。青霉的有性生殖极少见。

青霉素，即盘尼西林（penicillin），主要是从黄

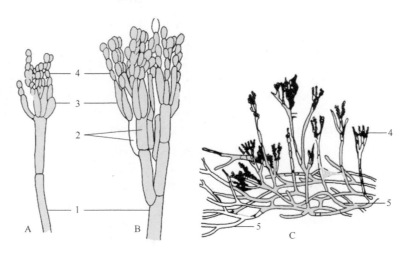

图 16-25　青霉属

A、B. 分生孢子梗；C. 营养菌丝长出分生孢子梗

1. 分生孢子梗；2. 梗基；3. 小梗；4. 分生孢子；5. 营养菌丝

青霉（*P. chrysogenum*）和点青霉（*P. notatum*）中提取。

4. 担子菌亚门

营养体为有隔菌丝组成的菌丝体，且有初生菌丝体（primary mycelium）、次生菌丝体（secondary mycelium）和三生菌丝体（tertiary mycelium）之分。初生菌丝体由担孢子萌发形成，细胞单核，生活时间短；次生菌丝体是由初生菌丝体质配后形成的双核菌丝体，生活时间长，是担子菌的主要营养体。在一定条件下，次生菌丝体可特化形成具双核的三生菌丝体；三生菌丝体可形成担子菌的各类子实体。

细胞壁主要成分为几丁质和壳聚糖。担子菌无性生殖可产生分生孢子、粉孢子等；有性生殖为体配（somatogamy），产生单倍体担孢子（basidiospore）。本亚门含 900 余属、22 000 种，多营腐生生活。

蘑菇属（*Agaricus*）。野生及栽培，多腐生，常见于高山草甸、草原及山坡林下土壤、枯枝烂叶及朽木上。

蘑菇由具横隔的菌丝组成，细胞双核，具多数分枝；许多菌丝交织在一起形成子实体。子实体幼小时球形，埋藏于基质内，以后逐渐长大并伸出基质外。成熟子实体伞状，单生或丛生。子实体分为菌盖（pileus）、菌柄（stipe）和菌褶（gill）三部分，子实层生长在菌盖下面放射状排列的菌褶两侧，由排列紧密的担子（basidium）和隔丝（paraphysis）组成。担子为棒状单细胞，内含双核，以后双核结合成 1 个二倍体单核，并随即进行减数分裂形成 4 个单倍体核。随后，担子顶端生出 4 个小柄，每一个核进入 1 个小柄中形成 1 个担孢子，每个担子共着生 4 个担孢子（图 16-26）。

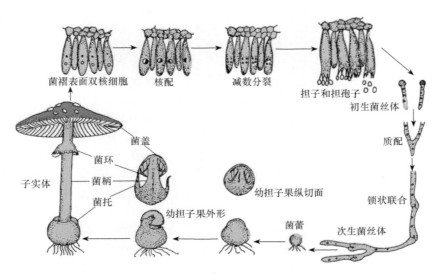

图 16-26　蘑菇的生活史

蘑菇主要靠担孢子传播，其菌褶和菌柄更有利于散射孢子。担孢子散出后遇适宜环境发育为单核初生菌丝体。异性初生菌丝体相遇后，发生质配，发育为双核次生菌丝体。次生菌丝体生活相当长时间后，逐渐发育形成伞状子实体。

5. 半知菌亚门

营养体为有隔菌丝组成的菌丝体。但由于目前只发现其无性生殖阶段，而其有性生殖阶段未知，故称其为半知菌（Fungi imperfecti）。半知菌无性生殖产生分生孢子或芽孢子，与子囊菌类似。因此，半知菌多属于子囊菌。本亚门有1800余属，约26 000种，多陆生，营寄生或腐生生活，常为经济动物、植物的病原菌。其中，危害比较严重、经济意义重要的有稻瘟病菌（Piricularia oryzae）、立枯丝核菌（Rhizoctonia solani）等。

主要经济用途如下。

（1）食用。很多大型真菌营养价值丰富。据统计，我国可食用真菌总计已超过800种，如香菇（Lentinus edodes）（图16-27 A）、草菇（Volvariella volvacea）、平菇（Pleurotus ostreatus）、金针菇（Flammulina velutipes）、木耳（Auricularia auricular）等。食用真菌含有多种营养物质，特别是蛋白质含量较高。例如，菇类蛋白质含量一般占干重的10%～40%；食用真菌的蛋白质中几乎包含了人体所需的20种氨基酸，特别是8种人体必需氨基酸。除此之外，食用真菌中还含有大量维生素和矿物质，如硫胺素、核黄素、泛酸和叶酸等。

（2）药用。许多真菌是优良药材，不但疗效高，且药效稳定，副作用小，是我国医药学宝库最珍贵的遗产，如灵芝（Ganoderma lucidum）（图16-27B）、猴头（Hericium erinaceus）、冬虫夏草（Cordyceps sinensis）、木耳、马勃（Lycoperdon pyriforme）（图16-27C）、茯苓（Poria cocos）等。其中，香菇、云芝（Coriolus versicolor）等100余种真菌有抗癌作用。例如，香菇可降低血液中的胆固醇，预防动脉硬化、高血压；木耳具有降低血液凝块、缓和冠状动脉粥样硬化、降血压作用。

图16-27　常见真菌

A. 香菇；B. 灵芝；C. 马勃

（3）工业用。真菌被广泛用于化工造纸、制革、食品加工、有机酸发酵、酶制剂制造等工业。常用的真菌主要是霉菌和酵母菌等，而霉菌中又以曲霉（Aspergillus）、青霉、毛霉（Mucor）和根霉等为主。例如，酿造业利用酵母菌、曲霉、毛霉和根霉等菌种酿酒；食品业利用酵母制作面包、馒头等发酵食物；造纸、制革、医药、石油工业等均可借助于真菌发酵作用来获得多种原料和工业品。

（4）农业用。利用真菌中各种酚类分解粗饲料以提高饲料营养价值；利用真菌提取生长激素可促进作物生长；利用白僵菌（Beauveria bassiana）、黑僵菌（Metarhizium anisopliae）可杀灭松毛虫、玉米螟等多种害虫。

在自然界，真菌可分解木质素、纤维素和其他有机物质，一方面增加土壤肥力；另一方面完成自然界物质循环。因此，真菌在自然界物质循环中起着极其重要的作用。

三、地衣植物

地衣（lichens）是真菌和光合共生物（photobionts）的共生复合体。其中，光合共生物为光合藻类（photosynthetic algae）或蓝细菌（cyanobacteria，也称为蓝藻）。在漫长的生物演化过程中，真菌和光合共生物由于共生现象（symbiosis）而引起形态结构、生理、遗传等方面的专型化。也就是说，并非任意的真菌和光合共生物都能形成地衣，只有地衣化真菌与特定地衣化光合共生物才能共生为地衣。

在地衣中，真菌和光合共生物有着明显分工。光合共生物细胞内含叶绿体，能进行光合作用，形成有机养分，供自身和共生菌生长发育利用，这些养分以糖醇形式进入真菌组织。而真菌从周围基质和大气中集中水分、二氧化碳和矿物质，供给光合共生物进行正常生理活动；另外，真菌缠绕于光合共生物外面，可作为过滤机制，减弱光照强度，使光合共生物的光合作用在最佳状态下进行，同时真菌的存在也可预防某些病菌侵袭或机械损害。

地衣的生长、发育和生存要同时协调好真菌和光合共生物这两个部分。若外界条件致使这两个部分的平衡状态失调，并仅利于一方生长时，地衣将会解体。由于光合共生物产生的养分不仅要供自身和真菌生长利用，同时又要维持这两部分的平衡，因此，相对于多叶植物和普通真菌而言，地衣的生长极其缓慢。

地衣几乎遍布于世界任何角落。从高山到平原，从内陆到海洋，从两极到赤道，都可找到地衣的踪迹。但是，地衣不能在工业区生存，这是因为地衣可以高效吸收金属离子，从而导致生理紊乱、解体或死亡。

（一）形态特征

1. 地衣的生长型

地衣的生长型是指地衣在生长发育过程中所形成的形态大体可分为壳状（crustose）、叶状（foliose）和枝状（fruticose）三种类型（图 16-28 A～C）。此外，还有一些中间型，如粉末状、丝绒状（filanentose）、鳞壳状（placodioid）和鳞叶状（squamulose）。

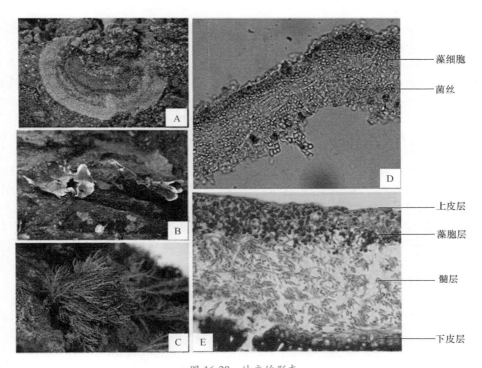

图 16-28 地衣的形态

A. 壳状地衣；B. 叶状地衣；C. 枝状地衣；D. 同层地衣；E. 异层地衣

（刘华杰摄）

（1）壳状地衣。地衣体形态微小，结构分化程度较低，缺乏下皮层，以髓层菌丝紧密附着于基物，有时甚至伴随光合共生物细胞伸入基物内。壳状地衣体表面呈各种表型特征，是其分类的重要依据。茶渍属（*Lecanora*）、文字衣属（*Graphis*）、瓶口衣属（*Verrucaria*）为典型的壳状地衣。

（2）叶状地衣。地衣体叶片状，具有背腹构造，借助腹面的脐、假根或假根状菌丝附于基物上，与基物结合并不紧密，如皮果衣属（*Dermatocarpon*）、石耳属（*Umbilicaria*）、地卷属（*Peltigera*）。

（3）枝状地衣。外部形态变化较大，一般呈圆柱状、管状、灌木状、带状、丝状、线状。地衣体以基部或基部固着器附生于基物上，直立或悬垂，如石蕊属（*Cladonia*）、松萝属（*Usnea*）。

通常一种地衣仅有一种生长型，但是也有少数二型地衣体，又称石蕊型地衣体。例如，石蕊属中一些种类，其初生地衣体为壳状，而次生地衣体为枝状，又称

果柄，是由初生地衣体的营养组织和产囊体组织同时发育而成。

2. 形态结构

按结构划分，地衣可分为异层型地衣（homolomerous lichen）和同层型地衣（heteromerous lichen）（图 16-28D、图 16-28E）。

（1）异层型地衣。地衣体结构由上而下分为 4 层，即上皮层、藻层、髓层、下皮层。皮层（cortex）由菌丝组织紧密交织而成，具有保护作用；其中，上皮层常含有色素，使地衣体呈现不同颜色，下皮层通常发生假根、脐等固着器官；藻层（algal layer）含有光合共生物细胞，被菌丝缠绕；髓层（medulla）疏松，由菌丝交织而成，少数种类致密。

（2）同层型地衣。藻层不明显，即光合共生物细胞散布于菌丝组织之中。

枝状地衣和绝大多数叶状地衣为异层型；壳状地衣多为同层型，结构分化程度不高，常缺乏下皮层，

生于基物内的地衣还缺乏上皮层。

3. 附属结构

在地衣体上，常发生一些附属结构。这些结构大体分为营养结构和营养性繁殖结构，是重要的分类特征。其中，营养结构包括假根（rhizine）、脐（umbilicus）、绒毛（tomentum）、缘毛（cilium）、杯点（cyphella）、假杯点（pseudocyphella），它们行某种生理功能，如固着作用、水分作用；营养性繁殖结构是指生长于地衣体上的具有繁殖功能的营养体，它们从母体上断裂，散布到适宜环境，发育成新的地衣体，如粉芽（soredium）、裂芽（isidium）、小裂片（lobules）。

4. 地衣的繁殖

地衣的繁殖有营养繁殖、无性生殖和有性生殖三种方式。

（1）营养繁殖。地衣体断裂或形成营养繁殖体，散布到适宜环境，发育成新地衣体。这些进行营养繁殖的地衣断片或粉芽、裂芽、小裂片等营养繁殖结构，必须同时含有共生菌和光合共生物。

（2）无性生殖。地衣体上形成分生孢子器（pycnidia），它与有性生殖形成的子实体同时并存。分生孢子器内分化出承载分生孢子和产孢孢子的专型菌丝，称分生孢子梗（conidiphores）。在分生孢子器或地衣体表面菌丝上，生成分生孢子（pycnoconidia）。分生孢子分为大型分生孢子和小型分生孢子。大型分生孢子仅作为无性孢子，从分生孢子器散出后，不经过减数分裂，直接萌发成新菌丝，与相应的光合共生物结合，在适宜生境发育成新的地衣体。小型分生孢子可进行有性生殖，减数分裂后形成精子。

（3）有性生殖。地衣体真菌组织上形成子实体，其中的子实内产生有性孢子，经减数分裂和受精作用后，在适宜环境萌发，与相应光合共生物结合发育成新的地衣体，若不结合，则菌丝死亡。地衣共生菌是子囊菌，其子实体为子囊果，有性孢子为子囊孢子；若共生菌为担子菌，子实体为担子果，有性孢子为担孢子。

（二）地衣的分类

地衣主要由真菌组织组成，且真菌决定其形态；同时，也只有地衣化真菌才能与特定的光合共生物共生成地衣。因此，一些植物分类学家将地衣的种名规定为包含光合共生物的真菌的种名。

地衣化真菌占真菌总数的 1/5，约 525 属、13 500 种。其中，98% 的地衣化真菌为子囊菌，属于子囊菌纲（Ascophyceae）核菌类（Pyrenimycetes）和盘菌类（Discomycetes）；少数为担子菌，属担子菌纲（Basidiophyceae）伞菌目（Agaricales）和非褶菌目的一些属种；还有一些真菌未发现有性生殖过程，暂归为半知菌纲（Deuterophyceae）。目前，我国已记载的地衣化真菌约为 250 属、2000 种，包括 300 余个中国特有种。

地衣化光合共生物近 200 种，分别隶属于绿藻门（Chlorophyta）轮藻纲（Charophyceae）1 属、绿藻纲（Chlorophyceae）1 目 10 属、石莼纲（Ulvphyceae）5 目 11 属，黄藻门（Xanthophyta）1 目 1 种，褐藻门（Phaeophyta）1 目 1 种，蓝细菌 4 目 12 属。其中，共球藻属（Trebouxia）、橘色藻属（Trentepohlia）和念珠藻属（Nostoc）3 属最为常见，它们所形成的地衣占地衣总数的 90%。

根据地衣中共生菌的类型，将地衣划分为子囊衣纲、担子衣纲和半知衣纲。

子囊衣纲（Ascolichenes）。地衣共生菌是子囊菌，有性生殖形成子囊果（ascocarp）、子囊（ascus）和子囊孢子（ascospore）。本纲占地衣总数的 99%，分为核果衣亚纲（Pyrenocarpeae）和裸果衣亚纲（Gymnocarpeae），常见的有文字衣属（Graphis）、石蕊属（Cladonia）、松萝属（Usnea）等。

担子衣纲（Basidiolichenes）。地衣共生菌是担子菌，有性生殖形成担子果（basidiocarp）、担子（basidium）和担孢子（basidiospore）；光合共生物是蓝细菌，主要分布于热带地区。本纲种类较少，目前已知的仅 1 目、3 科、6 属，约 16 种，常见的有云片衣属（Dictyonema）等。

半知衣纲（Deuterolichenes）。本纲未发现有性生殖过程，暂不能安排其所属地位。约 100 种，常见的有地茶属（Thamnolia）和癞屑衣属（Lepraria）。

（三）地衣的用途

1. 药用

在我国古代，《本草纲目》中记载松萝（Usnea diffracta）可以化痰解热，石蕊（Cladonia rangiferina）明目益精气。目前，从地衣中提取的一些地衣成分，如具有重要抗菌作用的松萝酸，可用于治疗外伤、烧伤、溃疡等；地衣多糖类化合物，具有抗癌活性，是通过健康细胞的免疫力来抑制癌细胞变态增殖，但不损坏健康细胞。

2. 食用

石耳（Umbilicaria esculenta），味道鲜美，是我国和日本特产食物；甘露衣又名神粮衣，曾是中亚居民的救荒食物。但总体来说，食用地衣不多，且地衣中地衣酸味苦，不易消化。生长于树下的叶状、枝状地衣为著名的驯鹿饲料，如石蕊属、地卷属的一些种类。

3. 环境指示

地衣对外界环境因素反应极为敏感，大气成分影响地衣生长和分布，因此，地衣可作为大气指示生物，应用于空气质量检测与评定。

4. 先锋植物

地衣作为"先锋植物"，髓层分泌的地衣酸可以分解岩石，加上自然界风化作用，在岩石表面土壤形成，自然界演替过程中起着重要作用。

除上述作用外，地衣在日化香料、生物染料，冰川测年等方面都具有重要作用。

第二节　高　等　植　物

一、苔藓植物

（一）形态特征

苔藓植物（Bryophyta）是植物界一个特殊类群，是最原始的高等植物。多适生于阴湿环境，少数生于极端干旱的沙漠或戈壁，在极地冻原或高山冻原常以苔藓植物为主。热带、亚热带、温带、寒带地区均有分布。

苔藓植物生活史中配子体世代占优势，孢子体世代常寄生在配子体上生活，形成明显的异形世代交替现象。有简单的茎、叶分化，出现多细胞生殖器官，受精卵发育成胚是把苔藓植物划分在高等植物中的 3 个主要原因。

1. 配子体和有性生殖器官

苔藓植物配子体有两种基本类型：一类为无茎叶分化的扁平叶状体，叶状体有背腹之分，背面常有气孔，腹面有单细胞假根和多细胞鳞片，有或无组织分化；另一类有简单的茎、叶分化，没有真正的根，仅有由单细胞或单列细胞组成的假根，称为拟茎叶体（图 16-29），茎中无维管束分化，常有厚壁表皮细胞层、薄壁细胞和中轴（图 16-30），叶有类似叶脉的结构常称为中肋（costa），具机械支持作用。

图 16-29　植物体形态

A. 茎叶体（耳叶苔属）；B. 叶状体（紫背苔属）；

C. 直立（赤藓属）；D. 匍匐（灰藓属）

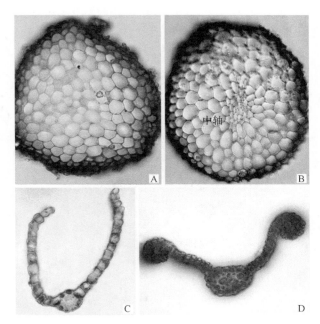

图 16-30　茎 / 叶横切面

A. 茎无中轴（大赤藓）；B. 茎具中轴（山赤藓）；

C. 葫芦藓叶横切面；D. 硬叶对齿藓叶横切面

苔藓植物雌配子体可产生雌性生殖器官称为颈卵器（archegonium），由颈卵器壁、颈部（neck）和腹部（venter）组成。颈部有颈沟（neck canal），内有颈沟细胞（neck canal cell）；腹部有卵细胞（egg cell）、腹沟（ventral canal）及腹沟细胞（ventral canal cell）。雄配子体可产生雄性生殖器官称为精子器（antheridium），内有多数精子，具 2 条长而卷曲的鞭毛。受精作用依赖于水（图 16-31）。颈卵器中卵成熟，促使颈沟细胞与腹沟细胞破裂，精子借助水游动通过颈沟进入颈卵器与卵结合形成受精卵（合子），不经休眠就分裂形成胚（embryo）。多细胞生殖器官颈卵器和精子器的出现是水生植物向陆地发展的过渡类型，保证了陆生植物最初登上陆地具有固定的受精场所。胚的形成标志着高等有胚植物进化历程的开始。

2. 孢子体

胚在颈卵器内发育形成孢子体，由孢蒴、蒴柄和基足三部分组成，基足伸入配子体组织中（寄生）吸收营养（图 16-32），供孢子体生长。孢蒴产生的孢子萌发形成原丝体（protonema），由原丝体发育形成配子体（图 16-33）。

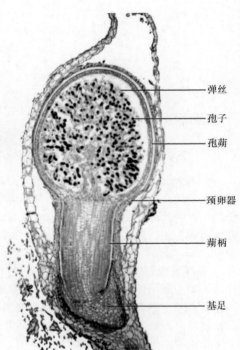

图 16-31 精子器和颈卵器

A. 精子器（雌雄异株）; B. 颈卵器（雌雄异株）;
C. 精子器和颈卵器（雌雄同株）

图 16-32 孢子体

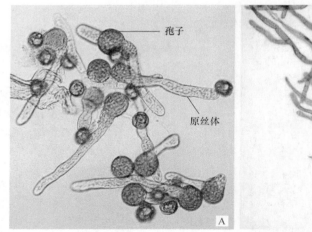

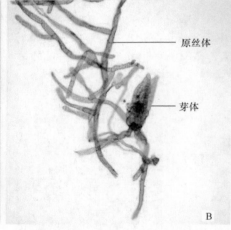

图 16-33 藓类植物孢子萌发与原丝体发育

A. 孢子萌发产生原丝体; B. 原丝体发育产生芽体

（二）苔藓植物系统分类

苔藓植物体型较小，对生存环境的养分资源消耗量较小，适应性较强，可以生长在多种小生境中。因此，物种繁多，广布全球，是除被子植物外物种最丰富的高等植物，现存苔藓植物约 23 000 种，中国约 2500 种。苔藓植物门分为 3 个纲，即苔纲（Hepaticae）、角苔纲（Anthocerotae）和藓纲（Musci）。

1. 苔纲（Hepaticae）

（1）形态特征。苔类（liverwort）植物的营养体（配子体）可分为叶状体和拟茎叶体，常为背腹式，叶无中肋，假根单细胞。

孢子体由孢蒴、蒴柄和基足组成，孢蒴无蒴齿（peristome），蒴盖不明显，常无蒴轴（columella）。孢蒴内具孢子和弹丝（elater）。原丝体阶段不发达。

苔类植物生长对气温和湿度要求较高，多数分布于热带或亚热带地区，少数苔类可生于高寒和沙漠地区。

苔纲通常分为 2 目：地钱目（Marchantiales），多为叶状体；叶苔目（Jungermanniales），多为拟茎叶体，是苔纲中种数最多的一个目，多见于亚热带和热带地区。

（2）代表植物。地钱（*Marchantia polymorpha* L.），属于地钱目。

地钱配子体为绿色二叉分枝叶状体，平铺于地面。叶状体背面具网格状纹饰，最上层是上表皮，上有多个细胞围成的无闭合能力的通气孔（air pore）。气孔下有一层气室（air chamber），内含多数叶绿体，称同化组织。气室以下是由多层细胞组成的薄壁组织。下表皮与薄壁组织细胞紧紧相连，腹面有多数单细胞假根及紫色鳞片，有吸收养料、保存水分和固着功能。

地钱雄配子体顶端生出雄生殖托（antheridiophore），内生许多精子器腔，每一腔内生 1 个精子器，精子器腔有小孔与外界相通；精子细长，顶端生两条等长鞭毛。雌配子体顶端生出雌生殖托（archegoniophore），下侧生有倒悬的颈卵器，每列有 2～3 个成熟颈卵器。

精子器成熟时，精子以水为媒介游入成熟颈卵器内与卵结合形成合子，合子在颈卵器内不经休眠，发育成胚，由胚形成孢子体。

孢子体由孢子囊（孢蒴）、蒴柄和基足组成。基足吸收配子体的营养，供孢子体生长发育。无性生殖时，孢蒴内的孢子母细胞经减数分裂形成同型孢子；有的孢子母细胞不经减数分裂而伸长形成弹丝，弹丝可吸水膨胀，有助于孢蒴开裂散出孢子，孢子萌发产生单列细胞的原丝体，由原丝体发育为配子体。

地钱进行营养繁殖时可在叶状体背面产生绿色胞芽杯（cupule），内生多数胞芽（gemmae），由胞芽可直接发育成植物体（配子体）。

营养繁殖也可通过幼植物体分裂成为新植物体的方式进行，这种现象在苔藓植物中甚为普遍。

地钱的生活史可总结如下：孢子发育为原丝体，原丝体发育成雌、雄配子体，在雌、雄配子体上分别形成精子器和颈卵器，精子器内产生精子，颈卵器内产生卵，精子和卵结合成受精卵在颈卵器内发育成胚，胚发育成孢子体，孢蒴内形成孢子母细胞，孢子母细胞经减数分裂形成四分孢子（图 16-34）。

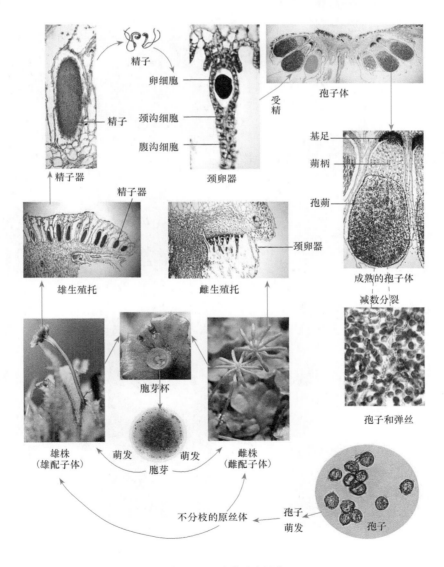

图 16-34　地钱的生活史

阔瓣裂叶苔（*Lophozia excisa*），属于叶苔目。植物体扁平，匍匐。叶2列，腹叶常退失。侧叶密生，斜展，阔卵形，先端2裂，裂瓣三角形。叶细胞圆方形或六边形，薄壁，三角体不明显，油体多数。芽胞2个细胞，生于上部叶先端。蒴萼口部边缘具齿。孢蒴成熟时裂为4瓣，孢子红褐色（图16-35）。

塔拉大克耳叶苔（*Frullania taradakensis*），属于叶苔目。植物体密集平铺生长。叶3列，侧叶2列，分为背瓣和腹瓣；背瓣大，卵形，叶先端圆钝；腹瓣兜形，具尖喙，向下弯曲，副体3～4个细胞长；腹叶宽为茎直径的3～4倍，先端2裂。叶细胞圆形或椭圆形，壁节状加厚，三角体大；油体球形或椭圆形，每细胞4～7个（图16-36）。

2. 角苔纲（Anthocerotae）

植物叶状体呈圆片形，边缘叉状分枝，浅裂，直径多1～3cm。叶状体细胞近于六角形；每个表皮细胞内含1～3个大型叶绿体；颈卵器和精子器埋生于叶状体内。孢子体无蒴柄，孢蒴1厘米至数厘米，中央具蒴轴，表面具气孔。具有2～4个细胞构成的假弹丝与孢子混生。

黄角苔（*Phaeoceros laevis*）。植物体圆片形，直径2～3cm，深绿色或黄绿色，贴土壤基质生，叉形分瓣，边缘常有不规则圆形裂瓣。颈卵器和精子器埋生于叶状体内。孢蒴细长圆柱形，长1～2cm，中央具中轴，成熟后2瓣裂，孢子黄绿色，具疣，假弹丝3～4个细胞，不规则弯曲（图16-37）。

3. 藓纲（Musci）

植物配子体为有茎、叶分化的拟茎叶体，常无背腹之分，叶常有中肋（nerve, midrib），假根多细胞。

孢子体构造比苔类复杂，蒴柄常伸长，孢蒴常有

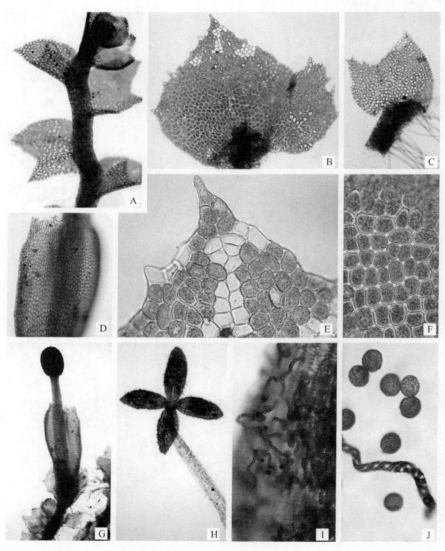

图16-35 阔瓣裂叶苔

A. 植物体一段；B、C. 叶片；D. 蒴萼；E. 叶裂瓣尖部细胞；F. 叶中下部细胞；

G. 孢子体；H. 成熟开裂的孢蒴；I、J. 孢子和弹丝

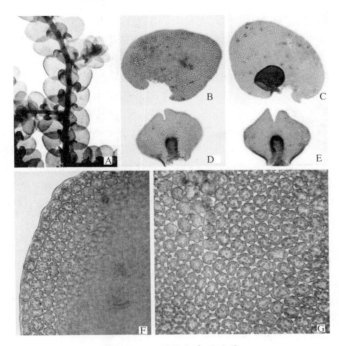

图 16-36　塔拉大克耳叶苔

A. 植物体腹面观；B、C. 侧叶腹面观；D、E. 侧叶背面观；F. 侧叶边缘细胞；

G. 侧叶中部细胞

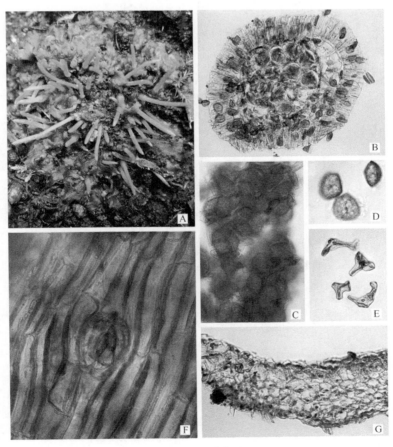

图 16-37　黄角苔

A. 植物体；B. 孢蒴横切面；C. 孢子和假弹丝；D. 孢子；E. 假弹丝；

F. 孢蒴上的气孔；G. 叶状体横切面

蒴盖、蒴齿（peristome）、蒴轴，无弹丝，成熟时多为盖裂。孢子萌发产生分枝原丝体，每一原丝体常形成多个配子体。

蘚类比苔类适应环境的能力更强，形态结构复杂多样，种类繁多，遍布世界各地，少数种可耐受低温和干旱，因此，在极地、高山冻原、沙漠常形成大片群落。

蘚纲分为三亚纲：泥炭蘚亚纲（Sphagnidae），孢蒴盖裂，无蒴齿；黑蘚亚纲（Andreaeidae），孢蒴4瓣纵裂，无蒴齿；真蘚亚纲（Bryidae），孢蒴盖裂，常有蒴齿。

泥炭蘚亚纲的泥炭蘚属（*Sphagnum*）（图16-38）。本属植物常生于林下酸性沼泽，配子体丛生成垫状，无假根，茎直立，圆形，顶端分枝短而密集，呈头状，侧枝丛生，有下垂的弱枝与上仰的强枝，皮部细胞大型，有中轴分化。叶片单层细胞，无中肋。叶片细胞有两种：一种是含叶绿体的细长小型细胞，活细胞；另一种是大型无色、细胞壁有螺纹加厚及水孔的死细胞。精子器和颈卵器分别生于主茎顶端小枝上。

孢子体由孢蒴、蒴柄和基足组成。孢蒴球形，上部有一层细胞的圆形蒴盖（operculum），蒴盖外无蒴帽，蒴柄不伸长，由配子体组织发育形成假蒴柄，蒴轴半球形。

原丝体片状，每一原丝体只形成一个植物体（配子体）。

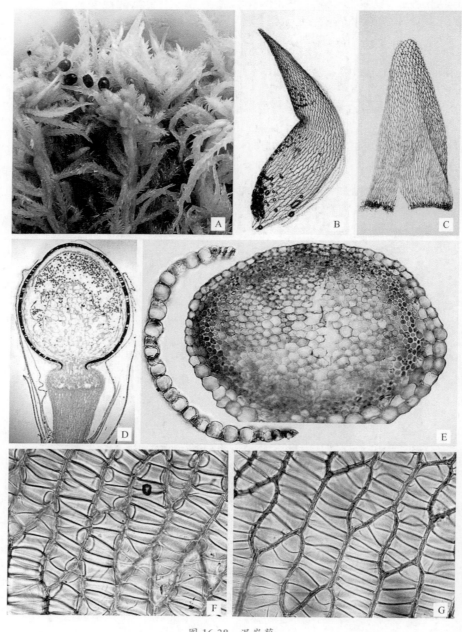

图 16-38　泥炭蘚

A. 植物体；B. 枝叶；C. 茎叶；D. 孢子体纵切面；E. 叶、茎横切面；
F. 叶片细胞背面观；G. 叶片细胞腹面观

泥炭藓上部不断生长，下部逐渐死亡密集沉积，遗体常构成泥炭（peat）。叶细胞有大型无色吸水细胞，具有极强吸水作用，在阴暗潮湿的针叶林下可大面积形成泥炭藓沼泽，对森林演替和高位沼泽的形成有促进作用。

黑藓亚纲的黑藓属（*Andreaea* Hedw.）。配子体叶细胞常具乳头状疣，壁强烈加厚，孢子体的孢蒴长卵形，配子体组织发育成假蒴柄，有蒴帽（calyptra）和蒴盖，无蒴齿，有蒴轴。孢蒴成熟时，孢子囊壁通常成4瓣纵裂。孢子萌发成片状原丝体（图16-39）。

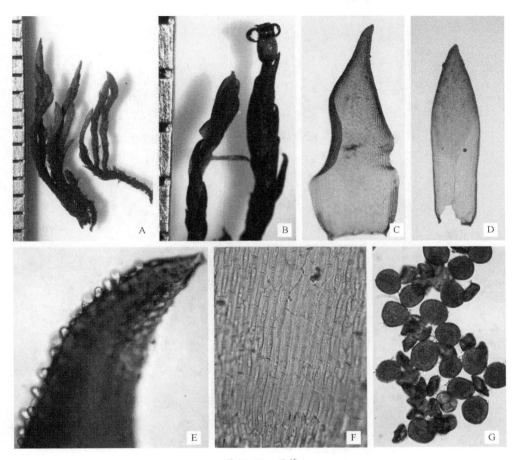

图16-39　黑藓

A. 植物体；B. 成熟孢子体；C. 茎叶；D. 雌苞叶；E. 叶尖；F. 叶基部细胞；G. 孢子

黑藓是高山寒地岩面生小型藓类，具有极强的耐寒、耐旱性。

真藓亚纲。植物体形态结构复杂多样，在藓类中种类最多，分布最广，常见种类有真藓属（*Bryum*）、葫芦藓属（*Funaria*）、赤藓属（*Syntrichia*）、金发藓属（*Polytrichum*）（图16-40）。

植物茎横切面由外向内依次为：表皮、皮层和中轴。表皮常具厚壁细胞层，皮层为大型薄壁细胞，中轴由小细胞构成。叶片由茎表皮细胞延生而成，横切面单层细胞，壁平滑无疣；中肋为多层细胞，从腹面到背面依次为：腹表皮细胞、腹厚壁细胞、主细胞、背厚壁细胞和背表皮细胞（图16-41）。有些植物的叶片细胞具疣，如对齿藓属（*Didymodon*）、墙藓属（*Tortula*），有些植物的中肋较厚，如金发藓属。

藓类植物雌、雄生殖器官常分别生在不同枝的顶端。雄枝顶端称雄器苞，周围是雄苞叶，中央含有多数精子器和侧丝（paraphysis），侧丝分布于精子器之间，将精子器隔开。雌枝顶端称雌器苞，在雌苞叶内有颈卵器2～3个，无侧丝（图16-42）。

生殖器官成熟时，精子器内精子逸出，精子具2条鞭毛，借助水游入成熟颈卵器内，卵受精后形成合子；合子不经过休眠在颈卵器内发育为胚，再由胚形成具基足、蒴柄和孢蒴的孢子体，并寄生在配子体上。

孢子体的孢蒴结构较为复杂。孢蒴最顶端是蒴帽，由颈卵器的颈部发育而成，形态为兜形或钟帽形。孢蒴可分为蒴盖、蒴壶（urn）和蒴台（apophysis）三部分。最外层是蒴壁，常有气孔分布；蒴壶和蒴盖相邻处由表皮细胞半径方向加厚形成环带（annulus），环带失水收缩有助于蒴盖脱落；蒴盖内侧生有蒴齿（peristomal teeth），蒴齿由外齿层和内齿层组成，各为16枚齿片。蒴盖脱落后，蒴齿湿时闭合，干时向外弯曲，有助于孢子散出。蒴壶内有蒴轴和孢子母细胞，孢子母细胞经

图 16-40　真藓亚纲常见种类
A. 真藓属；B. 葫芦藓属；C. 赤藓属；D. 金发藓属

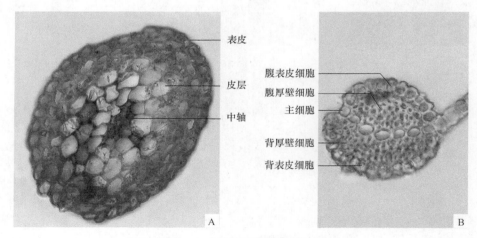

图 16-41　真藓亚纲茎 / 中肋横切面
A. 土生对齿藓茎横切面；B. 心叶对齿藓中肋横切面

减数分裂产生孢子，孢子萌发成为具直立横壁的绿丝体（chloronema），由绿丝体产生具斜向横壁的轴丝体（caulonema）和假根，再进一步发育成芽体及配子体。

　　葫芦藓生活史（图 16-43）与地钱相似，孢子体仍寄生在配子体上，不能独立生活，但孢子体在结构上比地钱复杂。

　　红叶藓（*Bryoerythrophyllum recurvirostre*），属于丛藓科。植物体带红棕色。茎具中轴，叶具中肋。叶上部细胞具马蹄形疣，基部细胞红棕色。雌雄同株。蒴柄直立，孢蒴直立，蒴齿单层，直立线形，密被细疣，孢子具疣。孢蒴成熟于夏季（图 16-44）。

　　刺叶真藓（*Bryum lonchocaulon*），属于真藓科。

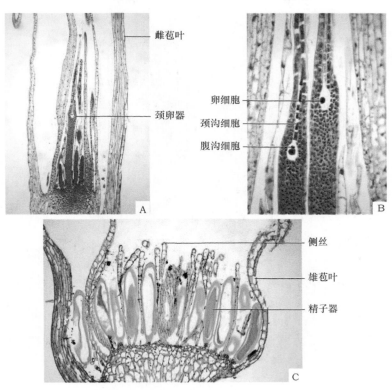

图 16-42 真藓亚纲的生殖器官

A. 雌苞器纵切面；B. 颈卵器纵切面；C. 雄苞器纵切面

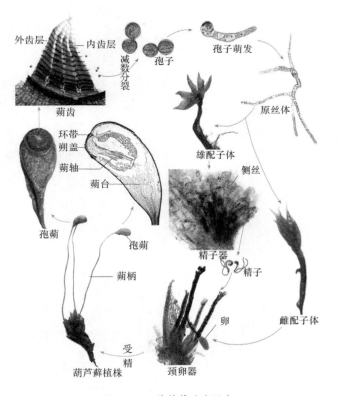

图 16-43 葫芦藓的生活史

植物体黄绿色，茎红色。叶长卵状披针形，叶缘具分化边；中肋从叶尖突出呈具齿长毛尖。叶上部细胞狭　菱形，基部细胞长方形。雌雄同株。孢蒴倾垂，蒴齿具外齿层和内齿层（图 16-45）。

267

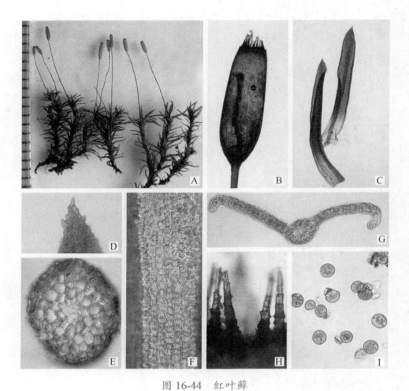

图 16-44 红叶藓

A. 植物体；B. 孢蒴；C. 叶片；D. 叶尖；E. 茎横切面；

F. 叶中部细胞；G. 叶横切面；H. 蒴齿；I. 孢子

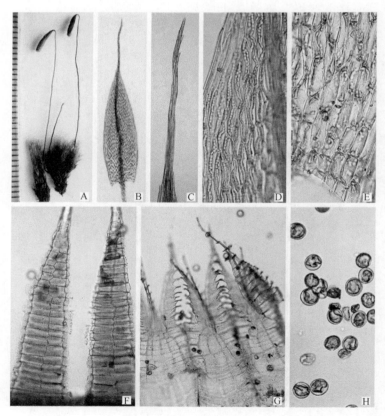

图 16-45 刺叶真藓

A. 植物体；B. 叶片；C. 叶尖；D. 叶上部细胞；E. 叶基部细胞；

F. 外齿层；G. 内齿层；H. 孢子

（三）苔藓植物的生态学意义

1. 原生裸地的先锋植物

在极端干燥荒漠和裸露岩面或新断裂的岩石缝中，随着蓝藻、地衣生长，苔藓植物可大量生长并形成群落，如高山寒地岩面的黑藓群落，沙漠区的真藓属和对齿藓属结皮层（图16-46）等。苔藓植物生长过程中能分泌酸性物质，溶解岩石，本身死亡后的残体可堆积在岩面之上，年积日久，为其他高等植物生存创造了条件，因而苔藓植物是植物界的拓荒者之一。

2. 促进森林生态系统演化

林下苔藓植物，常以大面积纯种群生长，组成林下地被层。在落叶松林下，塔藓（*Hylocomium splendens*）可形成大面积毡状地被层，可达30～50cm厚。冷杉林下的垂枝藓（*Rhytidium rugosum*）、曲尾藓（*Dicranum scoparium*）、树藓（*Microdendron sinense*）、拟垂枝藓（*Rhytidiadelphus triquetrus*），云杉林下的山羽藓（*Abietinella abietina*），混交林下的珠藓（*Bartramia pomiformis*）、赤茎藓（*Pleurozium schreberi*）、绢藓（*Entodon concinnus*）、高位沼泽的泥炭藓等，均可形成大面积或斑块状地被层。藓类地被层的存在常可指示森林类型，如藓类针叶林、塔藓落叶松林、山羽藓云杉林等。藓类地被层对于保存土壤水分、防止水土流失、保持林内空气湿度、促进森林天然更新具有良好作用（图16-46）。

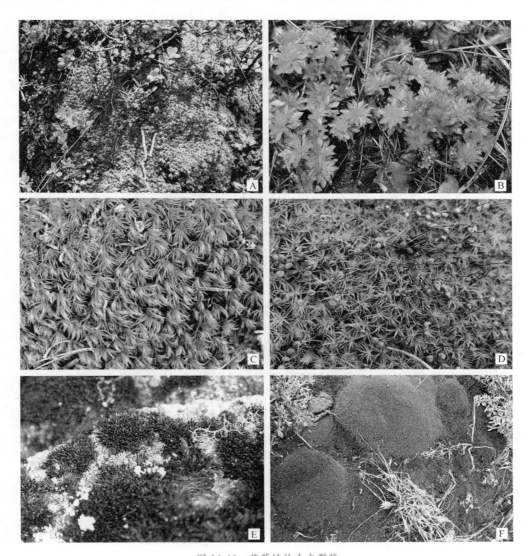

图16-46 苔藓植物生态群落

A. 落叶松林下的泥炭藓；B. 混交林下的大叶藓；C. 冷杉林下的曲尾藓；D. 混交林下的珠藓；
E. 高寒山地的黑藓；F. 沙漠结皮层的对齿藓和真藓

3. 环境质量的指示植物

苔藓植物对 SO_2、HF 有高度敏感性，可作为空气污染的指示植物。

（四）苔藓植物经济价值

金发藓属某些种类（如大金发藓）能清热解毒、乌发，暖地大叶藓（*Rhodobryum giganteum*）对治疗心血管病有较好疗效，仙鹤藓属（*Atrichum*）、金发藓属等某些植物的提取液，对金黄色葡萄球菌有较强抗菌作用，对革兰氏阳性菌有抗菌作用，蛇苔（*Conocephalum conicum*）可解热毒，消肿止痛，可治疗疔疮痈肿和毒蛇咬伤等。

藓类植物具有很强的吸水、保水能力，如泥炭藓可用于新鲜苗木和花卉长途运输的保湿包装材料，也可用于花卉栽培的保湿通气材料。

在温暖潮湿地区，在园艺上人工培养苔藓植物设计景观花园，供游览观赏，日本的苔藓植物园艺别具特色。

二、蕨类植物

蕨类植物（Pteridophyta）又称羊齿植物（fern），是孢子植物中进化水平最高的类群。由于蕨类植物孢子体内出现了维管组织的分化，具有了真正的根、茎和叶，因此，它们与种子植物统称为维管植物（vascular plant）。但是，蕨类植物不产生种子的特征又有别于种子植物。全世界蕨类植物约有 12 000 种，寒带、温带、热带都有分布，但以热带、亚热带为多；多生于林下、山野、溪旁、沼泽等较为阴湿的环境中。我国云南、贵州、四川、广东、广西、福建、台湾等省（自治区）分布的蕨类植物的种类和数量极为丰富，在世界蕨类植物中占有重要地位。其中，云南省有"蕨类植物王国"的美誉。

蕨类植物具有孢子减数分裂的异型世代交替，孢子体与配子体各自独立生活，但孢子体占优势。孢子体一般为多年生草本，除极少数原始种类外，均有根、茎、叶分化。蕨类植物在长期适应陆地生活过程中产生了维管组织，木质部主要由管胞和薄壁组织构成，无导管；韧皮部主要由筛胞、筛管和薄壁组织构成。绝大多数蕨类植物无维管形成层。根据形态、结构和功能不同，蕨类植物的叶可分为小型叶和大型叶，营养叶（不育叶）和孢子叶（能育叶），同型叶和异型叶。无性生殖器官是多细胞的孢子囊；在孢子囊内，孢子母细胞经过减数分裂形成孢子。

蕨类植物的孢子萌发后形成配子体，又称原叶体（prothallus）。配子体微小，无根、茎和叶分化，生活期短，但能够独立生活。有性生殖器官为精子器和颈卵器。精子器中产生的精子与颈卵器中产生的卵细胞在有水条件下进行受精作用，受精卵发育成胚，进一步形成孢子体（图 16-47）。因而，蕨类植物的发育和分布仍受到水的限制，现存种类大多只能生活在温暖潮湿地区。

对于蕨类植物的分类，国内外学者观点各异。

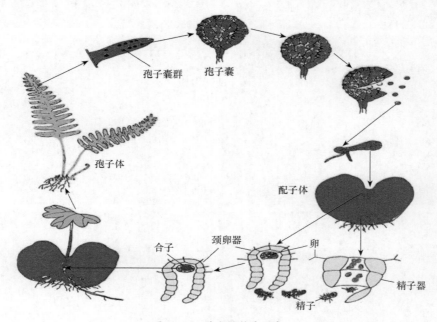

图 16-47　蕨类植物生活史

1978 年，中国蕨类植物学家秦仁昌教授将蕨类植物分为 5 个亚门，即松叶蕨亚门（Psilophytina）、石松亚门（Lycophytina）、水韭亚门（Isoephytina）、楔叶亚门（Sphenophytina）和真蕨亚门（Filicophytina）。由于前 4 个亚门的植物均为小型叶蕨类，故合称拟蕨类（fern allies）。本教材采用的就是秦仁昌教授的分类系统。

（一）松叶蕨亚门

孢子体具假根，有匍匐的根状茎和直立的气生茎，

原生中柱；小型叶；2～3 个孢子囊聚合成聚囊，生于柄状孢子叶的近顶端，孢子同型。配子体块状，不规则分枝，精子具多数鞭毛。我国仅有松叶蕨（*Psilotum nudum*）一种。

（二）石松亚门

孢子体有不定根；茎多数为二叉分枝的气生茎，原生中柱；小型叶螺旋状排列或对生；孢子囊单生于孢子叶叶腋或近叶腋处，孢子叶常聚生成孢子叶球，

孢子同型或异型。配子体块状，精子具两条鞭毛。

1. 石松属（Lycopodium）

孢子体为多年生草本，具匍匐茎和直立茎，具不定根，常叉状分技；小枝密生鳞片状或针状小叶，常螺旋状排列，无叶脉或仅具1条中脉；孢子囊大，肾形，有短柄，囊壁由数层细胞组成，孢子囊生在孢子叶近叶腋处。大多数种类的孢子叶聚生在分枝顶端，形成孢子叶球；孢子四面形，黄色，为同型孢子（isospory）。配子体全部埋在土中，为不规则的块状体，无叶绿体，有假根；配子体生活期很长，靠假根吸收营养；精子器和颈卵器同生于配子体上面，并包埋在配子体组织中。

2. 卷柏属（Selaginella）

卷柏属的孢子体为多年生草本，通常匍匐，有背腹面之分；匍匐茎的中轴有向下生长的细长根托（rhizophore）；根托无叶，无色，无根冠；叶为小型叶，有叶舌（ligule）；孢子叶通常聚生成孢子叶球；孢子异型（heterospory），大孢子囊产生1～4个大孢子，小孢子囊有多数小孢子。

卷柏属植物多生活在潮湿林下、草地或岩石上。常见种类有卷柏（S. tamariscina）、中华卷柏（S. sinensis）（图16-48）、伏地卷柏（S. nipponica）等。

（三）水韭亚门

孢子体具须状不定根；茎短粗块状，有一定的次生生长；叶细长丛生，螺旋状紧密排列，近轴面有叶舌；大孢子叶多生于茎外周，小孢子叶生于中央；孢

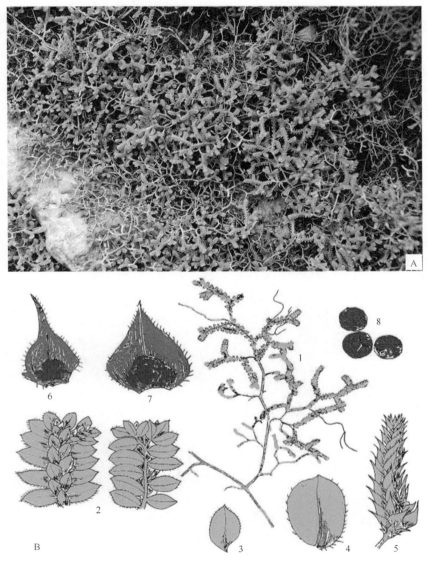

图 16-48 中华卷柏

A. 群落；B. 解剖结构

1. 植株；2. 着生小枝的背面和腹面；3. 中叶；4. 侧叶；5. 孢子囊穗；

6. 小孢子叶和小孢子囊；7. 大孢子叶和大孢子囊；8. 大孢子

子囊生于孢子叶叶舌下方的特化凹穴内，凹穴常被不育细胞组成的横隔分开，外有缘膜；孢子异型，孢子囊壁腐烂后才能释放出来。雄配子体具1个营养细胞、4个壁细胞和1个精原细胞；精子具多数鞭毛。

水韭亚门仅存水韭目（Isoetales）、水韭科（Isoetaceae）、水韭属（*Isoetes*），70余种，多近水生或沼泽生。我国有3种，最常见的有中华水韭（*I. sinensis*）和日本水韭（*I. japonica*）。

（四）楔叶亚门

孢子体的不定根着生于根状茎的节上；茎具明显的节和节间，节间中空；小型叶轮生成鞘状。变态成孢囊柄的孢子叶在枝顶聚生成孢子叶球；孢子同型或异型，周壁具弹丝。配子体垫状，基部具假根，精子具多数鞭毛。

问荆属（*Equisetum*）。隶属于木贼纲（Eguisetimae）。孢子体为多年生草本，具根状茎和气生茎，有节和节间之分，节间中空；节上生有不定根。气生茎有营养枝（sterile stem）和生殖枝（fertile stem）之分：营养枝在夏季生出，节上轮生许多分枝，绿色，能行光合作用，不产生孢子囊；生殖枝在春季生出，短而粗，棕褐色，不分枝，枝端能产生孢子叶球；孢子叶盾状（peltate），下生多个孢子囊，孢子同型，具2条弹丝（elater），弹丝有干湿运动，有助于孢子囊开裂和孢子散出；孢子中有半数萌发为雄配子体，半数萌发为雌配子体。

本亚门常见种类有问荆（*E. arvense*）（图16-49）、节节草（*E. ramosissimum*）和木贼（*E. hyemale*）等。

图16-49　问荆

（五）真蕨亚门

孢子体具不定根；除桫椤外，均为根状茎，原生中柱、管状中柱或多环网状中柱；大型叶，幼叶拳卷；孢子囊聚集成孢子囊群生于孢子叶边缘、背面或特化孢子叶上，常具囊群盖（indusium）；多为孢子同型。配子体心形，绿色自养，腹面具假根，精子具多数鞭毛。

蕨（*Pteridium aquilinum* var. *latiusculum*）（图16-50A）。隶属于真蕨纲（Filicinae）、水龙骨目（Polypodiales）、鳞毛蕨科（Dryopteridaceae）、蕨属。孢子体为多年生草本，

分布在世界各地；中国各省都有生长。

蕨的孢子体高达100cm。根状茎向上生长，其上着生多个大型2～3回羽状复叶；羽状复叶幼时拳卷状，成长中渐次伸开。叶背面边缘具孢子囊群；孢子囊有一条纵生环带，环带细胞内壁和侧壁均木质化增厚；两个不加厚的细胞称为唇细胞（lip cell）。孢子囊内具孢子母细胞，每个孢子母细胞进行减数分裂形成4个孢子；孢子成熟时，由于环带的反卷作用，使孢子囊从唇细胞处横向裂开，将孢子弹出。成熟的孢子落在潮湿的土壤上面，萌发形成心形配子体（也称原叶体），直径约数毫米至十毫米左右，具叶绿体，能独立生活。在配子体腹面生有假根，假根从中生有很多精子器，其内产生多鞭毛精子。颈卵器多生于配子体顶端凹陷处，颈卵器内有卵细胞。在有水条件下，精子散出，游到颈卵器内与卵细胞结合成合子，合子在颈卵器内发育成胚，进一步发育成独立的孢子体。

该亚门常见种类有荚果蕨（*Atteuccia struthiopteris*）（图16-50B）、肾蕨（*Nephrolepis auriculata*）（图16-50C、图16-50D）、北京粉背蕨（*Aleuritopteris argentea*）（图16-50E）、铁线蕨（*Adiantum capillus-veneris*）、华北石韦（*Pyrrosia davidii*）、贯众（*Cyrtomium fortuner*）（图16-50G）和芒萁（*Dicranopteris dichotoma*）等。

蕨类植物与人类关系非常密切，具有重要经济用途。

（1）食用。许多蕨类植物可供食用，如蕨的幼叶；有些蕨类植物根茎富含淀粉，可提取面粉供食用。

（2）药用。有100余种，如用海金沙（*Lygodium japonicum*）治尿道感染、尿道结石；用卷柏（*Selaginella tamariscina*）外敷，治刀伤出血；用江南卷柏（*S. moellendorffii*）治疗湿热黄疸、水肿、吐血等症；用阴地蕨（*Botrychium ternatum*）治小儿惊风；骨碎补（*Davallia mariesii*）能坚骨补肾、活血止痛；贯众的根茎可治虫积腹痛、流感等症。

（3）饲料。一般水生蕨类植物，在农业上可做绿肥，如满江红（*Azolla imbricata*）（图16-50F），其含氮量高于苜蓿；槐叶苹（*Salvinia natans*）、满江红等也可作为鱼和家畜饲料。

（4）指示植物。有的蕨类植物可以指示土壤性质，如铁线蕨、卷柏、蜈蚣草（*Pteris vittata*）等多生长于石灰岩或钙质土壤上；石松（*Lycopodium japonicum*）、铁芒萁（*Dicranopteris linearis*）则生长于酸性土壤上；蕨类植物还能指示气候，如桫椤（*Alsophila spinulosa*）和地耳蕨（*Quercifilix zeylanica*）的生长，指示着热带和亚热带气候；生长鳞毛蕨属（*Dryopteris*）的地区，则为北温带或亚寒带气候。

（5）观赏。许多蕨类植物形态优美，极具观赏价值，如肾蕨（图16-50C、图16-50D）、鹿角蕨（*Platycerium wallichii*）、铁线蕨等。

除此之前，现代开采的煤炭，大部分是古代蕨类植物遗体形成的，为现代工业上的重要燃料；石松的

图 16-50　常见蕨类植物

A. 蕨；B. 荚果蕨；C、D. 肾蕨；E. 北京粉背蕨；F. 满江红；G. 贯众

孢子常用于火箭信号、照明弹制造工业中。

三、裸子植物

裸子植物（Gymnosperm）既是颈卵器植物，又是种子植物，是介于蕨类植物和被子植物之间的一类维管植物。因其种子外面没有果皮包被，是裸露的，故称为裸子植物。与蕨类植物相比，裸子植物有如下主要特征。

（1）孢子体发达。裸子植物均为多年生木本，且多数为单轴分枝的高大乔木。维管系统发达，具形成层和次生生长；木质部大多数只有管胞而无导管，韧皮部有筛胞而无筛管和伴胞。叶多为针形、条形或鳞形，极少数为扁平的阔叶；叶表皮有较厚的角质层，气孔下陷，排列成浅色气孔带（stomatal band），更加适应陆地生活。

（2）形成球花。裸子植物孢子叶（sporophyll）多聚生成球果状（strobiliform），称为孢子叶球（strobilus）或球花（cone）。小孢子叶球又称雄球花（male cone），由小孢子叶聚生而成，每个小孢子叶下面生有小孢子囊，囊内有许多小孢子母细胞，经减数分裂产生小孢子，再由小孢子发育成雄配子体。大孢子叶球又称雌球花（female cone），由大孢子叶丛生或聚生而成；大孢子叶变态为羽状大孢子叶（苏铁纲）、珠领（collar）（银杏纲）、珠鳞（ovuliferous scale）（松柏纲）、珠托（红豆杉）和套被（epimatium）（罗汉松）。

（3）具裸露的胚珠，形成种子。裸子植物大孢子叶的腹面生有胚珠，胚珠裸露，不为大孢子叶包被；胚珠成熟后形成种子。种子的出现使胚受到保护，保障了营养物质的供给，可以使植物渡过不良环境。

（4）形成花粉管，受精作用不再受水的限制。裸子植物的雄配子体（花粉粒）在珠心上方萌发，形成花粉管，进入胚囊，将2个精子直接送入颈卵器内。1个具功能的精子使卵受精，另一个被消化。裸子植物的受精作用不再受水的限制，它们能更好地在陆生环境中繁衍后代。

（5）配子体十分简化，不能脱离孢子体而独立生活。裸子植物的小孢子（单核花粉粒）在小孢子囊（花粉囊）里发育成仅由4个细胞组成的雄配子体（成熟的花粉粒）。单核花粉粒被风吹送到胚珠上，经珠孔直接进入珠被内，在珠心（大孢子囊）上方萌发产生花粉管，吸取珠心的营养，继续发育为成熟的雄配子体，即雄配子体前一时期寄生在花粉囊里，后一时期寄生在胚珠中，而不能独立生活。大孢子囊（珠心）里产生的大孢子（单核胚囊），在珠心里发育成雌配子体（成熟胚囊）。成熟的雌配子体由数千个细胞组成，近珠孔端产生2~7个颈部露在胚囊外面的颈卵器。颈卵器内无颈沟细胞，仅有1个卵细胞和1个腹沟细胞。

雌配子体（胚囊）寄生在孢子体上，而不能独立生活。

（6）具多胚现象。多数裸子植物具有多胚现象（polyembryony）。由1个雌配子体上的几个或多个颈卵器中的卵细胞同时受精，各自发育成1个胚而形成多个胚的，称为简单多胚现象（simple polyembryony）；由1个受精卵形成的胚原细胞在发育过程中分裂为几个胚的，称为裂生多胚现象（cleavage polyembryony）。

裸子植物的繁盛期为中生代，后因地史变迁，很多植物已绝迹。现代生存的裸子植物为数不多，有700余种，分为五纲，即苏铁纲（Cycadopsida）、银杏

纲（Ginkgopsida）、松柏纲（Coniferopsida）、红豆杉纲（Taxopsida）和买麻藤纲（Gnetopsida）。

（一）苏铁纲

苏铁纲现仅存1目3科11属，约209种，分布于热带或亚热带地区。我国仅苏铁属（Cycas）1属，约15种，最常见的是苏铁（C. revolute）。

苏铁为常绿木本，茎干粗壮，常不分枝；大型羽状复叶簇生于茎顶；鳞叶小，密生褐色毛；雌雄异株，球花顶生；大孢子叶羽毛状（图16-51）；精子具多数鞭毛。

图 16-51　苏铁

A. 植株外形；B. 拳卷的幼叶；C. 雄性植株，示雄球花；D. 小孢子叶；E. 小孢子叶背部的小孢子囊；F. 雌性植株，示雌球花；G. 羽状大孢子叶；H. 胚珠纵切面；I. 珠心和雌配子体部分放大

（曲波摄）

（二）银杏纲

银杏纲现仅存 1 目、1 科、1 属、1 种，即银杏（*Ginkgo biloba*），为我国特产，国内外广泛栽培。落叶乔木；枝条有长短之分；叶扇形，先端二裂或波状缺刻，具分叉脉序，在长枝上螺旋状散生，在短枝上簇生；球花单性，雌雄异株；精子具多数纤毛；种子核果状（图 16-52）。

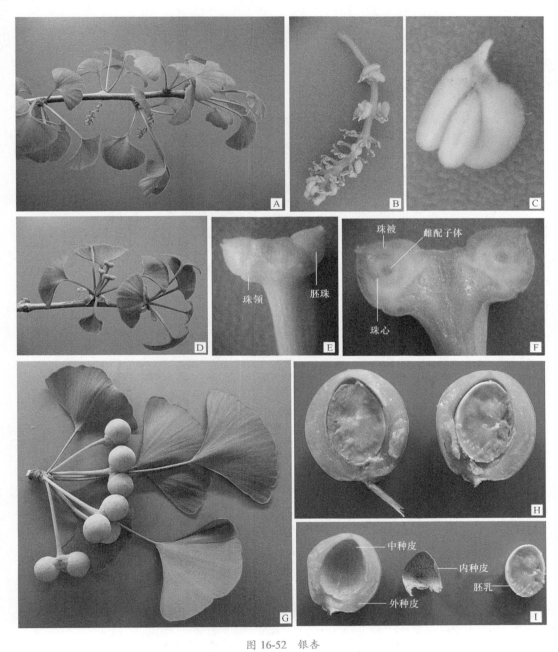

图 16-52　银杏

A. 着生雄球花的短枝；B. 雄球花；C. 小孢子叶，示小孢子囊；D. 着生雌球花的短枝；E. 雌球花；
F. 胚珠和珠领纵切面；G. 着生种子的短枝；H、I. 种子纵切面
（曲波摄）

（三）松柏纲

松柏纲植物的叶多为针形，故常被称为针叶树或针叶植物。松柏纲是现代裸子植物中种类最多、分布最广、经济价值最大的类群，有 4 目、4 科、约 44 属、400 余种。我国是松柏纲植物的起源地，也是松柏纲植物最丰富的国家，以富有特有属种和第三纪孑遗植物著称。我国现有松柏纲植物 3 科、23 属、约 150 种。

常绿或落叶乔木，稀为灌木。茎多分枝，常有长短枝之分；次生木质部发达，由管胞组成，无导管，

具树脂道（resin canal）；叶针形、钻形、刺形或鳞形。球花单性，同株或异株。雄球花由多数小孢子叶组成，每一小孢子叶常具2～9个小孢子囊，精子无鞭毛；雌球花由三至多数珠鳞（大孢子叶）和苞鳞组成，珠鳞与苞鳞离生、半合生或完全合生，胚珠生于珠鳞近轴面；种子有翅或无翅，子叶2～10枚，胚乳丰富。

1. 松科

松科（Pinaceae）是松柏纲中种类最多，经济价值最大的科，有10属、250余种。我国有10属、90余种，其中许多种类是中国特有种和孑遗植物。

乔木。叶针形或线形；针形叶常2～5针一束，生于极度退化的短枝上，基部包有叶鞘；线形叶在长枝上螺旋状排列，在短枝上簇生。球花单性同株；雄球花具多数螺旋状排列的小孢子叶，每一小孢子叶有2个小孢子囊，小孢子多数有气囊；雌球花由多数螺旋状排列的珠鳞与苞鳞组成，苞鳞与珠鳞分离（仅基部结合），每一珠鳞腹面生有两个倒生胚珠。种子常具翅（图16-53）。

图16-53 油松

A. 着生雄球花的新生枝；B. 雄球花；C. 雄球花纵剖面；D. 小孢子叶及小孢子囊；

E. 着生雌球花的枝条；F. 雌球花纵剖面；G. 珠鳞的近轴面，示胚珠；H. 珠鳞的远轴面，示苞鳞；

I. 果鳞（左为近轴面，右为远轴面）；J. 具翅的种子

（曲波摄）

松属（*Pinus*）。孢子体枝系和根系发达。春天顶芽长成枝，枝有长枝和短枝之分。长枝上生有螺旋状排列的鳞叶，在鳞叶叶腋部生一短枝；短枝极短小，顶端生有成束的2～5条针形叶，针形叶在第2年后才随短枝逐渐脱落。

春季发生新枝叶的同时，球花也随着长出。球花单性，雌雄同株。雄球花生于当年生新枝基部，每一个雄球花由许多小孢子叶螺旋状排列而成，小孢子叶下面各生2个小孢子囊，囊内具有多数小孢子母细胞，每一小孢子母细胞减数分裂后形成4个小孢子；小孢子具有2个气囊，通过3次细胞分裂，最后形成含有4个细胞的成熟雄配子体（1个生殖细胞、1个管细胞和2个退化的原叶体细胞），也就是传粉时的花粉粒。晚春，小孢子囊破裂，释放出大量具气囊的花粉；花粉随风飘扬，有些落在雌球花上，进入胚珠。

雌球花着生在当年生新枝顶端，由许多螺旋状排列的大孢子叶和与之并生的苞鳞组成。每个大孢子叶腹面基部有一对胚珠，因此大孢子叶又称为珠鳞。胚珠内的珠心组织有一个大孢子母细胞，减数分裂形成4个大孢子，只有远珠孔端的1个大孢子经细胞分裂形成多细胞雌配子体；翌年春天，在雌配子体顶部分化出数个颈卵器，其余细胞则分化为胚乳。因此，裸子植物的胚乳是由大孢子直接分裂而来，它和被子植物的胚乳是由极核受精发育形成具有本质区别。

被风吹送到雌球花上的花粉，由珠鳞裂缝进入胚珠珠孔内的花粉室中，半年以后开始生出花粉管，并缓慢经珠心组织向颈卵器生长。在此过程中，生殖细胞在花粉管内分裂为体细胞和柄细胞，体细胞再分裂为2个不动精子，而柄细胞和管细胞则逐渐消失。以后，花粉管生长进入颈卵器，1个精子与卵结合形成受精卵，进一步发育成胚，另一个精子死亡，最终消失。从传粉至受精，需一年以上时间才能完成。每个颈卵器中的卵均可受精，但最后只有一个能正常发育为胚。

成熟的胚具有胚芽、胚轴、胚根和7～10枚子叶；胚外面包有胚乳（雌配子体），含有丰富营养；珠被发育形成种皮；珠鳞上的部分表层组织分离出来形成种子的翅。当胚珠发育成种子时，珠鳞和苞鳞愈合并木质化，叫做果鳞或种鳞（seminiferous scale）；整个雌球花急剧长大变硬，称为松球果（pinecone）。种子成熟后，果鳞张开，散出种子，在适当条件下，发育为新的孢子体（图16-54）。

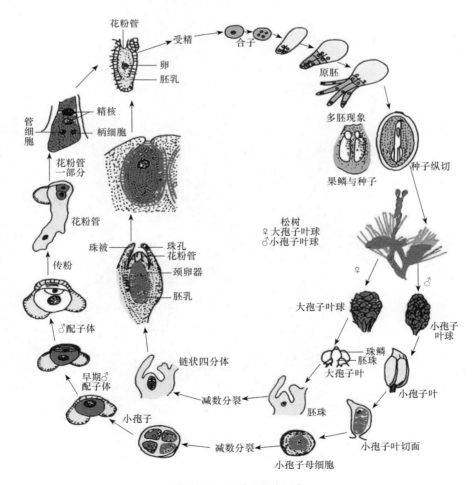

图 16-54　松属植物生活史

2. 杉科

杉科（Taxodiaceae）有10属、16种，中国有5属、7种。代表植物有杉木（*Cunninghamia lanceolata*）、水杉（*Metasequoia glyptostroboides*）、水松（*M. glyptostroboides*）、柳杉（*Cryptomeria fortunei*）等。其中，水杉为我国特有孑遗植物，现各地广泛栽培；水松为我国特有单种属植物，也是第三纪孑遗植物。国外著名树种有巨杉（*Sequoiadendron giganteum*）、北美红杉（*Sequoia sempervirens*）和金松（*Sciadopitys verticillata*）等。

常绿或落叶乔木。叶条形、钻形或披针形，螺旋状排列，稀对生；叶同型或两型，稀三型。球花单性同株；雄球花由螺旋状排列的小孢子叶组成，每一小孢子叶具2～9个小孢子囊，小孢子无气囊；雌球花由螺旋状排列的珠鳞和苞鳞组成，珠鳞与苞鳞半合生（仅顶端分离），珠鳞腹面基部有2～9枚胚珠。种子具周翅或两侧具窄翅。

3. 柏科

柏科（Cupressaceae）有22属、约150种，中国有8属、29种。代表植物有侧柏（*Platycladus orientalis*）（图16-55 A～C）、圆柏（*Sabina chinensis*）（图16-55D、图16-55E）、柏木（*Cupressus funebris*）等。其中，侧柏和圆柏是我国特有树种。

常绿乔木或灌木。叶鳞形或刺形，对生或轮生，或叶两型。球花单性同株或异株；雄球花由3～8对交

图16-55　侧柏和圆柏

A. 侧柏的扁平小枝；B. 具雄球花的小枝；C. 具雌球花的小枝；D. 植物体外形；

E. 植物体一部分，示二型叶（鳞形叶和刺形叶）

（曲波摄）

互对生的小孢子叶组成，每一小孢子叶具3～6个或更多小孢子囊，小孢子无气囊；雌球花由多数交互对生或3～4片轮生的珠鳞和苞鳞组成，珠鳞与苞鳞完全合生，珠鳞腹面基部着生1至多数直生胚珠。种子无翅或具窄翅。

4. 红豆杉纲

红豆杉纲有3科、14属、约162种，中国有3科、7属、33种。代表植物有罗汉松（*Podocarpus macrophyllus*）、三尖杉（*Cephalotaxus fortunei*）、红豆杉（*Taxus chinensis*）等。其中，红豆杉为我国特有树种，第三纪孑遗植物。

常绿乔木，多分枝。叶螺旋状排列，气孔带淡黄或淡绿色。孢子叶球单生。成熟种子核果状或坚果状，生于红色肉质的杯状假种皮中（图16-56A、图16-56B）。

图16-56 红豆杉、草麻黄和水杉

A. 红豆杉植物体；B. 红豆杉种子，外具红色假种皮；C. 草麻黄种子，示红色的假种皮；D. 水杉

（红豆杉由曲波摄，水杉由宋敏丽摄）

5. 买麻藤纲

买麻藤纲有3目、3科、3属、约80种，中国有2科、2属、19种。常见种类有草麻黄（*Ephedra sinica*）（图16-56 C）、木贼麻黄（*E. equisetina*）、买麻藤（*Gnetum montanum*）等。

灌木、亚灌木或木质藤本，稀乔木。次生木质部由导管组成，无树脂道；叶对生或轮生。球花单性，有类似于花被的盖被（假花被）（pseudoperianth）；胚珠1枚，具珠孔管（micropylar tube）；精子无鞭毛；除麻黄科外，雌配子体均无颈卵器。种子具2枚子叶，包于由盖被发育来的假种皮中（图16-56C），胚乳丰富。

裸子植物是组成地面森林的主要成分，它们材质优良，为林业生产上的主要用材树种。我国应用在建筑、枕木、造船、制纸、家具上的大量木材多数为松柏类，如东北的红松（*Pinus koraiensis*）、南方的杉木；其副产品，如松节油、松香、单宁、树脂等都有重要用途。部分裸子植物的种子可供食用，如银杏、华山松（*P. armandii*）、香榧（*Torreya grandis*）等的种子。麻黄是著名药材。很多裸子植物是优美的常绿树种，在美化庭园、绿化环境上有很大价值，如雪松（*Cedrus deodara*）、金钱松（*Pseudolarix amabilis*）、油松（*P. tabuliformis*）、白皮松（*P. bungeana*）等。其中，雪松是世界五大园林观赏树种之一，而金钱松的叶入秋后变为金黄色，亦为美丽庭院的观赏树种。我国特产的水杉、水松、银杏等，都是地史上遗留的古老植物，被称为活化石，在研究地史和植物界演化上有重要意义。

四、被子植物

被子植物（Angiosperm）是植物界中适应陆生生活的最高级、多样性最丰富的类群。全世界的被子植物有 12 600 属、25 万多种；我国有 3100 多属、约 3 万种。被子植物之所以能够如此繁盛，与其独特的形态结构特征密不可分。

（1）孢子体更加发达完善。在外部形态、内部解剖结构、生活型等方面，被子植物的孢子体比其他植物类群更加完善和多样化。外部形态上，被子植物多具有合轴式分枝和阔叶，光合作用效率大为提高；内部解剖结构上，被子植物木质部中有导管、管胞，韧皮部中有筛管和伴胞，输导作用更强；生活型上，被子植物有水生、石生、土生等，有自养种类，也有腐生和寄生植物，有乔木、灌木和藤本植物，也有一年生、两年生和多年生草本植物。

（2）产生了真正的花。典型被子植物的花一般由花柄、花托、花被、雄蕊群和雌蕊群 5 部分组成。花被的出现提高了传粉效率，也为异花传粉的进行创造

了条件。在长期自然选择过程中，被子植物花的各个部分不断演化，以适应虫媒、风媒、鸟媒和水媒等各种类型的传粉机制。

（3）形成了果实。雌蕊中的子房受精后发育为果实，子房内的胚珠发育为种子；种子包裹在果皮里面，使下一代植物体的生长和发育得到了更可靠的保证，同时还有助于种子传播。

（4）具双受精现象。花粉粒中的两个精子进入胚囊后，1 个与卵细胞结合形成合子，将来发育成胚，另一个精子与中央细胞中的 2 个极核结合形成受精极核，进一步发育成胚乳。被子植物的双受精现象，使胚获得了具双亲遗传性的养料，增强了生活力。

（5）配子体进一步退化。配子体达到最简单程度，成熟胚囊即为其雌配子体，一般只有 7 个细胞 8 个核，即 3 个反足细胞、2 个助细胞、1 个卵细胞和一个中央细胞（内含 2 个极核），没有颈卵器；2 核或 3 核成熟花粉粒即为雄配子体，其中，2 核花粉粒由 1 个营养细胞和 1 个生殖细胞组成，3 核花粉粒由 1 个营养细胞和 2 个精子组成。

第三节　植物界的发生和演化

植物界的发生与演化是一个漫长的历史过程。植物界的发生和自然条件的改变紧密相关，每次环境的巨大变迁，必然导致某些不适应变化的植物衰退、绝

迹或形成化石，但是也必然会出现某些生命力强的植物，适应变化了的自然条件，进一步发展和繁盛（表 16-2，图 16-57）。

表16-2　地质年代和植物发生、进化情况

代	纪	距今年数（百万年）	进化情况	优势植物
新生代	第四纪	现代	被子植物占绝对优势，草本植物进一步发育	被子植物
		更新世2.5		
	第三纪	晚25	经过几次冰期后，森林衰退，由于气候原因，造成地方植物隔离，草本植物发生，植物界面貌与现代相似	
		早65	被子植物进一步发育并占优势，世界各地出现大范围森林	
中生代	白垩纪	晚90	被子植物得到发展	裸子植物
		早136	裸子植物衰退，被子植物逐渐代替裸子植物	
	侏罗纪	190	裸子植物中的松柏类占优势，原始裸子植物逐渐消失，被子植物出现	
	三叠纪	225	木本乔木状蕨类植物继续衰退，真蕨类繁盛	
古生代	二叠纪	晚260	裸子植物中的苏铁类、银杏类、针叶类繁茂	蕨类植物
		早280	木本乔木状蕨类植物开始衰退	
	石炭纪	345	巨大的乔木状蕨类植物，如鳞木类、芦木类、木贼类等遍布各地，形成森林，造成了以后的大煤田；许多矮小真蕨类植物、种子蕨类植物进一步发展	
	泥盆纪	晚360	裸蕨类逐渐消失	
		中370	裸蕨类植物繁盛，种子蕨、苔藓植物出现	
		早390	植物由水生向陆生演化，陆地上出现了裸蕨类植物；可能出现了原始维管束植物；藻类植物仍占优势	藻类植物
	志留纪	435		
	奥陶纪	500	海产藻类植物占优势，其他类植物继续发展	
	寒武纪	570	初期，真核细胞、藻类植物出现	
元古代		570～1500	后期，与现代藻类植物相似的类群出现	
太古代		1500～500	生命开始出现，细菌和蓝藻出现	

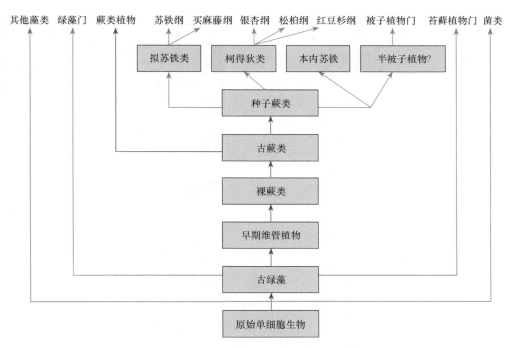

图 16-57 植物界各大类群系统演化示意图

一、低等植物的发生和演化

（一）藻类植物发生和演化

大约在 34 亿年前的太古代出现了原核生物——细菌和蓝藻；元古代晚期（距今 15 亿~14 亿年前），真核藻类出现；古生代寒武纪和奥陶纪，海生高等藻类植物，如褐藻、红藻等出现；古生代志留纪是海洋在地球上分布最广的时期，也是海藻最繁盛的时期。这一时期长达 28 亿年左右，几乎占据了地球上生物界全部历史的 7/8，同时也充分体现了植物界从低等到高等，从水生进化到陆生经历了一个极其漫长的历史过程。

一般认为，真核藻类由原核藻类进化而来。单细胞真核藻类又逐渐演化出群体、多细胞和丝状体类型。真核藻类的各大门类可能经过 3 条路线演化。

1. 叶绿素 a＋d 路线（红蓝路线）

真核藻类中的红藻与蓝藻关系密切，如两者均含藻胆素；仅有叶绿素 a，无叶绿素 b 和叶绿素 c；红藻虽有光合器，但类囊体呈单条排列；蓝藻和红藻都不具鞭毛等。也有人推测红藻可能是由原核蓝藻演化而来，或两者有共同祖先。其他真核藻类可能是从原鞭藻类进化而来，原鞭藻类仍为原核，含叶绿素 a 和藻胆素，具光系统Ⅱ，具（9＋2）型鞭毛。原鞭藻向着含叶绿素 a、叶绿素 c 和含叶绿素 a、叶绿素 b 两大方向演化出其他真核藻类。

2. 叶绿素 a＋c 路线（杂色路线）

包括隐藻、甲藻、硅藻、金藻、黄藻和褐藻，其中的甲藻具中核，由此有人推测可能原鞭藻先演化出中核藻类，再进化到真核藻类。

3. 叶绿素 a＋b 路线（绿色路线）

包括裸藻、绿藻和轮藻。原鞭藻演化出原绿藻类，再进化到其他含叶绿素 a、叶绿素 b 的真核藻类。绿藻、轮藻和高等植物中的苔藓植物及蕨类植物关系密切，苔藓和蕨类可能是由古代绿藻、轮藻类演化而来。

（二）菌类和地衣等的发生和演化

菌类（真菌、黏菌）和地衣的发生及演化在古生物文献中也不乏记载，但其可靠性和研究程度较差，从化石记录中几乎得不到有关它们演化情况的启示。

在距今约 19 亿年前的地层中，人们发现了没有横隔的菌丝化石；在寒武纪及以后的地质时期地层中发现了存在于藻类及一些有壳动物体内的菌丝化石。由此可知，在前寒武纪就已产生了真菌。但关于真菌的起源尚无定论，许多研究者认为它是从藻类等多元演化而来。

黏菌由于兼有某些动物特性，故其化石更为罕见。虽然有人报道在石炭纪一种高等植物皮层里发现了黏菌化石，但其可靠性值得怀疑。

而作为菌、藻共生体的地衣化石较少。2005 年，中科院南京地质与古生物研究所袁训来与美国 Virginia 州立大学肖书海及 Kansas 大学 T. N. Taylor 合作，在贵州省瓮安磷矿距今约 6 亿年的黑色磷块岩中，发现了目前已知最古老的地衣化石。它们是由球状蓝藻和真菌化石组成，真菌丝状体环绕球状蓝藻分布，部分丝状体的一端还与一个梨形真菌孢子相连。

二、高等植物的发生和演化

（一）苔藓植物的发生和演化

1. 苔藓植物对陆生环境的适应性

苔藓植物叶状体、拟茎叶体具有初步吸收、输导和支持结构，生殖器官多细胞，受精固定在颈卵器内，受精卵发育成胚，初步形成了与陆地环境相适应的结构，但因其生活史中配子体占优势，无维管组织分化，无真正的根，精子具鞭毛，受精时离不开水等，又限制了苔藓植物进一步发展，形态结构始终保持在原始状态，只能生活在一些较阴湿的小环境中，是植物界演化的一个盲枝。

2. 苔藓植物的起源

关于苔藓植物的发生主要有两种观点。

（1）起源于绿藻。苔藓植物与绿藻含有的光合色素都是叶绿素 a、叶绿素 b，光合产物是淀粉，叶绿体和绿藻的载色体相似，角苔属（*Anthoceros*）植物中具有大形蛋白核，储藏物也为淀粉，其构造与绿藻也相似；苔藓植物孢子萌发时先发育形成分枝原丝体，而原丝体与绿藻中的分枝丝状体相类似；苔藓植物的游动精子具有两条等长的顶生尾鞭型鞭毛，与绿藻的精子相似；与绿藻一样，苔藓植物生活史具有明显的世代交替。苔藓植物与绿藻的相似性特征为探索苔藓植物的起源提供了线索，而佛氏藻（*Fritschiella tuberosa*）和藻苔（*Takakia lepidozioides*）被研究者认为是藻类与苔藓植物之间的过渡类型，它们的发现为研究者提供了深入思考的证据。

佛氏藻首先在印度、非洲发现，主要生长在潮湿土壤上，偶尔也生长在树干上；其植物体在土表有横生的匍匐枝，由于细胞向 3 个方向分裂而产生"块状细胞群"；佛氏藻有世代交替现象。藻苔在日本及加拿大西部沿海发现，在中国西藏和云南也有分布；藻苔的配子体没有假根，只有合轴分枝的主茎，其上有螺旋状着生的小叶，小叶深裂成 2～4 瓣，裂瓣呈线形；颈卵器有多层细胞组成的壁，侧生或顶生在主茎上。

（2）起源于裸蕨类。认为配子体占优势的苔藓植物是由孢子体占优势的裸蕨植物逐步退化演变而来的。裸蕨类是最原始的陆生维管植物，已发现的化石植物有：角蕨属（*Hornea*）、鹿角蕨属（*Rhynia*）和孢囊蕨属（*Sporogonites*），它们没有真正的根和叶，在横生茎上生有假根，与苔藓植物体相似；角蕨属、鹿角蕨属的孢子囊内有一中轴构造，这一特点和角苔属、泥炭藓属、黑藓属孢蒴中的蒴轴相似；孢囊蕨已具单一孢子囊，而在真藓（*Bryum argenteum*）中发现有畸形的分叉孢子囊；角苔类的孢子体能进行光合作用，使孢子体在配子体死亡后还能独立生活一个短时期，在其孢蒴的蒴轴内有类似输导组织的厚壁细胞，外壁上有

发育不完全的气孔，而在裸蕨类中，也可看到输导组织消失的情况，如好尼蕨属（*Horneophton*）的输导组织在拟根、茎中消失，孢囊蕨属的输导组织在茎中也不明显。由于存在以上结构特征的相似性，该学说推测苔藓植物有可能是裸蕨类的退化后裔，但该学说不能解释在退化过程中孢子体如何由独立生活变为寄生在配子体上的事实。

目前，多数人支持苔藓植物与裸蕨植物都直接发源于水生绿藻，并且在很早阶段它们就分道扬镳，各自发展成为一个独立类群。苔藓植物沿着改进配子体方向发展，从而成为植物演化系统中的一个独特旁支；而裸蕨类则沿着发展孢子体方向发展，直接或间接演化出了蕨类植物和种子植物。

（二）蕨类植物的发生与演化

蕨类植物起源于早泥盆世、中泥盆世的裸蕨植物。一般认为，裸蕨类通过 3 条进化路线演化为蕨类植物。

1. 石松类演化路线

石松类是蕨类植物中最古老的一个类群，早泥盆纪开始出现，但多为草本类型，如刺石松（*Baragwaathia longifolia*）；中泥盆纪时，木本种类已分布很广，如鳞木属（*Lepidodendron*）和封印木属（*Sigillaria*）；晚泥盆纪继续发展，到石炭纪达到鼎盛阶段；二叠纪逐渐衰退，进入中生代后木本类型已极少见，只留下少数草本类型。

2. 木贼类演化路线

木贼类与石松类几乎是平行发展的。它们在早泥盆纪出现，至石炭纪、二叠纪达到鼎盛，属种很多，而且包括不少高大的乔木类型，在当时陆地植被和造煤过程中，都充当着重要角色。自中生代起，木贼类迅速衰退，在新生代则处于更加微弱的地位。现存的木贼类全为草本。

3. 真蕨类演化路线

真蕨类是蕨类植物中最大的一个类群，最早出现于泥盆纪早期、中期，泥盆纪至石炭纪趋于繁盛，且此时的真蕨多大型，呈树蕨状。但在二叠纪、三叠纪之交的世界性干旱气候到来时，真蕨类逐渐消失，仅有一些小型类群延续下来。至晚三叠纪和早侏罗纪时，随着地面气候再度变得温暖湿润，许多新的真蕨植物又从少数残存类群中分化出来，并且很快获得了前所未有的大发展。现代真蕨中的部分种类就是在当时产生的。

但是，由于蕨类植物在形态结构上和有性生殖过程中仍存在着不少原始性状，如输导组织不完善、产生有鞭毛的精子、受精作用仍脱离不开水、不能适应干燥气候等，因而其发展受到了制约。

（三）裸子植物的发生和演化

地球上最早出现的种子植物是裸子植物的种子蕨类。

种子蕨是古代原始的裸子植物，是裸子植物的祖先，由它发展为苏铁、银杏、松柏类裸子植物。它们在泥盆纪出现，白垩纪绝灭。这类植物树干不分枝，顶端生有类似蕨类植物的大型羽状复叶，但植物体上生有裸露的种子。因而，种子蕨的出现是植物界的一个巨大飞跃。

古生代末期二叠纪时，大陆上气候由温暖、潮湿变为寒冷、干燥，大量蕨类植物不能适应这一巨大变化而衰退死亡。而裸子植物具种子且多为针叶，有高度防止蒸腾和耐干旱的性能，因此，裸子植物代替了蕨类植物而发展起来。裸子植物的繁盛期是中生代。但是，裸子植物叶的可塑性小，适应太阳照射变化能力差；木质部中只有管胞，输水能力不及导管；种子裸露、外无果皮保护等较为保守的性状阻碍了其本身发展。因而，裸子植物在植物界中占优势的地位逐渐被适应能力更强的被子植物代替。

（四）被子植物的发生和演化

被子植物是植物界中种类最多、进化水平最高的类群。由于化石等证据不足，有关被子植物的祖先、发生时间、地点及演化问题仍处于探索阶段。

1. 被子植物的祖先

关于被子植物的祖先尚无定论，目前主要有两种学说，即真花说（euanthium theory）和假花说（pseudoanthium theory）。

（1）真花说。苏联学者 Takhtajan 和美国学者 Cronquist 主张的真花说认为，被子植物是由原始裸子植物中早已灭绝的本内苏铁目（Bennettitales）中具两性孢子叶球的植物进化而来。孢子叶球上具覆瓦状排列的苞片演变成被子植物的花被，小孢子叶发展成雄蕊，大孢子叶发展成雌蕊，孢子叶球轴缩短成花轴。因此，该学说主张现代被子植物中的具有伸长的花轴，心皮多数而离生的两性整齐花的多心皮类，尤其是木兰目植物是现代被子植物中较原始类群。

结合化石资料、分子性状和现存植物系统发育分析，木兰目植物虽然保存了一系列被子植物花可能的原始特征，如花部分离、花被不分化等，但它却并不是最早的被子植物。早期被子植物可能是个体较小的草本植物，其花小型、单性、花被分化不明显、雄蕊无发达花丝、花药瓣裂、花粉粒小、外壁内层不发达、雌蕊由1心皮或几个心皮组成、胚珠1枚或2枚、柱头表面分化不明显等。

（2）假花说。德国学者 Engler 和奥地利学者 Wettstein 主张的假花说认为，被子植物的花和裸子植物的球花完全一致。每一个雄蕊和心皮分别相当于一个极端退化的雄球花和雌球花。被子植物的一朵花是由裸子植物的一个花序发展而来，单性花是原始的。因此，该学说主张被子植物起源于裸子植物进化类群麻黄类中具有雌雄异株花序的弯柄麻黄（Ephedra camphylopoda）。现代被子植物中的柔荑花序类植物是原始类群。

现代多数系统学家认为假花说的依据不足，如柔荑花序类植物花被的简化是高度适应风媒传粉而产生的次生现象，单层珠被是由双层珠被退化而来，合点受精虽和裸子植物一样，但在被子植物进化水平较高的茄科和单子叶植物中的兰科中也有这种现象。因此，柔荑花序类的单性花、单被花、风媒传粉、合点受精和单层珠被等特点，都可以看作是植物进化过程中的退化现象。相反，从解剖结构和花粉粒类型看，柔荑花序类植物的次生木质部具导管、花粉粒3沟等都是进化特征。

2. 被子植物的发生时间

目前普遍认为被子植物的早期进化和初期重要分化发生在中生代白垩纪前的某个时期，至白垩纪末期，被子植物已经在地球上的大部分地区占据了统治地位。被子植物起源于白垩纪前的依据：多数学者认为被子植物起源于种子蕨类，而种子蕨类出现于古生代晚期的泥盆纪，二叠纪达到鼎盛，三叠纪开始走向衰退，至侏罗纪已趋于灭绝。因此，被子植物的发生事件应在种子蕨类灭绝前。

3. 被子植物的发生地点

目前普遍认为被子植物的发生地在赤道带或附近某些地区，即中纬度、低纬度地区。

大量化石资料表明，被子植物在中纬度、低纬度出现的时间早于高纬度地区。例如，美国加利福尼亚发现了早白垩纪被子植物的果实；加拿大直到早白垩纪晚期才有极少数被子植物出现。在亚洲北部和欧洲，被子植物出现的时代较晚。这些事实表明，被子植物是在中纬度、低纬度首先出现，而后逐渐向高纬度地区扩展。

现代被子植物的地理分布情况，同样说明被子植物可能起源于中纬度、低纬度地区。在现存的被子植物400多科中，有半数以上的科依然集中分布于中纬度、低纬度地区，特别是被子植物中较原始的科目更是如此。这表明中纬度、低纬度的热带和亚热带地区确实是被子植物的起源中心。从这里，它们迅速分化和辐射，并向中纬度、高纬度发展，而后遍及各大陆。

三、植物界系统演化的基本规律

纵观植物界各类群的发生和演化，可将整个植物界的进化规律概括为以下两点。

1. 由简单到复杂

在营养体的结构和组成方面：由单细胞个体到群体、丝状体、片状体，再到茎叶体，最后发展成具根、茎、叶的多细胞个体；从无组织分化到有组织分化；植物体中各细胞的功能，从无分工到有明细分工。

在生活史中：由无核相交替到有核相交替再到具世代交替，世代交替又由配子体占优势的异型世代交替向孢子体占优势的异型世代交替发展。

在生殖方面：由营养繁殖到无性生殖，进而演化出有性生殖，有性生殖又由同配生殖到异配生殖，最后演化到卵式生殖；以及从无胚到有胚等。

2. 由水生到陆生

因生命最早发生于水中，所以最原始的植物一般都在水中生活。随着地球沧海桑田的变化，植物也由水域向陆地发展。相应地，植物体的形态结构也逐渐发生了更适应于陆地生活的转变。例如，植物体由无根到有假根再到真正根出现，由无输导组织到输导组织的形成及进一步完善，有利于植物在陆生环境中对水分的吸收和输导；机械组织加强，能使植物体成功直立于地面；保护组织的分化，对调控水分蒸腾有重要作用；叶面积的发展，有利于营养物质的制造和积累；高等种子植物的精子失去鞭毛及花粉管的形成，使受精作用不再受水的限制。孢子体逐渐发达和配子体逐渐退化，也是对陆生环境的适应，原始的植物生活在水中，游动配子在水域条件下能顺利结合，产生性细胞的配子体相应得到优势发展。在陆生环境下，配子体逐渐缩小，能在短暂而有利时间内发育成熟，并完成受精作用；而由合子发育成的孢子体，获得了双亲的遗传性，具有较强的生活力，能更好地适应多变的陆地环境。因此，进化的陆生植物有着更为发达而完善的孢子体和愈加简化的配子体。

上述两点是植物界进化的一般规律。但不能因此就认为所有简单结构都属于原始性状；同样，也不能认为凡是水生植物都是低等种类。因为有些植物在适应新环境条件时，某些器官和组织结构反而从复杂走向简单。例如，颈卵器的结构，从苔藓植物到蕨类植物，再到裸子植物就越来越简单，演化到被子植物则完全消失；又如，生活在水中的浮萍、睡莲和金鱼藻等，维管组织均极度退化，根不发达，然而它们却都是比较高级的种子植物，因为它们是由陆地又返回到水中生活的。因此，绝不能把植物界的发展机械地理解成简单的、直线上升的演化过程。

虽然植物体逐渐复杂和完善是进化的总趋势，但某些种类在特殊环境中，却朝着特殊方向发展和变化，故而形成了今天多样性丰富的植物界。

本章主要内容和概念

目前，地球上约有50万种植物。这些植物在长期演化过程中，其形态结构、生活习性等方面出现了明显差异。根据植物形态结构、生活习性和亲缘关系等可将植物分为藻类植物、菌类植物、地衣植物、苔藓植物、蕨类植物、裸子植物和被子植物七大类群。其中，藻类植物、菌类植物、地衣植物、苔藓植物和蕨类植物，因其用孢子繁殖，称为孢子植物，又因其不开花，不结果，又称为隐花植物；裸子植物和被子植物用种子繁殖，称为种子植物，又因其开花，又称显花植物；藻类植物、菌类植物和地衣植物，因其形态上无根、茎、叶分化，称为低等植物或原植体植物；而苔藓植物、蕨类植物、裸子植物和被子植物，因其形态上有根、茎、叶分化，称为高等植物或茎叶体植物；蕨类植物、裸子植物和被子植物因其有维管系统，又称为维管植物；而藻类植物、菌类植物、地衣植物和苔藓植物，因植物体不具维管系统，故称为非维管植物。本章主要包括藻类植物、菌类植物、地衣植物、苔藓植物、蕨类植物、裸子植物、被子植物的形态特征、系统分类与演化、科学意义和经济用途等内容。

知识要点包括：

七大类群植物形态结构、系统分类与演化及其生活史特征，低等植物，高等植物，拟核，周质，中央质，藻胆素，藻殖段，红藻淀粉，群体，丝状体，古细菌，光合细菌，化能合成作用，化能自养细菌，接合生殖，孢子，复大孢子，担孢子，分生孢子，子囊孢子，果胞，厚壁孢子，孢子同型与孢子异型，孢蒴，蒴柄，蒴帽，基足，孢子囊群，孢子叶，鞭毛，变形体，初生菌丝体，次生菌丝体，担子，担子果，接合管，精子器，颈卵器，菌褶，囊群盖，配子体世代与孢子体世代，同形世代交替与异形世代交替，受精丝，原丝体，小型叶蕨类与大型叶蕨类，多胚现象，生物进化，个体发育与系统发育。

复习思考题

1. 试用检索表将蓝藻门、绿藻门、轮藻门、金藻门、褐藻门、红藻门加以区别。
2. 列表比较真菌各亚门的主要形态特征。
3. 为什么说地衣是藻类植物和菌类植物的共生体？
4. 为什么说苔藓植物是陆地的征服者，而不是统治者？
5. 为什么说蕨类植物是最高等的孢子植物，也是最低等的维管植物？
6. 简述藻类植物、苔藓植物和蕨类植物世代交替类型中配子体和孢子体的关系。
7. 为什么说裸子植物是介于蕨类植物和被子植物之间的一类维管植物？
8. 为什么说被子植物是现代最高等的植物类群？
9. 从各类植物配子体的演变，分析植物系统演化的过程。
10. 高等植物与低等植物有何区别？分析说明环境条件对植物体形态结构的影响。

第十七章 被子植物多样性

被子植物是植物发展史上最晚出现的一类高等植物，是种子植物中最进化、最高级的类群，也是植物界形态变化最多、内部构造最复杂、生殖器官最特化和分布最广的一类植物。因其有显著而美丽的花朵，常称之为显花植物。被子植物的营养器官和繁殖器官比其他类群植物都复杂，根、茎、叶内部组织结构更适合于不同生态环境，繁殖器官具有更强繁殖能力。现存被子植物约 400 科、12 500 余属、25 万多种，约占现代植物 50 万种的一半，而且新的属种还在不断被发现。我国有被子植物约 300 科、3000 余属、近 3 万种。

被子植物之所以种类繁多，分布广泛，与其在长期演化中所获得的可塑性和适应性紧密相关。这种与环境的适应不仅在形态上，也体现在解剖结构上。地球环境千差万别，被子植物为了适应多样性环境，演化出了形态、内部构造、繁殖器官千差万别的植物种类。在植物进化史上，被子植物产生后，自然界才变得郁郁葱葱，绚丽多彩，生机益然。被子植物的出现和发展，不仅大大改变了植物界面貌，而且促进了动物，特别是以被子植物为食的昆虫和相关哺乳动物的发展，使整个生物界发生了巨大变化。

第一节　被子植物分类原则

被子植物分类，不仅要把 25 万多种植物归类到一定的纲、目、科、属、种中，还要建立一个能反映各分类群之间亲缘关系的分类系统。这个系统要能反映出各分类群哪些比较原始，哪些比较进化，各分类群之间在进化上彼此有怎样的联系。

被子植物的分类工作主要是以形态学特征作为分类的主要依据，尤其是花和果实形态特征，解剖学特征等其他性状则作为辅助性依据加以综合考虑。

建立被子植物分类系统，客观反映被子植物各类群之间的亲缘关系，是一项很艰难的工作。首先这是因为被子植物在地球上，几乎是在距今 1.4 亿年的白垩纪突然间同时兴起的，所以很难根据化石年龄论定谁比谁原始。其次是由于几乎找不到任何花的化石，而花部特征又是被子植物分类的重要依据，这使得整个化石进化系统成为割裂的片断。然而，人们还是根据现有资料对被子植物分类系统作了很多探索，并尽可能反映出它的起源与演化关系。这些资料主要是：被子植物形态发育特征、化石资料（化石形态学比较）、细胞学、孢粉学、化学成分、地理学等资料。

关于被子植物进化系统，根据化石资料，多数学者认为被子植物起源于中生代古裸子植物本内苏铁。也就是说，它演化出的早期被子植物所具备的性状是原始的，如两性花、花被同形、花部离生、花部多数而不固定等。再由此推断出次生的、进化的性状。同时，再根据其他植物化石，来推断出原始与进化性状。例如，最早出现的被子植物多为常绿、木本植物，而落叶、草本植物出现较晚，因此可推断前者为原始性状，后者为进化性状。

基于上述认识，一般公认的形态构造演化规律和分类原则如表 17-1 所示。

表 17-1　被子植物形态性状的演化趋势

	初生的、原始性状	次生的、较进化性状
根	1. 主根发达	1. 不定根发达
茎	2. 木本	2. 草本
	3. 直立	3. 缠绕或攀缘
	4. 无导管、只有管胞	4. 有导管
	5. 具环纹、螺纹导管，梯纹穿孔，斜端壁	5. 具网纹、孔纹导管，单穿孔，平端壁
叶	6. 常绿	6. 落叶
	7. 单叶、全缘，羽状脉	7. 复叶、有缺刻或分裂、叶形复杂化，掌状脉
	8. 互生（螺旋状排列）	8. 对生或轮生
花	9. 花单生	9. 花形成花序
	10. 有限花序	10. 无限花序
	11. 两性花	11. 单性花

续表

	初生的、原始性状	次生的、较进化性状
花	12. 雌雄同株	12. 雌雄异株
	13. 花部呈螺旋状排列	13. 花部呈轮状排列
	14. 花各部多数而不固定	14. 花各部数目不多，有定数（3、4 或 5）
	15. 花被同形，不分化为萼片与花瓣	15. 花有萼片和花瓣，或退化为单被花、无被花
	16. 花各部离生（花被、雄蕊、雌蕊）	16. 花各部合生（花被、雄蕊、雌蕊）
	17. 整齐花	17. 不整齐花
	18. 子房上位	18. 子房下位
	19. 花粉粒具单沟，二细胞	19. 花粉粒具 3 沟或多孔，三细胞
	20. 胚珠多数，2 层珠被，厚珠心	20. 胚珠少数，1 层珠被，薄珠心
	21. 边缘胎座、中轴胎座	21. 侧膜胎座、特立中央胎座及基生胎座
果实	22. 单果、聚合果	22. 聚花果
	23. 真果	23. 假果
种子	24. 种子有发达的胚乳	24. 无胚乳（营养储藏于子叶中）
	25. 胚小、直伸、子叶 2	25. 胚弯曲或卷曲，子叶 1
生活型	26. 多年生	26. 一年生或两年生
	27. 绿色自养植物	27. 寄生或腐生异养植物

　　表 17-1 中所述各种器官的演化，在多数情况下是互相关联的，因此在讨论发育时不应孤立地强调某一器官的特征。同时在系统发育过程中，各个器官不是同步并进的，因而出现形形色色的分支类群。常可见到，同一植物体上，有些性状相当进化，另一些性状却保留着原始性；一类较进化的植物在某一方面具有较原始性状，而另一类较原始的植物恰在这方面具有进化性状。因此，在评价这两类植物进化与原始的问题上，不能孤立强调某一器官特征，而要全面分析，看这种原始性状是否是由于各器官进化的不同步而形成的分支类群。

　　被子植物分为两个纲，即双子叶植物纲（Dicotyledoneae）（木兰纲 Magnoliopsida）和单子叶植物纲（Monocotyledoneae）（百合纲 Liliopsida），它们的主要区别如表 17-2 所示。

表 17-2　双子叶植物纲和单子叶植物纲的主要区别

双子叶植物纲（木兰纲）	单子叶植物纲（百合纲）
胚常有 2 片子叶（极少数为 1 片、3 片或 4 片子叶）	胚内仅含 1 片子叶（或有时胚不分化）
主根发达，多为直根系	主根不发达，常形成须根系
茎内维管束常呈环状排列，有形成层	茎内维管束散生，无形成层
叶常具有网状脉	叶常具有平行脉
花部常 5 或 4 基数，极少 3 基数	花部常 3 基数，极少 4 基数，绝无 5 基数
花粉常 3 个萌发孔	花粉常单个萌发孔

　　但是，两个纲的上述区别点只是相对的、综合的，实际上有交错现象，如双子叶植物睡莲科、毛茛科、小檗科、罂粟科、胡椒科、伞形科、报春花科均有 1 片子叶现象，毛茛科、车前科、茜草科、菊科有须根系植物，毛茛科、睡莲科、石竹科等有星散维管束，樟科、木兰科、小檗科、毛茛科有 3 基数花；单子叶植物天南星科、百合科等有网状叶脉，眼子菜科、百合科某些类群有 4 基数花。

　　从进化角度看，单子叶植物的须根系、无形成层、平行脉等性状都是次生的，但单萌发孔花粉粒却保留了比大多数双子叶植物还要原始的特点。原始双子叶植物中，也有单萌发孔花粉粒，这给单子叶植物起源于双子叶植物提供了依据。

第二节　双子叶植物纲 Dicotyledoneae

一、木兰科　Magnoliaceae

　　$* P_{6\sim15} A_\infty G_{\infty : \infty : 1\sim2}$

　　木兰科有 18 属、约 335 种，主产于亚洲东南部、南部，北部较少；北美洲东南部、中美洲、南美洲北部及中部较少。我国有 14 属、约 165 种，主产于东南部至西南部，东北及西北渐少。一些常绿乔木是我国亚热带常绿阔叶林的主要树种；许多种类可观赏、药用和材用。本科植物起源古老，有不少子遗、濒危或稀有种已列入国家重点保护植物名录。

　　识别特征　木本。单叶互生，托叶早落，在节上留有托叶环。花单生，辐射对称，两性，偶单性，花托伸长或突出；花被花瓣状，3 基数，多轮；雌雄蕊多数、螺旋状排列于延长花托上。聚合蓇葖果或带翅聚合坚果；种子常悬挂于丝状珠柄上。染色体：$X = 19$。

　　（1）木兰属（*Magnolia* L.）。花常芳香，大而美丽，单生枝顶；花被多轮；每心皮 1～2 个胚珠。本属约 90 种，产于亚洲东南部温带及热带；我国有 31 种，分布于西南部、秦岭以南至华东和东北。玉兰（*M. denudata* Desr.），花大，花被3轮9片，白色，基部常带粉红色，先花后叶。各地栽培观赏，花蕾入药，含芳香油，可提取配制香精或制浸膏（图17-1）。二乔玉兰（*M. soulangeana* Soul. -Bod.），小乔木；叶纸质，倒卵形，叶下面及叶柄被绒毛；花浅红色至深红色。该种是玉兰与辛夷的杂交种，在园艺栽培上约有20个栽培种，全国各地栽培，观赏。厚朴（*M. officinalis* Rehd. et Wils.），落叶乔木；叶大，近革质，7～9片聚生于枝端；花白色，芳香，花梗粗短，被长柔毛（图17-2）。我国特产，主产于长江流域及华南；树皮、根皮、花、种子及芽皆可入药，主要成分为厚朴酚，有健胃、止痛等功效。紫玉兰（*M. liliflora* Desr.），花被外面紫红色或紫色（图17-2）。荷花玉兰（*M. grandiflora* L.），叶常绿革质；花大，直径15cm以上。

（2）含笑属（*Michelia* L.）。花单生叶腋，不全部张开，花丝明显，每心皮有2个以上胚珠。本属约有50种，分布于亚洲热带、亚热带和温带地区；我国约有41种，分布于西南至东部，南部尤盛，为常绿阔叶林组成树种，木材可供板料、家具、细木工等用，有些种类花芳香，树形优美，可供观赏。含笑［*M. figo* (Lour.) Spreng.］，常绿灌木，嫩枝、芽及叶柄均被黄褐色绒毛；花开放时含蕾不尽开，淡黄色而边缘有时红色或紫色，具芳香。产华南，供观赏。白兰花（*M. alba* DC.），叶披针形；花腋生，花瓣狭长，花极香。

原产于印度尼西亚，我国江南各地栽培，观赏。

（3）鹅掌楸属（*Liriodendron* L.）。单叶互生，具

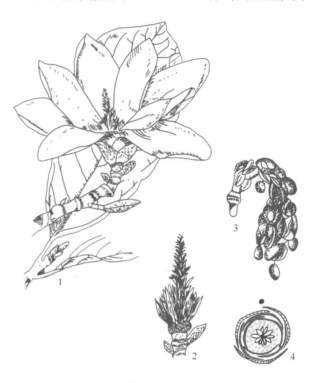

图17-1　玉兰
1. 花枝；2. 雄蕊和心皮的排列；3. 果实；4. 花图式

图17-2　木兰科植物
A. 厚朴；B. 鹅掌楸；C. 玉兰；D. 紫玉兰

长柄，叶片先端平截或微凹，近基部具1对或2列侧裂。花无香气，单生枝顶，与叶同时开放；两性，萼片3，花瓣6。翅果不开裂。本属到第四纪冰期大部绝灭，现仅存2种，我国有1种。鹅掌楸［马褂木 L. chinense（Hemsl.）Sarg.］，落叶乔木；叶马褂状，近基部每边具1侧裂片，先端具2浅裂；花杯状，花被片9，外轮3片绿色，萼片状，内两轮6片、直立，花瓣状，绿色具黄色纵条纹；具翅小坚果组成聚合果（图17-2）。产于我国江南各省，北方有栽培；观赏，叶和树皮入药。

进化地位 木兰科是现存被子植物中最原始的类群之一。其原始性表现在木本，单叶，羽状脉，虫媒花，花单生，雌蕊、雄蕊多数，螺旋状排列，花药长花丝短，单沟花粉，胚小，胚乳丰富等。

二、毛茛科 Ranunculaceae

$* (\uparrow) K_{5 \sim \infty} C_{5 \sim \infty} A_{\infty} \underline{G}_{\infty : \infty : \infty \sim 1}$

毛茛科约50属、2000余种，广布世界各地，主产于北温带与寒带。我国有42属、约720种，广布全国各地。本科多为药用植物，有些是有毒植物，另有一些植物花色艳丽、花形独特，可供观赏；本科植物常是山地林缘与草甸的优势种类。

识别特征 草本，稀为灌木或木质藤本。单叶分裂或复叶。花两性，4～5基数，或无花瓣，萼片花瓣状；雄蕊、雌蕊多数，离生，螺旋排列于膨大花托上，花粉常3沟，子房上位。聚合蓇葖果或聚合瘦果，稀浆果或蒴果；种子有胚乳。染色体：$X=6 \sim 10$、13。

（1）毛茛属（*Ranunculus* L.）。直立草本。叶基生或茎生。花辐射对称，单生或成聚伞花序；萼片5，绿色；花瓣通常5，黄色，基部有蜜腺，雄蕊与雌蕊螺旋排列于隆起花托上。聚合瘦果呈头状。本属约600种，广布全球寒温带；我国有115种，多数分布于西北和西南高山地区。毛茛（*R. japonicus* Thunb.），叶掌状3深裂，中央裂片宽菱形或倒卵形，3浅裂。广布全国各地，生于山谷、田边；全草含原白头翁素，有毒，药用，能利湿、消肿、止痛及治疮癣，也作土农药（图17-3）。茴茴蒜（*R. chinensis* Bge.），三出复叶；花顶生或腋生；瘦果卵圆形，微扁平，边缘有3条凸出棱。全草含原白头翁素，有毒，供药用。石龙芮（*R. sceleratus* L.），单叶3深裂，每裂片3～5浅裂；瘦果倒卵形，膨胀。全草含毛茛油，种子与根入药，嫩叶捣汁可治恶疮痈肿，也治毒蛇咬伤。

（2）乌头属（*Aconitum* L.）。一年生至多年生草本。具膨大直根或块根。叶常掌状分裂。花两侧对称，总状或圆锥花序；萼片5，花瓣状，紫色、蓝色或黄色，最上面一片呈盔状；花瓣2，藏于盔状花萼内，瓣片常有唇和距，在距顶部偶尔沿瓣片外缘生蜜腺，有退化雄蕊；心皮通常3～5。蓇葖果。本属

图 17-3 毛茛
1. 植株；2. 萼片；3. 花瓣；4. 花纵剖；5. 雄蕊；
6. 果实；7. 聚合果；8. 花图式

约350种，分布于北温带；我国有200种，大多分布于西南横断山区和东北诸省。本属植物含乌头碱等生物碱，多数种的块根有剧毒，但有镇痛、镇痉、祛风湿和解热等作用。乌头（*A. carmichaeli* Debx.），花萼蓝紫色。主根入药为"乌头"，有大毒，子根为"附子"，有温中、散寒、助阳、祛风湿、止痛功效。北乌头（*A. kusnezoffii* Reichb.），与乌头最为接近，区别点是：北乌头叶中央全裂片较狭，顶端渐尖或长渐尖，花序轴和花轴无毛，萼片外面通常无毛或近无毛（图17-4）。

（3）铁线莲属（*Clematis* L.）。多年生木质或草质攀缘藤本，或直立灌木或草本。叶对生，羽状或三出复叶，稀单叶。花萼4～5片，镊合状排列，无花瓣；雌蕊花柱在果时伸长呈羽毛状，宿存。聚合瘦果。本属约330种，广布全球；我国有133种，南北均有分布，西南尤多。大多供观赏，少数有毒，部分可入药。长瓣铁线莲（*C. macropetala* Ledeb.），木质藤本；二回三出复叶；花单生于当年生枝顶端，花萼钟状，蓝色或淡紫色，雄花花丝线形；瘦果宿存，花柱向下弯曲，被灰白色长柔毛（图17-4）。茎藤入药，有利尿通淋功效。芹叶铁线莲（*C. aethusifolia* Turcz.），草质藤本；二至三回羽状复叶；聚伞花序腋生，萼片4，淡黄色，花钟状下垂。全草入药，能健胃、消食、治胃包囊虫和肝包囊虫；外用除疮、排脓。

（4）唐松草属（*Thalictrum* L.）。多年生草本。叶

图 17-4　毛茛科植物

A. 翠雀；B. 北乌头；C. 长瓣铁线莲；D. 亚欧唐松草；E. 金莲花

基生并茎生，一至五回三出复叶。花两性或单性，单歧聚伞花序，稀总状花序；萼片 4～5，常早落；无花瓣。聚合瘦果，瘦果有时肿胀或有翅。本属约 200 种，分布于北温带；我国有 70 种，全国均有分布，西南部尤多，可供药用或观赏。亚欧唐松草（T. minus L.），四回三出羽状复叶；大型圆锥花序长达 30cm；雄蕊多数，花药狭长圆形，顶端有短尖头；心皮 3～5 枚（图 17-4）。在四川西北部民间药用。

（5）金莲花属（Trollius L.）。多年生草本。单叶基生或茎生，掌状分裂。花单生茎顶或少数组成聚伞花序；萼片 5 至多数，花瓣状，黄色、近白色或淡紫色；花瓣 5 至多数，线形，具短爪，基部具蜜腺；雄蕊多数，螺旋状排列；心皮 5 至多数，胚珠多数。聚合蓇葖果。本属约 25 种，分布于北温带及寒温带；我国有 16 种，分布于东北、华北、西北至西南，生于山地草甸。金莲花（T. chinensis Bge.），叶片五角形，三全裂，中央全裂片菱形，叶缘密生三角形锐锯齿；花单独顶生或 2～3 朵组成聚伞花序，金黄色（图 17-4）。花入药，治慢性扁桃体炎，与菊花和甘草合用，可治急性中耳炎、急性结膜炎等症。

本科尚有药用植物黄连属（Coptis Salisb.）、白头翁属（Pulsatilla Adans.）等；观赏植物飞燕草属［Consolida（DC.）S. F. Gray］、翠雀属（Delphinium L.）（图 17-4）、耧斗菜属（Aquilegia L.）、银莲花属（Anemone L.）、侧金盏花属（Adonis L.）等。

进化地位　本科与木兰科相似，具两性花，花各部多数、离生，呈螺旋状排列等原始性状。双子叶草本植物即由本科保留了草本性质演化而来。与木兰科是两个平行发展的科。但其中一些属，已在虫媒传粉道路上，发展到了相当高级的程度。

三、罂粟科　Papaveraceae

$* K_{2\sim3} C_{4\sim6} A_{\infty, 4\sim6} \underline{G}_{(2\sim\infty:1:\infty)}$

罂粟科约有 38 属、700 多种，主产于北温带。我国 18 属、362 种，全国分布。本科植物大多含生物碱，可供药用，有些植物有毒；有些可供观赏。

识别特征　草本，稀灌木，常具白色或有色汁液。基生叶具长柄，茎生叶多互生，常分裂，无托叶。花单生，总状或聚伞花序；萼片早落；花瓣 4～6，稀8～12，2 轮；雄蕊多数，离生，或 4～6 枚，成二束，花粉3沟；子房上位，侧膜胎座，胚珠多数。蒴果，瓣裂或孔裂。染色体：$X=5\sim11$、16、19。

（1）罂粟属（*Papaver* L.）。草本，具白色乳汁。叶互生，羽状分裂。花单生茎顶；萼片2，早落；花瓣4，鲜艳；花柱短或无，柱头盘状。蒴果球形孔裂，种子多数。本属约100种，大多分布于欧洲中南部及亚洲温带地区，少数产于北美洲；我国有7种，分布于西北至东北部。该属植物茎叶、花及果皮含有多种生物碱，为有毒植物。罂粟（*P. somniferum* L.），茎叶及萼片被白粉；花大，红色、粉色、白色，有时白花红缘（图17-5）。原产于西亚；未成熟果实的乳汁含吗啡、可卡因、罂粟碱等30多种生物碱，是制鸦片的原料；花、果药用，可镇咳、止痛、麻醉、止泻；花鲜艳，可供观赏。野罂粟（*P. nudicaule* L. f. *nudicaule*），叶全部基生，两面稍具白粉，花淡黄色、黄色或橙黄色，稀红色（图17-6）。虞美人（*P. rhoeas* L.），花瓣红色，基部有黑斑（图17-6）。原产于欧洲，常栽培供观赏，果实入药，镇痛止泻。

（2）白屈菜属（*Chelidonium* L.）。多年生草本，含橘黄色汁液。叶一至二回羽状深裂。伞形花序；心皮2。蒴果圆柱形，由基部向顶部瓣裂。本属1种，分布于欧洲至亚洲东部，我国广泛分布。白屈菜（*Ch.majus* L.），

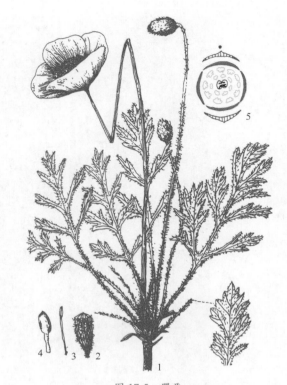

图 17-5 罂粟
1. 植株；2. 蒴果；3. 雄蕊；4. 雌蕊；5. 花图式

图 17-6 罂粟科植物
A. 野罂粟；B. 秃疮花；C. 虞美人；D. 白屈菜

叶羽状全裂，被白粉；花黄色，有黄色乳汁（图17-6）。全草含有毒生物碱，可药用，镇痛、止咳，消肿毒。

（3）秃疮花属（*Dicranostigma* Hook.f.et Thoms.）。植物体有黄色汁液。叶多基生。聚伞花序；花瓣4，橙黄色；心皮2。蒴果圆柱形，自顶向基2瓣裂。本属有3种，我国均产，2种分布于西南部至热带以外的喜马拉雅地区，1种分布在黄土高原。秃疮花［*D.leptopodum*（Maxim.）Fedde.］，叶羽状全裂，花黄色（图17-6）。全草药用，有毒，能清热解毒、消肿、止痛、杀虫。

本科尚有花菱草属（*Eschscholtzia* Cham.）、博洛回属（*Macleaya* R. Br.）、荷包牡丹属（*Dicentra* Borckh.）等属植物供药用和观赏。

四、石竹科　Caryophyllaceae

$* K_{4\sim5,(4\sim5)} C_{4\sim5} A_{5\sim10} \underline{G}_{(5\sim2:1:\infty)}$

石竹科约75属、2000种，广布全世界，主产于北温带和暖温带。我国有32属、约388种，全国各地均有分布。有些种类为药用和观赏植物，多数种类为农田杂草。

识别特征　草本，茎节常膨大。单叶对生，全缘。花两性，单生或二歧聚伞花序；萼片4～5，常宿存；花瓣4～5，常有爪；雄蕊2轮8～10枚或1轮4～5枚；雌蕊2～5心皮合生，子房上位，特立中央胎座或基生胎座，胚珠1至多数。蒴果，顶端齿裂或瓣裂，稀浆果。染色体：$X=6、9\sim15、17、19$。

（1）石竹属（*Dianthus* L.）。叶片条形或披针形。花单生或聚伞花序；萼合生成筒状，具5齿，下有2至多枚叶状苞片；花瓣5，具长爪；雄蕊10，2轮；花柱2，特立中央胎座。蒴果圆筒形或卵形。本属约600种，主产于北温带；我国约16种、10变种，多分布于北方草原和山区草地，大多生于干燥向阳处，多为观赏花卉及药用植物。石竹（*D. chinensis* L.），花下苞片2～3对，花瓣红紫色、粉红色或白色，顶端有细齿，喉部有斑纹（图17-7）。原产于我国北方，现南北普遍分布，多栽培观赏，根和全草可入药，有清热利尿、破血通经、散淤消肿之功效。瞿麦（*D. superbus* L.），花1朵或2朵生枝端，有时顶下腋生；萼筒常染紫红色晕，花瓣先端细裂成流苏状，淡红色或带紫色，稀白色，喉部具丝毛状鳞片。全草入药，有清热、利尿、破血通经功效；也可作农药，能杀虫。香石竹（康乃馨，*D. caryophyllus* L.），花单生或2～3朵簇生，花有香气，重瓣，有白、粉红、紫红等色（图17-8）。原产于南欧，我国广泛栽培供观赏，很多园艺品种用作切花。

（2）繁缕属（*Stellaria* L.）。花小，顶生聚伞花序，稀单生叶腋；萼片5，离生；花瓣5，白色，先端2裂，或无花瓣；雄蕊10稀2～5或8，子房1室，花柱3稀2。蒴果圆球形或卵形，瓣裂。本属有120余种，广布温带至寒带；我国有63种，各省均产，有些种供

图 17-7　石竹

1. 花果枝；2. 花萼；3. 花瓣和雄蕊；4. 雌蕊和子房柄；5. 果实、宿存萼和苞片；6. 果实；7. 种子；8. 花图式

观赏或药用。中国繁缕（*S. chinensis* Regel），茎细弱，铺散或上升，具四棱；叶卵形至卵状披针形；花瓣与萼近等长，雄蕊10，花柱3（图17-8）。全草入药，有祛风利关节之效，也可作饲料。

（3）蝇子草属（*Silene* L.）。花单生或聚伞花序；萼钟状或圆筒形，顶端5裂，具10条至多条纵脉；花瓣5，常2裂，下部具长爪，喉部常具2鳞片；雄蕊10枚，外轮5枚与花瓣互生，内轮5枚与瓣爪合生；子房基部不完全3～5室，花柱3稀5。蒴果顶端6齿裂或10齿裂，稀5瓣裂。本属约400种，主产于北温带，其次为非洲和南美洲。我国有112种、2亚种、17变种，广布长江流域和北部各省，以西北和西南地区较多。麦瓶草（*S. conoidea* L.），一年生草本；萼筒圆锥状，基部果期膨大，先端渐狭（图17-8）。常生于麦田或荒地草坡，全草药用，止血、调经活血；嫩草可食。

（4）卷耳属（*Cerastium* L.）。茎丛生。顶生二歧聚伞花序；萼片5，离生；花瓣5，稀4，白色顶端2裂；雄蕊10，稀5；花柱通常5，稀3，与萼片对生。蒴果圆筒形，淡黄色、薄壳质，长于宿萼，顶端齿裂。本属约有100种，主产于北温带，多分布于欧洲至西伯利亚，极少数种产于亚热带山区；我国约有22种。卷耳（*C. arvense* L.），茎基部匍匐，上部直立；叶线状披针形，基部抱茎；花柱5；蒴果10齿裂。

（5）王不留行属（*Vaccaria* Medic.）。花萼卵状圆筒形，具5条棱肋；花瓣5，雄蕊10，花柱2。本属约4种，分布于欧亚大陆温带地区；我国仅王不留行

图 17-8　石竹科植物

A. 香石竹；B. 王不留行；C. 繁缕；D. 麦瓶草

[*V.segetalis*（Neck.）Garcke] 1 种，全株无毛，花粉红色，萼具 5 条绿棱（图 17-8）。种子供药用，能活血通经、消肿止痛、催生下乳。除华南外，广布全国。

本科常见的还有孩儿参属（*Pseudostellaria* Pax）、剪秋罗属（*Lychnis* L.）、蚤缀属（*Arenaria* L.）、漆姑草属（*Sagina* L.）、牛繁缕属（*Malachium* Frie）等属植物。

五、蓼科　Polygonaceae

$* K_{3\sim6} C_0 A_{6\sim9} \underline{G}_{(2\sim4:1:1)}$

蓼科约 50 属、1200 余种，分布全球，主产北温带。我国 13 属、230 余种，分布全国各地。本科有多种经济植物，包括防风固沙树种、药用植物、粮食作物，有些植物可饲用或观赏。

识别特征　草本，少灌木，茎节膨大。单叶互生，全缘；有抱茎膜质托叶鞘。花小，辐射对称；花被 3～5 深裂，宿存；雄蕊 6～9，雌蕊由 3（2～4）心皮合成，子房上位，基生胚珠，花柱 2～4。瘦果三棱形或双凸镜状，包于宿存花被内；种子胚乳丰富，胚 S 形。染色体：$X=6\sim11$、17。

（1）荞麦属（*Fagopyrum* Mill.）。直立草本。叶三角形或箭形。花两性，总状或伞房状花序，花被 5 深裂；雄蕊 8 枚，排成 2 轮，外轮 5 枚，内轮

3 枚；花柱 3。瘦果具 3 棱，长于宿存花被。本属约有 15 种，广布亚洲及欧洲；我国约有 10 种，南方各省均有分布。本属多为粮食、药用和蜜源植物。荞麦（*F.esculentum* Moench.），一年生草本，茎绿色或红色；叶广三角形，基部心形；花白色或淡红色；瘦果卵状三棱形（图 17-9）。全国各地栽培；种子含淀粉达 67%，供食用，全草入药，治高血压、视网膜出血、肺出血等症，也是一种良好的蜜源植物。

（2）蓼属（*Polygonum* L.）。多为草本。穗状、头状或总状花序；花被 4～5 深裂，花瓣状；雄蕊常 8 枚，稀 4～7 枚；花柱 2～3，柱头头状。瘦果卵形，具 3 棱或双凸镜状，包于宿存花被内或突出花被外。本属有 240 余种，广布全球；我国约 120 种，分布于全国各省（自治区）。扁蓄（*P. aviculare* L.），自基部多分枝，茎平卧或斜升；叶较小，椭圆形或披针形，全缘，叶基具关节；花单生或数朵簇生叶腋，雄蕊 8，花柱 3；瘦果有三棱（图 17-10）。全国分布，全草入药，有通经利尿、清热解毒之功效。常见种类还有酸膜叶蓼（*P. lapathifolium* L.）、何首乌（*P. multiflorum* Thuna.）、虎杖（*P. cuspidatum* Sieb. et Zucc.）等。

（3）酸模属（*Rumex* L.）。草本。叶茎生和基生，托叶鞘易破裂、早落。花两性稀单性，圆锥花序；花

图 17-9 荞麦

1. 花枝；2. 花；3. 花纵切；4. 雌蕊；5. 果实；6. 花图式

图 17-10 蒺藜科植物

A. 扁蓄；B. 华北大黄；C. 沙拐枣；D. 巴天酸模

被片6枚，成二轮，外轮3枚小，内轮3枚果期增大呈翅状，有时翅背部具1小瘤体；雄蕊6；花柱3。瘦果卵形或椭圆形，具3锐棱。本属约有150种，主产于北温带；我国有26种，分布于南北各省（自治区）。

酸模（*R. acetosa* L.），叶卵状矩圆形，基部箭形；内轮花被片果时增大，瘦果椭圆形。巴天酸模（*R. patientia* L.），茎具深沟槽；基生叶长圆形或长圆状披针形，茎上部叶披针形；花两性，内花被片果时增大，具网脉，全部或一部分具小瘤（图17-10）。生于沟边湿地、水边；全草入药，有凉血、解毒之功效。

（4）大黄属（*Rheum* L.）。多年生草本，根粗壮。花小，两性；花被片6，果时不增大；雄蕊常9。瘦果具翅。本属约有60种，分布于亚洲温带及亚热带高寒山区；我国有39种，主产于西北、西南及华北地区。华北大黄（*R. franzenbachii* Munt.），根肥厚；基生叶心状卵形，叶柄及基出脉紫红色；瘦果宽椭圆形，沿棱生翅（图17-10）。掌叶大黄（*R. palmatum* L.），叶宽卵形或近圆形，长宽近相等，掌状浅裂至半裂，裂片窄三角形。上述两种均以根入药，能清热解毒、止血、祛痰、通便。

（5）沙拐枣属（*Calligonum* L.）。灌木，多分枝，具关节。叶退化成鳞片状、条形或锥形。花单生或数朵排成疏散的花束；花被片5，果时不增大；雄蕊8~12枚；子房具4棱。瘦果沿棱具刺毛或翅。本属约有100种，分布于亚洲西部、欧洲南部和非洲北部；我国有23种，分布于内蒙古、甘肃、青海、新疆等地，是重要的固沙植物；嫩枝和果实为羊和骆驼所喜食。沙拐枣（*C. mongolicum* Turcz.），花2~3朵腋生，花被淡红色；瘦果宽椭圆形，每棱肋具刺毛3排（图17-10）。

六、藜科 Chenopodiaceae

$* K_{5\sim3} C_0 A_{5\sim3} \underline{G}_{(2\sim5:1:1)}$

藜科约100属、1400余种，主产于西半球温带及亚热带荒漠草原及海滨地区。我国约40属、187种，主产于西北、内蒙古及东北各省（自治区），尤以新疆最为丰富。本科多为旱生、超旱生、盐生植物，也是荒漠和半荒漠地区优势种和重要牧草，具有重要的生态意义。有些为重要经济作物，有些为农田杂草。

识别特征 草本或灌木，稀小乔木。单叶，互生，稀对生，无托叶。花小，单被花，两性，稀单性或杂性；花被片膜质、草质或肉质，3~5裂，宿存，果时常增大，变硬，或在背面生翅状、刺状或疣状附属物；雄蕊常与花被片同数对生。胞果（utricle）；胚环形或螺旋形，常具外胚乳。染色体：$X=9$，稀6、8。

（1）藜属（*Chenopodium* L.）。草本，全株被囊状毛（粉）或圆柱状毛，少为腺毛或完全无毛。叶互生。花簇生叶腋或成穗状和圆锥状花序；花被片5，球形，绿色。胞果包于宿存花被内。本属约250种，广布世界各地；我国有20余种，全国分布。藜（*Ch. album* L.），茎直立，具条棱及绿色或紫红色条纹，幼时被白色粉粒；叶菱状、卵形至宽披针形，下面多少被粉粒；花簇集成圆锥花序，雄蕊5；种子黑色，双凸镜状，表面有沟纹（图17-11）。广布性杂草，是棉铃虫、地老虎的寄主；嫩茎叶可食用或饲用；全草入药，能治痢疾腹泻，配合野菊花煎汤外洗，治皮肤湿毒及周身发痒，新疆产幼苗有微毒，慎用。本属灰绿藜（*Ch. Glaucum* L.）（图17-12）、小藜（*Ch. Erotinum* L.）等为常见杂草。

（2）甜菜属（*Beta* L.）。草本，无毛，根常肥厚，多浆汁。叶宽大，基生叶丛生，茎生叶互生，具长柄。穗状或圆锥花序，花被片5，果时基部变硬与果实结合；雄蕊5。本属约10种，分布于欧洲、亚洲及非洲北部；我国有1种、4变种，均为栽培植物，是制糖原料或作青饲料。甜菜（*B. vulgaris* L.），两年生草本，根肉质多汁；花绿色，柱头3裂；种子双凸镜形，红褐色。原产于欧洲，现广为栽培。莙荙菜（厚皮菜，*B. vulgaris* var. *ciala* L.），根不肥大，有分枝；叶片肥大，叶柄肥厚多肉，按叶柄颜色分为白梗、青梗和红梗3种类型。以幼苗或叶片为蔬菜，具菜用、饲料、观赏等多用途品种；茎叶有清热解毒、行淤止血作用。

（3）菠菜属（*Spinacia* L.）。一年生草本，无毛。叶互生，具长柄。花单性，雌雄异株；雄花为顶生穗状或圆锥花序，花被片4～5裂，雄蕊4～5；雌花簇生叶腋，无花被，子房着生于2枚合生小苞片内，苞片果时变硬。种子直立，胚环形。本属共3种，分布于地中海地区；我国仅1栽培种。菠菜（*S. oleracea* L.），根圆锥状带红色，茎直立、中空；叶戟形或卵

图 17-11　藜

1. 植株；2. 花序；3. 花；4. 雄蕊；5. 雌蕊；6. 胞果；
7. 种子；8. 花图式

图 17-12　藜科植物

A. 地肤；B. 碱蓬；C. 梭梭；D. 扫帚菜；E. 灰绿藜；F. 珍珠猪毛菜

形、全缘或具少数牙齿状浅裂；花被片 4，胞果扁平。原产于伊朗，我国各地广栽，常见蔬菜，富含维生素及磷、铁。

（4）地肤属（*Kochia* Roth）。一年生草本，少为半灌木，多被柔毛，茎多分枝。叶互生，全缘，几无柄。花两性或杂有雌性，单生或簇生叶腋，无小苞片；花被片 5，近球形，果时背面横生翅状附属物；雄蕊 5，伸出花被外。种子横生，胚环形。本属约 35种，分布于北温带及热带；我国有 7 种、3 变种及 1变型，主产于北部诸省（自治区）。地肤〔*K. scoparia*（L.）Schrad.〕，幼苗、嫩叶可食用；种子入药称"地肤子"，利尿、清湿热、消炎（图 17-12）；其栽培变型：扫帚菜〔*K. scoparia* f. *trichophylla*（Hort.）Schinz et Thell.〕，分枝极多而紧密，植株呈卵形或倒卵形；叶鲜绿色，晚秋枝叶变红。可供观赏，全株压干可作扫帚用（图 17-12）。

（5）碱蓬属（*Suaeda* Forsk. ex Scop.）。草本或灌木。茎直立、斜升或平卧。叶互生，肉质，半圆柱形。花两性，3 朵至数朵集成团伞花序，具苞片，小苞片鳞片状，生叶腋或腋生短枝；花被近球形，5 裂，果时背面增厚或延伸成角状或翅状突起；雄蕊 5，柱头 2～5。胞果包藏于宿存花被内。本属有 100 余种，广布全球海岸和盐碱地；我国有 20 种、1 变种，分布于西北及沿海地区，是典型的盐生植物。碱蓬〔*S. glauca*（Bge.）Bge.〕，叶丝状条形，灰绿色；团伞花序着生于叶片基部，花被片果时增厚呈五角星状；种子双凸镜形，黑色（图 17-12）。分布于北方及华东沿海地区，生于盐渍荒漠与海边；种子含油量约 25%，可制肥皂和油漆等，全草药用，清热消积；西北民间用其干植株烧成灰制取食用"蓬灰"。

（6）梭梭属（*Haloxylon* Bge.）。灌木或小半乔木。枝对生，具关节。叶对生，退化成鳞片状。花两性，单生或簇生，具 2 小苞片；花被片 5，果时背部上方横生出翅状附属物；雄蕊 5；柱头 2～5。胞果近球形，包藏于花被内；种子横生。本属约有 11 种，分布于地中海和中亚地区；我国有 2 种，产于西北各省（自治区），是构成沙漠植被的主要成分；一年生枝条及果实均为良好的饲料。梭梭〔*H. ammodendron*（C. A. Mey.）Bge.〕，叶退化成鳞片状宽三角形，先端钝；花被片果时自背部横生半圆形并有黑褐色脉纹的膜质翅（图 17-12）。为荒漠地区的优等饲用植物和固沙造林树种，也是极好的薪炭柴，并为肉苁蓉的寄主。

本科适于盐碱与干旱环境生长的还有盐节木属（*Halocnemum* Bieb.）、盐穗木属（*Halostachys* C. A. Mey）、盐爪爪属（*Kalidium* Moq.）、盐角草属（*Salicornia* L.）、盐生草属（*Halogeton* C. A. Mey）、猪毛菜属（*Salsola* L.）（图 17-12）、假木贼属（*Anabasis* L.）、合头草属（*Sympegma* Bge.）、戈壁藜属（*Iljinia* Korov.）、沙蓬属（*Agriophyllum* Bieb.）等属植物。

七、苋科　Amaranthaceae

* $K_{3\sim5}C_0A_{5\sim3}\underline{G}_{(2\sim3:1:1\sim\infty)}$

苋科约 60 属、850 多种，广布热带和温带。我国 13 属、40 多种，南北均有分布。本科多为药用和观赏植物，有些是做干花的好材料，部分种类为农田杂草。

识别特征　草本，稀灌木。单叶，无托叶。花小，两性，单被花，花被片 3～5，干膜质；雄蕊常与花被片同数且对生；子房上位，由 2～3 心皮合成。胞果，稀浆果或坚果，果皮薄膜质；胚环状。染色体：$X=7$、17、18、24。

（1）苋属（*Amaranthus* L.）。一年生草本。叶互生，全缘，有叶柄。花单性，雌雄同株或异株，或杂性；花被片 5 或较少，常绿色；雄蕊 5 或较少，花丝离生；子房具 1 直生胚珠。胞果盖裂或不规则开裂。本属约 40种，分布于全世界；我国有 13 种，广布。本属植物可作饲料、蔬菜、药用或花卉。苋（*A. tricolor* L.），叶卵状椭圆形至披针形，绿色或红色；穗状花序，花被片与雄蕊各 3 个；胞果盖裂（图 17-13）。原产于印度，各地栽培作蔬菜，也可观赏，全草入药，有明目、利便、去寒热之功效；种子和叶富含赖氨酸，有特殊营养价值。反枝苋（*A. retroflexus* L.），株高可达 1m，茎直立，密被短柔毛；叶菱状卵形或椭圆状卵形，两面具柔毛；雌雄同株，圆锥花序顶生或腋生（图 17-14）。为养猪养鸡的良好饲料，植株可作绿肥。

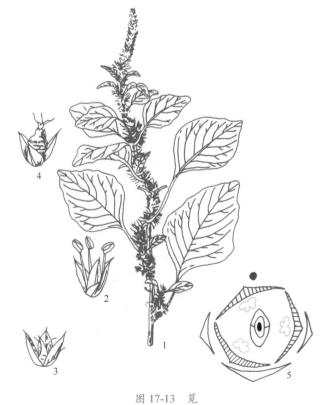

图 17-13　苋

1. 植株；2. 雄花；3. 雌花；4. 果实；5. 花图式

图 17-14 苋科植物

A. 反枝苋；B. 鸡冠花；C. 牛膝；D. 千日红；E. 凤尾鸡冠花

（2）千日红属（*Gomphrena* L.）。草本或亚灌木。叶对生。花两性，成球形或半球形头状花序；花被片5；雄蕊5，花丝基部扩大，联合成管状或杯状，顶端3浅裂，侧裂片流苏状或2至多裂；子房1室1胚珠。胞果球形。本属约100种，大部分产于热带美洲，我国有2种。千日红（*G. globosa* L.），一年生直立草本，枝略成四棱形，有灰色糙毛；叶片两面有小斑点、白色长柔毛及缘毛；花多数，密生成顶生球形或矩圆形头状花序，常紫红色，有时淡紫色或白色（图 17-14）。原产于美洲热带，我国各省（自治区）均有栽培。供观赏，头状花序经久不变，除用作花坛及盆景外，还可作花圈、花篮等装饰品。花序入药，有止咳定喘、平肝明目功效，主治支气管哮喘，急性、慢性支气管炎，百日咳，肺结核咯血等症。

（3）牛膝属（*Achyranthes* L.）。草本，茎方形，节膨大。叶对生，全缘。花两性，聚成穗状花序；花被片4～5；雄蕊常5枚，花丝基部合生，其间有退化雄蕊；子房1室1胚珠。胞果包藏于宿存花被内。本属约15种，分布于两半球热带及亚热带地区，我国产3种。牛膝（*A. bidentata* Bl.），茎叶有贴生或开展柔毛；穗状花序花期后反折（图 17-14）。根入药，生用，活血通经；熟用，补肝肾，强腰膝。

（4）青葙属（*Celosia* L.）。草本或灌木。叶互生，全缘。花两性，穗状或圆锥花序；每花有1苞片

和2小苞片，着色，常短于5个干膜质花被片；雄蕊5枚，基部结合；子房1室，胚珠2至多数。胞果盖裂。本属约60种，分布于非洲、美洲和亚洲热带和温带地区，我国产3种。青葙（*C. argentea* L.），一年生草本；叶多矩圆状披针形；花序塔状或圆柱状，红色或白色。广布各地，野生或栽培，供观赏及药用，种子清热明目，嫩叶可食，茎叶亦作饲料。鸡冠花（*C. cristata* L.），一年生草本；叶卵形或卵状披针形；顶生花序肉质扁平鸡冠状，颜色多样（图 17-14）。原产于印度，各地栽培，供观赏，花与种子药用，有止血、止泻功效。

八、十字花科 Brassicaceae

$* K_4 C_4 A_{4+2} \underline{G}_{(2:1:1\sim\infty)}$

十字花科有 300 余属、约 3200 种，广布全世界，主产于北温带，以地中海地区最多。我国 95 属、约 430 种，各地均有分布，以西北地区为多。本科植物经济价值较大，有多种重要的蔬菜、油料和蜜源植物，另有一些药用和观赏植物，也有不少为农田杂草。

识别特征　草本，稀半灌木。单叶互生，无托叶，叶常异形，基生叶多莲座状。花两性，总状或复总状花序；十字形花冠，花瓣基部有时具爪；四强雄蕊，花丝基部具蜜腺；子房上位，2心皮合生，侧膜胎座，常具次生假隔膜。长角果或短角果，种子无胚乳，子

叶直叠、子叶横或子叶对折。染色体: $X=4\sim15$、多为 $6\sim9$。

（1）芸薹属（*Brassica* L.）。草本，无毛或被单毛。基生叶莲座状，茎生叶无柄而抱茎。总状花序伞房状，果时伸长；花黄色或白色，具蜜腺。长角果圆筒形，开裂，具喙；种子每室1行，常球形，子叶对折。本属约有40种，分布于地中海地区；我国约有14种，多为栽培蔬菜、油料和蜜源植物。白菜〔大白菜 *B. pekinensis* (Lour.) Rupr.〕，原产于我国北部，为北方冬春两季重要蔬菜。甘蓝（*B. oleracea* L.），原产于地中海，栽培变种较多：莲花白（包包菜 *B. oleracea* var. *capitata* L.），顶生叶球供食用；花椰菜（花菜 *B. oleracea* var. *botrytis* L.），顶生球形肉质花序供食用；羽衣甘蓝（*B. oleracea* var. *acephala* f. *tricolor* Hort.），叶皱、色杂，供观赏。擘蓝（球茎甘蓝 *B. caulorapa* Pasq.），肉质球茎供鲜食或盐腌、酱渍。芜菁（*B. rapa* L.），近球形肉质根与叶熟食或盐腌。青菜（小白菜 *B. chinensis* L.），原产于中国，叶不结球，为春季、夏季常见蔬菜。芥菜〔*B. juncea* (L.) Czern. et Coss.〕，一年生草本，有辛辣味，各地栽培，变种较多：大头菜（*B. juncea* var. *megarrhiza* Tsen et Lee），肉质块根可腌制酱菜；榨菜（*B. juncea* var. *tumida* Tsen et Lee），茎基部膨大成瘤状，腌制酱菜；雪里蕻（*B. juncea* var. *multicepas* Tsen et Lee），基生叶用盐腌食。栽培油料作物：油菜（芸薹 *B. campestris* L.），两年生草本，是我国南方和西北各省（自治区）大量栽培的油料作物，种子含油量40%左右，供食用；嫩茎叶和总花梗可作蔬菜；种子药用，能行血散结消肿（图17-15）。欧洲油菜（*B. napus* L.），叶稍肉质，略厚，被蜡粉，也为重要油料作物。本属植物多在早春开花，也是重要的蜜源植物。

（2）萝卜属（*Raphanus* L.）。一年或多年生草本，常有肉质根。叶大头羽状分裂。花大，白色或紫色，常具紫色脉纹。长角果圆筒状，不开裂，明显于种子间缢缩，顶端有细喙；种子1行，子叶对折。本属约有8种，多分布于地中海地区；我国有2种、2变种。萝卜（*R. sativus* L.），肉质直根，各地普遍栽培，是重要蔬菜；种子、根、叶皆入药，种子消食化痰，鲜根止渴、助消化，枯根利二便，叶治初痢，并预防痢疾。常见变种、变型有：大青萝卜（*R. sativus* var. *acanthiformis* Mak.），直根地上部绿色，地下部白色，叶狭长；红萝卜（*R. sativus* f. *sinoruber* Mak.），直根紫红色，叶柄及叶脉常带紫色；种子入药。

（3）荠属（*Capsella* Medic.）。一年生或两年生草本。基生叶莲座状，茎生叶常抱茎。总状花序，花瓣白色，匙形。短角果近倒心形，两侧扁压，开裂；子叶背倚胚根。本属约5种，主产于地中海地区、欧洲及亚洲中部。我国仅荠菜〔*C. bursa-pastoria* (L.) Medic.〕1种，一年生或越年生草本；基生叶大头羽

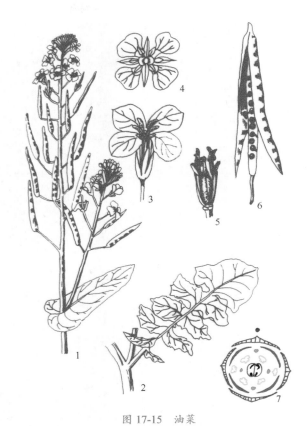

图17-15　油菜
1. 花果枝；2. 中下部叶；3. 花；4. 花俯视观；
5. 雄蕊和雌蕊；6. 开裂的长角果；7. 花图式

状分裂，茎生叶窄披针形或披针形（图17-16）。遍布全国各地，生于山坡草地、荒地、田边、宅旁和路边，嫩枝叶人畜均可食用，全草入药，有利尿、止血、清热明目、消积之效；种子含油 $20\%\sim30\%$，属干性油，供制油漆及肥皂用。

（4）播娘蒿属（*Descurainia* Webb. et Berth.）。草本。叶二至三回羽状分裂。花小，无苞片，萼片直立，早落，花瓣黄色。长角果线形，每室种子 $1\sim2$ 行；子叶背倚胚根。本属约有40种，主产于北美洲；我国有2种，分布几遍全国。播娘蒿〔*D. Sophia* (L.) Webb. ex Prantl〕，一年生草本，叶三回羽状深裂（图17-16）。常见农田杂草，种子含油量40%，供工业用，亦可食用；种子药用，有利尿消肿、祛痰定喘之功效。

（5）碎米荠属（*Cardamine* L.）。草本，常具匍匐茎。叶羽状分裂或为羽状复叶。花淡紫色或白色。长角果条形或条状披针形，扁平，两端渐尖，果瓣成熟后弹起或卷起，子叶缘倚。本属约160种，分布于全球，主产于北温带；我国约有39种，遍布全国。弹裂碎米荠（*C. impatiens* L.），羽状复叶，小叶 $6\sim9$ 对；果实长条形，成熟时自下而上弹性裂开。全草可供药用。

本科作蔬菜的还有豆瓣菜（*Nasturtium officinale* R. Br.）、辣根菜（*Cochlearia officinalis* L.）等，白芥（*Sinapis alba* L.）的种子可作"芥末"；作药用的有

图 17-16　十字花科植物

A. 荠菜；B. 菘蓝；C. 播娘蒿；D. 二月兰；E. 独行菜

菘蓝（*Isatis indigotica* Fort.）和欧洲菘蓝（*I. tinctoria* L.）的根作"板蓝根"，叶作"大青叶"入药，叶还可提蓝色素作"青黛"（图 17-16）；作观赏的有紫罗兰［*Matthiola incana*（L.）R. Br.］、桂竹香（*Cheiranthus cheiri* L.）、香雪球［*Lobularia maritime*（L.）Desv.］、二月兰［*Orychophragmus violaceus*（L.）O. E. Schulz］（图 17-16）等。常见杂草有芝麻菜属（*Eruca* Mill.）、独行菜属（*Lepidium* L.）、群心菜属（*Cardaria* Desv.）、菥蓂属（*Thlaspi* L.）、蔊菜属（*Rorippa* Scop.）、大蒜芥属（*Sisymbrium* L.）等属植物。本科有不少短命植物，在我国主要分布于西北荒漠地区，以新疆准噶尔盆地最为丰富。拟南芥［鼠耳芥 *Arabidopsis thaliana*（L.）Heynh.］，因其染色体数目少（$2n=10$），生长周期短，易栽培，现被广泛用作分子生物学研究的模式植物；小拟南芥［*A. pumila*（Steph.）N. Busch］等一些近缘种也有潜在研究价值。

九、葫芦科　Cucurbitaceae

$$* \text{♂} \; K_{(5)} C_{(5)} A_{1+(2)+(2)} \quad * \text{♀} \; K_{(5)} C_{(5)} \overline{G}_{(3:1:\infty)}$$

葫芦科约 113 属、800 余种，主产于热带和亚热带地区；我国有 32 属、150 余种，多分布于南部和西南部，北方多为栽培种。本科经济价值高，包括多种瓜果蔬菜和药用植物。

识别特征　草质或木质藤本，茎具纵沟纹，匍匐或借侧生茎卷须攀缘。单叶互生，无托叶。花单性，雌雄同株或异株；花萼筒状或钟状，5 裂；花冠合生，5 裂；雄蕊 5 枚，聚药雄蕊，花药常"S"形弯曲；子房下位，3 心皮，侧膜胎座。瓠果。染色体：$X = 7 \sim 14$。

（1）南瓜属（*Cucurbita* L.）。卷须分枝。雌雄同株，花冠大型钟形，黄色，浅裂至中裂，雄蕊 3。本属约 30 种，多产于南美；我国栽培 3 种。南瓜［*C. moschata*（Duch. ex Lam.）Duch. ex Poiret］，瓠果形状多样，因品种而异，果肉黄色；作菜用或饲用，种子食用或榨油，全株各部可供药用（图 17-17）。笋瓜（*C. maxima* Duch.），原产于印度，我国各地栽培，果实圆柱形，作蔬菜或饲用，种子含油。西葫芦（*C. pepo* L.），原产于北美洲，变种较多，果作蔬菜。

（2）黄瓜属（甜瓜属 *Cucumis* L.）。卷须不分叉。雌雄同株，花黄色，雄花单生或簇生，花冠阔钟形至轮状，5 深裂。本属约 70 种，分布于热带和亚热带地

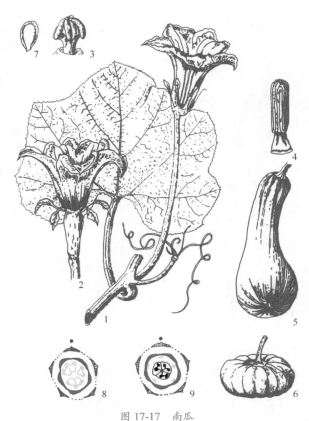

图 17-17 南瓜

1. 雄花枝；2. 雌花；3. 花柱和柱头；4. 雄蕊；5、6. 不同
形状的果实；7. 种子；8. 雄花图式；9. 雌花图式

区；我国栽培 4 种 3 变种。黄瓜（胡瓜 *C. sativus* L.），
果圆柱形，黄绿色，表面有刺尖瘤状突起。原产于南
亚和非洲，我国各地广栽作蔬菜，茎藤药用。甜瓜（*C.
meol* L.），果常具香甜味。原产于印度、非洲、中亚，
果实形状、大小、色泽和味道因品种而异；常见栽培
变种有：菜瓜 [越瓜 *C. meol* var. *conomon*（Thunb.）
Makino]、香瓜（薄皮甜瓜 *C. meol* var. *mukuwa* Mak.）、
哈密瓜（*C. meol* var. *saccharinus* Naudin）等。

（3）丝瓜属（*Luffa* Mill.）。卷须分叉，叶 5～7
裂。雌雄同株，花黄色，雄花序总状，雌花单生，花
冠 5 深裂。果内有网状纤维。本属约 8 种，分布于东
半球热带和亚热带地区；我国栽培 2 种。丝瓜 [水瓜
L. cylindrica（L.）Roem.]，果圆柱形，嫩时菜用，熟
后其网状纤维药用或民间洗涤器皿用。

（4）葫芦属（*Lagenaria* Ser.）。卷须分叉，叶近
心形，不裂或浅裂，叶柄顶端具 2 腺体。雌雄同株，
花白色，单生。果形各式。本属约 6 种，产于热带地
区；我国仅 1 种 3 变种。葫芦 [*L. siceraria*（Molina）
Standl.]，果下部大于上部，中部缢细，嫩时食用，熟
后果皮变为木质，可作各种容器或药用；其变种有：
瓠子 [*L. siceraria* var. *hispida*（Thunb.）Hara]，果长
圆柱形，皮绿白色，作蔬菜；瓠瓜 [*L. siceraria* var.
depressa（Ser.）Hara]，果梨形，嫩时作菜用，老后

作水瓢；小葫芦 [*L. siceraria* var. *microcarpa*（Naud.）
Hara]，果与葫芦相似，但较小，长约 10cm。

（5）西瓜属（*Citrullus* Schrad. ex Eckl. et Zeyh.）。
卷须分枝，叶羽状深裂。雌雄同株或异株；花单生，淡
黄色，花冠 5 深裂。本属 9 种，分布于地中海东部、非
洲热带和亚洲西部；我国栽培 1 种。西瓜 [*C. lanatus*
（Thunb.）Matsu. et Nakai]，瓠果大型，胎座组织（瓜瓤）
发达，为夏季水果，果皮药用（图 17-18）；原产于非
洲，各地广栽，品种甚多。

本科常作蔬菜的尚有冬瓜 [*Benincasa hispida*
（Thunb.）Cogn.]、苦瓜（*Momordica charantia* L.）、佛
手瓜 [*Sechium edule*（Jacq.）Sw.]、蛇瓜（*Trichosanthes
anguina* L.）等；油渣果 [*Hodgsonia macrocarpa*（Bl.）
Cogn.]，主产于华南，果可食，种子榨油供食用。药
用植物有绞股蓝 [*Gynostemma pentaphyllum*（Thunb.）
Makino]，分布于华东至华南，全草入药，含有类似
人参皂苷的绞股蓝皂苷，有 "南方人参" 之美誉，还
可提制蓝色素（图 17-18）；栝楼（瓜蒌 *Trichosanthes
kirilowii* Maxim.）（图 17-18）、王瓜 [*T. cucumeroides*（Scr.）
Maxim.]，根、果实及种子药用。喷瓜 [*Ecballium elaterium*
（L.）A.Rich.]，多年生草本，无卷须（图 17-18）；常栽
培观赏。

十、锦葵科 Malvaceae

* $K_{5,(5)} C_5 A_{(\infty)} \underline{G}_{(2\sim\infty:2\sim\infty:1\sim\infty)}$

锦葵科有 50 属、1000 多种，分布于温带及热带。
我国有 16 属、80 余种，分布于南北各地。本科有多
种重要纤维作物和观赏植物，部分植物可食用或药用，
有些种类为常见杂草。

识别特征 草本或木本，茎皮韧皮纤维发达。单
叶互生，掌状脉，具托叶。花两性，辐射对称，5 基
数，花瓣旋转状排列；萼外常具由苞片变成的副萼
（accessory calyx）；单体雄蕊；子房上位，中轴胎座。
蒴果或分果。染色体：$X = 5\sim22$、33、39。

（1）棉属（*Gossypium* L.）。一年或多年生亚灌木。
叶掌状分裂。花大，单生枝顶叶腋，副萼 3～7，叶状，
萼成杯状。蒴果 3～5 瓣，背缝开裂；种子表皮细胞延
伸成纤维，俗称棉花。本属有 20 多种，分布于热带和
亚热带地区；我国栽培 4 种 2 变种，是纺织工业最主
要的原料，种子油可食用。草棉（*G. herbaceum* L.），
一年生草本至亚灌木；叶掌状 5 半裂；副萼片 3，顶
端 6～8 齿。原产于西亚，适于西北地区栽培。陆地棉
（*G. hirsutum* L.），一年生草本，叶常 3 浅裂或中裂；
副萼片 3，边缘 7～9 齿。原产于中美洲，我国产棉
区普遍栽培，品种甚多；种皮棉纤维为重要的纺织原
料，种子榨油，籽壳可培养食用菌（图 17-19）。海岛
棉（长绒棉 *G. barbadense* L.），亚灌木或灌木；叶 3～5
深裂；副萼片 5，边缘 10～15 齿。原产于美洲，海岛
棉虽然产量低，但纤维细长，强度大，能纺百支以上

图 17-18 葫芦科植物

A. 西瓜；B. 栝楼；C. 喷瓜；D. 绞股蓝

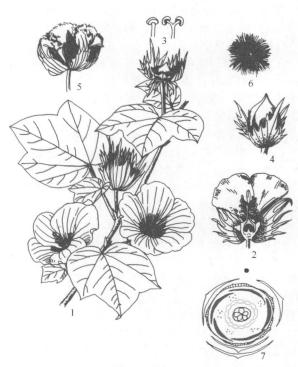

图 17-19 棉花

1. 花枝；2. 花纵剖；3. 雄蕊；4. 蒴果；5. 开裂的蒴果；

6. 种子；7. 花图式

高档细纱，适应特殊需要，在新疆和西南省（自治区）有一定种植面积。

（2）锦葵属（*Malva* L.）。一至多年生草本。叶常掌状浅裂。花单生或簇生叶腋，副萼3，线形。分果圆盘状，种子肾形。本属约30种，分布于北温带；我国有4种，南北均产，供观赏或药用。野葵（*M. verticillata* L.），花小，淡紫色或淡红色，簇生于叶腋。锦葵（*M. sinensis* Cavan.），两年或多年生草本；叶5~7钝浅裂；花大，蓝紫色或白色，多栽培观赏（图17-20）。圆叶锦葵（*M. rotundifolia* L.），多年生草本，常匍生；花白色至浅粉色，3~4朵簇生叶腋。

（3）蜀葵属（*Althaea* L.）。一至多年生草本，全株被长硬毛。花大型，单生叶腋或成顶生总状花序；副萼6~9，心皮约30枚或更多。分果盘状。本属有40余种，分布于亚洲中部、西部温带地区；我国有3种，主产新疆和西南各省（自治区）。蜀葵［*A. rosea*（L.）Cavan.］，两年生直立草本（图17-20）。原产于我国西南部，各地广栽，花色多样供观赏；全草入药，清热止血；茎皮纤维可代麻用。

（4）木槿属（*Hibiscus* L.）。木本或草本。花大型，单生；副萼5或多数，花萼5齿裂，心皮5。蒴果背裂。本属约200种，分布于热带和亚热带地区；

图 17-20　锦葵科植物

A. 锦葵；B. 苘麻；C. 木槿；D. 芙蓉葵；E. 蜀葵；F. 野西瓜苗

我国约 24 种，多为观赏植物。木槿（ *H. syriacus* L.），灌木，叶常 3 裂，花多紫红色（图 17-20）。原产于我国中部，各地有栽，其变种、变型甚多，花色青紫至白色，观赏或作绿篱，也可药用。木芙蓉（ *H. mutabilis* L.），原产美国东部，我国中南部城市有栽培，供园林观赏用。野西瓜苗（ *H. trionum* L.），一年生草本；叶二型，上部叶 3～5 掌状深裂；花黄色。常见杂草。木芙蓉，花初开时白色或淡红色，后变深红色。原产于我国湖南，花、叶及根皮入药，为著名消肿解毒药。

（5）苘麻属（ *Abutilon* Mill.）。草本或灌木。花顶生或腋生，单生或成圆锥花序，无副萼；心皮 8～20。蒴果形状多样，果瓣分离。本属约 150 种，分布于热带和亚热带；我国产 9 种，全国分布。苘麻（ *A. theophrasti* Medicus），一年生亚灌木状草本（图 17-20）。除青藏高原我国其他各地区均产，常见杂草或栽培，纤维作编织、纺织材料；种子榨油供制皂、油漆和工业润滑油；全草入药，种子作"冬葵子"。

十一、大戟科　Euphorbiaceae

$* \male \ K_{0～5} \ C_{0～5} \ A_{1～\infty}$　$* \female \ K_{0～5} \ C_{0～5} \ \underline{G}_{(3:3:1～2)}$

大戟科约 300 属、5000 余种，广布全球，主产于热带与亚热带。我国约 70 属、460 余种，各省分布，主产于长江流域以南各省（自治区），是一个热带性大科，其中有橡胶、油料、药材、鞣料、淀粉、观赏及

用材等经济植物，有些还是构成南亚热带常绿阔叶林的组成部分，另有一些为有毒植物，可制土农药。

识别特征　草本、灌木或乔木，常具乳汁。单叶，具托叶。花单性，有花盘或腺体；雄蕊 1 至多数；子房上位，3 心皮合生，中轴胎座。蒴果。染色体：$X = 7～13$。

（1）蓖麻属（ *Ricinus* L.）。一年生草本或草质灌木，茎被白霜。单叶互生，掌状深裂，盾状着生，叶柄有腺体。花单性同株并同序，雌上雄下，组成聚伞花序再聚成顶生圆锥花序，无花瓣及花盘；雄花萼裂片 3～5，多体雄蕊；雌花萼片 5，早落，子房 3 室，每室 1 胚珠。蒴果具软刺；种皮光滑，种阜明显（图 17-21）。仅蓖麻（ *R. communis* L.）1 种，广泛栽培于世界热带地区，我国大部分省（自治区）均有栽培。为重要油料作物，种子含油率 69%～73%，为优良润滑油，在医药上是一种缓泻剂，叶可饲蓖麻蚕。

（2）大戟属（ *Euphorbia* L.）。草本或灌木，有的茎肉质化，有乳汁。单叶在茎上互生，在花枝上对生或轮生，常无托叶。杯状聚伞花序，单生或组成单歧、二歧和多歧复聚伞花序，每一杯状花序观似一朵花，包含多枚雄花和位于中央的 1 枚雌花，外面围以绿色杯状总苞；花小，单性，无花被；雄花仅 1 枚雄蕊；雌花仅 1 枚雌蕊，3 心皮合生，3 室，每室 1 胚珠，花柱 3，上部分为 2 叉。蒴果。本属约 2000 种，主产于亚热带及温带地区；我国原产 66 种，广布全国，另有

栽培和驯化 14 种。多数种有毒，家畜不食。大戟（*E. pekinensis* Rupr.），茎被白色柔毛；叶矩圆状条形或矩圆状披针形；杯状总苞顶端 4 裂，腺体 4，肾形；子房及蒴果具瘤状突起。乳浆大戟（*E. esula* L.），茎光滑无毛；叶条形或条状披针形；杯状总苞顶端 4 裂，腺体 4，与裂片相间排列，新月形，两端有短角（图 17-22）。全草入药。地锦（*E. humifusa* Willd.），茎紫红色，平卧；杯状聚伞花序单生叶腋。

本属栽培观赏的尚有：一品红（*E. pulcherrima* Willd.）（图 17-22）、绿玉树（*E. triucalli* L.）、霸王鞭（*E. royleana* Boiss.）、铁海棠（*E. milii* Ch. Des Moulins）、猩猩草（*E. heterophylla* L.）、银边翠（*E. marginata* Pursh.）等；主要药用植物有大戟（*E. pekinensis* Rupr.）、甘遂（*E. kansui* T. N. Liou ex S. B. Ho）、狼毒（*E. fischeriana* Steud.）等；另外，续随子（*E. lathyris* L.）是世界性栽培油料植物，其种子含油量达 50%，是较好的工业油料，近年研究表明有代替石油的潜力，因而备受关注。

（3）橡胶树属（*Hevea* Aubl.）。高大乔木，有乳汁。三出复叶，叶柄顶端有腺体。花小，单性同株同序，圆锥状聚伞花序；萼 5 齿裂，无花瓣，子房 3 室。蒴果。本属约 12 种，分布于热带美洲，我国引入橡胶树（*H. brasiliensis* Muell.-Arg.），原产于巴西亚马孙河流域热带雨林中，全球热带地区广为栽培，我国广东、广西、海南、云南有种植，新中国成立后我国大力发

图 17-21 蓖麻

1. 花枝；2. 雄花；3. 雌花；4. 子房横切；5. 果实；
6. 种子；7. 花图式

图 17-22 大戟科植物

A. 油桐；B. 乳浆大戟；C. 一品红；D. 铁苋菜

展橡胶种植业，成功地将橡胶栽培推进到北回归线。

（4）铁苋菜属（*Acalypha* L.）。草本，灌木或小乔木。叶互生，常纸质或膜质。雌雄同株，稀异株，雄花序穗状，雌花序总状或穗状。蒴果，常具3个分果，果皮具毛或软刺。本属约450种，广布于热带、亚热带地区；我国17种，除西北部外，各省（自治区）均有分布。铁苋菜（血见愁 *A. australis* L.），一年生草本；叶膜质，长卵形、近菱状卵形或阔披针形；雌雄花同序，腋生（图17-22）。我国除西部高原或干燥地区外，大部分省（自治区）均产。夏季、秋季采割，晒干成药，有清热解毒、利湿、收敛止血之功效。

（5）油桐属（*Vernicia* Lour.）。乔木，常具乳汁。单叶，叶柄顶端具2腺体。顶生圆锥状聚伞花序，花雌雄同株，两被花。核果大型，种子富含油质。本属有3种，分布于亚洲东部地区；我国有2种，分布于秦岭以南各省（自治区）。油桐［*V. fordii*（Hemsl.）Airy-Shaw］，叶卵状或卵状心形，全缘；花白色，果皮光滑（图17-22）。原产于我国，主产于华中和西南；种仁含油46%～70%，称"桐油"，是我国举世闻名的特产，产量占世界总量的70%以上，桐油为干性植物油，是油漆和涂料工业的重要原料。

本科经济植物还有木薯（*Manihot esculenta* Crantz），块根肉质含淀粉，可作粮食或供工业用，但因体内含氰基苷，食用前须水浸并煮熟去毒（也有无毒品种）；原产于巴西，我国南方热带地区栽种。巴豆（*Croton tiglium* L.），分布于江南地区，为著名杀虫植物和泻药；种子含巴豆油及毒蛋白等，有大毒。

十二、蔷薇科 Rosaceae

$* K_{(5)} C_{5,0} A_{5\sim\infty} \underline{G}_{\infty:\infty:1\sim\infty,(1:1:1)}: \overline{G}_{(2\sim5:2\sim5:1\sim2)}$

蔷薇科有124属、3300余种，全世界分布，主产北温带至亚热带。我国有51属、1000余种，全国各地均产。本科许多种类有重要经济价值，做水果、干果和果汁、果脯、果酱等果品加工的果树资源非常丰富，其次观赏花木、绿化树种、蜜源植物很多，有些种类是重要香料和高维生素植物，有些种类为药用植物及农田杂草。

识别特征 草本，灌木或乔木。叶互生，常具托叶。花两性，辐射对称，5基数，花托突起至凹陷，花被与雄蕊常在下部结合成托杯，花被和雄蕊均着生于托杯边缘；离生雄蕊5至多数；子房上位或下位，心皮1至多数。蓇葖果、瘦果、梨果或核果，稀为蒴果；种子无胚乳。染色体：$X=7$、8、9、17。

本科根据托杯形状、心皮数目、子房位置和果实类型等特征分为4个亚科（图17-23）。

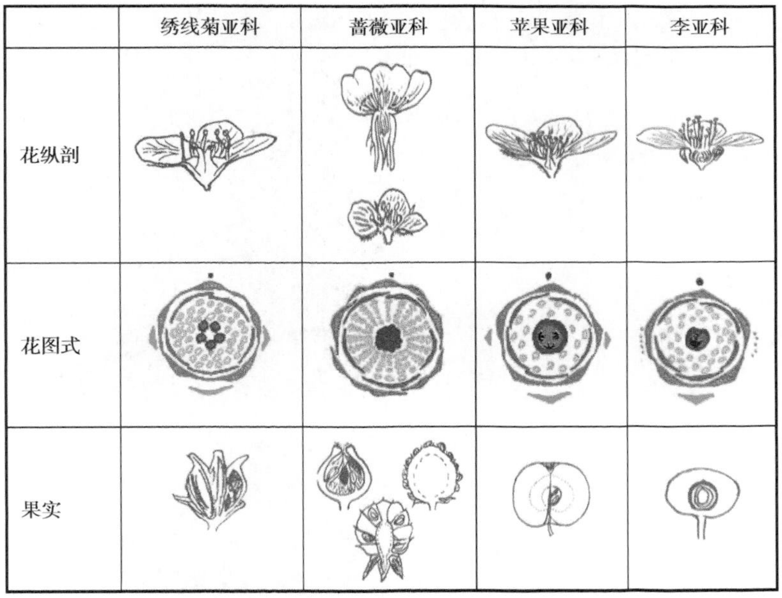

图17-23 蔷薇科4个亚科比较图

分亚科检索表：
1. 果实为开裂的蓇葖果，心皮1～5枚或12枚，每心皮有2个至多个胚珠；花托浅盘状；常无托叶 …………… 绣线菊亚科（Spiraeoideae）
1. 果实不开裂（红果树属例外）；有托叶。
  2. 下位子房，心皮2～5枚，与下陷成壶状花托内壁愈合；梨果 …………苹果亚科（Maloideae）
  2. 上位子房，心皮1枚至多枚，着生在凸起或下凹花托上；核果或瘦果。
    3. 心皮多数，生长在凸起或下凹花托上；萼裂片常宿存；瘦果或小核果 …… 蔷薇亚科（Rosoideae）
    3. 心皮常为1枚，萼脱落；核果 ……… 李亚科（Prunoideae）

亚科Ⅰ：绣线菊亚科（Spiraeoideae）

灌木。单叶，少复叶，多无托叶。花托扁平或微凹；心皮5个，少1～2个或多数，离生雌蕊，子房上位，每室胚珠2个至多数。聚合蓇葖果。约22属，我国8属。

（1）绣线菊属（*Spiraea* L.）。落叶灌木。单叶，边缘有锯齿或缺刻。伞形、伞房状、总状或圆锥状花序；花托钟状；萼片、花瓣均为5；心皮5枚，离生。蓇葖果5，沿腹缝线开裂。本属有100余种，广布于北温带至亚热带山地；我国有50余种，分布于南北各省（自治区）。许多种类耐寒，花朵美丽，白色或红色，为庭院观赏植物。常见的有麻叶绣线菊（*S. cantoniensis* Lour.）、华北绣线菊（*S. fritschiana* Schneid.）、三裂绣线菊（*S. trilobata* L.）、中华绣线菊（*S. chinensis* Maxim.）等。

（2）珍珠梅属［*Sorbaria*（Ser.）A. Br. ex Aschers.］。落叶灌木。奇数羽状复叶。花小，未开放时珍珠状，顶生圆锥花序；花瓣5；心皮5枚，基部合生。蓇葖果具多数种子。本属约9种，分布于亚洲；我国约有4种，产于西南和东部。华北珍珠梅［*S. kirilowii*（Regel）Maxim.］，花白色、似小珍珠；雄蕊20，短于或等长于花瓣。分布于我国北部至东部，常有栽培。珍珠梅［*S. sorbifolia*（L.）A. Br.］，花序被毛，雄蕊40～50，长于花瓣（图17-24）。产于东北与内蒙古，各地引栽观赏。

图17-24　蔷薇科植物
A. 月季；B. 珍珠梅；C. 黄刺玫；D. 日本晚樱

亚科Ⅱ：蔷薇亚科（Rosoideae）

木本或草本。复叶，少单叶，互生，托叶发达。花托突起或凹陷；心皮多数，分离；子房上位，每室1胚珠。聚合瘦果或聚合核果。约35属，我国21属。

（1）蔷薇属（*Rosa* L.）。有刺灌木。羽状复叶。花托壶状，内生多数由1心皮组成的雌蕊，成熟时形成多数小瘦果，包于稍肉质的壶状花托内，形成蔷薇果。本属约200种，分布于北半球温带及亚热带；我国有90种，分布于南北各省（自治区）。月季（*R. chinensis* Jacq.），托叶有腺毛；萼有羽状裂片；花大型，少数或单生（图17-24）。原产于我国，栽培历史悠久，品种很多，花和根供药用。玫瑰（*R. rugosa* Thunb.），花瓣紫红、玫瑰红色，单瓣或重瓣；蔷薇果扁球形。原产于我国，世界各地广泛栽培。供观赏或作香料和提取芳香油，鲜花可蒸制芳香油，花瓣可制玫瑰酒，干制后可泡茶，花蕾入药，果富含维生素C。常见观赏植物还有黄刺玫（*R. xanthina* Lindl.）（图17-24）、多花蔷薇（*R. multiflora* Thunb）等。

（2）草莓属（*Fragaria* L.）。多年生草本，有匍匐茎。三出复叶或5小叶，具长柄；托叶膜质，基部与叶合生。花单生、数朵或聚伞花序；花托盘状；萼片5，副萼5，与萼片互生；花瓣5，白色；花托凸起。瘦果多数，嵌于膨大的肉质花托内，形成聚合果，萼片宿存，果实均可食。本属约 20 种，分布于北温带及亚热带；我国有 8 种，分布于西南、西北至东北。草莓（*F. xananassa* Duch.），三出羽状复叶；花白色；聚合果鲜红色或淡红色，萼片紧贴果实。原产于南美洲，我国各地有栽培。

（3）委陵菜属（*Potentilla* L.）。草本。羽状或掌状复叶。花单生或聚伞花序；萼片 5，具副萼；花瓣 5，黄色，稀白色；雄蕊、雌蕊多数；花托凸起。聚合瘦果，着生于干燥花托上。本属有 200 余种，广布北温带；我国约 80 种，全国各地均产。鹅绒委陵菜（*P. anserina* L.），多年生草本，茎匍匐；羽状复叶，小叶 11～25，卵状矩圆形或椭圆形，上面绿色，下面密被白色绢状毡毛；花单生叶腋。产于青海、甘肃等高寒地区的须根肥厚，富含淀粉，称蕨麻，可食用、酿酒或药用。

（4）悬钩子属（*Rubus* L.）。灌木或亚灌木，少草本，常具皮刺。单叶或复叶。花托凸起。聚合小核果。本属有 700 余种，分布于全世界，主产于北半球温带，少数分布到热带和南半球；我国有 194 种。本属植物多野生，果可食用或酿酒、制果汁；栽培的有黑树莓（*R. mesogaeus* Focke）、红树莓（*R.idaeus* L.）、黑果悬钩子（*R.caesius* L.）等，用途同前。

亚科Ⅲ：苹果亚科（梨亚科 Maloideae）

乔木或灌木。单叶，稀复叶，有托叶。花托下凹，心皮 2～5，合生雌蕊，子房下位，每室有胚珠 1～2 个。梨果。约 20 属，我国有 16 属。

（1）苹果属（*Malus* Mill.）。落叶乔木或灌木。单叶互生，边缘有锯齿或分裂。花白色或粉红色，伞房花序；花柱 3～5，基部合生。梨果无石细胞，子房壁软骨质。本属约 40 种，广布北温带；我国约 25 种，分布于西南、西北、经中部至东北。多数为重要果树及砧木或观赏树种。苹果（*M.pumila* Mill.），果鲜食或加工果品。新疆野苹果 [*M.sieversii*（Ldb.）M. Roem.]，产于新疆，是构成天山野果林的主要树种，是栽培果树的重要基因库；果鲜食，或加工成果酱或酿苹果酒。山定子 [*M. baccata*（L.）Borkh.]、海棠果（*M. prunifolia* Borkh.）等常作苹果砧木或观赏。垂丝海棠（*M.halliana* Koehne）、海棠花 [*M. spectabilis*（Ait.）Borkh.]、西府海棠（*M.micromalus* Makino）等均为庭园观赏植物。

（2）梨属（*Pyrus* L.）。落叶乔木或灌木，极少为半常绿，枝头有时具针刺。单叶互生，边缘有锯齿或分裂。花先于叶开放或与叶同时开放，伞房花序；花白色，花药常红色；花柱 2～5，分离，子房 2～5 室，每室 2 胚珠。梨果，果肉有石细胞。本属约 25 种，分布于亚洲、欧洲至北非，我国有 14 种。白梨（*P. bretschneideri* Rehd.），果实基部具肥厚果梗，果皮黄色或黄绿色，有细密斑点。我国北方多栽食用，历史悠久，品种很多，如鸭梨、香梨、雪花梨等。沙梨 [*P.

pyrifolia（Burm. f.）Nakai]，果近球形，果皮浅褐色。原产于我国，南方多栽食用，品种甚多。秋子梨（*P. ussuriensis* Maxim.），果实具有宿存萼片，果近圆形，皮黄绿色。原产于我国，抗寒力极强，北方多栽食用或观赏。以上各种梨的果实供生食或加工果品、果汁、酿酒等，也可药用。杜梨（*P. betulaefolia* Bge.）与豆梨（*P. calleryana* Decne.）的果实很小，可观赏或分别作白梨和沙梨的砧木。

（3）山楂属（*Crataegus* L.）。落叶灌木或小乔木，常有茎刺。单叶互生，常分裂，有托叶。顶生伞房花序。本属约 1000 种，分布于北温带，北美洲最盛；我国约有 17 种，各地均有分布。山楂（*C.pinnatifida* Bge.），果红色，近球形。可鲜食，制果酱、果糕，并可药用。

（4）枇杷属（*Eriobotrya* Lindl.）。常绿灌木或小乔木。单叶互生，大型。花白色，顶生圆锥花序；雌蕊 1，子房 2～5 室，每室有 2 胚珠。本属约 30 种，分布于亚洲温带及亚热带；我国约有 13 种。枇杷 [*E.japonica*（Thunb.）Lindl.]，果球形，黄色或橘黄色。多为栽培或野生；果鲜食或酿酒；叶药用，能利尿、清热、止渴，枇杷仁及叶有镇咳作用。

亚科Ⅳ：李亚科（梅亚科 Prunoideae）

乔木或灌木。单叶，托叶早落，叶柄顶端常有腺体。花托扁平或微凹，心皮 1，单雌蕊，子房上位，胚珠 1～2。核果，常含 1 粒种子。约有 10 属，我国有 9 属。

（1）桃属（*Amygdalus* L.）。叶披针形，幼叶在芽中对折，后于花开放。花单生，稀 2 朵并生，粉红色；子房有毛，1 室 1 胚珠。核果被绒毛，果核表面具网状或蜂窝状洼痕，稀平滑。本属约 40 种，分布于亚洲中部至地中海地区，栽培品种广布于寒温带、温带至亚热带地区；我国有 11 种，主产于西部和西北部，栽培品种全国广泛分布。桃（*A. persica* L.），原产于我国，世界各地均有栽培，品种甚多，果鲜食或加工各种果品，种仁供药用。扁桃（巴旦杏 *A. communis* L.），果长卵圆形或斜卵形，扁平，果肉薄，成熟时开裂，核表面具蜂窝状孔穴。果仁营养丰富，味道香美，是著名干果。扁桃抗旱性强，可作桃和杏的砧木。榆叶梅 [*A. triloba*（Lindl.）Ricker]，生于低至中海拔坡地或沟旁乔木、灌木林下或林缘，北方广栽为庭园观赏树种。

（2）杏属（*Armeniaca* Mill.）。叶圆形或卵形。花单生，先叶开放；花瓣 5，粉红色或粉白色；花柱顶生，子房无毛。核果球形，有明显纵沟，果核表面光滑，具锐利边棱。本属约 8 种，分布于东亚、中亚、小亚细亚和高加索；我国有 10 种，分布于我国北方，淮河以北广大地区普遍栽培。杏（*A.vulgaris* Lam.），可鲜食或加工果品，果仁含油率约 50%，入药有润肺止咳、平喘、润肠之效。各地均有栽培，新疆天山野果林有野生片林，约有 44 个野生类型，是栽培杏的重要基因库。梅（*A. mume* Sieb.），叶卵形，长尾尖；果黄色有短柔毛，核具蜂窝状孔穴。分布全国，品种甚多，供观赏，果食用，花、果可入药，木材为制作雕刻等工艺品的良好用材。

（3）李属（*Prunus* L.）。叶柄基部边缘或顶端常有腺体。花单生或2～5朵簇生；花瓣5，白色或粉红色；子房无毛。核果表面有沟，常被蜡粉；核两侧扁平，具沟槽或皱纹。本属有30余种，主产于北半球温带；我国有7种，主产于北方地区。李子（*P.salicina* Lindl.），果食用，核仁等可入药。欧洲李（*P.domestica* L.）和樱桃李（*P.cerasifera* Ehrhart）果食用。在新疆天山野果林均有野生片林，是栽培李的重要基因资源。

（4）樱属（*Cerasus* L.）。腋芽单生或3个并生，中间为叶芽，两侧为花芽。幼叶在芽中为对折状，后于花开放或与花同时开放。数朵花成伞形、伞房状或短总状花序，或1～2朵花生于叶腋，花瓣白色或粉红色。果较小，果皮光滑，果核平滑或稍有皱纹。本属有100余种，主产于北温带；我国有45种，南北皆产。本属栽培种多作果树或观赏，亦药用，果鲜食或加工各类果品。樱桃［*C. pseudocerasus*（Lindl.）G. Don］，在我国久经栽培，品种颇多；毛樱桃［*C. tomentosa*（Thunb.）

Wall.］，嫩枝叶密被绒毛。观赏植物还有：山樱花［樱花 *C. serrulata*（Lindl.）G. Don ex London］、东京樱花［*C. yedoensis*（Matsum.）Yu et Li］、日本晚樱［*C. serrulata* var. *lannesiana*（Carr.）Makino］（图17-24）等。

十三、豆科 Leguminosae，Fabaceae

↑（*）K$_{(5),5}$C$_5$A$_{10,(9)+1,(10),∞}$G$_{(1:1:∞∼1)}$

豆科约有650属、18 000种，广布全世界。我国有172属、1500余种，各地均产。本科有许多重要经济植物，如豆类、蔬菜、饲草、绿肥、药用、绿化观赏及材用植物等，另外还有一些农田杂草，是农林牧业生产上很重要的一个科。

识别特征 乔木、灌木、亚灌木或草本，常具根瘤。叶互生，常为羽状或三出复叶，多有托叶与叶枕。花两性，花冠多为蝶形或假蝶形；二体雄蕊；雌蕊单心皮，子房上位，边缘胎座。荚果；种子无胚乳。染色体：X=5～16、18、20、21。

本科依据花冠形态与对称性、花瓣排列方式、雄蕊数目与类型等性状分为三个亚科（表17-3、图17-25、图17-26）。

表17-3 三亚科形态特征比较

	含羞草亚科	云实（苏木）亚科	蝶形花亚科
花冠	辐射对称	假蝶形花冠	蝶形花冠
花瓣	镊合状排列	上升覆瓦状排列	下降覆瓦状排列
雄蕊	多数或5，合生或离生	10，分离	10，常为（9）+1的二体雄蕊
花图式			

亚科 I ：含羞草亚科（Mimosoideae）

多为木本，稀草本。1～2回羽状复叶。花两性，辐射对称，穗状或头状花序；萼片5，合生；花瓣5，镊合状排列；雄蕊多数，稀与花瓣同数。荚果有时具次生横隔膜。染色体：X=8、11～14。

（1）合欢属（*Albizia* Durazz.）。木本。二回羽状复叶。花萼钟状或漏斗状，具5齿；花瓣中部以下合生。荚果扁平，通常不开裂，种子间无横隔。本属约有150种，分布于热带和亚热带地区；我国有17种，大部分产长江以南各省（自治区）；主要作木材及庭院绿化用。合欢（*A.julibrissin* Durazz.），乔木；头状花序，花丝细长淡红色（图17-26）。作为行道树和绿化树种，

各地多有栽培。嫩叶可食；树皮供药用，有驱虫之效。

（2）含羞草属（*Mimosa* L.）。二回羽状复叶，常很敏感，触之即闭合而下垂。花小，两性或杂性，组成稠密的球形头状花序或圆柱形穗状花序；雄蕊与花瓣同数或为其2倍，分离。荚果成熟时横裂为数节，荚缘宿存在果柄上，每节含1种子。本属约500种，主产于热带美洲；我国有3种，分布于广东、广西、云南。多数种有毒，可药用或观赏。含羞草（*M. pudica* L.），草本，具刺；头状花序圆球形，萼钟状，裂片4，花瓣4，雄蕊4。原产于热带美洲，现广布于世界热带地区，野生于荒地、灌木丛中。全草药用，能安神镇静、止血收敛、散淤止痛；也可栽培，供观赏。

图 17-25　大豆

1. 花枝；2. 花；3. 旗瓣；4. 翼瓣；5. 龙骨瓣；
6. 雄蕊；7. 雌蕊；8. 荚果；9. 种子；10. 花图式

亚科Ⅱ：云实亚科（苏木亚科 Caesalpinioideae）

多为木本。常为偶数羽状复叶，稀单叶。花两性，两侧对称；萼片 5；花瓣 5，覆瓦状排列，最上 1 瓣在最内，形成假蝶形花冠；雄蕊 10 或较少，多分离。荚果，有时具横隔。染色体：$X=6\sim14$。

（1）云实属（*Caesalpinia* L.）。花黄色或橙黄色。荚果卵形、长圆形或披针形，平滑或有刺，革质或木质；种子无胚乳。本属约 100 种，分布于热带和亚热带地区；我国有 17 种，主产于南部和西南部。有的种类可提取苏木素，药用、作绿篱及观赏。云实 [*C. decapetala*（Roth）Alston]，总状花序顶生，花黄色；荚果长圆状舌形，沿腹缝线有狭翅，成熟时沿腹缝线开裂。产长江以南各省（自治区）；根、果药用；种子含油 35%，可制肥皂及润滑油；常栽培为绿篱。

（2）皂荚属（*Gleditsia* L.）。落叶乔木或灌木，具分枝的粗刺。一至二回偶数羽状复叶，托叶小，早落。花杂性或单性异株，淡绿色或绿白色，雄蕊 6～10。本属约有 16 种，分布于亚洲中部和美洲；我国有 6 种，广布于南北各省（自治区）。皂荚（*G. sinensis* Lam.），羽状复叶，小叶 3～9 对；花杂性，白色，总状花序；荚果大，黑棕色。产于东北、华北、华东、华南、四川、贵州，生于山坡林中或谷地、路旁。本种木材坚硬，为车辆、家具用材，荚果煎汁可代肥皂用；荚、种子、刺均入药。

图 17-26　豆科植物

A. 白车轴草；B. 达乌里黄耆；C. 蒙古沙冬青（贺学礼摄）；D. 紫荆；E. 合欢；F. 紫穗槐

亚科Ⅲ：蝶形花亚科（Faboideae，Papilionoideae）

草本、灌木或乔木。羽状复叶或三出复叶，稀单叶，有时具卷须，有托叶。花两侧对称；萼齿 5；花冠蝶形，最上方 1 片最大，为旗瓣，两侧 2 片为翼瓣，最里面 2 片常联合为龙骨瓣；雄蕊 10，成二体或单体，少分离。荚果开裂或不开裂，有时形成横断开裂的节荚。染色体：$X=5\sim13$。

（1）槐属（*Sophora* L.）。乔木、灌木、亚灌木或多年生草本。奇数羽状复叶。总状或圆锥花序，花黄色、白色或紫色；雄蕊 10，分离或仅基部合生。荚果念珠状。本属 70 余种，分布于热带至温带；我国有 23 种，南北均产。多数种有毒，有的可药用、作绿肥或保持水土等。槐（S. japonica L.），乔木，幼枝绿色；顶生圆锥花序，花白色或淡黄色。原产于我国，各地广栽，树冠优美，花芳香，是行道树和优良蜜源植物，花和荚果入药，有止血降压作用。苦豆子（S. alopecuroides L.），全株灰绿色，密被绢毛；小叶 15～27，矩圆状披针形或矩圆形；总状花序顶生，花淡黄色，翼瓣有耳。多生于干旱沙漠和草原边缘地带，耐旱、耐碱性强，是优良固沙植物和绿肥植物，全株有清热解毒、燥湿杀虫功能。苦参（S. flavescens Alt.），草本或亚灌木。南北各省均产，根含苦参碱和金雀花碱等，入药有清热利湿、抗菌消炎等功效，种子可作农药用。

（2）苜蓿属（Medicago L.）。一年生或多年生草本，稀灌木。三出羽状复叶，小叶边缘上部有锯齿，中下部全缘。短总状或头状花序；花黄色或紫色；雄蕊二体。荚果螺旋形、镰刀形或肾形，背缝具棱或刺，常不开裂。本属有 70 余种，分布于地中海区域、中亚和非洲；我国有 13 种 1 变种。紫花苜蓿（M. sativa L.），多年生草本；花冠淡黄、深蓝色至暗紫色，花瓣均具长柄；荚果螺旋形，被柔毛。各地广栽或呈半野生状态，重要饲料与牧草，全草有清热利尿、凉血通淋功能，品种较多。

（3）豌豆属（Pisum L.）。一年或多年生草本。偶数羽状复叶，小叶 1～3 对，叶轴顶端有分枝卷须。花单生或数朵排成总状花序，腋生，花白色、紫色或红色；雄蕊 10，二体；花柱扁而纵折。荚果长圆形，肿胀，有球形种子数粒。本属有 6 种，分布于地中海和西亚。豌豆（P. sativum L.），我国广泛栽培，豌豆苗蔬食，豌豆可加工成各种食品。

（4）沙冬青属（Ammopiptanthus Cheng f.）。常绿灌木。叶革质，掌状三出复叶，少单叶。总状花序，花黄色；雄蕊 10，分离。荚果扁平。本属 2 种，我国均产；是亚洲中部荒漠特有的强旱生常绿灌木，可防风固沙，为国家重点保护植物。蒙古沙冬青 [A.mongolicus（Maxim. ex kom）Cheng f.]，幼枝密被灰白色短柔绢毛；掌状三出复叶，两面密被银白色绒毛；花黄色；荚果扁矩圆形（图 17-26）。新疆沙冬青 [A.nanus（M. Pop.）Cheng f.]，植株低矮；常单叶，宽椭圆形、宽倒卵形或倒卵形。

（5）甘草属（Glycyrrhiza L.）。多年生草本，根状茎发达，全体被鳞片状腺点或刺状腺毛。奇数羽状复叶。腋生总状花序；龙骨瓣背部结合。荚果具刺或瘤状突起或光滑。本属约 20 种，遍布全球，中亚分布最为集中；我国有 8 种，主产于黄河流域以北各省（自治区）。甘草（G. uralensis Fisch.），根及根状茎粗壮，

味甜；茎叶被腺点和绒毛，小叶 5～17，卵形或近圆形；荚果弯曲成镰形或环形，密集成球形，表面密生瘤状突起和刺状腺毛。产于北方各地，根与根状茎为常用中药材，清热解毒、润肺止咳、调和药性，新近研究表明，在医治肿瘤、艾滋病等方面也有重要作用。药用的还有光果甘草（洋甘草 G. glabra L.）、胀果甘草（G. inflata Batal.）等。

（6）车轴草属（Trifolium L.）。草本。掌状三出复叶。花小，排列成头状、穗状或短总状花序，凋萎后不脱落。荚果小，几乎完全藏于萼内。本属约有 250 种，分布于欧亚大陆和美洲温带地区；我国引入栽培和野生的共有 13 种。白车轴草（白三叶草 T.repens L.），花密集成头状花序；花白色，稀黄白色或淡粉红色（图 17-26）。本种是世界著名优良牧草及草坪草。红车轴草（红三叶草 T.pratense L.），小叶上面有白斑；花紫红色。

（7）黄耆属（Astragalus L.）。草本、稀小灌木或半灌木，常被单毛或丁字毛。奇数羽状复叶，稀三出复叶或单叶。总状、头状或穗状花序；龙骨瓣顶端钝。荚果先端喙状，1 室，有时背缝线向内延伸成浅或深的隔膜，背缝开裂。本属有 2000 多种，除大洋洲外，其他地区广布；我国有 280 余种，全国各地均产，许多种为牧草，有的可药用或作绿肥。紫云英（A. sinicus L.），具 7～13 片小叶；花冠紫红色或橙黄色，翼瓣基部具短耳；荚果线状长圆形，具短喙。我国长江流域和长江以南各省有栽培，种植作稻田绿肥，为优等猪饲料，并以根、全草和种子入药，有祛风明目、健脾益气、解毒止痛之功效。膜荚黄耆 [A. membranaceus（Fisch.）Bge.]，主根肥厚，木质；小叶 13～27 片，叶背面被白色柔毛或近无毛；花黄色；荚果半椭圆形，被白或黑色短柔毛。产于我国北方，各地有栽，为常用中药材。达乌里黄耆 [A. dahuricus（Pall.）DC. Prodr.]，被开展、白色柔毛。羽状复叶有 11～19（23）片小叶。总状花序较密，生 10～20 花，花冠紫色。荚果线形（图 17-26）。全株可作饲料，大牲畜特别喜食，故有驴干粮之称。

（8）锦鸡儿属（Caragana Fabr.）。灌木。偶数羽状复叶或假掌状复叶，叶轴脱落或宿存成刺状；托叶宿存并硬化成针刺。花多为黄色，单生或簇生。荚果细长，膨胀或扁平。本属约 100 种，分布于欧亚大陆干旱和半干旱地区；我国约有 62 种，主产于黄河以北干旱地区。该属植物能提高土壤肥力，绿化荒山，保持水土；有些种耐干旱、耐贫瘠，根系发达，为固沙植物，有些种花繁叶密，可绿化庭院和做绿篱，有些种的枝叶可作饲料和绿肥，有些种是良好的蜜源植物。小叶锦鸡儿（C.microphylla Lam.），树皮灰黄色或黄白色，荚果圆筒形，顶端斜长渐尖。柠条锦鸡儿（C.korshinskii Kom.），树皮金黄色，有光泽，荚果披针形或矩圆状披针形，略扁。

本科中作为豆类作物与蔬菜的有大豆 [*Glycine max* (L.) Merr.]，荚果肥大，密被褐黄色长毛，种子黄色、淡绿、褐或黑色（图17-25）。原产于中国，全世界广栽，我国以东北最著名，种子富含蛋白质和脂肪，可生产豆制品和食用油。落花生（*Arachis hypogaea* L.），小叶2对，花后子房柄延伸入土，果实在地下成熟。原产于巴西及非洲，各地广栽，重要干果和油料作物。绿豆 [*V. radiata* (L.) Wilczek]，荚果被毛，种子淡绿或黄褐色。各地广栽，种子食用，制豆沙、粉丝、提淀粉、生豆芽等，入药清热解毒。赤豆 [*V. angularis* (Willd.) Ohwi et Ohashi]，果无毛，种子常红色。各地广栽，种子供食用，煮粥、制豆沙等，亦药用。蚕豆（*Vicia faba* L.），茎四棱；原产于南欧、北非，各地广栽，作蔬菜和杂粮。豇豆 [*Vigna unguiculata* (L.) Walp.]，荚果线形，稍肉质。各地广栽，嫩荚作蔬菜。扁豆 [*Lablab purpureus* (L.) Sweet]，茎缠绕，果荚扁平。原产于印度，各地广栽，嫩荚作蔬菜。菜豆（*Phaseolus vulgaris* L.），荚果条形，肉质。原产于美洲，各地广栽，嫩荚供蔬菜。材用树种与观赏绿化植物有紫檀（*Pterocarpus indicus* Willd.），乔木，花黄色，果近圆形，具翅。产于南部热带，木材坚硬致密，心材红色通称"红木"。刺槐（*Robinia pseudoacacia* L.），乔木，具托叶刺，花白色，果扁平。原产于美洲，各地广栽，适应性强，优良绿化与蜜源树种。紫穗槐（*Amorpha fruticosa* L.），灌木，叶具腺点，花冠仅有1枚旗瓣，紫色，果具疣状腺点（图17-26）。原产于美洲，各地有栽，适应性强，优良绿肥与绿化植物。紫藤 [*Wisteria sinensis* (Sims) Sweet]，茎左旋；多花紫藤 [*W. floribunda* (Willd.) DC.]，茎右旋，栽培观赏。饲用植物尚有草木樨属（*Melilotus* Miller）、野豌豆属（*Vicia* L.）、山黧豆属（*Lathyrus* L.）等。

十四、杨柳科　Salicaceae

* ♂ $K_0 C_0 A_{2\sim\infty}$　　* ♀ $K_0 C_0 \underline{G}_{(2:1:\infty)}$

杨柳科有3属、620余种，分布于寒温带、温带和亚热带地区。我国3属均产，320余种，全国分布，多为速生树种，是我国北方重要防护林、用材林和绿化树种。

识别特征　落叶乔木或灌木。单叶互生，托叶常早落。花单性，雌雄异株，柔荑花序，常先叶或与叶同时开放；每花下有1苞片，基部有杯状花盘或腺体（退化花被），无花被；雄蕊2至多数；子房上位，侧膜胎座。蒴果，种子基部具丝状长毛。染色体：$X=$11、12、19、22。

（1）杨属（*Populus* L.）。乔木，具顶芽，冬芽具数枚鳞片。叶常宽阔。柔荑花序下垂，苞片边缘细裂，花具花盘；雄蕊多数。蒴果2～4瓣裂。本属约100种，分布于北温带；我国约62种，主产于西南、西北和北部，东部有栽培。小叶杨（*P. simonii* Carr.），树

皮灰绿色，小枝红褐色，后变成黄褐色；叶菱状倒卵形或菱状椭圆形，边缘有细钝锯齿。是我国北部主要造林树种之一，其木材供建筑、家具、造纸等用，叶可作饲料。毛白杨（*P. tomentosa* Carr.），小枝及叶背面被毡毛，叶宽卵形、三角状卵形，边缘具深牙齿或波状牙齿，长枝叶柄上部侧扁，近顶端具2腺体，短枝叶柄侧扁，无腺体（图17-27）。我国特产，主产于华北平原。是我国北部防护林和绿化主要树种。胡杨（*P. euphratica* Oliv.），叶多变化，幼树或萌发枝条上的叶披针形，老枝上的叶宽卵形、三角状圆形或肾形，叶柄较长（图17-28）。主要生于荒漠区河流沿岸及地下水位较高的盐碱地上，是构成荒漠河岸林的主要树种，也是荒漠地区地下水位较高地段造林的优良树种，木材可制作农具或家具。常见种还有山杨（*P. davidiana* Dode）、加拿大杨（欧美杨 *P. canadensis* Moench.）、新疆杨（*P. alba* var. *pyramidalis* Bge.）（图17-28）、钻天杨（*P. nigra* var. *italica* Munchh.）、箭杆杨 [*P. nigra* var. *thevestina* (Dode) Bean] 等。

（2）柳属（*Salix* L.）。灌木或乔木，无顶芽，冬芽具1鳞片。叶多狭长。柔荑花序直立，苞片全缘，花无花盘而具1～2蜜腺；雄蕊1～2或较多。蒴果2裂。本属有520多种，主产于北温带；我国约257

图17-27　毛白杨、垂柳

1～7. 毛白杨（1. 叶和芽；2. 雄花枝；3. 雄花；
4. 雌花；5. 蒴果；6. 雄花花图式；7. 雌花花图式）
8～14. 垂柳（8. 枝叶；9. 雄花枝；10. 雌花枝；
11. 雄花；12. 雌花；13. 雄花花图式；14. 雌花花图式）

图 17-28 杨柳科植物

A. 胡杨；B. 新疆杨

种，各地均产。多为园林绿化和水土保持树种，也可作蜜源植物。旱柳（*S. matsudana* Koidz.），乔木，小枝直立；叶披针形，苞片三角形；雌花、雄花均具 2 腺体。垂柳（*S. babylonica* L.），落叶乔木，小枝细长而下垂（图 17-27），是著名景观树种，全国各地均有栽培。

十五、壳斗科（山毛榉科） Fagaceae

$* \male K_{(4\sim8)} C_0 A_{4\sim8, \infty} \quad * \female K_{(4\sim8)} C_0 \overline{G}_{(3\sim6:3\sim6:2)}$

壳斗科（山毛榉科）约 8 属、900 种，主产于热带和北半球亚热带，少数见于北温带。我国有 6 属、300 余种，全国分布，以南方为多。本科植物是亚热带常绿阔叶林和温带落叶阔叶林主要树种；材质坚硬，是建筑、制造车船的主要用材；种子含淀粉，统称"橡子"，为重要木本粮食植物或干果类果树；树皮及壳斗可提栲胶用于鞣革工业，经济价值较高。

识别特征 乔木，稀灌木。单叶互生，革质，羽状脉直达叶缘，托叶早落。无被花单性，雌雄同株，雄花成柔荑花序，雌花 1～3 朵聚生于 1 总苞内，子房下位，3～6 室，花柱宿存。坚果，单生或 2～3 个生于总苞，外被壳斗（cupule）。染色体：$X = 12$。

（1）栗属（*Castanea* Mill.）。落叶乔木，小枝无顶芽。雄花序直立；总苞完全封闭，外面密生针状长刺，

内有 1～3 个坚果。本属约 12 种，我国 3 种。板栗（*C. mollissima* Bl.），叶背被星芒状伏贴绒毛；总苞内常含 3 枚坚果（图 17-29）。产于华北、华中和西南等地区，为著名木本粮食作物，我国已有 2000 多年的栽培历史，果实含淀粉 62%～70%，蛋白质 5.7%～10.7%；木质纹理直，坚硬耐水湿，作工农业用材；叶可作蚕饲料；壳斗及树皮含鞣质，可提取栲胶（图 17-30）。茅栗（*C. seguinii* Dode），叶背密生黄色或灰白色鳞腺；总苞含果 3 枚，果小味甜。作板栗的砧木，可提早结果及适当密植。

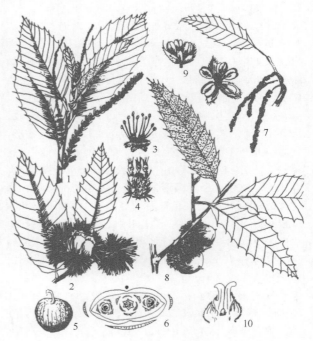

图 17-29 板栗、栓皮栎图

1～6. 板栗（1. 花枝；2. 果枝；3. 雄花；4. 雌花；5. 坚果；6. 雌花花图式）；7～10. 栓皮栎（7. 花枝；8. 果枝；9. 雄花；10. 雌花纵剖）

（2）栎属（*Quercus* L.）。落叶乔木。雄花序下垂；雌花 1～2 朵簇生。坚果单生，壳斗盘状或杯状，不封闭。本属约 300 种，我国有 60 种。栓皮栎（*Q. variabilis* Bl.），叶背有白色星状毛；茎部栓皮厚度可达 15cm，是优良的软木原料。木材供建筑用，壳斗可提栲胶，种子可食用或酿酒（图 17-29）。麻栎（*Q. acutissima* Carr.），茎无栓皮，叶背无星状毛。木材作建筑用材，种子可食用或酿酒，壳斗可提栲胶。常见种类还有槲树（柞栎 *Q. dentata* Thunb.）、辽东栎（*Q. liaotungensis* Koidz.）、槲栎（*Q. aliena* Bl.）等（图 17-30）。

本科植物是亚热带及温带森林主要建群种，在我国，整个热带常绿林以本科栲属 [*Castanopsis* (D. Don) Spach]、青冈属（*Cyclobalanopsis* Oerst.）、柯属（*Lithocarpus* Blume）和栎属等树种组成了森林上层的优势层，同时混有水青冈属（*Fagus* L.）种类。温带阔叶林则以栎属植物

图 17-30 壳斗科植物

A. 板栗；B. 栓皮栎；C. 槲栎；D. 辽东栎

为森林上层的优势种。

十六、葡萄科 Vitaceae

$* K_{4-5} C_{4-5} A_{4-5} \underline{G}_{(2:2:1-2)}$

葡萄科 16 属、700 余种，主产于热带及温带地区。我国 9 属、150 种，南北均产。其中葡萄为著名果树，其他还有不少药用植物。

识别特征 木质稀草质藤本，常具与叶对生的茎卷须。单叶、羽状或掌状复叶，互生。花小，4～5 基数，常与叶对生；花盘环形或浅裂；雄蕊与花瓣同数对生；子房上位。浆果。染色体：$X=11～14、16、19、20$。

（1）葡萄属（*Vitis* L.）。落叶木质藤本，枝无皮孔，髓褐色。单叶，掌状分裂。花两性或单性，聚伞圆锥花序；萼杯状；花瓣顶端黏合，凋谢时帽状脱落；花盘明显，5 裂；子房 2 室。浆果多汁。本属约 60 种，分布于温带及亚热带；我国 38 种，产于南北各地。葡萄（*V. vinifera* L.），叶 3～5 裂，叶缘有粗牙齿，背面疏生柔毛；花序多分枝；果序呈圆锥状；果室种子与果肉易分离（图 17-31）。产于亚洲西部，我国普遍栽培，为著名水果。常见种类还有山葡萄（*V. amurensis* Rupr.）、毛葡萄（*V. heyneana* Roem. & Schult.）、刺葡萄 [*V. davidii* (Roman. du Caill.) Foex]、秋葡萄（*V. romanetii* Roman.）等。

（2）地锦属（*Parthenocissus* Planch.）。木质藤本，有吸盘状卷须攀附于他物上。叶互生，单叶或掌状复

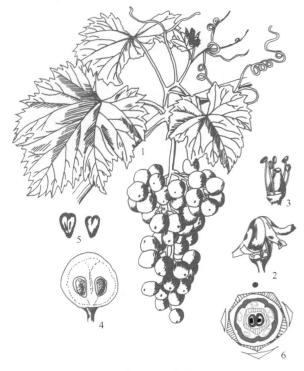

图 17-31 葡萄

1. 果枝；2. 花，示花冠成帽状脱落；3. 雄蕊、雌蕊及雄蕊间的蜜腺；4. 果实纵剖；5. 种子；6. 花图式

叶。聚伞花序。浆果小。本属约 15 种，我国 10 种。地锦 [爬山虎 *P. tricuspidata* (Sieb. et Zucc.) Planch.]，

常攀缘于墙壁或岩石上，为很好的垂直绿化植物，常栽培供观赏；根茎入药能破淤血、消肿毒；果实可酿酒。五叶地锦［*P. quinquefolia*（L.）Planch.］，叶为掌状 5 小叶（图 17-32）。原产于北美洲，我国东北、华北各地栽培，是优良的城市垂直绿化植物。

本科常见的还有蛇葡萄属（*Ampelopsis* Michaux），茎髓白色，伞房状聚伞花序，花瓣离生。乌头叶蛇葡萄（*A. aconitifolia* Bge.）、葎叶蛇葡萄（*A. humulifolia* Bge.）、白蔹［*A. japonica*（Thunb.）Makino］广布南北，可药用（图 17-32）。

图 17-32　葡萄科植物
A. 五叶地锦；B. 白蔹；C. 乌头叶蛇葡萄；D. 葎叶蛇葡萄

十七、芸香科　Rutaceae

* $K_{5\sim4} C_{5\sim4} A_{10\sim8} \underline{G}_{(5\sim4, \infty : 5\sim4, \infty : 1\sim2, \infty)}$

芸香科约 155 属、1700 余种，分布于热带及温带。我国有 29 属、约 151 种 28 变种，南北均产，以南方为多。其中柑橘属许多种为南方重要果树，另有不少药用和芳香植物。

识别特征　落叶或常绿乔木、灌木或草本，常具芳香油腺点。羽状、掌状或单身复叶，无托叶。花被 4～5 基数，雄蕊与萼同数或为其 2 倍，花盘位于雄蕊与子房之间；子房上位，中轴胎座。柑果、核果、蒴果，稀浆果、翅果。染色体：$X=7\sim9$、11、13。

（1）柑橘属（*Citrus* L.）。小乔木，具枝刺。单身复叶。花两性，单生、簇生或为总状花序；花萼杯状，3～5 浅裂，结果时增大；花瓣 5，覆瓦状排列；雄蕊

20～25（～60），子房 7～15 室，每室胚珠 4～8 或更多。柑果，种子无胚乳。本属约 20 种，原产于亚洲东南部及南部；我国连引入栽培的约 15 种，多为优良果树。柑橘（*C. reticulata* Blanco），翼叶通常狭窄，叶顶端有凹口；果扁球形，果皮薄易剥离。原产于我国东南部，有 3000 多年的栽培历史，现江南各省广泛栽培，品种很多，为我国特产水果（图 17-33）；本种分柑和橘两大类，柑类果较大，皮粗糙，网状维管束贴生于瓢囊外壁，如广东和福建的蕉柑、四川芦柑等；橘类果较小，皮平滑稍薄，极易剥离，瓢囊外壁上网状维管束也易脱离；干果皮为中药"陈皮"，橘络、叶、种仁等也药用。甜橙［*C. sinensis*（L.）Osbeck］，叶柄翼叶狭长或仅具痕迹；总状花序少花；果近球形，橙黄色，果皮厚，不易剥离。秦岭以南各地广泛栽培，果鲜食、制汁，果皮药用或提芳香油，种子榨

图 17-33 柑橘

1. 花枝；2. 花；3. 雄蕊；4. 花萼和雌蕊；5. 子房横切；
6. 果实横切；7. 花图式

油。柚 [*C. maxima*（Burm.）Merr.]，叶质颇厚，翼叶宽 2～4cm；果大，直径在 10cm 以上，果皮淡黄色至黄绿色，果形多样，果皮很厚，难以剥离。江南广栽，南方著名水果，根叶及果皮入药。佛手 [*C. medica* var. *sarcodactylis*（Noot.）Swingle]，单叶稀兼有单身复叶，叶柄无翅；果裂成手指状肉条（图 17-34）。江南各地栽培供药用，盆栽观果。常见的还有酸橙（*C. aurantium* L.），翼叶较大，果皮紧贴果肉难剥离，果肉味酸，栽作药用或观赏。柠檬 [*C. limon*（L.）Burm. f.]，热带水果，果味酸，可做饮料或蜜饯，华南栽种，可提制柠檬酸。

（2）花椒属（*Zanthoxylum* L.）。乔木或灌木，常有皮刺。奇数羽状复叶，互生。花小，单性，聚伞状圆锥花序。聚合蓇葖果，由 1～5 个离生心皮组成，每心皮 2 瓣裂，内有 1 颗黑色发亮的种子。本属约 250 种，是本科分布最广的一个属，我国有 50 多种。花椒（*Z. bungeanum* Maxim.），落叶小乔木，皮刺基部扁宽；果球形，红色至紫红色（图 17-34）。分布于华北至西南，野生或栽培，果为著名调味品，并可提芳香油，入药有散寒、燥湿、杀虫等功效；种子可榨油；叶可制农药。常见的还有竹叶花椒（*Z. armatum* DC.），小叶背面中脉上常有小刺，果有毒；野花椒（*Z. simulans* Hance），果可作花椒代用品，果、叶、根供药

图 17-34 芸香科植物

A. 花椒；B. 佛手；C. 吴茱萸；D. 九里香

用，能散寒健胃、止泻利尿；果还可提芳香油。

本科常见的还有枸橘 [*Poncirus trifoliata* (L.) Raf.]，有棘刺，三出复叶，果入药名"枳壳"。吴茱萸 [*Euodia rutacarpa* (Juss.) Benth.]，无刺，羽状复叶，果药用，做健胃剂和镇痛剂；种子榨油，叶提芳香油或制黄色染料（图 17-34）。黄檗（*Phellodendron amurense* Rupr.），树皮木栓层发达，羽状复叶对生，核果；产于北方，珍贵用材树种，树皮药用，亦供制绝缘材料、软木塞等。黄皮 [*Clausena lansium* (Lour.) Skeels]，南方果树，果可食，也可入药。九里香（*Murraya exotica* L.），花极香，可作华南庭园观赏树种，也为药用植物。

十八、木犀科 Oleaceae

$* K_{(4)} C_{(4)}, {}_0 A_2 \underline{G}_{(2:2:1-2)}$

木犀科约 27 属、400 余种，广布温带和热带地区，亚洲尤为丰富。我国有 12 属、178 种，南北各地均有分布。本科多为优良用材、绿化、观赏树种，有些可提芳香油或作药用。

识别特征 乔木或灌木，稀攀缘。叶对生，无托叶。花辐射对称，花萼、花冠常 4 裂，多有香味；雄蕊 2 枚，稀 4 枚，着生于花冠管上或花冠裂片基部；子房上位，2 心皮 2 室。翅果、蒴果、核果或浆果。染色体：$X = 10 \sim 14$、23、24。

（1）丁香属（*Syringa* L.）。落叶灌木或小乔木；小枝实心，顶芽常缺。单叶，多全缘。聚伞式圆锥花序；花萼小，宿存，花冠漏斗状、高脚碟状或近辐状；雄蕊 2 枚，内藏或伸出花冠筒。蒴果，2 室，背缝开裂。本属约 19 种，东南欧产 2 种，日本、阿富汗各产 1 种，喜马拉雅地区产 1 种，朝鲜和我国共具 1 种、1 亚种、1 变种，其余均产我国，主产于西南及黄河流域以北各省（自治区），故我国素有"丁香之国"之称。紫丁香（*S. oblata* var. *oblata*），小枝、幼叶、花梗无毛或被腺毛；叶卵形至肾形；花紫色（图 17-35）。长江以北普遍栽培；观赏，花可提芳香油，嫩叶可代茶。常见的还有毛紫丁香 [*S. oblata* var. *giraldi* (Lemoine) Rehd.]、白丁香（*S. oblata* var. *alba* Hort. ex Rehd.）、欧丁香（*S. vulgaris* L.）、蓝丁香（*S. meyeri* Schneid.）、暴马丁香 [*S. reticulata* var. *amurensis* (Rupr.) Pringle] 等。

（2）连翘属（*Forsythia* Vahl）。落叶灌木，枝髓片状或中空。单叶对生，稀 3 裂或三出复叶。花两性，黄色，先叶开花，1 朵至数朵腋生；子房 2 室，每室胚珠多数。蒴果，种子有窄翅。本属约 11 种，我国 6 种。连翘 [*F. suspensa* (Thunb.) Vahl]，直立灌木，枝髓中空；单叶，有时 3 裂或三出复叶；花通常单生叶腋（图 17-36）。原产于我国北部，常栽培供观赏，果入药，清热解毒。金钟花（*F. viridissima* Lindl.），枝直立，棕褐色或红棕色，小枝绿色或黄绿色，呈四棱形，具片状髓；花 1~3（4）朵着生叶腋，先叶开放，花冠

图 17-35 紫丁香
1. 花枝；2. 花；3. 花图式

深黄色，花冠管内面基部具橘黄色条纹。除华南地区外，我国各地均有栽培，丛植或片植，是春季良好观花植物；根、叶、果壳入药，有清热解毒、祛湿泻火作用。

（3）女贞属（*Ligustrum* L.）。常绿或落叶灌木。单叶对生。聚伞状圆锥花序顶生，稀腋生；花冠白色，4 裂，裂片镊合状排列。核果。本属约 45 种，我国有 29 种。女贞（*L. lucidum* Ait.），常绿乔木，枝无毛；革质叶软而脆，卵形，无毛；花冠裂片与冠筒近等长；核果略弯，蓝黑色。产于长江流域以南。果称"女贞子"，补肾养肝、明目，枝叶可放养白蜡虫，也栽培作观赏树和行道树。金叶女贞（*Ligustrum* × *vicaryi* Hort.），叶色金黄，尤其在春秋两季色泽更加璀璨亮丽（图 17-36），可与他色灌木组成色块或建造绿篱，具极佳的观赏效果，所以大量应用在园林绿化中。

（4）梣属（白蜡树属 *Fraxinus* L.）。落叶乔木，稀灌木。叶对生，奇数羽状复叶。花单性、两性或杂性，雌雄同株或异株；萼齿 4 枚，稀缺，花冠 4 细裂，早落或缺。翅果。本属有 60 余种，主产于北半球暖温带；我国产 27 种，1 变种，遍及各省（自治区）。白蜡树（*F. chinensis* Roxb.），树皮灰褐色，纵裂；小叶 5~7 枚，顶生小叶与侧生小叶近等大或稍大，先端锐尖至渐尖；花序顶生或腋生枝梢，萼 4 裂，无花冠（图 17-36）。产南北各省（自治区），多为栽培；木材优良，为放养白蜡虫生产白蜡的重要经济树种，树皮入药。水曲柳（*F. mandschurica* Rupr.），小叶 7~13，果扭曲。是著名的商品木材，为我国东北主要造林树种之一。花曲柳（*F. rhynchophylla* Hance），小叶 5~7，叶片较宽。用材、绿化树种，树皮入药。

本科常见植物还有雪柳（*Fontanesis fortunei* Carr.），

图 17-36 木犀科植株

A. 流苏树；B. 连翘；C. 白蜡；D. 金叶女贞

观赏或作绿篱；木犀（桂花）[*Osmanthus fragrans* (Thunb.) Lour.]，原产于我国西南，各地广栽，观赏绿化，花为名贵香料。流苏树（*Chionanthus retusus* Lindl. et Paxt.），栽培作观赏绿化，花、叶可代茶，味香，果提芳香油（图 17-36）。木犀榄（油橄榄 *Olea europaea* L.），原产于地中海沿岸，江南栽培，果榨油供食用，也可制蜜饯。迎春花（*Jasminum nudiflorum* Lindl.）、野迎春（*J.mesnyi* Hance）、素馨花（*J.grandiflorum* L.）等原产于中国，各地栽培观赏。茉莉花 [*J.sambac* (L.) Ait.]，原产于印度，各地栽培观赏，花极香，为著名花茶原料和重要芳香油植物，花、叶药用。

十九、忍冬科 Caprifoliaceae

$* (↑) K_{(4～5)} C_{(4～5)} A_{4～5} \overline{G}_{(2～5:2～5:1～∞)}$

忍冬科有 13 属、约 500 种，主产于北温带和热带高海拔山地，东亚和北美洲东部种类最多，个别属、种分布在大洋洲和南美洲。中国有 12 属、200 余种，大多分布在华中和西南各省（自治区），其中七子花属

（*Heptacodium* Rehd.）、蝟实属（*Kolkwitzia* Graebn.）和双盾木属（*Dipelta* Maxim.）为中国特有属。本科植物多含酚类和黄酮类物质。

识别特征 灌木，稀小乔木。单叶对生，叶缘具齿，有时羽状或掌状分裂，无托叶。花两性，常 5 基数，合瓣花；雄蕊与花冠裂片同数且彼此互生；子房下位，常 3 室，中轴胎座。浆果、核果或蒴果；种子具骨质外种皮，平滑或有槽纹。染色体：$X=8～12$。

（1）忍冬属（*Lonicera* L.）。直立或缠绕灌木。单叶全缘。花常双生，花冠二唇形或几 5 裂。浆果。忍冬（*L.japonica* Thunb.），常绿藤本；花双生于叶腋，花冠白色，有时淡红色，凋落前变为黄色，故称"金银花"（图 17-37、图 17-38）。我国南北均产，花蕾入药，含木犀草素、忍冬苷等，清热解毒。

（2）蝟实属（*Kolkwitzia* Graebn.）。落叶灌木。叶对生。花粉红色，成对生于叶腋，顶生伞房花序；花冠钟状，5 裂；二强雄蕊；子房 3 室。两枚瘦果状核果合生，外被刺刚毛。我国特有单种属。蝟实

（*K.amabilis* Graebn.），产于我国山西、陕西、甘肃、河南、湖北及安徽等省，花色鲜艳，果形奇特，为著名观赏植物，欧洲已广泛引种。

（3）接骨木属（*Sambucus* Will）。落叶灌木或小乔木，稀为草本。奇数羽状复叶对生，小叶有锯齿。花冠辐状，5裂，白色或黄白色；雄蕊5，子房下位，3～5室。浆果状核果；种子三棱形或椭圆形。接骨木（*S.williamsii* Hance），根系发达，萌蘖性强，是良好的观赏灌木，宜植于草坪、林缘或水边（图17-38）。全株入药，有接骨续筋、活血止痛、祛风利湿之功效。

（4）荚蒾属（*Viburnum* L.）。灌木或小乔木。聚伞花序组成顶生或侧生伞形、圆锥或伞房式花序。核果。本属约200种，分布于北半球温带至亚热带地区；我国约74种，南北均产。绣球荚蒾（*V. macrocephalum* Fort.），灌木，被星状毛；叶卵形，侧脉5～6对，不达齿尖；花序全为大型不育花，白色。江苏、浙江、江西、河北等地常栽培。蒙古荚蒾（*V. mongolicum* Rehd.），落叶灌木，被簇状短毛；叶纸质，侧脉4～5对；聚伞花序，花冠淡黄白色；果实红色而后变黑色（图17-38）。生长于海拔800～2400m的山坡疏林下或河滩地。

本科常见栽培观赏植物还有：锦带花属（*Weigela* Thunb）海仙花（*W. coraeensis* Thunb.）、锦带花 [*W. florida*（Bge.）DC.]（图17-38）、六道木属（*Abelia* R. Br.）大花六道木 [*A. grandiflora*（Andre）Rehd.]、二翅六道木 [*A. macrotera*（Graebn. et Buchw.）Rehd.] 等。

二十、山茶科 Theaceae

$$* K_{4\sim\infty} C_{5,(5)} A_\infty \underline{G}_{(2\sim8:2\sim8:2\sim\infty)}$$

山茶科约有36属、700种，广布于东西两半球热带和亚热带，尤以亚洲最为集中。中国有15属、480余种，分布于长江流域及南部各省常绿林中。

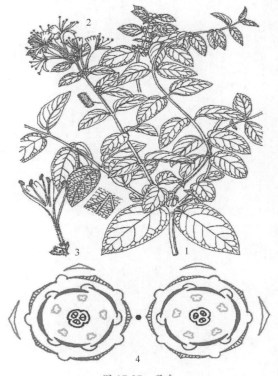

图 17-37 忍冬
1. 花枝；2. 果枝；3. 花；4. 花图式

图 17-38 忍冬科植物
A. 忍冬（贺学礼摄）；B. 蒙古荚蒾；C. 锦带花；D. 接骨木

识别特征　多为常绿木本。单叶互生，革质。花两性，稀单性，5 基数；花瓣白色、红色或黄色；雄蕊多数，成数轮，常集成束，着生于花瓣上；子房上位，稀半下位，中轴胎座。蒴果、核果和浆果；种子圆形，有时具翅。染色体：$X=15$、21。

（1）茶属（*Camellia* L.）。木本。叶多革质。花单生或数朵腋生，花冠白色或红色，稀黄色；雄蕊多数，排成 2～6 轮，与花瓣基部合生；子房上位，每室胚珠多数。蒴果，果皮木质或栓质。种子含油脂，可榨油供食用或工业用，花可观赏。茶 [*C. sinensis*（L.）Kuntze]，灌木；花 1～3 朵腋生，白色；苞片 2，萼片 5，宿存；子房密被白毛，柱头 3 裂；蒴果（图 17-39、图 17-40）。产于陕西、河南、安徽、江苏、浙江、福建、江西、湖南、广东、海南、广西、云南、贵州、四川及西藏；长江以南各地栽培，叶为著名饮料。山茶（*C. japonica* L.），灌木或小乔木；叶干后带黄色；花红色，栽培品种有白、淡红及复色；产于江苏、浙江、湖北、台湾、广东及云南，日本也有分布。我国名贵花木，南方各地广泛栽培，现广植于世界各地。油茶（*C. oleifera* Abel.），花白色，无柄，萼果期脱落（图 17-40）。种子含油，供食用和工业用，是重要的木本油料作物，也是培育茶花新品种的优良种质资源。金花茶（*C. nitidissima* Chi），灌木；花黄色，腋生；子房无毛，花柱离生（图 17-40）。产于广西南部，越南北部有分布。金花茶被誉为"茶族皇后"，是茶花育种

的重要亲本，国家一级重点保护植物；栽培供观赏。

（2）紫茎属（*Stewartia* L.）。落叶或半常绿灌木或小乔木，树皮红褐色。花单生叶腋，白色，花径多在 2cm 以上，花被下 1 对叶状苞片开张。蒴果背裂为 5 片，常被大宿萼包着；种子周围有狭翅。紫茎（*S. sinensis* Rehd. et Wils.），树皮呈片状脱落，冬芽芽鳞

图 17-39　茶

1. 花枝；2. 蒴果；3. 种子；4. 花图式

图 17-40　山茶科植物

A. 茶；B. 油茶；C. 金花茶；D. 紫茎

7 枚；叶椭圆形，叶腋常有簇生毛丛；雄蕊有短的花丝管（图 17-40）。主要星散分布于华东至华中、西南各地。由于森林植被破坏，导致天然更新困难，种群数量日渐减少，在《中国植物红皮书中》被列为"渐危种"，是我国特有孑遗植物，对研究东亚—北美间断分布植物区系有重要意义。材质坚重，是木材制造业和建筑业的优良用材；根、茎皮、果能入药；种子榨油，可食用或工业用；树皮片状脱落，斑驳奇丽，白花黄蕊，清秀淡雅，是很好的观赏树种。

（3）圆籽荷属（*Apterosperma* Chang）。木本。叶革质，聚生于枝顶，先端渐尖，基部楔形，边缘有锯齿。花浅黄色，5 基数，排成总状花序；雄蕊多数；子房 5 室，每室 3～4 个胚珠。蒴果扁球形；种子褐色，无翅。圆籽荷（*A.oblate* H.T.Chang）是中国特有单种属植物，国家珍稀二级保护植物。常绿小乔木；叶革质，互生，边缘有钝锯齿；花朵盛开时，花基部有大量花蜜。木材结构细致，材质坚硬，为优良用材树种。

二十一、伞形科　Umbelliferae，Apiaceae

$* K_{(5), 0} C_5 A_5 \overline{G}_{(2:2:1)}$

伞形科约有 200 属、2500 余种，分布于北温带、亚热带或热带高山。中国有 90 属、600 多种，全国均有分布。本科有许多著名药用植物及蔬菜，另有少数有毒植物。

识别特征　草本，常有异味。茎常中空。叶互生，裂叶或复叶，叶柄基部膨大或成鞘状抱茎。伞形或复伞形花序，花部 5 基数；2 心皮复雌蕊，子房下位。双悬果具纵棱、翅、刺或平滑；种子胚乳丰富，胚小。染色体：$X=4\sim12$。

本科的分类及属、种鉴定主要依据果实特征，因此需要了解基本的专用术语。

① 接合面（commissure）。指心皮的连接面，即合生面。

② 背腹压扁（depressed）。指果向接合面的压扁。

③ 两侧压扁（bilateral compressed）。指果向接合面相垂直的压扁。

④ 主棱（main rib）。指每一分果背面纵向突起的肋条（棱脊），其下具维管束，有 3 种。

⑤ 背棱（dorsal rib）。指位于背部中央的主棱，1 条。

⑥ 侧棱（lateral rib）。指位于背部两侧的主棱，2 条。

⑦ 中棱（medial rib）。指位于背棱与侧棱之间的主棱，2 条。

⑧ 次（副）棱（secondary rib）。指位于主棱与主棱之间的纵行肋条。

⑨ 棱槽（vallecula）。指棱与棱之间的纵行凹槽。

⑩ 油管（vitta）。指主棱间果皮内储有挥发性油的内分泌管道。

（1）胡萝卜属（*Daucus* L.）。草本，具肉质直根。二至三回羽状裂叶。复伞形花序，萼齿不明显，花瓣

5，白色。果略背腹压扁，主棱不明显，4 条次棱翅状，具刺毛。胡萝卜（*D.carota* var. *sativa* DC.），原产于欧亚大陆，全球广泛栽培；根作蔬菜，富含胡萝卜素，营养丰富。野胡萝卜（*D.carota* L.），其形态近似胡萝卜，唯其根较细小，多见于山区（图 17-41）。

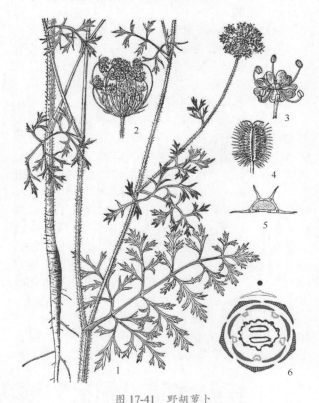

图 17-41　野胡萝卜
1. 植株；2. 果序；3. 花；4. 果实；5. 分生果横剖面；
6. 花图式

（2）旱芹属（*Apium* L.）。叶一回羽状分裂至三出式羽状多裂。复伞形花序，具总苞片和小苞片或缺，花白色。果侧扁，每棱槽有油管 1，合生面 2。芹菜（*A.graveolens* var.*dulce* DC.），原产于西南亚、北非和欧洲；我国各地栽培作蔬菜；全草及果入药，可清热止咳、健胃、利尿和降压。

（3）茴香属（*Foeniculum* Mill.）。复伞形花序，总花梗显著伸长。花黄色，无总苞和小苞片。果实无刺或刚毛。本属约有 5 种，常见栽培的有茴香（*F. vulgare* Mill.）1 种，茎叶作蔬菜和调味品；果药用，可驱风祛痰、散寒健胃、止痛。

（4）芫荽属（*Coriandrum* L.）。与茴香属的区别在于本属植物的花有小苞片，白色或淡紫色。仅芫荽（*C. sativum* L.）1 种，茎叶作蔬菜或调味品，也可药用，能驱风透疹、祛痰（图 17-42）。

（5）当归属（*Angelica* L.）。大型草本，茎常中空。三出羽状复叶。复伞形花序，花白色或紫色。果实卵形，背腹压扁，侧棱有翅。原产于东北，全国各地栽培。当归［*A. sinensis*（Oliv.）Diels］，主产于四川、云南、甘

图 17-42　伞形科植物

A. 北柴胡；B. 芫荽；C. 蛇床；D. 白芷；E. 短毛独活

肃、陕西。根供药用，能补血活血、调经止痛、润肠通便。白芷［*A. dahurica*（Fisch. ex Hoffm.）Benth. et Hook. f. ex Franch. et Sav.］，根药用，治头痛，能止血（图 17-42）。

（6）柴胡属（*Bupleurum* L.）。草本，稀半灌木。单叶全缘，叶脉平行或弧形。复伞形花序，总苞片叶状；萼齿不明显，花瓣黄色。果卵状长圆形，两侧略压扁。北柴胡（*B.chinense* DC.），叶倒披针形或剑形，中上部较宽，先端急尖（图 17-42）。分布于华东、华中及北方各省（自治区）；根入药，解表退热，疏肝解郁。

本科药用植物还有防风［*Saposhnikovia divaricata*（Turcz.）Schischk.］、川芎（*Ligusticum chuanxiong* Hort.）、短毛独活（*Heracleum moellendorffii* Hance）（图 17-42）、珊瑚菜（*Glehnia littoralis* F.Schmidt.ex Miq）、前胡［*Peucedanum decursivum*（Miq.）Maxim.］、蛇床［*Cnidium monnieri*（L.）Cuss.］（图 17-42）及阿魏属（*Ferula* L.）部分种。经济植物尚有孜然（*Cuminum cyminum* L.）、莳萝（*Anethum graveolens* L.）等。

二十二、茄科　Solanaceae

$$* K_{(5)} C_{(5)} A_5 \underline{G}_{(2:2:\infty)}$$

茄科约有 30 属、3000 种，广布于热带及温带地区，主产于美洲热带。我国有 24 属、约 105 种、35 变种，各省均有分布。其中有多种重要的蔬菜、经济植物和观赏植物，有些是农区常见杂草；野生植物多有毒，勿误食。

识别特征　多为草本，具双韧维管束。单叶互生。花两性，辐射对称，花部 5 基数；花萼宿存，冠生雄蕊与冠裂片互生，花药常孔裂；2 心皮复雌蕊，子房上位，中轴胎座。浆果或蒴果；种子具胚乳。染色体：$X= 7\sim12$、17、18、$20\sim24$。

（1）茄属（*Solanum* L.）。多为草本。单叶。花冠筒短，辐状或浅钟状；花药侧面靠合，孔裂。浆果。茄（*S.melongena* L.），全株被星状毛，花单生。原产于亚洲热带，各地广栽，栽培变种、品种较多，果作蔬菜，根入药。龙葵（*S.nigrum* L.），花序腋生。浆果黑色（图 17-43、图 17-44）。世界广布杂草，全草入药。马铃薯（*S.tuberosum* L.），羽状复叶。伞房花序，花白色或蓝紫色（图 17-44）。种子肾形，黄色。原产于南美洲，全球广栽；块茎作杂粮和蔬菜，也可制淀粉、糖和乙醇等制品。白英（*S.lyratum* Thunb.），草质藤本，叶 3～5 裂。产于华北及以南地区，杂草，供药用。

（2）枸杞属（*Lycium* L.）。灌木，常有刺。花单生或簇生叶腋。浆果。宁夏枸杞（*L.barbarum* L.），花萼常 2 中裂，花冠裂片边缘无缘毛。分布于西北和华北；果甜，

图 17-43　龙葵

1. 植株全形；2. 花；3. 剖开的花冠；4. 剖开的花萼；
5. 种子平视；6. 种子侧视；7. 花图式

为滋补药。枸杞（*L.chinense* Mill.），花萼常 3 裂，花冠裂片边缘具缘毛（图 17-44）。果甜，后味微苦，果和根均入药。黑果枸杞（*L.ruthenicum* Murr.），果黑色。分布于西北，常生于盐渍荒地，耐干旱、盐碱。

（3）辣椒属（*Capsicum* L.）。草本，单叶。花单生或簇生，花冠辐状，花药纵裂。浆果少汁，常具辣味。辣椒（*C.annuum* L.），花单生，白色，萼齿浅。浆果有空腔，味辣。原产于南美洲，现世界各地普遍栽培，我国已栽数百年，为常见蔬菜和调味品，栽培变种与品种很多，常见的有：菜椒［灯笼椒 *C.annuum* var.*grossum*（L.）Sendt.］、朝天椒［*C.annuum* var. *conoides*（Mill.）Irish］（图 17-44）、牛角椒（*C.annuum* var. *longum* Sendt.）、簇生椒［*C.annuum* var. *fasciculatum*（Sturt.）Irish］等。五彩椒（*C.frutescens* var. *cerasiforme* Bailey），栽培供观赏。

（4）烟草属（*Nicotiana* L.）。一年生或多年生草本，常被腺毛。聚伞花序；花萼果时稍增大，宿存；花冠筒状、漏斗状或高脚碟状；雄蕊不等长或近等长，花药纵裂。蒴果 2 裂；种子多数。本属约 95 种，分布于美洲、非洲及大洋洲；我国栽培 3 种。红花烟草（*N. tabacum* L.）（图 17-44）和黄花烟草（*N. rustica* L.）均为卷烟和烤烟工业重要原料；植株含尼古丁，有剧毒，可作农药。

（5）番茄属（*Lycopersicon* Mill.）。羽状复叶。花

图 17-44　茄科植物

A. 龙葵；B. 枸杞；C. 朝天椒；D. 红花烟草；E. 马铃薯；F. 番茄

序腋外生，花萼、花冠辐状，5～7 裂。浆果。番茄（*L.esculentum* Mill.），全株被黏质腺毛，不整齐羽状复叶。浆果由假隔膜分隔成 3～5 室（图 17-44）。世界各地广泛栽培，果作蔬菜或水果，品种很多。

本科不少种类含生物碱及其他化学成分，药用的有曼陀罗（*Datura stramonium* L.）、洋金花（*D. metel*

L.），全株剧毒，含莨菪碱和东莨菪碱；天仙子（莨菪 *Hyoscyamus niger* L.），有毒；颠茄（*Atropa belladonna* L.）含阿托品（Atropine）、颠茄碱等。供观赏的有夜香树（*Cestrum nocturnum* L.）、碧冬茄（矮牵牛 *Petunia hybrida* Vilm.）等。供食用的有毛酸浆（洋姑娘 *Physalis pubescens* L.）、灯笼果（*Ph. peruviana* L.）等。

二十三、茜草科　Rubiaceae

$* K_{(4\sim5)} C_{(4\sim5)} A_{4\sim5} \bar{G}_{(2:2:1\sim\infty)}$

茜草科约637属、10 700种，主产于热带与亚热带。我国有98属、676种，主产于南方，少数分布于东北与西北地区。本科有咖啡等经济植物，另有多种药用、观赏和香料植物，部分种为农田杂草。

识别特征　乔木、灌木或草本。单叶对生或轮生，具1对托叶。花两性，辐射对称，4～5基数，单生或排成各种花序；雄蕊与花冠裂片同数而互生，着生于花冠筒上；子房下位，2心皮合生，中轴胎座。蒴果、核果或浆果；种子有胚乳。染色体：$X=6\sim17$。

（1）茜草属（*Rubia* L.）。草本，茎常被糙毛或皮刺。叶4～8片轮生。聚伞花序，花5基数，花冠辐状或短钟状；子房2室，每室1胚珠。果2裂，肉质浆果状。茜草（*R.cordifolia* L.），茎四棱形，有倒生皮刺。叶常4片轮生。花黄色；果橘黄色（图17-45、图17-46）。我国大

图 17-45　茜草
1. 花果枝；2. 花；3. 雌蕊；4. 小枝一段；5. 叶下面一部分，示皮刺；6. 花图式

部分地区均有分布；根含茜草素、茜根酸，药用。

（2）拉拉藤属（*Galium* L.）。草本。叶4～10枚轮生。花4基数。果小坚果状，双生稀单生，常被毛。拉拉藤（*G. aparine* L.），茎4棱，棱及叶背中脉有倒钩刺。叶6～8片轮生；聚伞花序，花冠黄绿色；果实双头形，密生钩状刺。广布全国，常见杂草；全草药用。蓬子菜（*G. verum* L.），茎4棱，被短柔毛。花冠辐状，黄色（图17-46）。果瓣双生，近球形，无毛。长江以北山区广布，变种较多；全草药用，清热解毒。常见杂草还有四叶葎（*G.bungei* Steud.）、小叶猪殃殃（*G. trifidum* L.）、北方拉拉藤（*G. boreale* L.）等。

（3）栀子属（*Gardenia* Ellis）。灌木。叶常对生，托叶在叶柄内合成鞘。花冠高脚碟状，裂片5～12，旋转状排列。浆果。栀子（*G. jasminoides* Ellis），常绿灌木。花单生，白色芳香；果黄色。分布于华中及以南各地；观赏和药用，花可提芳香油，果可提取黄色素。

（4）咖啡属（*Coffea* L.）。灌木或小乔木。花簇生叶腋或成聚伞花序；花冠高脚碟状，裂片旋转状排列。浆果，有骨质核仁2粒。本属有90余种，主产于热带非洲，我国引入栽培5种。咖啡（*C. arabica* L.），叶对生；聚伞花序簇生叶腋；浆果椭圆形，红色，种子有纵槽。种子含生物碱，药用或作饮料。

本科有重要经济价值的还有：金鸡纳树［*Cinchona ledgeriana*（Howard）Moens ex Trim.］，原产秘鲁，树皮含奎宁，是治疗疟疾的特效药。钩藤［*Uncaria rhynchophylla*（Miq.）Miq. ex Havil.］、巴戟天（*Morinda officinalis* How）、鸡矢藤［*Paederia scandens*（Lour.）Merr.］等均可药用。香果树（*Emmenopterys henryi* Oliv.）为我国特产，分布于南方，优良用材与观赏树种。龙船花（*Ixora chinensis* Lam.）、六月雪［*Serissa japonica*（Thunb.）Thunb.］和薄皮木（*Leptodermis oblonga* Bge.）（图17-46）等，为庭园观赏植物。

二十四、旋花科　Convolvulaceae

$* K_5 C_{(5)} A_5 \underline{G}_{(2:2:2)}$

旋花科约56属、1800余种，广布全球，主产于美洲、亚洲热带和亚热带。中国有22属、约125种，南北均有分布。其中多种为蔬菜和经济作物，有一些为农区常见杂草。

识别特征　缠绕或匍匐草本，常具乳汁，茎具双韧维管束。单叶互生，无托叶。花两性，5基数，辐射对称，单生叶腋或为聚伞花序，有苞片；花冠漏斗状或钟状，常具环状或杯状花盘；复雌蕊，心皮2（稀3～5），子房上位，中轴胎座。多为蒴果。染色体：$X=7\sim15$。

（1）旋花属（*Convolvulus* L.）。草本或半灌木。茎缠绕或平卧，少直立。叶全缘或具裂片。花单生或簇生叶腋，花冠漏斗形或钟形，子房2室。蒴果近球形。田旋花（*C.arvensis* L.），多年生草本，具根状茎；叶

图 17-46　萹草科植物
A. 莲子菜；B. 薄皮木；C. 萹草；D. 砧草

载形；花冠粉红或白色（图 17-47、图 17-48）。分布于东北、华北、西北及山东、江苏、河南、四川、西藏。农区习见杂草，也为饲草，全草入药，滋阴补虚。刺旋花（*C. tragacanthoides* Turcz.），半灌木，全株被银灰色绢毛，多分枝，具刺；花冠粉红或白色（图 17-48）。分布于华北和西北地区，生于山前荒漠。

（2）打碗花属（*Calystegia* R.Br.）。缠绕或平卧草本。叶全缘或分裂。花多单生叶腋，苞片 2，较大，包藏花萼。蒴果。打碗花（*C. hederacea* Wall. ex Roxb.），一年生草本；叶顶端钝尖；花冠长 2～2.5cm，粉红色（图 17-48）。全国广布，习见杂草，全草入药。篱打碗花［*C.sepium*（L.）R.Br.］，多年生草本。叶顶端短渐尖或急尖；花冠长 4～6cm，粉红色。分布几乎遍及全国，多见于地边或路旁，可供观赏。

（3）牵牛属（*Pharbitis* Choisy）。草本，茎多缠绕，常被硬毛。聚伞花序 1 至数花，腋生；花冠漏斗状，紫红色或白色，萼片背面被毛；子房 3 室，柱头头状。蒴果。圆叶牵牛［*P.purpruea*（L.）Voigt］，叶心形（图 17-48）；裂叶牵牛［*P.nil*（L.）Choisy］，叶常 3 裂（图 17-48），原产于热带美洲，各地广栽作观赏，其种子称牵牛子（黑白二丑），药用。

（4）甘薯属（*Ipomoea* L.）。草本或藤本，茎常缠绕。花冠漏斗状或钟状；雄蕊和花柱内藏。蒴果。本属约 300 种，我国有 20 种。甘薯［*I. Batatas*（L.）Lam.］，又名红薯、红苕，块根肥大含淀粉，可食用，旱地杂粮作物；茎叶可作饲料。蕹菜（*I. Aquatica* Forsk.），又称空心菜、藤菜，湿生植物，常栽培作蔬菜，也可药用。

（5）菟丝子属（*Cuscuta* Lam.）。寄生草本，茎缠绕，借吸器固着于寄主上。蒴果。本属约 170 种，我国有 14 种，有些学者将其独立成菟丝子科（Cuscutaceae）。中国菟丝子（*C. chinensis* Lam.），常寄生于豆科、菊科等植物，是大豆的有害杂草；其种子入药，有滋补肝肾、益精明目、清热凉血、止泻、壮

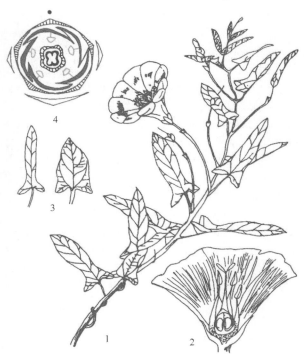

图 17-47　田旋花
1. 花枝；2. 花；3. 叶；4. 花图式

阳等功效，是名贵中药（图 17-48）。日本菟丝子（*C. japonica* Choisy）和大花菟丝子（*C. reflexa* Roxb.）寄主范围极广，主要危害木本植物；其种子也可入药，功效同中国菟丝子。

本科常见植物还有月光花［*Calonyction aculeatum* (L.) House］，花冠高脚碟状；茑萝［*Quamoclit pennata* (Desr.) Bojer］，叶羽状全裂；槭叶茑萝（*Q.sloteri* House），叶掌状深裂；圆叶茑萝（*Q.coccinea* Moench），叶多全缘；原产于热带美洲，各地栽培。丁公藤（*Erycibe obtusifolia* Benth.），木质藤本，茎藤有毒，能祛风湿、消肿止痛。同属植物光叶丁公藤（*E.schmidtii* Craib.）为目前药材丁公藤的主流品种，分布于广西、广东、云南。根和茎也入药，功效相同。

二十五、玄参科　Scrophulariaceae

↑（稀 * ）$K_{4\sim5,(4\sim5)}C_{(4\sim5)}A_{4,稀2,5}\underline{G}_{(2:2:2,\infty)}$

玄参科约 200 属、3000 余种，广布世界各地。我国有 56 属、约 600 种，南北均产，主产于西南。本科有多种重要药用植物和经济树种，有些是常见观赏植物和农田杂草。

识别特征　草本，稀木本。单叶，常对生，无托

图 17-48　旋花科植物
A. 田旋花；B. 裂叶牵牛；C. 刺旋花（贺学礼摄）；D. 圆叶牵牛；E. 打碗花；F. 中国菟丝子

叶。花两性，常两侧对称；花冠裂片 4～5，多为二唇形；二强雄蕊着生于花冠筒上并与花冠裂片互生；2 心皮复雌蕊，子房上位，中轴胎座。蒴果，多 2 或 4 瓣裂；种子具胚乳。染色体：$X=6～16$、18、20～26、30。

（1）婆婆纳属（*Veronica* L.）。草本或半灌木。花被常 4 裂，花冠筒短，常辐状；雄蕊 2。蒴果压扁或肿胀，顶端微缺。婆婆纳（*V.didyma* Tenore），一年生草本；叶对生；总状花序顶生，苞片叶状，互生；蒴果密被柔毛。分布于华东、华中及西部，生于荒地、路旁，常见杂草。北水苦荬（*V.anagallis-apuatica* L.），多年生水生或沼生草本，具根状茎；总状花序腋生，蒴果卵圆形。广布于北方与西部地区，全草药用。

（2）玄参属（*Scrophularia* L.）。草本。叶对生，常有透明腺点。花冠球形或卵形；能育雄蕊 4 枚，退化雄蕊 1 枚。蒴果。本属有 200～300 种，我国有 30 种。玄参（*S. ningpoensis* Hemsl.），主产于浙江，块根含生物碱，药用可滋阴清火、生津润肠、行淤散结（图 17-49）。

图 17-49 玄参
1. 花序；2. 根状茎；3. 叶；4. 花冠及雄蕊；5. 果；
6. 花图式

（3）泡桐属（*Paulownia* Sieb.et Zucc.）。落叶乔木。叶对生。花冠为不明显唇形，裂片近相等。蒴果木质或革质，室背开裂。本属植物花大而美丽，均为阳性速生树种，可供庭园观赏和作行道树，其木材轻、易加工，耐酸耐腐，防湿隔热，是制作家具、航空模型、乐器及胶合板等的优良用材。毛泡桐［*P.tomentosa*

（Thunb.）Steud.］，花淡紫色，果长 3～4cm。原产于我国，南北有栽（图 17-50）。泡桐［白花桐 *P.foutunei*（Seem.）Hemsl.］，花白色，果长 6～8cm。分布于南方，北方有栽。

（4）地黄属（*Rehmannia* Libosch. ex Fisch. et Mey）。草本，被黏毛。叶互生，叶缘具粗齿。花冠唇形，蕾时下唇包裹上唇。蒴果藏于宿萼内。地黄（*R.glutinosa* Libosch.），多年生草本，根肥厚，黄色（图 17-50）。分布于华北、华中及陕甘等地，生于山坡及路边；根药用，滋阴养血，加酒蒸熟后称酒熟地黄，滋肾补血，以河南怀庆地黄最有名。

本科植物常含苷类和生物碱，多供药用。除上述种类外，尚有毛地黄（*Digitalis purpurea* L.），叶含毛地黄素；阴行草（*Siphonostegia chinensis* Benth.），全草含挥发油，清热利湿，凉血止血，祛淤止痛。观赏种类有：金鱼草（*Antirrhinum majus* L.）、柳穿鱼（*Linaria vulgaris* Mill.）（图 17-50）、荷包花（*Calceolaria crenatiflora* Cav.）、炮仗花（*Russelia equisetiformis* Schle. et Cham.）和美丽桐［*Wightia speciosissima*（D. Don）Merr.］等。

二十六、唇形科　Labiatae, Lamiaceae

$$↑K_{(4～5)} C_{(4～5)} A_{4,2} \underline{G}_{(2:4:1)}$$

唇形科约 220 属、3500 种，是世界性大科，主产于地中海至小亚细亚干旱和半干旱地区。我国约 99 属、800 余种，全国分布，尤以西部干旱地区为多。本科植物几乎都含芳香油，可提取香精，其中 160 余种可供药用，有的种类可栽培观赏或作调味蔬菜。

识别特征　草本，稀灌木，常含挥发性芳香油。茎四棱形。叶对生或轮生，无托叶。花两性，两侧对称，轮伞花序；唇形花冠，二强雄蕊着生于花冠筒上；2 心皮复雌蕊，子房上位。4 小坚果。染色体：$X=$ 5～11、13、17～30。

（1）益母草属（*Leonurus* L.）。草本。花萼近漏斗状，5 脉，萼齿近等大；花冠筒内具柔毛或毛环，檐部二唇形，下唇 3 裂，中裂片凹顶。益母草［*L.artemisia*（Louv.）S.Y.Hu］，叶两型，基生叶卵状心形，茎生叶数回羽裂；花冠上唇全缘，下唇 3 裂，粉红色（图 17-51、图 17-52）。分布于全国各地；全草活血调经，为妇科良药，果名茺蔚子，药用清肝明目。

（2）藿香属（*Agastache* Clayt.）。草本。叶常卵形。萼具 15 脉，内面无毛环；花冠上唇直立，2 裂，下唇 3，开展，中裂片特大。我国仅藿香［*A. rugosus*（Fisch.et Mey.）O. Ktze.］1 种，叶心状卵形，缘有粗齿；轮伞花序组成密集的圆筒形穗状花序，顶生（图 17-52）。各地广泛栽培；茎、叶含挥发油，油的主要成分是甲基胡椒酚、茴香醛、茴香醚等；全草入药，能健胃、化湿、止呕、清暑热。

（3）薄荷属（*Mentha* L.）。芳香草本，叶背有腺点。轮伞花序腋生，花冠 4 裂，雄蕊 4 枚。本属约有

图 17-50　玄参科植物
A. 地黄；B. 柳穿鱼；C. 毛泡桐；D. 金鱼草

30 种，我国有 12 种。薄荷（M. canadensis L.），全株青气芳香，叶对生；轮伞花序腋生，花淡紫色，唇形（图 17-52）。我国南北各地均有野生或栽培，全草含薄荷油，可药用和提取芳香油；茎叶为蔬菜和调味品。留兰香（M. spicata L.），全株含留兰香油，为著名香料植物，也可药用。

（4）鼠尾草属（Salvia L.）。草本，稀半灌木。轮伞花序组成顶生及腋生假总状或圆锥花序；花冠唇形，上唇直立拱曲，下唇展开；雄蕊 2 枚。本属有 900 余种，我国 84 种。丹参（S. miltiorrhiza Bge.），根肥厚，外红内白，为名贵中药，有活血祛淤、凉血、安神之功效（图 17-52）。一串红（S. splendens Ker.-Gawl.）和朱唇（S. coccinea L.）均为栽培观赏植物。

（5）紫苏属（Perilla L.）。一年生草本。花萼具 10 脉；花冠近于辐射对称；能育雄蕊 4 枚，具展开直伸的花丝；子房完全 4 裂。仅紫苏［P. frutescens（L.）Britt.］1 种，茎、叶、种子均可入药，分别称苏梗、苏叶、苏子，有解表散寒、行气和胃、降气消痰、止咳平喘、止痛安胎等功效；茎叶含芳香油，可作香料和蔬菜；芳香油中含 50% 紫苏醛，为天然甜味剂，甜度是蔗糖的 200 倍；种子富含油脂，是优良保健食用油，也可供工业用。

本科中尚有活血丹［Glechoma longituba（Nakai）Kupr.］、绣球防风（Leucas ciliata Benth.）、姜味草［Micromeria biflora（Buch.-Ham. ex D. Don）Benth.］、夏至草［Lagopsis supina（Steph.）Ik.-Gal.］（图 17-52）、

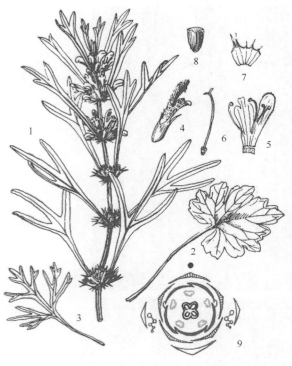

图 17-51　益母草

1. 植株；2. 基生叶；3. 茎下部叶；4. 花；5. 花冠展开；
6. 雌蕊；7. 花萼展开；8. 小坚果；9. 花图式

牛至（*Origanum vulgare* L.）、鸡脚参 [*Orthosiphon wulfenioides*（Diels）Hand.-Mazz.]、夏枯草（*P. vulgaris* L.）等药用植物；甘露子（草石蚕 *Stachys sieboldii* Miq.）、地笋（*Lycopus lucidus* Turcz.）等蔬菜植物；罗勒（*Ocimum basilicum* L.）、百里香 [*Thymus mongolicus*（Ronn.）Ronn.] 等香料植物；五彩苏 [*Coleus scutellarioides*（L.）Benth.]、荆芥（*Nepeta cataria* L.）（图 17-52）、随意草 [假龙头花 *Physostegia virginiana*（L.）Benth.] 等观赏植物。

二十七、紫草科　Boraginaceae

$* K_{(5)} C_{(5)} A_5 \underline{G}_{(2:4:1)}$

紫草科约 100 属、2000 种，广布全球，温带及热带较多。我国有 48 属、269 种，全国各地均有分布，尤以西部为多。其中有多种药用与观赏植物，有些可作饲草，有些是农田杂草。

识别特征　草本，常被粗硬毛。单叶全缘，互生，无托叶。花两性，辐射对称，聚伞花序；花 5 基数，萼常宿存，花冠喉部常有附属物；冠生雄蕊，常具花盘；子房上位，2 心皮复雌蕊，子房常 4 深裂。4 小坚果。染色体：$X = 4 \sim 12$。

（1）聚合草属（*Symphytum* L.）。多年生草本。叶宽大。聚伞花序顶生，无苞片，花萼果后稍增大，花冠蓝紫色或黄色，雄蕊生花冠喉部。小坚果常具

图 17-52　唇形科植物

A. 益母草；B. 藿香；C. 薄荷；D. 丹参（贺学礼摄）；E. 荆芥；F. 夏至草

瘤点或皱纹，或光滑。聚合草（*S.officinale* L.），原产于东欧、西亚，我国各地栽培，优质饲用植物（图 17-53）。

图 17-53 聚合草

1. 花序枝；2. 花；3. 花萼；4. 展开的花冠；5. 雌蕊；
6. 果序；7. 小坚果；8. 基生叶；9. 花图式

（2）紫草属（*Lithospermum* L.）。一年生或多年生草本，被糙伏毛。聚伞花序生枝端；花萼 5 深裂；花冠筒状，白色或蓝色，筒部无附属物，喉部有毛或皱折；雄蕊内藏；子房 4 裂，柱头 2 裂或不明显。坚果光滑或有瘤状小突起。紫草（*L.erythrorhizon* Sieb.et Zucc.），多年生草本，根粗长紫色；花冠白色；小坚果光滑，白色带褐色。分布于我国东北、华北、华中、西南等地；根习称硬紫草，入药，治天花、麻疹等，浸制软膏外用，治火伤、湿疹等。

（3）勿忘草属（*Myosotis* L.）。一年生或多年生草本。花序生茎枝端，无苞片；萼小，花冠高脚碟状，5 裂，蓝色、玫瑰色或白色，喉部有鳞片状附属物。小坚果平滑有光泽。勿忘草（*M.silvatica* Ehrh. ex Hoffm.），多年生草本；花萼 5 深裂，花冠蓝色，喉部黄色。分布于我国北部、华中及西南等地，多见于山地林缘或林中。湿地勿忘草（*M.caespitosa* Schultz），花萼 5 浅裂，花冠淡蓝色（图 17-54）。分布于我国北方及西南，生于山地、溪边草地。

（4）鹤虱属（*Lappula* V.Wolf）。一年生或两年生稀多年生草本。单歧聚伞花序，有苞片；花萼 5 深裂，果期常增大；花冠淡蓝色稀白色，喉部具 5 个梯形附属物。小坚果背面常具 1～3 行锚状刺。鹤虱（*L. myosotis* V.Wolf），小坚果背面具 2 行刺，刺长 1.5～2mm。产于我国华北与西北，果入药，消炎杀虫。卵盘鹤虱 [*L.redowskii*（Hornem.）Greene]，小坚果背

面具 1 行刺，刺长 1～1.5mm。产于我国北方及西南，杂草（图 17-54）。

本科常见植物还有糙草属（*Asperugo* L.）、狼紫草属（*Lycopsis* L.）、假狼紫草属（*Nonea* Medic.）、附地菜属（*Trigonotis* Stev.）、琉璃草属（*Cynoglossum* L.）、斑种草属（*Bothriospermum* Bge.）（图 17-54）等。

二十八、菊科 Compositae，Asteraceae

$* (\uparrow) K_{0\sim\infty} C_{(5)} A_{(5)} \overline{G}_{(2:1:1)}$

菊科约 1000 属、25 000～30 000 种，广布全世界，热带较少。我国约 230 属、2300 余种，全国各地均有分布。本科植物经济用途极广，有数百种药用植物和观赏花卉，还有多种油料作物、蔬菜及经济植物；农田杂草也很多。

识别特征 草本，稀灌木。叶多互生，无托叶。头状花序，外被总苞（periclinium）。萼片退化，变态成毛状、鳞片状或刺状，称为冠毛（pappus）；花冠管（筒）状或舌状，辐射对称或两侧对称；聚药雄蕊；子房下位。瘦果顶端常有宿存冠毛或鳞片。染色体：$X = 8\sim29$。

1. 管状花亚科（Carduoideae）

植物体无乳汁；头状花序由同形（均为筒状花）或异形（盘花筒状，边花舌状）的小花组成。分为 12 族、190 属。

（1）向日葵属（*Helianthus* L.）。一年生或多年生草本。下部叶常对生，上部叶互生。头状花序单生或排成伞房状，顶生，外轮总苞片叶状；缘花假舌状，中性，黄色，盘花筒状，两性，结实；花序托多平坦，具托片；冠毛鳞片状。瘦果倒卵形，稍扁压。向日葵（*H.annuus* L.），一年生草本；头状花序直径 20～35cm（图 17-55、图 17-56）。种子含油量 22%～37%，有的高达 55%，为重要油料作物。菊芋（*H.tuberosus* L.），多年生草本；花序小，直径约 10cm。块茎常淹渍食用，又名洋姜，也可提制乙醇及淀粉，叶作饲料。

（2）菊属 [*Dendranthema*（DC.）Des Moul.]。多年生稀两年生草本。叶分裂或不分裂。头状花序大，单生枝顶或伞房状排列；盘花筒状两性，缘花假舌状雌性。瘦果具多数纵肋，无冠毛。本属有 30 余种，我国有 17 种。菊花 [*D. morifolium*（Ramat.）Tzvel.]，为著名观赏植物，栽培品种甚多，花还可药用。楔叶菊 [*D. naktongense*（Nakai）Tzvel]，多年生草本，具地下匍匐根状茎；椭圆形叶 3～7 浅裂，叶基楔形，有长柄；舌状花白色、粉红色或淡紫色，顶端全缘或 2 齿（图 17-56）。产于黑龙江、吉林、辽宁、内蒙古及河北等地，可做观赏植物。

（3）蒿属（*Artemisia* L.）。草本或半灌木，常有异味。叶常分裂。头状花序小，多个排成总状或圆锥状，总苞片边缘膜质；花筒状，缘花雌性，纤细，2～3 齿

图 17-54 紫草科植物

A. 砂引草；B. 斑种草；C. 卵盘鹤虱；D. 附地菜；E. 湿地勿忘草

裂，盘花两性，结实或否。瘦果小，有微棱，无冠毛。黄花蒿（*A.annua* L.），一年生草本；叶二至三回羽状全裂或深裂，异味浓；花序托无托毛，雌花与两性花均结实（图 17-56）。广布全国各地，常见农田杂草，为中国传统中草药，从中提取的青蒿素是抗疟的主要有效成分，治各种类型疟疾，具速效低毒的优点，对恶性疟及脑疟尤佳。茵陈蒿（*A.capillaris* Thunb.），半灌木；叶二回羽状深裂；花序托无毛，雌花结实，两性花不育。分布于欧亚大陆，我国广布；本种多变异，在华东、东南部为半灌木，我国中部地区为多年生草本，全草入药，可治肝炎。油蒿（*A.ordosica* Krasch），半灌木；叶稍肉质，一回或二回羽状全裂，裂片丝状条形；头状花序具短梗及丝状条形苞叶，雌花能育，两性花不育（图 17-56）。在我国北方沙区分布甚广，

从干草原、荒漠草原至草原化荒漠均有成片分布，是我国特有的优良固沙植物，对北方干旱区的沙地生境具有很强的适应性。

（4）蓟属（*Cirsium* Mill.）。两年生或多年生草本，常具刺。叶具齿或分裂。头状花序集成圆锥状，总苞多层，顶端刺状，花序托有刺毛；花筒状，两性，均结实；花丝有长毛。瘦果常四棱形，冠毛多层，羽状。刺儿菜［*C.setosum*（Willd.）M.B.］，多年生草本，根状茎长；茎直立，叶缘有刺；雌雄异株，雌株头状花序、总苞及花冠均较雄株的大，花冠红紫色（图 17-56）。广布全国大部分地区，农区习见恶性杂草；全草入药，破血行淤、凉血止血，也治肝炎、肾炎；嫩茎叶可作猪饲料。

本亚科中的紫茎泽兰（*Eupatorium adenophorum*

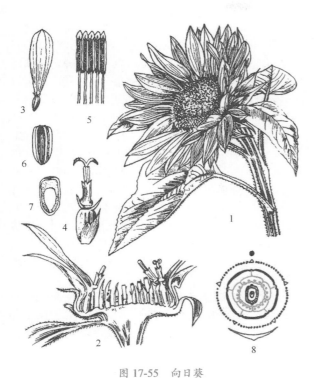

图 17-55　向日葵

1. 植株；2. 头状花序纵切；3. 舌状花；4. 管状花；
5. 聚药雄蕊；6. 瘦果；7. 瘦果纵剖；8. 花图式

Sprenge），原产于美洲墨西哥，20世纪上半叶传入我国云南，现广布于西南各省（自治区），已成为我国首批外来入侵植物。黄顶菊 [*Flaveria bidentis*（L.）Kuntze.]，一株"黄顶菊"能产数万至数十万粒种子，该物种入侵后能严重挤占其他植物的生存空间，有"黄顶菊"生长的地方，其他植物难以生存，一旦入侵农田，将威胁农牧业生产及生态环境安全（图 17-56）。此外还有飞机草（*Eupatorium odoratum* L.）、豚草（*Ambrosia artemisiifolia* L.）、三裂叶豚草（*A.trifida* L.）、薇甘菊（*Mikania micrantha* Kunth.）等外来入侵植物。

2. 舌状花亚科（Cichorioideae）

植物体有乳汁；头状花序全由舌状花组成。仅菊苣族1族、42属。

（1）蒲公英属（*Taraxacum* Wigg.）。多年生草本，有乳汁。叶基生莲座状，羽状分裂。头状花序单生于花葶上，舌状花黄色。瘦果有喙，冠毛毛状。蒲公英（*T.mongolicum* Hand.-Mazz.），广布全国各地，全草药用，清热解毒，嫩叶可作蔬菜（图 17-57、图 17-58）。橡胶草（*T.kok-saghyz* Rodin），叶全缘或具波状齿。产于新疆，北方有栽培，根皮层含橡胶20%，木质部含8%，可提取橡胶。

图 17-56　菊科管状花亚科植物

A. 向日葵；B. 楔叶菊；C. 刺儿菜；D. 黄花蒿；E. 油蒿；F. 黄顶菊（贺学礼摄）

图 17-57 蒲公英
1. 植株；2. 舌状花；3. 聚药雄蕊；4. 瘦果；5. 花图式

（2）莴苣属（*Lactuca* L.）。一至多年生草本，叶全缘或羽状分裂。瘦果扁平，冠毛多而细。本属约有75种，我国有7种。莴苣（*L. sativa* L.），原产于欧洲或亚洲，各地常栽培，为主要蔬菜，品种甚多。莴笋（*L. sativa* var. *angustata* Irish.）茎叶均可食用，生菜（*L. sativa* var. *romana* Hort.）以叶作蔬菜（图 17-58）。

（3）苦苣菜属（*Sonchus* L.）。一年生或多年生草本，有乳汁。叶互生，头状花序具80朵以上黄色舌状小花，舌片有5裂齿。冠毛有细柔毛并杂以粗直毛，白色。瘦果卵形至圆柱形，压扁，无喙。苦苣菜（*S. oleraceus* L.），一年生草本；叶柔软无毛，羽状深裂；果具显著3棱，棱间有横皱（图 17-58）。续断菊［*S. asper*（L.）Hill.］，果具3细棱，棱间无横皱。两者广布全国各地，皆为世界广布种；生于路边、田野。

本科栽培蔬菜还有茼蒿（蒿子杆 *Chrysanthemum carinatum* Schousb.）、南茼蒿（*Ch. segetum* L.）等。药用的还有白术（*Atractylodes macrocephala* Koidz.）、千里光（*Senecio scandens* Buch.-Ham. ex D.Don）、一枝黄花（*Solidago decurrens* Lour.）、牛蒡（*Arctium lappa* L.）、苍耳（*Xanthium sibiricum* Patrin. ex Widder）、抱茎

图 17-58 舌状花亚科植物
A. 蒲公英；B. 抱茎苦荬菜；C. 苦苣菜；D. 北山莴苣；E. 生菜；F. 莴笋

苦荬菜［*Ixeridium sonchifolium*（Maxim.）Shih］（图17-58）等。除虫菊（*Pyrethrum cinerariifolium* Trev.），著名杀虫植物，花序含除虫菊素、灰菊素等有效成分，作农业杀虫剂和制蚊香的重要原料。观赏植物还有雏菊（*Bellis perennis* L.）、翠菊［*Callistephus chinensis*（L.）Ness］、百日菊（*Zinnia elegans* Jacq.）、金光菊（*Rudbeckia laciniata* L.）、黑心金光菊（黑眼菊 *R.hirta* L.）、秋英（波斯菊 *Cosmos bipinnata* Cav.）、大丽花（*Dahlia pinnata* Cav.）、两色金鸡菊（*Coreopsis tinctoria* Nutt.）、万寿菊（*Tagetes erecta* L.）、孔雀菊（*T.patula* L.）、天人菊（*Gaillardia pulchella* Foug.）、金盏花（*Calendula officinalis* L.）、矢车菊（*Centaurea cyanus* L.）等。北山莴苣［*Lagedium sibiricum*（L.）Sojak］，其幼苗和嫩茎、叶适于食用，是一种有开发价值的野菜，具药用价值（图17-58）。常见杂草还有小蓬草［*Conyza canadensis*（L.）Cronq.］、鬼针草（*Bidens pilosa* L.）、牛蒡、苍耳等种类。

菊科是被子植物进化历程中最年轻的科之一，化石仅出现于第三纪渐新世。菊科也是种子植物最大的一个科，不仅属种数、个体数最多，而且分布也最广。菊科植物的快速发展和分化，与其特别的繁殖生物学特性密切相关。

菊科植物的萼片变态成冠毛、刺毛，并宿存，有利于果实远距离传播；部分种类具块茎、块根、匍匐茎或根状茎，有利于营养繁殖；花序及花的构造与虫媒传粉高度适应，有利于传粉和结实。头状花序（特别是辐射状花序）的结构，在功能上如同一朵花，外围1层至多层总苞片，起着花萼一样的保护作用，舌状缘花具有一般虫媒花冠所共有的作用——招引传粉昆虫，而中间集中大量盘花，有效增大了受粉率和结实率；聚药雄蕊，药室内向开裂，使花粉粒留在花药筒内，当昆虫来访时，引起花丝收缩，或花柱伸长，柱头及其下面的毛环将花粉推出花药筒，有利于传粉。

菊科植物绝大部分是虫媒花，风媒传粉种类很少。风媒花的花药通常分离，花柱伸出花冠筒外，花粉变得干燥，不具蜜腺，且常常是单性花，如苍耳属（*Xanthium* L.）植物属于风媒传粉。菊科植物通常还是异花传粉，雄蕊先于雌蕊成熟，只在特殊情况下，或得不到昆虫传粉时，才进行自花传粉，如花色不显著的蒿属（*Artemisia*），常进行自花传粉。

第三节　单子叶植物纲 Monocotyledoneae

胚具1顶生子叶；多为须根系；茎内维管束散生，无形成层和次生组织；叶脉通常为平行脉；花各部通常为3基数，内花被、外花被通常相似；花粉多具单萌发孔。

一、泽泻科　Alismataceae

* $P_{3+3} A_{6\sim\infty} \underline{G}_{6\sim\infty:1:1\sim2}$

泽泻科全世界约11属、约100种，主产于北半球温带至热带地区，大洋洲、非洲也有分布。我国有4属、20种，野生或引种栽培，南北均有分布。本科植物常为淡水水域中的迅速定居者，在水生群落演替中起着先锋种的作用；其中一些植物的地下茎可食用或药用，茎叶可作饲料。

识别特征　沼生或水生草本。具根状茎、匍匐茎、球茎、珠芽。叶常基生，全缘。花序总状或圆锥状，花在花序轴上轮生；花被片6，排成两轮，外花被萼片状；雄蕊和雌蕊螺旋状排列在花托上。聚合瘦果；种子通常褐色，胚马蹄形，无胚乳。染色体 X=5～13。

（1）泽泻属（*Alisma* L.）。多年生水生或沼生草本。叶基生，全缘，叶脉3～7条，近平行，具横脉。圆锥状复伞形花序，花序分枝轮生；花辐射对称，花被片6枚，排成2轮；雄蕊6枚，花丝基部宽，向上渐窄；花托外凸呈球形、平凸或凹凸。瘦果两侧压扁；种子深褐色、黑紫色或紫红色，马蹄形。泽泻（*A. plantago-aquatica* L.），花较大，花期长，用于花卉观赏（图17-59、图17-60）。常与东方泽泻［*A. orientale*（Samuel.）Juz.］混杂入药，主治肾炎水肿、肠炎泄泻、小便不利等症。

（2）慈姑属（*Sagittaria* L.）。草本，具根状茎或匍匐茎。叶片条形、披针形、深心形、箭形。花两性或单性；花序总状或圆锥状，花被6枚，外轮3枚绿色，内轮白色，稀粉红色，或基部具紫色斑点；雄蕊9至多数；心皮离生，多数，螺旋状排列。瘦果两侧压扁，常具翅；种子马蹄形，褐色。慈姑［*S. trifolia* var. *sinensis*（Sims.）Makino.］，原产于中国，广泛栽培于我国长江以南各省（自治区），亚洲、欧洲、非洲温带和热带均有分布（图17-60）。球茎可煮食、炒食和制淀粉，也可入药；欧洲多用于观赏；中国、日本、印度和朝鲜用于蔬菜。

进化地位　本科是最古老、最原始的单子叶植物类群之一。欧洲中部第三纪中新世地层中出现类似泽泻属、慈姑属、泽薹草属（*Caldesia* Parl.）的化石。一般认为，泽泻科花部3基数，雌雄蕊多数，螺旋状排列在突起的花托上，起源于双子叶植物毛茛目或睡莲目的原始类群。此外，本科又是最具典型的沼生或水生植物类群之一，它在繁育系统和性状表达状态上均表现出剧烈分化，是研究被子植物进化和对水环境适

图 17-59 泽泻
1. 植株；2. 花；3. 花图式；4. 果实

应的关键类群。

二、棕榈科 Areacaceae, Palmae

$* P_{3+3} A_{3+3} \underline{G}_{(3:3:1)}$；♂：$* P_{3+3} A_{3+3}$，♀：$* P_{3+3}$
$\underline{G}_{(3:3:1)}$

棕榈科植物种类繁多，栽培历史十分悠久，是仅次于禾本科的最重要的经济植物。全世界约210属、2800种，主产于热带亚洲及美洲，少数产于非洲。我国约有28属、100余种，产于西南至东南各省（自治区）。本科大多数种类都有较高经济价值，许多种类为热带、亚热带风景树种，是庭园绿化不可缺少的材料。

识别特征 灌木、藤本或乔木，茎通常不分枝。叶大型，互生，羽状或掌状分裂，叶柄基部通常扩大成具纤维的鞘。肉穗花序，被以佛焰状总苞；花3基数，覆瓦状或镊合状排列；雄蕊通常6枚，2轮排列。浆果、核果或坚果；种子通常1个，与外果皮分离或黏合。染色体：$X=13\sim18$。

（1）棕榈属（Trachycarpus Wendl.）。乔木状或灌木状。叶鞘纤维质，包茎，叶柄长，叶圆扇形，掌状深裂。肉穗花序腋生。果实肾状球形，蓝黑色。棕榈［T.

图 17-60 泽泻科植物
A. 泽泻叶片；B. 泽泻花序；C. 慈姑

fortunei（Hook.）Wendl.］，常绿乔木；茎有残存老叶柄及其叶鞘；叶圆扇形，掌状深裂至中部以下，裂片条形，多数，不下垂；果肾形，黑褐色，被白粉（图 17-61、图 17-62）。产于秦岭以南，东起中国台湾，西至四川、

云南，南至广东、广西。广泛栽培，供观赏。

（2）假槟榔属（Archontophoenix H. Wendl. et Drude）。乔木，茎具明显环状叶痕；叶羽状全裂，叶轴被鳞片和褐色小斑点；花单性，雌雄同株，雄花不对称，雌

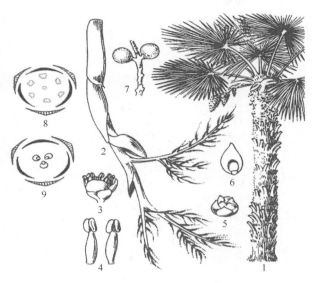

图 17-61 棕榈

1. 植株全形；2. 雄花序；3、4. 雄花；5. 雌花；6. 子房纵剖面；7. 果实；8. 雄花花图式；9. 雌花花图式

花小于雄花；果肉质，淡红色至红色；种子椭圆形，胚乳嚼烂状。假槟榔 [*A. alexandrae*（F. Muell.）H. Wendl. et Drude]，常绿乔木，树干灰白色，光滑而有梯形环纹。羽状复叶，小叶背面有灰白色鳞枇状覆被物。花单性同株，花序生于叶丛之下。果红色，肉质（图 17-62）。原产于澳大利亚。喜光，喜高温多湿气候，不耐寒。我国华南地区广泛栽培，是一种树形优美的绿化树种。

（3）椰子属（*Cocos* L.）。乔木，茎具环状叶痕。叶羽状分裂，裂片基部明显向外折叠，叶柄无刺。花单性，雌雄花同序，雄花两侧对称。核果，外果皮革质，中果皮厚纤维质，内果皮硬，基部具 3 个萌发孔；种子 1 枚，胚乳（椰肉）白色肉质，内有一大空腔储藏椰汁。椰子（*C.nucifera* L.），叶羽状裂片条状披针形，先端尖，基部外折；肉质圆锥花序，佛焰苞细长，雄花生于分枝上部，雌花生于分枝下部，基部有小苞片数枚；核果（图 17-62）。广布热带海岸；我国台湾、海南、云南南部栽培。重要的木本油料及纤维树种，根可提染料或入药，花序可制砂糖。

本科植物是我国重要经济树种之一，栽培历史悠久，早在明代就有棕榈栽培经验的记载，随着生产发展和工艺需要，现已逐步形成了棕片、棕籽、棕叶（包括心叶）、棕叶柄及棕树材综合利用体系，如扇叶糖棕（*Borassus flabellifer* L.）、贝叶棕（*Corypha umbraculifera* L.）、水椰（*Nypa fruticans* Wurmb.）、董棕（*Caryota urens* L.）、棕竹 [*Rhapis excelsa*（Thunb.）Henry ex Rehd.] 等粗壮花序梗富含淀粉，可割取汁液制糖、酿酒、制醋或充当饮料。油棕（*Elaeis guineensis* Jacq.）是重要的油料植物，其果实和种仁含油量高达 50%～60%，有"油王"之誉，由果皮榨出的油称为棕榈油或棕油，由种仁榨出的油称为棕仁油，两者精炼后均为上佳食用油，同时还是高级工业润滑油。椰子可割取其汁作饮品，其胚乳晒干后榨出的油是国际贸易中的大宗商品，与油棕一样，其榨出的油可食用，也可用于制造人造奶油或奶酪，还是生产肥皂、蜡烛等日用品的重要原料。

三、天南星科 Araceae

$* P_{0, 4\sim6} A_{4\sim6} \underline{G}_{(2\sim15:1:\infty; 1:\infty)}$

天南星科约有 115 属、2000 余种，主产于热带和亚热带。我国有 35 属、205 种，主产于南方。

识别特征 常草本，具根状茎或块茎。乳状或水状汁液有辛辣味，常含草酸钙结晶。叶具长柄，基部常有膜质鞘。肉穗花序，具佛焰苞；花被缺或为 4～6 个鳞片状体；雄花常生于肉穗花序上部，雌花生于下部，子房上位，1 至多室。浆果。染色体：$X=7\sim17$。

（1）菖蒲属（*Acorus* L.）。多年生草本，根茎有香味。叶剑形，革质；花序柄有侧生肉穗花序一个，佛焰苞叶状且与花序柄贯连；花两性；胚珠多个；浆果。菖蒲（*A.calamus* L.），多年生沼泽草本，根状茎粗大，有香气；叶剑状条形，有明显中肋；花两性，花被片 6（图 17-63、图 17-64）。生于浅水池塘、水沟及溪涧湿地。全草芳香，可作香料、驱蚊；根状茎入药，能开窍化痰、辟秽杀虫。

（2）半夏属（*Pinellia* Tenore）。草本，有块茎；叶片鸟足状分裂；花序柄单生，佛焰苞管的顶部封闭，肉穗花序，花无被；浆果。半夏 [*P.ternata*（Thunb.）Breit.]，多年生草本，块茎小球形；一年生的叶为单叶，卵状心形，2～3 年生的叶为具有 3 小叶的复叶；佛焰苞绿色，上部紫红色；花序轴顶端有细长附属物；浆果红色（图 17-63、图 17-64）。分布于我国南北各地。

（3）天南星属（*Arisaema* Mart.）。多年生草本，有块茎；叶叉指状分裂或放射状全裂；肉穗花序单性异株或两性，佛焰苞脱落，管旋卷；浆果。一把伞南星 [*A.erubescens*（Wall.）Schott]，多年生草本，块茎略呈球形；掌状复叶具 7～23 小叶，辐射状排列；佛焰苞为绿色或淡紫色，有白色条纹，肉穗花序的附属器棒状；浆果多数，成熟时为鲜红色（图 17-64）。广布于黄河流域以南各地。

天南星、半夏等是传统的燥湿化痰中药，在我国应用已有 2000 年历史。现代研究表明，此类植物具有抗肿瘤、抗生育和抗心律失常等药理作用，普遍含有外源性凝集素。

四、百合科 Liliaceae

$* P_{3+3} A_{3+3} \underline{G}_{(3:3:\infty)}$

百合科约 230 属、3500 余种，广布世界各地，尤以温带和亚热带最多。我国约 60 属、约 560 种，各省

图 17-62　棕榈科植物

A. 棕榈；B. 假槟榔；C. 椰子

均有分布，以西南部最盛。本科有多种常见蔬菜和调味蔬菜，有许多观赏和药用植物。

识别特征　多年生草本，常具根状茎、鳞茎或块茎。单叶，多基生。花辐射对称，花被片6枚，2轮，花瓣状，雄蕊6枚与之对生；3心皮复雌蕊，子房上位，稀半下位，3室，中轴胎座。蒴果或浆果；种子有胚乳。染色体：X＝5～16、23。

（1）百合属（*Lilium* L.）。多年生草本，鳞茎鳞片肉质，无鳞被。茎直立，茎生叶轮生。花单生或排成总状花序，大而美丽；花被漏斗状；丁字着药；柱头头状。野百合（*L.brownii* F.E.Brown ex Miellez）及其变种百合（*L.brownii* var.*viridulum* Baker），鳞茎直径达5cm；叶倒披针形至倒卵形，3～5脉，叶腋无珠芽；花被片乳白色，

微黄，外面常带淡紫色（图17-65）。分布于南方及黄河流域诸省，各地常栽培，供观赏；鳞茎供食用、药用，润肺止咳，清热安神。卷丹（*L.lancifolium* Thunb.），叶腋常有珠芽，花橘红色，有紫黑色斑点。广布全国，用途同百合。山丹（*L. pumilum* DC.），叶条形，有1条明显脉；花鲜红或紫红色，无斑点或有少数斑点（图17-65）。产于北部地区，鳞茎可食。

（2）葱属（*Allium* L.）。多年生草本，有刺激性葱蒜味，具根状茎或鳞茎。叶扁平或中空而呈圆筒状。伞形花序，幼时外被1膜质总苞片；花被分离或基部合生。蒴果近三棱形。大葱（*A. fistulosum* L.），鳞茎棒状，叶圆形中空。原产于亚洲，现各地栽培供食用，鳞茎及种子可入药。洋葱（*A.cepa* L.），鳞茎大而呈扁

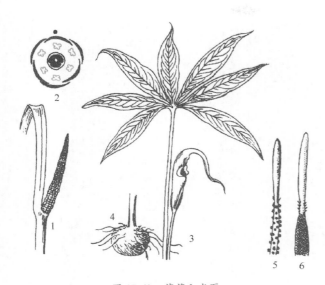

图 17-63 菖蒲和半夏

1~2. 菖蒲（1. 肉穗花序；2. 花图式）；3~6. 半夏
（3. 植株上部；4. 块茎；5. 雄花序；6. 雌花序）

球形，鳞叶肉质。原产于西亚，各地广栽，食用。大蒜（A.sativum L.），鳞茎由数个或单个肉质鳞芽（蒜瓣）组成，外被共同膜质鳞被，叶扁平，花葶（蒜薹）圆柱形。原产于西亚，各地广栽，食用或药用。韭菜（A.tuberosum Rottl.ex Spreng.），具根状茎，鳞茎狭圆锥形，鳞被纤维状；叶扁平，花葶（韭薹）三棱形。原产于东亚、南亚；各地广栽，食用，种子药用。山韭（A.senescens L.），具粗壮横生根状茎，鳞茎外皮灰黑色，膜质，花紫红色至淡紫色（图 17-66）。产于东北、华北和西北等地。具有益肾补虚的药用功效。

（3）萱草属（Hemerocallis L.）。多年生草本，常具块根。叶基生，带状。聚伞花序顶生，常排成圆锥状；花大，花被基部合生成漏斗状；雄蕊 6 枚，生花被管喉部，背着药。蒴果。黄花菜（H.citrina Baroni），又名金针菜，花较大，长 8~16cm，花被管长 3~5cm，黄色，芳香。小黄花菜（H.minor Mill.），花较小，长 7~10cm，花被管长 1~3cm，黄色，芳香。

图 17-64 天南星科植物

A. 菖蒲；B. 半夏；C. 一把伞南星

萱草（H.fulva L.），花橘红色，无香味（图 17-66）。

（4）郁金香属（Tulipa L.）。鳞茎有膜或纤维状外被。叶大部基生。花葶单生，常顶生 1 花；花常直立，钟状或杯状；柱头 3 裂。蒴果。郁金香（T.gesneriana L.），原产于欧洲，我国引种栽培；著名观赏花卉（图 17-66）。

（5）天门冬属（Asparagus L.）。纺锤形块根。形成叶状枝，叶退化成鳞片状。浆果。天门冬（A.sprengeri Regel），茎有刺，叶状枝呈狭镰刀状，3~4 枚簇生于分枝上；叶退化成鳞片状；花单性，雌雄异株，淡绿色，成对着生于叶状枝腋内，花梗中部有关节。主产于我国南方及河北、山西、陕西和甘肃等省南部。生于山坡、路旁、荒地或疏林下；块根入药，有滋阴润燥、清火止咳的作用。石刁柏（A. officinalis L.），全株光滑，稍有白粉，叶退化成膜质鳞片；花小，黄色。原产于欧洲，广泛栽培，幼茎可食。文竹（A.sctaceus Jessop），直立或近攀缘；叶状枝针状。原产于南非，栽培作观赏。

图 17-65 百合

1. 地上部分，示花和叶；2. 地下部分，示鳞茎和根；
3. 雄蕊和雌蕊；4. 花图式

图 17-66　百合科植物

A. 山韭；B. 山丹；C. 萱草；D. 藜芦；E. 郁金香；F. 山麦冬

（6）山麦冬属（*Liriope* Lour.）。有根状茎和小块根。叶基生，禾叶状。总状花序；花白色或淡紫色。浆果。山麦冬（*L. spicata* Lour.），叶宽 2~6mm。产于我国各省，生林下、阴坡或溪旁，各地常见栽培（图 17-66）。块根入药，有生津解渴、润肺止咳的作用；观赏植物。

本科药用植物尚有：黄精属（*Polygonatum* Mill.）、知母属（*Anemarrhena* Bge.）、菝葜属（*Smilax* L.）、藜芦（*Veratrum nigrum* L.）（图 17-66）等。常见观赏植物尚有：风信子（*Hyacinthus orientalis* L.）、万年青 [*Rohdea japonica*（Thunb.）Roth]、玉簪 [*Hosta plantaginea*（Lam.）Aschers.]、芦荟 [*Aloe vera* var.*chinensis*（Haw.）Berg.]、吊兰 [*Chlorophytum comosum*（Thunb.）Jacq.]、虎尾兰（*Sansevieria zeylanica* Willd.）等，亦药用。

百合科是单子叶植物纲中的一个大科，百合科植物起源古老，在晚白垩纪时（1亿年前）地球上就有百合科植物存在。哈钦松认为百合目（Liliales）是单子叶植物演化的总根源，由百合目向不同路线演化，演化出下列类群，即天南星目（Arales）、棕榈目（Palmales）、石蒜目（Amaryllidales）和鸢尾目（Iridales），血皮草目（Haemodorales）和兰目（Orchidales），高度退化的灯心草目（Juncacales）、莎草目（Cyperales）和禾本目（Graminales）。塔赫他间认为百合目起源于假设的已经灭绝的祖先，演化出了

百合亚纲的菝葜目（Smilacales）、兰目、灯心草目、鸭跖草目（Commelinales）、禾本目、姜目（Zingiberales）等。克朗奎斯特认为百合目起源于假设的已经灭绝的祖先，演化出了百合亚纲的兰目。

五、鸢尾科　Iridaceae

$$* P_{3+3} A_3 \overline{G}_{(3:3:\infty)}$$

鸢尾科约有 60 属、800 种，分布于热带和温带。我国约有 11 属、71 种，主产于北部、西北和西南地区。其中有多种药用植物和观赏植物。

识别特征　多年生草本，有根状茎、球茎或鳞茎。叶多基生，常于中脉对折，2 列生，基部套折成鞘状抱茎。花两性，花被片 6 枚，花瓣状，2 轮；雄蕊 3 枚；3 心皮复雌蕊，子房下位，中轴胎座，花柱 3 裂，有时花瓣状。蒴果背裂。染色体：$X=3~18、22$。

（1）鸢尾属（*Iris* L.）。多年生草本，有根状茎。叶基生。花被片下部合生成筒状，外轮 3 片较大，反折，内轮 3 片较小，直立；花柱 3，花瓣状。鸢尾（蓝蝴蝶 *I.tectorum* Maxim.），叶剑形，宽 2~3.5cm；花蓝紫色，外轮花被片具深褐色脉纹，中部有鸡冠状突起和白色髯毛（图 17-67、图 17-68）。分布于长江流域诸省，各地多有栽培，供观赏和药用。马蔺 [马连 *I.lacteal* var.*chinensis*（Fisch.）Koidz.]，植株基部有红

图 17-67　鸢尾科植物

1～3. 鸢尾（1. 植株一部分；2. 花；3. 果）；4～11. 射干（4. 植株一部分；5. 植株上部；6. 花及内外轮花被片；7. 雄蕊；8. 子房横切面；9. 雌蕊纵切面；10. 花柱；11. 果实，示室背开裂）；12. 花图式

褐色、纤维状枯萎叶鞘；叶条形，宽不过 1cm；花蓝紫色，外轮花被片中部有黄色条纹（图 17-68）。分布于北方各省及华东和西藏，习见于平原草地及轻度盐渍化草甸。可栽作地被植物及观赏，叶可作编织及造纸材料，种子入药。常见植物还有：蝴蝶花（扁竹根 *I.japonica* Thunb.）、玉蝉花（*I.ensata* Thunb.）、德国鸢尾（*I.germanica* L.）等，供观赏和药用。

（2）射干属（*Belamcanda* Adans.）。多年生草本，根状茎块状。花柱圆柱状，柱头 3 浅裂。我国仅射干 [*B.chinensis*（L.）DC.]1 种，根状茎横走，断面鲜黄色，地上茎丛生；叶宽剑形，基部套折，2 列互生；2～3 歧分枝伞房状聚伞花序顶生；花橙黄色，有红色斑点；种子黑色（图 17-68）。全国各地均有分布，多生于山坡、草地、沟谷及滩地，或栽培。根状茎入药，有清热解毒、祛痰利喉、散淤消肿的功效。

本科药用植物还有番红花（*Crocus sativus* L.），观赏植物有唐菖蒲（*Gladiolus gandavensis* Van Houtte）、小苍兰（*Freesia refracta* Klatt）等。

六、石蒜科　Amaryllidaceae

$$* P_{3+3} A_{3+3} \overline{G}_{(3:3:\infty)}$$

石蒜科有 100 余属、1200 余种，主产于温带。我国有 17 属、44 种，分布于全国各地。本科植物普遍具有观赏价值，有多种著名花卉，部分植物药用。

识别特征　多年生草本，具鳞茎或根状茎。叶基生，线形或带状，全缘。花两性，伞形花序生花茎顶端；花被片 6 枚，花瓣状；雄蕊 6；3 心皮复雌蕊，子房下位，中轴胎座。蒴果或为浆果状；种子有胚乳。染色体：X＝6～12、14、15、23。

（1）石蒜属（*Lycoris* Herb.）。具鳞茎，花后抽叶，或有些种类叶枯后抽花茎。叶带状或条状。花茎实心；花漏斗状，花被管长或短；花丝分离，花丝间有鳞片。石蒜 [*L.radiata*（L.）Herb.]，鳞茎宽椭圆形，叶秋季、冬季生出，秋季开花时已无叶；花红色，花被裂片边缘皱缩、开展而反卷，雌蕊、雄蕊伸出花被外很长。分布于华东至西南各省，各地有栽培，供观赏和药用；鳞茎有毒，催吐、祛痰、消炎、解毒、杀虫，一般用于疮肿。忽地笑 [*L.aurea*（L'Her.）Herb.]，花大，鲜黄或橘黄色。鳞茎含加兰他敏，是治疗小儿麻痹后遗症的有效药物。

（2）水仙属（*Narcissus* L.）。鳞茎卵圆形。基生叶与花葶同时抽出，花葶中空；花高脚碟状，副花冠长筒形，似花被，或短缩成浅杯状。蒴果。水仙（*N.tazetta* var.*chinensis* Roem.），花冠白色，有鲜黄色杯状副花冠（图 17-69、图 17-70）。产于浙江和福建，各地多栽培观赏作盆景；鳞茎供药用。

（3）君子兰属（*Clivia* Lindl.）。多年生常绿草本；根系肉质粗大，叶基部形成假鳞茎。叶 2 列交互叠生，宽带形，革质，全缘，深绿色。花葶自叶腋抽出，直立扁平，伞形花序顶生；花漏斗状，黄色至红色。浆果球形，成熟时紫红色。大花君子兰（*C.miniata* Regel），叶宽大，宽 3～10（14）cm，光滑；花橙黄至深红色。园艺变种，品种较多，各地广栽，尤以东北为盛。垂笑君子兰（*C. nobilis* Lindl.），本种叶片较大花君子兰稍窄，叶缘有坚硬小齿；花被片较窄，花开放时下垂。各地广泛栽培。

本科栽培观赏植物尚有朱顶红 [*Hippeastrum rutilim*（Ker-Gawl.）Herb.]，花红色（图 17-70）；文珠兰（*Crinum asiaticum* var. *sinicum* Baker），花白色，芳香；晚香玉（*Polianthes tuberosa* L.），花乳白色，浓香；葱莲 [*Zephyranthes candida*（Lindl.）Herb.]，花白色。

七、莎草科　Cyperaceae

$$\uparrow P_0 A_{1\sim3} \underline{G}_{(2\sim3:1:1)} ; \quad ♂ : \uparrow P_0 A_{1\sim3} , \quad ♀ : \uparrow P_0 \underline{G}_{(2\sim3:1:1)}$$

莎草科有 80 余属、4000 余种，广布全球，以寒带、温带地区为多。我国有 28 属、500 余种，分布于全国各地，生于沼泽、湿润草地及高山草甸。本科多种植物可作造纸和编织原料，部分种类供药用、食用、观赏或作草坪植物，还有一些为农田杂草。

识别特征　常具根状茎，茎（秆）实心，常三棱柱形，节不明显。叶常 3 列，叶鞘闭合。花序由小穗排列成各式花序；小穗由 2 至多数具鳞片的花组成，鳞片在小穗轴上螺旋状排列或 2 列；雄蕊 3 枚；2～3

图 17-68　鸢尾科植物
A. 马蔺；B. 射干；C. 德国鸢尾

心皮复雌蕊，子房上位。小坚果；种子具胚乳。染色体：$X=5\sim60$。

（1）荸荠属（*Eleocharis* R.Br.）。秆丛生或单生，具根状茎。叶仅有叶鞘而无叶片。总苞片缺，小穗 1，顶生，常有多数两性花，鳞片螺旋状排列；花有下位刚毛 4～8 条，花柱基部膨大各种形状，宿存于小坚果顶端。荸荠 [*E.tuberosa*（Roxb.）Roem.et Schult.]，匍匐根状茎细长，顶端膨大成球茎；秆丛生，圆柱状，有多数横隔膜（图 17-71）。各地栽培，球茎供食用，也供药用，清热生津，开胃消积，明目化痰。无刚毛荸荠（*E.kamtschatica* f. *reducta*），秆圆柱状，有明显的钝肋条和纵槽，刚毛 5 条，长为小坚果的 1.5～2 倍，有倒刺，刺密（图 17-72）。产于黑龙江（牡丹江），广布于全国各地，热带、亚热带地区尤多。

（2）莎草属（*Cyperus* L.）。秆通常三棱形。叶基生。聚伞花序简单或复出，有时短缩成头状，基部具叶状总苞片数枚；小穗稍压扁，小穗轴宿存不断落，颖状鳞片 2 列；花两性，无下位刚毛，花柱常 3 裂。小坚果三棱形。莎草（香附子 *C.rotundus* L.），多年生草本；根状茎匍匐，细长，茎端生长圆形块茎；叶鞘常裂成纤维状；复穗状花序在秆顶排成辐射状，小穗线形（图 17-72）。块茎名"香附子"，内含香附油、香附油精，可作香料，入药能理气解郁、调经止痛，也是常见田间杂草。碎米莎草（*C.iria* L.），一年生草本；秆丛生，纤细，扁三棱状；叶鞘红棕色；小穗矩圆形，鳞片黄色。分布于全国大多数地区，生于田间、山坡、路旁，常见杂草。异型莎草（*C. difformis* L.），一年生草本；秆丛生，扁三棱状；小穗多数密集成头状花序，鳞片中间淡黄色，两侧深紫红色，边缘白色，雄蕊 2。分布于我国北部至南部多数省（自治区），生于田中或水边，习见杂草。

（3）臺草属（*Carex* L.）。多年生草本，具根状茎。叶 3 列互生。小穗单性或两性，单生或组成穗状、总状花序；花单性，具鳞片，无花被；雄花具 3

图 17-69　水仙
1. 植株上部；2. 植株下部；3. 花纵切面；4. 雄蕊腹背面；
5. 雌蕊；6. 子房横切面；7. 胚珠

雄蕊；雌花子房外包有苞片形成的囊苞（果囊），花柱突出于囊外。小坚果藏于果囊内。乌拉草（*C.meyeriana* Kunth），秆丛生，粗糙；小穗 2～3，雄小穗圆筒形，顶生，雌小穗近球形。分布于东北，为早年"东北三宝"之一；可作保温填充物、编织和造纸用。异穗薹草（*C.heterostachya* Bge.），多年生，基部有棕色鞘状叶；叶线形；小穗 2～3 个，顶生 1 个为雄性，雌小穗侧生；花柱、柱头有短柔毛；果囊革质有光泽（图 17-72）。我国东北、西北、华北习见。可作草坪植物。

本科常见植物还有飘拂草属（*Fimbristylis* Vahl）、藨草属（*Scirpus* L.）、嵩草属（*Kobresia* Willd.）、扁莎草属（*Pycreus* Beauv.）、水莎草属 [*Juncellus*（Griseb.）C. B. Clarke] 等，广布于南北各省。高秆扁莎草（*P. exaltatus* Retz.）、咸水草（*Cyperus malaccensis* var. *brevifolium* Bocklr.）、藨草（*S.trigueter* L.）、水葱（*Scirpus validus* Vahl）（图 17-72）、荆三棱（*S.yagara* Ohwi）、蒲（席）草 [*Lepironia articulata*（Retz.）Domin] 等可作造纸和编织原料。

八、禾本科　Gramineae

$\uparrow \mathrm{P}_{2\sim3} \mathrm{A}_{3,6} \underline{\mathrm{G}}_{(2\sim3:1:1)}$

禾本科是被子植物中的一个大科，约 700 属、10 000 余种。我国有 200 余属、1500 余种。该科植物广布世界各地，其水平分布和垂直分布都极为广泛，能适应

图 17-70　石蒜科植物
A. 水仙（贺学礼摄）；B. 朱顶红

各种不同环境；它是陆地植被的主要组分，尤其是各类草原的重要组成部分，在温带地区尤为繁茂。

禾本科植物与人类生活关系密切，具有重要经济价值。它是人类粮食（约占 95%）的主要来源，同时也为工农业提供了丰富资源；很多禾本科植物是建筑、造纸、纺织、酿造、制糖、制药、家具及编织的主要原料，少数植物可作蔬菜；在畜牧业方面，它是动物饲料的主要来源；在环保绿化方面，它是保持水土、保护堤岸、防风固沙、改良土壤、改造荒山的重要植物，也是观赏竹林和地被草坪的重要植物。另外，许多种类也是农区常见杂草，有的还是多种病虫害的中间寄主。

禾本科一般分为竹亚科（Bambusoideae）和禾亚科（Agrostidoideae）2 个亚科，也有分为竹亚科、稻亚科（Oryzoideae）和黍亚科（Panicoideae）3 个亚科，或分为竹亚科、稻亚科、早熟禾亚科（Pooideae）、画眉草亚科（Eragrostidoideae）和黍亚科 5 个亚科（图 17-73～图 17-75）。

识别特征　多年生或一年生草本，少数为木本。须根系，通常具根状茎。茎秆圆柱形，常于基部分枝，节明显，节间常中空。单叶互生，由叶鞘和叶片组成，叶鞘开放，少有闭合，叶脉平行；叶片与叶鞘间有膜质或纤毛状叶舌；叶片基部两侧常有叶耳。花序由许多小穗组成穗状、总状或圆锥状花序；小穗由 1 朵至

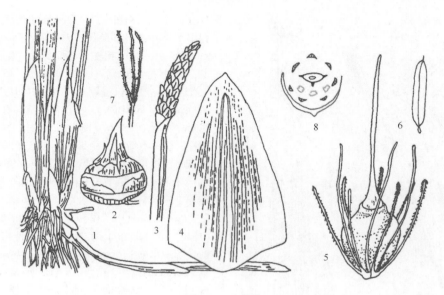

图 17-71 荸荠

1. 植株一部分；2. 球茎；3. 花序；4. 颖片；5. 小坚果；6. 花药；

7. 柱头；8. 花图式

图 17-72 莎草科植物

A. 莎草（石硕摄）；B. 异穗薹草；C. 水葱；D. 无刚毛荸荠

数朵小花、小穗轴和 2 枚颖片（总苞片）组成；雄蕊 3 或 6，花粉粒 3 核，单孔；子房上位，柱头多呈羽毛状。颖果。染色体：$X=2\sim23$。

1. 竹亚科（Bambusoideae）

灌木或乔木。秆生叶（箨叶，主秆上的笋壳）与枝生叶明显不同。箨片常缩小而无明显主脉，箨鞘通常厚革质；枝生叶具叶柄和关节，中脉明显，叶片易脱落。浆片通常3枚，雄蕊6枚或3枚。染色体：$X=12$，稀5～7。

（1）刚竹属（毛竹属 *Phyllostachys* Sieb.et Zucc.）。秆散生，圆筒形，在分枝一侧扁平或有沟槽，每节有2分枝。花序不常见，小穗聚成穗状或头状花序；雄蕊3枚。毛竹（南竹 *P. pubescens* Mazel. ex H. de Lehaie），高大乔木状竹类；新秆有毛茸与白粉，老秆无毛，秆环平，箨环突起，各节呈1环；小枝具2～8叶。分布于秦岭、汉水流域以南地区，多见于丘陵山地；用途甚广，一般4～5年生竹竿可选伐利用，供建筑、制器具、编织、造纸等用，笋供食用。刚竹（桂竹 *P.bambusoides* Sieb.et Zucc.），秆环隆起，各节呈明显2环，新秆绿色，常无粉，老秆深绿色；小枝具3～6叶（图17-75）。分布于黄河流域至江南各省，秆质强韧，为重要材用竹种，可编织多种器具，用途颇广。紫竹［*P.nigra*（Lodd. ex Lindl.）Munro］，观赏竹种，分布可达华东地区，秆可制笛及手工艺品。

（2）箬竹属（*Indocalamus* Nakai）。灌木，秆散生或丛生，每节常1分枝，分枝与主秆近相等粗。叶片大型。小穗排成圆锥花序；雄蕊3枚。阔叶箬竹［*I. latifolius*（Keng）McClure］，秆高约1m，秆箨宿存。分布于华东及陕南汉江流域以南，山地常见野生竹种，叶用于包裹粽子，也可制船篷、斗笠等防雨用品；秆宜作毛笔杆或竹筷。

（3）箭竹属（*Fargesia* Franchet）。灌木。竿疏丛生或近散生，地下茎合轴型，花序呈圆锥状或总状。箭竹（*F.spathacea* Franch），秆小型，挺直，壁光滑，粗可达5cm，地下茎匍匐（图17-75）。广布于秦岭南坡至四川盆地西缘山地，蓄积、蕴藏量丰富，是大熊猫主要采食的竹种，箭竹笋可供人食用，也是重要的山地水土保持植物。

2．禾亚科（Agrostidoideae）

一年生或多年生草本，秆通常草质。叶具中脉，叶片与叶鞘之间无明显关节，不易从叶鞘上脱落。花具2枚或3枚浆片，雄蕊3枚或6枚。

（1）小麦属（*Tirticum* L.）。一年生或越年生草本。穗状花序直立，小穗有花3～9朵，两侧压扁，无柄，单生于穗轴各节；颖长卵形，有3至数脉，主脉隆起成脊。小麦（*T.aestivum* L.），秆中空，节明显，叶鞘包茎；花仅基部2～3朵花能育，上部小花常不结实；小花外稃顶端具芒，内稃几乎全为外稃所包被；浆片2枚，雄蕊3枚；雌蕊2心皮合生，子房近圆形，子房顶部伸出两条羽毛状柱头（无花柱）；颖果长椭圆形，果皮与种皮愈合（图17-73）。北方主栽粮食作物，品种很多；麦粒入药可养心安神，麦芽助消化；麦麸为家畜好饲料，麦秆可作编制品及造纸原料。同属少量栽培植物还有硬粒小麦（*T.durum* Desf.）、圆锥小麦（*T.turgidum* L.）、波兰小麦（*T. polonicum* L.）、东方小麦（*T.turanicum* Jakubz.）等。

（2）稻属（*Oryza* L.）。一年生或多年生草本。圆锥花序顶生；小穗含3小花，仅1花结实，2不育小花退

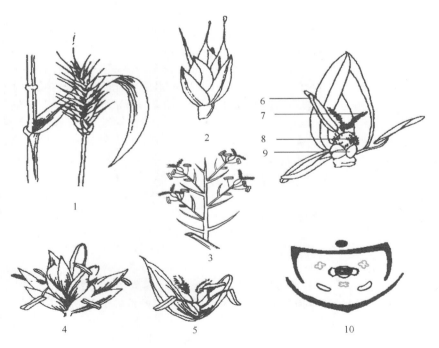

图 17-73　小麦

1. 植株的一部分及花序；2. 小穗；3. 小穗的模式图；4. 开花的小穗；5. 小花；6. 雄蕊；
7. 柱头；8. 子房；9. 浆片；10. 花图式

化，仅存极小外稃，位于孕花之下，颖极退化成 2 半月形边缘，附着于小穗柄顶端；孕花外稃坚硬，具 5 脉，雄蕊 6 枚。水稻（*O.sativa* L.），一年生栽培作物。退化外稃锥状，无毛，孕花外稃与内稃被细毛（图 17-74）。我国是栽培水稻最早的国家之一，至少有 7000 余年历史，现栽培面积和产量占世界第一位；稻分为旱稻和水

稻两大类，前者植于山地和旱地，后者广植于水田中，其中又分粳、籼、糯等品系，糯稻米黏性大；稻米可制淀粉、酿酒、造米醋，米糠可制糖、提炼糠醛或作饲料，稻秆为牛饲草和造纸原料，谷芽和糯稻根药用，前者健脾开胃、消食，后者止盗汗。

（3）大麦属（*Hordeum* L.）。每节 3 小穗，每小穗

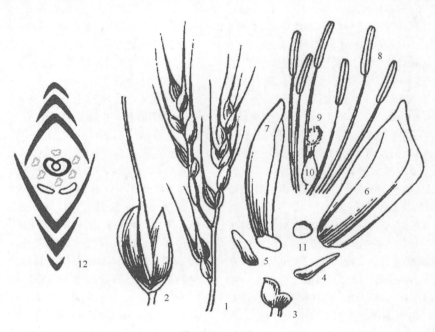

图 17-74　水稻

1. 花序枝；2. 小穗；3. 颖片；4、5. 两朵不孕花的外稃；6. 结实花的外稃；
7. 结实花的内稃；8. 雄蕊；9. 柱头；10. 子房；11. 浆片；12. 花图式

1 花。大麦（*H.vulgare* L.），外稃与内稃等长。颖果与内外稃不易分离。粮食作物，也可入药。

（4）高粱属（*Sorghum* Moench）。一年生或多年生草本。圆锥花序；小穗成对着生于穗轴各节，穗轴顶端 1 节有 3 小穗；无柄小穗两性，有柄小穗雄性或中性；外颖下部呈革质。高粱（*S.vulgare* Pers.），秆实心，基部具支柱根；小穗卵状椭圆形；颖厚于秆，无柄小穗第二花有芒（图 17-75）。我国广为栽培。重要杂粮之一。谷粒供食用、制饴糖及酿酒；种子及根入药；嫩叶及幼苗作饲料。

（5）甘蔗属（*Saccharum* L.）。多年生草本，秆粗壮。圆锥花序；小穗两性，成对生于穗轴各节，1无柄，1 有柄；穗轴易逐节脱落。甘蔗（*S.sinense* Roxb.），圆锥花序有白色丝状毛；雄蕊 3，花柱羽毛状（图 17-75）。我国南方广为栽培。秆含多量糖液，为制糖的重要原料。蔗梢与叶片及制糖所得副产物均为牲畜的良好饲料；鲜秆入药，生津止渴；蔗渣为造纸及人工制板的原料。

（6）玉蜀黍属（*Zea* L.）。一年生草本。秆基部节处常有气生根，秆顶着生雄性开展的圆锥花序；叶腋内抽出圆柱状雌花序。雌花序外包有多数鞘状苞片；

雌小穗密集成纵行排列于粗壮穗轴上。玉蜀黍（玉米 *Z. mays* L.），全世界广泛栽培，为主要粮食作物之一（图 17-75）。穗轴中的髓可提制淀粉、葡萄糖、油脂及乙醇等；胚芽含油量高，可榨油，供食用；花柱含 β- 谷甾醇、糖类、苹果酸、枸橼酸、酒石酸、草酸、维生素 K、α- 生育酚醌等，入药能利尿消肿，可治小便不利、肾炎、高血压、糖尿病、肝炎等症；秆叶可作饲料，并可作造纸和其他工业用原料。

（7）早熟禾属（*Poa* L.）。多年生草本，仅少数为 1 年生。叶片扁平。圆锥花序，开展或紧缩；小穗含 2至数花，组成小穗的花成熟后，小穗在颖上逐节断落而将颖片保存下来，称为小穗脱节于颖之上；小穗最上 1 小花不发育或退化；颖近等长，第一颖具 1～3 脉，第二颖通常 3 脉；外稃无芒，具 5 脉，内稃和外稃等长或稍短。颖果和内外稃分离。早熟禾（*P.annua* L.），幼叶折叠，叶舌膜状，光滑，无叶耳；圆锥花序小而疏松（图 17-75）。我国广泛分布，生于山坡草地、路旁或阴湿之处；可作为草坪植物绿化。

（8）狗尾草属（*Setaria* Beauv.）。一年生或多年生草本。顶生穗状圆锥花序，小穗含 1～2 花，单生或簇生；小穗下生刚毛，刚毛宿存而不与小穗同时脱

图 17-75　禾本科植物

A. 刚竹；B. 箭竹；C. 小麦；D. 水稻；E. 高粱；F. 甘蔗；G. 玉米；H. 莜麦（贺学礼摄）；

I. 早熟禾；J. 粟（贺学礼摄）

落；第一颖具 3～5 脉或无脉，长为小穗的 1/4～1/2，第二颖和第一外稃等长或较短。粟（谷子、小米）（*S.italica* Beauv.），谷粒自颖与第一外稃分离而脱落（图 17-75）。我国北方栽培，为重要杂粮。狗尾草（*S.viridis* Beauv.），谷粒连同颖与第一外稃一起脱落，第二颖与谷粒等长。世界性习见杂草。

本亚科经济作物尚有：黑麦（*Secale cereale* L.）、黍（*Panicum miliaceum* L.）、莜麦 [*Aveninae chinensis* (Kisch.) Metzg.]（图 17-75）、燕麦（*A.sativa* L.）等为杂粮，也作精饲料。薏苡（*Coix lacrymajobi* L.）各地有栽，颖果含淀粉和油，可供面食或酿酒，也可作饲料或药用。菰 [*Zizania caduciflora* (Turcz.) Hand.-Mazz.]，秆基为黑穗菌（寄生后，变为肥嫩而膨大，称茭白或茭笋，为蔬菜。重要的牧草有：雀麦属（*Bromus* L.）、偃麦草属（*Elytrigia* Desv.）、黑麦草属（*Lolium* L.）、异燕麦属（*Helictotrichon* Bess.）、赖草属（*Leymus* Hochst.）、新麦草属（*Psathyrostachys* Nevski）、披碱草属（*Elymus* L.）、冰草属（*Agropyron* Gaertn.）、

鸭茅属（*Dactylis* L.）、羊茅属（*Festuca* L.）、早熟禾属、梯牧草属（*Phleum* L.）、看麦娘属（*Alopecurus* L.）等属的许多种类。芦苇属（*Phragmites* Adans.）、芨芨草属（*Achnatherum* Beauv.）等许多属的植物为造纸重要原料。重要的草坪植物有结缕草属（*Zoysia* Willd.）、野牛草属（*Buchloe* Engelm.）、狗牙根属（*Cynodon* Rich.）、剪股颖属（*Agrostis* L.）、早熟禾属、羊茅属（*Festuca* L.）、黑麦草属（*Lolium* L.）、冰草属（*Agropyron* Gaertn.）等属的一些植物。常见农田杂草还有稗属（*Echinochloa* Beauv.）、马唐属（*Digitaria* Hall.）、拂子茅属（*Calamagrostis* Adans.）等属的一些植物。毒麦（*Lolium temulentum* L.）、欧毒麦（*L. persicum* Boiss. et Hoh.）、醉马草 [*Achnatherum inebrians* (Hance) Keng] 为有毒植物，前 2 种为我国重要的检疫杂草。

禾本科植物花小，构造简单，无鲜艳色彩，花被退化，花丝细长，花药丁字着生而易摇动，花粉细小干燥，柱头羽毛状等特征，为典型风媒传粉植物。

九、兰科 Orchidaceae

$\uparrow P_{3+3} A_{2\sim1} \overline{G}_{(3:1:\infty)}$

兰科为被子植物第二大科，约 700 属、20 000 种，广布全球，主产于热带、亚热带，南美洲与亚洲最为丰富。我国有 171 属、1247 种，主产于南方省（自治区）。本科有 2000 余种可作观赏植物，其中不少名贵花卉各地多有栽培，还有许多是药用植物。

识别特征 陆生（地生）、附生或腐生草本。单叶互生，叶鞘常抱茎。花两侧对称，花被片 6，2 轮，外轮 3 片，花瓣状，内轮 3 片，两侧为花瓣，中央 1 片特化为唇瓣，基部常有囊或距；雄蕊和花柱、柱头完全愈合成合蕊柱；3 心皮合生雌蕊，子房下位，侧膜胎座。蒴果；种子极多，细小，无胚乳。染色体：$X = 6 \sim 29$。

（1）兰属（*Cymbidium* Sw.）。附生或陆生草本（稀腐生），茎极短或变态为假鳞茎。叶常带状，革质，近

基生。花有香味；总状花序直立或下垂，或花单生。蒴果长椭圆形（图 17-76、图 17-77）。建兰［*C. ensifolium*（L.）Sw.］，有假鳞茎；叶 2～6 枚丛生，外弯，较柔软；花葶直立，总状花序有花 3～7 朵，苞片远比子房短；花浅黄绿色，清香，萼片狭披针形，花瓣较短，唇瓣不明显 3 裂，花粉块 2 个。夏秋开花，著名观赏花卉，各地常栽，品种很多，根、叶入药。墨兰［*C. sinense*（Jackson ex Andr.）Willd.］，叶宽 2～3cm，暗绿色，冬末春初开花（图 17-78）。春兰［*C. goeringii*（Rchb.f.）Rchb.f.］，叶狭带形，花单生，春季开花。

（2）白及属（*Bletilla* Rchb.f.）。陆生草本，具扁平假鳞茎，似荸荠状。叶数枚，近基生。总状花序；萼片与花瓣近似。白及［*B. striata*（Thunb. ex Murray）Rchb.f.］，块茎扁压，有黏性，茎粗壮；叶 4～5，披针形；花序具 3～8 花，紫红色，萼片与花瓣近等长，唇瓣 3 裂，花粉块 8 个（图 17-79）。产于我国南方各

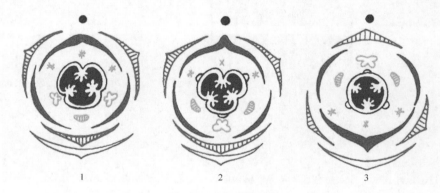

图 17-76 兰科花图式

1. 具 2 个雄蕊的；2. 具 1 个雄蕊的（子房扭转前）；3. 具 1 个雄蕊的（子房扭转后）

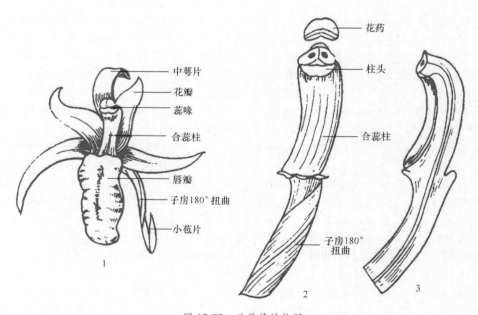

图 17-77 兰属花结构图

1. 花；2. 合蕊柱与子房；3. 合蕊柱与子房纵切面

图 17-78 兰科植物

A. 二叶兜被兰；B. 手参；C. 墨兰

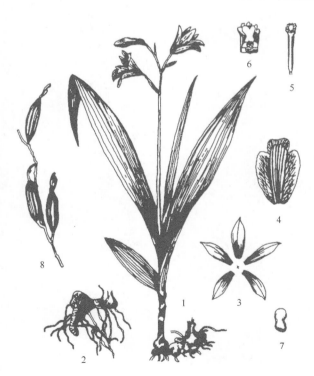

图 17-79 白芨

1. 植株全形；2. 球茎；3. 花（将萼片、花瓣移开平面放置，除去唇瓣）；4. 唇瓣；5. 合蕊柱；6. 合蕊柱顶端的药床及雄蕊背面；7. 花粉块；8. 蒴果

省；块茎药用，补肺止血，消肿生肌；花艳丽，也栽培供观赏。

（3）天麻属（*Gastrodia* R.Br.）。腐生草本。根状茎块状，横生，肉质，表面有环纹。茎直立，节上具鞘状鳞片。总状花序顶生，花较小，萼片与花瓣合生成筒状，顶端 5 齿裂；花粉块 2，多颗粒状。天麻（*G. elata* Bl.），块状根茎长椭圆形，茎黄褐色，花黄褐色；花被筒斜歪，口偏斜，6～7 月开花。分布于东北、华北、华东、华中及西南地区，现已人工栽培；块茎入药，称"天麻"，熄风镇惊，通络止痛，常用于治疗多种原因引起的头晕目眩和肢体麻木、神经衰弱、小儿惊风及高血压等症。

本科观赏植物尚有卡特兰属（*Cattleya* Lindl.）、杓兰属（*Cypripedium* L.）、兜兰属（*Paphiopedilum* Pfitz.）、兜被兰属（*Neottianthe* Schltr.）、万带兰属（*Vanda* W. Jones ex R.Br.）、虾脊兰属（*Calanthe* R. Br.）、贝母兰属（*Coelogyne* Lindl.）、蕾丽兰属（*Laelia* Lindl.）、米尔顿兰属（*Miltonia* Lindl.）、蝴蝶兰属（*Phalaenopsis* Bl.）、独蒜兰属（*Pleione* D. Don）等属植物。药用植物还有石斛属（*Dendrobium* Sw.）、手掌参属（*Gymnadenia* R. Br.）（图 17-78）、斑叶兰属（*Goodyera* R. Br.）、石豆兰属（*Bulbophyllum* Thou.）等属植物。

兰科植物的花通常较大而艳丽，有香味，两侧对称，形成唇瓣，唇瓣基部距内、囊内或蕊柱基部常有蜜腺，易引诱昆虫；雄蕊与花柱及柱头结合成蕊柱，花粉黏结成块，且下有黏盘，柱头有黏液，利于传粉。

兰科植物的花，结构奇特，高度特化，是对昆虫传粉高度适应的表现，是单子叶植物中虫媒传粉的最进化类型。

第四节　被子植物的演化和分类系统

长久以来，植物分类学家根据植物形态结构、生态学特性等多方面特征，将植物分成许多不同等级的类群。自进化论问世以后，不少分类学家结合古植物学证据，试图探究各植物类群的起源、发生、进化途径、系统演化过程，以及彼此间的亲缘关系，提出了植物分类系统。由于被子植物种类繁多，古老的原始类型和中间类型已大部分绝灭，化石资料还不丰富，考证不足，因此，要建立一个反映被子植物真实演化过程的分类系统，还非常困难。一百多年来，分类学家们根据被子植物形态演化趋势，结合古植物学和其他现有资料，提出了各种各样的分类系统。

一、被子植物系统演化的两大学派

研究被子植物的系统演化，首先要确定植物的原始类型和进化类型，而形成真正的花是被子植物区别于其他类群植物的最主要特征，被子植物的花从何发展而来，目前有两种不同的观点，即假花学说（Psedanthium theroy）和真花学说（Euanthium theory）。

1. 假花学说

由恩格勒（A.Engler）学派的韦特斯坦（Wettstein）建立（图 17-80、图 17-81）。认为被子植物的单性花起源于原始裸子植物中早已绝灭的买麻藤类（弯柄麻黄等）的单性孢子叶球穗，小孢子叶球的苞片演变为花

被，大孢子叶球的苞片则演变为心皮，每个小孢子叶球的小苞片（或称盖被）退化，只剩下一细长的柄，柄端着生数个小孢子囊，而大孢子叶球的小苞片退化只剩下胚珠，着生于心皮上。

假花学说认为现代被子植物的原始类群是具单性花的柔荑花序类植物，理由是：① 化石及现代裸子植物和被子植物的柔荑花序类都是木本的；② 裸子植物和被子植物的大多数柔荑花序类都是雌雄异株，风媒

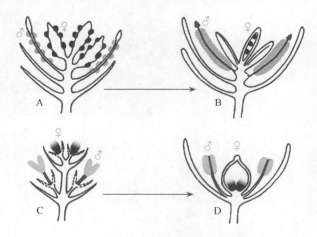

图 17-80　假花说与真花说示意图
A、B. 真花说示意图；C、D. 假花说示意图

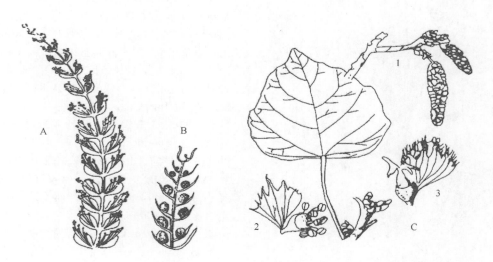

图 17-81　买麻藤类的单性孢子叶球穗和杨柳科的花序及花
A. 雄孢子叶球；B. 雌孢子叶球；C. 杨柳科的花序和花（毛白杨）
1. 雄花序；2. 雄花；3. 雌花（引自贺学礼，2009）

传粉的单性花；③ 裸子植物和被子植物柔荑花序类的胚珠都是具一层珠被；④ 裸子植物和被子植物的大多数柔荑花序类都是合点受精；⑤花的演化趋势是由单被花进化到双被花，由风媒进化到虫媒类型，由单性花进化到两性花。现在，多数学者并不赞成上述看法，认为柔荑花序类植物的单性花、单被花、风媒传粉、合点受精和单层珠被等特点，都可以看成是进化过程中的退化现象。从解剖构造和花粉粒类型看，柔荑花序类次生木质部具导管，花粉粒三沟型都是进步特征，不可能是原始的被子植物类群。

2. 真花学说

由美国植物学家柏施（Bessey）提出（图17-80、图17-82）。认为被子植物的两性整齐花起源于原始裸子植物中早已绝灭的本内苏铁类具两性孢子叶球的植物；孢子叶球基部的苞片演变成花被，小孢子叶演变成雄蕊，大孢子叶演化成雌蕊（心皮），孢子叶球的轴演化成花轴或花托；单性花是由两性花演变来的。

真花学说认为现代被子植物中的多心皮类，尤其是木兰目植物是现代被子植物中较原始的类群，因为：① 本内苏铁的两性虫媒孢子叶球，孢子叶多数，胚具两枚子叶与木兰目植物相似；② 本内苏铁的小孢子舟状单沟与木兰目中的木兰科植物花粉舟形单沟相似；③ 本内苏铁着生孢子叶的轴很长，与木兰目花轴伸长相似。当前，支持真花学说的学者较多，哈钦松、塔赫他间、柯朗奎斯特等建立的被子植物分类系统均以真花学说为基础。

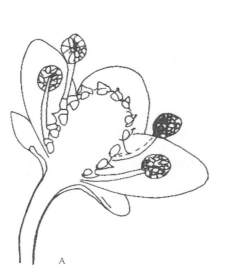

图17-82 真花学说认为被子植物的花来源于一个两性孢子叶球

A. 两性孢子叶球；B. 木兰科的花（玉兰）（引自贺学礼，2009）

二、被子植物的分类系统

当前，影响较大的分类系统，主要有以下4个。1999年，Judd等在 *Plant Systematics* 一书中发表了一个维管植物新分类系统，还有待认可。

（一）恩格勒系统

德国植物学家恩格勒（A. Engler）于1892年编制的一个分类系统。在他与普兰特（K. Prantl）合著的《植物自然分科志》（1897年）和他自己所著的《植物自然分科纲要》中均应用了他的系统（图17-83）。该系统的要点如下。

（1）赞成假花学说，认为柔荑花序类植物，特别是轮生目、杨柳目最为原始。

（2）花的演化规律是：由简单到复杂；由无被花到有被花；由单被花到双被花；由离瓣花到合瓣花；花由单性到两性；花部由少数到多数；由风媒到虫媒。

（3）认为被子植物是二元起源的；双子叶植物和单子叶植物是平行发展的两支。在他所著《植物自然分科纲要》一书中，将单子叶植物排在双子叶植物前面，同书1964年的第12版，由迈启耳（Melchior）修订，已将双子叶植物排在单子叶植物前面。

（4）恩格勒系统包括整个植物界，将植物界分为13门，1～12门为隐花植物，第13门为种子植物门。种子植物门分为裸子植物亚门和被子植物亚门。裸子植物亚门分为6个纲，被子植物亚门分为单子叶植物纲和双子叶植物纲。整个被子植物分为39目、280科。但1964年经Melchior修订，分被子植物为62目、343科。

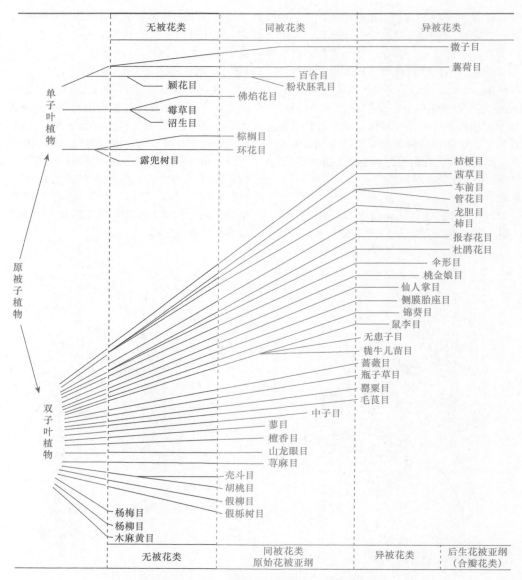

图 17-83　恩格勒被子植物分类系统（1897 年）

（5）恩格勒系统图是将被子植物由渐进到复杂化而排列的，不是由一个目进化到另一个目的排列方法，而是按花的构造、果实种子发育情况，有时按解剖知识，在进化理论指导下作出了合理的自然分类系统。

恩格勒系统是被子植物分类学史上第一个比较完善的分类系统。到目前为止，世界上除英国、法国以外，大部分国家都应用该系统。我国的《中国植物志》、多数地方植物志和植物标本室，都曾采用该系统，它在传统分类学中影响很大。然而，该系统虽经 Melchior 修订，但仍存在某些缺陷。例如，将柔荑花序类作为最原始的被子植物，把多心皮类看作较为进化的类群等，这种观点，现在赞成的人已经不多了。

（二）哈钦松系统

哈钦松（J.Hutchinson），英国著名植物分类学家。

著有《有花植物科志》一书，分两册于 1926 年和 1934 年出版，在书中发表了自己的分类系统（图 17-84）。到 1973 年几经修订，原先的 332 科增至 411 科。该系统要点如下。

（1）赞成真花学说，认为木兰目、毛茛目为原始类群，而柔荑花序类不是原始类群；认为被子植物是单元起源；单子叶植物起源于毛茛目。

（2）花的演化规律是：花由两性到单性；由虫媒到风媒；由双被花到单被花或无被花；由雄蕊多数且分离到定数且合生；由心皮多数且分离到定数且合生。

（3）双子叶植物在早期就分为草本群、木本群两支。木本支以木本植物为主，其中有后来演化为草本的大戟目、锦葵目等，以木兰目最原始。草本支以草本植物为主，但也有木本的小檗目等，以毛茛目最原始。单子叶植物为三大支：萼花群、瓣花群和颖花群。

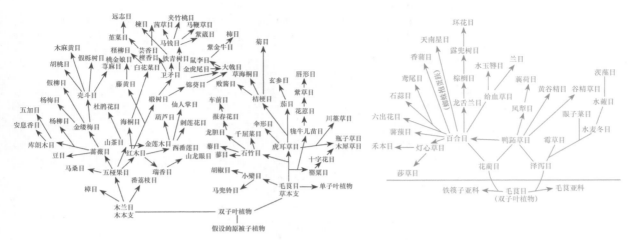

图 17-84　哈钦松被子植物分类系统（1973 年）

哈钦松系统把多心皮类作为演化起点，在不少方面正确阐述了被子植物的演化关系。该系统问世后，很快就引起了各国的重视和引用。但这一系统也存在某些问题，即将双子叶植物分为木本群和草本群，人为性较大，为一些分类学者所不赞成。半个世纪以来，许多学者对此进行了多方面修订，塔赫他间系统、柯朗奎斯特系统都是在此基础上发展起来的。

（三）塔赫他间系统

塔赫他间（A.Takhtajan），苏联植物学家，于 1954

年出版了《被子植物起源》一书，发表了自己的系统，到 1980 年已作过多次修改（图 17-85）。该系统的要点如下。

（1）赞成真花说，认为被子植物可能来源于裸子植物的原始类群种子蕨，并通过幼态成熟演化而成；主张单元起源说。

（2）认为两性花、双被花、虫媒花是原始性状。

（3）取消了离瓣花类、合瓣花类、单被花类（柔荑花序类）；认为杨柳目与其他柔荑花序类差别大，这与恩格勒和哈钦松系统都不同。

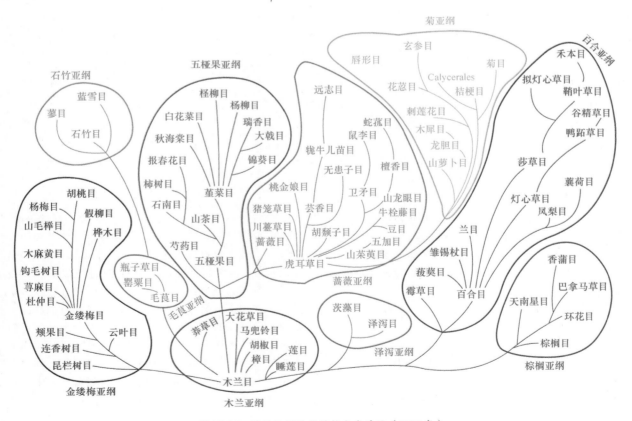

图 17-85　塔赫他间被子植物分类系统（1980 年）

（4）草本植物由木本植物演化而来；双子叶植物中木兰目最原始，单子叶植物中泽泻目最原始；泽泻目起源于双子叶植物的睡莲目。

塔赫他间分类系统，打破了离瓣花和合瓣花亚纲的传统分法，增加了亚纲，调整了一些目、科，各目、科的安排更为合理。例如，把连香树科独立为连香树目，把原属毛茛科的芍药属独立成芍药科等，都和当今植物解剖学、染色体分类学的发展相吻合，比以往的系统前进了一步。但不足的是，增设"超目"分类单元，科数过多，似乎太繁杂，不利于学习和应用。

1980 年发表的分类系统中，分被子植物为 2 纲、10 亚纲、28 超目，总计 92 目、410 科。

（四）柯朗奎斯特系统

柯朗奎斯特（A.Cronquist），美国植物分类学家，1957 年在所著《双子叶植物目科新系统纲要》一书中发表了自己的系统，1968 年所著《有花植物分类和演化》一书中进行了修订，1981 年又作了修改，包括 2 个纲，11 亚纲，83 目，384 科（图 17-86）。其系统要点如下。

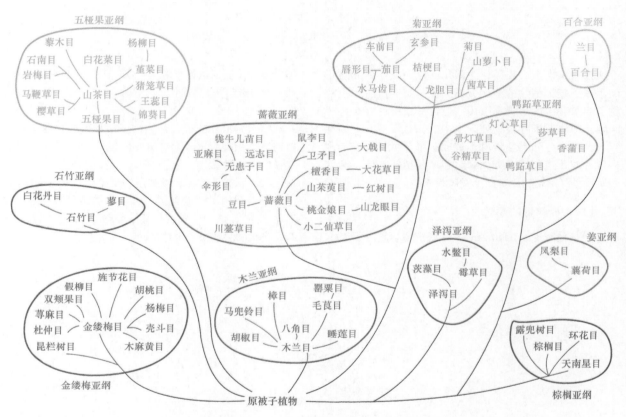

图 17-86　克朗奎斯特被子植物分类系统（1981 年）

（1）采用真花学说及单元起源观点，认为有花植物起源于已绝灭的原始裸子植物种子蕨。

（2）木兰目为现有被子植物最原始的类群；单子叶植物起源于双子叶植物的睡莲目，由睡莲目发展到泽泻目。

（3）现有被子植物各亚纲之间都不可能存在直接的演化关系。

柯朗奎斯特系统接近于塔赫他间系统，但个别亚纲、目、科的安排仍有差异。该系统简化了塔赫他间系统，取消了"超目"，科的数目有了压缩，在各级分类系统安排上，似乎比前几个分类系统更合理，更完

善。但对其中的一些内容和论点，又存在着新的争论。例如，单子叶植物起源问题，塔赫他间和柯朗奎斯特都主张以睡莲目发展为泽泻目，塔赫他间还具体提出了"莼菜—泽泻起源说"。但日本的田村道夫提出了由毛茛目发展为百合目的看法。我国杨崇仁等，1978 年从 5 种化学成分的比较上，认为单子叶植物的起源不是莼菜—泽泻起源，而应该是毛茛—百合起源。他们所分析的 5 种化学成分中的异奎琳类在单子叶植物中多见于百合科，在双子叶植物中，毛茛科是这种化学成分的分布中心；而睡莲目迄今未发现有这种生物碱的存在。

本章主要内容和概念

本章主要包括被子植物基本特征和分类原则，37科植物的形态特征、系统分类、科学意义和经济用途，被子植物的演化以及四大分类系统等内容。恩格勒系统支持二元起源说和假花学说，哈钦松、塔赫他间、柯朗奎斯特三个系统支持单元起源说和真花学说。各科重点特征如下。

（1）木兰科：木本，单叶，花大单生，花被3基数，雄雌蕊多数，螺旋状排列于花托上，聚合蓇葖果。

（2）毛茛科：草本，裂叶或复叶，萼、瓣各5，雄雌蕊多数，螺旋状排列于花托上，聚合瘦果和蓇葖果。

（3）罂粟科：草本，常有汁液，萼片2，早落，花瓣4，离生雄蕊多数，侧膜胎座，蒴果孔裂或缝裂。

（4）石竹科：草本，节膨大，单叶对生，无托叶，二歧聚伞花序，双花被5数，特立中央胎座，蒴果。

（5）蓼科：草本少灌木，茎节膨大，有膜质托叶鞘，花两性，单花被常宿存，瘦果藏于增大花被中。

（6）藜科：草本或灌木，单叶互生或对生，无托叶，花小，单花被草质，常宿存，胞果，胚环形。

（7）苋科：草本，单叶互生或对生，无托叶，花小，单花被干膜质，宿存，胞果，盖裂。

（8）十字花科：草本，单叶互生，常异型，总状花序，十字形花冠，四强雄蕊，角果，具假隔膜。

（9）葫芦科：草质藤本，具卷须，叶常掌状分裂，花单性同株，双花被5裂，三体雄蕊或聚药雄蕊，子房下位，瓠果。

（10）锦葵科：草本或灌木，单叶互生，花单生或簇生，具副萼，单体雄蕊，花药1室，蒴果或分果。

（11）大戟科：植株常具乳汁，单叶互生，花单性，聚伞或杯状花序，具花盘或腺体，蒴果3室3裂。

（12）蔷薇科：木本或草本，花被5数，雄蕊5倍数，生于萼筒或托杯上，核果、梨果、聚合蓇葖果与瘦果。

（13）豆科：羽状或3出复叶，常有托叶，总状花序，花冠多蝶形，雄蕊二体或分离，单雌蕊，荚果。

（14）杨柳科：木本，单叶互生，花单性异株，柔荑花序，无花被，侧膜胎座，蒴果，种子小，具长毛。

（15）壳斗科：木本，单叶，花单性同株，无花瓣，柔荑雄花序，雌花生总苞中，子房下位，坚果外被壳斗。

（16）葡萄科：藤本，常具与叶对生的卷须，花小，4～5基数，两性，雄蕊与花瓣同数对生，有花盘，浆果。

（17）芸香科：木本，具油腺点，复叶，无托叶，花4～5基数，花盘明显，中轴胎座，柑果、核果或蒴果。

（18）木犀科：木本，叶对生，花被4裂，多有香味，整齐，雄蕊2，子房2室，蒴果、核果或翅果。

（19）忍冬科：常木本，叶对生，花5基数，子房下位，浆果或蒴果。

（20）山茶科：常绿木本，单叶互生，叶革质，花两性或单性，整齐，5基数，雄蕊多数，中轴胎座，蒴果或浆果。

（21）伞形科：草本，有异味，裂叶或复叶，叶柄基部膨大，伞形花序，花5数，子房下位，双悬果。

（22）茄科：草本或灌木，聚伞花序，花5数，萼宿存，花冠辐状、钟状，花药孔裂或纵裂，浆果或蒴果。

（23）茜草科：草本或木本，单叶对生或轮生，花4～5基数，冠生雄蕊，子房下位，蒴果、浆果或核果。

（24）旋花科：缠绕或匍匐草本，常具乳汁，单叶互生，花5数，萼宿存，花冠漏斗形，常具花盘，蒴果。

（25）玄参科：草本稀木本，单叶常对生，双花被4～5裂，萼宿存，花冠常二唇形，二强雄蕊，蒴果。

（26）唇形科：草本，有异味，茎四棱，单叶对生，轮伞花序，唇形花冠，不整齐，二强雄蕊，4小坚果。

（27）紫草科：草本，被硬毛，单叶互生，聚伞花序，花5基数，整齐，花冠喉部具附属物，4小坚果。

（28）菊科：多草本，头状花序，具总苞，花冠筒状、舌状，聚药雄蕊，子房下位，冠毛宿存，瘦果。

（29）泽泻科：水生沼生草本，叶基生，花在花序轴上轮生，花被6片，外花被萼片状，宿存，聚合瘦果。

（30）棕榈科：木本，茎常覆盖不脱落的叶基，叶簇生茎顶，肉穗花序有佛焰苞，花3基数，浆果或核果，外果皮常多纤维。

（31）天南星科：常草本，具根状茎或块茎，叶有长柄，肉穗花序有佛焰苞，雄花生于花序上部，雌花生下部，浆果。

（32）百合科：草本，常具根茎、鳞茎或块根，单叶，花被6片与雄蕊对生；子房3室，蒴果或浆果。

（33）鸢尾科：草本，具根茎、球茎或鳞茎，叶2列套折，花被片6，雄蕊3，花柱3裂，子房下位，蒴果。

（34）石蒜科：草本，具鳞茎或根茎，叶2列基生，伞形花序，花被片6，雄蕊6，子房下位，3室，蒴果。

（35）莎草科：草本，茎常三棱，实心，节不明显，叶3列，叶鞘闭合，小穗组成各式花序，小坚果。

（36）禾本科：草本或灌木，秆圆，中空，节明显，叶2裂，叶鞘开裂，小穗组成各式花序，颖果。

（37）兰科：陆生或腐生草本，花被6不整齐，有唇瓣，雄蕊与花柱形成合蕊柱，子房下位，蒴果。

名词：胞果，假隔膜，雌雄同株与雌雄异株，副萼片，杯状聚伞花序，壳斗，背腹压扁与两侧压扁，冠毛，总苞，禾本科叶、小穗和小花结构，先出叶，下位刚毛，合蕊柱，花粉团，花粉块，唇瓣，多元论，二元论，单元论，假花学说与真花学说。

复习思考题

1. 为什么说木兰科和毛茛科是被子植物中最原始的类群？
2. 为什么说泽泻科是单子叶植物中最原始的类群？
3. 为什么说菊科是双子叶植物中最进化的类群？简述该科的繁殖生物学特性。
4. 为什么说禾本科是单子叶植物中风媒传粉最特化的类群？
5. 为什么说兰科是单子叶植物中虫媒传粉最特化的类群？
6. 蔷薇科、豆科、菊科、禾本科植物分为几个亚科，列表比较各亚科的区别点。
7. 任意列举被子植物几个科中的几个属，用检索表的形式将它们区别开来。
8. 通过解剖花的结构，绘出油菜、豌豆、棉花、番茄、蒲公英、鸢尾、葱、小麦的花图式。
9. 观察并记录校园被子植物主要科植物，比较同一科不同物种的相似特征。
10. 根据所学分类知识，说明被子植物在国民经济中的重要作用。

第十八章 植物物种多样性的产生和维持

生物多样性（biodiversity）是生物及其与环境形成的生态复合体以及与此相关的各种生态过程的综合。它包括数以百万计的动物、植物、微生物和它们所拥有的基因以及它们与生存环境形成的复杂生态系统（ecosystem）。生物多样性主要从基因多样性（gene diversity）、物种多样性（species diversity）、生态系统多样性（ecosystem diversity）和景观多样性（landscape）4个层次上开展工作，而物种多样性是地球生命支持系统的核心组成部分，不仅直接提供人类生活所必需的各种食物、药物、纤维、建筑材料等，还通过参与生物地球化学循环过程来维持人类生存所必需的生存环境。

物种多样性的现状、形成、演化及其维持机制等是物种多样性研究的主要内容。

第一节 物种及物种多样性

一、物种

物种（species）是构成物种多样性的基本单元，是物种多样性演变、生态功能发挥和自然资源持续利用的基本单位，也是研究物种多样性的前提和基础。然而，人们对生物物种的认识和科学界定没有统一标准。目前，大多数学者认同，物种是指在一定区域内，具有极其相近的形态特征和生理、生态特性，个体间可以自然交配产生正常后代的自然生物类群。物种之间具有明显界限，除了形态特征差别外，不同物种是不能交配产生后代，或交配后一般不能产生有生殖能力的后代，即存在着"生殖隔离"。

因人们对物种概念和分种标准认识的差异，而提出了"分类学种"和"生物学种"两个物种概念。

在进化论产生之前，分类学家就根据生物表型特征开始识别和区分物种了，通常根据生物个体形态上相似程度以及不同生物个体或群体之间性状间隔状况将生物区分为不同的"种"。所以，物种是生物分类的基本单位，任何生物有机体在分类上都隶属于一定的种，这种物种概念通常被称为形态学种（morphological species）或分类学种（taxonomic species）。由于分类学家各自的经历、知识背景、认识问题侧重点不同，造成它们在划分种的标准和尺度上差异很大，进行的分类处理也不同。植物分类学中所谓的"归并派"（lumpers）和"细分派"（splitters）的争论也反映了他们分种标准的巨大差异。主张大种概念的"归并派"学者认为凡是具有广泛分布区的种往往是多型种（polytypic species），由不同地理类型组成，而每一个地理类型相当于一个地理亚种；而主张小种概念的"细分派"学者则认为只要有区别就应给这些地理类型以种的称号。因此，"归并派"的一个种相当于"细分派"的几个甚至几十个种。

随着对变异、生殖隔离机制和居群结构遗传学基础的研究，以美国遗传和进化生物学家Dobzhansky和Mayr为代表的许多学者在早期物种概念基础上提出了生物学种（biological species）的概念。他们强调生殖隔离是分种的主要依据，所谓生物学种是指在自然界占据一定生态位（niche），能够相互培育自然居群的组群，且与其他组群具有生殖隔离。生物学种实际上是突出居群思想、繁殖间断（reproductive gap）和隔离概念（isolation concept）的遗传种（genetic species）。

目前，生物学种概念受到许多人赞同，但生物学种也有不足之处，主要是生殖隔离这个分种标准在理论和实践上都存在困难。自然界中，种间杂种非常普遍，甚至属间杂种也时常存在。有时具有生殖隔离的生物学种在形态上很相似，即"同形种"（cryptic species）或"姐妹种"（sibling species）。此外，"生物学种"概念仅适用于有性生殖的双亲本植物。

可以看出，只有对各个方面特征进行综合考虑和分析，才能更科学、更客观地对自然界生物类群进行分类学处理。

二、物种多样性

物种多样性是指地球上所有生物物种及其各种变化的总和，是生物多样性在物种水平的表现形式。与遗传多样性和生态系统多样性相比，物种多样性具有直观性，可直接度量性，因此生物多样性的丰富程度常以物种数来表达。物种、特有物种、珍稀物种及其分布形式通常作为表示某一地区生物多样性的重要指标。在物种水平上，人们研究物种的分类、分布、起源与进化；在遗传多样性水平上，人们研究物种内不同个体间和物种间遗传物质的差异及这种差异在生物进化中的意义，由此推测物种进化途径与速度；在生态系统多样性水平上，人们研究生态系统内各物种间的相互关系、物种与非生物因子间的关系。因此，认识生物多样性必须从物种多样性开始。

第二节　植物物种多样性的产生

植物物种多样性的产生机制是生物学研究的中心问题之一，导致植物物种多样性产生的因素主要是遗传的变异、自然选择和隔离。

一、植物的变异

在自然界中，物种虽由个体组成，但种内并不是松散存在着，而是根据对生境的特殊要求和选择结合成大小不同的居群，并在种分布区中不连续地分布着，它们通过迁移交配而相互交流，组成统一的繁育居群系统。所以居群是物种的基本结构单元，也是物种存在的具体形式。同种个体在表型特征和遗传结构上具有一定程度的稳定性和连续性，同时，居群间和个体间又存在变异性。

变异（variation）是植物物种多样性产生的基础，是指由于遗传差异或环境因素引起的细胞间、生物个体间或同种生物各居群间在形态、结构和生理机能等方面所表现的差异。生物的性状变异分为可遗传变异和不可遗传变异，前者指变异发生后能够遗传下去，继续在下一代重新表现出来，这是由生物体的基因型改变而引起的；不可遗传变异是指生物生活在不同环境之中，由于环境因素影响了遗传潜力的表现而引起的表型性变异，这种变异只表现于当代，不能遗传给后代。就自然选择而言，可遗传变异是重要的。个体变异是基础，而具有居群水平的变异才能成为进化路线的起点和引起进化路线的分歧，从而导致植物物种多样性的产生。

（一）个体变异

很早以前人们就发现，生活于不同生境中的同种植物表型特征不完全一样，这就是个体变异，当用不同植物杂交时往往会在后代中发现一些未曾预料到的变异类型。这种个体变异有环境饰变（environmental modification）、遗传重组（recombination）和突变（mutation）三个方面。在不同情况下，对不同植物而言，这三种因素的作用方式、作用程度以及相互影响程度不尽相同，使得种内或居群内表现出复杂的变异。

1. 环境饰变

环境饰变是指由生境引起的表型不可遗传的变异，如外部形态、解剖结构、生理特性和生态习性等的变异。在个体发育过程中，植物器官生长和性状表现都必须依靠周围生境的物质，因而必然受到生境影响。众所周知，遗传物质决定着表型特征，但遗传信息的表达是以适宜生境为基础，如大麦有一个变种在室外通常表现为白化型，但在温度较高的温室却产生正常叶。因此，表型是基因型与生境相互作用的产物，即表型＝基因型＋环境饰变。

环境饰变以植物可塑性为基础，表现在基因型相同的个体视其环境条件可以形成不同的表现型。早期物种生物学研究证明，环境饰变对形态特征影响较大，而生殖器官的特征较稳定。各种性状可塑性不同的原因主要在于各种性状生长发育方式不同，凡易起变化的性状，如绝对大小、延长程度等都取决于茎端分生组织生长的时间长度，以及各部分在以后生长时细胞的延长程度，这些过程容易受外界环境影响。至于单个器官的基本形态式样则是在很早发育阶段上就已在原基中奠定了基础，在以后发育过程中外界环境不易产生影响，生殖器官之所以有相对的稳定性，原因在于它们不像枝叶那样逐次生长分化，而是几乎同时一次分化，且花部原基分化后的生长较少，而枝叶原基分化后的生长较多。植物的可塑性也发生于解剖结构、化学特征等方面，而且同样的可塑性反应可能有其不同的原因和机制。

环境饰变是变异的一个来源，它对自然界每个个体都有影响。虽然环境饰变不是进化的直接因素，但由于可塑性对增强有机体生存竞争能力有利，能够增加遗传变异机会，因此间接有利于进化和物种的形成。

2. 遗传重组

遗传重组是指通过有性过程将居群中不同个体具有的变异进行重新组合，形成新变异。有性生殖过程中染色体组分的连续性是由减数分裂和受精作用共同决定，而遗传重组通过交换和随机交配使父母亲本基因重新组合。由于一个种内包含的基因数量很多，重新排列组合的数量几乎是无限的，因而有性生殖过程常常使每个后代都具有不同的基因型。交换和随机交配（random mating）本身并不能保证新的遗传组合，还取决于父母亲本基因型等位基因之间原先的遗传差别，即等位基因的杂合性大小，杂合性越高，重组数量就越大。由于基因的表型效应还取决于基因间的相互作用，因而重组虽然不改变基因本身，但新的组合可以导致新的变异类型。

在高等植物中，基因重组（gene recombination）可以通过连锁、互换、自由组合、转座插入和杂交等形式实现，并有很多因素能影响重组过程，其中居群大小和结构主要影响植物近交的程度。由小居群产生的配子通常比大居群产生的配子亲缘关系更为接近，这是影响重组的外部因素；影响基因组的内部因素是植物的繁育系统。植物的繁育系统是指某种植物与同一分类群或不同分类群植物进行互交繁育的方式、类型和程度，包括近交和远交两个类型。近交是指主要或完全通过自花受精产生种子的植物，远交是指通过异花受精产生种子的植物。多数人认为异花传粉和自交不亲和性的遗传制度对促进基因重组具有选择优势，它会使杂合状态中的隐性突变基因通过重组而显示出来。

3. 突变

突变是指除遗传重组以外的任何可遗传变异，包括基因突变和染色体突变两种类型。

（1）基因突变（gene mutation）。是指一个基因座位内核苷酸序列的改变，这种突变常只涉及 DNA 序列中一个碱基，故亦称点突变（point mutation）。突变可以是碱基对替换（base substitution），即一种嘌呤或嘧啶碱基为另一种所替换；也可以是颠换（transversion），即原有碱基对并未改变，只是嘌呤和嘧啶在双螺旋上的位置发生了互换，以至于该基因所控制的蛋白质的一个氨基酸改变。无论哪种类型突变都有一些共同特征，即突变的多次性、可逆性和多方向性。

基因突变在植物中非常普遍，如禾谷类植物中出现的矮秆植物、有芒小麦中出现的无芒小麦等都是基因突变的结果。

（2）染色体突变（chromosome mutation）。也称染色体畸变（chromosomal aberration），是指生物体内染色体数目和结构的改变，是产生遗传变异的重要原因。染色体突变包括多倍化（polyploidy）、非整倍变异（aneuploidy）和染色体结构变异（chromosome structure variation）。非整倍变异是指整套染色体中的一条或多条增减，形成单体或多体的变异。染色体结构变异包括缺失（deficiency）、重复（replication）、倒位（inversion）和易位（translocation）等。

多倍化是指染色体套数的增加，是植物中最常见

的一种变异，据估计，植物界有 70% 的植物为多倍体，蕨类植物中多倍体频率高达 97%。染色体加倍常常具有巨型效应，即形成巨型植株，表现在萼片、花瓣、花药及少胚珠的果实和种子等。多倍体可与二倍体原种间产生生殖隔离，造成种间障碍，并与亲本趋异和独立进化。非整倍体往往是有害的，在植物进化中作用不大。染色体结构变异在植物核型进化中十分重要，不同形式的结构变异往往对植物产生不同影响。缺失造成染色体上少了一个区段，自然也少了原来在这一区段上的那些基因。形成的缺失纯合体一般难以存活，缺失杂合体会大大降低个体生活力。重复的表型效应一般没有缺失那样强烈，但少数重复则具有独特的表型效应。例如，在植物体中，重复对配子体的影响比孢子体大。倒位或易位的结果常使减数分裂过程中出现一些不正常染色体，造成一定比例的不孕配子，如果只是单个倒位或易位，则不孕配子数目不多，但如果有很多倒位或易位，尤其是如果都发生在同一条染色体臂上，则减数分裂的配对过程会受到严重干扰，即使能正常配对，交换和分离后形成的配子也会有重复或缺失，因而致死。

（二）居群中的变异

居群是指占据特定空间、具有潜在杂交能力的同种生物的个体群，是物种存在的具体形式，也是物种形成和生物进化的基本单位。一般情况下，分布于同一地区的同种个体间存在随机交配的可能性，它们通过有性繁殖进行基因交换，形成一个在个体组成、数量以及遗传结构上有一定界限的地方繁育居群（或称孟德尔式群体）。自然选择是在居群中发挥作用的，其选择的结果导致种内居群基因频率（gene frequency）改变。

1. 居群基因频率

在居群遗传学中，对特定基因位点的研究关键在于探明该位点的基因组成以及各基因和基因型在居群中出现的频率。基因频率是指一种等位基因占该位点上全部等位基因的比例。基因型频率是指居群中某一个体的某一基因型所占的百分率。由于很难直接对基因和基因型进行测定，因此常常根据表现型频率来计算基因型频率，并进一步推算基因频率。需要指出的是，基因型和表现型有时并非是一对一的关系，因为表现型有时是由几个基因决定或基因与环境相互作用的结果，所以表现型相同并不一定代表基因型也相同。

对任何居群而言，它们的遗传结构绝不会在长时间内保持恒定，原因在于居群内各种基因或基因频率经常处在不同程度变化之中，这种变化是居群遗传进化的一个主要方面。从理论上讲，居群内各基因或基因频率经过一段时间变化后也可能在一定条件或一定时间内达到平衡。鉴于此，英国数学家 Hardy 和德国遗传学家 Weinberg 分别于 1908 年和 1909 年提出了

"遗传平衡定律"（law of genetic equilibrium），即在一个含量无限大且随机交配的居群中，如果没有突变、迁移和选择等因素影响，居群中各基因或基因型的比例在各代间保持恒定。这个理论也叫哈迪－温伯格平衡（Hardy-Weinberg equilibrium）。值得注意的是哈迪－温伯格平衡无疑是一种理想状态，因为自然居群永远不会是无限的，突变、选择、迁移等随时可能发生，即居群的基因频率始终在变动，遗传平衡只是相对的。生物变异没有方向性，但自然选择是有方向性的，选择的本质就是定向改变居群中基因或基因型频率，当基因或基因频率的平衡被打破时，进化也就开始了。

2. 影响居群基因频率变动的因素

影响植物居群基因频率变动的因素很多，主要有突变、基因迁移、遗传漂变和选择等因素。

（1）突变（mutation）。突变的影响主要表现在当居群中显性基因A不断突变为隐性基因a时，说明突变压力有增加居群中a基因频率的作用，如果这种作用持续下去，经过一定时间后，所有显性等位基因A都可通过突变转变为隐性基因a；如果在突变的同时还存在回复突变，基因频率的改变比突变只在一个方向上发生时要慢，因为回复突变部分抵消了突变的作用。从理论上讲，突变与回复有可能达到平衡，然而由于某些等位基因可能比另一些等位基因更为有利而被选择，加之从突变型到野生型的回复突变比正突变更困难，因此这种平衡很难实现。

（2）基因迁移（gene migration）。居群间的隔离是相对的，彼此之间往往有某些个体的交流。当不同居群之间的隔离被打破时，部分个体从一个居群流动到另一个居群，并成为后者的繁殖成员，这就必然导致居群间的基因流动，有可能改变居群内各种等位基因的相对频率。从进化角度看，不同居群之间的基因流能够影响居群的分化和歧异。在不存在选择的情况下，每代只要有一个移入者就足以防止居群的歧异；但如果选择是强烈的，那么即使居群彼此很靠近，有相当多的基因流，居群之间也要发生歧异，并保持各自特有属性。例如，英国Jain通过对不同土壤条件下植物居群遗传特性的研究，发现生长在重金属污染土壤上的忍受型与生长在相隔数米未被污染土壤上的非忍受型之间存在巨大分异。当把两种生态型植物互换栽种时，均表现不佳。另外，还发现在50～100m可以找到忍受型和非忍受型的极端类型。研究证明，在如此小范围内存在着相当数量的基因流动，但强烈的选择促使彼此相隔不远的居群保持遗传差异，并且发生迅速的进化性改变。一般情况下，对于原有居群中有利的等位基因进入新居群后，由于遗传背景和生境条件的差异并不一定仍然有利。但如果两个相邻居群生境条件差别不大，迁入个体的有利程度较高，则该等位基因就有可能在新居群中保留下来，即使无利，淘汰的

速度也会很慢。

（3）选择（selection）。是引起居群基因频率发生定向改变的最重要因素，自然居群中有些基因往往由于各种原因导致它们遗传给下一代的能力发生变化，如纯合致死或不育等会引起某些基因在下一代中的基因频率降低，并将导致基因型频率发生相应变化。选择的实质就是这种基因在传代过程中所发生频率改变的现象。作为进化力量，自然选择是指除突变和迁移外的其他所有能够引起居群基因频率发生有规律变化的因素。选择的作用体现在对有利基因的保存并使其得以发展，以及对不利基因的淘汰方面。

（4）遗传漂变（genetic drift）。是指居群内不同世代间基因频率的偶然波动现象。自然居群是由有限数量的个体组成的，即使在完全随机交配情况下，由于参与形成合子的配子的偶然选择，基因频率也会在世代间发生或增或减的波动。这种波动是偶然的和不可预测的，波动的大小与居群大小呈负相关，居群越小基因频率因遗传漂变而改变的可能性越大。随机遗传漂变对居群的影响方式主要表现在如下几个方面。①基因频率的漂变。小居群的遗传漂变导致居群基因频率呈现飘忽不定的变化，其方向完全是随机的。②亚居群分化。大范围分布的自然居群一般都会分化为地方性居群或亚居群，如果分布区内个体数目不多，则亚居群内各自独立发生的遗传漂变必然导致亚居群间的遗传分化。③亚居群内一致性增加。随着小范围内交配世代数增加，各亚居群内的遗传变异逐渐减少，长期下去会形成若干近交系。④纯合度增加。小范围内的交配导致纯合子频率提高，杂合子频率降低。

二、自然选择

植物变异与自然选择相互补充，都为进化所必需，并有各自的创造性作用。达尔文把自然对有利变异保存和对不利变异排除的现象称为"自然选择"（natural selection）。衡量自然选择的参数是达尔文适合度（fitness），是指一种生物能够生存并把它的基因传给后代的相对能力，它包括生殖力和生活力两个基本因素。生活力以生存达到生殖年龄基因型的概率来衡量，生殖力以基因型所产生的有功能的配子数量来衡量。自然选择是促进居群适应性变化的重要因素，它可以导致对稳定生境条件的更好适应，也可使居群适应于变化的生境条件，增加个体生活力和生殖力，提高其适合度。

自然选择通常分为稳定性选择、定向选择和分离选择三种类型（图18-1）。

（一）稳定性选择

稳定性选择（stabilizing selection），把趋于极端的变异个体淘汰而保留那些中间型个体，使生物类型保持相对稳定。这种选择多见于生境相对稳定的居群中，选择的结果将使性状变异范围不断缩小，使居群在许

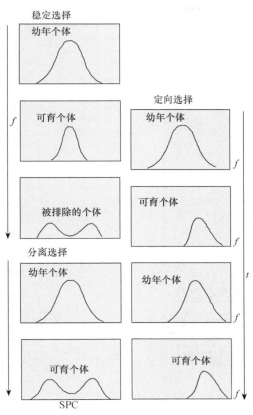

图 18-1　自然选择类型示意图

SPC. 明显的形态特征；f. 形态特征在个体中
出现的频率；t. 时间

多性状上保持一个稳定的遗传组成。稳定性选择的作用机制在于某一表现型对生境变化有缓冲作用，在一定范围内不同生境中能够出现相同的适应表型。

（二）定向选择

定向选择（directional selection），把趋于某一极端变异保留下来，淘汰另一极端变异，使居群朝某一变异方向逐渐改变。这种选择多见于生境条件逐渐发生变化的生境中，人工选择大多数属于这种类型。定向选择的结果会使变异范围逐渐趋于减少，使居群基因型组成趋于纯合。不同居群或不同物种由于生境相似，受到同样的定向选择压力，于是会趋同进化。例如，沙漠植物都面临着炎热和缺水问题，这些选择压力使它们逐步形成了共同的生存方式，如叶片退化或茎叶肉质化。

（三）分离选择

分离选择（disruptive selection），也称多样性选择。把一个居群的极端变异个体按不同方向保留下来，而中间常态类型大为减少的选择。这个过程的机制在于不同基因型可能有利于不同亚生态位的选择。分离选择的结果可使居群在短距离内产生遗传分化，如果

占据不同生态位的居群之间的基因流动受到充分限制，那么分离选择将会引起该地新物种的形成。

植物变异产生后，在当时环境中通常并不适宜，那么在自然选择过程中，这些变异为什么没有被淘汰呢？通常有几种解释。①杂种优势。认为杂合体（Aa）的生存和繁殖较纯合体（AA 或 aa）更有利，因此等位基因 A 或 a 就不会被排斥。②多样化选择。如果一物种面临多种复杂环境，那么突变或选择会使基因库发生分化，于是有许多变异型或等位基因可适应不同的小环境。③频率相依原则。认为等位基因在居群中的频率受环境变化而有波动。当它们不适合环境时高的频率会很快降低，但达到某一最低点时其频率就趋向稳定而不再下降，因此有些变异就可保留下来。

三、隔离

植物产生了有利变异，经自然选择被保留下来后，还需要有效的隔离机制才能使新物种的产生成为现实。隔离泛指那些阻止或限制在居群之间进行基因流动的所有因素，它既是物种形成过程所必需的，又是日后维持物种多样性的必要条件。阻碍基因交流可以有多种形式，如物理的、生理的和形态上的机制，不同学者的观点不同，Dobzhansky 根据是否与遗传变异有关，将隔离分为地理隔离（geographic isolation）和生殖隔离（reproductive isolation）。

（一）地理隔离

地理隔离也称空间隔离，是指分布在异地的居群间，由于分布不重叠而引起的基因交换障碍。地理上隔离的居群之间并不一定表现生殖隔离，对自然界异地分布的居群而言，如果由于人为因素和它们分布面积扩展结果而彼此相遇，它们有可能进行正常交配，并产生能育的后代；但也可能由于长期处于彼此隔离环境下，随着遗传变异积累，生理差异越来越大，最终导致生殖隔离。

（二）生殖隔离

生殖隔离是指生物不能自由交配或交配后不能产生可育后代的现象。生殖隔离包括生境隔离、时间隔离、行为隔离、机械隔离、配子不亲和性、杂种不育、杂种衰退等。生境隔离大多由于不同居群所需食物和习惯的气候条件有所差异而造成；时间隔离是由于交配时间或开花时间不一致造成；在有些植物中，由于花结构的差异和特殊，机械隔离对阻碍不同居群遗传物质的交换有重要作用；配子不亲和性是一种在交配后合子前的隔离机制，对体外受精生物而言，表现为配子彼此不吸引，在体内受精生物中，表现为配子在外源种雌性生殖器官内或柱头上生活力弱或不能生存；杂种不育对多数植物都是有效的隔离机制，杂种

基因组成员之间不和谐性是导致杂种不育的主要原因。

自然界有些植物还可通过一些特殊的遗传机制，如染色体畸变、染色体多倍化或杂交等而快速造成变异个体与正常二倍体个体之间基因交流的障碍，直接导致生境隔离，在这种情况下，就不需要通过地理隔离作为一种最初的隔离（initial isolation）方式来促使不同个体或居群向不同方向分化发展。

在物种形成过程中，如果一个广泛分布的物种，在其分布区内，因地理或生态隔离因素而被分隔成若干相互隔离的居群，又由于这些被隔离居群之间基因交流的减少或完全隔离，从而使各个隔离居群之间的遗传差异随时间推移而逐渐增大，并通过若干中间阶段而最后达到居群间的生殖隔离，这样原来因生态隔离因素而分隔的两个或多个初始居群就演变为因遗传差异而相互间生殖隔离的新种；由于初始居群在分化过程中其分布区不重叠，故名异地物种形成。如果新种形成过程中，不涉及地理隔离因素，即形成新种的个体与居群内其他个体分布在同一区域，则为同地物种形成，如爆发式物种形成过程。如果在物种形成过程中，初始居群的地理分布区域彼此相邻，居群间个体在边界区有某种程度的基因交流，这种情况下的物种形成过程被称为邻地物种形成，这种现象多发生在边缘居群或杂交带（图18-2）。

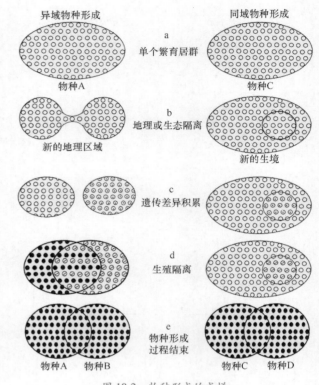

图 18-2　物种形成的式样

第三节　植物物种多样性的维持

植物多样性是生物多样性的基础，物种多样性的维持机制是生物多样性研究的一个核心和前沿领域。在自然界中，物种并不是孤立存在的，而是与其他植物以群落形式共同存在而形成统一整体。因此，新物种产生以后，还将面临生物因子和非生物因子的选择。那么，在一个植物群落中，这些物种如何得以共存呢？这是研究植物群落物种多样性维持机制的最基本问题。为了回答这一问题，生态学家们提出了许多理论和假说，主要有中度干扰假说、资源比例假说和岛屿生物地理学理论。

一、中度干扰假说

中度干扰假说（intermediate disturbance hypothesis）首先由 Connell 提出，认为适度干扰可以增加景观的异质性。这一假说得到了来自森林和草原等生态系统研究的普遍支持。认为长期过度放牧可降低草地的物种多样性，但适中放牧以及周期性放牧可降低群落中优势种在竞争中的作用，为其他物种发展创造潜在的生态位，因而增加草地植物群落水平多样性。

二、资源比例假说

资源比例假说（resource ratio hypothesis）由 Tilman 提出，该假说认为，生境或土壤中若含有多种不同的资源比例，如 N/P，就会有较多物种共存。若某一地区有较复杂的资源类型分化，就会有较多物种共存，如生态交错地带植物多样性程度较高。

三、岛屿生物地理学理论

岛屿生物地理学理论（theory of island biogeography）是以 1967 年 MacArthur 和 Wilson 在普林斯顿大学提出的"均衡理论"（equilibrium theory）为标志而确立的。该理论认为大的岛屿或与大陆较近的岛屿比面积小的或距大陆较远的岛屿拥有更多物种。

本章主要内容和概念

生物多样性是生物及其与环境形成的生态复合体以及与此相关的各种生态过程的综合，主要从基因多样性、物种多样性、生态系统多样性和景观多样性4个层次上开展工作，而物种多样性是地球生命支持系统的核心组成部分。在自然界，物种并不是孤立存在的，而是与其他植物以群落形式共同存在，所以植物物种多样性的产生与维持是进化生物学研究的热点领域，也是生物学研究的中心问题之一。本章主要包括物种多样性的现状、形成、演化及其维持机制等内容。

知识要点包括：

分类学种与生物学种，物种多样性，变异类型及其来源，遗传漂变，基因流，基因突变与染色体突变，哈迪 - 温伯格平衡，影响居群基因频率变动的因素，自然选择及其类型，地理隔离与生殖隔离，物种形成，物种多样性维持机制的理论基础。

复习思考题

1. 简述遗传变异在植物进化中的作用。
2. 如何评价自然选择在植物进化过程中的作用？
3. 概述影响植物居群基因频率变化的因素。
4. 简述不同隔离类型是如何在植物进化及物种多样性维持方面起作用的。
5. 概述群落内植物多样性维持的机制。

第十九章　植物与环境

植物在生长和繁殖过程中始终要与周围环境进行物质和能量交换，既受环境制约又影响周围环境。植物与环境的关系有两个方面含义：一是环境变化会导致植物自身发生可塑性变化或遗传变异，即环境对植物的塑造或改造作用；二是植物群体的形成过程对环境的改造作用。植物生态学（plant ecology）就是研究植物与环境相互关系的学科。

第一节　植物的环境

环境（environment），是指生物有机体生活空间的外界自然条件的总和，包括对其有影响的各种非生物环境和生物环境。组成环境的各个因子称为环境因子（environmental factor），如气候因子、土壤因子、地形因子和生物因子等。在环境因子中，对植物生长发育和分布等有直接或间接影响的因子称为生态因子（ecological factor）。自然界的生态因子不是孤立地、单独地作用于植物，生态因子间常常发生相互作用，共同影响植物。因此，生态因子的综合构成了植物的生态环境（ecological environment）。植物生活的具体环境称为生境（habitat）。

按范围大小可将环境分为宇宙环境（或称星际环境、太空环境）、地球环境（全球环境、地理环境）、区域环境、微环境和内环境。宇宙环境（cosmic environment）是指大气层以外的宇宙空间，由广漠的空间和存在其中的各种天体以及弥漫物质组成。地球环境（global environment）是指大气圈中的对流层、水圈、土壤圈、岩石圈和生物圈。地球环境与人类及其他生物的关系最密切。生物圈中的生物把地球上各个圈层密切联系起来，并推动各种物质循环和能量转换的持续运转。区域环境（regional environment）是指占据某一特定地域空间的自然环境。微环境（micro-environment）是指区域环境中由于某个或某些圈层的细微变化而形成的不同小环境，生物群落的镶嵌性就是微环境作用的结果。有时也用微环境指接近植物个体表面或体表不同部位的物理环境。体内环境（inner environment）是指植物体内部的环境，如叶片内部直接和叶肉细胞接触的气腔、气室都是体内环境。

第二节　生态因子

一、生态因子的分类

研究植物与环境间的相互关系时，通常根据生态因子的性质，将其分为下列五大类。①气候因子，包括光、温、水分和空气等。②土壤因子，包括土壤理化性质和肥力等。③生物因子，包括帮助植物授粉和传播种子的动物、寄生或取食植物动物、有益和有害微生物、竞争植物和寄生植物等。④地形因子，包括坡度、坡向、海拔以及地形起伏等。与其他生态因子不同，地形因子对植物没有直接影响，但能通过影响气候子和土壤因子等间接影响植物生长和分布。⑤人为因子，是指给植物带来有利或有害影响的人类活动，如人类对植物资源的利用、改造以及破坏等。相对于其他因子，人类对植物的影响一般是有意识和有目的的。

二、生态因子作用的一般规律

（一）综合性

植物的生长和繁殖等受环境中各种生态因子的影响，但任何一个生态因子都不是孤立地对植物产生作用，其对植物影响的方向和程度必然要受到其他因子的影响，即环境中各种生态因子总是综合作用于植物。另外，生态因子间具有相互影响、相互制约关系，某个因子的变化都会在一定程度上引起其他因子的变化，如光强增加可能会引起气温升高，空气湿度降低。

（二）非等价性

自然界中，生物体总是同时受多个因子的共同影响，但不同因子所起的作用不同，某个或某些因子对生物体起的作用最大，该因子被称为限制因子。限制因子的改变常会引起其他因子的显著变化。例如，水分是我国内蒙古典型草原的限制因子，温度是我国青藏高原高寒草原的限制因子。

（三）可调剂性和不可代替性

自然界中，当某个或某些因子在量上不能满足植物需要时，会引起植物生长发育受阻，此时，适当提高其他生态因子的量可以缓解植物所受的影响，即生态因子之间具有可调剂性或互补性。土壤水分不足会引起叶片气孔导度降低，影响光合碳固定，提高 CO_2 浓度能弥补水分不足对光合作用的影响。但是，这种调剂作用只能在一定范围内起作用，不能通过调剂某一因子的量而取代其他因子，即生态因子具有不可代替性。

（四）生态因子的阶段性

在生活史的各个阶段，植物的限制因子不同，而每个生态因子在不同生活史阶段的作用也有差异，即生态因子的作用具有阶段性。在冬小麦春化阶段低温是必要条件，但在此前后低温对冬小麦均有有害影响。

（五）直接作用和间接作用

在研究植物间相互作用和植物分布格局时，需要区分生态各因子的直接作用和间接作用。就生物因子而言，生物与生物间的寄生、共生、植物根与根之间的接触等都能直接影响生物个体，属直接因子。而地形因子等并不能直接影响植物生长发育，但却能通过影响降水量、温度、风速、日照以及土壤理化性质等间接影响到植物，属于间接因子。

第三节　几种主要生态因子与植物的关系

一、植物对光因子的生态适应

（一）光照强度对植物的生态作用

地球表面的光照强度有空间和时间上的变化规律。随纬度增加，太阳辐射到达地表穿过的大气层厚度增加，能量损失增加，光照强度减弱。随海拔升高，大气层厚度和空气密度均降低，太阳辐射到达地表损失的能量减少，光照强度增强。坡向和坡度也影响光照强度。在北半球温带地区，南坡所受辐射比平地多，北坡则较平地少。一年中，夏季太阳辐射最强，冬季最弱；一天中，正午辐射最强，早晚最弱。

光是绿色植物合成有机物的能量来源。当光照强度低于光补偿点（compensation point，即净光合速率为零时的光照强度）时，植物处于消耗而无有机物积累状态，只有当光照强度高于光补偿点时，植物才能积累光合产物。随着光照强度增加，光合速率升高，达到一定值后不再升高，此时的光照强度称为光饱和点（saturation point）。超过光饱和点之后，继续增加光强可能会导致光合作用的光抑制（photoinhibition），即光量子利用率降低，光合产量下降，过强光照甚至还会引起光合色素和类囊体结构的破坏，即光破坏（photodamage）。

光照强度对植物生长发育和形态建成也有重要作用。在光照严重不足或无光环境下萌发的幼苗（黄化苗），由于缺少叶绿素而呈现黄色，并伴随一系列形态结构变化，如茎的节间延长，叶片小，叶肉组织不发达，植物体含水量高，薄壁组织丰富，机械组织和维管束分化很弱。光照不足也可引起植物体内养分供应出现障碍，导致花芽和幼果发育不良或死亡，也会影响果实品质。

根据植物对光照强度的适应性，一般将植物分为阳生植物、阴生植物和耐阴植物三种生态类型，详见第五章第四节。

（二）光质对植物的生态作用

光质（波长）对植物生长发育也有显著影响。光合作用能利用可见光的大部分，通常将这部分光辐射称为生理有效辐射或光合有效辐射。在生理有效辐射中，红光、橙光是被叶绿素吸收最多的部分，具有最大的光合活性；其次是蓝光、紫光；绿光很少被吸收利用，因而大部分植物呈绿色。

光质也影响植物的形态，如蓝紫光和青光能抑制植物伸长生长，使植株呈矮粗形态；青蓝紫光能影响植物的向光性；红光能促进植物伸长生长。

（三）光周期对植物的生态作用

日照长度的生态效应是多方面的。根据植物花芽分化对日照长度的要求，可将植物分为短日照植物、长日照植物、中日照植物和日中性植物等生态类型，详见第十一章第一节。植物种子的萌发、茎的生长、分枝、叶的脱落和休眠等也都与光周期有关。光周期也与植物地理分布密切相关。例如，短日照植物大多分布于热带或亚热带；长日照植物大多分布于温带和寒带。如果把短日照植物北移，由于日照延长，其开花会延迟，休眠起始时间也会延迟，植物可能受到冻害；如果把长日照植物南移，由于日照缩短，会影响其开花。

二、植物对温度因子的生态适应

温度不仅直接影响植物，还能通过影响湿度和土壤肥力等其他生态因子间接影响植物；而植物在长期适应中也进化出多种适应温度变化的策略。

（一）温度变化对植物的影响

自然条件下，气温呈周期性变化，植物适应温度的节律性变化，并通过遗传固化成为生物学特性，这一现象称为温周期现象（thermoperiodism）。正常的日夜或季节性温度变化对当地植物生长是有利的。白天气温高有利于光合作用，夜间气温低使呼吸作用减弱，光合产物消耗减少，净积累增加。

温度降低，即使是在0℃以上，也会使热带起源的植物因生理代谢失调而受到伤害，这种伤害称为冷害（chilling injury）。当温度降到0℃以下时，植物细胞间隙和细胞壁中自由水结冰，突然降温还会引起细胞内结冰，由此引起细胞内水分外渗，导致细胞失水、萎缩，或冰晶压迫细胞造成机械伤害，称为冻害（freezing injury）。低温会使植物根系生理活动降低，或土壤处于冰冻状态而无法吸水，影响植物生理活动，这种现象称为生理干旱（physiological drought）。

温度升高，植物代谢加快，当温度高到使呼吸消耗超过光合积累时，植物将"入不敷出"，长期下去，植物将发生"饥饿"，直至死亡。温度进一步升高还会干扰蛋白质的正常功能。

（二）植物对温度的适应

植物的生长、繁殖以及各种生理活动都有一个适宜的温度范围，如升马唐［Digitaria ciliaris（Retz.）Koel.］种子在20～30℃内萌发良好，低于5℃或高于40℃不能萌发。不同植物适应的温度范围不同。有些植物适应的温度范围较宽，为广温植物（eurythermic plant），很多陆生植物属于此类。有些植物只能在很窄的温度范围内生存，为窄温植物（stenothermic plant），许多水生植物、极地植物以及一些热带植物属于此类。

植物对温度的适应包括形态和生理两个方面。形态上，植物对高温的适应方式有：叶片面积减小，甚至退化，由茎代替叶的功能；幼茎和叶表面光泽，角质层厚，具有鳞片或绒毛；叶片重叠或与光线平行，减少光能截获。植物对低温的适应方式有：矮化、丛生，在极地的一些植物常贴地面生长以保温；幼枝、叶表保护组织增厚，叶面积减小以及叶面向光生长等。生理适应主要表现在：减少自由水，增大束缚水比例；提高细胞内溶质和胶体物浓度，减缓代谢速率和增加原生质的抗凝结能力，维持代谢过程。休眠是植物抵抗低温和高温的最有效方式。

（三）温度与植物分布

温度对植物分布的影响，一方面取决于环境中的最高和最低温度，另一方面取决于有效积温。冬季低温决定了森林水平分布的北界和垂直分布的上界；沙漠高温缺水限制了阔叶树种在沙漠中的生长；夏季高温限制了高纬度或高海拔植物向低纬度或低海拔扩散；需要低温打破休眠或诱导开花的植物不能向低纬度扩散，苹果只能在温带生长而不能分布到亚热带以南就是这个原因。

积温是指某一时段内逐日平均气温之和，是衡量热量资源的指标。植物的生长发育，特别是开花结实都需要一定的有效积温（高出植物生长发育所需温度下限的温度之和），达不到生理需要的有效积温，植物有性繁殖就会发生障碍，限制植物的分布。

三、植物对水分因子的生态适应

根据对环境中水分状况的适应能力，可将植物分为如下生态类群。

（一）水生植物类型

水生植物（hydrophyte），是指生长在水域环境中的植物。水生植物植株的一部分或全部沉没在水中，从水或水底淤泥中吸收营养物质。由于长期适应水域环境弱光、缺氧、黏性高、温度较恒定以及水体流动等环境特征，形成了与陆生植物不同的形态特征和生态习性。根据植物生长的水层深浅，可分为沉水、浮水和挺水植物，详见第五章第四节。

（二）陆生植物类型

陆生植物（terrestrial plant），是指生长在陆地上的植物。依据对环境中水分的适应性，陆生植物可分为湿生植物、中生植物和旱生植物。

湿生植物（hygrophyte），是指在潮湿环境中生长的陆生植物，这类植物不能忍受较长时间水分不足，是抗旱能力最弱的一类陆生植物。根据环境中光照特点湿生植物又可分为如下几种。①阴生湿生植物，生长在空气潮湿的林中树上，常由叶片或气生根直接吸入水汽，如亚热带和热带森林中附生蕨类和附生兰科植物。它们的根系发育弱，叶片大而柔弱，海绵组织发达，栅栏组织和机械组织不发达，间隙较大。还有一些植物，如海芋 [Alocasia odora（Roxburgh）K. Koch] 和食用观音座莲（Angiopteris esculenta Ching）等，它们的根虽着生在土壤中，但仍需要湿度很高的荫蔽环境。②阳生湿生植物，生长在阳光充沛，土壤水分经常饱和的生境中，如水稻和灯心草属植物（Juncus L.）等。这类植物根系一般很浅，叶片常有角质层，输导组织较发达。

旱生植物（xerophyte），是指能忍受较长时间干旱并维持体内水分平衡和正常生长发育的植物。这类植物具有典型的旱生结构，如叶片小而厚，栅栏组织发达，茎叶肉质，角质层、蜡质层发达，表皮毛密生，气孔凹陷，叶片向内反卷包藏气孔，根系发达等。有些旱生植物还进化出了强的吸水和储水能力。根据旱生植物的形态和生理特征以及适应干旱的方式，可将其分为如下几种。①多浆植物，体内薄壁组织储存大量水分，肉质化程度高，以减少蒸腾失水，如龙舌兰（Agave americana L.），芦荟（Aloevera L.）和仙人掌（Opuntia Mill.）属植物。这类植物主要分布于热带和亚热带的荒漠生境中，突出特点是具有景天酸代谢（CAM）途径，即夜间固定 CO_2，翌日同化 CO_2。②少浆植物，体内含水极少，即使失水 50% 仍不死亡。它们的特点是叶面积极度缩小或退化以减少蒸腾失水；根系发达以增加水分吸收；细胞的渗透势低，从而保证能从含水量很低的土壤中吸取水分。

中生植物（mesophyte），是指生长在水分条件适中的土壤上，形态解剖和生理特性介于旱生植物和湿生植物之间的类型。大多数农作物、蔬菜、果树、林木等都属于此类。

四、植物对土壤因子的生态适应

土壤是岩石圈表面能够生长植物的疏松表层，是陆生植物生活的基质。土壤肥力（soil fertility），是指土壤供给植物生长所需的水分、养分、空气和热量等资源的能力，是土壤的基本属性和本质特征。每种土壤都有特定的生物区系，如土壤微生物、原生动物、软体动物及节肢动物等，它们对土壤中有机物质分解、转化以及元素的生物循环等具有重要作用，并能影响和改变土壤理化性质。

植物长期生活在一定类型的土壤上，产生了与之相适应的特性，形成了不同的生态类型。酸性土植物（oxylophyte），也称嫌钙植物，只能生长在酸性或强酸性土壤上，对 Ca^{2+} 和 HCO_3^- 非常敏感，在碱性土或钙质土上不能生长或生长不良。碱性土植物（alkali plant），也称为喜钙植物或钙质土植物，适合生长在代换性 Ca^{2+} 和 Mg^{2+} 含量高，而缺乏 H+ 的钙质土或石灰性土壤上，不能在酸性土壤上生长。中性土植物（neutral plant），指生长在中性土壤上的植物，这类植物种类多、数量大、分布广，多数维管植物及农作物均属此类。

盐生植物（halophyte），是指生长在盐土中，并在器官内积聚了相当多盐分的植物。盐生植物具有一系列适应盐土环境的形态和生理特性，这些特性往往与适应生理干旱的特性一致。例如，盐生植物质地干而硬，叶不发达或肉质化，叶肉中有储水细胞，蒸腾表面缩小，气孔下陷，表皮具有厚的外壁，常被灰白色绒毛；细胞间隙缩小，栅栏组织发达。

沙生植物（psammophyte），是指生活在沙质生境的植物。在长期适应过程中，沙生植物形成了抗风蚀沙割、耐沙埋、抗日灼、耐干旱贫瘠等一系列生态适应特性。

五、植物对风的生态适应

风的生态效应是多方面的。风能影响水分和 CO_2 进出叶片的速度进而影响光合作用和水分平衡。在盛行一个方向强风的生境，植物常长成畸形，乔木树干向背风方向弯曲，树冠向背风面倾斜，形成所谓"旗形树"。强风也可使植物旱化和矮化。风对植物也有破坏作用，如打断枝干、拔根等。

植物繁殖器官也能对风做出适应性响应。例如，松科、柏科和杨属（Populus L.）植物能靠风传播花粉；兰科、列当科部分植物能靠风传播种子或果实。这类植物的孢子、种子或果实一般小而轻，或具冠毛，如菊科、杨柳科部分植物；或者具翅翼，如榆属（Ulmus L.）和槭属（Acer L.）植物。在荒漠和草原地区常见到"风滚型植物"，它们在种子成熟后整株折断，并随风传播种子。

第四节　植物的生态适应

一、植物的生活型

植物的生活型（life form），是指植物对生境条件长期适应而在外貌上表现出相似的生长类型，是不同植物对相同生境趋同适应的结果，如乔木、灌木、草本、藤本和垫状植物等。按植物外貌特征区分的生活型也称为生长型（growth form），如木本植物、半木本植物、草本植物和叶状植物。

目前，运用最广泛的是丹麦植物学家 Raunkiaer（1905）创立的植物生活型分类系统。他以温度和湿度作为揭示生活型的基本因素，以植物渡过不良季节的适应方式作为分类基础，以休眠芽或复苏芽所处位置的高低以及保护方式为依据，把高等植物分为高位芽植物、地上芽植物、地面芽植物、地下芽植物和一年生植物五大生活型类群。高位芽植物（phanerophyte）的更新芽位于距地表25cm以上，如乔木、灌木和一些生长在热带潮湿气候条件下的草本等；地上芽植物（chamaephyte）的更新芽不高出地表25cm，多为小灌木、半灌木（茎

仅下部木质化）或草本；地面芽植物（hemicryptophyte）在生长不利季节，地上部分全部死亡，更新芽位于地面，被土壤或残落物保护；地下芽植物（geophyte）的更新芽埋在地表以下或位于水体中；一年生植物（therophyte）在不良季节，地上、地下器官全部死亡，以种子形式渡过不良季节（图19-1）。

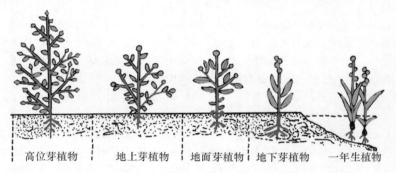

| 高位芽植物 | 地上芽植物 | 地面芽植物 | 地下芽植物 | 一年生植物 |

图 19-1　Raunkiaer 生活型图解

二、植物的生态型

生态型（ecotype），是指同种植物不同个体，由于长期生长在不同环境条件下，受不同生态因子的综合影响，发生了变异和分化，且在遗传上被固定下来，这些不同的个体群称为生态型。生态型是同种植物对不同生境条件趋异适应的结果。

生态型的分化程度与物种的地理分布范围有关，分布区广的物种，产生的生态型多，对不同环境的适应能力更强。研究植物生态型分化的过程和机制，不仅有助于了解种内分化定型的过程和原因，为研究物种进化提供资料，而且能为育种和引种工作提供理论依据。

第五节　植物种群与环境

一、种群的基本特征

种群（population）或局域种群（local population），是指一定空间内同种植物个体的集合，它们之间能自由授粉和繁殖。多个局域种群可以通过某种程度的个体迁移而连接在一起形成区域种群，也称为异质种群或集合种群（metapopulation），即一组局域种群构成的种群。种群不仅是物种存在、遗传进化的基本单位，也是群落或生态系统的基本组成单位。

自然种群的基本特征有：①空间特征，即种群具有一定的分布区域；②数量特征，即单位面积或体积中的个体数量是动态变化的；③遗传特征，即种群具有一定的基因组成，种群遗传多样性常与物种适应能力有关。

（一）种群的分布

1. 种群分布

种群分布（population distribution），是指种群在空间中的分布状况，涉及种群传播、分布类型和格局等。物种的分布现状，既受其从分布中心或起源中心向外传播的影响，也受其传播限制因素和生态障碍的影响，

包括极端温度、积温和湿度等自然气候因子；海洋、山脉、陆地等自然地理因子；以及生物因子，如传粉昆虫。

2. 种群分布格局

种群分布格局（distribution pattern），是指在一个地理分布区内某一种群不同个体的分布状况，也称为种群内分布型。

（1）随机分布（random dispersion）。种群个体分布是偶然的，分布机会相等，个体间彼此独立，个体的出现与其他个体是否已经存在或将要出现无关（图19-2）。引起随机分布的原因有：生境条件比较一致；某一主导因素呈随机分布。

（2）均匀分布（uniform dispersion）。种群个体分布是等距离的，或个体间保持一定的均匀间距。引起均匀分布的原因有：种内竞争，优势种成均匀分布而使其伴生植物也成均匀分布，地形或土壤物理性状的均匀分布，虫害引起，自毒现象等。均匀分布格局在自然条件下极为少见，大多出现在人工群落中。

（3）聚群分布（aggregated dispersion）。种群内个体的分布极不均匀，常成群、成簇、成块、斑点状密集分布，各群的大小、群间距离、群内个体密度等都

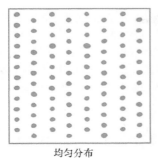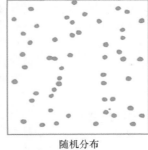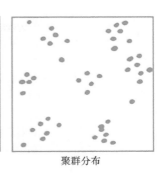

| 均匀分布 | 随机分布 | 聚群分布 |

图 19-2 种群的三种分布类型

不相同，但各群大多随机分布，有时各群间也均匀分布。聚群分布是最常见的种群分布格局。形成聚群分布的原因有：植物从母株上散布种子，落在附近，种子长成植株，形成群状；有些植物果实内含有多粒种子，如松树球果，这些种子形成的植株总是非常靠近，呈簇状；植物的无性繁殖能形成密集聚群，如伐根萌芽和根蘖形成的集群。

有时同一群落内的某一种群可以形成多种分布格局。例如，一种植物侵入某一生境，种子自然撒播可能形成随机分布，随后由于无性繁殖形成聚群分布，最后又因竞争或其他原因呈随机分布或均匀分布。

（二）种群数量及增长

种群数量是指在一定面积或容积中某一物种的个体总数。种群个体数目多少，也称为种群大小（population size）。单位面积或单位容积内种群个体数目称为种群密度（population density）。种群数量取决于出生率和死亡率的对比关系。单位时间内出生率与死亡率之差为增长率（growth rate）。设种群的起始数量为 N_0，单位时间后种群的数量为 N_1，则有限增长率（周期增长率）（finite rate of increase）：

$$\lambda = N_1/N_0$$

1. 指数式增长

如果种群个体之间没有竞争，环境资源是无限的，种群数量将呈指数式增长，增长曲线为 J 形（图 19-3）。图 19-3 中曲线可以表示为：

$$N_{t+1} = \lambda N_t \text{ 或 } N_{t+1} = N_0 \lambda^t$$

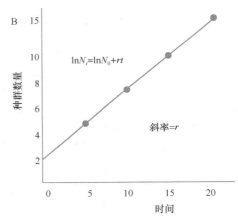

图 19-3 种群的指数式增长
A. 算术标尺；B. 对数标尺

如果所研究的生物在每年生长季都连续不断繁殖，并且种群是世代重叠的，其种群增长可以用 Lotka（1922）提出的方程式表示：

$$dN/dt = rN$$

其积分式为：

$$N_t = N_0 e^{rt}$$

式中，r 为种群瞬时增长率（instantaneous growth rate），它与周期增长率 λ 的关系为：

$$r = \ln\lambda \text{ 或 } \lambda = e^r$$

参数 r 值因种群大小、状况及其所处环境而异。为了比较不同种群的 r 值，常把理想状态下种群能达到的最大增长率称为内禀增长率（innate capacity of increase），用 r_m 表示，也被称为生物潜能（biotic potential）。

2. 逻辑斯蒂增长

环境资源总是有限的，种群不可能长期呈指数式增长。随着种群个体数量增加，对有限空间和其他生活必需资源的种内竞争加剧，影响到种群的出生率和存活率，从而影响种群的实际增长率。当种群个体数目接近环境所能支持的最大值，即环境负荷量（carrying capacity）K 值时，种群将不再增长而保持在该值附近，这时 dN/dt＝0。Pearl 和 Reed（1920）提出了描述这一种群增长过程的方程，即逻辑斯蒂方程（Logistic equation）：

$$\mathrm{d}N/\mathrm{d}t=rN（K-N）/K$$

逻辑斯蒂曲线是一条向着环境负荷量（K）逼近的"S"形增长曲线（图 19-4）。（$K-N$）/K 表示环境阻力。当 $K-N>0$ 时，种群增长；$K-N<0$ 时，种群个体数目减少；当 $K-N=0$ 时，种群数量保持稳定状态。

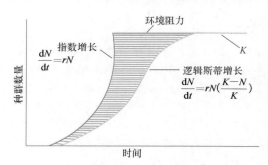

图 19-4　种群逻辑斯蒂增长的理论曲线

（三）种群的年龄结构

种群年龄结构是指种群内个体的年龄分布状况，即不同年龄个体在种群内的比例或配置情况。若按年龄由小到大将其比例绘制成图，其形状类似于金字塔，故又称为年龄金字塔或年龄锥体。按种群的年龄结构，可把种群分为增长型、稳定型和衰退型三种类型。

增长型种群（increasing population），是指幼年个体所占比例最大，老年个体所占比例少，幼年、中年个体除了补充死去的老年个体外还有剩余，这类种群的数量呈上升趋势。

稳定型种群（stable population），是指各个年龄级的个体数分布比较均匀，每个年龄级进入上一级的个体数，与下一个年龄级进入该级的个体数大致相等，种群大小趋于稳定。

衰退型种群（declining population），是指老年个体所占比例大，幼年个体所占比例小，大多数个体已过了生殖年龄，种群数量趋于减少。

值得注意的是，利用年龄结构分析种群发展趋势时，还应考虑环境因子的作用，因为有时幼苗数量并不能完全说明种群的发展趋势。例如，在松—栎混交林中，松苗常比栎苗多，但由于栎苗耐阴性比松苗强，在郁闭林下，不利于喜阳的松苗生长，最终被栎所替代。因此，结合种群的生态需求、环境条件及各龄级的死亡率和产生后代能力，能更好地评估种群的未来。

（四）种群的遗传与进化

种群内不同个体的基因型并不完全相同，因而它们的表现型也有差异，能较好适应环境的个体产生更多的后代，结果使种群更适应环境。如果环境条件随时间发生变化，能较好适应新环境的基因型产生的后代数量增加，不能适应新环境的基因型将减少或被淘汰，在自然选择中种群的遗传组成将发生变化，从而产生适应性更强的表现型。物种或种群的遗传组成随时间发生变化的过程就是进化（evolution）。

（五）生态入侵

某种生物被人类有意或无意带入适宜栖息和繁衍的地区，种群不断扩大，分布区逐步扩展，这种过程称为生态入侵（ecological invasion）。生态入侵已成为全球性的社会经济和环境问题，它不仅打破了物种生存的自然平衡，危害生物多样性，使生态系统出现匀质化，而且给社会经济发展和人类健康造成巨大损失。紫茎泽兰［*Ageratina adenophora*（Sprengel）R. M. King & H. Robinson］是我国危害最严重的外来入侵植物之一，它能入侵农田、果园、茶园、草地、林地、路边和荒地等多种生境，严重影响农林牧业生产。

外来植物成功入侵的原因是多方面的。增强竞争能力的进化假说（evolution of increased competitive ability hypothesis）认为，在入侵地外来植物由于缺少天敌（天敌逃逸，enemy release）而将在原产地用于防御的资源用于生长与繁殖，提高了竞争能力，促进入侵。我国学者冯玉龙等提出的氮分配进化假设（evolution of nitrogen allocation hypothesis）认为，外来入侵植物对天敌逃逸的进化响应是减少叶氮向天敌防御系统的分配比例，提高向光合机构的分配比例；氮从防御向生长的分配转移，提高了入侵植物的资源利用效率，进而提高竞争能力和入侵性。

二、种间关系

种间关系（interspecific relationship）或种间相互作用（interspecific interaction）是种群生态学的一个重要问题，因为自然界的大多数群落都是多个物种的集合，在靠近生长的两个种之间，必然要发生种间关系。

（一）竞争

种间竞争（interspecific competition），是指两个种因需要相同或相似环境资源所形成的相互关系。绿色植物间的竞争主要是对光、水、矿质养分和生存空间等的竞争。竞争的结果可能有两种，一是假如两个种是直接竞争者，即在相同空间、相同时间内利用相同资源，那么一个种群增加，另一个种群减少，直到后者消失为止；二是如果两个种在要求上或在空间关系上不同，那么就有可能是每个种群消长，维持平衡。种内个体间的竞争要比不同物种间的竞争更为强烈。

每个种群在群落内都占有一定范围的温度、水分、光照以及时间和空间资源，在群落内具有区别于其他种群的地位和作用，我们把种群的这一特征称为生态位（ecological niche）。生态位和生境是两个不同的概念，生境是许多生物共同生活的环境，而生态位是指某一种群可能占据的环境资源总和以及它在群落中的地位和角色。群落中任何两个种群的生态位都不相同，但生态位可以重叠。生态位重叠是引起种群间竞争的原因。

两个种越相似，它们的生态位重叠越多，竞争越激烈。生态位接近的两个种不能永久共存，这一现象被称为竞争排斥原理（competitive exclusion principle）或高斯（Gause）假说。

（二）共生

互惠共生（mutualism），是指对共生双方都有利的共生关系，如菌根、根瘤和地衣等。在植物界，菌根是最常见、最重要的互惠共生类型，如松属、云杉属和杨属等植物都有菌根。菌根（mycorrhiza）包括外生菌根（ectomycorrhiza 或 ectotrophic mycorrhiza）、内生菌根（endomycorrhiza 或 endotrophic mycorrhiza）和内外生菌根（ectendomycorrhiza 或 ectendotrophic mycorrhiza）。

附生（epiphytism），也称偏利共生（commensalism），是指两个种之间的关系只对一方有利，对另一方无利害。在森林中，常能见到一种植物附着在另一种植物上生长的现象，藻类、地衣、苔藓和蕨类，甚至种子植物都有附生现象。附生植物（epiphyte）的产生是长期进化的结果，它避免了生长在土壤上与其他植物的竞争，能获得更合适的生长条件。但附生植物过多的繁殖生长，也可对宿主产生不利影响，甚至导致宿主死亡，使它们的关系转变成拮抗关系（antagonistic relationship）。

（三）寄生

寄生（parasitism），是指某一物种的个体依靠另一物种个体的营养而生活的现象。寄生于其他植物上并从中获得营养的植物称为寄生植物（parasitic plant），如菟丝子（*Cuscuta chinensis* Lamarck）。有些寄生植物自身含有叶绿素，可以合成一部分营养物质，称为半寄生植物（hemiparasite），如槲寄生［*Viscum coloratum* (Kom.) Nakai］；有些寄生植物不含叶绿素，为全寄生植物（haloparasitic plant），如大王花（*Rafflesia arnoldii* R. Br.）。无论是哪种类型，寄生植物都会使寄主植物生长减弱，轻者引起寄主植物生物量降低，重者引起寄主植物养分耗竭，并使组织破坏而死亡。

寄生植物具有特殊的形态解剖特征和生理特征。主要表现在如下几个方面。①一些"无用"器官和结构退化甚至消失。例如，菟丝子，种子萌发初期有根，但攀附到寄主上，根便失去作用而死亡，而叶也极度退化。②形成获取寄主养分的结构或器官，如专性固定器官（如吸盘、小钩等）。③很多寄生植物有强大的繁殖力和生命力。例如，寄生在很多禾本科植物根上的玄参科独脚金属（*Striga* Lour.）植物，一株可产生50万粒种子，种子存活20年。

（四）化感作用

化感作用（allelopathy），是指植物通过地上部茎叶挥发、淋溶和根系分泌物以及植物残株分解等途径向环境释放化学物质而促进或抑制其他生物生长的效应。化感作用广泛存在于自然界，与植物对光、水、养分和空间的竞争一起构成了植物间的相互作用，在森林更新、植被演替以及农业生产中具有重要意义。

化感作用也是外来植物入侵的一个重要机制。黄顶菊［*Flaveria bidentis* (L.) Kuntze.］根系能产生一种化感物质，这种化感物会抑制其他生物生长，并最终导致其他植物死亡。铺散矢车菊（*Centaurea diffusa* Lam.）释放的 8 羟基喹啉（8-hydroxyquinoline）、斑点矢车菊（*C. maculosa* Lam.）释放的儿茶酚［(-)-catechin］和飞机草［*Chromolaena odorata* (L.) R. M. King & H. Robinson］释放的飞机草素（odoratin）都具有很强的化感作用，是三种植物成功入侵的重要机制。新武器假说（novel weapons hypothesis）认为，由于和外来入侵植物缺乏长期的共同进化历史，入侵地的本地植物对入侵植物释放的化感物质更敏感，生长受到抑制，使入侵植物获得对本地植物的竞争优势。新武器假说和增强竞争能力的进化假说并不矛盾，我国学者冯玉龙等发现，飞机草可以通过提高化感作用、提高资源向生长和繁殖的分配，或降低资源向根系的分配，进而提高竞争能力和入侵性。

第六节 植物群落与环境

植物群落是指在特定空间或特定生境下不同植物种群有规律的组合，植物之间及其与环境之间彼此影响，相互作用，具有一定的植物种类组成、形态结构与营养结构，执行一定的功能。

一、植物群落的种类组成及数量特征

群落中植物的种类组成是构成植物群落的基础，也是研究群落结构的一个重要方面。

（一）群落种类组成的地位分析

优势种（dominant species），是指群落中各个层（如草本层、灌木层和乔木层）占优势，对群落结构和环境影响最大的物种。各层的优势种可以是一个，也可能多个，即共优种。

建群种（constructive species 或 edificato），是指优势层中的优势种，在群落中其个体数量不一定最多，但能决定群落的结构和环境。随着时间推移和群落演替，建群种可能被其他优势种替代。

亚优势种（subdominant species），是指个体数量与作用都次于优势种，但在决定群落性质和控制群落环境方面，仍起一定作用的物种。它们常居于群落下层。

伴生种（companion species），是指在群落中出现，但对群落的作用和影响不大的非优势种，它们经常相当稳定地与优势种相伴而生。有些生态幅较宽，常见于多种群落内，而有些生态幅较窄并仅限于某一群落或生境中，成为该群落的指示种。

偶见种或罕见种（rare species），是指在群落中出现频率很低的种。它们可能是由于很多偶然因素的改变而入侵的物种，或是由于人类或动物等因素偶然传播的结果，也可能是种群衰退中的残留种。

（二）群落种类组成的数量特征

物种丰度（species richness），是指群落内物种数目的多少，是描述物种多样性的常用指标之一。物种丰度大，群落结构复杂，稳定性大。

多度（abundance），是指群落中某种植物个体数目的多少。

盖度（coverage），包括投影盖度和基部盖度，前者是指植物枝叶所覆盖的土地面积占样地面积的百分比；后者是指植物基部截断面积或覆盖面积占样地面积的百分比。

频度（frequency），是指群落中某种植物出现的频率。实测时，以某种植物出现样方的百分数表示，常用于衡量植物在群落中分布的均匀性。

密度（density），是指单位面积内某物种的个体数。

根据密度、频度和显著度（树木的基部盖度）来确定森林群落中每一树种的相对重要性，以重要值（importance value）来表示：

$$重要值＝［相对密度（％）＋相对频度（％）＋相对显著度（％）］÷300$$

相对密度（％）：一种植物的密度占样方中密度最大的植物的密度的百分比；

相对频度（％）：一种植物的频度占样方中频度最大的植物的频度的百分比；

相对显著度（％）：一种植物的基部盖度占样方中基部盖度最大的植物的基部盖度的百分比。

重要值综合了几个性质不同的群落数量特征，是一个比较客观的指标，现已广泛用于森林和草原群落调查。重要值越大，物种作用越大，地位越重要。

二、植物群落的结构特征

植物群落具有一定的种类组成和结构，一般在外貌上表现较为明显，是区别植物群落的基础，也是不同群落类型的主要标志。

（一）群落的垂直结构

群落的垂直结构主要指群落的分层现象，即每个种群在空间不同层次上分布的现象，也称为成层性。包括地上与地下分层结构。

植物群落的分层主要取决于植物的生活型，也与环境有关，地上部分层与光能利用有关，地下部分层与土壤水分及营养有关，水体中分层则与光和温度有关。森林群落分层最明显和完整，从上向下各层次依次为：乔木层、灌木层、草本层、地被层（主要是指苔藓地衣层，一般可将其与草本层合称为活地被层）和层外植物（又称层间植物或填空植物）。

（二）群落的水平结构

植物群落结构特征还表现在水平方向上的镶嵌性。群落中各种植物的水平分布往往是不均匀的，这一方面取决于植物的空间分布和种间关系，另一方面也与群落内小生境的差异有关。在不同小生境中形成不同种类组合，致使群落具有镶嵌性，如林下光照强的地方和弱的地方植物的种类组有差异。

植物群落交错区，也称为生态交错区或生态过渡带，是两个或多个群落之间的过渡区域。例如，在森林和草原之间有一个森林草原地带，两个不同森林类型之间或两个草本群落之间也存在交错区。

（三）季相

群落的季相（aspect），是指群落随一年中季节（如春季、夏季、秋季、冬季，雨季、旱季）更替而出现的周期性外貌。一个群落的季相，在正常情况下，可年复一年出现。例如，在四季分明的温带地区，落叶阔叶林春季放叶，夏季盛叶，秋季落叶，冬季休眠；草原上也因不同类型植物萌发、生长、开花、结果的时间不同，表现出明显的季相。

三、植物群落的演替

演替（succession），是指一个植物群落类型被另一个群落类型替代的过程。任何一个群落，从形成开始就一直处于不断变化之中。有些演替阶段人们很容易感觉到，如弃耕的农田，先是一年生农田杂草为优势种，而后是多年生杂草侵入并逐渐取代一年生杂草，再后可能出现木本植物，这个过程在几年之内就能看到。但有些演替因某个演替阶段很长，几十年，甚至上百、上千年，不易感觉到，如岩石表面的壳状地衣群落。

演替是群落自身和环境共同作用的结果。一个新植物群落的形成，可以从裸地开始，也可以从已有群落开始，一般都要经过侵入、定居和竞争三个步骤。植物在侵占某生境及其发展过程中，不可避免地会改变生境条件，而这种改变往往不利于该植物长期占据该生境，结果使得这个种群被另一个种群取代。例如，不耐阴的先锋植物，随群落演替而形成相对荫蔽环境时，其自身繁殖、存活将受到限制，终被淘汰，而耐阴植物则侵入并逐渐繁荣起来。事实上，每个群落都要经历发育初期、发育盛期到发育末期的发展过程，最终又被另一个群落所取代。

裸地一般分为原生裸地和次生裸地两种类型。原生裸地是指从来没有生长过植物的地方，如山体滑坡后裸露的岩石；或是曾经有过植被，但已彻底消失的地方，如火山爆发后熔岩流过的地方，以及受冰川长期作用过的地方。次生裸地是指原来植被虽已不存在，但至少原有植被的土壤（包括土壤中的种子和其他繁殖体）基本保留的地方，如森林砍伐迹地，弃耕农田等。在原生裸地开始的演替称为原生演替（primary succession）；在次生裸地开始的演替称为次生演替（secondary succession）。一定时期内植物群落（或生物群落）相互替代以及环境不断变化的过程称为演替序列。每种演替均有其相应的演替序列，如干旱环境中植物的演替所形成的序列称旱生演替序列，沙丘环境中的植物演替形成的序列称沙生演替序列。下面仅以原生水生演替序列（primary hydrosere）和原生旱生演替序列（primary xerosere）为例简述演替过程。

（一）原生水生演替序列

在淡水湖泊中，只有在水深5～7m以内的湖底，才有较大型的水生植物生长，而在水深超过5～7m时，便是水底的原生裸地了。因此根据淡水湖泊中湖底深浅变化，其水生演替序列将有以下演替阶段。

（1）自由漂浮植物阶段。植物是漂浮生长的，其死亡残体将增加湖底有机质聚积，同时湖岸雨水冲刷带来的矿物质微粒的沉积逐渐使湖底升高。这类漂浮的植物有浮萍（*Lemna* spp.）、满江红（*Azolla imbricata*）和一些藻类植物。

（2）沉水植物阶段。在水深5～7m处，湖底裸地上最先出现的先锋植物是轮藻属（*Chana*）植物。该属植物生物量相对较大，使湖底有机质积累较快，加快了湖底的抬升。当水深至2～4m时，金鱼藻（*Cerotophyllum demersum* L.）、眼子菜（*Potamogeton octandrus* Poir）、黑藻 [*Hydrilla verticillata*（L.f.）Royle]、大茨藻（*Najas marina* L.）等高等水生植物开始大量出现，这些植物生长繁殖能力更强，垫高湖底作用更大。

（3）浮叶根生植物阶段。随着湖底日益升高，浮叶根生植物开始出现，如莲（*Nelumbo nucifera*）、睡莲（*Nymphaea totragona*）等。这些植物一方面由于自身生物量较大，残体对进一步抬升湖底有明显作用；另一方面由于这些植物叶片漂浮在水面，当它密集在水面上时，就使得水下光照条件变差，不利于水下沉水植物生长，这使沉水植物向较深湖底转移。这样又起到了抬升湖底的作用。

（4）直立水生植物阶段。浮叶根生植物使湖底显著抬升，为直立水生植物的出现创造了良好条件，最终直立水生植物取代了浮叶根生植物，如芦苇、香蒲、泽泻（*Alisma orientale*）等。这些植物的根茎极为茂密，常纠缠交织在一起，使湖底迅速抬高，有的地方甚至可以形成一些浮岛。原来被水淹没的土地开始露出水面与大气接触，生境开始具有陆生植物的特点。

（5）湿生草本植物阶段。新从湖中抬升出来的地面，含有丰富的有机质和近于饱和的土壤水分。喜湿生的沼泽植物开始定居在这种生境上，如莎草科和禾本科中的一些湿生性种类。若此地带气候干旱，则这个阶段不会持续太长，很快旱生草类将随着生境中水分的大量丧失而取代湿生草类。若该地区适于森林发展，则该群落将会继续向森林方向进行演替。

（6）木本植物阶段。在湿生草本植物群落中，最先出现的木本植物是灌木。随着树木侵入，便逐渐形成了森林，其湿生生境也最终改变成中生生境。

由此看来，水生演替序列就是湖泊填平的过程。这个过程是从湖泊周围向湖泊中央顺序发生的。因此，比较容易观察到，从湖岸到湖心不同距离处，分布着演替序列中不同阶段的群落环带，每一带都为次一带的"进攻"准备了土壤条件。

（二）原生旱生演替序列

旱生演替序列是从环境条件极端恶劣的岩石表面或砂地上开始的，包括以下几个演替阶段。

（1）地衣植物群落阶段。岩石表面无土壤，光照强，温度变化大，贫瘠而干燥。在这样的环境条件下，最先出现的是壳状地衣。地衣分泌的有机酸腐蚀了坚硬的岩石表面，加之物理和化学风化作用，坚硬的岩石表面出现了一些小颗粒，在地衣残体作用下，该细小颗粒有了有机成分。其后，叶状地衣和枝状地衣继续作用于岩石表层，使岩石表层更加松软，岩石碎粒中有机质也逐渐增多。此时，地衣植物群落创造的较好环境，反而不再适合自身生存，但却为较高等的植物类群创造了生存条件。

（2）苔藓植物阶段。在地衣群落发展后期，开始出现了苔藓植物。苔藓植物与地衣相似，能够忍受极端干旱环境。苔藓植物的残体比地衣大得多，可以积累更多腐殖质，同时对岩石表面的改造作用更强烈。岩石颗粒变得更细小，松软层更厚，为土壤发育和形成创造了更好条件。

（3）草本植物群落阶段。群落演替继续向前发展，一些耐旱植物种类开始侵入，如禾本科、菊科、蔷薇科植物。种子植物对环境的改造作用更加强烈，小气候和土壤条件更有利于植物生长。若气候允许，该演替序列可以向木本群落方向进行。

（4）灌木群落阶段。草本群落发展到一定程度时，一些喜阳的灌木开始出现，它们常与高草混生，形成

"高草灌木群落"。其后灌木数量大量增加，成为以灌木为优势的群落。

（5）乔木群落阶段。灌木群落发展到一定时期，为乔木的生存提供了良好环境，喜阳的树木开始增多。随着时间推移，逐渐形成了森林。最后形成与当地大气候相适应的乔木群落，形成了地带性植被即顶极群落（climax community）。

顶极群落是指与当地气候相适应的地带性植被的阶段。于演替的最终阶段，有两种理论。单元顶极演替理论认为，一个气候区内只有一个气候顶极，只要给予充分长的演替时间，由地形、土壤或人为等因素导致的稳定的前顶极群落都能演替为同一气候顶极。多元顶级演替理论认为，除了气候顶极外，一个气候区内还应该有其他的顶极群落，只要一个群落处于稳定状态，不再向前发展，就可认为是一个顶极，如火顶极（火灾后形成的稳定群落）和土壤顶极（不同土壤类型下的稳定群落）等。

第七节　世界主要植被类型分布与环境

植被（vegetation），是指某一地区内全部植物群落的总和，植物群落是构成植被的基本单位。不同植被类型的分布取决于气候条件，主要是热量和水分以及其他有关的自然要素。

一、热带植被类型

（一）热带雨林

热带雨林（tropical rain forest）（图 19-5），主要分布在赤道南、北纬 5°～10°以内、终年湿润多雨的热带气候区。该区内水热条件充沛，年均气温 25～30℃，年均温差 1～6℃，无明显的冬季和旱季，年降水量 2000～4000mm，多的可达 12 000mm（如夏威夷），空气相对湿度达 90% 以上。土壤为砖红壤，质地为壤质或黏质，几乎都呈酸性，腐殖质含量低，土层内富有铁铝氧化物。植物群落最明显的特点是乔木层种类多，每公顷有 40～100 种之多。树冠参差不齐，色彩不一，树干高大笔直，分枝少，有板状根和气生根。中型叶或大型羽叶常绿，下层植物常具滴水叶尖及花叶现象。茎花现象也是雨林乔木的一个特征。另外，藤本植物、绞杀植物、附生植物等几个层片，构成了热带雨林的特殊景观。

图 19-5　热带植被类型

A. 广东湛江红树林（贺超摄）；B. 云南元江季雨林（朱华摄）；C. 云南南部热带雨林（朱华摄）；
D. 热带稀树草原

我国雨林是印度—马来西亚雨林群系的一部分，主要分布在海南、台湾，以及广东、广西和云南南部和西藏东南部。

（二）季雨林

季雨林（monsoon forest）（图 19-5），是指分布在年均气温 25℃左右，年降水量 800～1500mm，具有明显干湿季节交替地区的森林类型。主要分布于亚洲、非洲和美洲，东南亚季雨林分布面积最大，发育最典型。群落高度较低；有季相变化，主要树种干季落叶、雨季到来时开始长叶并相继开花，由于花期比较集中且某些植物具有大型花，使季雨林外貌显得华丽；下层有常绿树种，具有旱生特征；林内有少量藤本和附生植物。

我国季雨林分布在广东湛江、化州、高州和阳江一线以南，其中以海南岛北部和西南部面积最大；在广西分布于百色、田东、南宁、灵山一线以南全部低海拔地区；在云南主要分布于海拔 1000m 以下的干热河谷两侧山坡和开阔的河谷盆地。季雨林以阳性耐旱的热带落叶树为主，最常见的有木棉（*Bombax malabaricum* DC.）、合欢属（*Albizia* Durazz）和黄檀属（*Dalbergia* L. f.）植物等。

（三）红树林

红树林（mangrove forest）（图 19-5），是指受周期性海水浸淹而生长于海滩淤泥上耐高温盐碱的湿生乔灌木群落，主要分布在南、北回归线之间（可达北纬 32°和南纬 44°）。世界上红树林有两个分布中心，一个是以马来半岛为中心的东方红树林，包括太平洋西岸及印度洋沿岸的热带和亚热带地区，种类可达 20 余种；另一个是西方红树林，包括太平洋东岸及大西洋沿岸的热带和亚热带地区，种类较少。红树林生长环境是风浪小、地势平缓、积有淤泥的海滩，土壤含盐量可达 3.5% 左右。红树林主要由红树科植物组成，故称为红树林，最显著的特征是有密集的支柱根和胎生现象。

我国红树林植物共有 13 科、15 属、24 种，主要分布在广东、海南和福建沿海，广西和台湾沿海。

（四）稀树草原

稀树草原（savanna）（图 19-5），也称萨王纳群落，是指热带的旱生草本群落，在群落内到处都有旱生乔木独株稀疏地分布着。稀树草原主要位于赤道南、北 5°～20° 范围内，非洲分布面积最大，占该大陆总面积的 40% 左右，在东部和撒哈拉大沙漠以南特别发达，主要草本植物有禾本科的须芒草属（*Andropogon* L.）、黍属（*Panicum* L.）和龙胆科的绿草属（*Chlora* L.）植物，而乔木中以伞状金合欢［*Acacia farnesiana*（L.）Willd.］和猴面包树（*Adansonia digitata* L.）为典型。南美的稀树草原集中在巴西高原上。此外，北美洲西部，澳大利亚中部荒漠四周，亚洲的印度、缅甸中部、斯里兰卡北半部和东南半岛的部分地区也有分布。

我国的稀树草原主要分布在华南和西南地区，通常出现在砖红壤或红棕壤以及砖红壤性红壤地区，大多数是由于森林受到人为破坏后产生的次生植被，但也有些是由于季节性干旱导致的。

二、亚热带植被类型

（一）常绿阔叶林

常绿阔叶林（evergreen broad-leaved forest）（图 19-6），是指分布在亚热带地区大陆东岸的植被。它在南美洲、北美洲、大洋洲、非洲和亚洲均有分布，但我国的常绿阔叶林分布面积最大，发育最典型。该区有明显的亚热带季风气候，夏季炎热潮湿，最热月平均温度 24～27℃，冬季稍干寒，最冷月平均温度 3～8℃，年均温度 16～18℃，年降水量 1000mm 以上。群落中主要树种为樟科、山茶科、壳斗科。树叶革质，有光泽，叶面与光垂直，故称照叶林。上层乔木的芽有芽鳞保护。林下为湿生植物，附生植物不发达，缺少茎花现象和板状根。

我国亚热带常绿阔叶林主要分布于长江以南至福建、广东、广西、云南北部广阔山地丘陵及西藏南部山地。土壤类型主要为红壤、山地黄壤、山地黄棕壤。

（二）常绿硬叶林

常绿硬叶林（evergreen sclerophyllous forest）（图 19-6），分布在夏季炎热干旱、冬季温和多雨地区，最典型的分布地区是地中海沿岸，大洋洲西部、东部和中部，南非开普敦，北美加利福尼亚以及南美智利中部沿海一带也有分布。群落特征是叶常绿、革质，机械组织发达，叶面方向几乎与光线平行。硬叶林的主要成分是椰子栎（*Quercus coccifera* L.）、冬青栎（*Q. ilex* L.）、木犀榄（*Olea europaea* L.）、欧石楠（*Erica arborea* L.）和百里香（*Thymus vulgaris* L.）等。

我国的常绿硬叶林主要分布于四川西部、云南北部以及西藏东南部分河谷中，其中金沙江峡谷两侧高山是其分布中心。因为我国没有夏干冬雨气候，所以，我国的常绿硬叶林是一个特殊类型，被称为山地常绿硬叶林，主要树种有川滇高山栎（*Q. aquifolioides* Rehd. et Wils.）、川西栎（*Q. gilliana* Rehd. et Wils.）和黄背栎（*Q. pannosa* Hand.-Mazz.）等。

（三）荒漠

荒漠（desert）（图 19-6），主要分布在亚热带和温带干燥地区，从非洲北部的大西洋起，往东经撒哈拉沙漠、阿拉伯半岛大、小内夫得沙漠，鲁卜哈利沙漠，伊朗卡维尔沙漠和卢特沙漠，阿富汗赫尔曼德沙漠，印度和巴基斯坦的塔尔沙漠，哈萨克斯坦的中亚荒漠，到我国西北和蒙古国的大戈壁形成世界上最为广阔的

图 19-6　亚热带植被类型

A. 云南德钦梅里雪山常绿硬叶林（朱华摄）；B. 内蒙古荒漠草原（贺学礼摄）；

C. 云南哀牢山常绿阔叶林（朱华摄）；D. 甘肃安西荒漠（贺学礼摄）

荒漠区。此外，还有北美洲西部大沙漠，南美洲西岸的阿塔卡马沙漠，澳大利亚中部沙漠，南非卡拉哈里沙漠等。荒漠气候极干旱，年降水量少于 250mm，蒸发量大于降水量数倍或数十倍，夏季炎热，昼夜温差大，土壤缺乏有机质，植被稀疏。

三、温带植被类型

（一）夏绿阔叶林

夏绿阔叶林（summer green broad-leaved forest）（图 19-7），也称为落叶阔叶林（deciduous broad-leaved forest），是由夏季长叶、冬季落叶的乔木树种组成的森林植被类型，是温带气候下的地带性植被类型之一。主要分布在世界三个区域，即北美大西洋沿岸，西欧和中欧海洋性气候的温暖区域，亚洲东部，包括中国、朝鲜和日本。在南半球，只有南美洲的巴塔可尼亚有夏绿阔叶林分布。夏绿阔叶林分布区属于温暖湿润的海洋性气候，夏季炎热多雨，冬季寒冷，全年有 4~6 个月的温暖生长季节，最热月平均气温 13~23℃，最冷月平均气温在 0℃ 以下，在大陆性强的地区可达 -12℃，年降水量 500~700mm，水热同季。常见森林有栎林、山杨林、桦林和椴林等；林下灌木也是冬季落叶种类，冬季草本植物地上部枯死或以种子越冬。

我国夏绿阔叶林位于北纬 32° 30′~42° 30′，东经 103° 30′~124° 10′ 范围内。包括辽宁省南部，河北省，山西省恒山至兴县一线以南，山东省，陕西省黄土高原南部、渭河平原以及秦岭北坡，河南省伏牛山，淮河以北，安徽省淮北平原。林下发育的土壤是褐色土和棕色森林土，黄土高原分布着黑垆土。主要树种为壳斗科栎属（*Quercus* L.）和水青冈属（*Fagus* L.）、桦木科桦木属（*Betula* L.）和鹅耳枥属（*Carpinus* L.）、榆科榆属（*Ulmus* L.）和朴属（*Celtis* L.）等。

（二）针叶林

针叶林（coniferous forest）（图 19-7），也称为泰加林（Taiga forest），属于寒温带地带性植被类型，几乎全部分布于北半球高纬度地区，在欧亚大陆北部和北美洲分布最普遍。针叶林的北方界限是整个森林带的北方界限。夏季温凉，冬季严寒，最暖月平均气温 10~19℃，最冷月平均气温 -20~-10℃，在西伯利亚可达 -52℃，在雪被不多的地方，有很厚的冻土层。年降水量 300~600mm。针叶林树种主要有：云杉、冷杉、松和落叶松等，林下植物不发达，层外植物极少。

分布于我国东北大兴安岭北部山地的针叶林主要由落叶松 [*Larix gmelinii*（Rupr.）Kuzen.]、红皮云杉（*Picea koraiensis* Nakai）和臭冷杉 [*Abies nephrolepis*（Trautv. ex Maxim.）Maxim.] 等组成。分布于我国新疆阿尔泰山针叶林主要由西伯利亚云杉（*P.obovata* Ledeb.）和西伯利亚冷杉（*A.sibirica* Ledeb.）组成。

（三）草原

草原（grassland）（图 19-7），属夏绿旱生性草本群落类型。世界上有两大分布区，一个是欧亚草原

图 19-7　温带和寒带植被类型

A. 新疆喀什落叶阔叶林（朱华摄）；B. 云南德钦梅里雪山针叶林（朱华摄）；
C. 内蒙古草原（贺学礼摄）；D. 吉林长白山苔原（曲波摄）

区，在欧亚大陆，从匈牙利和多瑙河下游起，往东经过黑海沿岸进入苏联境内，沿着荒漠以北地域，向东进入蒙古国，一直延伸到我国黄土高原和松辽平原，东西约跨越 100 个经度；北起北纬 56°，向南延伸到我国西藏高原南部高寒草原，达北纬 28°；另一个是北美草原区，从加拿大到美国得克萨斯州，跨越约 30 个纬度；从东到西跨越约 20 个经度。此外，在南美洲的阿根廷与乌拉圭、南非南部以及新西兰等地也有分布。由于草原区域介于荒漠和夏绿阔叶林之间，所以草原气候条件比荒漠湿润，比夏绿阔叶林干旱。草原主要由禾本科、豆科、菊科和莎草科植物组成，土壤为黑钙土或栗钙土。

我国草原分布在北纬 35°～52°，东经 83°～127° 的典型大陆性气候区，主要是松辽平原、内蒙古高原和黄土高原等地，连续呈带状分布，也见于青藏高原、新疆阿尔泰山等地；以半湿润丛生禾草草原为主，主要由菊科、禾本科、蔷薇科、豆科、毛茛科和莎草科等植物组成。

四、寒带植被类型

寒带植被类型是指苔原（tundra）（图 19-7），也称冻原，分布于北冰洋沿岸，欧亚大陆北部和美洲北部。这里冬季漫长而严寒，夏季短促而凉爽，7 月平均温度 10～14℃，冬季最低温可达 −55℃。植物生长期平均 2～3 个月，年降水量 200～300mm，约 60% 在夏季降落，由于蒸发量低，所以气候湿润。风很大，雪被不

均匀，土壤有深达 150～200cm 的永冻层及其引起的沼泽化现象。苔原植被无乔木，最多有 3 层，即灌木层、矮灌木和草本层以及藓类地衣层。常见植物有越橘属（Vaccinium L.）、杜香（Ledum palustre L.）和西伯利亚刺柏（Juniperus sibirica Burgsd.）等。

我国无平地苔原，但有高山苔原，如在长白山分布有小灌木和藓类高山苔原，在阿尔泰山西北部高山带低湿地段分布有藓类地衣高山苔原。

五、植被分布的规律性

（一）水平地带性

植被分布的水平地带性是指纬度地带性和经度地带性。太阳辐射是地球表面热量的主要来源，地球表面从赤道向南、向北热量逐渐减少，形成了各种热量带，植被也依次更替，称为植被的纬度地带性。北半球自北向南依次分布着苔原、针叶林、夏绿阔叶林、常绿阔叶林和热带雨林。欧亚大陆中部与北美洲中部，自北向南依次出现苔原、针叶林、夏绿林、草原和荒漠。但植被的纬度地带性分布规律是相对的，常受海陆位置、地形、洋流性质以及大气环流等因素的强烈影响。

植被分布的经度地带性主要是由于海陆位置、大气环流、洋流、大地形等因素的综合影响而导致的降水量从沿海到内陆逐渐减少，从而使植被从沿海到内陆呈带状分布。就北美洲而言，它的两侧都是海洋，其东部降雨主要来自大西洋湿润气团，雨

量从东南向西北递减，依次出现森林、草原和荒漠。北美洲大陆西部虽受太平洋湿润气团影响，雨量充沛，但经向的落基山阻挡了水汽东移，因而森林仅限于山脉以西。所以，北美洲东西沿岸为森林，中部为草原和荒漠。

我国植被分布的纬度地带性变化可分为东西两部分。在东部湿润森林区，自北向南依次分布着针叶林、落叶阔叶林、常绿阔叶林、季雨林和雨林。西部位于亚洲内陆腹地，属典型大陆性气候，一系列东西走向的巨大山系，打破了植被分布的纬度地带性；自北向南植被依次为温带半荒漠、荒漠、暖温带荒漠、高寒荒漠、高寒草原、高寒山地灌丛草原。在温带地区，我国植被的经向地带性特别明显，从东南至西北受海洋性季风和湿润气流影响逐渐减弱，依次出现湿润、半湿润、半干旱、干旱和极端干旱的气候，相应地出现东部湿润森林，中部半干旱草原和西部干旱荒漠。

（二）垂直地带性

植被分布的地带性规律，除纬向和经向规律外，还有因海拔不同引起的垂直地带性规律，它是山地植被的显著特征。一般来说，从山麓到山顶，气温逐渐下降，而湿度、风力和光照等逐渐增强，土壤条件也发生变化，在这些因子综合作用下，植被随海拔升高依次成带状分布，植被带间的界限大致与山体等高线平行，并有一定的垂直厚度，这种植被分布规律称为植被分布的垂直地带性。在一个足够高的山体，从山麓到山顶一次更替着的植被带系列，大体类似于该山体所在的水平地带至极地的植被地带系列。例如，在我国温带长白山，从山麓至山顶依次分布着落叶阔叶林、针阔叶混交林、云冷杉暗针叶林、岳桦（*Betula ermanii* Cham.）矮曲林、小灌木苔原。因此，有人认为，植被的垂直分布是水平分布的"缩影"，但两者只是外貌结构相似，并不完全相同。

第八节　植物与生态系统

一、生态系统的概念

生态系统（ecosystem），是指生物与生物之间以及生物与环境之间密切联系、相互作用，通过物质交换、能量转化和信息传递，成为占据一定空间、具有一定结构、执行一定功能的动态平衡体。简言之，生态系统就是在一定时空范围内，生物成分和非生物成分相互作用、相互影响所构成的统一整体。地球上有许多大小不一的生态系统，大至生物圈（biosphere）或生态圈（ecosphere）、海洋、陆地、草原和森林，小至湖泊和池塘。

二、生态系统的结构和功能

（一）生态系统的结构

任何生态系统都是由生物成分和非生物环境两部分组成，非生物环境包括参与物质循环的矿质元素和 CO_2 及 H_2O 等化合物，联系生物和非生物成分的蛋白质、糖类、脂类和腐殖质等有机物质，以及气候或其他物理条件（如温度和光照等）；生物成分包括生态系统中的各种生物，根据它们在能量流动和物质循环中的作用，可分为生产者（producer）、消费者（consumer）和分解者（decomposer）三个功能类群。

生产者是指能利用无机物制造有机物的自养生物（autotroph），主要是指绿色植物，也包括光合细菌和化能合成细菌。生产者不仅为自身提供物质和能量，

它所制造的有机物质也是消费者和分解者的唯一能量来源。

消费者不能利用无机养分制造有机物质，而是直接或间接利用生产者所制造的有机养分，属于异养生物（heterotroph），主要指各种动物。根据食性不同，可把消费者分为草食动物（herbivore）、肉食动物（carnivore）、寄生动物（zooparasite）、腐食动物（saprotrophs）和杂食动物（omnivore）。

分解者也是异养生物，其作用是把动植物残体内复杂的有机物分解为生产者能够重新利用的简单化合物，并释放出能量。分解者在生态系统中的作用极为重要，如果没有它们，动植物尸体将会堆积成灾，物质循环停止，生态系统将毁灭。

生态系统不仅有各种组成成分，而且各组分之间存在高度有序性。生态系统中生物的种类、种群数量、空间配置（水平和垂直分布）、时间变化（发育和季相）以及生物种群之间的营养关系网构成了生态系统的形态结构和功能结构，而植物群落的时空结构往往对生态系统的形态结构起着决定性作用。

（二）生态系统的功能

在生态系统中，生物与生物、生物与环境之间存在着高度有序的能量流动（energy flow）、物质循环（circulation of materials）和信息传递（transfer of information）过程。

1. 生态系统的能量流动

生态系统的最初能源来自太阳，辐射到地球表面

的太阳能有两种形式：一种是热能，它温暖大地，推动大气和水的循环；另一种是光能，绿色植物在光能作用下，通过光合作用，利用 H_2O 和 CO_2 合成碳水化合物，将光能转化成化学能。消费者则直接或间接地从植物中获得生长、繁殖所需的能量；分解者则从死的生物体中获取能源。生态系统中的能量转化遵循热力学第一定律和第二定律。

食物链（food chain），也称为营养链（trophic chain），是指生态系统中通过能量和物质利用而形成的链状关系。例如，鹰捕蛇，蛇吃小鸟，小鸟捉昆虫，昆虫吃草。每一个环节为一个营养级（trophic level）。最简单的食物链由 3 个营养级构成，如草—兔—狸。在自然界，一种植物可被多种草食动物取食，多种植物也可被一种草食动物取食；类似地，一种草食动物可能有多种捕食者，一种肉食动物可能捕食多种其他动物。因此，营养链相互交错连接成网络结构，称为食物网（food web）或营养网（trophic web）。对一个生态系统而言，食物网营养关系越复杂，系统约稳定；反之，生态系统越容易发生波动和毁灭。

2. 生态系统的物质循环

能量进入生态系统后，最终被转化成热能而从生态系统消失。但生态系统中的化学物质则不同，它们通过生物（主要是植物）的吸收，从非生物环境进入生物体内，在各营养级之间流动，并通过分解者的分解作用归还到非生物环境中，然后又被生物再利用，如此循环往复，这种过程称为物质循环。每种物质都有其循环途径，地球碳循环途径见图 19-8。据统计，整个地球碳的储存量为 $2.63 \times 10^{19} kg$，但 99.9% 的碳储存于地壳沉积物中，如煤、碳岩和石油等，只有少量碳参与经常性流动和圈层间交换，其中大气圈中 CO_2 约为 $7.03 \times 10^{14} kg$，水中碳约为 $4.23 \times 10^{16} kg$，构成现存生物量的有机态碳约为 $4.23 \times 10^{14} kg$。大气圈、水圈和生物圈是碳循环过程中的活动库。

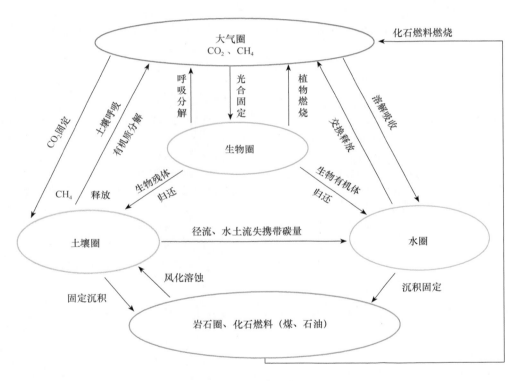

图 19-8　地球的碳循环

3. 生态系统的信息传递

生态系统中，除了物质循环和能量流动外，还有机体之间、环境与机体之间的信息传递，信息流把生态系统各组成部分联系成一个整体。信息可分为 4 种类型：通过食物链传递的营养信息；以物理过程传递的物理信息（光、声和热等）；通过特殊化学物质传递的化学信息（性激素等）；通过行为方式传递的行为信息。

三、生态系统的类型

由于生物种类的多样性和非生物环境的差异，地球表面形成了各种各样的生态系统。按人类对生态系统的影响程度，可将生态系统分为自然生态系统、半自然生态系统和人工生态系统。

自然生态系统（natural ecosystem），是指未受人类干扰和扶持，在一定空间和时间范围内，依靠生物和环境本身的自我调节来维持相对稳定的生态系统，如原始森林、荒漠、冻原和海洋等。

人工生态系统（artificial ecosystem），是指按人类需求，由人类设计建立的、并受人类活动强烈干扰的生态系统，如城市、宇宙飞船、人工气候室和一些用于仿真模拟的生态系统等。

半自然生态系统（seminatural ecosystem），是指通过人类调节管理的自然生态系统，调节的目的是为了更好地服务人类，如农业生态系统等。由于它是人类对自然生态系统的驯化利用，所以又称为人工驯化生态系统（domestic ecosystem）。

按生态系统的环境性质和形态特征，可将生态系统分为水域生态系统和陆地生态系统。根据水体理化性质，水域生态系统又分为淡水生态系统和海洋生态系统。根据植被类型和地貌，陆地生态系统又分为森林、草原、荒漠和冻原等。

海洋生态系统（marine ecosystem），包括海岸带、浅海带和远洋带等亚系统。海洋生物主要有浮游、游泳和底栖三大生态类群，种类十分丰富。海洋生态系统的食物链有两种：一是捕食食物链（predator food chain），是指始于微小的自养生物，结束于大型动物（如鲨鱼和鲸鱼等）的食物链；二是碎屑营养链（detritus trophic chain），是指以碎屑为起点的食物链，在海洋生态系统中碎屑营养链的作用要大于其在陆地生态系统中的作用。

淡水生态系统（fresh-water ecosystem），包括陆地上的江河湖泊及其岸边、河口、淡水沼泽等。与河流相比，湖泊、池塘是相对封闭的生态系统，各种物质多沉积在湖底。在河流上游，植物生产的物质和能量往往不能满足系统中消费者的需求，生物群落能量来源很大程度上依赖于系统外输入，如地表径流所带来的有机物；到河流中段，水生植物数量增多，物种多样性通常达到最大；河流下游，河水常变得混浊，水体透光性下降，导致水生植物光合作用下降。

陆地生态系统（terrestrial ecosystem），按生境和植物群落特点，又可分为荒漠、冻原、草原和森林等生态系统，各种类型植物群落的特点及在地球表面的分布见第七节。

四、生态平衡

生态平衡（ecological balance），是指生态系统在一定时间内结构与功能处于相对稳定状态，其物质和能量的输入与输出近于相等，在外来干扰下能通过自我调节（或人为控制）恢复到稳定状态。当外来干扰超出生态系统自身调节能力，而不能恢复到原初状态，导致生态失调或生态平衡的破坏。

自然生态系统需要不断地与外界进行物质和能量交换，都属于动态的开放系统，因此，生态平衡是一个动态过程中的相对平衡。开放系统具有调节其功能的反馈机制（feedback mechanism），即当生态系统中某一成分发生变化时，必然会引起其他成分出现相应变化，这些变化最终又反过来影响最初发生变化的那个成分。反馈分为负反馈（negative feedback）和正反馈（positive feedback）两种类型。

负反馈是常见的一种反馈方式，它的作用是使生态系统达到和保持平衡或稳定，反馈的结果是抑制或减弱最初发生变化的那个成分发生进一步变化。例如，如果草原上食草动物因为迁入而增加，植物就会因为受到过度啃食而减少，植物数量减少反过来就会抑制草食动物数量增加。

正反馈比较少见，它的作用与负反馈相反，即生态系统中某一成分的变化所引起的其他一系列变化，不是抑制而是加速最初发生变化的成分发生进一步变化，即正反馈使系统偏离加剧。例如，如果一个湖泊受到了污染，鱼类数量就会因为死亡而减少，鱼体死亡腐烂后又会进一步加重污染并引起更多鱼类死亡。

本章主要内容和概念

植物在生长和繁殖过程中始终要与周围环境进行物质和能量交换，既受环境制约又影响周围环境。植物生态学就是研究植物与环境相互关系的学科，植物生理活动、形态建成、开花传粉、果实和种子传播等不仅与环境关系有关，而且植物个体、种群、群落同样与环境息息相关，植物也是生态系统中不可或缺的重要成分。本章主要包括植物个体生态、种群生态、群落生态、植物在生态系统中的作用等内容。

知识要点包括：

环境及其类型，生态因子分类和作用规律，主要生态因子与植物的关系，生态幅，限制因子，生活型，生态型，种群的基本特征，分布格局，种群密度，种群的增长及其模型，生态入侵，种间关系及其类型，植物群落的种类组成及数量特征，植物群落演替及其类型，季相，原生裸地与次生裸地，顶极群落，植物分布的地带性，植被类型，生态系统概念、结构、类型与功能，食物链与食物网，水循环，N循环，C循环，生态平衡，反馈及其机制。

复习思考题

1. 简述生态因子的分类及其作用规律。
2. 试述植物的分布与生态因子间的关系。
3. 根据生态因子作用分析在引种栽培植物时应注意什么问题？
4. 试述种间关系的基本类型，并说明研究化感作用的意义。
5. 可从哪些方面分析群落的结构特征？
6. 如何确定物种在群落中的作用和地位？
7. 简述植物群落的结构特征及其演替规律。
8. 生态系统的能量流动和物质循环有何特点？
9. 植物群落在维持生态系统中其他生物多样性方面有何作用？
10. 试述生物多样性与生态平衡的关系。

第二十章　植物资源的保护与利用

在自然界中一切直接或间接对人类有利用价值的物资通称为资源。植物资源是指一切对人类有开发利用价值的植物，它是人类生存和发展的物质基础之一。随着现代工业和人类社会的发展，人口不断膨胀，世界将面临越来越严重的资源、粮食、能源、人口、环境五大难题，并且已成为制约世界经济发展的重要因素。这五大难题都与资源丰度密切相关，尤其是与作为人类生存和发展物质基础的生态系统第一生产者——植物资源关系密不可分。因此，进行植物资源的开发、利用和保护，为人类提供必要的食品、药品、生物制品、工业原料、能源和优良环境有着十分重要的生态、经济和社会意义。

第一节　植物资源的基本特征

植物资源除具有植物本身的生物学、生态学、生理学、化学和遗传学特性外，从植物资源开发利用角度看，还具有以下几种基本特性。

一、植物资源的多样性

植物种类的多样性，植物营养器官结构和功能的完善性，植物体内所含化学成分的丰富性，决定了植物资源用途的多样性。植物资源用途多样性，是开展多种经营的基础，也是植物资源综合开发的理论依据。

从宏观整体上看乔木、灌木、草本植物都具有各自的宏观效应，以不同植被类型，在提供原料、保持水土、改良土壤、防风固沙、指示探矿和环境保护等各方面发挥作用。这些植物虽然不为我们提供某种商品，但却发挥着十分重要的生态效应。

就每种植物而言，由于植物体内各器官的结构和功能不同，积累的代谢产物也不尽相同，而使各器官具有不同的用途。例如，银杏不但树形优美，具绿化观赏价值，而且木材优良，可供建筑、家具、雕刻及绘图板等用；叶子可提取黄酮或加工制造成保健饮料（银杏茶），有调节血脂、促进微血管循环和增进人体生理机能的作用，对高血脂、高血压、脑动脉硬化及心脑血管疾病均有预防和辅助治疗作用；种子名白果，可食用也可入药，有温肺益气、镇咳祛痰的功效。红松的籽仁是一种高级干果，种子可做食用油料，所含不饱和脂肪酸可做功能性食品，具有抗衰老、降血脂、降血压功能。即使仅由一种物质成分构成的某种植物资源同样具有多种用途。例如，淀粉植物中的淀粉可作食品添加剂，还可用于酿酒、制糖以及医药产品的赋形剂。不同物质成分组成的不同植物，仍可具有相似的理化性质、生物学特性和经济特性。植物资源具有的多用性和多功能性，决定着资源开发利用时，必须根据其可供利用的广度和深度，实行综合开发与利用。

二、植物资源分布的地域性

植物资源的地域性，是由于不同地理环境，即不同地理经纬度、气候、温度、湿度、降雨量、土质等的差异，导致植物类型和分布规律不同，如江西南丰柑橘，全国有名。南丰橘子，长在南丰则橘汁如蜜，长在南丰近邻——南城县，味道却很一般。绞股蓝 [*Gynostemma pentaphyllum*（Thunb.）Makino]，俗有"南方人参"之称，江西乐安绞股蓝人参皂苷含量为 5%，江西宁冈绞股蓝人参皂苷含量高达 6%～8%，而江西其他大部分地区的绞股蓝人参皂苷含量都较低。所以，要保护植物资源，首先要在保护好植物资源地域环境的基础上，搞好区域性植物资源的开发、利用和规划。因地制宜，有组织有计划的采收、保种，使植物资源在被人们利用的同时又得以保护和发展。

三、植物资源的群落性

植物资源在地球上的分布并不是孤立存在的，它们与其他种类植物及动物、微生物总是生长在一起，组成了多种多样的生物群落，进而组成了各种生态系统。在这些群落或生态系统中，生物物种内、物种间，以及它们与环境因素（光温、水湿和矿质营养等）之间相互作用，相互影响，进行物质和能量交换和循环。植物资源及其群落结构，一方面可影响植物自身的再生能力和光能转化率，也可影响周围环境，如水土保持、地域性以至全球气候、大气中的氧气、二氧化碳含量等。

四、植物资源的有限性

植物资源的有限性是指特定时间、地点条件下，任何植物资源的质量和数量都是有限的，储存的质量和数量以及科学技术水平，开发利用资源的能力、范围、种类都是有限的。从发展角度看，植物资源开发利用的潜力是无限的。植物资源是具有可更新能力的可再生资源，不同的植物资源更新能力不同，更新所需周期也不同，如果消耗超过其更新能力和更新速度，资源就会受到破坏，如能充分、合理、有效开发利用，植物资源的开发潜力又是无限的。

五、植物资源的可解体性

植物资源的可解体性，是指植物受自然灾害和人为破坏而导致某些植物种类减少，以至灭绝的特性。这是因为每一种植物资源都有自己独特的遗传基因，存在于该种植物的种群之中，任何植物个体都不能代表其种的基因库。当该种资源受到自然灾害和人为破坏或不合理开发利用时，就会引起物种世代顺序破裂，从而威胁到种的生存和繁殖。当种群减少到一定数量时，其遗传基因库便有丧失的危险，从而导致物种解体，物种解体也就是植物资源的解体，植物资源受到破坏后，很难得以自然恢复。从这一点看，植物资源又是有限的，要想使有限的资源长期无限的开发利用，就要坚持保护与合理利用相结合原则，在保护资源再生能力的前提下，进行合理而适度的开发利用。如果按照植物资源取之不尽，用之不竭的思想指导开发，不顾客观限度，单纯满足目前的经济利益，过度砍伐、挖掘、放牧和超强度利用，就会造成杀鸡取卵的后果，不仅危害长远利益，甚至就连眼前利益也无法保持。例如，刺五加（*Acanthopanas senticosus*）是红松阔叶混交林中的伴生下木，在东北东部林区生长十分繁盛，自 20 世纪 70 年代以来，发现刺五加根中含有多种苷，其中刺五加苷与人参中的皂苷有相似的生理活性，于是刺五加便成为医药和保健食品等行业的重要原料，在高价收购政策刺激下，群众的采掘积极性空前高涨。因没有完善的保护措施，造成无计划的掠夺式采挖，使刺五加资源受到极大破坏。其他一些野生植物资源也有类似情况。因此，对植物资源的可解体性，必须引起足够的重视，否则，有些极其宝贵的珍稀资源就有灭绝的危险。

六、植物资源的再生性

植物资源的再生性是指植物自身具有繁衍种族的能力。每种植物生长发育到一定时期，就由老的个体产生新个体，以延续其种族。这种特性对人类有巨大的经济和生态意义。正是由于这种再生性，才使植物资源能够为人类提供无穷无尽的植物性产品，如果合理利用，将使有限资源为人类提供无限的财富。例如，水杉（*Metasequoia glyptostroboides* Hu & W. C. Cheng）、银杉（*Cathaya argyrophylla* Chun et Kuang）、银杏、金花茶（*Camellia nitidissima* C. W. Chi）的人工引种，人参的人工栽培等都使一些罕见、渐危、濒危的植物资源得以再生和利用。目前我国对植物资源的再生性保护及利用还存在不足。例如，乌桕 [*Sapium sebiferum* (L.) Roxb.] 是我国特产的木本油料植物，我国长江以南大部分省（自治区）都有分布。乌桕种子富含固体脂（柏脂）和液倦油（梓油），故有"绿色原子弹"之称。从 20 世纪 40 年代开始，国际上就开始对中国乌桕各器官化学成分进行检测。据悉，美国柏籽产量每 $4 \times 10^3 \mathrm{m}^2$ 超过 3732kg，总脂肪产量大于"世界油王"——油棕（*Elaeis guineensis* Jacq.），有变成世界性栽培作物的可能。显然，对石油资源贫乏的国家，它是一种理想的再生性能源树种。我国是乌桕的原产地，据估计年产柏籽 1 亿 kg 左右，由于没有充分利用，分析加工技术落后，每年收购的柏籽仅占总产量的 1/3 左右，经济损失约数千万元。如果能积极利用和开发乌桕资源，还将改善我国巧克力工业部分原料进口的局面。猕猴桃原产于我国，现在却成了新西兰的出口资源。要积极利用植物资源的再生性，提高现有资源利用率，抚育管理开辟野生植物自然保护区，积极引种栽培，变野生为家种，有计划地扩大植物覆盖率，为子孙后代造福。

七、植物资源近缘种化学成分的相似性

植物细胞核内的遗传物质，不仅决定着植物形态、结构和遗传，而且决定着植物代谢产物的积累。各种植物由于新陈代谢类型不同，产生了各种不同的化学物质——生物碱类、苷类、萜类等。这些化学成分在植物遗传和变异中，与植物系统位置、植物环境条件（气候、土壤与生物等）密切相关。所以，在植物资源开发利用过程中，利用近缘种化学成分相似性原理，在相近种中寻找新的资源植物，是植物资源开发利用的一条捷径。

（1）亲缘关系相近的植物种类由于有相近的遗传关系，往往具有相似的生理生化特征。亲缘关系越近，共同性越多；亲缘关系越远，共同性越少。例如，异喹啉类生物碱主要分布于多心皮类及其近缘类植物的一些科中，如木兰科、睡莲科、马兜铃科、防己科、毛茛科、小檗科、罂粟科、芸香科等。这些科中的生物碱的化学结构也显示相互之间有紧密亲缘关系，与产生它们的植物科之间的亲缘关系一致。同属植物的亲缘关系很相近，因而往往含有近似的化学成分，如

小檗属（*Berberis* L.）植物含小檗碱，大黄属（*Rheum* L.）植物含羟基蒽醌衍生物等。

（2）一般说来与广泛存在于植物界的代谢产物有更近似化学结构的简单化学成分（如黄嘌呤与咖啡碱的化学结构很相似），在植物界分布较广，分布规律性不明显。有些化学成分在系统发育过程中，经过一系列突变，因而结构也较复杂，如马钱子碱、奎宁等。这类物质的分布往往只限于某一狭小范围的分类群中。但某些起源古老的成分，虽经一系列突变，结构也较复杂，但它们在植物界中的分布，还是有一定范围的，而且这种类型成分与植物亲缘之间的联系表现得更为明显和突出，如上述异喹啉类生物碱的分布。

（3）植物资源近缘种与化学成分间存在着联系这一特性，已广泛应用于植物系统分类、药用植物研究、野生资源植物寻找等方面。例如，小檗科植物都含小檗碱，毛茛科植物都含毛茛苷和木兰碱，而芍药属因不含毛茛苷和木兰碱，而从毛茛科中分出来，单独成立芍药科。具有降压与安定作用的蛇根碱（Reserpine）自印度的夹竹桃科萝芙木属植物蛇根木 [*Rauvolfia serpenitina* (L.) Benth. ex Kurz] 中发现后，从该属其他约20种植物中也发现了利血平，并根据植物亲缘关系在萝芙木属的两个近缘属中找到了同类生物碱。为了发掘具抗菌作用的小檗碱资源植物，经植物分类学与植物化学综合研究，发现小檗碱在中国主要分布在5个科（小檗科、防己科、毛茛科、罂粟科、芸香科）、16个属的多种植物中，而以小檗科小檗属较理想。莨菪烷类生物碱主要集中分布于茄科茄族（Solaneae）中的天仙子亚族（Hyoscyaminae）、茄参亚族（Mandragorinae）及曼陀罗族（Datureae）植物中，并发现了含碱量较高，有生产价值的新原料植物——矮莨菪（*Przewalskia shebbearei* Fisch.）及马尿泡（*P. tangutica* Maxim.）。再如，生产可的松等激素药物的原料——甾体皂苷，不仅在薯蓣属（*Dioscorea* L.）植物中有发现，而且在亲缘关系相近的一些科中也有发现。必须注意的是，植物系统发育与其所含化学成分的关系十分复杂。由于植物界系统发育历史很长，发掘出来的古生物学资料不够齐全，加上多数植物的化学成分尚未明了，有些成分的分布规律还未被揭示及认识，所以，有关植物系统发育与化学成分分关系的研究尚未成熟，有待进一步研究。在应用植物分类系统与化学成分间的联系性时，必须具体问题具体分析。

八、植物资源采收利用的时间性

植物在生长发育过程中，始终都在进行着复杂的生理生化活动，其植物体内的化学成分也在不断变化。因此，不同的植物种类，不同的植物器官在不同时期所积累的代谢产物都不相同。这就决定了植物资源采收利用的时间性。植物的采收时间直接关系到目的收获物的产量和品质，如有"三月茵陈四月蒿，五月拔来当柴烧"的说法就是这个道理。

采收时期的确定因植物种类、生长发育阶段和所利用的植物器官不同而有所差别。总的原则是按照经济目的要求，选择植物含有效成分最多，单位面积产量最高的时期进行采收，以取得最好的经济效益。例如，地下器官类（根、根状茎、块茎、球茎、鳞茎等），应在秋季植株地上部分枯萎时或在早春植物返青前进行采挖，这时植物的养分多集中在地下器官中。如果地上部分枯萎后在野外不易寻找的种类，可在枯萎之前或早春刚发芽时采收；皮类，通常在春天或初夏（4月、5月）采收，此时植物体内汁液充沛，树皮容易从木质部剥下，但有些根皮类往往以秋季采收为佳；叶类，通常在花蕾开放时采收，此时正是植物生长最旺期，质量好。但某些叶需在秋天霜降后采收或采集地上落叶，这要以具体用途而定；花类，因一般花期较短，如采收时间不当，对品质影响较大，如月季花（*Rosa* spp.）、丁香花（*Syringa* spp.）都在花蕾期采，开花后，颜色变淡易脱落，对香料和色素的提取不利；果实种子类，一般在果实充分成熟时采收，若果实成熟期不一致，应分期采收；全株利用类，要根据具体用途而定，如药用，一般多在植株生长最旺盛而且开花后采，如食用要在开花前营养生长盛期采集，植物体内含营养丰富、鲜嫩、适口性强。总之，采收时期以获取优质高产的植物原料或产品为目的。

第二节　植物资源保护与管理

自20世纪以来，由于人口急剧增长和无计划地利用，造成植物资源大量消耗和破坏，使其再生性发生了巨大改变，许多植物已经灭绝或处于濒危状态。当前，植物资源的保护已成为世界性的战略问题。

一、保护植物资源的意义

植物资源是指一定地域上对人类有用的所有植物的总和，是人类生存和发展必不可少的物质基础。自人类诞生以来，植物就供应了早期人类的一切需求。随着人口快速增加，人类对粮食、医药和工业原料需求日益增多。近年来，世界木材贸易额达100亿美元，至少有6.25亿人以植物为主要能源；在医药方面，约有一多半的药物来自植物；目前人们还在不断从野生植物中发掘出许多优良的食用、药用、油料、工业原料、饲料和观赏植物，如中华猕猴桃是原产我国的野生植物，被引入新西兰后，经过培育，其果实已成为风靡世界的保健食品；三叶橡胶树从巴西热带雨林中引种出来，成为世界五大工业原料之一。此外，改良现有栽培植物品种，培育新的优良品种，也要借助野生种类。利用野生番茄与栽培种杂交的新品种，大大提高了糖分含量。水稻、玉米、小麦、葡萄和木薯的抗病和抗逆性品种以及大豆、甘蔗、油棕的高产品种，也多是利用野生种杂交而得到的。

由于森林大量砍伐，开荒种地，导致生态环境受到破坏，水土流失严重。热带雨林是世界上植物资源最为丰富的生态系统，那里生长着占地球植物总数一半以上的植物种类，许多种类至今尚未被人类所认识。据统计，目前市场出售的药物中有 1/4 的原料来源于热带雨林。研究人员估计，热带雨林中大约有 1400 种植物在医治癌症上有潜在疗效。但是，热带雨林目前正以惊人的速度消失。在过去几十年里，已经有 40% 的热带雨林被砍掉，现在每年仍有 1700 万～2000 万 hm^2 被砍伐掉。如果照目前破坏速度，将有 9 个热带雨林国家在 30 年内、3 个国家在 55 年内将热带雨林全部伐光。一旦热带雨林被毁灭，将意味着世界上近 80% 的植物种、400 万种生物行将灭绝，其中有不少我们还没有认识，更谈不上开发利用了。由于森林、草原面积不断减少，造成沙漠以每年 600 万 hm^2 的速度增加，生态环境日益恶化，给人类生存带来严重挑战。严酷的现实，已经使人类认识到，保护大自然，保护包括植物资源在内的自然资源就是保护人类自己。

二、植物资源保护的目标

（一）保证植物基本生态过程和生命维持系统正常运转

植物基本生态过程是指生态系统所控制和调节的过程。这一过程对人类生存和社会发展具有重要的供应能力，如提供人类所需的物品与能量。植物生命维持系统是指农业生态系统、森林生态系统、草地生态系统等各种生态系统。人类对植物资源的利用，不仅是对个别植物种的利用，也是对植物各种生态过程和生态系统的利用。这是因为任何一个植物种类也不能脱离其生态系统而孤立存在。

（二）保存植物遗传多样性

植物遗传多样性的保存，可以储备丰富的遗传基因。在植物所蕴藏的基因资源中，有的基因赋予植物很强的抗逆性，是提高各种作物抗逆性的源泉，有的基因编码特殊的蛋白质和酶，是改良作物品质的材料；有的基因调控次生代谢，合成各种抗癌、抗艾滋病等疾病药物，以及合成各种工业必不可少的化学成分。远缘杂交和基因工程原材料离不开植物基因资源。

杂交水稻为我国水稻增产有卓越贡献。然而，杂交水稻的成功有赖于在海南岛发现的一株雄性不育野生稻。美国从中国东北搜集野生大豆，通过杂交育成抗旱抗病新品种，短短几年，取代了中国大豆，一跃成为世界上大豆主要出口国。每种植物都有特殊基因，对人类可能有特殊意义。一种植物的绝灭就意味着一些特殊基因的永久性丢失，是人类财富不可挽回的损失。因此，保护植物基因资源，就是保护人类自己。

（三）保证生态系统和植物种类持续利用

保证生态系统和植物种类的持续利用，既要使当代人类对植物资源利用得到最大持续利益，还应很好地保持生态系统和植物种类的潜力，以满足以后人类需要。所以，对植物资源的保护最终目标是为了合理利用，为了子孙后代永续利用。

三、我国对植物资源的保护

我国劳动人民在长期生产实践中逐步认识到人与自然之间有密切的内在联系，产生了"天人合一"的保护生态的朴素思想。我国先后制定了《中华人民共和国环境保护法》、《中华人民共和国森林法》、《中华人民共和国草原法》、《中华人民共和国自然保护区条例》、《中华人民共和国野生药材资源保护管理条例》和《中华人民共和国野生植物保护条例》等法规，公布了相关保护植物名录。一些省、自治区和直辖市也分别制定、颁布了有关条例和法规。这些法规条例的制定和实施使我国植物资源保护与管理有法可依，对保护和合理利用植物资源有重要意义。

为了保护自然资源，特别是保护珍稀动植物资源，保护代表不同地带的环境，国家建立了许多自然保护区，并投入巨资在广西、广东、湖北建立了木兰科植物、金花茶、野生蜡梅引种基地，在云南、河南、浙江、江西、辽宁、江苏、青海等地建立或正在建立地区性珍稀濒危植物迁移保存中心。绝大多数珍稀濒危植物已得到迁地保护，许多种类包括一级保护植物秃杉（*Taiwania cryptomerioides* Hayata）、银杉、金花茶已人工繁殖成功，为保护全球植物资源作出了贡献。

四、植物资源保护的途径

（一）植物就地保护，建立自然保护区

从 20 世纪 20 年代以来，世界各国都相继建立国家自然保护区。我国于 1956 年建立第一个自然保护区，随后陆续建立各种类型自然保护区。目前我国已建立自然保护区 2740 多个，占国土总面积近 15%。未来要加快编制完成《全国自然保护区发展规划》，全面提高自然保护区管理系统化、精细化、信息化水平，优化保护区空间布局。

（二）植物迁地保护，建立各种植物园、树木园和百草园等

现在世界上多数发达国家都建有不同类型和功能的植物园，开发对植物基因资源的搜集、保存和应用研究。据调查，目前世界上有 1400 个植物园。我国从最早开始建立中山植物园（南京，1929 年）和庐山植物园（江西，1934 年）至今，已相继建立了 50 多处植物园、树木园和百草园。

（三）建立植物种质资源库，长期保存种子、花粉及各种无性繁殖体

开发种子等繁殖体的生理和生化特性等研究，使植物种质资源保护建立在更加稳固的基础上。美国和苏联建立了国家种子库。近年来，由中国农业科学院牵头，联合农业部、教育部、国家林业局、国家中医药管理局等部门，建立了国家植物种质资源共享平台，涵盖了农作物、多年生和无性繁殖作物、林木（含竹藤花卉）、药用植物、热带作物、重要野生植物及牧草植物种质资源，其任务主要是搜集和保存农作物种子。目前，我国还缺乏一个大型现代化的以野生植物为主的种质资源库。

（四）建立原料基地

对已开发利用的野生植物种类，根据市场需求，分别建立原料基地，以免野生植物在开发利用中造成资源枯竭，种类灭绝。

五、珍稀濒危植物的拯救

我国目前处于濒危和受威胁的植物种类大约有 3000 种。我国热带地区海南岛的不少珍贵树种，如青梅（*Vatica mangachapoi* Blanco.）、海南坡垒（*Hopea hainanensis* Merr. et Chun）、海南紫荆木（*Madhuca hainanensis* Chun et How）和陆均松（*Dacrydium pierrei* Hickel）等都是著名用材树种，现已大大减少。我国亚热带地区珍贵植物种类，如水青树（*Tetracentron sineme* Oliv.）、连香树（*Cercidiphyllum japonicum* Sieb.et Zucc.）、鹅掌楸、领春木（*Eupetlea pleiospermum* Hook.f. et Thoms.）、香果树（*Emmenopterys henryi* Oliv.）和穗花杉［*Amentotaxus argotaenia*（Hance）Pilger］等也有濒临灭绝危险。因此，加速搜集和保存珍稀濒危植物基因资源研究，是拯救珍稀濒危植物的重要途径。

六、植物资源的管理

（一）制定植物资源保护法规

关于保护植物资源方面的立法工作，在中华人民共和国宪法第九条中明确规定"国家保障自然资源合理利用，保护珍贵动物和植物，禁止任何组织或个人利用任何手段侵占或破坏自然资源"。根据宪法精神近年来先后制定了《中华人民共和国森林法》、《中华人民共和国草原法》。这些法规对于保护森林和草原起到了积极作用，但对于保护野生植物资源还有很多不足之处。为了保护野生植物资源长期存在、发展和有效利用，必须制定《中华人民共和国野生植物资源保护法》，把保护植物资源纳入法治轨道。通过立法确定植物资源所有权与使用权，明确规定合理利用方式和开发量，以及资源更新措施。严禁任何单位或个人任意采挖破坏植物资源。只有这样才能有效保护植物资源。

（二）建立统一的管理机构

目前开发利用植物资源的单位很多，各自为政，都是以本单位近期利益为重，缺乏整体效益和从长计议的思想，搞掠夺式经营，致使许多宝贵植物资源在开发利用之时，就进入濒临灭绝之日。而这种现象又无人问津，从而使许多植物资源遭到破坏。为了保护植物生命维持系统，使野生植物资源能够长期有效利用，必须建立以保护和统一开发利用的管理机构。这个机构要把所有开发利用植物资源的单位和个人统一管理，制定以保护为基础的发展规划，依法确定植物资源合理分配办法和限定开发量，确保这一再生资源永续利用。

（三）加强自然保护区和植物园建设

自然保护区是指对具有代表性的自然生态系统，珍稀动物、植物天然分布区，重要自然风景区，具有特殊意义的地质构造和化石产地，以及其他需要特殊保护和管理而划出的地域进行封闭保护管理。目前，以专门保护野生植物资源为目的的保护区不多，今后要有计划地在不同气候带，选择生态环境复杂，植物种类丰富的地域建立野生植物资源保护区。

植物园是植物引种驯化的专业机构。其任务是广泛搜集并发掘植物资源，引进国内外重要经济植物，利用以及选育新品种等方面的研究工作。以丰富我国种质资源扩大栽培植物种类，为我国经济建设服务。因此，加强植物园建设和管理对保护和发展我国植物资源具有重要意义。

（四）加强保护植物资源的宣传和教育

由于人口急剧增长，生活资料匮乏，文化水平低，就会迫使人们对植物资源进行破坏性利用开发。因此，必须加强宣传教育，使广大群众都知道保护植物资源的重要性。它不仅是保护植物资源本身的存在和发展，也是在保护环境，维持生态平衡和人类生存环境。可以通过广播、电视、电影、科普期刊等多种形式，普及植物资源保护知识与管理法规，增强全民族资源保护意识，形成领导干部与人民群众齐抓共管的局面，才能使当前掠夺式经营势头得到控制，使有限资源得到合理利用与保护。

第三节　植物资源合理开发利用

我国野生植物种类很大部分至今尚未被开发利用，因此植物资源开发利用潜力很大。通过开发利用优势野生植物资源，可以形成许多优势植物资源的新产业。

一、合理开发利用植物资源的意义

（一）实现保护与开发利用的统一

每个生态系统都具有一种内在的自动调节能力，以维护自己的稳定性，保持生态平衡。人类对植物资源的利用只要在其自动调节力范围内，就会使开发利用与保护得到统一。如果一味强调保护，让资源自生自灭，则是一种浪费；相反，离开资源开发利用和经济发展，植物资源的保护便成了无源之水。我国很多地区还很贫困落后，这就使得人们只顾眼前利益，由于生产力低下，经营方式落后，对植物资源的利用率低，人们往往以掠夺式开发方式破坏植物资源。但是，植物资源的负荷能力和生态系统自我调节能力有限，超过其范围，生态平衡就会被破坏，森林、草原等陆地生态系统就会朝着裸地方向演替，植物资源很快耗尽，开发利用无法继续下去。合理开发利用植物资源，可以将植物资源优势化为经济优势，使贫困地区人民群众生活得到改善，进而推动文化教育事业发展，使人们摆脱落后的思想观念，减少愚昧的环境资源破坏行为，植物资源才能得以保护，生态系统进入良性循环，社会经济走上可持续发展道路。

（二）实现经济效益、社会效益和生态效益的统一

过去，人们一般只注意植物资源变成商品后带来的经济效益，忽略了植物资源所发挥的生态效益中蕴含的经济效益和社会效益，这种效益是间接的，是通过阻止生态灾难所引起的经济损失表现出来的。森林及草原破坏后，首先表现出来的是林牧业生产下降，林牧副产品资源减少，而潜在的后果是水土流失、洪灾、旱灾、沙漠化、水库等水利设施受损、土壤肥力下降、生态系统内的食物链断裂、病虫害增加，而用于抵制这些灾害的投资是巨大的。按我国水土流失面积 150 万 km^2 估算，我国每年因水土流失所失去的肥分折合商品化肥至少 4.0×10^6 万 kg，从生产这些化肥所需的生产装置、能源开采及煤、化肥运输来计算，国家每年损失 144 亿元，这还不包括水库、河道淤积造成的损失，以及对农业、林业、畜牧业造成的损失。因此，合理开发利用我国丰富的植物资源，提高

我国森林、草原等绿色植被覆盖率，从改善生态环境所直接获得的生态效益可以带来明显的经济效益和社会效益。

（三）实现资源的永续利用

野生资源并不是取之不尽用之不竭的，盲目地乱采滥伐，会造成资源枯竭。樟属植物是重要的芳香油资源，由于近年来盲目开采，除山苍子油有一定数量外，其余大多已不能列入稳定产量的商品。蕨类植物金毛狗 [*Cibotium barometz* （L.）J. Sm.] 由于其地下茎可以止血，有重要药用价值，另外，其根茎外形美观，适于制作工艺品。因此近年来遭到大量挖取，导致金毛狗资源严重匮乏，有关部门已经采取措施限制采挖和加以保护。分布于我国青海、新疆、甘肃等地的黑果枸杞（ *Lycium ruthenicum* Murr.），因其果实富含蛋白质、脂肪、糖类、游离氨基酸、有机酸、矿物质、微量元素、生物碱、维生素 C、维生素 B_1、维生素 B_2 和多种微量元素，具有很高的食用、药用和保健价值，遭到大量挖取，导致黑果枸杞资源严重破坏。由此可见，对有限植物资源，尤其是对濒临灭绝的珍稀植物资源应该合理开发利用，才能实现植物资源的永续利用。

二、植物资源开发利用原则

（一）植物资源增长量与植物资源开发利用量相一致原则

在开发利用植物资源时，首先要找出该地区该植物资源的可采量，求出产量与最大经济效益的结合点。只有这样才能做到资源的可持续利用。

（二）植物资源综合利用、高效利用原则

在野生植物利用过程中，往往顾此失彼，资源和人力浪费较大。主要原因是加工技术较低，初级产品、单一产品较多。因此，在可能条件下，要利用现代高新技术，对原材料、副产物和中间产物进行深加工，提高资源利用率和经济效益。

（三）开发新资源，提高资源商品率原则

当某一植物资源品质优而又资源少时，在提高该资源利用率外，应寻找新的代用资源（如扩大植物器官的利用、在近缘物种中发现新资源），开发新商品，以减轻对现有资源的压力。

（四）发挥区域地方特色，立足发展本地资源优势原则

加工业的优势往往是资源优势的体现，没有资源就是无米之炊。因此，开发利用植物资源，事先应搞清本地区的资源，立足本地，发挥本地区植物资源优势。只有这样才能把资源优势与加工业相结合，提高经济效益。

（五）建立产业基地，利用与保护并举原则

包括建立野生可持续利用基地和人工种植、引种驯化基地，为产业提供稳定而优质原料。

（六）遵循循环经济"4R"原则

循环经济"4R"原则是指减量化（reduce）、再利用（reuse）、再循环（recycle）、再思考（rethink）的行为原则。在植物资源开发过程中，减量化就是十分重视资源利用率的提高，努力减轻对植物资源原料的需求压力，促进资源消耗型向高效利用型产业发展。再利用就是对初级加工产品进行精深加工，实现资源多层次利用。再循环就是对废弃物和副产物进行综合利用，尽可能多地利用或资源化，把废弃物返回工厂，在那里经适当加工后再融入新产品中。再思考就是不断深入思考在经济运行中如何系统地避免和减少废弃物，最大限度提高资源利用率，实现污染物排放最小化、废弃物循环利用最大化。

三、植物资源开发利用的步骤与方法

（一）建立植物资源数据库

开发利用植物资源，首先要对该地区植物资源分布情况有一个全面了解，包括各类资源植物的种类、分布、生境、资源蕴藏量、生产及利用情况、民间利用经验等。其次，需要全面掌握国内外资源开发利用的最新信息。因此，应该建立一个植物资源数据库，数据库中不仅要收录该地区资源植物的基本资料，还要将国内外主要期刊最新研究成果编译入库。有了这样的数据库，就可掌握世界各国资源植物应用研究的种类、化学成分和用途等信息，然后筛选出经济价值大又适合人类需要的种类进行开发利用。主要包括下列内容。

（1）植物资源名录：进行野外考察和植物标本采集与分类工作，列出植物种类名录，并记载生境、分布地点及经济利用部位等。

（2）植物资源储量调查：储量包括三个方面，第一是经济储量，指某种资源植物可利用部位，符合有关质量标准的重量；第二是总储量，指调查地区内某种资源植物现存经济储量的总和，也称为总蓄积量或总蕴藏量；第三是经营储量，指总储量中，可能采收利用的部分。那些因交通等条件不能采收利用的部分

不计其内。

（3）植物资源消长变化及生态调查：资源消长变化必须与以前调查资料相比，来看各种植物资源种类、储量变化，并建立起资源数据库及档案，同时进行资源评价。

由于不合理的开发利用造成生态破坏，带给人们的教训是惨痛的，因此在资源调查中应注意植物资源有关生态的调查，主要是植物资源再生量和利用量关系的调查，主要包括：一是利用量和再生量相平衡的种类；二是再生量小于利用量的种类；三是不能再生的种类。根据以上情况，提出相应的保护措施和意见，以供开发利用参考。

（二）深度加工和综合利用

过去对植物资源的利用多为传统单一生产经营方式，提供给市场的植物产品常是原料、初级产品，运销成本高，经济效益差。在生产过程中，常产生大量余料，一方面造成资源浪费，同时余料的处理还会造成环境污染。如在砍伐区剩余物和加工剩余物占采伐量的1/3或1/2。这些剩余物给更新造林带来了困难。解决问题的途径就在于森林资源的综合利用，发展"树叶饲料"、"树皮肥料"、"人造板工业"和"木质燃料工业"，从而提高产值。因此，提高产品加工深度，使同样经济收入所消耗的资源量大幅度下降，是植物资源开发利用的必由之路。

（三）因地制宜，充分发挥当地优势

沙棘果具有很高的营养价值，其枝叶茂盛，根系发达，在水土保持方面有明显作用。沙棘根系还有固氮作用，能改良土壤，所以沙棘已成为"三北"干旱、半干旱地区深受欢迎的资源植物。绞股蓝主产于我国南部，湖南绥宁县中药饮片厂利用本县丰富的绞股蓝资源研制出系列产品，销往国内十余个省（自治区），部分产品已推向国际市场。辽宁省清原满族自治县建起了野生果制品公司，利用当地果树资源开发出猕猴桃酒、映山红小香槟及其他40余种饮品，对繁荣山区经济起到了积极作用。

（四）不断从植物资源中研究和寻找新的有用种类

目前，人类赖以生存的粮食作物和当今社会上的许多重要产品，如橡胶、可可、咖啡、茶叶、三七、天麻等，都是从野生植物中发掘出来的。野生植物中还有许多很有希望的种类，至今仍被埋藏在深山老林中，需要研究和挖掘。

（五）重视商品基地建设

植物资源分布往往具有明显的地域性，自然状态下的产量低，过度开发容易引起资源枯竭，将其就地种植或是迁地种植，实行集约化管理，建立商品基地，可实现品牌经营，达到生态效益与经济效益的统一。

第四节 人类未来的发展与植物生产

一、未来的农业生产

2007年1月29日，中共中央、国务院发布了《中共中央、国务院关于积极发展现代农业，扎实推进社会主义新农村建设的若干意见》，明确提出未来我国农业要向现代农业推进。现代农业是一个应用现代科学技术、使用现代工业化生产资料、采取现代组织管理方法经营的高度社会化、商业化和市场化的农产品产业大生产。发展现代农业总的思路和目标是：用现代物质条件装备农业，用现代科学技术改造农业，用现代产业体系提升农业，用现代经营形式推进农业，用现代发展理念引领农业，用培养新型农民发展农业，提高农业水利化、机械化和信息化水平，提高土地产出率、资源利用率和劳动生产率，提高农业素质、效益和竞争力。在发展理念上，国家鼓励发展生态农业，有条件的地方可加快发展有机农业和设施农业。

（一）生态农业

狭义的生态农业是指由卞有生等科学家所倡导的生态农业，即依据生态学、经济学和系统工程原理，运用现代科学技术成果和现代管理手段以及传统农业的有效经验建立起来，以期获得较高的经济效益、生态效益和社会效益的现代化农业发展模式。目前，我国已建设生态农业县300多个，摸索出以下适合不同类型和不同经济技术水平地区的生态农业模式：①以沼气为纽带的能量循环利用型，如北方的"四位一体"生态农业模式和南方的猪—沼—果生态农业模式；②生物共生的立体种养模式，如稻田养鸭等；③农林牧、农牧、农林复合型，如兰考县的桐粮间作和文昌市的胶—茶—鸡林牧生态工程等；④增加农产品附加值，延长产业链型，如辽宁省昌图县的玉米产业化链条式开发；⑤物质、能量多层次分级循环再生利用的生态经济模式，如我国南方的桑基鱼塘、草基鱼塘等；⑥以庭院为主的院落立体经营的生态经济模式，如猪（牛）舍—厕所—沼气池三位一体的生态农业模式。

广义的生态农业是指以维护农业生态环境，确保粮食安全，注重环境、经济、社会协调发展为目的的农业发展模式。例如，大城市郊区依托其重要的区位优势，可以搞以旅游业为龙头的观光生态农业模式；干旱半干旱地区依据当地水资源情况，发展以节水、高产、高效为中心，以提高农业用水效益为目的的节水型农业。

（二）有机农业

有机农业是一种在耕作中完全不施用任何化学合成的肥料、农药、生长调节剂、畜禽饲料添加剂等物质，也不使用基因工程生物及其产物，只使用有机肥料和生物杀虫剂的生产系统，其核心是建立和恢复农业生态系统的生物多样性和良性循环，以有效维持农业的可持续发展。它的耕作方法称为有机耕作法，是一种既不破坏环境、保持和培养地力，又能生产出有益于人们健康而且味道好的食品的方法。目前世界各国发展有机农业，在形态、经营方式和采用的技术措施等方面多种多样，且在不断创新：有的采取不施化肥、不使用农药的自然耕作法；有的实行耕地轮种制度；也有的以化肥作补充，科学地使用有限量的高效、广谱、低毒、少残留的除草剂和少量农药。其共同特点是采用有机肥料和生物防治病虫害，投入堆肥、绿肥等有机物以保持和培养地力，避免和尽量减少现行的过度施用化肥和农药等化学耕作法所产生的各种弊端，尤其是农药危害人畜健康和污染环境的不良后果。

（三）设施农业

设施农业是指具有一定设施，能在局部范围改善或创造环境气象因素，为动植物生长发育提供稳定的良好环境的农业生产模式。设施农业包括设施栽培和设施养殖，前者如各类塑料棚、温室和人工气候室等，后者如畜禽、水产和特种动物的设施养殖和现代集约化养殖小区等。设施农业已经成为农民发家致富的重要渠道，如标准化日光温室亩①均收益相当于大田作物的18倍，比漫灌式的水浇地节水38%；规模养殖场和养殖小区的蛋鸡产蛋量可提高18%，奶牛产奶量可提高12%。据统计，全国塑料大棚已达3100万亩；各类畜牧养殖小区4万多个；设施渔业养殖水体近5000万 m³。随着社会主义新农村建设的推进，设施农业必将获得更大发展。

二、未来的森林

在改革开放之前，为满足国家经济建设的迫切需要，木材生产成为经济社会发展对林业的第一需求，从而形成了林业以木材生产为中心的指导思想。到了20世纪90年代，由于人口、资源与环境问题日益成为全世界关注的焦点，可持续发展理念也日益成熟，尤其是1998年的特大洪灾与21世纪初北方地区大面积

---

① 1亩≈667m²，下同。

暴发的沙尘暴,使全国人民进一步认识到生态系统在防御自然灾害中的巨大作用,认识到遏制生态灾难与维护生态安全是当今社会对林业的主导需求,当今和未来的林业建设首先要保证生态环境建设。近年来,我国相继实施了生物多样性保护、天然林保护、退耕还林还草、荒漠化防治等一系列重大生态恢复与生态建设工程。可以预见,天然林和人工生态林在未来森林中将处于举足轻重的地位。

同时,培育速生丰产用材林也是未来林业建设的一项重要任务。截至2004年末,我国的人均森林面积只有0.13hm²,不到世界平均水平的1/4,居世界第134位;人均森林蓄积量为9.42m³,不到世界平均水平的1/6,居世界第122位;纸产品和造纸原料大量依赖进口,每年木材和林产品的缺口达7000万 m³以上。因此,随着对木材和纸张需求的增加,速生丰产经济林将会得到大力培育和发展,在这一过程中基因工程技术、植物组织和细胞培养技术等现代生物技术将会发挥重要作用。

R.A.Sedjo预测50年后的森林资源主要由人工林提供。从需求看,世界工业用林需求在20世纪80年代后半叶停滞不前,为15亿~16亿 m³/年,50年后将会增加50%~75%。Sedjo还对工业用材2050年不同供给源采伐量进行了预测。现在供给源的22%来自原始森林,34%来自人工林,但50年后工业用材来自人工林的供给将增加75%,而且50%成为速生林。此外,来自原始森林的供给将减少到5%。Sedjo估计今后速生树造林的增加将以亚热带地区为主,全世界速生树人工林面积将会达到2亿 hm²(世界森林面积的6%~7%)。由于来自人工林的供给增加,来自天然林的工业用材供给仅限于部分特殊木材,大规模的天然林经营维持着木材生产机能。

本章主要内容和概念

植物资源是人类和其他生物赖以生存的物质基础,从开发利用角度看,植物资源具有再生性、可解体性、近缘种化学成分的相似性、采收利用的时间性和用途多样性等,只有合理开发利用各个植物资源,正确处理开发利用与保护的关系,明确植物资源开发利用原则,掌握植物资源开发利用的步骤与方法,才能实现植物资源的永续利用。我国政府已制定了一系列法律和法规,使植物资源的保护有章可循,并加强了自然保护区和植物园的建设。本章主要包括植物资源及其基本特征,植物资源保护途径,植物资源的管理,植物资源开发利用的原则、步骤和方法,人类发展与植物的关系等内容。

复习思考题

1. 试述植物资源与人类发展的关系。
2. 试述我国植物资源的现状及其保护措施。
3. 在对现有植物资源进行合理开发利用过程中,应该遵循哪些原则?开发利用的途径有哪些?
4. 为什么说热带雨林是"地球之肺"?
5. 简述生物技术的发展对未来农林业生产的影响。

主要参考文献

白书农．2003．植物发育生物学．北京：北京大学出版社

包文美，曹建国．2015．植物系统学．北京：高等教育出版社

曹仪植，宋占午．1998．植物生理学．兰州：兰州大学出版社

陈灵芝．1993．中国的生物多样性现状及其保护对策．北京：中国标准出版社

崔克明．2007．植物发育生物学．北京：北京大学出版社

傅承新，丁炳扬．2002．植物学．杭州：浙江大学出版社

贺学礼．2009．植物生物学．北京：科学出版社

贺学礼．2010．植物学．北京：高等教育出版社

洪德元．1990．植物细胞分类学．北京：科学出版社

胡鸿钧，魏印心．2006．中国淡水藻类——系统、分类及生态．北京：科学出版社

胡适宜．2005．被子植物生殖生物学．北京：高等教育出版社

李合生．2002．现代植物生理学．北京：高等教育出版社

李扬汉．2006．植物学．上海：上海科学技术出版社

李正理，张新英．1984．植物解剖学．北京：高等教育出版社

潘瑞炽．2004．植物生理学．5版．北京：高等教育出版社

强胜．2006．植物学．北京：高等教育出版社

孙儒泳．1993．普通生态学．北京：高等教育出版社

汤青林，宋明，王小佳．2001．芸苔属植物自交不亲和性及其机理研究进展．生物工程进展，21（4）：22-25

汪劲武．2009．种子植物分类学．2版．北京：高等教育出版社

王宝山．2007．植物生理学．北京：科学出版社

王全喜，张小平．2004．植物学．北京：科学出版社

王振宇，刘荣，赵鑫．2007．植物资源学．北京：中国科学技术出版社

王忠．2000．植物生理学．北京：中国农业出版社

吴金陵．1987．中国地衣植物图鉴．北京：中国展望出版社

武维华．2003．植物生理学．北京：科学出版社

徐汉卿．1997．植物学．北京：中国农业出版社

杨继．2007．植物生物学．2版．北京：高等教育出版社

杨世杰．2010．植物生物学．2版．北京：科学出版社

杨学荣．2000．植物生物学．北京：科学出版社

詹姆斯·吉·哈里斯，美米琳达·沃尔芙·哈里斯．2001．图解植物学词典．王宇飞，赵良成，冯广平，等译．北京：科学出版社

张继澍．2012．植物生理学．2版．北京：高等教育出版社

张立军，刘新．2011．植物生理学．2版．北京：科学出版社

张宪省，贺学礼．2003．植物学．北京：中国农业出版社

赵建成，吴跃峰．2002．生物资源学．北京：科学出版社

中国植物志编辑委员会．1959～2003．中国植物志（共80卷）．北京：科学出版社

周云龙．2004．植物生物学．2版．北京：高等教育出版社

Albert B,Johnson A,Lewis J.2008.Molecular Biology of the Cell.5th ed.New York: Garland Science

Angenent G C,Colombo L.1996.Molecular control of ovule development.Trends Plant Sci, 1:228-232

Angiosperm Phylogeny Group.1998.An ordinal classification for the families of flowering plants.Annals of the Missouri Botanical Garden,85:531-553

Attenborough D.1995.The Private Life of Plants,a Natural History of Plant Behavior. Princeton:Princeton University Press

Buchanan B B,Cruissem W, Jones R L.2000.Biochemistry & Molecular Biology.Rockville, Maryland:American Society of Plant Physiologists

Clarkson D T, Ltittge U.1991.Mineral nutrition:Inducible and repressible nutrient transport systems.Progress in Botany, 52:61-83

Coen E S, Meyerowitz E M.1991. The war of the whorls: Genetic interactions controlling flower development. Nature,353:31-37

Cronquist A.1981.An Integrated System of Classification of Flowering Plants.New York: Columbia University Press

Croquist A.1982.Basic Botany.2nd ed.New York:Harper and Row Publishing

Dumas C,Knox R B,McConchie C A,et al.1984. Emerging physiological concepts in fertilization.What's New Plant Physiol,75:168-174

Eames A J, MacDaniels L H.2002.An Introduction to Plant Anatomy.New Delhi:Tata-Mac Graw-Hill Publishing Company

Esau K.1977.Anatomy of Seed Plants. 2nd ed. New York: John Wiley and Sons,Inc.

Gomes D,Agasse A,Thiébaud PF,et al.2009.Aquaporins are multifunctional water and solute transporters highly divergent in living organisms. Biochim Biophys Acta,1788(6):1213-1228

Greulach V A, Adams J E.1976.Plants:An Introduction to Modern Botany. 2nd ed.New York: John Wiley and Sons,Inc

Greuti R,Cneil L,Barrie F R.2001. 国际植物命名法规（圣路易斯法规）. 朱光华译 . 北京 : 科学出版社

Hopkins W G, Hüner N P A.2004.Plant Physiology.3rd ed. Hoboken,NJ USA:John Wiley & Sons,Inc

Hopkins W G, Hüner N P A.2008.Introduction to Plant Physiology.4th ed.Ontario: The University of Western Ontario:109-150

Hopkins W G.1999.Introduction to Plant Physiology.2nd ed.New York:John Wiley & Sons Inc

Lack A G,Evans D E.2001.Instant Notes in Plant Biology. London:BIOS Scientific Publishers Limited

Lack A J, Evans D E.2002.Plant Biology.London:BIOS Scientific Publishers Limited Mason E H.1983.The Biology of Lichens.3rd ed.London:Edward Arnold

Lester D R.1997. Mendels stem length gene (Le) encodes a gibberllin 3 beta-hydroxylase. Plant Cell,9:1435-1443

Lotka A J.1922.The stability of the normal age distribution. Proceedings of the National Academy of Sciences, 8(11):339-345

Potts W C, Reid J B, Murfet I C. 1982. Internode length in Pisum. I. The effect of the Le/le gene difference on endogenous gibberellin-like substances. Physiologia Plantarum,55(3):323-328

Qiu Y L,Lee L, Bernasconi-Quadroni F.1999.The Earliest angiosperms:Evidence from mitochondrial,plastid and nuclear genomes.Nature,402:404-407

Raven J A.2002.Selection pressures on stomatal evolution. New Phytologist,153:371-386

Raven P H,Evert R F, Eichhorn S E.1992.Biology of Plants.6th ed.New York:Worth Publishers

Salisbury F B,Ross C B.1992.Plant Physiology.4th ed.Belmount, California:Wadsworth Publishing Company

Stern K R, Jansky S, Bidlack J E.2004.Introductory Plant Biology.9th ed. Beijing: Higher Education Press

Taiz L,Zeiger E.2010.Plant Physiology.3nd ed.MA:Sinauer Associates,Inc

Takhtajan A L.1980.Outline of the classification of flowering plants (Magnoliophyta). The Botanical Review,46(3): 225-239

Woolhouse H W.1967.Aspects of the Biology of Ageing. Cambridge:Cambridge University Press

附录　国内外植物科学主要期刊简介

1. 中国生物学文摘（*Chinese Biological Abstracts*）（月刊）

中国科学院文献情报中心和中国科学院上海文献情报中心主办。该刊旨在报道我国生物科学领域的研究成果与进展，沟通国内生物学文献信息。报道的学科范畴包括普通生物学、细胞学、遗传学、生理学、生物化学、生物物理学、分子生物学、生态学、古生物学、病毒学、微生物学、免疫学、植物学、动物学、昆虫学、人类学、生物工程学、药理学以及生物学交叉学科与相关科学技术领域。每年报道文献 9000 条左右，并有期主题索引和年度著者、主题索引。除书本式外，也发行《中国生物学文献数据库》光盘版。网址：http://www.xzbu.com/tgqk/52797.htm。

2. 中国科学 C 辑（*Science in China*）（月刊）

中国科学院主办、中国科学杂志社出版的自然科学综合性学术刊物。主要刊载自然科学各学科基础研究和应用研究方面具有创新性、高水平、有重要意义的研究论文。根据学科，《中国科学》（中文版）分为 A～E，G 辑，其中 C 辑（月刊）为生命科学，包括生物学、农学和医学等。SCI 收录。网址：http://www.scichina.com。

3. 科学通报（*Chinese Science Bulletin*）（旬刊）

中国科学院和国家自然科学基金委员会共同主办、《中国科学》杂志社出版的自然科学综合性学术刊物，致力于快速报道自然科学各学科基础理论和应用研究的最新研究动态、消息、进展，点评研究动态和学科发展趋势。要求文章短小精悍，可读性强，能在比较宽泛的学术领域产生影响。中文版创刊于 1950 年。网址：http://www.scichina.com。

4. 整合植物生物学学报（*Journal of Integrative Plant Biology*）（月刊）

中国科学院植物研究所和中国植物学会主办的植物学综合性学术刊物。1952 年创刊，本学报力争全面反映我国植物生物学的最新研究成果，关注国际热点、新的学科生长点、前沿研究课题，重视报道重要的应用基础研究。主要栏目有植物生理生化、植物遗传和分子生物学、植物生殖生物学、结构植物学、植物化学与资源植物学、植物系统与进化、植物生态学、

古植物学的原始研究论文、综述和快讯。SCI 收录。网址：http://www.jipb.net。

5. 植物分类学报（*Journal of Systematics and Evolution*）（双月刊）

我国生物学科历史最悠久的核心期刊，代表了我国植物分类学领域的最高学术水平，在国内外有深远影响。主要刊登具有相当学术价值和创造性的研究论文，简报，新分类群，不同学派、不同观点的讨论，国内外有关本学科的研究进展及综合评述。主要栏目有新分类群、类群分类修订、物种生物学、细胞分类学、化学分类学、分子系统学、分支系统学、数量分类学等。SCI 扩展收录。网址：https://mc.manuscriptcentral.com/josae。

6. 分子植物：英文版（*Molecular Plant*）（双月刊）

中科院上海生命科学研究院植物生理生态研究所与中国植物生理与植物分子生物学学会主办，中科院上海生命科学信息中心生命科学期刊社承办，创刊于 2008 年，目前已被 SCI、Medline、CA、BA 和 FSTA 等 10 多种数据库收录。SCI 收录。网址：http://www.xzbu.com/tgqk/507536.htm。

7. 植物生态学报（*Journal of Plant Ecology*）（月刊）

中国科学院植物研究所和中国植物学会主办，是我国创刊最早的生态学专业性学术刊物。发表植物生态学领域（包括种群、群落和生态系统生态学、植被与数量生态、生理生态、化学生态、污染生态、景观生态及当前国际生态学研究热点，如生物多样性、全球变化、土地荒漠化、生态系统恢复与重建、可持续发展等）及其与本学科有关的创造性原始论文或有新观点的国际植物生态学研究前沿动态的综述。网址：http://www.plant-ecology.com。

8. 生态学报（*Acta Ecologica Sinica*）（半月刊）

中国生态学学会主办的综合性学术刊物。主要报道动物生态、植物生态、微生物生态、农业生态、森林生态、草地生态、土壤生态、海洋生态、淡水生态、景观生态、区域生态、化学生态、污染生态、经济生态、系统生态、城市生态、人类生态等生态学各领域

的学术论文；特别欢迎能反映现代生态学发展方向的优秀综述性文章；原创性研究报告和研究简报；生态学新理论、新方法、新技术介绍；新书评介和学术、科研动态及开放实验室介绍等。*Acta Ecologica Sinica*（International Journal），生态学报英文版。网址：http://www.ecologica.cn。

9. 生物多样性（*Biodiversity Science*）（月刊）

中国科学院生物多样性委员会、中国科学院植物研究所、动物研究所、微生物研究所共同主办的生物多样性研究领域的综合性学术刊物，主要刊登：生物多样性起源、分布、演化及其机制，生物多样性与生态系统功能，保护遗传学，分子生态学，入侵生物学，保护行为学，转基因生物安全，重大建设项目生物多样性影响评估，野生动植物贸易及其对生物多样性的影响，生物多样性与全球气候变化等领域原创性学术论文；网址：http://www.biodiversity-science.net。

10. 植物学通报（*Chinese Bulletin of Botany*）（双月刊）

中国科学院植物研究所和中国植物学会共同主办，是我国植物学领域综合性专业学术刊物。本刊主要刊登植物学科各领域有创新的原始研究论文和快讯，并发表植物科学重要领域国际最新进展的综述。刊登范围为植物分子与发育生物学，系统与进化植物学，植物生态与环境生物学等相关领域。网址：http://www.chinbullbotany.com。

11. 菌物学报（*Mycosystema*）（双月刊）

我国目前真菌学领域唯一的学报级专业学术期刊。主要刊登我国菌物学（包括真菌、黏菌、细菌、地衣等）研究领域在理论上、实践上有创造性、高水平的科研成果及研究论文、研究快报等。网址：http://journals-myco.im.ac.cn。

12. 植物生理学报（*Plant Physiology Journal*）（月刊）

中国科学院上海植物生理研究所承办的植物生理学综合性学术刊物。本刊于2011年由《植物生理学通讯》更名而来，主要刊登植物生理学及相关学科的研究论文、文献综述、实验技术与方法、国内外学术动态等。网址：http://www.plant-physiology.com。

13. 应用与环境生物学报（*Chinese Journal of Applied & Environmental Biology*）（双月刊）

有关应用生物学和环境生物学基础研究、应用基础研究和应用研究的全国性学术期刊。主要发表应用生物学和环境生物学及相关科学领域的基础研究、应用基础研究和应用研究，包括研究论文、研究简报和本刊邀约的综述或述评。网址：http://www.yyyhjswxb.cn。

14. 应用生态学报（*Journal of Applied Ecology*）（月刊）

中国生态学学会和中科院沈阳应用生态研究所主办的综合性学术期刊。主要报道包括森林生态学、农业生态学、草地生态学、渔业生态学、海洋与湿地生态学、资源生态学、景观生态学、全球变化生态学、城市生态学、产业生态学、生态规划与生态设计、污染生态学、化学生态学、恢复生态学、生态工程学、生物入侵与生物多样性保护生态学、流行病生态学、旅游生态学和生态系统管理等方面具有创新的研究成果，交流基础研究和应用研究的最新信息。网址：http://www.cjae.net。

15. 西北植物学报（*Acta Botanica Boreale-Occidentalia Sinica*）（月刊）

本刊立足西北，面向全国，主要刊载有关植物遗传育种学、分子生物学、植物基因工程、植物解剖学、植物分类学、植物生理生化、药用植物成分分析，以及植物群落生态学、生物多样性、植被演替、植物区系等基础理论研究方面具有创新性的原始论文、研究简报以及具有较高学术水平的综述论文和反映最新科技成果的快报。网址：http://www.xbzwxb.com。

16. 植物分类与资源学报（*Plant Diversity and Resources*）（双月刊）

本刊（原《云南植物研究》）是中国科学院主管的全国性自然科学期刊。本刊主要刊登植物分类学、系统学、命名法、系统发生、植物区系和生物地理学，植物多样性保护及植物资源的可持续性利用，植物资源管理和监测，农业、林业、园艺及药用植物资源利用与保护等方面原创性论文、简报和综述（以约稿为主）。网址：http://journal.kib.ac.cn。

17. 植物科学学报（*Plant Science Journal*）（双月刊）

本刊（原《武汉植物研究》）为科学出版社出版的植物学综合性学术期刊。本刊主要刊载植物学及各分支学科的原始研究论文，植物学研究的新技术、新方法，综合评述、研究简报、学术讨论、重要书刊评介和学术动态等。网址：http://www.oalib.com/journal/3178/1。

18. 广西植物（*Guangxi Flora*）（双月刊）

由广西植物所和广西植物学会合办的植物学综合性学术刊物。主要刊载植物学及相关学科的创新性、具有较高水平的中英文研究论文，以及植物学领域新方法、新技术、具有重大应用价值的新成果快报，酌登反映本学科重要领域的国内外最新研究进展的综述等。网址：http://journal.gxzw.gxib.cn。

19. 木本植物研究（*Bulletin of Botanical Research*）（季刊）

专业学术性刊物。本刊以传统与现代植物分类学的新物种、新现象、新规律为主，也包括植物群落生态学、生殖生态学、生理生态学、分子生态学基础研究与应用研究的新进展及新内容。

20. 植物学报（*Bulletin of Botany*）（双月刊）

中国科学院植物研究所和中国植物学会主办的中

文版综合性学术期刊。发表涵盖植物科学各领域（包括农学、林学和园艺学等）具有重要学术价值的创造性研究成果。主要刊发研究论文、研究报告、研究快报、技术方法、特邀综述和专题论坛。网址：http://www.chinbullbotany.com。

21. 生物学通报（*Bulletin of Biology*）（月刊）

中国动物学会和中国植物学会主办的生物学中级综合性学术刊物。主要刊登介绍与生物学有关学科的基础知识、基础理论、国内外生物科学进展及新成就、新技术；生物课教学、实验、课外科技活动等。

22. 热带亚热带植物学报（*Journal of Tropical and Subtropical Botany*）（双月刊）

中国科学院华南植物园和广东省植物学会联合主办的国家级学术性期刊。优先报道热带亚热带地区植物学、生态学、环境科学及其交叉学科领域中的新发现、新理论、新方法和新技术，也欢迎来自不同气候带的植物科学研究论文，重点刊登全球气候变化及生态系统服务功能、系统与进化生物学、环境退化与生态恢复、生物多样性保育及可持续利用、农业及食品质量安全与植物化学资源、植物种质创新与基因发掘利用以及能源植物的开发利用等方面的新成果。网址：http://jtsb.scib.ac.cn。

23. 植物遗传资源学报（*Journal of Plant Genetic Resources*）（双月刊）

中国农业科学院作物品种资源研究所主办，报道内容：大田作物、园艺作物、观赏植物、药用植物、林木、牧草及其他一切经济植物的有关遗传资源基础理论研究、应用研究方面的研究报告、学术论文和高水平综述或评论。例如，种质资源的考察、收集、保存、评价、利用、创新、信息学、管理学等，以及起源、演化、分类等系统学，基因发掘、鉴定、克隆、基因文库建立、遗传多样性研究等。网址：http://zwyczy.cn/ch/index.aspx。

24. 植物资源与环境学报（*Journal of Plant Resources and Environment*）（双月刊）

江苏省中国科学院植物研究所、省植物学会和中国环境科学学会植物园保护分会联合主办，本刊主要刊登植物资源的考察、开发、利用和物种保护，自然保护区与植物园的建设和管理，植物在保护和美化生态环境中的作用，环境对植物的影响以及与植物资源和植物环境有关学科领域的创新研究成果、学科动态等。网址：http://www.cqvip.com。

25. 林业科学（*Scientia Silvae Sinicae*）（月刊）

中国林学会主办的林业基础性和高科技学术期刊。主要刊登森林培育、森林生态、林木遗传育种、森林保护、森林经理、森林与生态环境、生物多样性保护、野生动植物保护与利用、园林植物与观赏园艺、经济林、水土保持与荒漠化治理、林业可持续发展、森林工程、木材科学与技术、林产化学加工工程、林业经

济及林业宏观决策研究等方面的文章，以学术论文、研究报告、综合评述为主，还设有学术问题讨论、研究简报、科技动态、新书评介等栏目。网址：http://linyekexue.xchen.com.cn。

26. 中国农业科学（*Scientia Agricultura Sinica*）（半月刊）

中国农业科学院与中国农学会共同主办的综合性期刊。主要刊发作物遗传育种、种质资源、分子遗传学，耕作栽培、生理生化、农业信息技术，植物保护，土壤肥料、节水灌溉、农业生态环境，园艺，储藏、保鲜、加工，畜牧、兽医、资源昆虫等领域的研究成果。网址：http://www. ChinaAgriSci.com。

27. *American Fern Journal*（季刊）（美）

美国蕨类植物学家协会主办，登载有关蕨类植物的研究工作。网址：http:// amerfernsoc. org/。

28. *American Journal of Botany*（月刊）（美）

美国植物学会主办，内容包括植物生态学、植物地理学、生理生化、细胞生物学、生殖生物学、结构和发育生物学。网址：http://www.amjbot.org/。

29. *Annals of Missousi Botanical Gardie*（季刊）（美）

主要是关于分类的内容，也刊载一些古植物和解剖方面的文章。

30. *Botanical Review*（月刊）（美）

每期都有综合评述。

31. *Cathaya*（不定期）

外文期刊，主要介绍系统与进化、孢粉学及传粉生物学的研究工作。

32. *Economic Botany*（季刊）（美）

美国经济植物学会主办，内容主要是栽培引种，寻找全世界的植物资源，了解全世界的原始经济植物。网址：http://www.econbot.org/。

33. *International Journal of Plant Science*（季刊）（美）

主要刊发遗传学和基因组学、发育生物学、细胞生理生化、形态、解剖、分类、演化、古植物学、植物与微生物的相互作用，生态等方面的成果。网址：http:// pubs. aic. ca/ journal/ cjps。

34. *Plant Cell*（月刊）（美）

是植物生物学界影响最高的期刊。主要刊登植物生物学界具有创新、特别意义的论文，尤其是刊登细胞生物学、分子生物学、遗传、发育、进化方面的论文，同时也刊登综述类论文、会议报告、特色研究论文回顾等。网址：http://www.plantcell.org/。

35. *Plant Reproduction*（月刊）（美）

本刊（原 *Sexual Plant Reproduction*）是关于植物有性过程的研究，包括有性分化、减数分裂和雌、雄配子体发育过程及受精的生化研究，无融合生殖、自交不亲和的分子机理，以及配子识别和花粉研究。网

址：http://link.springer.com/journal/497。

36. *Science*（周刊）（美）

该杂志连同英国的 *Nature* 杂志被誉为世界上两大最顶级杂志，代表了人类自然科学研究的最高水平。它的科学新闻报道、综述、分析、书评等部分，都是权威的科普资料，该杂志也适合一般读者阅读。与植物有关的是致编辑信栏目，通常一页左右，虽然比例小，但周转频率快，反映了当今科技发展的新动态。网址：http://www.sciencemag.org/。

37. *Annals of Botany*（季刊）（英）

最早的植物学杂志之一，经典工作较多。网址：http://aob.oxfordjournals.org/。

38. *Botanical Journal of the Linnean Society*（月刊）（英）

有关分类、解剖、系统、细胞、电镜、形态发生、古植物学、孢粉学及生理生化方面的内容。网址：http://onlinelibrary.wiley.com/journal/10.1111/（ISSN）1095-8339。

39. *Current Advances in Plant Science*（月刊）（英）

刊登世界各国有关植物学方面研究的文章摘要。网址：https://www.elsevier.com/ journals/current-advances-in-plant-science/0306-4484。

40. *Nature*（周刊）（英）

世界著名科学杂志。兼顾学术期刊和科学杂志，即科学论文具较高的新闻性和广泛读者群。论文不仅要求具有"突出的科学贡献"，还必须"令交叉学科的读者感兴趣"。*Nature* 系列刊物有三类：综述性期刊，对重要研究工作进行综述评论；研究类期刊，以发表原创性研究报告为主；临床医学类期刊，对医学领域重要的研究进展做出权威性解释，并促进最新研究成果转变为临床实践。网址：http://www.natureasia.com/。

41. *Plant Cell Reports*（月刊）（德）

内容涉及细胞培养、生化、遗传、细胞、生理、植物病理和核酸研究。网址：http://link.springer.com/journal/299。

42. *Planta*（月刊）（德）

内容包括分子和细胞生物学、超微结构、生物化学、代谢、生长发育和形态发生、生态和环境生理学、生物技术以及植物与微生物的相互作用。网址：http://link.springer.com/journal/425。

43. *Annales des Sciences Naturelles-Botanique et Biologie*（法）

国际性杂志，法国经典植物学的许多重要文章在此杂志上发表。

44. *Plant Ecology*（荷兰）

国际性杂志，内容涉及植物的种群、生理、群落、生态系统、景观生态和理论生态等方面。网址：http://link.springer.com/journal/11258。

45. *Journal of Plant Research*（季刊）（日）

日本植物学会发行的机关报，有关植物生理、细胞、遗传、结构和生殖方面的工作。网址：http://link.springer.com/journal/10265。

46. *Plant Biotechology*（季刊）（日）

有关植物细胞和分子生物学方面的内容。

47. *Botany*（月刊）（加拿大）

（原 *Canadian Journal of Botany*）内容涉及植物生理、生化、结构、发育、系统、植物地理、生态以及藻类和植物病理学方面。网址：http://www.cba-abc.ca/cbahome.htm。

48. *Australia Journal of Botany*（双月刊）（澳大利亚）

关于结构和发育、生殖生物学和遗传、生态和保护、藻类和病理、古植物、森林生物学、细胞学和组织培养方面的内容。网址：http://www.publish.csiro.au。

49. *Israel Journal of Plant Science*（季刊）（以色列）

有关植物细胞、生理、形态结构、生态等方面的内容。网址：http://www.sciencefromisrael.com。

50. *Phytomorphology*（季刊）（印度）

刊登有关经典植物学方面的工作。